Flavio Augusto Settimi Sohler, PhD., DSc., MSc., PMI-PMP, PMI-RMP
Sérgio Botassi dos Santos, DSc., Msc.
(Coordenadores e Organizadores)

PROJETO, EXECUÇÃO E DESEMPENHO DE ESTRUTURAS E FUNDAÇÕES

Flavio Augusto Settimi Sohler, PhD., DSc., MSc., PMI-PMP, PMI-RMP
Sérgio Botassi dos Santos, DSc., Msc.
(Coordenadores e Organizadores)

PROJETO, EXECUÇÃO E DESEMPENHO DE ESTRUTURAS E FUNDAÇÕES

Projeto, Execução e Desempenho de Estruturas e Fundações
Copyright© Editora Ciência Moderna Ltda., 2018

Todos os direitos para a língua portuguesa reservados pela EDITORA CIÊNCIA MODERNA LTDA.
De acordo com a Lei 9.610, de 19/2/1998, nenhuma parte deste livro poderá ser reproduzida, transmitida e gravada, por qualquer meio eletrônico, mecânico, por fotocópia e outros, sem a prévia autorização, por escrito, da Editora.

Editor: Paulo André P. Marques
Produção Editorial: Dilene Sandes Pessanha
Capa: Daniel Jara
Diagramação: Daniel Jara
Copidesque: Vivian Sbravatti

Várias **Marcas Registradas** aparecem no decorrer deste livro. Mais do que simplesmente listar esses nomes e informar quem possui seus direitos de exploração, ou ainda imprimir os logotipos das mesmas, o editor declara estar utilizando tais nomes apenas para fins editoriais, em benefício exclusivo do dono da Marca Registrada, sem intenção de infringir as regras de sua utilização. Qualquer semelhança em nomes próprios e acontecimentos será mera coincidência.

FICHA CATALOGRAFICA

SOHLER, Flavio Augusto Settimi; SANTOS, Sérgio Botassi dos. (Orgs.)

Projeto, Execução e Desempenho de Estruturas e Fundações

Rio de Janeiro: Editora Ciência Moderna Ltda., 2018.

1. Engenharia Civil 2. Construção
I — Título

ISBN: 978-85-399-0970-4

CDD 624
690

Editora Ciência Moderna Ltda.
R. Alice Figueiredo, 46 – Riachuelo
Rio de Janeiro, RJ – Brasil   CEP: 20.950-150
Tel: (21) 2201-6662/ Fax: (21) 2201-6896
E-MAIL: LCM@LCM.COM.BR
WWW.LCM.COM.BR

01/18

AUTORES

CAPÍTULO 1 - DIMENSIONAMENTO DE RADIER
Ricardo Tavares Pacheco
Mestre, PUC-GO

Flávio Ricardo Leal da Cunha
Mestre, PUC-GO

Douglas Magalhães Albuquerque Bittencourt
Mestre, PUC-GO

CAPÍTULO 2 - DIMENSIONAMENTO DE UM BLOCO SOBRE VÁRIAS ESTACAS
Flávio Ricardo Leal da Cunha
Mestre, PUC-GO

Daniel Carmo Dias
Mestre, PUC-GO

Douglas Magalhães Albuquerque Bittencourt
Mestre, PUC-GO

CAPÍTULO 3 - ANÁLISE GEOTÉCNICA PARA OBRAS EM SOLOS
Paulo José Rocha de Albuquerque
Doutor, Universidade Estadual de Campinas - Unicamp

Osvaldo Freitas Neto
Doutor, Universidade Federal do Rio Grande do Norte - UFRN

CAPÍTULO 4 - BOAS PRÁTICAS PARA A EXECUÇÃO DE FUNDAÇÕES
Vinicius Lorenzi
M.Sc, IPOG, FUNGEO FUNDAÇÕES

CAPÍTULO 5 - ANÁLISE DE ESTRUTURAS EM CONCRETO ARMADO
Ranier Adonis Barbieri
Dr., UNISINOS / CPA Engenharia

CAPÍTULO 6 - EMPREGO DE SOFTWARE PARA DIMENSIONAMENTO ESTRUTURAL - I
Eng. Robson Luiz Gaiofatto, D.Sc.

CAPÍTULO 7 - EMPREGO DE *SOFTWARE* PARA DIMENSIONAMENTO ESTRUTURAL - II
Eng. Robson Luiz Gaiofatto, D.Sc.

VI - Projeto, Execução e Desempenho de Estruturas e Fundações

CAPÍTULO 8 - ELEMENTOS PRÉ-MOLDADOS E PROTENDIDOS
Luiz Álvaro de Oliveira Júnior
Prof. Doutor, Escola de Engenharia, Pontifícia Universidade Católica de Goiás

CAPÍTULO 9 - DIMENSIONAMENTO DE CORTINA EM EDIFÍCIO
Daniel Carmo Dias
Mestre, PUC-GO

Ricardo Tavares Pacheco
Mestre, PUC-GO

CAPÍTULO 10 - MANIFESTAÇÕES PATOLÓGICAS EM ESTRUTURAS DE CONCRETO ARMADO
Luiz Fernando Bernhoeft, Msc,
Eng° Civil - PETRUS ENGENHARIA

CAPÍTULO 11 - TÉCNICAS PREVENTIVAS E DE RECUPERAÇÃO ESTRUTURAL
Ana Paula Abi-faiçal Castanheira
Doutora, IPOG/Engenharia Diagnóstica Ltda.

CAPÍTULO 12 - EDIFÍCIOS DE PAREDES DE CONCRETO MOLDADAS NO LOCAL
Joel Araújo do Nascimento Neto
Doutor, Departamento de Engenharia Civil, Universidade Federal do Rio Grande do Norte – UFRN

CAPÍTULO 13 - CONCRETOS ESPECIAIS. UMA ABORDAGEM AO CONCRETO AUTOADENSÁVEL
Marcela Giacometti de Avelara
Instituto Federal de Educação, Ciência e Tecnologia do Espírito Santo – IFES – Nova Venécia

João Luiz Calmon
Universidade Federal do Espírito Santo - UFES

CAPÍTULO 14 - CONTROLE TECNOLÓGICO DE INSUMOS E PRODUÇÃO DO CONCRETO
Alfredo Santos Liduário
Mestre, Universidade Federal de Goiás/Furnas Centrais Elétricas S.A.

CAPÍTULO 15 - PRINCÍPIOS DE DIMENSIONAMENTO EM ESTRUTURAS METÁLICAS
Eduardo Bicudo de Castro Azambuja, IPOG, MSc.

CAPÍTULO 16 - DETALHAMENTO E EXECUÇÃO DE ESTRUTURAS METÁLICAS
Eduardo Bicudo de Castro Azambuja, IPOG, MSc

CAPÍTULO 17 - TÉCNICAS DE FÔRMAS E ESCORAMENTOS
Robson Lopes Pereira
Mestre em Estruturas e Materiais pela UFG/GO, Professor PUC-GO e Doutorando pela UnB

CAPÍTULO 18 - FERRAMENTAS ESTATÍSTICAS APLICADAS À QUALIDADE DA CONSTRUÇÃO
Sérgio Botassi dos Santos
Mestre e Doutor, Universidade Pontifícia Católica de Goiás - PUC

CAPÍTULO 19 - CONCEPÇÕES ARQUITETÔNICAS VISANDO A EXCELÊNCIA ESTRUTURAL
Ricardo Reis Meira
M.Sc., Arquiteto e Urbanista, professor convidado do IPOG

SUMÁRIO

CAPÍTULO 1 - DIMENSIONAMENTO DE RADIER 1

1.1 INTRODUÇÃO 1
1.2 TIPOS DE RADIER 1
1.3 ANÁLISE 2
1.4 DIMENSIONAMENTO 4
1.5 CASO EM ESTUDO 7
1.6 CONCLUSÕES 11
1.7 REFERÊNCIAS BIBLIOGRÁFICAS 12

CAPÍTULO 2 - DIMENSIONAMENTO DE UM BLOCO SOBRE VÁRIAS ESTACAS 13

2.1 INTRODUÇÃO 13
2.2 ANÁLISE DE BLOCO COM VÁRIAS ESTACAS 13
2.3 RECOMENDAÇÕES NO DIMENSIONAMENTO DE BLOCO SEGUNDO A ABNT NBR 6118:2014 14
2.4 RECOMENDAÇÕES DA LITERATURA 16
2.5 DIMENSIONAMENTO DO BLOCO PELO MÉTODO DAS BIELAS E TIRANTES 16
2.6 ESTUDO DE CASO 19
2.7 CONCLUSÃO 25
2.8 REFERÊNCIAS BIBLIOGRÁFICAS 26

CAPÍTULO 3 - ANÁLISE GEOTÉCNICA PARA OBRAS EM SOLOS..27

3.1 INTRODUÇÃO 27
3.2 GEOLOGIA NO ÂMBITO DA ENGENHARIA GEOTÉCNICA 27
3.3 CLASSIFICAÇÃO DOS SOLOS 29
3.4 PROPRIEDADES GEOTÉCNICAS (ÍNDICES FÍSICOS PARÂMETROS MECÂNICOS) 30
3.5 TÉCNICAS DE INVESTIGAÇÃO DE CAMPO EM GEOTECNIA 31
3.6 ENSAIOS DE LABORATÓRIO PARA OBTENÇÃO DE PARÂMETROS GEOTÉCNICOS PARA PROJETO 35
3.7 ANÁLISE DE LENÇOL FREÁTICO 40
3.8 EXPRESSÕES EMPÍRICAS PARA ESTIMATIVAS GEOTÉCNICAS 42
3.9 PRÉ-DIMENSIONAMENTO POR MEIO DE ESTUDO GEOTÉCNICO 46
3.10 CONSIDERAÇÕES FINAIS 51
3.11 REFERÊNCIAS BIBLIOGRÁFICAS 51

CAPÍTULO 4 - BOAS PRÁTICAS PARA A EXECUÇÃO DE FUNDAÇÕES 55

4.1 INTRODUÇÃO 55
4.2 TENDÊNCIAS EM SOLUÇÕES DE FUNDAÇÕES 55
4.3 FUNDAÇÕES PROFUNDAS 57
4.4 FUNDAÇÕES SUPERFICIAIS 68
4.5 ANÁLISE DE INCERTEZAS 71

X - Projeto, Execução e Desempenho de Estruturas e Fundações

4.6 BIBLIOGRAFIA...77

CAPÍTULO 5 - ANÁLISE DE ESTRUTURAS EM CONCRETO ARMADO 79

5.1 INTRODUÇÃO 79
5.2 TIPOS DE MODELAGEM 80
5.3 CONTRAVENTAMENTO 86
5.4 PARÂMETROS DE INSTABILIDADE DA NBR 6118:2014 87
5.5 CRITÉRIOS DA NBR 6118:2014 PARA A ANÁLISE ESTRUTURAL 96
5.6 ASPECTOS SOBRE A MODELAGEM ESTRUTURAL...98
5.7 CONCLUSÕES 101
5.8 REFERÊNCIAS BIBLIOGRÁFICAS...102

CAPÍTULO 6 - EMPREGO DE SOFTWARE PARA DIMENSIONAMENTO ESTRUTURAL - I 103

6.1 INTRODUÇÃO 103
6.2 DEFINIÇÃO DAS CARGAS A PARTIR DAS CARACTERÍSTICAS DO IMÓVEL....................104
6.3 AÇÕES E COMBINAÇÕES DE CARGAS 107
6.4 ESTABELECIMENTO DAS CARACTERÍSTICAS DOS MATERIAIS 110
6.6 FUNCIONALIDADES BÁSICAS PARA EMPREGO DE PROGRAMAS (SOFTWARES) 115
6.7 LANÇAMENTO DA ARQUITETURA NO SOFTWARE..116
6.8 DEFINIÇÃO DO MODELO ESTRUTURAL..126
6.9 PRÉ-DIMENSIONAMENTO GLOBAL 127
6.10 VISUALIZAÇÕES 3D E DEFORMADA DA ESTRUTURA..130
6.11 CONCLUSÕES 131
6.12 REFERÊNCIAS BIBLIOGRÁFICAS 131

CAPÍTULO 7 - EMPREGO DE SOFTWARE PARA DIMENSIONAMENTO ESTRUTURAL - II 133

7.1 INTRODUÇÃO 133
7.2 ANÁLISE DO RESUMO ESTRUTURAL...134
7.3 PARTES COMPONENTES DO PROJETO ESTRUTURAL 138
7.4 ANÁLISE DO DIMENSIONAMENTO E DETALHAMENTO DOS PILARES 141
7.5 ANÁLISE DO DIMENSIONAMENTO E DETALHAMENTO DAS VIGAS.............................143
7.6 ANÁLISE DO DIMENSIONAMENTO E DETALHAMENTO DAS LAJES.............................144
7.7 VERIFICAÇÃO DE INSTABILIDADE LOCAL E LOCALIZADA EM VIGAS-PAREDE E PILARES-PAREDE........................145
7.8 ELEMENTOS ESPECIAIS..147
7.9 CRITÉRIOS DE MONTAGEM FINAL DO PROJETO 148
7.10 READEQUAÇÃO DE PROJETO ESTRUTURAL DEVIDO A MUDANÇAS ARQUITETÔNICAS.................150
7.11 DICAS PARA OTIMIZAÇÃO DE PROJETOS ESTRUTURAIS 151
7.12 CONCLUSÕES 152
7.13 REFERÊNCIAS BIBLIOGRÁFICAS 153

CAPÍTULO 8 - ELEMENTOS PRÉ-MOLDADOS E PROTENDIDOS 155

8.1 INTRODUÇÃO 155
8.2 CONCRETO PRÉ-MOLDADO..156

8.3 CONCRETO PROTENDIDO..168
8.4 CONSIDERAÇÕES FINAIS...177
8.5 REFERÊNCIAS BIBLIOGRÁFICAS..177

CAPÍTULO 9 - DIMENSIONAMENTO DE CORTINA EM EDIFÍCIO 179

9.1 INTRODUÇÃO..179
9.2 EMPUXO DE TERRA 179
9.3 CORTINA...181
9.4 DIMENSIONAMENTO DE ESTRUTURAS DE CONTENÇÃO...........................184
9.5 O CASO EM ESTUDO 185
9.6 CONCLUSÃO..201
9.7 REFERÊNCIAS BIBLIOGRÁFICAS..202

CAPÍTULO 10 - MANIFESTAÇÕES PATOLÓGICAS EM ESTRUTURAS DE CONCRETO ARMADO.....205

10.1 INTRODUÇÃO...205
10.2 A CIÊNCIA..205
10.3 NORMALIZAÇÃO...206
10.4 AS MANIFESTAÇÕES PATOLÓGICAS...212
10.5 ENSAIOS E DIAGNÓSTICO 218
10.6 ESCLERÔMETRO DE REFLEXÃO...212
10.7 REFERÊNCIAS BIBLIOGRÁFICAS 223

CAPÍTULO 11 - TÉCNICAS PREVENTIVAS E DE RECUPERAÇÃO ESTRUTURAL 225

11.1 INTRODUÇÃO...225
11.2 ENSAIOS PARA DIAGNÓSTICO 225
11.3 RECUPERAÇÃO ESTRUTURAL 228
11.4 REFERÊNCIAS BIBLIOGRÁFICAS 245

CAPÍTULO 12 - EDIFÍCIOS DE PAREDES DE CONCRETO MOLDADAS NO LOCAL 247

12.1 DEFINIÇÕES BÁSICAS RELACIONADAS AO SISTEMA CONSTRUTIVO DE PAREDES DE CONCRETO MOLDADAS NO LOCAL..247
12.2 PRESCRIÇÕES DA NBR 16055 (2012) 248
12.3 CONCEITOS BÁSICOS PARA O PROJETO DE EDIFÍCIOS.............................253
12.4 REFERÊNCIAS BIBLIOGRÁFICAS 265

CAPÍTULO 13 - CONCRETOS ESPECIAIS. UMA ABORDAGEM AO CONCRETO AUTOADENSÁVEL . 267

13.1 INTRODUÇÃO...267
13.2 CONCRETO AUTOADENSÁVEL (CAA) 268
13.3 MATERIAIS 299
13.4 CONSIDERAÇÕES FINAIS..301
13.5 REFERÊNCIAS BIBLIOGRÁFICAS 301

XII - Projeto, Execução e Desempenho de Estruturas e Fundações

CAPÍTULO 14 - CONTROLE TECNOLÓGICO DE INSUMOS E PRODUÇÃO DO CONCRETO............ 311

14.1 INTRODUÇÃO.. 311
14.2 CONTROLE DE QUALIDADE DOS MATERIAIS E INSUMOS 311
14.3 DOSAGEM DO CONCRETO.. 313
14.4 CONTROLE TECNOLÓGICO DA PRODUÇÃO DO CONCRETO.. 319
14.5 CONTROLE DE ACEITAÇÃO DO CONCRETO... 325
14.6 REFERÊNCIAS BIBLIOGRÁFICAS... 333

CAPÍTULO 15 - PRINCÍPIOS DE DIMENSIONAMENTO EM ESTRUTURAS METÁLICAS 335

15.1 O AÇO E O PROCESSO SIDERÚRGICO.. 335
15.2 HISTÓRICO DA CONSTRUÇAO DE AÇO... 337
15.3 SISTEMAS ESTRUTURAIS EM AÇO 339
15.4 PRODUTOS SIDERÚRGICOS DO AÇO 343
15.5 AÇÕES EM ESTRUTURAS DE AÇO 348
15.6 BASES PARA PROJETO: SEGURANÇA E ESTADOS LIMITES 351
15.7 DIMENSIONAMENTO DE ELEMENTOS DE AÇO: TRAÇÃO 355
15.8 DIMENSIONAMENTO DE ELEMENTOS DE AÇO: COMPRESSÃO 357
15.9 REFERÊNCIAS BIBLIOGRÁFICAS 360

CAPÍTULO 16 - DETALHAMENTO E EXECUÇÃO DE ESTRUTURAS METÁLICAS............................ 361

16.1 PROTEÇÃO CONTRA CORROSÃO 361
16.2 PROTEÇÃO CONTRA INCÊNDIOS.. 365
16.3 PRÉ-DIMENSIONAMENTO DE VIGAS DE AÇO.. 370
16.4 DIMENSIONAMENTO DE VIGAS MISTAS.. 371
16.5 ELEMENTOS DE LIGAÇÕES.. 378
16.6 PLANEJAMENTO DE TRANSPORTE... 389
16.7 EQUIPAMENTOS DE MONTAGEM 390
16.8 REFERÊNCIAS BIBLIOGRÁFICAS... 393

CAPÍTULO 17 - TÉCNICAS DE FÔRMAS E ESCORAMENTOS 395

17.1 INTRODUÇÃO.. 395
17.2 IMPORTÂNCIA DO TEMA E ESTRATÉGIAS PARA MINIMIZAÇÃO DOS CUSTOS................... 395
17.3 SISTEMAS DE FÔRMAS 399
17.4 DIMENSIONAMENTO DE FÔRMAS E ESCORAMENTOS... 410
17.5 REFERÊNCIAS BIBLIOGRÁFICAS... 422

CAPÍTULO 18 - FERRAMENTAS ESTATÍSTICAS APLICADAS À QUALIDADE DA CONSTRUÇÃO...... 425

18.1 INTRODUÇÃO.. 425
18.2 PRINCÍPIOS DE GESTÃO DA QUALIDADE VOLTADOS PARA A CONSTRUÇÃO 425
18.3 FUNÇÕES ESTATÍSTICAS BÁSICAS APLICADAS NA QUALIDADE 427
18.4 FORMAS GRÁFICAS DE ANÁLISE DE DISPERSÃO 431
18.5 PLANEJAMENTO DE EXPERIMENTOS... 433
18.6 ANÁLISE DE VARIÂNCIA - *ANOVA*.. 440

18.7 CONTROLE ESTATÍSTICO DE PROCESSOS 445
18.8 REFERÊNCIAS BIBLIOGRÁFICAS 454

CAPÍTULO 19 - CONCEPÇÕES ARQUITETÔNICAS VISANDO A EXCELÊNCIA ESTRUTURAL 455

19.1 INTRODUÇÃO 455
19.2 PARA QUE SERVE O PROJETO? 455
19.3 PARTIDO ARQUITETÔNICO X CONCEPÇÃO ESTRUTURAL 462
19.4 CONCLUSÕES 474
19.5 REFERÊNCIAS BIBLIOGRÁFICAS 474

PREFÁCIO

Panorama da Construção Civil e Tendências Tecnológicas do Mercado

A construção civil vem passando por uma grande transformação no cenário nacional, mesmo ocorrendo oscilações de mercado típicas de qualquer país cuja economia sofra interferências de diversas ordens: política, social, comportamental, ambiental, etc. Mas *há transformações que se mostram irreversíveis e estão contribuindo para criar um novo panorama do nosso setor econômico*, tanto sob o viés de mercado, como também regulamentar, tecnológico, entre outros, que procuraremos demonstrar em linhas gerais a partir deste prefácio.

Com certeza, é de suma importância destacar o quanto o setor vem gradativamente se preocupando em amparar as boas práticas da engenharia a partir de referências regulamentares; seja por meio de normas técnicas mais facilmente aplicáveis; seja por meio de leis cada vez mais restritivas e rigorosas no cumprimento das normas; ou por meio do consumidor, o qual está cada vez mais consciente e exigente da qualidade final de seu produto. Atualmente, é impensável imaginar que o mercado aceite a má-qualidade, representada por patologias típicas, como algo intrínseco da construção civil e o retrabalho seja encarado como algo normal, que faz parte das planilhas de custos da construção, como historicamente assim o era.

Não podemos esquecer que todo processo produtivo apresenta *perdas*, mas cada vez menos se tolera o *desperdício, o qual gera uma série de transtornos para a sociedade, além do retrabalho, como uma edificação com baixa durabilidade e baixa produtividade das equipes, culminando com custos diretos dos imóveis mais elevados para o consumidor final e para a sociedade*. Sendo assim, muito temos a evoluir como um setor organizado e controlável sob o aspecto da uniformidade do produto produzido, em decorrência da própria natureza do ser humano em se sentir capaz de construir e alterar o seu meio ambiente com as próprias mãos, ou a partir de profissionais práticos, mas desqualificados, que constroem edificações inadequadas e consomem insumos para construção sem qualquer preocupação com o desempenho que o produto possa oferecer.

Sob o prisma do ciclo de vida da edificação, percebe-se uma *tendência de mudança na cultura técnica ao se reconhecer que uma obra de engenharia deva ser pensada não de forma isolada*, tanto sob o aspecto das fases de implantação que definem o produto final (concepção, planejamento, projeto, construção, uso e manutenção), como sob o olhar ambiental (sustentabilidade e o seu entorno), pois entende-se que durabilidade e usabilidade sejam consideradas indispensáveis em uma edificação, e que inevitavelmente será exigida condição plena de uso por longa data. Há vários fatos atuais que corroboram com essa tendência: normas técnicas voltadas para o desempenho e sustentabilidade (NBR 15.575, ISO 21.930), crescimento da tecnologia BIM – *Building Information Modeling*, incentivo a edificações com maior eficiência energética (ex.: etiquetagem do selo Procel Edifica), pressão da sociedade para haver um consumo mais racional dos recursos naturais, etc.

Em relação ao mercado imobiliário, é possível observar algumas evoluções substanciais, que em tempos passados eram impensáveis. O advento da economia estabilizada (controle da inflação e taxas de juros) tornou o mercado mais previsível e capaz de definir compromissos de médio/longo prazos tanto para a construção de empreendimentos, quanto para os consumidores adquirirem imóveis, mantendo o risco a níveis toleráveis. Investir em empreendimentos imobiliários se tornou menos arriscado também a partir da nova lei do mercado imobiliário Nº 10.931/2004 que regulamentou mais clara e efetivamente as regras do mercado, contribuindo decisivamente com a segurança jurídica, tão frágil em um país que ainda insiste no desrespeitar as leis.

A implantação de novas tecnologias também possui forte influência na contextualização da construção civil atual. Empreendedores vêm percebendo que a inovação pode ser um grande aliado quando permite que novos produtos proporcionem desempenho superior com preço competitivo, além de se respeitar os princípios da sustentabilidade. Um exemplo nítido desta transformação tecnológica é o aumento do número de sistemas construtivos não convencionais que estão surgindo e outros que já se consolidaram no mercado nacional, como as edificações em placas de compósitos e também de concreto. Tal situação se deve em grande parte a programas setoriais de incentivo à inovação como o SINAT (Sistema Nacional de Avaliações Técnicas), pertencente ao PBQP-H (Programa Brasileiro da Qualidade e Produtividade no Hábitat). O SINAT valida tecnicamente as inovações na construção civil, mesmo que não haja norma prescritiva que as reconheçam. Essa tendência demonstra o quanto o setor está carente de novas tecnologias e a perspectiva é de que haja crescimento, pois gradualmente o consumidor vem percebendo os benefícios dessas novas soluções construtivas.

Finalmente, um dos pontos-chave para que a construção civil possa continuar a crescer é torná-la mais industrializada. Diferentemente do que se imagina, a base fundamental para a industrialização no setor deve partir da padronização dos processos, planejamento eficaz e eficiente, sistemas de controle da produção, e organização administrativa e de pessoas que efetivamente contribuam para o aumento da produtividade. Isso significa dizer que a utilização de equipamentos se torna um facilitador que agiliza a produção e tenta garantir mais uniformidade de resultados, mas que de nada adianta se o processo produtivo não estiver industrializado, independente de máquinas.

É importante destacar dentro desses princípios que, para o setor da construção civil, o desafio em industrializar é ainda maior, pois na maioria das vezes transformar o canteiro de obras em uma planta industrial não é viável, uma vez que o investimento é alto para um produto que tem data para ser terminado (a obra). Assim, a industrialização na construção civil passa pela solução em se aplicar insumos cada vez mais industrializados e com maior valor agregado para a produção. Tal estratégia possui a intenção de substituir etapas da obra tradicional a partir de insumos já pré-prontos, evitando desperdícios *in loco* e tornando o processo mais enxuto, fazendo com que o processo construtivo seja gradualmente convertido em linhas de montagem, como se vê na construção de casas em *steel frame*, *wood frame*, fachadas prontas, etc.

Logo, diante desta breve síntese do cenário atual, que na verdade demonstra que estamos ainda em um processo de transformação, nos faz perceber que estamos sendo testemunhas da mudança na história da construção civil nacional. Agora resta saber se você pretende ser meramente um espectador, sem explorar as oportunidades e os desafios, ou fazer parte desta história da transformação da construção civil. Em qual delas você pretende estar? Boa leitura do livro! Esperamos que você opte pela segunda alternativa.

Sergio Botassi dos Santos, DSc., MSc, e
Flávio Augusto Sethimi Sohler, PhD., DSc., MSc., PMI-PMP, PMI-RMP

CAPÍTULO 1 - DIMENSIONAMENTO DE RADIER

Ricardo Tavares Pacheco
Mestre, PUC-GO
ricardoecivil@hotmail.com

Flávio Ricardo Leal da Cunha
Mestre, PUC-GO
engfrlc@gmail.com

Douglas Magalhães Albuquerque Bittencourt
Mestre, PUC-GO
engenheirobittencourt@gmail.com

1.1 INTRODUÇÃO

A busca pela simplificação e economia é uma constante em todas as áreas, e na análise de projetos de fundação não poderia ser diferente. Diante deste contexto, várias edificações, principalmente as mais simples, como as térreas de conjuntos habitacionais ou mesmo pequenas obras isoladas, estão utilizando o Radier como o modelo de fundação, que, além da função suporte da estrutura, também serve como o piso térreo.

O Radier é uma solução relativamente simples no tocante a sua execução, visto que não implica em grandes escavações ou mobilização de equipamentos, basicamente resume-se em uma concretagem de uma placa em contato com o solo. Já o dimensionamento envolve a consideração de um meio contínuo de apoio (solo) solicitado por um elemento estrutural flexível (normalmente uma laje de concreto) que estão conjuntamente dentro de um sistema de Interação Solo-Estrutura. As soluções mais realistas deste problema devem ser analisadas a partir de uma formulação matemática apurada, como o Método dos Elementos Finitos (MEF), o Método dos Elementos de Contorno (MEC) e etc.

Algumas construções, por sua própria natureza, apresentam o Radier como a escolha mais propícia na fundação a ser adotada, sejam elas: silo, armazém, chaminés, torres, etc., além daquelas com alta taxa de pilares altamente solicitados. Enfim, qualquer estrutura que possua uma carga elevada e área de projeção relativamente pequena se apresenta como forte candidata a utilizar um Radier.

Entre o grande espectro que o Radier possibilita como solução, abordaremos a sua empregabilidade em pequenas obras térreas e a apresentação de uma solução analítica aproximada.

1.2 TIPOS DE RADIER

Existe uma série de arranjos estruturais que pode compor o perfil de um radier. Como exemplos têm-se os seguintes tipos de Radier: liso (Figura 1a), pedestal (Figura 1b), cogumelo (Figura 1c), nervurado (Figura 1d), e caixão (Figura 1e).

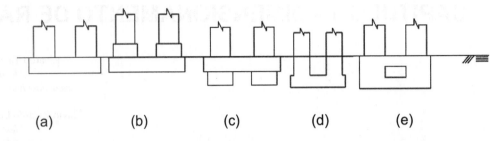

Figura 1 – Tipos de Radier

É interessante observar que não existe uma norma para o dimensionamento ou análise de Radier, há apenas uma menção sobre o conceito de Radier na ABNT NBR 6122:2010 item 3.4.

1.3 ANÁLISE

Como dito, a análise do Radier é uma tarefa árdua em termos de formulação matemática e de esforço computacional, pois o conjunto estrutura-solo tem que ser considerado como um meio contínuo e como tal deve ser discretizado. Em outras palavras, todos os elementos que compõem esse sistema de fundação devem ser contemplados no dimensionamento. Logo, somente uma formulação numérica como MEF e MEC possibilitaria uma melhor acurácia, haja vista a quantidade de variáveis que se tem no problema.

Usualmente, o Radier é um elemento esbelto com espessura relativamente pequena em relação à área em planta, todavia, a sua utilização com espessuras mínimas de 15 cm tem se tornado uma realidade, principalmente para casas populares de um pavimento. Outro determinante do cálculo está relacionado com os recalques permitidos, pois é um dos fatores limitantes no dimensionamento do projeto em face do Estado Limite de Serviço (ELS).

Inicialmente, se estabelece a verificação no Estado Limite Último (ELU), podendo ser conduzida por um método de capacidade de carga de fundação direta como a previsão de Terzaghi (1943) e fazendo as devidas correções que o método necessita, como: embutimento, forma, compressibilidade, etc., ou mesmo um modelo semiempírico.

1.3.1 Distribuição de Tensões de Contato no Radier

Uma das questões mais importantes consiste em saber a distribuição de tensão entre o contato Radier-Solo. Esta distribuição é intimamente ligada à rigidez do elemento de fundação, no qual a estrutura rígida imporá um recalque uniforme e uma pressão em consonância com a Figura 2, dependendo do tipo do solo. Em contrapartida, uma fundação flexível possuirá recalques diferenciais, possibilitando uma distribuição de tensão mais uniforme, vide Figura 3.

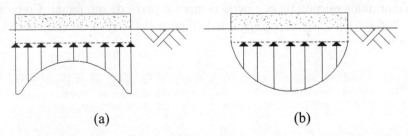

Figura 2 – Distribuição de pressão de contato em argila (a) e areia (b) para uma fundação rígida

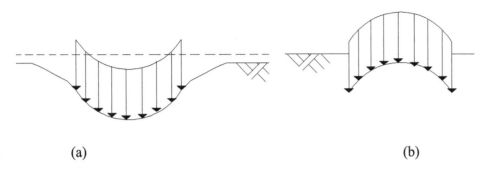

Figura 3 – Distribuição de pressão de contato em argila (a) e areia (b) para uma fundação flexível

Para a determinação das pressões de contato entre o Radier e o solo, bem como os esforços advindos desta solicitação, é preciso determinar as propriedades elásticas do solo, sua capacidade de suporte e a rigidez à flexão do Radier. Deve-se avaliar a rigidez relativa Radier-Solo para a propositura de comportamento deste sistema, visto que a distribuição de tensão é completamente distinta, conforme as Figuras 2 e 3.

1.3.2 Coeficiente de Reação Vertical do Solo

Todo material sob efeito de uma carga se deforma em maior ou em menor grau e o solo não poderia ser diferente. O ponto em questão consiste em determinar qual idealização melhor representa as condicionantes que envolvem o solo, em face de sua continuidade e de seu caráter peculiar de não homogeneidade e anisotropia. Apesar desta complexidade, a prática tem mostrado que modelos elásticos alcançam bons resultados, assim pode-se considerar que uma carga (P) solicitando uma base elástica (Radier-Solo) produzirá uma deformada e uma tensão correlata com a distribuição diretamente induzida pela rigidez do sistema. Winkler propôs que a tensão de reação será proporcional à flecha (w) originada no campo de deformação, conforme Figura 4. A relação é analiticamente representada pela equação (1).

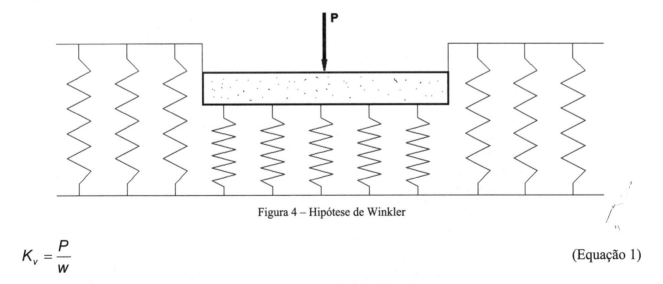

Figura 4 – Hipótese de Winkler

$$K_v = \frac{P}{w}$$ (Equação 1)

O valor que relaciona a tensão de reação do solo e a deformação é usualmente denominada como coeficiente de reação vertical do solo e tradicionalmente é reportada nos meios técnicos como coeficiente de mola. Este coeficiente (K_v) depende diretamente dos parâmetros do solo e do sistema de suporte, no caso o Radier, cuja rigidez e dimensões são preponderantes nas condições de contorno do problema. Vários autores já propuseram correlações com tabelas, ábacos e equações que auxiliam na obtenção dos valores do K_v. Não se deve esquecer que a forma e a dimensão da fundação influenciam diretamente na capacidade de carga e no comportamento do sistema como um todo.

Em termos usuais de projeto, o valor de K_v recomendado deve ser estimado com a realização de prova de carga estática (ensaio de placa), pois estas representam mais adequadamente o comportamento da fundação em campo. Deve-se guardar a relação da proporção da dimensão da placa e da fundação na avaliação do coeficiente, pois o bulbo de tensões deste atinge camadas mais profundas do substrato.

Uma hipótese simples, e que deve ser utilizada com bastante cautela, consiste em estabelecer uma relação entre o N_{SPT} (Índice de resistência à penetração padrão obtido no ensaio SPT – *Standard Penetration Test*, conforme ABNT NBR 6484:2001) do solo e a tensão vertical efetiva a qual a camada de apoio está sujeita, extraindo a partir de uma correlação um N_{SPT} corrigido para se estabelecer um índice chamado de inverso da reação vertical. Esta correlação foi proposta por Alpan (1964), conforme ábacos das Figuras 5a e 5b. Com o valor do inverso da reação vertical estima-se o recalque sofrido pela fundação. Consequentemente, obtendo-se os valores do recalque e da tensão atuante é possível estimar o coeficiente de reação vertical do solo.

1.4 DIMENSIONAMENTO

1.4.1 Considerações Iniciais

A delimitação inicial do problema é a primeira etapa a se cumprir. Estabelecem-se faixas englobando as regiões que envolvam os pilares em alinhamento para cada direção. Dimensiona-se cada faixa partindo da carga média pela equação (2).

$$P = \frac{\sum P_i}{B \cdot L} \tag{Equação 2}$$

Sendo:
P = tensão média;
P_i = carga dos pilares no alinhamento considerado;
B = largura da faixa (1 m);
L = comprimento da faixa em estudo.

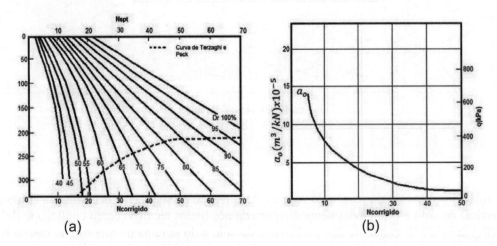

Figura 5 – $N_{corrigido}$ para tensão vertical efetiva geostática (a) e o inverso do coeficiente de reação vertical para uma placa de 30cm (b). Fonte: adaptado de Alpan (1964)

O método de Alpan (1964) inicia pela obtenção do N_{SPT} na camada de apoio e de uma camada localizada a uma profundidade igual à largura da fundação considerada, no caso a mesma da faixa. Para estas cotas, calculam-se as tensões verticais efetivas e suas médias, as quais, levadas ao ábaco da Figura 5ª, fornece um valor de N corrigido, por conseguinte é levado ao ábaco da Figura 5b, na qual se obtém o valor do inverso do coeficiente de reação vertical (a_0). Ressalta-se que a tensão atuante (q) deve ser menor que 400 kPa para N corrigido acima de 30 e menor que 100 kPa para N corrigido abaixo de 30, garantindo-se assim um regime linear de comportamento tensão-deformação do sistema solo-estrutura.

Com o inverso do coeficiente de reação vertical obtém-se o recalque (equação 3), entretanto, a forma geométrica da fundação também é um fator preponderante no comportamento, tanto em termos de capacidade de carga como em relação ao recalque. Utilizando a proposta de Terzaghi e Peck (1948) para o cálculo do recalque de uma placa quadrada de 30 cm e fazendo a devida extrapolação que a geometria requer, obtém-se o recalque estimado, vide equação (3).

$$w_b = a_0 \cdot P$$

(Equação 3)

Para fundações que não sejam quadradas, o valor de w_b deve ser multiplicado pelo fator de forma m, conforme a relação L/B (dimensões do radier: L maior e B menor) na Tabela 1. Por fim, aplica-se a equação (4) para a obtenção do recalque corrigido para o radier.

L/B	1,0	1,5	2,0	3,0	5,0	10,0
m	1,0	1,21	1,37	1,60	1,94	2,36

Tabela 1- Fator de forma para correção de wb.

$$w_B = w_b \cdot \left(\frac{2 \cdot B}{B + b} \right)^2$$

(Equação 4)

Sendo:
w_B = recalque estimado corrigido para as condições geométrica do problema;
w_b = recalque estimado para a placa de 30cm;
B = largura da faixa adotada;
b = largura de uma placa quadrada de 30cm de lado.

Uma vez estabelecido o valor do recalque para estrutura real, é possível estimar o valor do coeficiente de reação vertical "real" corrigido. O termo real indica a correspondência do comportamento dentro de padrões razoáveis do que efetivamente acontece na estrutura propriamente dita.

1.4.2 Verificação da Rigidez do Sistema

A determinação da rigidez do sistema é fundamental para se entender as deformadas e o comportamento do conjunto. O modelo de Hetényi (1946) define a rigidez relativa solo-viga (λ) com o emprego da equação (5).

$$\lambda = \sqrt[4]{\frac{K_v \cdot B}{4 \cdot E_c \cdot I}}$$

(Equação 5)

Sendo:
K_v = coeficiente de reação vertical corrigido pela forma e dimensão da faixa considerada;
B = dimensão transversal da faixa;
E_c = módulo de elasticidade longitudinal do material da faixa (concreto);
I = inércia da seção transversal da faixa.

Conforme o valor de λ, pode-se classificar a placa em:

$\lambda < \dfrac{\pi}{4 \cdot L} \rightarrow$ rigidez relativa elevada;

$\dfrac{\pi}{4 \cdot L} \leq \lambda \leq \dfrac{\pi}{L} \rightarrow$ rigidez relativa média;

$\lambda > \dfrac{\pi}{L} \rightarrow$ rigidez relativa baixa.

Nos casos de rigidez média ou baixa, considera-se que a análise será de uma estrutura flexível sob uma base elástica.

1.4.3 Determinações das Reações e dos Esforços Solicitantes

A determinação das pressões de contato e as implicações na obtenção dos esforços solicitantes, juntamente com os seus diagramas, pode de maneira bastante simples ser considerada com variação linear.

Em face das simplificações adotadas e dos níveis de carregamento, calculam-se os esforços nos pontos de aplicação das cargas dos pilares a partir das resultantes à direita ou à esquerda e posteriormente completam-se os diagramas como se o carregamento (médio) fosse linear e constante entre estes pontos. Utiliza-se a equação (6) para estimar a pressão de contato da faixa, vide Figura 6.

$$q = \dfrac{2 \cdot R}{L} \cdot \left[-3 \cdot \left(1 - 2 \cdot \dfrac{a}{L}\right) \cdot \dfrac{x}{L} + \left(2 - 3 \cdot \dfrac{a}{L}\right) \right] \qquad \text{(Equação 6)}$$

Sendo:
R = resultante das cargas atuantes;
L = comprimento da faixa;
a = distância do ponto de aplicação da carga até a origem do eixo de coordenadas;
x = ponto de interesse.

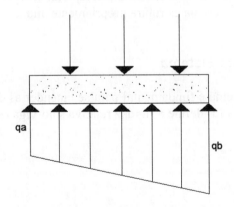

Figura 6 – Pressões de contato Radier-Solo.

Com a determinação das pressões de contato nas extremidades e considerando que a faixa possui um metro de largura, tem-se a estimativa de carga. Em seguida, calculam-se as cargas equivalentes de cada trapézio formado entre os trechos dos pilares, para enfim determinar os esforços solicitantes nos pontos destes pilares. Tendo o Diagrama de Esforços Cortantes (DEC) e o Diagrama de Momentos Fletores (DMF), faz-se o dimensionamento da faixa em estudo para estes esforços, bem como a verificação da necessidade de uma armadura de punção.

1.5 CASO EM ESTUDO

A Figura 7 apresenta a disposição em planta dos pilares de uma edificação térrea, na qual se dimensiona a faixa central que contém os pilares da região com os seguintes carregamentos: P4 = 46,03 kN, P5 = 89,10 kN e P6 = 54,83 kN. Adota-se para o estudo um solo com peso específico de 18 kN/m³, estando o Radier apoiado na camada mais superficial, que apresenta um N_{SPT} de 10 golpes e N_{SPT} de 20 golpes para as demais camadas. Para o concreto, tem-se f_{ck} = 20 MPa.

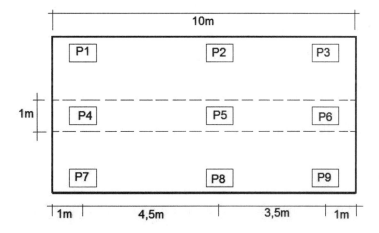

Figura 7 - Disposição dos pilares 12x30cm (sem escala)

SOLUÇÃO:

a) Cálculo da carga média distribuída:

$$P = \frac{(46,03 + 89,10 + 54,83)}{10} = 18,996 \text{ kN/m}$$

b) Obtenção do N corrigido

Para a camada de apoio, tem-se N_{SPT} = 10 e tensão vertical efetiva igual a zero. Utilizando o ábaco da Figura 5ª, obtém-se N corrigido igual a 35. Com N_{SPT} = 20 e a tensão vertical efetiva de 18 kN/m² na camada abaixo da camada de apoio a uma profundidade igual à largura da faixa, implica-se em um N de 55.

$$N_{\text{corrigido médio}} = \frac{(35 + 55)}{2} = 45$$

c) Inverso do coeficiente de reação vertical (a₀)

8 - Projeto, Execução e Desempenho de Estruturas e Fundações

A partir da Figura 5b, obtém-se o valor de $a_0 = 1,4 \times 10^{-5}$ m³/kN.

d) Recalque (equação 3)

$$w_b = 1,4 \cdot 10^{-5} \cdot 18,996 = 26,6 \cdot 10^{-5} \ m$$

e) Fator de forma (m)

L/B = 10/1 = 10, (Tabela 1) implica m = 2,36.

$$w_{b,corrigido} = 26,6 \cdot 10^{-5} \cdot 2,36 = 62,776 \cdot 10^{-5} \ m$$

Da equação (4), tem-se:

$$w_b = 62,776 \cdot 10^{-5} \cdot \left(\frac{2 \cdot 1}{1 + 0,3} \right)^2 = 1,486 \cdot 10^{-3} \ m$$

f) Cálculo do coeficiente de reação vertical pela equação (2):

$$K_v = \frac{18,996}{1,486 \cdot 10^{-3}} = 12,78 \cdot 10^3 \ kN/m³$$

g) Verificação da rigidez

Adotando uma altura mínima de 15 cm para o Radier e posteriormente verificando.

$$I = \frac{b \cdot h^3}{12} = \frac{1 \cdot 0,15^3}{12} = 2,8125 \cdot 10^{-4} \ m^4$$
$$E_c = 0,85 \cdot \alpha \cdot 5600 \cdot \sqrt{f_{ck}}, \text{para } f_{ck} = 20 \ MPa \ e \ \alpha = 1,0$$
$$E_c = 0,85 \cdot 1,0 \cdot 5600 \cdot \sqrt{20} \cong 21,287 \ GPa$$

Da equação 6:

$$\lambda = \sqrt[4]{\frac{12,78 \cdot 10^3 \cdot 1}{4 \cdot 21,287 \cdot 10^6 \cdot 2,8125 \cdot 10^{-4}}} = 0,855 > \frac{\pi}{L}, \text{viga de baixa rigidez.}$$

h) Cálculo da resultante e o ponto de aplicação (Figura 8)

Pelo teorema de Varignon, equação (7):

$$a \cdot R = \sum x_i \cdot R_i \tag{Equação 7}$$

Sendo:
a = distância do ponto de aplicação da resultante das cargas atuantes até a origem das coordenadas;

R = resultante das cargas aplicadas.

R = 46,03 + 89,10 + 54,83 = 189,96 kN

$$a = \frac{46,03 \cdot 1 + 89,10 \cdot 5,5 + 54,83 \cdot 9}{189,96} = 5,42 \text{ m}$$

i) Cálculo das cargas lineares das extremidades (Figura 8)

$$q_a = \frac{2 \cdot 189,96}{10} \cdot \left[-3 \cdot \left(1 - 2 \cdot \frac{5,42}{10}\right) \cdot \frac{0}{10} + \left(2 - 3 \cdot \frac{5,42}{10}\right) \right] = 14,209 \text{ kN/m}$$

$$q_b = \frac{2 \cdot 189,96}{10} \cdot \left[-3 \cdot \left(1 - 2 \cdot \frac{5,42}{10}\right) \cdot \frac{10}{10} + \left(2 - 3 \cdot \frac{5,42}{10}\right) \right] = 23,783 \text{ kN/m}$$

j) Reações em cada ponto de carga dos pilares (Figura 8)

$$q_m = \frac{23,783 - 14,209}{10} = 0,9574 \text{ kN/m}$$
$$q_1 = 14,209 + 0,9574 \cdot 1,0 = 15,166 \text{ kN/m}$$
$$q_2 = 14,209 + 0,9574 \cdot 5,5 = 19,475 \text{ kN/m}$$
$$q_3 = 14,209 + 0,9574 \cdot 9,0 = 22,826 \text{ kN/m}$$

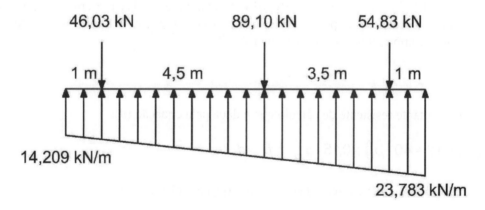

Figura 8 - Diagrama de distribuição de pressões e cargas dos pilares

Recorrendo-se à Análise Estrutural, pode-se obter os diagramas de esforços solicitantes conforme se apresentam na Figura 9.

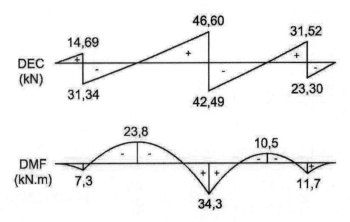

Figura 9 – Diagramas de esforço cortante (DEC) e de momento fletor (DMF)

k) Cálculo da área de aço longitudinal

O cálculo das armaduras longitudinais para resistir à flexão pode ser desenvolvido admitindo que o radier avaliado possa ser representado pelo modelo de viga. Maiores detalhes sobre métodos de dimensionamento de vigas fogem do escopo deste documento e podem ser apreciados na ABNT NBR 6118:2014 ou em outras referências da literatura. A título de ilustração, considerando que a seção transversal seja retangular de base igual a 1,0 m e altura total de 0,15 m, com cobrimento de 3 cm, para o momento máximo positivo obtém-se uma área de aço de 11,05 cm²/m e, no negativo, de 7,17 cm²/m.

l) Verificação quanto à punção

Para que não seja necessária armadura para resistir ao cisalhamento no radier, este deve ser verificado conforme o item 19.4.1 da ABNT NBR 6118:2014. O atendimento das prescrições dessa norma visa à avaliação dos esforços cortantes que poderiam levar à punção do radier. A força cortante de cálculo a uma distância "d" da face de apoio, deve obedecer à equação (8):

$$V_{Sd} \leq V_{Rd1} \tag{Equação 8}$$

Sendo V_{Rd1} a força cortante resistente de cálculo que é dada pela equação (9):

$$V_{Rd1} = [\ \tau_{Rd} \cdot k \cdot (1,2 + 40 \cdot \rho_1) + 0,15 \cdot \sigma_{cp}\ ] \cdot b_w \cdot d \tag{Equação 9}$$

Para a determinação de V_{Rd1}, devem ser consultadas as equações (10) a (13):

$$\tau_{Rd} = \frac{0,25 \cdot 0,21 \cdot (f_{ck})^{2/3}}{\gamma_c} \ (MPa) \tag{Equação 10}$$

O coeficiente k é igual a 1,0 quando menos de 50 % da armadura inferior não chega ao apoio. Para os demais casos, tem-se, atribuindo d em metros:

$$k = |1,6 - d| \geq |1| \tag{Equação 11}$$

$$\rho_1 = \frac{As_1}{b_w \cdot d} \leq |0,02| \qquad \text{(Equação 12)}$$

$$\sigma_{cp} = \frac{N_{Sd}}{A_c} \qquad \text{(Equação 13)}$$

Sendo:

τ_{Rd} = tensão resistente de cálculo do concreto ao cisalhamento;

A_{s1} = área da armadura de tração que se estende até não menos que (d) acrescido do comprimento de ancoragem necessário, conforme estabelecido no item 9.4.2.5 da ABNT NBR 6118:2014. Assim, a partir do eixo do pilar, deve-se ter uma espessura de radier que contemple a referida ancoragem das armaduras.

b_w = largura mínima da seção ao longo da altura útil (d);

N_{Sd} = força longitudinal na seção devida à protensão ou carregamento (a compressão é considerada com sinal positivo).

A partir do que foi estabelecido na equação (10), pode-se efetuar a verificação da dispensa da armadura de cisalhamento:

$$\tau_{Rd} = \frac{0,25 \cdot 0,21 \cdot (20)^{2/3}}{1,4} = 0,2763 \ MPa = 276,3 \ kPa$$

Considerando que 100% da armadura inferior chega ao apoio, aplicam-se as equações 11 e 12:

$$k = |1,6 - 0,12| = 1,48 \geq |1|$$

$$\rho_1 = \frac{11,05 \ (cm^2)}{100 \cdot 12 \ (cm^2)} = 0,00921 \leq |0,02|$$

Considerando σ_{cp} igual a zero, pois não há esforços normais ao longo do eixo longitudinal da peça, de acordo com as equações (9) e (8):

$$V_{Rd1} = [276,3 \cdot 1,48 \cdot (1,2 + 40 \cdot 0,00921) + 0,15 \cdot 0] \cdot 1,0 \cdot 0,12 = 76,96 \ kN$$

$$V_{Sd} = 1,4 \cdot 46,60 = 65,24 \ kN \leq 76,96 \ kN$$

Portanto, fica comprovado não ser necessário o uso da armadura para resistir o cisalhamento.

1.6 CONCLUSÕES

Este capítulo discorreu acerca de uma metodologia simplificada de dimensionamento de radier em concreto armado como elemento de fundação para uma edificação de pequeno porte. Foram destacados os fatores intervenientes para avaliação do comportamento geotécnico e estrutural desse sistema de fundação.

No que diz respeito ao solo, observou-se a importância de avaliar o comportamento carga *versus* recalque para o devido relacionamento dos modelos de cálculo apresentados. Nesse sentido, salienta-se a aplicação de resultados de Prova de Carga sobre Placa para a determinação do coeficiente de reação vertical do solo. A qualidade da solução depende substancialmente desse dado de entrada e o uso de parâmetro indevidamente obtido pode comprometer substancialmente o resultado final.

Tendo em vista que o radier avaliado no estudo de caso recebia um carregamento simples, caracterizado por pilares distribuídos relativamente uniformes e com cargas pequenas, este pode ser dimensionado considerando-o como um elemento de viga ao longo dos alinhamentos dos pilares. Para tanto, admitiu-se uma largura fictícia de 1,0 m para o dimensionamento estrutural com a qual pode-se efetuar as verificações de resistência à flexão e ao cortante a partir dos diagramas de esforços solicitantes obtidos.

Por fim, ressalta-se a existência de outras formas de cálculo para radier e que neste trabalho foi apresentado um método simplificado para pequenas cargas. O seu uso deve-se limitar às condições similares, ficando a cargo do projetista a responsabilidade da escolha do método a ser utilizado.

1.7 REFERÊNCIAS BIBLIOGRÁFICAS

ALPAN, I. Estimating the settlements of foundations on sands. Civil Engineering and Public Works Review, v.59, p.1415-1418, November 1964.

ASSOCIAÇÃO BRASILEIRA DE NORMAS TÉCNICAS. NBR 6118: Projeto de estruturas de concreto - Procedimento. Rio de Janeiro, 2014.

ASSOCIAÇÃO BRASILEIRA DE NORMAS TÉCNICAS. NBR 6122: Projeto e execução de fundações. Rio de Janeiro, 2010.

ASSOCIAÇÃO BRASILEIRA DE NORMAS TÉCNICAS. NBR 6484: Solo - Sondagens de simples reconhecimento com SPT - Método de ensaio. Rio de Janeiro, 2001.

HETÉNYI, M. Beams on elastic foundation. Ann Arbour: University of Michigan Press, 1946.

TERZAGHI, K. Theoretical Soil Mechanics. New York: John Wiley & Sons, 1943.

TERZAGHI, K.; PECK, R.B. Soil mechanics in engineering practice. New York: John Wiley & Sons, 1948.

VELLOSO, D.A.; LOPES, F.R. Fundações: critérios de projetos, investigação do subsolo, fundações superficiais, fundações profundas. São Paulo: Oficina de Textos, 2010.

CAPÍTULO 2 - DIMENSIONAMENTO DE UM BLOCO SOBRE VÁRIAS ESTACAS

Flávio Ricardo Leal da Cunha
Mestre, PUC-GO
engfrlc@gmail.com

Daniel Carmo Dias
Mestre, PUC-GO
engdanieldias@gmail.com

Douglas Magalhães Albuquerque Bittencourt
Mestre, PUC-GO
engenheirobittencourt@gmail.com

Resumo

O aumento da verticalização das edificações vem conduzindo a concentração de cargas nos pilares. A solução que normalmente viabiliza a concepção destes projetos são blocos sobre estacas. Assim, atendendo esta demanda, será demonstrado o dimensionamento analítico de um bloco de coroamento para um grupo sobre 12 estacas.

Palavras-chave: Método das Bielas. Armadura de blocos. Bloco de coroamento.

2.1 INTRODUÇÃO

Nos últimos anos, houve uma evolução nos processos de execução de estacas da qual surgiu equipamentos com um bom controle tecnológico, permitindo o aumento da capacidade de carga, além de garantir a qualidade e a eficiência deste tipo de fundação. Outro ponto a ser retratado é que, devido à escassez de áreas bem localizadas nos grandes centros urbanos do Brasil, a construção de edifícios cada vez mais altos se tornou uma prática usual, possibilitando diluir os custos por área de construção verificados nestes empreendimentos.

Essa verticalização propiciou a viabilização do uso de estacas como solução corriqueira para essas edificações. Porém, como as cargas dos pilares são elevadas, há a necessidade do uso de várias estacas para suportar o carregamento, tornando usual a construção de blocos de grandes dimensões.

2.2 ANÁLISE DE BLOCO COM VÁRIAS ESTACAS

O dimensionamento de grandes blocos começa pela avaliação do estaqueamento e pilares que este suportará. Para blocos com até doze estacas, esta interpretação pode ser feita por métodos analíticos, ao passo que para blocos maiores é recomendado que seja feita uma análise numérica, modelando o bloco sobre as estacas como sendo uma única fundação, que no caso é conhecida como radier estaqueado (Sales, 2000).

A diferença entre os métodos de cálculo ocorre pela consideração do contato bloco-solo e da interação dos elementos que compõe o sistema de fundação: bloco, estacas e solo. No método analítico, considera-se que o bloco não apoia no solo, portanto o bloco tem como função apenas transmitir as cargas do pilar para as estacas (Figura 1a). Para este caso, o modelo de cálculo pode ser feito a partir dos métodos clássicos, como o método das bielas e tirantes. Já na análise de fundação mista, parte do carregamento pode ser suportada pelo bloco por meio do contato com o solo, de acordo com sua capacidade de suporte e geometria do estaqueamento, e a outra parte pelas estacas (Figura 1b). Esta avaliação tem sido feita com o emprego de ferramentas numéricas que utilizam Métodos dos Elementos Finitos (MEF) em suas análises, tais como: DIANA, GARP, entre outros.

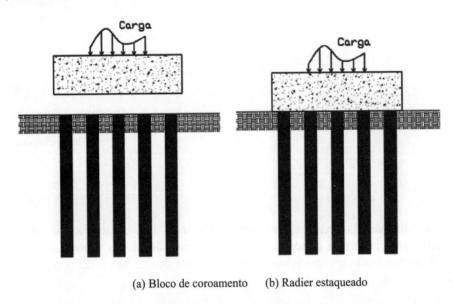

(a) Bloco de coroamento   (b) Radier estaqueado

Figura 1 – Idealização do comportamento do contato bloco-solo

De uma maneira geral, é evidente que, para blocos de menores dimensões, o comportamento dos dois modelos tende a se aproximar. Porém, no caso de grandes blocos, o uso da metodologia de fundação mista representa melhor o comportamento real ocorrido em campo que é dependente da interação entre o bloco e as estacas, reduzindo os esforços nos blocos e, consequentemente, a sua armadura, podendo resultar em uma significativa economia no dimensionamento destes blocos. Além disso, a utilização de métodos analíticos não possui acurácia para prever a distribuição de carga nas estacas e, consequentemente, os esforços internos nos blocos. Dessa forma, a utilização da metodologia analítica em blocos de grandes dimensões pode levar à existência de estacas com carga superior ao seu limite estrutural e, consequentemente, o subdimensionamento do bloco de coroamento (Sales, Bittencourt, 2010).

2.3 RECOMENDAÇÕES NO DIMENSIONAMENTO DE BLOCO SEGUNDO A ABNT NBR 6118:2014

Esta é a norma aceita no dimensionamento de blocos de modelos tridimensionais lineares ou não lineares, com emprego de procedimento numérico adequado e modelos biela-tirante tridimensionais. Estes blocos são estruturas de volume usadas para transmitir às estacas e aos tubulões as cargas de fundação, podendo ser considerados rígidos ou flexíveis de acordo com o critério da equação 1:

$$d \geq \begin{cases} \dfrac{L-a}{3} \\ \dfrac{B-b}{3} \end{cases}$$

(Equação 1)

em que:

        d = altura útil do bloco considerado rígido
        L = maior dimensão do bloco
        B = menor dimensão do bloco
        a = maior dimensão do pilar paralela à maior dimensão do bloco
        b = menor dimensão do pilar paralela à menor dimensão do bloco

No caso do bloco rígido, o comportamento estrutural se caracteriza por:

- trabalhar a flexão nas duas direções, mas com trações essencialmente concentradas nas linhas sobre as estacas;
- transmitir as forças do pilar para as estacas essencialmente por bielas de compressão, de forma e dimensões complexas;
- trabalhar o cisalhamento também em duas direções, não apresentando ruínas por tração diagonal, e sim por compressão das bielas, analogamente às sapatas.

Já no bloco flexível, recomenda-se uma análise mais completa, desde a distribuição dos esforços nas estacas, dos tirantes de tração, até a necessidade da verificação da punção.

Na região de contato entre o pilar e o bloco, os efeitos de fendilhamento devem ser considerados, permitindo a adoção de um modelo de bielas e tirantes para a determinação das armaduras. Sempre que houver forças horizontais significativas ou forte assimetria, o modelo deve contemplar a interação solo-estrutura, que levam em consideração os efeitos de recalque oriundos das fundações.

2.3.1 Blocos Rígidos

Segundo a norma, a armadura de flexão deve ser disposta essencialmente (mais de 85%) nas faixas definidas pelas estacas, considerando o equilíbrio com as respectivas bielas. As barras devem ser estendidas de face a face do bloco e terminar em gancho nas duas extremidades. Deve ser garantida a ancoragem das armaduras de cada uma dessas faixas, sobre as estacas, medida a partir das faces internas das estacas. Pode ser considerado o efeito favorável da compressão transversal às barras, decorrente da compressão das bielas.
No caso de estacas tracionadas, a armadura da estaca deve ser ancorada no topo do bloco. Podem ser utilizados estribos que garantam a transferência da força de tração até o topo do bloco.

A armadura de distribuição, colocada na parte superior do bloco de coroamento para controlar a fissuração, deve ser prevista, independente da armadura principal de flexão, em malha uniformemente distribuída em duas direções para 20% dos esforços totais. Este valor pode ser reduzido desde que seja justificado o controle das fissuras na região entre as armaduras principais.

A armadura de suspensão será prevista para a parcela de carga a ser equilibrada se o espaçamento entre estacas for maior que três vezes o diâmetro da estaca ou se for colocada armadura de distribuição para mais de 25% dos esforços totais.

O bloco deve ter altura suficiente para permitir a ancoragem da armadura de arranque dos pilares prevista no projeto estrutural.

Em blocos, com duas ou mais estacas em uma única linha, é obrigatória a colocação de armaduras laterais e superior. Em blocos de fundação de grandes volumes, é conveniente a análise da necessidade de armaduras complementares.

2.3.2 Blocos Flexíveis

Devem ser atendidos os requisitos relativos às lajes e à punção.

2.4 RECOMENDAÇÕES DA LITERATURA

Segundo Alonso (2010), é recomendável a utilização de armadura de pele, principalmente quando a armadura principal tem diâmetro elevado. Essa armadura tem como finalidade reduzir a abertura das fissuras, e seu valor pode ser estimado igual a um oitavo da seção total da armadura principal, por face do bloco. Quanto à armadura na parte superior, quando o cálculo indica não haver necessidade, o assunto é bastante controverso. Alguns autores recomendam a colocação de uma armadura usando-se uma seção mínima que atenda às disposições construtivas, e outros dispensam a colocação desta armadura por entender que dificulta a confecção do bloco e colocação do arranque do pilar, trazendo mais desvantagens que vantagens. Neste trabalho, será seguida a linha dos últimos autores, ou seja, quando não for exigida pelo cálculo, a armadura superior será dispensada.

2.5 DIMENSIONAMENTO DO BLOCO PELO MÉTODO DAS BIELAS E TIRANTES

O dimensionamento do bloco sobre várias estacas pelo método das bielas e tirantes parte do princípio de existir uma treliça tridimensional dentro do bloco, a qual gerará bielas comprimidas e tirantes tracionados no interior do bloco. Nas regiões das bielas, somente o concreto deverá atender às solicitações, já nas regiões dos tirantes, deverá ser confeccionada uma armadura para combater os esforços de tração.

A determinação dos esforços de tração no bloco é feita a partir do princípio de estabelecerem seções de referências (S.R.) nos pontos críticos onde serão gerados os momentos máximos nos blocos. Segundo Alonso (2010), estas seções de referência para pilares de pequena inércia (≤ 60 cm) coincidem com o centro de carga do pilar (c.c.), porém, para pilares de grande inércia (> 60cm), a seção de referência passa em torno de 15% do comprimento do respectivo lado do pilar em relação a sua face (cx=0,15.a e cy=0,15.b), conforme ilustra a Figura 2.

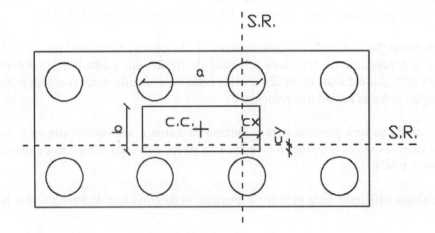

Figura 2 – Vista em planta para determinação da seção de referência (S.R.) para pilares de grande inércia

Devido aos efeitos de vento e das ligações da estrutura, os pilares transmitem para as fundações não somente o esforço vertical, mas também carga momento e esforço horizontal. O esforço horizontal pode ser absorvido tanto pelo contato do bloco com o solo de apoio (resistência ao cisalhamento no contato) por meio do contato lateral, ou do empuxo passivo, mas também combatido pelo solo em contato com a estaca. Na consideração de o bloco combater tais esforços, deve-se obrigatoriamente realizar a concretagem "contra o barranco" (assegurando que o solo não venha a ser removido) e no dimensionamento do empuxo passivo aplicar o coeficiente de redução igual a dois, levando em consideração a limitação quanto à deformação, conforme determina a ABNT NBR 6122:2010.

Os momentos provenientes dos pilares podem ser suportados no bloco sobre várias estacas considerando que o bloco transmite os efeitos para as estacas a partir da decomposição da carga. Para o processo de decomposição ser válido, os eixos x e y representam os eixos principais de inércia, as estacas devem ter as mesmas características e propriedades, tais como: tipo de estaca, diâmetro e comprimento, ou seja, mesma rigidez. Assim, a carga na estaca será dada pela equação 2, conhecida como fórmula de Navier:

$$P_i = \frac{N}{n} \pm \frac{M_x.y_i}{\sum y_i^2} \pm \frac{M_y.x_i}{\sum x_i^2}$$
(Equação 2)

em que:

P_i = carga por estaca após a decomposição dos momentos
N = carga do pilar
n = número de estacas
Mx, My = carga momento oriunda da superestrutura nas direções x e y
xi, yi = distância em planta (eixos x, y) do centro de cada estaca até o centro de carga do pilar
Σxi2, Σyi2 = somatório do quadrado da distância de todas as estacas ao centro de carga do pilar, nas direções x e y

Quanto ao espaçamento entre as estacas, é usual estar entre 2,5 a 3,0 vezes o seu diâmetro ou pelo menos 60cm. Espaçamentos maiores não são usados, pois aumentam o custo do bloco aliado ao pequeno espaço existente entre os pilares; caso sejam usados espaçamentos menores, haverá a interferência entre as regiões de mobilização do solo, portanto a ABNT NBR 6122:2010 obriga que se considere uma única estaca com diâmetro equivalente, o que produz uma significativa redução da capacidade de carga das estacas, inviabilizando na maioria das vezes esta solução. O espaçamento de 2,5 vezes o diâmetro é usado para as estacas as quais mantêm seu interior preenchido durante todo o processo de execução, já o espaçamento de 3,0 vezes o diâmetro é utilizado para as estacas as quais, durante a execução, ficam com a cava aberta por algum instante até a sua concretagem.

As dimensões em planta do bloco são determinadas em função da distribuição das estacas no bloco e dimensões do pilar, devendo o bloco envolver ambos. As estacas deverão ser protegidas, estando 15cm da face do bloco. Em relação à determinação da altura do bloco, neste trabalho será feita a consideração do bloco rígido usando a equação 1 para a escolha da altura.

Os esforços de tração (T_x e T_y) no bloco serão calculados usando as seções de referência e aplicando as equações 3 e 4, as quais consistem no procedimento conhecido como método das bielas (Moraes, 1978).

$$T_x = \frac{\sum P_i.x_n}{0,85.d}$$
(Equação 3)

$$T_y = \frac{\sum P_i.y_n}{0,85.d}$$
(Equação 4)

em que:

x_n = distância do centro da estaca até a seção de referência no eixo 'x'

y_n = distância do centro da estaca até a seção de referência no eixo 'y'

O cálculo da área de aço (A_{sx} e A_{sy}) é feito pelas equações 5 e 6, sendo que o índice 1,61 leva em consideração o produto entre o coeficiente de majoração de carga (1,4) e minoração da resistência do aço (1,15):

$$A_{Sx} = \frac{1,61.T_x}{f_{yk}}$$ (Equação 5)

$$A_{Sy} = \frac{1,61.T_y}{f_{yk}}$$ (Equação 6)

onde:

f_{yk} = resistência característica ao escoamento do aço da armadura passiva

É feita uma armadura horizontal (armadura de pele ou lateral), conforme recomendado por Alonso (2010), considerando um oitavo da maior armadura longitudinal. Quando a armadura superior é usada apenas para combater os efeitos de retração, é utilizado um quinto da armadura longitudinal em sua direção.

Neste trabalho, optou-se por não usar a armadura superior. Isto se deve aos resultados de pesquisas de monitoramento de temperatura no interior de grandes blocos que vêm demonstrando que os piores efeitos ocorrem mais próximo da parte superior do bloco. O uso de armadura pode esconder esses efeitos na face superior e fazer com que a pior situação fique na região interna do bloco, região a qual estará efetivamente trabalhando as bielas comprimidas e, portanto, ocultando um futuro problema. Além disso, essa armadura superior pode atrapalhar a colocação da armadura de arranque do pilar. Para se evitar as fissuras no bloco, deve ser feito um traço especial do concreto controlando os processos exotérmicos de endurecimento da pasta, podendo em alguns casos substituir parte do cimento por sílica ativa com os devidos estudos na dosagem, fazer a concretagem por etapas e, também, escolher um período do dia mais fresco, início da manhã ou fim da tarde, para realizar a concretagem do bloco. (Mehta e Monteiro, 1994 e Andrade, 1997).

Na escolha da estaca, é comum considerar a carga de projeto sendo igual à capacidade estrutural do elemento aliado à resistência da ligação solo-estaca, otimizando o projeto. Para determinação da capacidade de carga, é necessária a tensão máxima usada no concreto de fundação, assim, nas estacas moldadas "in loco", essa tensão pode ser retirada da Tabela 4 da ABNT NBR 6122:2010, já nas estacas pré-fabricadas esta informação é vista no catálogo do fabricante. A norma de fundação indica na Tabela 6 as tensões admissíveis máximas para não ser obrigatória a realização de provas de carga, logicamente quando não atendida a quantidade de estacas da coluna 'b' desta mesma tabela. Portanto, a carga estrutural da estaca será determinada pela equação 7:

$$P_{estr} = \sigma_c.A_c$$ (Equação 7)

em que:

Pestr = capacidade estrutural da estaca

σc = tensão máxima no concreto admitida pela ABNT NBR 6122:2010

Ac = área da seção transversal da estaca

2.6 ESTUDO DE CASO

Dimensionar o bloco para suportar um pilar de 30x120cm com carga vertical de 618tf, Mx=12tf.m e My=90tf.m (Figura 3). Considerar que as estacas são do tipo hélice-contínua com 40cm de diâmetro e suportam todo o esforço horizontal e que a armadura seja definida com aço CA-50.

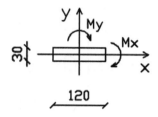

Figura 3 – Esquema do pilar com as direções dos momentos

SOLUÇÃO:

a) Determinação da capacidade de carga estrutural da estaca

Neste exemplo não será calculada a capacidade da interação solo-estaca (carga de projeto) oriunda do resultado de prova de carga ou do uso de métodos semiempíricos. Será admitido que a capacidade da interação solo-estrutura será igual à capacidade estrutural da estaca (equação 7). Assim, será usada como capacidade estrutural a tensão no concreto de 5,0MPa (50kgf/cm^2) extraída na Tabela 6 da ABNT NBR 6122:2010, que é a tensão admissível máxima usada sem a necessidade de realizar ensaio de prova de carga desde que o número de estacas do estaqueamento seja menor que 100.

$$P_{estr} = 50 \cdot \frac{\pi \cdot 40^2}{4} = 62.832 kgf = 62,83 tf$$

b) Determinação da quantidade estacas

O número de estacas é encontrado dividindo a carga do pilar pela capacidade de carga de uma estaca individual.

$$n = \frac{618}{62,83} = 10 \text{ estacas}$$

A quantidade de 10 estacas leva em consideração apenas o esforço vertical, porém o pilar tem cargas momento, assim serão adotadas inicialmente 12 estacas para combater os efeitos das cargas momento e por fim, será verificado se o estaqueamento absorve os esforços do pilar.

c) Determinação das dimensões em planta do bloco

O espaçamento usual entre as estacas do tipo hélice-contínua é 2,5 vezes o seu diâmetro, assim, neste exemplo, será:

S = 2,5.D = 2,5.40 = 100 cm

O melhor sentido para o bloco com 12 estacas absorver o carregamento do pilar está ilustrado na Figura 4, na qual o maior lado do bloco fica paralelo ao maior lado do pilar e, consequentemente, na direção da flexão do maior momento My.

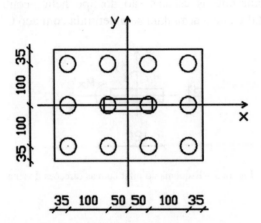

Figura 4 – Disposição das estacas no bloco

Assim, as dimensões do bloco em planta são:

$$L \geq \begin{cases} a + 2 \cdot 5cm = 120 + 10 = 130cm \\ 3 \cdot S + D + 2 \cdot 15cm = 300 + 40 + 30 = 370cm \end{cases}$$

$\therefore L = 370cm$

$$B \geq \begin{cases} b + 2.5cm = 30 + 10 = 40cm \\ 2.S + D + 2.15cm = 200 + 40 + 30 = 270cm \end{cases}$$

$\therefore B = 270cm$

em que:
    a = dimensão do pilar na direção x
    b = dimensão do pilar na direção y
    D = diâmetro da estaca

d) Cálculo da carga recebida por estaca após a decomposição dos momentos

O cálculo da carga de cada estaca será feito a partir da equação 2, considerando o sinal positivo quando gerar compressão na estaca e negativo quando gerar tração na estaca. Serão nomeadas as estacas conforme esquematizado na Figura 5 para facilitar o entendimento da distribuição de carga por estaca.

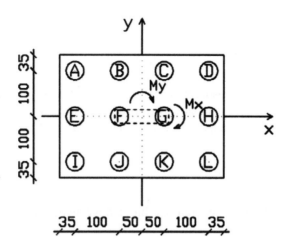

Figura 5 – Disposição das estacas dentro do bloco

$\Sigma x_i^2 = 6.0,5^2 + 6.1,5^2 = 15 \text{ m}^2$

$\Sigma y_i^2 = 8.1,0^2 = 8 \text{ m}^2$

$$P_A = \frac{618}{12} - \frac{12.1,0}{8} - \frac{90.1,5}{15} = 41,0tf$$

$$P_B = \frac{618}{12} - \frac{12.1,0}{8} - \frac{90.0,5}{15} = 47,0tf$$

$$P_C = \frac{618}{12} - \frac{12.1,0}{8} + \frac{90.0,5}{15} = 53,0tf$$

$$P_D = \frac{618}{12} - \frac{12.1,0}{8} + \frac{90.1,5}{15} = 59,0tf$$

$$P_E = \frac{618}{12} - \frac{90.1,5}{15} = 42,5tf$$

$$P_F = \frac{618}{12} - \frac{90.0,5}{15} = 48,5tf$$

$$P_G = \frac{618}{12} + \frac{90.0,5}{15} = 54,5tf$$

$$P_H = \frac{618}{12} + \frac{90.1,5}{15} = 60,5tf$$

$$P_I = \frac{618}{12} + \frac{12.1,0}{8} - \frac{90.1,5}{15} = 44,0tf$$

$$P_J = \frac{618}{12} + \frac{12.1,0}{8} - \frac{90.0,5}{15} = 50,0tf$$

$$P_K = \frac{618}{12} + \frac{12.1,0}{8} + \frac{90.0,5}{15} = 56,0tf$$

$$P_L = \frac{618}{12} + \frac{12.1,0}{8} + \frac{90.1,5}{15} = 62,0tf$$

Verificação da carga máxima suportada por estaca:

P_L = 62,0tf (maior carga por estaca) < P_{estr} = 62,83tf (aprovado)

Assim, o grupo de estacas é capaz de absorver os esforços oriundos do pilar em termos de carga vertical e carga momento, podendo-se seguir o dimensionamento do bloco, caso contrário, deveria ser aumentado o número de estacas ou usar uma tensão máxima de até 6,0MPa (tabela 4 da ABNT NBR 6122:2010), sendo obrigatório realizar provas de carga.

e) Cálculo da altura útil do bloco

Segundo a ABNT NBR 6118:2014, para ser rígido, o bloco deve atender (equação 1):

$$d \geq \begin{cases} \dfrac{370-120}{3} = 83,3cm \\ \dfrac{270-30}{3} = 80cm \\ L_{ancoragem\ do\ pilar} = 100cm\ (adotado) \end{cases}$$

A altura útil do bloco é escolhida pelo projetista, devendo ser maior ou igual ao valor calculado e normalmente se trabalhando com múltiplos de 5cm, devendo arredondar sempre para cima. Neste exemplo, será adotada uma altura útil (d) = 115 cm e, portanto, uma altura total (h) h = d + 5 cm = 115 + 5 = 120 cm. Lembrando que, ao adotar alturas acima de um metro no bloco, deverá ser feita a compensação no cálculo da capacidade geotécnica, haja visto que no dimensionamento geotécnico é usual desconsiderar apenas a resistência do primeiro metro da estaca. Tendo o bloco uma altura maior, implicará em uma redução do comprimento efetivo da estaca que propicia resistência ao longo do fuste.

f) Cálculo dos esforços de tração no bloco

Para o cálculo do esforço de tração, deverão ser definidas as Seções de Referências (S.R.) as quais, para pilares de grande inércia (> 60cm), passam em torno de 15% do comprimento em relação ao seu lado (Figura 2). Neste exemplo, as seções foram escolhidas passando no lado das estacas mais carregadas pelo efeito da decomposição dos momentos (Figura 6).

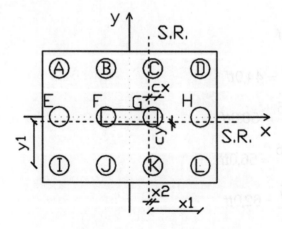

Figura 6 – Localização das Seções de Referência

Assim, tem-se cx e cy:

cx = 0,15.a = 0,15.120 = 18 cm
cy = 0,15.b = 0,15.30 = 4,5 cm

Cálculo das distâncias do centro das estacas até a S.R. passando pelo centro de carga do pilar:

x1= 1,5.S – 0,5.a + c_x = 150 – 60 + 18 = 108 cm

x2= 0,5.S – 0,5.a + c_x = 50 – 60 + 18 = 8 cm

y1= 1,0.S – 0,5.b + c_y = 100 – 15 + 4,5 = 89,5 cm

Cálculo dos esforços de tração (T_x e T_y) pelas equações 3 e 4:

$$T_x = \frac{(59,0 + 60,5 + 62,0).108 + (53,0 + 54,5 + 56,0).8}{0,85.115} = 213,91\,tf$$

$$T_y = \frac{(44,0 + 50,0 + 56,0 + 62,0).89,5}{0,85.115} = 194,11\,tf$$

g) Cálculo da área de aço e detalhe da armadura

Cálculo da área de aço pela equação 5:

$$A_{Sx} = \frac{1,61.213,91}{5,0} = 68,88 \text{ cm}^2$$

A armadura A_{sx} é paralela ao lado "L" do bloco, assim, será distribuída em relação ao lado "B". Será adotada para a armadura na direção x a barra de 20,0mm (A_s = 3,14 cm^2).

$$N_x = \frac{68,88}{3,14} = 22 \text{ barras}$$

$$S_Y = \frac{B - 20cm}{N_x - 1} = \frac{270 - 20}{22 - 1} = 11,5 \text{ cm} \quad \text{(espaçamento entre as barras da armadura horizontal)}$$

Na outra direção, pela equação 6, tem-se:

$$A_{Sy} = \frac{1,61.194,11}{5,0} = 62,51 \text{ cm}^2$$

A armadura A_{sy} é paralela ao lado "B" do bloco, assim, será distribuída em relação ao lado "L". Adotando também a barra de 20,0mm, tem-se:

$$N_y = \frac{62,51}{3,14} = 20 \text{ barras}$$

$$S_X = \frac{L-20cm}{N_y-1} = \frac{370-20}{20-1} = 18,0 \text{ cm} \quad \text{(espaçamento entre as barras da armadura vertical)}$$

A armadura horizontal (A_{SH}) será:

$$A_{SH} = \frac{1}{8}.A_S \text{ (maior armadura)} = \frac{1}{8}.68,88 = 8,61 \text{ cm}^2$$

Esta armadura será distribuída ao longo da altura do bloco. Adotando uma barra de 12,5 mm ($A_s = 1,22$ cm²), são necessárias:

$$N_H = \frac{8,61}{1,22} = 8 \text{ barras}$$

$$S_H = \frac{H-20cm}{N_H-1} = \frac{120-20}{8-1} = 14,0 \text{ cm}$$

É mais fácil dividir a armadura horizontal em duas peças para formar cada estribo, pois facilita na montagem, além de a limitação do comprimento das barras (12,0m) para grandes blocos ser insuficiente para sua envoltória. Assim, esta montagem é feita mantendo o traspasse (ou trespasse) que usualmente é usado de 40 vezes o diâmetro da barra escolhida, ou pelo menos 40cm, prevalecendo o maior das medidas. No caso dimensionado, foi mantido o cobrimento mínimo de 3,0cm em contato com o solo (ABNT NBR 6118:2014) e usado o traspasse descrito. Além disso, o comprimento final da barra foi arredondado para cima em múltiplos de 10cm para facilitar o corte das peças.

A Figura 7 apresenta o detalhe das armaduras para o projeto.

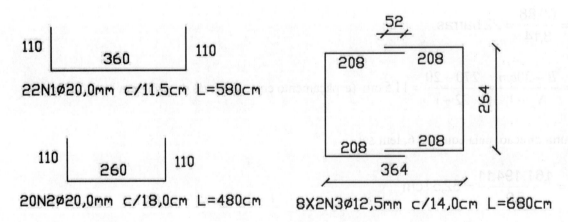

Figura 7 – Detalhe das armaduras do bloco de coroamento

h) Cálculo do volume de concreto

O volume de concreto do bloco será o produto das dimensões:

$V_c = B.L.H = 2,7.3,7.1,2 = 11,99 \ m^3$

Ressalta-se que o concreto do bloco deve ser o mesmo empregado no pilar para que não sejam necessárias verificações quanto a sua resistência ao esmagamento.

i) Resumo de aço

A Tabela 1 apresenta a lista de aço usado pelo armador e a Tabela 2, o resumo de aço utilizado pelo orçamentista.

Tabela 1 – Lista de armadura do bloco

N	Φ (mm)	Quantidade	Comprimento (m)	
			Unitário	Total
1	20,0	22	5,8	127,6
2	20,0	20	4,8	96,0
3	12,5	16	6,8	108,8

Tabela 2 – Resumo da armadura do bloco

Φ (mm)	Comprimento total (m)	Conversão peso/m	Peso (kg)	Peso + 10% (kg)
12,5	108,8	1,0	108,8	119,7
20,0	223,6	2,5	559,0	614,9

2.7 CONCLUSÃO

Em função da verticalização das edificações no país, o uso de estacas como fundação de prédios vem aumentando significativamente nos últimos anos. Em decorrência, os grandes blocos de coroamento estão ficando cada vez mais usuais e precisam ser pensados para absorver de maneira segura e econômica as cargas dos pilares.

Este capítulo apresentou uma das maneiras de dimensionar um bloco de coroamento de maior porte seguindo as prescrições das normas técnicas (ABNT NBR 6118:2014 e ABNT NBR 6122:2010). Foi desenvolvido um roteiro de maneira clara e objetiva com a metodologia do dimensionamento.

Destaca-se ainda o cuidado no dimensionamento quando existir mais de um pilar dentro do bloco de coroamento ou quando o pilar estiver trabalhando a tração, da necessidade de armar o bloco para combater tais esforços que surgem na parte superior, devendo, portanto, ter armadura de tampa devidamente calculada.

Por fim, conta-se com o bom senso do leitor na aplicação e na compreensão do capítulo, pois foi mostrada uma forma de dimensionamento de blocos de coroamento que deverá ser aplicada com o devido cuidado conforme o caso estudado.

2.8 REFERÊNCIAS BIBLIOGRÁFICAS

ALONSO, U. R. **Exercícios de Fundações**. São Paulo: Blucher, 2ª edição, 2010. 206p.

ANDRADE, W. P. (ED.) **Concretos massa, estrutural, projetado e compactado com rolo: Ensaios e propriedades**. São Paulo: PINI, 1º edição, 1997. 852 p.

ASSOCIAÇÃO BRASILEIRA DE NORMAS TÉCNICAS. **NBR 6118: Projeto de estruturas de concreto - Procedimento.** Rio de Janeiro, 2014.

ASSOCIAÇÃO BRASILEIRA DE NORMAS TÉCNICAS. **NBR 6122: Projeto e execução de fundações.** Rio de Janeiro, 2010.

MEHTA, P. K.; MONTEIRO, P. J. M. **Concreto: estrutura, propriedades e materiais**. São Paulo: 1º edição, 1994. 573 p.

MORAES, M. C. **Estruturas de Fundações**. São Paulo: McGraw-Hill, 3ª edição, 1976. 264p.

SALES, M. M. **Análise do comportamento de sapatas estaqueadas**. 2000. 229 p. Tese (Doutorado em Ciências) – Faculdade de Tecnologia, UnB, Brasília, 2000.

SALES, M. M.; BITTENCOURT, D. M. A. Análises de fundações estaqueadas utilizando estacas de diferentes comprimentos *In*: XV Congresso Brasileiro de Mecânica dos Solos e Engenharia Geotécnica, 2010, Gramado. **Anais do XV Congresso Brasileiro de Mecânica dos Solos e Engenharia Geotécnica.** São Paulo: ABMS, 2010. v.1. p.1 8

CAPÍTULO 3 - ANÁLISE GEOTÉCNICA PARA OBRAS EM SOLOS

Paulo José Rocha de Albuquerque
Doutor, Universidade Estadual de Campinas - Unicamp
e-mail: pjra@fec.unicamp.br

Osvaldo Freitas Neto
Doutor, Universidade Federal do Rio Grande do Norte - UFRN
e-mail: osvaldocivil@ct.ufrn.br

3.1 INTRODUÇÃO

Um dos grandes desafios para a engenharia geotécnica é a obtenção de parâmetros para o emprego em projetos, para cujo fim pode-se empregar os ensaios de laboratório e/ou campo. Neste capítulo serão apresentados determinados aspectos relacionados às obras geotécnicas de forma concisa, com o intuito de apresentar conhecimento de noções gerais ao leitor, o qual pode utilizá-los como consulta rápida. Para isto, utilizaram-se informações disponibilizadas em livros, manuais e artigos científicos da literatura nacional e internacional.

3.2 GEOLOGIA NO ÂMBITO DA ENGENHARIA GEOTÉCNICA

De acordo com Bartorelli e Haralyi (1998), o Brasil apresenta uma grande variedade de rochas, originadas por numerosos processos geológicos. Ressaltam ainda que sua distribuição é complexa, e que isto influenciou a história de ocupação e desenvolvimento do país.

O Brasil é um país continental que está situado no meio de uma placa tectônica, também conhecida como Placa Sul-Americana, a qual possui sua borda oeste em contato com a Placa Andina e a leste com a Placa Africana, situada distante do país. Em virtude deste fato, o Brasil não apresenta movimentos sísmicos originários dos contatos das bordas, o que não se pode dizer dos países andinos. Alguns fenômenos de sismicidade no Brasil estão associados às zonas de cisalhamento. Regiões de risco potencial a serem consideradas nas grandes obras são aquelas relacionadas aos depósitos sedimentares quaternários, pouco ou não consolidados, situados próximos às descontinuidades maiores.

Tendo em vista estes aspectos, não é comum se projetar fundações ou contenções de obras convencionais que tenham que suportar estes movimentos, exceto obras de alto potencial de risco, como: usina nucleares e indústrias que trabalham com resíduos tóxicos.

Determinadas obras exigem um conhecimento da geologia local, como, por exemplo, as grandes barragens, que são determinantes na escolha do local. Outro ponto importante são as erosões urbanas e os deslizamentos em regiões de encostas íngremes. É de conhecimento que as bacias sedimentares compõem mais de 50% do território nacional, destacando a bacia do Amazonas, Paraná, Recôncavo-Tucano, Parnaíba, Parecis Alto-Xingu, Alto Tapajós e do Pantanal. Além destas bacias, há a presença de outro grupo litológico: embasamento cristalino ou pré-cambriano.

Analisando a geologia de engenharia aos aspectos relacionados aos taludes, cabe ressaltar que existe uma extensa gama de pesquisas envolvendo a engenharia, a geologia, a mecânica dos solos, entre outros.

Os taludes são maciços terrosos cuja superfície é inclinada, e podem ser constituídos por rocha e solo. São classificados em taludes naturais, aqueles originários de escavações efetuadas pela ação do homem, e artificiais, os quais estão associados aos declives de aterros construídos.

A estabilidade de taludes é de extrema importância em algumas regiões do Brasil, onde algumas das principais cidades encontram-se encravadas em flancos de serras e montanhas, pois as principais rodovias e ferrovias atravessam estas regiões que estão em franca evolução geológica e cujas encostas apresentam evidente instabilidade, como, por exemplo, a rodovia Rio-Santos.

A história tem registrado muitos acidentes envolvendo o escorregamento desta estrutura, ocasionando um prejuízo de milhares de vidas e de bilhões de dólares. Pode-se indicar os seguintes fatores como os principais condicionantes dos escorregamentos no Brasil: geomorfologia, regime climático, escoamento das águas de superfície e sub superfície, uso e ocupação do solo, entre outros. Tem-se como exemplo os deslizamentos ocorridos na região serrana do Estado do Rio de Janeiro com centenas de mortos em 2011, além de outros ocorridos em outros estados da Região Sul e Sudeste.

O estudo e o controle da estabilidade de taludes estão relacionados à construção de rodovias, ferrovias e barragens; à mineração; e à ocupação das encostas em obras urbanas. O processo que deflagram as instabilizações dos taludes e encostas é controlado por uma série de eventos originários da própria rocha e do seu ciclo de formação.

Atualmente, existem muitas ferramentas disponíveis para avaliação dos escorregamentos, podendo citar as investigações relacionadas às pesquisas de campo, as instrumentações, os ensaios de *in-situ* e os de laboratório. A tecnologia de informação tem auxiliado os profissionais da área com as ferramentas de informações geográficas e os softwares de análise de estabilidade.

Quando se analisa os acidentes associados aos deslizamentos de taludes ou encostas, não se podem esquecer os aspectos relacionados aos problemas sociais em que vivem a população dos centros urbanos, que em geral ocupam as áreas de encostas, deflagrando vários fatores os quais, associados, geram as instabilizações.

Em um projeto de estabilização de taludes deve-se procurar agir diretamente sobre os mecanismos de instabilização, de maneira a otimizar o uso dos recursos financeiros. É importante que se atue diretamente nos mecanismos de instabilização. Nos casos de erosão devido ao escoamento superficial, devem-se ser realizadas obras de drenagem e proteção superficiais. Em geral, soluções simples que não envolvam obras de contenção de grande porte são tecnicamente viáveis e de custo inferior às soluções de obras de grande porte.

Os aspectos geológicos relacionados às fundações de edificações estão associados principalmente ao passado, quando não se tinha conhecimento profundo dos condicionantes geológicos que intervêm no processo de escolha e solução de um projeto de fundações. Alguns casos que exemplificam estes aspectos são: Torre de Pisa, Cidade do México e Santos (Fig. 1a e 1b); situações em que o desconhecimento da geologia local ocasionou danos nas edificações.

a) Igreja de Guadalupe (Cidade do México) b) Santos

Figura 1: Edificações inclinadas na Cidade do México e Santos.

A estrutura de fundação de uma edificação, sendo ela do tipo rasa ou profunda, tem a função de transferir as cargas da edificação ao terreno. A escolha adequada do tipo de fundação dependerá, entre outros aspectos, das propriedades do solo no qual se embutirão as estruturas de fundação.

O Brasil, sendo um país de dimensões continentais, apresenta variada gama de tipos de solos, como, por exemplo, as argilas moles saturadas em sua porção litorânea e os solos porosos, lateríticos, colapsíveis e não saturados presentes em algumas regiões setentrionais. Desta forma, cada região do país apresenta características diferenciadas nas concepções de seus projetos de fundações, podendo em alguns casos usar soluções simples, como as fundações diretas em sapatas e outros casos estacas metálicas com dezenas de metros de profundidade.

Desta forma, deve-se ter a consciência que em qualquer projeto geotécnico, seja ele em fundações ou taludes, ou em qualquer tipo de obra, há necessidade da realização de métodos de investigação, podendo ser simples, como, por exemplo, sondagens de simples reconhecimento (SPT) ou até aquelas técnicas mais complexas, como os ensaios pressiométricos (PMT).

3.3 CLASSIFICAÇÃO DOS SOLOS

De acordo com a NBR 6502, o solo pode ser conceituado como um material proveniente da decomposição das rochas devido à ação de agentes químicos e/ou físicos, podendo conter ou não matéria orgânica. São constituídos por um meio particulado composto por sólidos, que podem ser minerais silicatados ou não silicatados, água e ar. Para a Engenharia Civil, entende-se como solo todo o material que pode ser escavado mecanicamente, e que, em contato com a água, prolongado ou não, tem suas propriedades de resistência e compressibilidade alteradas.

Existem diversas técnicas e metodologias para classificar os solos. Cada uma das técnicas apresenta vantagens e desvantagens, não havendo, até o momento, um sistema de classificação livre de críticas e questionamentos. Estes questionamentos repousam de maneira geral na prerrogativa de que solos de comportamentos semelhantes podem ser enquadrados em faixas de classificação diferentes e solos de comportamentos distintos podem ser enquadrados em faixas de classificação iguais.

Em geral, os solos podem ser classificados quanto ao seu processo de formação (origem), à granulometria, à mineralogia e ao comportamento; quando além da granulometria, consideram-se os limites de consistência no sistema de classificação. Dentre os sistemas de classificação tradicionais, pode-se destacar o Sistema Unificado de Classificação dos Solos (SUCS) e o sistema da *Highway Research Board* (HRB), essa última aplicada para fins rodoviários.

Esses sistemas de classificação tradicionais têm suas limitações quando empregados em solos tropicais, uma vez que foram desenvolvidos para solos oriundos de clima temperado. Desta forma, Nogami e Villibor (1981) desenvolveram uma metodologia de classificação para solos tropicais (lateríticos e saprolíticos), denominada de MCT (Miniatura, Compactação, Tropical), que se baseia em variáveis geotécnicas associadas aos comportamentos hidráulico e mecânico dos solos. Mesmo com o objetivo de oferecer uma nova alternativa de classificação dos solos, a metodologia tem limitações e a principal delas é o fato de seus resultados serem empregados apenas para fins rodoviários e oferecerem como resultados apenas se o comportamento do solo é ou não laterítico.

Em termos projetos de fundações, os sistemas de classificação do solo são e extrema importância, uma vez que as principais metodologias semiempíricas de estimativa da capacidade de carga de fundações utilizam variáveis cujos valores variam em função do tipo de solo (Aoki e Veloso (1975), Décourt e Quaresma (1978, 1996) e etc.). Dessa forma, classificar o solo adequadamente tem implicação direta na previsão da capacidade de carga em um projeto de fundações. Com relação à análise de estabilidade de taludes, ressalta-se também determinada importância, pois é necessário conhecer as propriedades dos solos para uma adequada verificação da análise de estabilidade.

3.4 PROPRIEDADES GEOTÉCNICAS (ÍNDICES FÍSICOS PARÂMETROS MECÂNICOS)

O solo é constituído por partículas sólidas, água e ar e o seu comportamento está diretamente associado à relação entre essas três fases, que se encontram, em meio natural, distribuídas aleatória e variavelmente em função da microestrutura do solo. Uma maneira mais simples de definir as respectivas parcelas de cada uma das fases constituintes dos solos é converter o solo natural em um diagrama de fases, no qual hipoteticamente subdividem-se as fases conforme observado na Fig. 2.

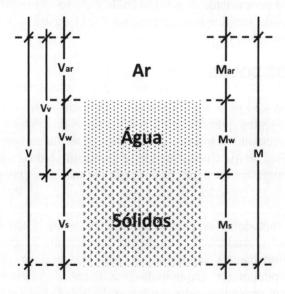

Figura 2: Solo Natural e Diagrama de Fases

- V = Volume total, V_s = Volume das partículas sólidas, V_v = Volume de *vazios* (poros)
- V_w = Volume de água contida nos poros, V_{ar} = Volume de ar contido nos poros

$$V = V_s + V_v = V_s + V_w + V_{ar}$$

M = Massa total, M_s = Massa das partículas sólidas, M_w = Massa de água contida nos poros

$$M = M_s + M_w$$

Pode-se afirmar que o estado físico no qual o solo se encontra é diretamente representado pelos seus índices físicos e que esses variam em função das alterações sofridas por cada uma das fases do solo supracitadas. Os índices físicos dos solos são obtidos a partir das relações entre massa-massa, volume-volume e massa-volume, definidos previamente no diagrama de fases. São eles:

Teor de Umidade (%) $\qquad w = \dfrac{M_w}{M_s}$ $\qquad$ Índice de Vazios $\qquad e = \dfrac{V_V}{V_S}$

Massa Específica dos Solos (g/cm³) $\qquad \rho = \dfrac{M}{V}$ $\qquad$ Porosidade (%) $\qquad n = \dfrac{V_V}{V}$

Massa Específica dos Sólidos (g/cm³) $\qquad \rho_s = \dfrac{M_S}{V_S}$ $\qquad$ Grau de Saturação (%) $\qquad S_r = \dfrac{V_W}{V_V}$

Massa Específica Aparente Seca (g/cm³) $\qquad \rho_d = \dfrac{M_S}{V}$ $\qquad$ Gravidade Específica $\qquad G_S = \dfrac{\rho_S}{\rho_w}$

Dentre os índices físicos mencionados, os três que podem ser obtidos experimentalmente são teor de umidade, massa específica do solo e massa específica do sólido, de modo que todos os outros são obtidos indiretamente ou a partir de correlações.

Todos esses parâmetros exercem influência significativa no comportamento do solo. Dentre estes, vale destacar o Grau de Saturação, pois é de conhecimento comum no âmbito geotécnico que a condição de saturação do solo está diretamente associada à sua resistência ao cisalhamento, deformabilidade e permeabilidade.

Outro índice físico que merece destaque é o Índice de Vazios, uma vez que é comumente utilizado em estudos associados à deformabilidade dos solos arenosos e argilosos. Para os solos arenosos, é utilizado para a determinação da sua densidade relativa, parâmetro este que, quando associado à tensão de confinamento empregada às areias, pode indicar se o material terá comportamento compacto ou fofo, o que pode ter influência direta na capacidade de carga e na deformabilidade das areias. No tocante aos solos argilosos, o índice de vazios está associado ao seu processo de adensamento primário e secundário. O respectivo índice pode ser utilizado diretamente para realizar as previsões de recalques nesses solos, quando submetidos a carregamentos externos.

3.5 TÉCNICAS DE INVESTIGAÇÃO DE CAMPO EM GEOTECNIA

É de conhecimento que existem duas técnicas principais para obtenção de parâmetros para projetos em geotecnia: laboratório e in situ (campo). Cada uma delas apresenta suas vantagens e desvantagens, porém é de conhecimento que no Brasil as técnicas de campo se sobrepõem às de laboratório, pois, além da possibilidade de se prospectar grandes áreas, há a questão associada ao custo. Em geral, o custo de um programa de prospecção bem conduzido situa-se entre 0,5 a 1,0 % do valor da obra.

Projetos geotécnicos de qualquer natureza são normalmente executados com base em ensaios de campo, cujas medidas permitem uma definição satisfatória da estratigrafia do subsolo e uma estimativa realista das propriedades geomecânicas dos materiais envolvidos. Um projeto bem executado está associado ao conhecimento adequado da natureza e estrutura do terreno em que a obra civil será executada. A negligência nesta etapa ou a não observação de certos princípios de investigação podem conduzir a ruinas totais ou parciais em obras.

Para um bom desenvolvimento de um projeto geotécnico, são necessários requisitos mínimos, tais como: tipos de solo que ocorrem nas diferentes camadas, condições de resistência, orientação dos planos que separam as diversas camadas, informação sobre a ocorrência de água no subsolo etc.

As técnicas de investigação de campo podem ser do tipo diretas, semidiretas e indiretas. No primeiro tipo, se permite o reconhecimento do solo prospectado mediante análise de amostras, provenientes de furos executados, as quais fornecem subsídios para um exame táctil-visual, além de executar ensaios de caracterização (poços, trincheiras, sondagem a trado, sondagem de simples reconhecimento – SPT, sondagens rotativas e mistas). O segundo tipo é caracterizado pela penetração de uma ferramenta no terreno estática ou dinamicamente, porém não se extrai o solo. Os valores obtidos possibilitam por meios de correlações indiretas informações sobre as naturezas dos solos (Vane Test, Cone de Penetração Estática – CPT, Ensaio Pressiométrico, Ensaio Dilatométrico, entre outros). No último caso, não fornecem os tipos de solos prospectados, mas somente correlações entre estes e suas resistividades elétricas e suas velocidades de propagação de ondas sonoras (Resistividade Elétrica, Sísmica de Refração etc.).

3.5.1 Métodos diretos

Permitem o reconhecimento do solo prospectado mediante análise de amostras, provenientes de furos executados, as quais fornecem subsídios para um exame táctil-visual, além de executar ensaios de caracterização.

I) Poços - são perfurados manualmente, com auxílio de pás e picaretas. A profundidade atingida é limitada pela presença do nível d'água ou desmoronamento, quando então se faz necessário revestir o poço. Os poços permitem um exame visual das camadas do subsolo e de suas características. Permitem também a coleta de amostras indeformadas, em forma de blocos.

II) Trincheiras - são valas profundas, feitas mecanicamente com o auxílio de escavadeiras. Permite um exame visual contínuo do subsolo, segundo uma direção e, tal como nos poços, pode-se colher amostras indeformadas.

III) Sondagens a Trado - é um equipamento manual de perfuração. A prospecção por trado é de simples execução, rápida e econômica. No entanto, as informações obtidas são apenas do tipo de solo, espessura de camada e posição do lençol freático. As amostras colhidas são deformadas e situam-se acima do NA.

Sondagens de Simples Reconhecimento (SPT) e (SPT-T) - é uma ferramenta rotineira e econômica, empregada em todo o mundo, permitindo a indicação da densidade de solos granulares, também aplicada à identificação da consistência de solos coesivos e mesmo de rochas brandas. Constitui-se de resistência dinâmica conjugada a uma sondagem de simples reconhecimento. O procedimento de ensaio consiste na cravação deste amostrador (Fig. 3a) no fundo de uma escavação (revestida ou não), usando um peso de 65 kg, caindo de uma altura de 75 cm. O valor do N_{SPT} é o número de golpes necessário para fazer o amostrador penetrar 30 cm, após uma cravação inicial de 15 cm. Deve-se atentar para a energia de cravação quando da utilização dos valores dos números de golpes. O padrão de energia de referência internacional é de 60% (N_{60}), desta forma, deve-se fazer a correção do valor quando se utiliza padrões diferenciados de equipamentos. No Brasil, a execução desta sondagem está normalizada pela ABNT/NBR 6484.

O SPT-T foi proposto por Ranzini em 1988, sendo motivo de várias pesquisas e trabalhos a respeito desta técnica, citando o Eng° Luciano Décourt e a Eng^a Anna Peixoto como estudiosos desta metodologia no Brasil. O ensaio consiste na aplicação de uma rotação ao conjunto haste-amostrador com o auxílio de um torquímetro (Fig. 3b) após a cravação do mostrador. Durante a rotação, toma-se a leitura do torque máximo necessário para romper a adesão entre o solo e o amostrador, permitindo a obtenção do atrito lateral amostrador-solo (Peixoto, 2001).

c) Sondagem Rotativa - empregada na perfuração de rochas, de solos de alta resistência e matacões ou blocos de natureza rochosa. O equipamento é composto de uma haste metálica rotativa, dotada, na extremidade, de um amostrador, que dispõe de uma coroa de diamante.

(a)   (b)

Figura 3: (a) Amostrador; (b) Torquímetro

Sondagem Mista - é a conjugação do processo à percussão e rotativo. Quando os processos manuais forem incapazes de perfurar solos de alta resistência, matacões ou blocos de natureza rochosa, usa-se o processo rotativo para complementar a investigação.

3.5.2. Métodos semidiretos

Foram desenvolvidos por causa das dificuldades de amostrar certos tipos de solos, como areias puras e argilas moles. Não fornecem o tipo de solo, somente certas características de comportamento mecânico, obtidas mediantes correlações.

I)   Vane Test (palheta) utilizado para medir a resistência ao cisalhamento não drenado das argilas "in situ". Consiste na cravação de uma palheta e medição do torque necessário para cisalhar o solo. Fornece uma ideia da sensibilidade da argila.

II)   Ensaios Penetrométricos - podem ser dos tipos estáticos e dinâmicos. Os penetrômetros estáticos são os mais usados atualmente (CPT, CPTu, SCPTu, RCPTu). Dentre os dinâmicos, pode-se citar: DPSH, DPH, DPL etc.

III) Ensaios Pressiométricos - é uma célula ligada a aparelhos de medições de pressões e volumes que é introduzida em furos de sondagem. (Pressiômetro de Menard e CamkoMeter). Uma das principais características é a obtenção do módulo de elasticidade e a resistência ao cisalhamento dos solos e rochas.

IV) Ensaio Dilatométrico - é realizado pela introdução estática, no terreno, de uma lâmina delgada de aço, de alta resistência, munida de uma membrana, também de aço, de espessura muita pequena, que é expandida contra o terreno pela ação do gás nitrogênio extra-seco, o qual é insuflado pelo interior da lâmina. Os testes são sempre executados com a lâmina estacionada e ocorrem a cada 20 cm de profundidade (Fig. 4).

Figura 4: Hastes e lâmina DMT

3.5.3. Métodos indiretos

Em geral, todas as informações obtidas em grandes profundidades são advindas das técnicas geofísicas. As propriedades da crosta terrestre, do manto e do núcleo são determinadas basicamente a partir de observações das ondas sísmicas geradas por tremores, assim como por medições das propriedades gravitacionais, magnéticas e térmicas da terra, além de que tais técnicas são muito empregadas para observações de reservas de petróleo, minérios etc. Dentre os métodos geofísicos que podem ser utilizados, destacam-se os sísmicos e os geoelétricos, os quais podem ser utilizados em ambientes urbanos.

I) Métodos Sísmicos - podem ser utilizados em regiões urbanas. Destacam-se: crosshole, downhole, sísmica de reflexão, sísmica de refração, MASW e a tomografia sísmica, entre furos. Nestes métodos, objetiva-se o estudo da distribuição em profundidade do parâmetro de velocidade de propagação de ondas acústicas. Este parâmetro está relacionado diretamente com as características físicas do meio geológico, como: porosidade, composição mineralógica e química, densidade, tensão de confinamento, etc. Estes tipos de ensaios têm uma grande vantagem por amostrar grandes volumes do maciço na condição não perturbada.

II) Métodos Geoelétricos - envolvem a detecção, em superfície, das decorrências produzidas pelo fluxo de corrente elétrica em subsuperfície. Os métodos disponíveis podem ser divididos, para a medida dos parâmetros relacionados ao fluxo de corrente elétrica, naqueles que utilizam fontes naturais e nos artificiais. Os métodos medem as impedâncias que permitem avaliar a distribuição geoelétrica em subsuperfície. Os contrastes existentes entre os materiais (sedimentos, rochas, etc.) permitem a utilização da metodologia.

3.6 ENSAIOS DE LABORATÓRIO PARA OBTENÇÃO DE PARÂMETROS GEOTÉCNICOS PARA PROJETO

A resistência ao cisalhamento, a compressibilidade e a permeabilidade dos solos formam o "tripé" que oferecem suporte conceitual básico para resolução dos problemas geotécnicos. Conforme mencionado anteriormente, essas propriedades podem ser obtidas a partir de ensaios de campo, quando em geral estão associados a vantagens como a representatividade do maciço de solo, em virtude do maior volume de solo envolvido nos ensaios, além do fato de eliminar a necessidade de coleta de amostras indeformadas em campo, o que por vezes torna-se inviável para alguns solos de difícil amostragem. Por outro lado, os ensaios de campo oferecem limitações, como a impossibilidade de ter o controle das condições de contorno, e, por exemplo, o controle da dissipação das pressões neutras durante os ensaios. Tais desvantagens nos ensaios de campo podem ser encaradas como vantagens nos ensaios de laboratório, visto que nestes o ambiente de ensaio é controlado, sendo possível definir claramente as condições de contorno e controlar variáveis associadas às tensões, deformações e condições de drenagem do solo.

Apresentam-se a seguir, de maneira simplificada, os principais ensaios e seus respectivos parâmetros, que são aplicados, por exemplo, em projetos de fundações e estabilidade de taludes.

3.6.1. Ensaio de adensamento

O recalque no solo está diretamente associado às suas características de compressibilidade, que de maneira direta pode ser creditada ao deslocamento relativo entre as partículas quando submetidas ao carregamento e à expulsão de água dos seus vazios, ou seja, ao adensamento. O recalque total em uma massa de solo pode ser dividido em duas parcelas. A primeira delas, denominada recalque imediato, em geral, estimada a partir da teoria da elasticidade e ocorre instantaneamente logo após o carregamento, sendo associada à deformação elástica tanto dos solos argilosos quanto dos solos arenosos e saturados, e tem forte influência da rigidez e da forma da fundação. A segunda parcela dos recalques está ligada ao processo de adensamento. A estimativa dos recalques por adensamento em solos argilosos repousa na teoria do adensamento unidimensional, cujo princípio foi inicialmente fundamentado por Terzaghi. Esta teoria, a qual tem como base o princípio das tensões efetivas aplicado aos solos argilosos saturados, está associada à evolução das deformações volumétricas, tensões efetivas e das pressões neutras no solo quando estes são submetidos a carregamentos externos. Ainda sob a perspectiva da teoria do adensamento, é importante chamar a atenção para o fato de se aplica apenas para solos argilosos, em virtude da sua baixa permeabilidade, de modo que as parcelas de recalque imediato e por adensamento são bem definidas em termos temporais. Nos solos arenosos, devido à sua alta permeabilidade, o processo de adensamento ocorre paralelamente ao recalque imediato, ou seja, em um curto intervalo de tempo.

O ensaio de adensamento, conhecido como compressão edométrica, consiste em empregar carregamentos sucessivos, geralmente com intervalos de 24h entre as cargas, em um corpo de prova confinado em um anel metálico (Fig. 5). Paralelamente à aplicação das cargas, são realizadas medidas de deslocamento vertical, de modo que se torna possível estabelecer um gráfico que relaciona o logaritmo da tensão normal efetiva (log σ') e deslocamento vertical, por meio da altura do corpo de prova e/ou do índice de vazios correspondente a cada altura do respectivo corpo de prova. De posse dessa relação, é possível estabelecer a tensão de pré-adensamento do solo e, a partir daí, verificar se, frente aos carregamentos aplicados em campo, o solo se comportará como pré-adensado ou normalmente adensado e assim estimar o recalque em campo a partir de resultados do ensaio de adensamento.

Além disso, ao relacionar a variável associada à deformação do corpo de prova com o tempo, torna-se possível estabelecer o coeficiente de adensamento do solo sob cada nível de carregamento, o que permite fazer estimativas do tempo no qual os recalques previstos ocorrerão.

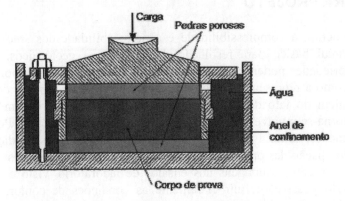

Figura 5: Sequência do Ensaio de Cisalhamento Direto

Além do ensaio de adensamento convencional, pode-se destacar dois outros métodos de ensaio que dele derivam. Tratam-se dos ensaios para avaliação da pressão de expansão do solo e de determinação do potencial de colapsibilidade do solo.

Os solos expansivos apresentam em sua estrutura argilominerais do tipo 2:1, do grupo das esmectitas. Um dos argilominerais com o maior potencial de expansão são os solos constituídos por montmorilonitas. A presença desse argilomineral no solo pode atribuir elevada pressão de expansão, podendo atingir valores superiores a 800 kPa. Tal situação pode comprometer a estabilidade de uma fundação e consequentemente de uma estrutura. O equipamento para determinar a pressão de expansão de um solo é o mesmo utilizado para o ensaio de adensamento, entretanto, inunda-se o solo sem a aplicação de qualquer carregamento prévio e logo em seguida aplicam-se carregamentos a fim de estabelecer o equilíbrio entre a pressão de expansão do solo e a aplicada, que corresponde justamente à pressão de expansão do solo. Uma vez conhecida a pressão de expansão do solo, alternativas de projeto e executivas podem ser adotadas a fim de minimizar ou até mesmo evitar os problemas associados a esse fenômeno.

Os solos colapsíveis estão presentes em diversas partes do mundo, inclusive no Brasil. Estes solos dificilmente se apresentam saturados e geralmente são dotados de elevadas porosidade, sucção e rigidez em suas condições naturais, entretanto, quando umedecidos, pode haver a ocorrência do fenômeno chamado colapso.

O fenômeno do colapso no solo pode ser conceituado como uma deformação provocada pelo umedecimento de um solo sem que haja variação de sobrecargas, sendo que o umedecimento atinge os mecanismos de suporte do solo, originando um desequilíbrio estrutural. Os solos colapsíveis apresentam algumas características que os predispõem ao fenômeno, tais como: uma estrutura porosa caracterizada por um alto índice de vazios, baixos valores do teor de umidade com valores de grau de saturação na maioria das vezes inferiores a 60% e uma estrutura metaestável com porosidade acima de 40% (Rodrigues, 2007).

Esse tipo de solo pode ser a origem de diversos problemas geotécnicos, principalmente de fundações, uma vez que existem solos colapsíveis que, ao serem inundados, entram em colapso apenas com a carga correspondente ao próprio peso da camada, em outros, o colapso está associado a uma sobrecarga externa ou pela combinação de ambos (Vilar, 1979).

A fim de verificar o potencial de colapsibilidade do solo, podem ser realizados ensaios edométricos sem a inundação prévia do solo, conforme é costume fazer nos ensaios de adensamento convencionais. Carrega-se o solo a níveis de tensões de interesse e, ao atingi-los, inunda-se o solo a fim de verificar a influência de seu umedecimento na sua deformação frente à aplicação de um carregamento constante. Jennings e Knight (1975) apresentaram o resultado desse procedimento de ensaio, o qual evidenciou o potencial de colapso do material (Figura 6). Mais recentemente, Miguel *et al.* (2007) e Gon (2011) realizaram ensaios em laboratório e obtiveram o potencial de colapso para solos da região de Campinas-SP.

Vale destacar que, a fim de avaliar o potencial de colapsibilidade dos solos em campo, vem sendo correntemente realizadas provas de carga em placa, em tubulões e em estacas, com inundação após a aplicação dos carregamentos (Sales, 2000, Albuquerque *et al*, 2004, entre outros), as quais procuram relacionar os efeitos da inundação pós-carregamento com o comportamento de fundações (Fig. 6a e 6b).

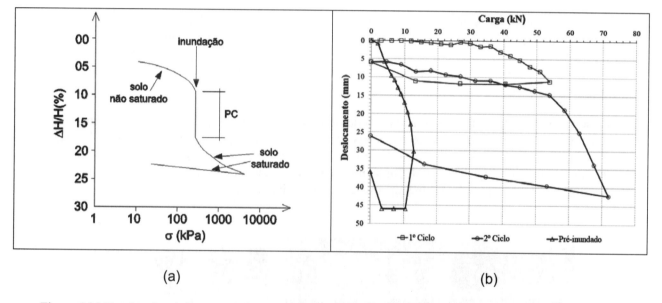

(a)   (b)

Figura 6 (a) Ensaio edométrico para definição do potencial de colapsibilidade do solo (modificado de Jennings e Knight, 1975); (b) Prova de carga horizontal em estaca na condição de solo natural (1° e 2° ciclo) e pré-inundado (Albuquerque *et al.*, 2004)

3.6.2. Ensaios de resistência ao cisalhamento

A resistência ao cisalhamento do solo pode ser obtida na condição drenada ou não drenada, de maneira que a determinação do tipo de solicitação a ser empregada varia em função da forma sob a qual o solo será solicitado em campo. Uma vez definido o tipo de solicitação, são realizados conjuntos de ensaios de resistência de modo a permitir a determinação das envoltórias de resistência do solo. A partir dessas envoltórias são obtidos os parâmetros de resistência do solo, os quais posteriormente são utilizados para subsidiar os projetos geotécnicos de estabilidade de taludes, a capacidade de carga de fundações e os empuxos de terra. Dentre os ensaios de resistência mais utilizados, pode-se destacar:

I)   Resistência ao Cisalhamento Direto

Em virtude de sua simplicidade, esse ensaio é bastante utilizado no cotidiano prático da geotecnia, sendo o método mais antigo para determinação da resistência ao cisalhamento do solo em laboratório. O equipamento é constituído por uma máquina de cisalhamento direto, a qual permite o emprego de velocidades constantes no deslocamento horizontal de uma caixa de cisalhamento bipartida. Durante o cisalhamento, a metade inferior da caixa bipartida permanece fixa, enquanto que a metade superior é deslocada com o emprego de esforços horizontais cisalhantes (Figura 7).

A metodologia deste ensaio consiste em empregar uma tensão normal no topo do corpo de prova, a qual permanece constante durante todo o ensaio, seguido do emprego de esforços horizontais que, dividido pela área da seção transversal do corpo de prova, resulta na tensão cisalhante.

Diante disso, pode-se concluir que cada valor de tensão normal aplicada corresponde a uma tensão cisalhante máxima diferente, de forma que é necessária a realização de no mínimo três ensaios sob tensões normais diferentes para definir a envoltória de resistência do solo e a consequente determinação do seu ângulo de atrito e o intercepto de coesão. Além das variáveis mencionadas, durante o cisalhamento registra-se a deformação vertical do corpo de prova.

O ensaio pode ser realizado inundado ou com teor de umidade natural, e, em geral, procura-se compatibilizar a velocidade empregada durante o cisalhamento com a dissipação das pressões neutras desenvolvidas nessa fase, uma vez que este ensaio não oferece a possibilidade do controle e/ou medida das pressões neutras desenvolvidas no corpo de prova durante o cisalhamento. Essa é uma das principais limitações que compõem esse ensaio.

Complementa esse rol de limitações o fenômeno da ruptura progressiva, a qual se observa ao longo do plano de cisalhamento, de maneira que esta se inicia nas bordas do corpo de prova e, conforme as deformações se processam, evolui para o centro do corpo de prova. Outro fator que merece ser destacado é o fato de que neste ensaio o plano de ruptura é predefinido no início do ensaio, no plano horizontal, e este plano não necessariamente é aquele que oferece menor resistência ao cisalhamento.

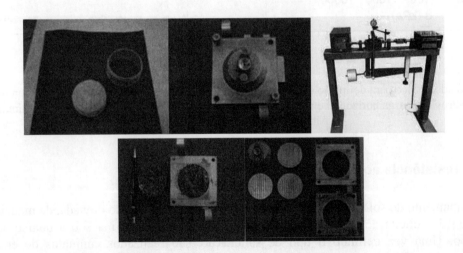

Figura 7: Equipamentos e sequência de montagem do Ensaio de Cisalhamento Direto

II)   Resistência à compressão triaxial

Este ensaio laboratorial é o que melhor define o comportamento tensão *vs* deformação de um solo. Neste ensaio, é possível simular o mesmo estado de tensões ao qual o solo é submetido em campo por meio da aplicação de tensões hidrostáticas, seguidas de carregamento axial com velocidade de deformação controlada, sobre um corpo de prova cilíndrico cujas medidas obedecem a relação 1H : 2V a 1H : 2,5V. Além disso, diferentemente do ensaio de cisalhamento direto, este ensaio permite o controle absoluto das condições de adensamento, drenagem e pressão neutra desenvolvidas no corpo de prova, além de não impor uma superfície de ruptura no corpo de prova, diferente daquela correspondente ao seu plano de maior fraqueza.

O ensaio é realizado com uma câmara triaxial (Figura 8) que possui dispositivos que permitem a imposição de pressões de água para o seu interior, assim como dispositivos de drenagem de água para fora da câmara triaxial.

Figura 8: Câmara de ensaios triaxial

Um corpo de prova com dimensões proporcionais às supramencionadas é instalado no interior da câmara triaxial e posteriormente envolto por uma membrana de látex, a qual tem como objetivo isolar o corpo de prova dentro da câmara triaxial. Em seguida, a câmara é preenchida com água, e, após submeter o corpo de prova ao processo de saturação por contrapressão, prossegue-se à fase de aplicação de uma tensão de confinamento hidrostática (σ_c) no entorno do corpo de prova, compatível com as tensões confinantes sob as quais o solo será solicitado em campo. As tensões confinantes empregadas na câmara triaxial podem ser acompanhadas ou não da drenagem da água existente nos vazios do corpo de prova, de modo que as pressões neutras desenvolvidas no corpo de prova após a aplicação desta tensão podem ou não ser dissipadas. Tal opção varia em função do tipo de solicitação à qual o solo será submetido em campo. Dessa forma, essa fase do ensaio pode ser realizada tanto com ou sem adensamento do corpo de prova.

Na etapa seguinte, aplica-se o carregamento axial (σ_1) no topo do corpo de prova até que este atinja a ruptura, mantendo a tensão de confinamento constante. A diferença entre as tensões axiais empregadas e a tensão de confinamento é denominada de tensão desviatória (σ_d) ou diferença de tensões principais. Vale salientar que a fase de cisalhamento também pode ser conduzida com a opção de permitir ou não a drenagem da água presente nos vazios do solo e a consequente dissipação das pressões neutras desenvolvidas no corpo de prova durante o cisalhamento.

Diante dessas variáveis associadas à permissão ou não da drenagem de água, e a consequente dissipação das pressões neutras desenvolvidas no corpo de prova, tanto na fase de adensamento quanto na fase de cisalhamento, os ensaios triaxiais convencionais realizados em solos saturados foram dispostos em três grupos:

a) **Ensaio Adensado Drenado (CD):** conhecido como ensaio lento. Neste ensaio, permite-se a drenagem de água tanto na fase de adensamento quanto na fase de cisalhamento. É um ensaio lento, uma vez que a velocidade de deformação axial empregada na fase de cisalhamento deve ser baixa, de modo a compatibilizar com o tempo para que haja dissipação das pressões neutras no interior do corpo de prova. Os resultados obtidos a partir desse ensaio são apenas em termos de tensões efetivas. Em geral, os parâmetros de resistência oriundos desse tipo de ensaio são aplicados em problemas geotécnicos nos quais interessa verificar o comportamento do solo a longo prazo quando há dissipação das pressões neutras;

b) **Ensaio Adensado Não Drenado (CU):** conhecido como ensaio adensado-rápido. Neste ensaio, permite-se a drenagem de água apenas na fase de adensamento, enquanto que a fase de cisalhamento se processa sem dissipação das pressões neutras. Durante o cisalhamento, não ocorre variação volumétrica do corpo de prova e a tendência dessa variação volumétrica reflete-se diretamente nos valores de pressão neutra registrados no corpo de prova. Quando há tendência de expansão, as pressões neutras são negativas, enquanto que quando há tendência de compressão do corpo de prova durante o cisalhamento à pressão neutra registrada é positiva. Os resultados obtidos a partir desse ensaio são obtidos em termos de tensões totais, e, a partir dos valores de pressão neutra registrados pelo transdutor de pressão, obtêm-se os parâmetros de tensões efetivas. O rebaixamento rápido do nível d'água de montante de uma barragem é um exemplo típico de solicitação representada por esse ensaio.

c) **Ensaio Não Adensado Não Drenado (UU):** conhecido como ensaio rápido. Neste ensaio não se permite a drenagem de água nem na fase de adensamento nem na fase de cisalhamento, e em ambas as fases registram-se as pressões neutras a partir do transdutor de pressão instalado na base da câmara triaxial, e não há variação volumétrica do corpo de prova em nenhum instante. Os resultados obtidos a partir desses ensaios apresentam-se em termos de tensões totais e as envoltórias de resistência obtidas para os solos saturados são horizontais, ou seja, o ângulo de atrito do solo (ϕ) é nulo e intercepto de coesão obtido corresponde à resistência não drenada (S_u).

III)   Resistência à Compressão Simples

Este ensaio é um tipo especial de ensaio triaxial UU, no qual a tensão confinante é igual a zero. Nele, uma carga axial é aplicada para uma velocidade de deformação elevada de modo que a ruptura ocorra de maneira não drenada. A resistência não drenada (S_u) será dada por metade do valor da tensão axial empregada para levar o solo à ruptura ($\sigma_1/2$).

3.7 ANÁLISE DE LENÇOL FREÁTICO

O ciclo hidrológico de água na Terra é constituído basicamente pela relação entre a água precipitada, a qual pode infiltrar alcançando os aquíferos, a sua evaporação e evapotranspiração, comum aos solos posicionados em cotas mais superficiais e as plantas, respectivamente. Dessa forma, pode-se afirmar que há tendência de que em períodos chuvosos, o nível d'água nos aquíferos esteja posicionado mais próximo à superfície do terreno, onde de maneira geral as obras de engenharia estão instaladas, enquanto que em períodos de estiagem, o lençol freático se reposiciona em cotas mais profundas do terreno. Ou seja, a posição do lençol freático varia sazonalmente em função do período no qual as chuvas ocorrem em uma dada região.

Paralelamente à variação sazonal da posição do lençol freático, ocorre alteração das propriedades de resistência e compressibilidade dos solos, uma vez que é de conhecimento que são fortemente influenciadas pelo grau de saturação. Essa influência pode ser potencializada em se tratando dos solos colapsíveis, conceituado nas seções anteriores deste capítulo como sendo solos não saturados de elevadas porosidade, sucção e rigidez em suas condições naturais, os quais, quando umedecidos sob um dado carregamento, podem sofrer grandes deformações. Dentre os diversos estudos acerca dessa temática disponíveis na literatura, pode-se destacar o trabalho desenvolvido por Rodrigues (2007), o qual avaliou o fenômeno do colapso nos solos da cidade de Pereira Barreto/SP, que foi causado pelo umedecimento do solo originado pela alteração da posição do lençol freático da região, devido à construção da Usina Hidroelétrica de Três Irmãos/SP. A Fig. 9, apresentada pelo autor, mostra a evolução dos recalques em função da elevação do lençol freático ao longo do tempo. Nela é possível observar que, quanto mais elevada a posição do lençol freático, maiores foram os recalques registrados. A Fig. 10 apresenta os danos causados em algumas das edificações devido aos recalques registrados.

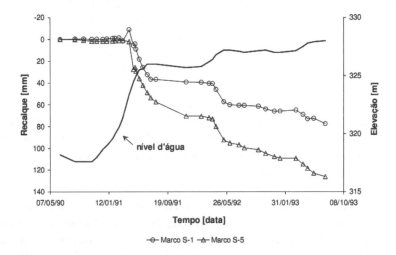

Figura 9: Monitoramento de recalques e elevação do lençol freático ao longo do tempo (IPT,1993 *apud* Rodrigues, 2007)

Figura. 10: Danos causados pelo colapso do solo às margens do lago Três Irmãos (Rodrigues, 2007)

42 - Projeto, Execução e Desempenho de Estruturas e Fundações

Outro fator que merece destaque quando se trata da presença do lençol freático, principalmente quando superficiais, é o fato de que muitas vezes se faz necessário o seu rebaixamento temporário para viabilizar a execução de escavações e alguns tipos de fundações. Embora possa viabilizar a execução de algumas obras civis, é importante salientar que o rebaixamento temporário do lençol freático pode ocasionar situações indesejáveis principalmente às edificações vizinhas, uma vez que esse rebaixamento promove desequilíbrio do estado de tensões no maciço de solo devido à redução da pressão neutra, o que pode ocasionar recalques excessivos e danos a essas edificações, sendo muitas vezes necessário o reforço da respectiva fundação. Alonso (2007) destaca os problemas observados na Cidade do México e no Brasil, casos em São João Del Rey/MG e São Paulo, citados por Maciel *et al.* (2002).

3.8 EXPRESSÕES EMPÍRICAS PARA ESTIMATIVAS GEOTÉCNICAS

É evidente que a engenharia geotécnica utiliza de forma quase que frequente as expressões empíricas para estimativa dos parâmetros geotécnicos. Em geral, estes parâmetros são obtidos por meio do emprego de ensaios de laboratório, porém grande parte dos ensaios para obtenção destes parâmetros é demorada e constituem de pouca quantidade de amostras que possam representar as características dos terrenos. Desta forma, surgiram as expressões empíricas, que são uma forma de se obter determinados parâmetros por meio de ensaios de campo ou de ensaios de laboratórios mais simples, como os limites de Atterberg. Há de ressaltar que se deve tomar cuidado ao utilizar estas expressões, pois foram desenvolvidas com base nos dados específicos de um local, apresentando limitações neste tipo de abordagem. Seu emprego indiscriminado sem um estudo de seu emprego nos projetos deve ser feito após um rigoroso estudo de sua aplicabilidade. Neste item, procuraremos apresentar algumas correlações entre os ensaios SPT e CPTu para obtenção de índices geotécnicos para projeto.

É de conhecimento da comunidade geotécnica que o CPTu é um ensaio mais elaborado que o SPT, mesmo assim deve-se tomar o devido cuidado quanto à utilização dos valores numéricos obtidos desta forma. No entanto, como é obtido um perfil contínuo da resistência aparente do solo, é possível estabelecer, com maior eficiência, um zoneamento de resistência baseado num maior número de dados relativos a cada unidade, os quais poderão ser tratados estatisticamente. Estes ensaios são de inegável utilidade em solos heterogêneos com presença de material grosseiro, os quais apresentam dificuldades, ou mesmo impossibilidade, na realização de outros ensaios.

Deve-se atentar ao utilizar os valores do N_{spt}, pois a energia de cravação do amostrador não é a mesma para todos os tipos de equipamentos envolvidos. Em geral, se utiliza N_{60} (padrão internacional) como energia padrão, sendo que, no Brasil, os equipamentos oferecem energia diferente desta, devendo-se então fazer a correção, conforme a Eq. 3.1.

$$N_{60} = \frac{N_{spt}.E}{0,60}$$
(Equação 1)

em que:
N_{60} = número de golpes para padrão internacional (60%)
N_{spt} = número de golpes do ensaio
E = energia aplicada (no Brasil, acionamento manual do martelo igual a 0,66 – Schnaid e Odebrecht, 2012)

Outro fator que se deve verificar ao utilizar as correlações é quanto ao ensaio realizado no CPT, pois, segundo Kulhawy e Mayne (1990), o valor da resistência de ponta (qc) não é a mesma se o ensaio for realizado com o cone elétrico e mecânico. Os autores encontraram o equacionamento a seguir que relaciona os resultados (Eq. 3.2).

$$\left(\frac{q_c}{p_a}\right)_{el\acute{e}trico} = 0,47\left(\frac{q_c}{p_a}\right)_{mec\hat{a}nico}^{1,19}$$ (Equação 2)

em que:

q_c = resistência de ponta (elétrico e mecânico)

p_a = pressão atmosférica

Apresentam-se a seguir algumas expressões empíricas que têm por base resultados de ensaios de campo. As expressões foram obtidas por meio de pesquisa em várias publicações internacionais e nacionais.

a)   Resistência não drenada (S_u) (Eq. 3.3)

$$S_u = \frac{q_t - \sigma_v}{N_{kt}} \quad \text{(Robertson e Cabal, 2010)}$$ (Equação 3)

b)   Coeficiente de empuxo em repouso (K_0) (Eq. 3.4)

$$K_0 = 0,1\frac{q_t - \sigma_{vo}}{\sigma'_{vo}} \quad \text{(Kulhawy e Mayne, 1990)}$$ (Equação 4)

c)   Densidade Relativa (Dr) (Eq. 3.5 a 3.8)

$$D_r = -0,98 + 66\log_{10}\frac{q_c}{\sqrt{\sigma'_{vo}}} \quad \text{(Schnaid e Odebrecht, 2012)}$$ (Equação 5)

$$D_r = \sqrt{\left(\frac{N_{60}}{0,28\sigma'_{vo} + 27}\right)} \quad \text{(Skempton, 1986)}$$ (Equação 6)

$$\frac{N_{70}}{D_r} = 32 + 0,288\sigma'_{vo} \quad \text{(Meyerhof, 1957)}$$ (Equação 7)

$$D_r = 25\sigma'^{-0,12}_{vo} N_{60}^{0,46} \quad \text{(Yoshida e Motonori, 1988)}$$ (Equação 8)

d)   Ângulo de atrito interno (ϕ') (Eq. 3.9 a 3.15)

$$\phi' = 17,6 + 11\log\left(\frac{q_t - \sigma_{vo}}{\sigma'_{vo}}\right) \quad \text{(Kulhawy e Mayne, 1990)}$$ (Equação 9)

$$\phi' = arctg\left[\frac{0,712}{1,49 - Dr}\right] \quad \text{(De Mello, 1971)} \qquad \text{(Equação 10)}$$

$$\phi' = 33 + \{3[D_r(10 - \ln(p')-1)] \quad \text{(Bolton, 1986)} \qquad \text{(Equação 11)}$$

$$p' = \frac{1 + 2K_0}{3}\sigma'_{vo} \qquad \text{(Equação 12)}$$

$$\phi = 28 + 015D_r \quad \text{(Meyerhof, 1959)} \qquad \text{(Equação 13)}$$

$$\phi' = 29° + \sqrt{q_c} \quad \text{(Bowles, 1997)} \qquad \text{(Equação 14)}$$

pedregulho = + 5° e areia siltosa = - 5°

$$\phi' = 15° + \sqrt{24N_{spt}} \quad \text{(Teixeira, 1996)} \qquad \text{(Equação 15)}$$

e)   Velocidade de onda cisalhante (V_s) (Eq. 3.9 a 3.15)

$$V_s = 76N_{spt}^{0,33} \quad \text{(Imai e Yoshimura, 1970)} \qquad \text{(Equação 16)}$$

$$V_s = 84N_{spt}^{0,31} \quad \text{(Ohba e Toriumi, 1970)} \qquad \text{(Equação 17)}$$

$$V_s = \beta N_{spt}^{0,25}\sigma_{vo}^{0,14} \quad \text{(Yoshida e Motonori, 1988)} \qquad \text{(Equação 18)}$$
$\beta = 55$ (qualquer solo) e 49 (areia fina)

f)   Módulo Cisalhante (G_o) (Eq. 3.19 a 3.22)

$$G_o = 280\sqrt[3]{q_t\sigma'_{vo}\, p_a} \quad \text{(Robertson e Cabal, 2010)} \qquad \text{(Equação 19)}$$
Solos cimentados

$$G_o = 110\sqrt[3]{q_t\sigma'_{vo}\, p_a} \quad \text{(Robertson e Cabal, 2010)} \qquad \text{(Equação 20)}$$
solos não cimentados

$$G_o = 406q_c^{0,695}e_o^{-1,13} \quad \text{(Mayne e Rix, 1993)} \qquad \text{(Equação 21)}$$

$$G_o = 50(q_t - \sigma'_{vo}) \quad \text{(Watanabe, Tanaka e Takemura, 2004)} \qquad \text{(Equação 22)}$$

g)   Módulo de deformabilidade (E) – (Eq. 3.23 a 3.34)

$E_{25} = 1,5q_c$ (Baldi et al., 1982)   (Equação 23)

$E = 537(N_{spt} + 15)$ [kPa] (Webb, 1969)   (Equação 24)
areias finas e médias saturadas

$E = 358(N_{spt} + 5)$ [kPa] (Webb, 1969)   (Equação 25)
areias finas argilosas saturadas

$E = 300(N_{55} + 6)$ [kPa] (Bowles, 1997)   (Equação 26)
siltes, siltes arenosos e siltes argilosos

$E = 320(N_{55} + 15)$ [kPa] (Bowles, 1997)   (Equação 27)

$E = 500(N_{55} + 15)$ [kPa] (Bowles, 1997)   (Equação 28)

$E = 3,4.K.N_{spt}.p_a + 130$ [kPa] (Trofimenkov, 1974)   (Equação 29)
areias finas argilosas saturadas

Tabela 1 Valores típicos de $K = \dfrac{q_c / p_a}{N_{spt}}$ (Schnaid e Odebrecht, 2012)

Solo	Danziger e Velloso
Areia	6,0
Areia siltosa, argilosa, silto-argilosa ou argilo-siltosa	5,3
Silte, silte arenoso, Argila arenosa	4,8
Silte areno-argiloso, argilo-arenoso Argila silto-arenosa, areno-siltosa	3,8
Silte argiloso	3,0
Argila e argila siltosa	2,5

$E = 3,4.q_c + 130$ [kPa] (Trofimenkov, 1974)   (Equação 30)

$E = 8,25(q_c - \sigma'_{vo})$ [kPa] (Kulhawy e Mayne, 1990)   (Equação 31)

$E = 8000\sqrt{q_c}$ [kPa] (Bowles, 1997)   (Equação 32)

$E = (3 \leftrightarrow 6)q_c$ [kPa] (Bowles, 1997)   (Equação 33)

46 - Projeto, Execução e Desempenho de Estruturas e Fundações

$$E = (1 \leftrightarrow 2)q_c \ [\text{kPa}] \ (\text{Bowles, 1997}) \qquad \text{(Equação 34)}$$

siltes, siltes arenosos e siltes argilosos

em que:

σ'_{vo} = tensão vertical efetiva

σ_v = tensão vertical total

σ_{vo} = tensão vertical total

Dr = densidade relativa

E = energia aplicada (no Brasil, acionamento manual do martelo igual a 0,66 – Schnaid e Odebrecht, 2012)

E_{25} = módulo para 25% da tensão desviadora máxima

e_o = índice de vazios

G_o = módulo cisalhante a pequenas deformações (kPa) - solos cimentados

K_o = coeficiente de empuxo em repouso

N_{60} = número de golpes para padrão internacional (60%)

N_{70} = número de golpes do SPT (energia 70%)

N_{kt} = fator de capacidade de carga (valores típicos variam de 10 a 20, sendo 14 o valor médio)

N_{spt} = número de golpes do SPT

p_a = pressão atmosférica

q_c = resistência de ponta (elétrico e mecânico)

q_c = resistência de ponta do cone

q_t = resistência de ponta total (CPTu)

V_s = velocidade da onda (m/s)

3.9 PRÉ-DIMENSIONAMENTO POR MEIO DE ESTUDO GEOTÉCNICO

Ao realizar um pré-dimensionamento das estruturas em geral, a engenharia geotécnica brasileira emprega métodos que se baseiam em dados advindos de ensaios de campo. Como foi apresentado anteriormente, existe um determinado número de fórmulas para se correlacionar os resultados de ensaios de campo com os parâmetros a serem utilizados no cálculo das estruturas geotécnicas. Neste item, serão apresentadas algumas metodologias para predimensionar as fundações profundas e rasas por meio dos resultados de ensaios SPT e CPTu.

a) Fundação rasa → apresentam-se algumas fórmulas para o cálculo da tensão admissível e de ruptura utilizando ensaios SPT e CPTu. Deve-se aplicar um fator de segurança nos resultados obtidos para a tensão de ruptura para que se obtenha a tensão admissível (Eq. 3.35 a 3.44).

$$\sigma_{rup} = 0{,}24 \overline{N}_{SPT\_0{,}75} \left(\frac{H + 0{,}13B}{H + 0{,}75B} \right) \left[\frac{MN}{m^2} \right] \text{ solo arenoso (Parry, 1977)} \qquad \text{(Equação 35)}$$

$$\sigma_{adm} = 11{,}98 \overline{N}_{SPT} \left[\frac{kN}{m^2} \right] \text{ para B} \leq 1{,}22\text{m e } \sigma_{adm} = 7{,}99 \overline{N}_{SPT} \left(\frac{3{,}28B + 1}{3{,}28B} \right)^2 \left[\frac{kN}{m^2} \right] \text{ para B>1,22m}$$

- solo arenoso (Meyerhof, 1956) \qquad (Equação 36)

$$\sigma_{adm} = \frac{\overline{q}_{c\_J}}{15} \left[\frac{kN}{m^2} \right] \text{ - solo arenoso (Joppert, 2007)} \qquad \text{(Equação 37)}$$

$$\sigma_{rup} = 28 - 0,0052\left(300 - \overline{q}_{c\_B}\right)^{1,5}\left[\frac{kgf}{cm^2}\right]$$ - solo arenoso – sapata corrida   (Bowles, 1997)

(Equação 38)

$$\sigma_{rup} = 48 - 0,009\left(300 - \overline{q}_{c\_B}\right)^{1,5}\left[\frac{kgf}{cm^2}\right]$$ - solo arenoso – sapata quadrada   (Bowles, 1997)

(Equação 39)

$\sigma_{adm} = 20\overline{N}_{SPT}\left[\frac{kN}{m^2}\right]$, sendo $\sigma_{adm.} \le 400$ kN/m² - (Joppert, 2007)   (Equação 40)

$\sigma_{adm} = 9,54\overline{N}_{60}\left[\frac{kN}{m^2}\right]$ - solos residuais - (Ruver e Consoli, 2006)   (Equação 41)

$\sigma_{adm} = \dfrac{\overline{q}_{c\_J}}{10}\left[\frac{kN}{m^2}\right]$ - solo argiloso - (Joppert, 2007)   (Equação 42)

$\sigma_{rup} = 2 - 0,28\overline{q}_{c\_B}\left[\frac{kgf}{cm^2}\right]$ - solo argiloso - sapata corrida - (Bowles, 1997)   (Equação 43)

$$\sigma_{rup} = 5 - 0,35\overline{q}_{c\_B}\left[\frac{kgf}{cm^2}\right]$$ - solo argiloso - sapata quadrada - (Bowles, 1997)

(Equação 44)

Em que:

B = menor lado da sapata

H = profundidade da sapata

$\overline{N}_{SPT\_0,75}$ = número médio de golpes até a profundidade de 0,75B da base da sapata

σ_{adm} = tensão admissível ou de trabalho

σ_{rup} = tensão de ruptura

N_{60} = número de golpes para padrão internacional (60%)

$\overline{q}_{c\_J}$ = média dos valores de q_c da base da sapata até 2B <bulbo<3B

$\overline{q}_{c\_B}$ = média dos valores de q_c da base da sapara de 0,5B até 1,1B

II) Fundações Profundas → apresentam-se a seguir dois métodos para previsão de capacidade de carga largamente utilizadas pela comunidade geotécnica. Para sua utilização, são necessários dados de ensaios SPT ou CPT (Aoki & Velloso).

b) O método de Aoki e Velloso (1975) apresenta uma expressão para o cálculo da carga de ruptura de estacas, fórmula esta baseada em dados fornecidos por ensaios de penetração contínua (CPT) ou, quando não se dispõe deste valor, em parâmetros correlacionados à resistência à penetração (N_{SPT}), obtidos de sondagem à percussão.

- <u>Carga de Atrito Lateral na Ruptura</u> → $Q_{l-calc} = \sum\limits_{i=1}^{n} U_i \cdot f_{ui}\Delta z_i$ (kN)   (Equação 45)

Em que: $f_{ui} = f_c / F_2$

f_c = valores de resistência de ponta do CPT

48 - Projeto, Execução e Desempenho de Estruturas e Fundações

F_2 = fator de carga lateral em função do tipo de estaca

Quando não se dispõe de medida direta, a resistência lateral local (f_c) pode ser estimada a partir da resistência de cone, utilizando a relação de atrito (α_{av}).

$$f_{ui} = \frac{\alpha_{av}.q_c}{F_2}$$ (Equação 46)

Segundo os autores, é possível estimar a resistência de cone (q_c) utilizando correlações empíricas com o valor da resistência à penetração (N_{SPT}).

$$f_{ui} = \frac{\alpha_{av}.K_{av}.N}{F_2}$$ (Equação 47)

- Carga de Ruptura de Ponta → $Q_{p\text{-}calc} = q_u . A_p$ (Equação 48)

Em que: $q_u = \dfrac{q_c}{F_1}$ (Equação 49)

F_1 = relaciona o comportamento do modelo (cone) ao do protótipo (estaca) e depende do tipo de estaca (Tab. 2). A resistência de cone pode ser estimada a partir dos valores da resistência à penetração (N), utilizando valores K_{av} da Tab. 3.

$$Q_{p\text{-}calc} = \frac{K_{av}\overline{N}_p}{F_1} A_p \ (kN)$$ (Equação 50)

Tabela 2 Valores de F_1 e F_2

TIPO DE ESTACA	F_1	F_2
Franki	2,5	$2F_1$
Metálica	1,75	$2F_1$
Pré-moldada	1+ϕ/0,8	$2F_1$
Escavada	3,0	$2F_1$
Raiz, Hélice Contínua e Hélice de Deslocamento	2,0	$2F_1$

* Coeficientes modificados por Cintra e Aoki (2010) Obs: ϕ (m)

Tabela 3 Valores de $\alpha_{avi}.K_{avi}$

SOLO		K (kPa)	α (%)
AREIA	pura	1000	1,4
	siltosa	800	2,0
	silto argilosa	700	2,4
	argilosa	600	3,0
	argilo siltosa	500	2,8

	puro	400	3,0
	arenoso	650	2,2
SILTE	areno argiloso	450	2,8
	argiloso	230	3,4
	argilo arenoso	250	3,0
	pura	200	6,0
	arenosa	750	2,4
ARGILA	areno siltosa	300	2,8
	siltosa	220	4,0
	silto arenosa	330	3,0

- Carga Total de Ruptura $\rightarrow Q_{total-calc} = \sum \dfrac{\pi \phi \alpha_{avi} K_{avi} N_{li} \Delta_L}{F_2} + \dfrac{1}{F_1} K_{avi} \overline{N_p} A_p$ (kN)   (Equação 51)

Os autores propõem um fator de segurança global 2,0 para a determinação da carga admissível.

b) O método de Décourt e Quaresma (1978, 1996) fornece a carga de ruptura total por meio da soma das parcelas das cargas de ruptura lateral e ponta, utilizando a resistência à penetração N_{SPT}.

- Carga de Atrito Lateral na Ruptura $\rightarrow Q_{l-calc} = U.L.\overline{fu}$ (Equação 52)

Onde: $\overline{fu} = 3,33\overline{N}_i + 10$ (kPa)   (Equação 53)
U = perímetro da estaca (m)
L= comprimento da estaca (m)
$\overline{N}_i$ devem ser limitados a 50 (N < 50) e 3 (N > 3).

A carga lateral de ruptura fica:

$$Q_{l-calc} = \beta_{DQ}.U.L(3,33\overline{N}_i + 10) \ \text{(kN)}$$ (Equação 54)

A expressão, originalmente estabelecida para estacas cravadas de concreto, teve sua utilização ampliada para outros tipos de estacas por meio do emprego do coeficiente β_{DQ} (Tab. 4).

Tabela 4 Valores do coeficiente β_{DQ}

Solo	Tipo de Estaca				
	Escavada em geral	Escavada com lama bentonítica	Hélice Contínua	Raiz	Injetada sob alta pressão
Argilas	0,80	0,90*	1,0*	1,5*	3,0*
Solos intermediários	0,65	0,75*	1,0*	1,5*	3,0*
Areias	0,50	0,60*	1,0*	1,5*	3,0*

* valores apenas orientativos diante do reduzido número de dados disponíveis (DÉCOURT, 1996).

50 - Projeto, Execução e Desempenho de Estruturas e Fundações

- Carga de Ruptura de Ponta → $Q_{p-calc} = q_u.A_p$ (Equação 55)

O valor de q_u pode ser obtido utilizando-se sua correlação empírica com a resistência à penetração média na região da ponta da estaca (A_p).

$q_u = K_{DQ}.\overline{N}_p$ (Equação 56)

em que:
q_u = reação de ponta (kPa)
$\overline{N}_p$ = resistência à penetração do SPT, resultante da média de 3 valores obtidos ao nível da ponta da estaca, imediatamente acima e abaixo desta
K_{DQ} = coeficiente que correlaciona a resistência à penetração (N) com a resistência de ponta em função do tipo de solo proposto por DÉCOURT & QUARESMA (Tab. 5)

$\overline{N}_p = \dfrac{N_{p+1} + N + N_{p+1}}{3}$ (Equação 57)

Tabela 5- Valores de K_{DQ}.

Solo	Tipo de Estaca		Esc/Desl.
	Deslocamento	Escavada	
Argila	120	100	0,83
Silte Argiloso*	200	120	0,60
Silte Arenoso*	250	140	0,56
Areia	400	200	0,50

* Solos Residuais

A carga de ruptura de ponta fica → $Q_{p-calc} = \alpha_{DQ}.K_{DQ}.\overline{N}_p.A_p$ (kN)   (Equação 58)

O coeficiente α_{DQ} permite estender os cálculos efetuados para a estaca padrão para outros tipos de estacas e solos (Tab. 6).

Tabela 6 - Valores do coeficiente α_{DQ} em função do tipo de solo e estaca

Solo	Tipo de Estaca				
	Escavada em geral	Escavada com lama bentonítica	Hélice Contínua	Raiz	Injetada sob alta pressão
Argilas	0,85	0,85*	0,30*	0,85*	1,0*
Solos intermediários	0,60	0,60*	0,30*	0,60*	1,0*
Areias	0,50	0,50*	0,30*	0,50*	1,0*

* valores apenas orientativos diante do reduzido número de dados disponíveis (DÉCOURT, 1996).

- Carga Total de Ruptura → $Q_{total-calc} = \Sigma\beta_{DQ}(3,33\overline{N}_i + 10)\pi.\phi.\Delta_L + \alpha_{DQ}.K_{DQ}.\overline{N}_p.A_p$ (kN)

(Equação 59)

Os autores propõem um fator de segurança global 1,3 para a carga lateral e 4,0 para a carga de ponta para a determinação da carga admissível.

3.10 CONSIDERAÇÕES FINAIS

Este capítulo do livro abordou alguns aspectos relacionados à geotecnia e geologia, desde temas associados à utilização de ensaios de campo e laboratório até aqueles pertinentes à classificação dos solos e rebaixamento do lençol freático. Foram apresentadas algumas correlações entre parâmetros obtidos de ensaios de campo (SPT e CPTu) e aqueles empregados em projetos geotécnicos em geral. Na sequência, foram apresentadas várias formulações para determinação da tensão de ruptura de fundações rasas e dois métodos consagrados no Brasil para o cálculo de capacidade de carga de fundações profundas. A intenção deste capítulo foi de apresentar ao leitor alguns conceitos básicos de geotecnia, com o intuito de motivá-lo a buscar na literatura mais informações sobre os tópicos abordados. Há de ressaltar que os autores não tiveram a intenção de substituir nenhuma literatura, mas sim de motivar o leitor para consultas e leitura de publicações mais específicas sobre cada um dos temas abordados. A geotecnia é uma ciência que desafia a todo o momento, mostrando aos estudiosos que se deve respeitar a natureza e a formação dos solos e das rochas em todas as etapas dos projetos e das execuções das obras.

3.11 REFERÊNCIAS BIBLIOGRÁFICAS

ALONSO, U. R. *Rebaixamento temporário de aquíferos*. Oficina de Textos, São Paulo, 2007.

AOKI, N; VELLOSO, D. A. *Um método aproximado para estimativa da capacidade de carga de estacas*. In: PANAMERICAN CONFERENCE ON SOILS MECHANICS AND FOUNDATION ENGINEERING, 5°, Buenos Aires, Proceedings..., Buenos Aires. v.1, p.367-376. 1975.

ABNT – Associação Brasileira de Normas Técnicas *NBR 6502/1995 – Rochas e Solos*. Rio de Janeiro.
ALBUQUERQUE, P.J.R.; CARVALHO, D.; MIRANDA JR, G.; ZAMMATARO, B.B. *Análise de Estacas Escavada e Hélice Contínua, Carregadas Transversalmente no Topo, em Solo não Saturado de Diabásio*. In: CONGRESSO BRASILEIRO DE SOLOS NÃO-SATURADOS, 5°, São Calos, Anais...p.315-320. 2004
BALDI, G. et. al. *Design Parameters for Sand from CPT*. In: 2nd ESOPT. Amsterdam, The Netherlands. Vol.2, p.425-432, 1982.

BARTORELLI, A.; HARALYI, N. *Geologia do Brasil*. GEOLOGIA DE ENGENHARIA. ABGE, 1998.
BOLTON, M.D. *The Strenght and Dilatancy of Sands*. Géotechnique, v. 16, N.1, p.65-78, 1986.

BOWLES, J.E. *Foundation Analysis and Design*. New York: McGraw-Hill. 5th ed. 1997. 1207p.

CINTRA, JC.A.; AOKI, N. *Fundações por estacas : projeto geotécnico*. São Paulo: Editora Oficina de Textos. 1^a ed. 96p. 2010.
DAS, B. M. *Fundamentos de Engenharia Geotécnica*. Cengage Learning, Tradução EZ2Translate, São Paulo, 2011.

DE MELLO, V.F.B. *The Standard Penetration Test: State-of-the-Art* Report. In: 4th PANAM, Puerto Rico, Vol.1, p.1-86. 1971.

DÉCOURT, L.; QUARESMA, A. R. *Capacidade de carga de estacas a partir de valores de SPT*. In: CONGRESSO BRASILEIRO DE MECÂNICA DOS SOLOS E ENGENHARIA DE FUNDAÇÕES, 6th, Rio de Janeiro. Anais..., 1978. v.1, p.45-53. 1978.

DÉCOURT, L.; QUARESMA, A. R. *Análise e Projeto de Fundações Profundas*. Estacas. In: HACHICH, W., FALCONI, F.F., SAES, J.L., FROTA, R.G.Q.,CARVALHO, C.S., NIYAMA, S. Fundações Teoria e Prática. 1. ed. São Paulo: Editora Pini Ltda, cap. 8.1. p.265-301. 1996.

GON, F. S. *Caracterização geotécnica através de ensaios de laboratório de um solo de diabásio da região de Campinas/SP*. Dissertação de Mestrado Pós-Graduação da Faculdade de Engenharia Civil, Arquitetura e Urbanismo da Universidade Estadual de Campinas. São Paulo. 153p. 2011.

IMAI, T.; YOSHIMURA, Y. *Elastic Wave Velocity and Soil Properties in Soft Soil*. In: Tsuchi-to-Kisso. v.18, p.17-22. 1970.

JENNINGS, J. E.; KNIGHT, K. *A Guide to Construction on or with Materials Exhibiting Additional Settlement due to a Collapse of Grain Structure*. In: 4th Regional Conference for African on Soil Mech. Found. Eng., Durban, p. 99 - 105. 1975.

JOPPERT JR, I. *Fundações e Contenções de Edifícios*. São Paulo-SP: PINI, 2007. 221p.

KULHAWY, F.H.; MAYNE, P.W. *Manual on Estimating Soil Properties for Foundation*. Electric Power Research Institute (EPRI). 308p. 1990.

MACIEL JUNIOR, O. C.; MARQUES, E.A.G.; SILVA, C. H. C. E.; MINETTE, E.; ARANHA, P.R.A. *Uso do georadar na caracterização de um fenômeno de subsidência em São João Del Rey, MG, Brasil*. In: 8° CONGRESSO PORTUGUÊS DE GEOTECNIA, 2002, Lisboa. 8° CONGRESSO PORTUGUÊS DE GEOTECNIA A Geotecnia Portuguesa e os Desafios do Futuro. Lisboa: SPG, 2002. v. 1. p. 25-34.

MAYNE, P.W.; RIX, J.G. G_{max}-q_c *Relationships for Clays*. Geotechnical Testing Journal, ASCE, v.16, n.1, p.59-60, 1993.

MEYERHOF, G. G. *Compaction of Sands and the Bearing Capacity of Piles*. Journal of Soil Mechanics and Foundation Division, ASCE, v.5, SM6, p.1-29, 1959.

MEYERHOF, G. G. *Discussion on Sand Density by Spoon Penetration*. In: 4th I.C.S.M.F.E., v.3, 110p. 1957. MEYERHOF, G. G. *General Report: Outside Europe*. In: 1st ESOPT. Stockholm, Sweden. V..2.1, p.40-48, 1974.

MEYERHOF, G. G. *Penetration Test and Bearing Capacity of Cohesionless Soils*. Journal of Soil Mechanics and Foundation Division, ASCE, v.82, SM1, p.1-19, 1956.

MEYERHOF, G. G. *Shallow Foundations*. Journal of Soil Mechanics and Foundation Division, ASCE, v.91, SM2, p.21-31, 1965.

MIGUEL, M. G., MARQUE, R., ALBUQUERQUE, P. J. R.; Carvalho, D. (2007). *Análise do Comportamento Colapsível de uma Argila Laterítica, de Origem Coluvionar da Região de Campinas/SP*. In: SIMPÓSIO BRASILEIRO DE SOLOS NÃO SATURADOS, 6. VI NSAT 2007. Salvador/BA. Novembro. Anais do Simpósio Brasileiro de Solos Não Saturados, p. 69-77.

MONTEIRO, P.F.F. *A Estaca Ômegafranki – Capacidade de Carga.* In: SEMINÁRIO DE ENGENHARIA DE FUNDAÇÕES ESPECIAIS – SEFE IV, 4º, São Paulo. Anais... A.B.M.S. v.2, PP.356-369. 2000.

NOGAMI, J. S., VILLIBOR, D. F. *Uma nova classificação de solos tropicais para finalidades rodoviárias.* In: Simpósio |Brasileiro de Solos Tropicais em Engenharia, COPPE/UFRJ, Rio de Janeiro, v. 1, 1981.

OHBA, S.; TORIUMI, I. *Dynamic Response Characteristics of Osaka Plain.* In: Annual Meeting AIJ. 1970.
PARRY, R.H.G. *Estimating Bearing Capacity of Sand from SPT Values.* Journal of the Geotechnical Engineering Division, ASCE, v.103, GT9, p.1014-1019, 1977.

ROBERTSON, P.K.; CABAL, K.L. *Guide to Cone Penetration Testing for Geotechnical Engineering.* California: Gregg Driling & Testing, 2010. 115p.

RODRIGUES, R. A. *Modelação das deformações por colapso devidas à ascensão de lençol freático.* Tese de Doutorado. Escola de Engenharia de São Carlos – Universidade de São Paulo (EESC-USP), São Carlos-SP. 262p. 2007.

RUVER, C.A.; CONSOLI, N.C. *Estimativa do módulo de elasticidade em solos residuais através de resultados de sondagens SPT.* In: Congresso Brasileiro de Mecânica dos Solos e Engenharia Geotécnica, 13, Curitiba. p.601-606. 2006.

SALES, M. M. *Análise do Comportamento de Sapatas Estaqueadas.* Tese de Doutorado. Universidade de Brasília, Departamento de Engenharia Civil e Ambiental. Pub. G.TD-002A/00. 229p. 2000.

SCALLET, M. M. *Comportamento de estacas escavadas de pequeno diâmetro em solo laterítico e colapsível da região de Campinas/SP.* Dissertação de Mestrado Pós-Graduação da Faculdade de Engenharia Civil, Arquitetura e Urbanismo da Universidade Estadual de Campinas. SP: 166p. 2011.

SCHNAID, F.; ODEBRECHT. E. *Ensaios de Campo e suas Aplicações à Engenharia de Fundações.* São Paulo-SP: Oficina de Textos, 233p. 2012.

SOUSA PINTO, C. *Curso Básico de Mecânica dos Solos em 16 aulas.* 3ª Edição. Oficina de Textos, São Paulo, 2006.

TEIXEIRA, A. H. *Projeto e execução de fundações [Design and execution of foundations].* In: Seminário de Engenharia de Fundações Especiais e Geotecnia – SEFE III, São Paulo, v.1, p. 33-50, 1996.

TROFIMENKOV, J.G. *Penetration Test in URSS – State-of-the-Art.* In: 1st ESOPT. Stockholm, Sweden. v.2.1, p.147-154, 1974.

VILAR, O. M. *Estudo da compressão unidirecional do sedimento moderno (solo superficial) da cidade de São Carlos.* São Carlos, SP. EESC-USP. Dissertação de Mestrado, São Carlos-SP. 1979

WATANABE, Y., TANAKA, M.; TAKEMURA, J. *Evaluation of In-Situ K_o for Ariake, Bangkok and Hai-Phong Clays.* In: 2nd International Conference on Site Characterization -ISC 2, Porto, Portugal, p.167-175. 2004.

WEBB, D.L. *Settlement of Structures on Deep Alluvial Sandy Sediments in Durban, South Africa.* In: Conference In-Situ Investigation in Soils and Rocks, British Geological Society. p.181-188. 1969.
YOSHIDA, Y.; MOTONORI, I. *Empirical Formulas of SPT Blow_counts for Gravelly Soils.* In: ISOPT 1. Orlando, USA. 1988.

CAPÍTULO 4 - BOAS PRÁTICAS PARA A EXECUÇÃO DE FUNDAÇÕES

Vinicius Lorenzi
M.Sc, IPOG, FUNGEO FUNDAÇÕES
vinicius@fungeo.com.br

4.1 INTRODUÇÃO

A constante evolução tecnológica na Engenharia tem gerado avanços consideráveis de produtividade com baixo custo. A automatização do processo, que outrora era considerado inviável no setor, hoje é premissa básica de sobrevivência.

Diante de ciclos tecnológicos cada vez mais curtos, não há como permanecer inerte às novas tendências. A evolução ultrapassa as fronteiras do comodismo para instigar novas gerações de métodos construtivos.

Dentro da Engenharia Civil, o setor da Engenharia de Fundações tem apresentado saltos evolutivos consideráveis, assim, analisar as boas práticas de execução de fundações com as tendências evolutivas desse mercado é fundamental para que este possa ser compreendido.

O principal diferencial competitivo das empresas do setor é contar com as mais diversas soluções em equipamentos de Fundações, assim, há a percepção dentro do mercado que as empresas são capazes de atuar em diferentes solos, com diversos processos com a mesma segurança. Pelo crescimento considerável do mercado de fundações nos últimos anos, o setor tem procurado entregar obras cada vez mais rápidas e com maior qualidade possível.

A Engenharia de Fundações, também dita Engenharia Geotécnica, é relativamente nova no Brasil. Pouco mais de um século separam os estudos iniciais dessa área com os tempos atuais. A evolução de equipamentos é ainda mais recente. A automatização e mecanização têm menos de 30 anos. De lá para cá as tecnologias têm sido fundamentais para o crescimento do mercado (Velloso e Lopes, 2010)

O capitulo de Boas Práticas de Execução de Fundações traz ao leitor conhecimento de campo para atuação em diversas frentes da Engenharia de Fundações.

4.2 TENDÊNCIAS EM SOLUÇÕES DE FUNDAÇÕES

Na última década, as empresas gozaram de crescimento acima do esperado, embora tenham percebido os efeitos de novos entrantes no mercado. Sentindo as implicações da concorrência, tornam-se preocupadas com as tendências de um mercado que não para de evoluir. Fatores como preço e prazo se tornam premissas básicas para crescer no setor. Tais fatores reiteram a necessidade de avaliar essa evolução tecnológica, tornando-se preparado para enfrentar os novos desafios.

Para os diversos tipos de solos e rochas há determinada solução em fundação, sendo que em cada solução um tipo de equipamento para perfuração é utilizado. Assim, há a necessidade de as empresas possuírem um numero significativo de equipamentos para atuar em diversos tipos de materiais encontrados. Quanto maior a gama de equipamentos, mais preparada está a empresa para enfrentar as diversidades.

4.2.1 Influência da tecnologia sobre a produtividade

No Brasil, os equipamentos de perfuração de estacas eram fornecidos por pouco mais de cinco empresas até os últimos anos. Eis que a crise europeia faz com que as empresas do leste europeu passem a apostar no Brasil, e trazem suas montadoras para o país. Com tecnologias diferenciadas, estas empresas têm absorvido parcelas de mercado das empresas nacionais. Embora os preços e condições de pagamento/financiamento ainda não sejam competitivos com as fabricantes nacionais, há a aposta de produtividade e durabilidade maiores desses equipamentos.

Nos anos 70, os equipamentos utilizados eram de pequeno porte, facilmente transportados e instalados *in loco*. Atualmente, as perfuratrizes chegam a pesar 80 toneladas, transportadas em carretas e sua montagem pode chegar a uma semana. Entretanto, quanto maior o equipamento e a dificuldade de execução, maior é o custo final.

A criação de novos equipamentos e novas tecnologias implantadas no mercado de fundações é absolutamente volátil. Um método que outrora se fazia eficaz já não possui a mesma eficiência. Isso faz com que as fabricantes busquem continuamente a melhoria dos seus equipamentos, pois sabem que uma nova tecnologia pode conquistar o mercado em pouco tempo.

Todo o trabalho braçal que era utilizado na metade do século XX no ramo da engenharia de fundações ficou para trás, hoje em dia o objetivo é que não mais ocorram trabalhos que se utilizem de força humana. Isto é posto por dois fatores: os cuidados com a saúde dos trabalhadores têm sido cada vez maiores e a produtividade dos equipamentos é superior aos trabalhos manuais.

As empresas de fundação perceberam que a substituição de trabalho braçal pela implantação de equipamentos cada vez mais tecnológicos é fundamental. Não há sobrevivência neste mercado sem que a produção esteja diretamente postulada no primeiro patamar.

4.2.2. Mercado de Engenharia de Fundações

A demanda por novos edifícios tem sido grande na ultima década. Houve um fortalecimento grande do setor da construção civil alavancado pelo crescimento produtivo nacional. A procura por imóveis potencializou a cadeia da construção civil, que viu suas receitas crescerem em escalas exponenciais.

Com o crescimento das cidades, as áreas nobres tornaram-se cada vez mais valorizadas. Quanto mais valorizado um terreno, maior é o custo de construção, consequentemente maior é a necessidade de faturamento no empreendimento para que o valor do lote seja dissipado e o edifício gere lucro. A saída para isso é a verticalização dos edifícios.

No Brasil, atualmente o maior edifício residencial encontra-se em Balneário Camboriú, no estado de Santa Catarina (Figura 1). O Edifício Villa Serena tem duas torres com 160 metros de altura e 46 andares.

Esse aumento significativo no numero de pavimento das edificações gerou um grande impacto no mercado de fundações. Ora, em termos gerais, quanto maior a edificação, maiores são os custos com as fundações, maior é a responsabilidade e consequentemente somente as empresas credenciadas para tal conseguem executar tais técnicas.

Figura 1: Ed. Villa Serena – Construtora Embraed – Balneário Camboriú - SC

É com essa perspectiva que o mercado tem trabalhado. Haverá cada vez mais um aumento no número de pavimentos das edificações, gerado pelo aumento de custo dos terrenos e que serão solucionados com o acréscimo de pavimentos.

4.3 FUNDAÇÕES PROFUNDAS

Os tipos de fundações profundas existentes no Brasil são:

- Estaca Metálica;
- Estacas Pré-Moldada em concreto;
- Estaca Escavada mecanicamente;
- Estaca Hélice Contínua (ou Segmentada), Monitorada;
- Estaca Hélice de Deslocamento, Monitorada;
- Estaca tipo Strauss;
- Estaca Franki Standard;
- Estaca tipo Raiz;
- Estaca Barrete;

- Estaca Mega;
- Tubulões a Céu Aberto e a Ar Comprimido.

As diversas soluções de Fundações profundas existentes levam aos calculistas geotécnicos a necessidade da compreensão dos prós e contras dos mais diversos tipos de equipamentos existentes no mercado. A definição trazida por Aoki (2000) mostra a complexidade da definição da capacidade de carga admissível de cada estaca, bem como a escolha de um determinado tipo de fundação:

> *"A carga admissível de um estaqueamento (grupo de elementos isolados de fundação em estacas) é fixada por cada profissional que se julgue especialista neste tipo de fundação. O valor numérico por ele fixado decorre de sua experiência pessoal com aquele tipo específico de fundação naquela formação geológica, quando executado com o equipamento daquela firma especializada. Neste contexto, fundação é uma arte e as decisões de engenharia dependerão da sensibilidade e experiência do artista. Neste caso, entende-se por experiência profissional o ato de ter projetado um estaqueamento para um determinado valor de carga admissível e ter tomado conhecimento posterior do seu comportamento sob ação deste tipo de carga em prova de carga estática. Se o comportamento foi satisfatório, há tendência em se consolidar o valor adotado e até de aumentá-lo à medida que a experiência se acumula sempre com bons resultados. Se o comportamento foi deficiente, a tendência é contrária. A experiência confere uma medida à confiabilidade de um determinado tipo de fundação e é um fator subjetivo".*

> **(Prof. Nelson Aoki, 2000).**

Sob forma de poesia, a descrição feita pelo mestre Aoki retrata a realidade dos escritórios de Geotecnia, onde o conhecimento adquirido ao longo dos anos de execução de estaqueamentos confere a cada especialista uma tendência e experiência a determinado tipo de equipamento com determinada capacidade de carga.

Algumas variáveis são fundamentais no processo de capacidade de carga de um estaqueamento e a escolha do equipamento a ser utilizado:

- Topografia do terreno
  - o Levantamento topográfico
  - o Avaliação de taludes e encostas no terreno
- Dados Geológicos-Geotécnicos
  - o Investigação do subsolo por sondagem
  - o Levantamento de mapas, fotos aéreas
- Dados da estrutura a ser construída
  - o Tipo e uso de estrutura
  - o Cargas nos pilares
  - o Sistema estrutural
  - o Existência de subsolos (avaliação dos cortes)
- Informações sobre obras vizinhas

- o Tipo de estrutura e fundações executadas

- o Existência de subsolos

- o Avaliação das consequências de escavações ou aterros

- Equipamentos disponíveis na região.

Na escolha do equipamento disponível na região, temos que avaliar a funcionalidade das soluções existentes para que possamos ter a melhor relação custo x beneficio para a obra. Uma boa escolha não é necessariamente aquela que possui o menor preço por metro de estaca. Há de se avaliar variáveis como prazo de execução, tamanho dos blocos, consumo de concreto, taxa de armadura, etc. A somatória dos custos por metro e as variáveis acima citada é que definirá as melhores relações de custo e desempenho.

Pode ser dito que um bom projeto de fundação é aquele que atende aos pré-requisitos de segurança à ruptura e de recalques aceitáveis, aliados a um baixo custo e prazo de execução. Observam-se duas tendências nas obras de fundação, a primeira é aquela em que o cliente deseja uma fundação mais econômica possível, independente do tempo necessário a sua execução. Já a segunda é aquela com prazos reduzidos, para a qual quanto menor o tempo total de execução das fundações, melhor é para o cliente.

Destacaremos abaixo algumas das vantagens e desvantagens na execução dos principais equipamentos de fundação profunda:

Estacas Cravadas (Metálicas e Pré-Moldadas em Concreto)

Vantagens

- O material da estaca pode ser inspecionado antes da cravação, ou seja, há maior controle sobre o material cravado;

- Seu uso é indicado para fundações abaixo do nível do lençol freático;

- Em solos moles, onde soluções moldadas *in loco* geram aumento dos consumos de material, as estacas cravadas provocam menor custo relativo;

- Pode ser cravada em grandes comprimentos, sob uso de emendas;

- Possuem grande capacidade de suporte de cargas. Muito utilizadas quando há cargas de flexão em todo o comprimento da estaca;

- Utilizada em diversos tipos de solo (exceto cravação em material rochoso).

Desvantagens

- Barulhos, vibrações e ruídos são as principais desvantagens dessa solução. Antes de optar por esta fundação, há a necessidade de avaliação da vizinhança para que possíveis abalos estruturais sejam evitados;

- Dependendo das dimensões das peças, equipamentos de grande porte devem acompanhar seu levantamento;

- Equipamentos de cravação dotados de martelo-hidráulico (Figura 2) têm resolvido os problemas com produtividade dessa solução, embora sejam equipamentos caros e ainda escassos nos país. Antigamente, a produtividade com equipamentos bate-estaca **não passava de 3 a 5 estacas** cravadas/dia – Hoje os equipamentos mecanizados ultrapassam 10 estacas cravadas/dia.

Observação: cuidados redobrados com a tensão de compressão ou tração em excesso durante a cravação.

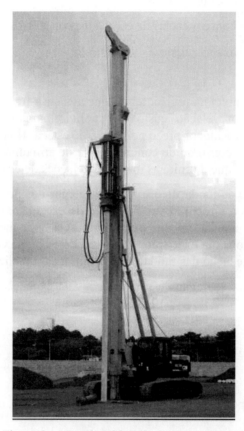

Figura 2 – Martelo Hidráulico para cravação de estacas

Estaca Escavada mecanicamente

Vantagens

- Baixo custo de execução comparada a outras técnicas;
- Alta mobilidade e produtividade. Dependendo do diâmetro utilizado, e das profundidades estaqueadas, os equipamentos de estacas escavadas podem produzir mais de 20 estacas/dia (diâmetros menores). No caso dos estacões, com diâmetros maiores, a produtividade média é de 7 estacas/dia;
- Conhecimento imediato das camadas atravessadas;
- Ausência de vibrações;
- Grande variedade de diâmetros de perfuração. Alguns equipamentos que fazem uso de estacas com trado helicoidal mecanizado podem ultrapassar diâmetros de 2,50 m e profundidades superiores a 50 metros. Esta variação faz com que a solução seja indicada desde pequenas residências até grandes edificações.

Desvantagens

- Utilizadas em solos com boa resistência para que a escavação permaneça estável durante a colocação da armadura e a concretagem;

- Seu uso é restrito às profundidades acima do nível do lençol freático; abaixo deste, a escavação do fuste e a base da estaca ficam comprometidas;

- Abaixo do lençol freático, o uso de Lama Bentonítica ou Lama Polimérica gera alto custo, embora possam absorver grandes capacidades de carga.

Observação: cuidados especiais com a limpeza do fundo da estaca, não deixando material solto na ponta com consequente perda da resistência de ponta da estaca. Durante a concretagem, verificar a estabilidade do fuste e a possível existência de água (deve ser retirada por bombeamento).

Limitação quanto ao N SPT: 30 < N ≤ 80

Estaca Hélice Contínua (ou Segmentada), Monitorada

Vantagens

- Por produzir baixo ruído e vibrações, são indicadas em áreas densamente ocupadas (Figura 3);

- Tendo o concreto bombeado para o interior da perfuração durante a retirada do trado, as estacas hélice trabalham abaixo do nível do lençol freático;

- O controle do estaqueamento é feito por sistema monitorado acoplado no equipamento, o que garante maior segurança e confiabilidade, gerando alto grau de qualidade no estaqueamento;

- Alta produtiva quando comparada a soluções cravadas. A metragem estimada por dia ultrapassa 200 metros perfurados (quando a logística com os outros equipamentos estiver funcionando plenamente);

- Utilizada em diversos tipos de solo (exceto perfuração em rocha).

Desvantagens

- A logística para a execução da estaca hélice é grande. Há a necessidade do acompanhamento em tempo integral de bomba de concreto, caminhões betoneira, além de, em alguns casos, equipamento para deslocamento da terra retirada da estaca;

- Limitação quanto ao comprimento das ferragens. Como a ferragem é adentrada posterior à concretagem, há certa dificuldade na colocação de armaduras de aço com grandes comprimentos. Dessa forma, o controle do *Slump* do concreto é fundamental;

- Há a necessidade de que o terreno esteja em perfeitas condições, pois os equipamentos são de grande porte e geram ações consideráveis no solo, o qual deve suportá-las para garantir a estabilidade do equipamento;

- Capacidade de carga das estacas muitas vezes é inferior a outros sistemas disponíveis no mercado.

Observação: abastecimento de concreto e verificação do slump a cada nova amostra. Em solos muito moles seu uso deve ser estudado com cautela.

Limitação quanto ao N SPT: 20 < N ≤ 45

Figura 3 – Equipamento de Estacas hélice contínua monitorada

Estaca Franki Standard

Vantagens

- Podem atingir grandes comprimentos;
- Grande estabilidade pela base alargada, boa verticalidade e superfície do fuste bastante rugosa em contato com o terreno bastante comprimido;
- Alta capacidade de carga.

Desvantagens

- Seu processo executivo causa muita vibração, podendo danificar construções vizinhas;
- Baixa produtividade (em média 2 estacas/dia).
- Não são indicadas em terrenos com camadas de argila mole saturadas, pois pode ocorrer estrangulamento do fuste.

Observação: cuidados com as transições de camadas de solos moles.

Limitação quanto ao N SPT: $8 < N \leq 40$

Estaca tipo Raiz

Vantagens

- As estacas-raiz suportam grandes cargas de compressão e de tração em relação ao diâmetro;
- Não possuem restrições quanto à profundidade;
- Executadas tanto em solo quanto em rocha; nas camadas de solo é obrigatória a utilização de revestimento para que a concretagem da estaca seja feita sem desmoronamento do fuste; o uso de revestimento permite que seja executada abaixo do nível do lençol freático;
- Podem ser executadas com maiores inclinações (0 à 90°);
- Boas soluções para reforço de fundações, pois equipamentos de menor porte podem chegar a lugares de difícil acesso.

Desvantagens

- Alto custo de execução;
- Alto consumo de cimento e aço (devem ser armadas integralmente no seu comprimento);
- A logística deve ser eficiente. Compressores de ar, bombas de injeção e misturadores de argamassa devem estar presentes durante a execução;
- Quando perfuradas em rocha, o volume de poeira pode ser grande e deve ser controlado para não afetar a saúde dos trabalhadores e da vizinhança (Figura 4).

Observação: processo de execução extremamente complexo devido ao uso de ar comprimido de alta ou baixa pressão. A produtividade média não ultrapassa 3 estacas/dia. Avaliação quanto à pressão de injeção da argamassa, pois seu valor variável é importante no cálculo da capacidade de carga

Figura 4 – Grande quantidade de poeira produzida na perfuração em rocha na estaca raiz

Estaca Barrete

Vantagens

- Conhecimento imediato e real de todas as camadas atravessadas;

- Ausência de vibração;

- Gradual adaptação da estaca às condições físicas do terreno, com sensível incremento do atributo lateral;

- Possibilidade de atingir grandes profundidades;

- Possibilidade de executar a estaca em praticamente todos os tipos de terreno, com nível de água ou não, e atravessar matacões com a aplicação de ferramentas especiais (hidrofresa);

- Alta capacidade de suporte, gerando redução no volume de concreto nos blocos de coroamento.

Desvantagens

- Alto custo comparado a outras soluções;

- Equipamentos de grande porte com necessidade de adaptação do canteiro de obra;

- Suscetíveis a estrangulamento da seção em caso de solos compressíveis;

Tubulões a Céu Aberto

Vantagens

- Baixo custo comparado às outras técnicas, tanto de mobilização quanto de consumo de material;

- Permite observação simultânea ao material escavado, e controle preciso das previsões de projeto;

- Suas dimensões podem ser alteradas durante a escavação para compensar condições de subsolos diferentes das previstas;

- Possibilidade de eliminação de bloco de coroamento de estacas, no qual um único tubulão recebe a carga proveniente do pilar.

Desvantagens

- Solução de alto risco para os trabalhadores, possibilidade de soterramento, infecções, asfixia, intoxicação com gases, etc.;

- Baixa produtividade (uma equipe de poçeiros realiza no máximo 2 aberturas de base/dia).

- Necessidade de mão de obra disposta a trabalhar sob condições desfavoráveis.

Observação: o controle da limpeza da base deve ser rigoroso. As recomendações das normas de segurança devem ser utilizadas em plenitude, pois os riscos são eminentes.

Limitação quanto ao N SPT: $20 < N \leq 60$.

4.3.1 Controle de qualidade de Fundações Profundas

O Controle de qualidade dos estaqueamentos tem figurado com maior frequência nos últimos anos. Os ensaios mais comuns e indicados por profissionais geotécnicos são:

- Prova de Carga Estática (PCE)

- Prova de Carga Dinâmica (PDA – Pile Driving Analyser)

- Teste de Integridade (PIT – Pile Integrity Test)

As provas de carga são feitas obedecendo às recomendações da NBR 12.131/91. Os critérios mínimos estabelecidos pela NBR 6122/2010, para os quais se faz necessária a execução de provas de cargas são definidos pela tabela 1.

Conforme especificado por esta norma, é obrigatória a execução de provas de carga estática em obras que tiverem um número de estacas superior ao valor especificado na coluna (B), sempre no início da obra. Quando um número total de estacas for superior ao valor da coluna (B), deve ser executado um número igual a 1% da quantidade total de estacas, arredondando sempre para mais.

Ainda é descrito que é necessária a execução de prova de carga, qualquer que seja o número de estacas da obra, se elas forem empregadas para tensões médias superiores aos indicados na coluna (A).

Tabela 1 – Quantidade de Provas de carga (NBR 6122/2010)

Tipo de estaca	A Tensão (admissível) máxima abaixo da qual não serão obrigatórias provas de carga desde que o número de estacas da obra seja inferior à coluna (B), em MPa	B Número total de estacas da obra a partir do qual serão obrigatórias provas de carga
Pre moldada[1]	7	100
Madeira	-	100
Aço	0.5 f_{yk}	75
Hélice e hélice de deslocamento (monitoradas)	5	75
Estacas escavadas Com ou sem fluido $\Phi \geq 60$ cm	5	75
Raiz	12.5	75
Micro-estaca	12.5	50
Trado segmentado	5	50
Franki	7	100
Escavadas sem fluido Φ até 50 cm	4	100
Strauss	4	100

1. Para efeito de seção de concreto consideram-se estacas vazadas como maciças, limitando-se a seção vazada a 40% da seção maciça.
2. Os critérios acima são válidos para as seguintes condições:
   - Áreas onde haja experiência prévia com o tipo de estaca empregado.
   - Onde não houver particularidades geológico-geotécnicas.
   - Quando não houver variação do processo executivo padrão.
   - Quando não houver dúvida quanto ao desempenho das estacas.
3. Quando as condições acima não ocorrerem devem ser feitas provas de carga em no mínimo 1% das estacas, observando-se um mínimo de uma prova de carga qualquer que seja o número de estacas.

4.3.1.1 Prova de Carga Estática - PCE

Conforme estabelecido pela norma NBR 12131/1992 (Estacas – Prova de Carga Estática: Método de Ensaio), uma prova de carga consiste em aplicar esforços estáticos crescentes à estaca, com registro dos deslocamentos correspondentes. Esta norma prescreve o método de prova de carga em estacas visando fornecer elementos para avaliar o comportamento carga x deslocamento. A prova de carga estática é a técnica mais aceita para determinação da capacidade de carga de estacas.

As provas de carga por vezes são realizadas com o intuito de refinar o cálculo das fundações, além de conferir se as capacidades de carga previstas no pré-projeto são, de fato, as encontradas em campo.

Velloso e Lopes (2010) complementam: provas de carga estática são realizadas em estacas (e tubulões) com um dos seguintes objetivos:

- Verificar o comportamento previsto em projeto (capacidade de carga e recalques);
- Definir a carga de serviço em casos nos quais não se consegue fazer uma previsão de comportamento.

Atualmente, há uma boa previsão de comportamento de fundações para os mais diversos tipos de solos e estacas, assim, as provas de carga no Brasil são feitas principalmente para conferência do que já foi dimensionado em projeto.

A norma de fundações NBR 6122/2010 prevê uma redução nos fatores de segurança das obras de fundação quando do uso provas de carga, assim, a execução de provas de carga estática pode gerar redução nos custos com fundações. A norma de fundações sugere que, numa obra com mais de 100 estacas, seja feita uma prova de carga estática a cada 100 estacas ou fração.

As figuras 5 e 6 abaixo ilustram um sistema de prova de carga a compressão:

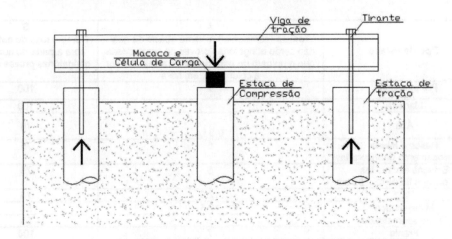

Figura 5: Sistema de prova de carga

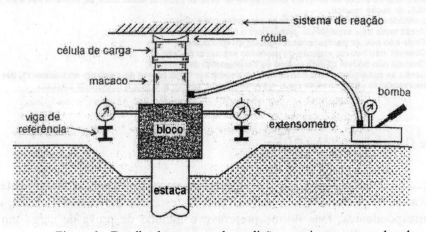

Figura 6 – Detalhe do esquema de medição e conjunto macaco-bomba

Indicações de uso das PCE: seu uso tem sido feito para comprovar a relação de capacidade de carga das estacas de grandes obras. Muitas vezes, a análise do recalque, pelas curvas carga x deslocamento são fundamentais para o entendimento dos máximos recalques admissíveis. Obras nas quais há dúvidas sobre o dimensionamento correto do estaqueamento podem ser verificadas por essa técnica. No Brasil, o seu custo vem diminuindo, embora para grandes cargas soluções de reação complexa são empregadas, o que gera aumento de custos.

4.3.1.2 Prova de Carga Dinâmica – PDA

O PDA calcula a capacidade de carga de uma estaca baseado nos sinais de força e velocidade no topo da estaca. A força é obtida por meio de sensores de deformação, cujo sinal é multiplicado pelo módulo de elasticidade do material, e pela área de seção na região dos sensores. A velocidade é obtida a partir da integração do sinal de acelerômetros.

Os sinais são enviados e processados em um equipamento dotado de um microcomputador com software para os cálculos. Após cada golpe do martelo, o PDA exibe os valores, e armazena os sinais obtidos.

O programa fornece a distribuição da resistência estática da estaca, que é parcela devida à ponta x parcela devida ao atrito lateral.

Indicações de uso: usualmente utilizado em estacas cravadas como pré-moldadas de concreto e metálicas. Seu uso é indicado para avaliação das cotas de apoio, ou seja, se a cota de apoio da estaca possui os recalques máximos admitidos em projeto.

4.3.1.3 Teste de Integridade - PIT

O PIT é um ensaio que visa determinar a variação ao longo da profundidade das características do concreto de estacas de fundação. O ensaio consiste na colocação de um acelerômetro de alta sensibilidade no topo da estaca sob teste e na aplicação de golpes com um martelo de mão (Figura 7).

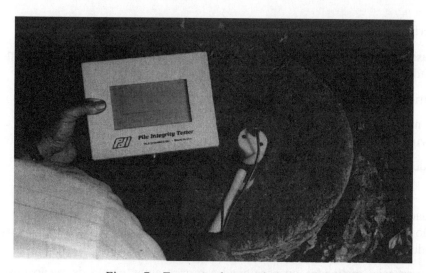

Figura 7 – Execução de teste de Integridade (PIT)

68 - Projeto, Execução e Desempenho de Estruturas e Fundações

Os golpes geram uma onda de tensão, que trafega ao longo da estaca, e sofre reflexões ao encontrar qualquer variação nas características do material (área de seção, peso específico ou módulo de elasticidade). Essas reflexões causam variações na aceleração medida pelo sensor. É feito um registro da evolução dessa aceleração com o tempo.

É feita a aplicação de vários golpes sequenciais para que o equipamento PIT tire a média dos sinais correspondentes. Isso permite uma variabilidade de resultados, de forma a avaliar interferências randômicas, sobressaindo no sinal apenas as variações causadas pelas reflexões da onda.

Indicações de uso: são indicadas para estacas moldadas in loco. Algumas estacas podem sofrer estrangulamento, dessa forma, algumas partes da seção podem ficar sem concretagem, o que significa que a estaca não atingiu sua integridade de concreto. A verificação da integridade garante que a estaca possua a profundidade de projeto e absorva as parcelas de atrito lateral e de ponta de projeto.

4.4. FUNDAÇÕES SUPERFICIAIS

Os principais tipos de fundação superficial, também chamadas de fundações diretas ou rasas, são:

- Blocos
- Sapatas
- Sapatas Corridas
- Sapatas associadas
- Radiers

De acordo com a NBR 6122/2010, fundações superficiais são aquelas em que a carga é transmitida ao terreno pelas tensões distribuídas sob a base da fundação, e a profundidade de assentamento em relação ao terreno adjacente à fundação é inferior a duas vezes a menor dimensão da fundação.

São certamente as fundações mais baratas existentes no mercado, além de sua simples execução. A facilidade da construção dos elementos de fundação dispensa equipamentos sofisticados, gerando redução de custos nessa etapa.

As fundações superficiais podem ser:

- Isoladas: Quando o elemento suporta apenas a carga de um pilar que passa pelo seu centro de gravidade;
- Excêntricas: Quando a resultante das cargas aplicadas não passa pelo centro de gravidade.

O segundo caso é muito comum em fundações de divisa. Nestes casos, a fundação com carga excêntrica é interligada a uma viga de equilíbrio, como a de um pilar mais próximo.

A seguir algumas definições sobre os tipos de fundações superficiais

Blocos

Elementos de fundação superficial de concreto simples. Sua forma de dimensionamento é feita de modo que as tensões de tração nele produzidas possam ser resistidas pelo concreto, dessa forma não se faz necessária a utilização de armaduras.

Pode ter as faces verticais, inclinadas ou escalonadas e apresentar planta de seção quadrada, retangular, triangular ou mesmo poligonal.

Observações: não há limitações de carga estrutural que impossibilitem o uso de blocos, entretanto, para cargas elevadas pode se tornar necessário grandes escavações de solo. Uma vez que esses grandes volumes de escavação geram grandes volumes de concreto, é possível que este seja o limitador deste tipo de fundação superficial. Quando isso acontece, a solução de Sapatas ou Radiers é a indicada.

Sapatas

Elementos de fundação de concreto armado. Sua forma de dimensionamento é feita de modo que as tensões de tração nele produzidas não podem ser resistidas pelo concreto, daí o emprego de armadura (Figura 8).

Pode ter espessura constante ou variável e sua base em planta é normalmente quadrada, retangular ou trapezoidal.

Uma das características das Sapatas é a pequena altura em relação às dimensões da base. Além disso, ao contrário dos blocos, que trabalham à compressão simples, as Sapatas trabalham à flexão.

Alguns aspectos construtivos nas Sapatas devem ser observados:

- A base das Sapatas deve estar nivelada, limpa e sem água;
- Na base deve ser colocada uma camada de concreto magro, com espessura de pelo menos 5 cm;
- Caso o nível do lençol freático seja atingido, há a necessidade de bombear para fora a água do fundo e a concretagem só deve ser feita após a drenagem completa da água.

Figura 8 – Preparo da base para fundação superficial em Sapata

Sapata Corrida

Elemento de fundação que absorve homogeneamente as cargas da estrutura, em toda a sua extensão.

Seu uso é restrito para cargas de menor dimensão. Além disso, há a necessidade de o solo ser regularmente resistente, para que não ocorram recalques diferenciais na estrutura.

Sapata associada

Nada mais é do que uma sapata comum a vários pilares, cujos centros, em planta, não estejam situados em um mesmo alinhamento.

Radiers

Elementos de fundações que reúnem num só elemento de transmissão de carga um conjunto de pilares. Dois tipos são destacados:

- Flexível: formados apenas por uma laje
- Semiflexível: formados por laje e viga.

Produzidos geralmente em solos de baixa resistência onde se utiliza uma grande área de apoio para atuar em contrapartida à baixa resistência do terreno. São de custo geralmente elevado se comparado com os outros tipos de fundações rasas.

É fundamental que as características do solo sejam homogêneas. Pode não haver um acompanhamento por igual dos recalques do solo, gerando recalques estruturais na estrutura.

Quanto à forma estrutural, são projetados segundo quatro tipos principais:

- Radiers Lisos;
- Radiers com pedestais ou cogumelos;
- Radiers Nervurados
- Radiers em Caixão

Tem sido muito usado em obras com a tecnologia *Steel Frame* (Figura 9).

Figura 9 – Uso de Radiers em obra de *Steel Frame*

4.4.1 Controle de qualidade de Fundações Superficiais

A forma mais comum de ensaiar o solo no qual a fundação superficial será apoiada é o ensaio de prova de carga em placa. Este ensaio consiste na instalação de uma placa (Figura 10) na cota de assentamento de projeto, com aplicação de carga e medidas relativas dos recalques.

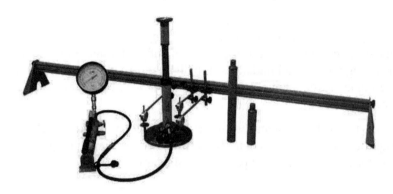

Figura 10 – Aparato para Ensaio de Placa

Assim como na prova de carga estática, é obtida uma curva carga x recalque, que posteriormente é analisada para que se avalie as cargas máximas para as quais o solo em questão tem de capacidade de suporte.

O ensaio de placa deve ter as seguintes características:

- Placa circular com área de 0,5m², ocupando todo o fundo da cava;
- A relação Diâmetro / base deve ser igual à da fundação real;
- Carregamento incremental mantido até a estabilização (seguindo os critérios de estabilização em provas de carga estáticas).

De acordo com Veloso e Lopes (2011), alguns cuidados devem ser tomados:

- Heterogeneidade: Caso haja estratificação do terreno, o resultado do ensaio possivelmente não indicará as características da fundação real;
- Presença de lençol freático: Os recalques podem ser diferentes quando da presença de água;
- Drenagem parcial: Em solos argilosos, dependendo do critério de estabilização, pode estar ocorrendo adensamento e, assim, o recalque observado estará entre o instantâneo e o final ou drenado;
- Não linearidade da curva carga-recalque: Mesmo na parte inicial da curva carga-recalque, pode haver uma forte não linearidade, e pode haver mudança de comportamento quando o carregamento atinge a tensão de pré-adensamento.

4.5 ANÁLISE DE INCERTEZAS

O Campo de atuação do Engenheiro de Fundações é cercado de dúvidas e incertezas. Ao contrário das atividades industriais, nas quais há o conhecimento e o controle dos materiais de trabalho, a Geotecnia desenvolve seu trabalho a partir de um material cujas características não podem ser totalmente compreendidas.

Campanhas de investigação de subsolo, por mais modernas e funcionais que sejam, ainda não podem abranger todas as características físicas, químicas e mecânicas do solo. Certo é que, quanto mais informação o projetista obtiver, menor são os riscos de erro.

Hachich (2003) cita que "surpresas geotécnicas", de comportamentos não totalmente previstos e de variabilidade não totalmente mensuráveis "a priori" podem surgir durante a execução de obras de fundação. O autor ainda cita que a Engenharia de Fundações trabalha com o binômio "conhecido x desconhecido", de um lado o elemento de fundação, enquanto elemento estrutural, seja ele sapata, tubulão, estaca, e do outro o maciço terroso ou rochoso *in situ*.

Na fase de projeto, se torna fundamental estreitar essa lacuna existente de conhecimento. Ensaios laboratoriais e investigações em campo auxiliam neste processo. Em média, apresentam baixo custo (entre 0,2 a 0,5% da obra) e se tornam fundamentais para a tomada das decisões.

A informação solicitada nem sempre é a informação necessária.

A informação necessária nem sempre pode ser obtida.

A informação obtida nem sempre é suficiente.

A informação suficiente nem sempre é economicamente viável

 (Prof. Fernando Schnaid, 2012)

Diferentes tipos de investigação para distintas soluções geotécnicas:
- Fundações
  - Sondagem SPT, Rotativa, etc.
- Estradas
  - Sondagem a Trado, CBR, etc.
- Estabilidade de taludes
  - Ensaios triaxiais
- Infraestrutura hídrica
  - Ensaio de permeabilidade
- Aterros sobre solos moles
  - Sondagem CPT, piezocone, etc.

Obtenção de Parâmetros:
- Resistência do solo
  - Resistência ao cisalhamento, resistência ao torque, resistência à compressão;
- Ângulo de atrito
- Nível d'água
- Estratigrafia do subsolo
- Coeficiente de permeabilidade
- Módulo de elasticidade
- Etc.

Ensaios de Campo
- S.P.T. (Standard Penetration Test)
- Ensaio a trado
- Sondagem Rotativa
- Ensaio de palheta
- Ensaios de cone
- Ensaio pressiométrico
- Ensaio dilatométrico
- Ensaios de permeabilidade em campo: bombeamento, perda d'água, ensaio de cava
- Ensaio de placa

Figura 11 – Sondagem S.P.T.

Ensaios de Laboratório
- Análise granulométrica (peneiramento e sedimentação);
- Ensaios triaxiais;
- Ensaios de adensamento;
- Ensaios de permeabilidade;
- Ensaios de cisalhamento direto;
- CBR;
- Limites de liquidez e plasticidade;

- Ensaios de compactação;
- Forma dos grãos;
- Densidade real dos agregados graúdos/miúdos;
- Densidade "in situ".

Figura 12 – Ensaio CBR

Algumas dificuldades dos ensaios de laboratórios:
- A principal dificuldade nos ensaios de laboratório está na correta retirada de amostras *in situ;*
- Retirada de amostras indeformadas, sem perdas do teor de umidade é o grande desafio;
- Problemas com transporte, temperatura, etc. devem ser evitados para garantir a qualidade da amostra.

Vantagens dos ensaios de laboratórios:
- Ideal para estimativas do comportamento tensão x deformação x tempo dos solos;
- Ideal para caracterização hidráulica;
- Estudos do comportamento entre as diversas relações que podem acontecer no campo;
- Controle total das condições desejadas
    - Temperatura
    - Pressão
    - Direção d'água
    - Umidade

4.5.1 Boas Práticas e Controle de qualidade dos processos

Num universo cercado de incertezas, boas práticas e controle de qualidade auxiliam na redução dos riscos inerentes à prática da engenharia de fundações.

É fundamental que o profissional fique atento às atualizações das Normativas (NBRs) em vigência, pois têm sido atualizadas por profissionais atuantes no mercado, que conhecem os anseios de um mercado em constante atualização.

A compatibilização dos projetos tem sido tema frequente em simpósios e congressos, pois os problemas gerados pela falta desta têm sido recorrentes e afetam diretamente todos os níveis de projeto e execução.

Ao engenheiro de fundação é fundamental avaliação de todos os projetos: estrutural, arquitetônico, planialtimétrico, etc. Analisar todos os dados, sejam ensaios realizados, análise de cargas e ações atuantes, cotas do terreno, altura dos blocos, etc. torna-se indispensável para garantir a qualidade.

A aplicação da engenharia geotécnica deve levar em consideração a intuição e experiência adquirida pelo profissional ao longo do tempo, e sua ausência pode ser catastrófica. A supervalorização dos cálculos em detrimento da experiência pode conduzir a erros.

Programas de cálculo de estrutura têm sido lançados com frequência e tratam a etapa de fundação de forma simplória, sem avaliação da heterogeneidade e anisotropia do solo. Ou seja, trata-se o material apenas como um número e deixam o senso crítico de lado.

É indispensável a utilização das técnicas existentes, com avaliação caso a caso, tanto nas investigações do subsolo, quanto nos cálculos. O uso da experiência adquirida e da bibliografia existente, conjuntamente com as ferramentas vindas da teoria, que representa os pesquisadores e a prática vivenciada em projetos e obras, gera um pacote de informações capaz de melhorar as tomadas de decisão. O Engenheiro de Fundações não deve em hipótese alguma perder o senso crítico, o bom senso, a intuição e a percepção na tomada de decisões.

Antes de iniciar um trabalho, visitas ao local devem ser feitas para avaliação dos pontos de risco (vizinhança, cortes, aterros, taludes, fossas existentes, etc.), zonas de influência no projeto (limites do terreno, cotas de assentamento, etc.). Uma vez não feita esta avaliação inicial, o risco de alterações de projeto serem necessárias na fase de execução da obra são enormes.

Modificações na fase de projeto tendem a terem custos relativamente inferiores quando tomados na fase de execução. Portanto, se torna indispensável a averiguação inicial de todas as condições *in loco* para diminuir custos e não gerar alterações nos prazos das obras.

Durante a execução das obras de fundação, o controle da qualidade não deve ser deixado de lado. De nada adianta projetos de qualidade se no momento da execução a técnica estiver completamente equivocada. Portanto, o acompanhamento deve ser constante.

Alguns equipamentos de fundação têm buscado melhorar esse acompanhamento da execução pelo profissional. Um dos casos é a hélice contínua monitorada, que com seus softwares de monitoramento atualizam em tempo real o profissional sobre o que está acontecendo dentro da obra (Figura 13). Aplicativos para o celular são fornecidos pelas empresas de monitoramento para que este processo seja acompanhado em tempo integral via telefone, caso seja necessário.

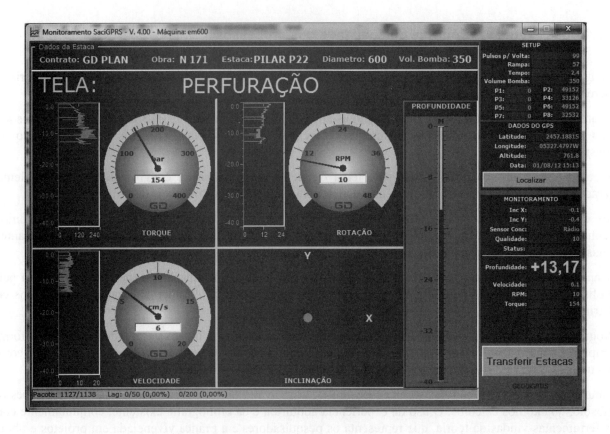

Figura 13 – Software de monitoramento das estacas hélice contínua

Na Figura acima, observa-se na fase de perfuração da estaca, o seu torque, a rotação, a velocidade e inclinação, bem como a profundidade na qual se encontra o trado de perfuração. Além disso, todas as informações da obra encontram-se no programa de monitoramento para que os dados sejam mais facilmente armazenados no banco de dados das empresas.

4.5.2 Conclusões

É possível que o grande objetivo da Engenharia de Fundações seja no futuro desenvolver e padronizar os processos executivos, criando métodos predeterminados e claros, cujo controle das incertezas seja maior, aumentando assim a qualidade das técnicas executivas.

É necessário para isso contínuo aprimoramento dos profissionais da área, por meio de programas em instituição de pós-graduação que instigam o aumento constante do conhecimento e da busca pela informação.

As empresas do ramo devem insistir em aumentar incansavelmente sua qualidade e não apenas sua produtividade. De nada adianta equipamentos com alta produtividade sem o controle total da execução causado pela falta de qualidade da mão de obra. O controle integral de qualidade em obras de Fundação no Brasil é um grande passo para o aumento do desempenho do setor. Todas as etapas devem ser monitoradas e controladas, desde o estudo inicial, projetos, materiais, execução e documentação. Não haverá evolução sem comprometimento com a qualidade do processo.

4.6 BIBLIOGRAFIA

AOKI, N.; *Reflexões sobre o comportamento de sistema isolado de fundação*. In: SEFE IV, São Carlos, SP, Anais: ABEF/ABMS. v.1, p. 24-39, 2000.

SCHNAID, Fernando; ODEBRECHT, Edgar. Ensaios de Campo e suas aplicações à Engenharia de Fundações. 2. ed. São Paulo: Oficina de Textos, 2012. v. 1. 223 p.

HACHICH, W. *et al*. *Fundações: Teoria e prática.* São Paulo, SP: PINI, 2003. 2. ed. 751p.

VELLOSO, D. A.; LOPES, F. R.; *Fundações: Critérios de projeto, Investigação do Subsolo, Fundações superficiais.* Rio de Janeiro, RJ: Editora COPPE/UFRJ, 2011. v.1.
_____. *Fundações Profundas.* Rio de Janeiro, RJ: Editora COPPE/UFRJ, 2010. v.2.

CAPÍTULO 5 - ANÁLISE DE ESTRUTURAS EM CONCRETO ARMADO

Ranier Adonis Barbieri
Dr., UNISINOS / CPA Engenharia
email: r.barbieri@cte-sa.com

5.1 INTRODUÇÃO

A análise estrutural tem como objetivo a determinação das tensões, esforços, deformações e deslocamentos, e também dos modos próprios da estrutura. Para tanto, a estrutura real é representada por modelos matemáticos capazes de descrever o seu comportamento, agregando as características geométricas, de massa e amortecimento, constitutivas e de carregamento, além das condições de contorno. A análise deve ser capaz de indicar de maneira clara e objetiva o caminhamento dos esforços pela estrutura, desde os pontos de aplicação das cargas até as fundações.

A figura 1 apresenta o exemplo de um modelo em elementos finitos, representando um dos quadrantes do novo estádio do Olympique de Lyon, na França. Este modelo foi desenvolvido tanto para as análises estáticas quanto para as dinâmicas de conforto e sísmica. O exemplo da figura 2 apresenta o modelo global criado para o projeto do Centro Pompidou de Metz, na França. Ele foi utilizado para o dimensionamento dos elementos em concreto armado e protendido, levando em conta a interação das partes em concreto, estrutura metálica e a cobertura em madeira laminada colada.

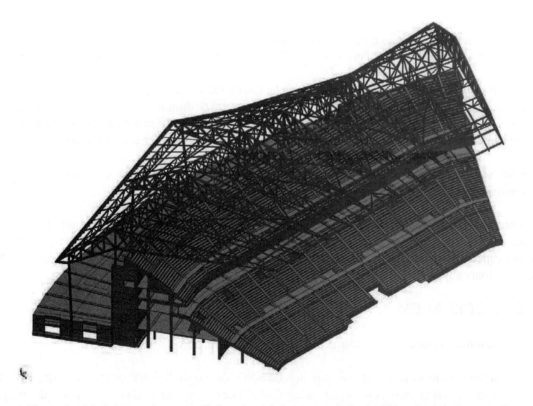

Figura 1 – Modelo em elementos finitos parcial do novo estádio do Olympique de Lyon na França (Arquiteto: POPULUS Londres / Projeto em concreto e protendido: CTE / Projeto da estrutura metálica da cobertura: Cabinet JAILLET-ROUBY)

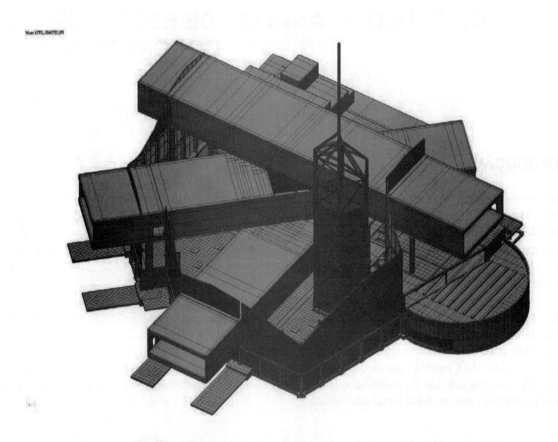

Figura 2 – Modelo em elementos finitos do Centro Pompidou de Metz na França
(Arquitetos: SHIGERU BAN Paris e JEAN DE GASTINES/ Estrutura em concreto: CTE)

A análise estrutural é uma etapa intermediária no projeto estrutural em concreto armado. Realizada após a concepção ou lançamento inicial da estrutura, é necessária para o dimensionamento, a verificação e o detalhamento dos elementos em concreto armado. Como o projeto é um processo iterativo, a etapa de verificação e de dimensionamento das peças em concreto armado pode indicar a necessidade da revisão da concepção e uma consequente adaptação do modelo de cálculo. As fases de concepção, análise e dimensionamento são retomadas até que se obtenha uma estrutura satisfatória do ponto de vista de segurança, econômico e de desempenho.

Este capítulo apresenta uma revisão de diversos assuntos envolvidos na análise estrutural de elementos em concreto armado. São abordados aspectos sobre os tipos de modelagem, critérios da norma e princípios da análise. Atenção especial é dada ao contraventamento estrutural e aos parâmetros de instabilidade da NBR 6118, um dos principais objetivos das análises estruturais.

5.2 TIPOS DE MODELAGEM

5.2.1 Método tradicional para a modelagem de pavimentos de edifícios

O processo mais simples de modelagem de pavimentos de edifícios é o tradicional cálculo de lajes isoladas e vigas contínuas sem engastamento, como os pilares. As lajes são analisadas por meio de métodos simplificados, elásticos ou rígido-plásticos, os quais substituem a resolução das equações diferenciais das placas. As cargas transmitidas das lajes às vigas são determinadas pelas áreas tributárias segundo o método das charneiras plásticas.

A NBR 6118:2014 define no artigo 14.7.6.2 o princípio da análise de lajes isoladas em pavimentos de edifícios, adequada para o caso de preponderância de cargas permanentes. No contorno entre lajes adjacentes, é permitida a adoção do maior dos momentos de engastamento, sem a redução dos momentos positivos no centro dos vãos. No caso do método das charneiras plásticas, a compatibilização do momento sobre a viga em comum pode ser realizada mediante a alteração dos coeficientes de engastamento, em processo iterativo, até a obtenção de valores equilibrados nas bordas. Em todos os casos, deve-se verificar a validade destas abordagens simplificadas no que diz respeito às características das lajes envolvidas, como dimensões e carregamentos discrepantes.

A análise plástica pelo método das charneiras plásticas no ELU é definida no item 14.7.4 da NBR 6118:2014, respeitando determinadas condições de ductilidade. Deve ser adotada, para lajes retangulares, razão mínima de 1,5:1 entre momentos de borda (com continuidade e apoios indeslocáveis) e momentos no vão. Este critério visa manter a coerência entre a análise no ELU e as verificações em serviço utilizadas, por exemplo, no cálculo da flecha.

O cálculo das reações de lajes pelo método das charneiras plásticas é definido no artigo 14.7.6.1 da NBR 6118:2014. Além de apresentar os ângulos entre as linhas que delimitam as áreas de contribuição, este artigo permite a transformação das cargas com distribuição triangular ou trapezoidal, em um carregamento uniformemente distribuído ao longo do vão da viga de apoio.

Com relação à análise por meio do modelo clássico de viga contínua desconsiderando o engastamento nos pilares, para elementos submetidos a cargas verticais, o artigo 14.6.6.1 da norma estabelece algumas disposições sobre o diagrama de momentos fletores usado para o dimensionamento das seções de concreto. Não deve ser adotado um momento positivo inferior ao que seria obtido por um cálculo de vão isolado com engastamento perfeito nos apoios internos. Além disso, não deve ser adotado, no caso de viga solidária com pilar intermediário de rigidez elevada, um momento de engastamento da viga no pilar menor do que o de engastamento perfeito. Estas duas condições são apresentadas na figura 3. O artigo na norma apresenta, ainda, critérios para a adoção de um momento mínimo nos apoios de extremidade.

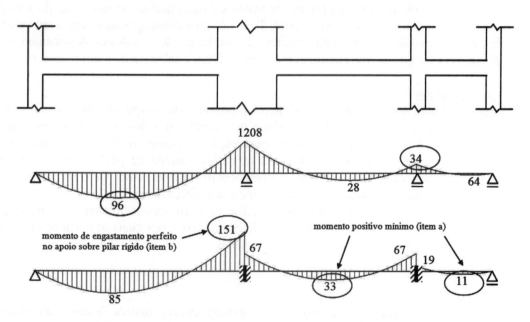

Figura 3 – Envoltória dos momentos conforme a aplicação dos itens a) e b) do artigo 14.6.6.1 da NBR 6118:2014

Todos estes critérios fazem com que o método simplificado não despreze completamente o comportamento de pórtico da estrutura. Se este método parece estar perdendo importância em razão da facilidade de utilização dos métodos computacionais, sua utilidade permanece nos anteprojetos e na verificação dos resultados de análises estruturais mais complexas.

5.2.2. Análise matricial

A análise matricial é baseada no método das forças ou no método dos deslocamentos para estruturas de barras ou reticuladas. O método dos deslocamentos, ou método da rigidez, é mais adequado à implementação computacional. Além de sua aplicação nos programas automatizados, o método dos deslocamentos também tem função didática, sendo utilizado para a introdução ao estudo dos conceitos do método dos elementos finitos (MARTHA, 2010).

Métodos matriciais empregam formulações fechadas para os coeficientes das matrizes de rigidez dos elementos de barra. O método dos elementos finitos obtém os coeficientes da matriz de rigidez a partir da integração numérica das propriedades ao longo de um elemento. Em análises elásticas lineares de estruturas reticuladas, os resultados em termos de deslocamentos e forças nodais são equivalentes em análises matriciais ou em elementos finitos. Uma diferença entre as duas abordagens é que, no primeiro caso, o refinamento da solução ao longo de uma barra depende exclusivamente da quantidade de nós, enquanto no segundo funções de interpolação permitem maior precisão na descrição dos campos de deslocamentos, tensões e esforços.

Em uma modelagem pelo método matricial, os nós situam-se nas interseções de barras, nos pontos de apoio ou vínculos externos e nas extremidades livres dos elementos. Na formulação básica do método matricial, as barras são consideradas como elementos prismáticos, ou seja, a seção é constante ao longo do eixo longitudinal. Os principais modelos em análises matriciais são os seguintes (WEAVER & GERE, 1980):

a) Modelos de viga
Contêm elementos retos, com um ou mais pontos de apoio e cargas que atuam no plano do modelo e que contêm um dos eixos de simetria da seção transversal. Todos os momentos aplicados têm o seu vetor atuando perpendicularmente ao plano do elemento, de maneira que não há torção, e todos os deslocamentos ocorrem neste mesmo plano. Os esforços internos incluem força normal, um cisalhamento e um momento fletor.

b) Modelos de pórtico plano
Os modelos de pórticos planos constituíram os primeiros programas de computador para a análise estrutural. São compostos por barras pertencentes a um só plano que contém um dos eixos de simetria das seções transversais. Os pórticos planos são, portanto, uma composição de elementos de viga. Os nós entre barras formam, normalmente, conexões rígidas. As forças e os deslocamentos do pórtico ocorrem no plano da estrutura e os momentos correspondem a vetores perpendiculares a este plano. Os esforços que atuam em cada seção incluem um momento fletor, uma força cortante e uma força normal.
Os modelos de pórtico plano podem ser usados para análise de estruturas tridimensionais em determinadas circunstâncias, como no caso das subestruturas. Em edifícios regulares, nos quais os pórticos se desenvolvem em direções bem definidas, partes do todo podem ser isoladas da estrutura e analisadas como subestruturas de pórticos planos.

c) Modelos de grelha
São compostos por barras contínuas que se cruzam e se interceptam. As conexões entre os elementos podem transmitir ou não momentos de torção. As cargas aplicadas são normais ao plano da grelha e os vetores que descrevem os momentos são contidos neste plano. Em função desta disposição dos carregamentos, e do engastamento entre as barras, os elementos podem ser sujeitos a momentos fletores e de torção, além de um

esforço cortante. As seções transversais possuem dois eixos de simetria, de maneira que os momentos segundo estes dois eixos são independentes entre si.

d) Modelos de pórtico espacial

São os modelos mais completos, pois não há restrição quanto à posição dos nós, direção dos elementos e das cargas. As seções transversais possuem dois eixos de simetria. Cada barra está sujeita a uma força normal, torção, esforços cortantes segundo os dois eixos principais e momentos fletores em torno destes dois eixos.

5.2.3. Elementos finitos

No método dos elementos finitos, uma estrutura contínua e com infinitos graus de liberdade é subdividida em um número limitado de pequenas partes – os elementos finitos – conectadas entre si unicamente por pontos nodais – os nós. O comportamento da estrutura como um todo, de difícil determinação à priori, é avaliado a partir da soma das contribuições de cada um dos elementos finitos, cujo comportamento é conhecido. O número de graus de liberdade da estrutura contínua deixa de ser infinito e passa a depender da quantidade de nós utilizados e do tipo de elemento finito utilizado (GARCIA, 1992).

Cada elemento finito é definido por uma equação matricial de equilíbrio relacionando deslocamentos e forças nodais. A partir dos deslocamentos nodais, que geralmente compõem a solução da equação de equilíbrio, os resultados no interior do elemento em termos de deslocamentos, tensões e esforços, são obtidos por meio de funções de interpolação calculadas nos chamados pontos de integração. Os pontos de integração também servem para a determinação, por integração numérica, das propriedades geométricas e constitutivas e a definição da matriz de rigidez do elemento.

Na formulação tradicional em elementos finitos, as funções de interpolação são normalmente em termos de deslocamentos. A precisão dos resultados depende do número de pontos de integração e da ordem da função de interpolação. Há também soluções híbridas, as quais, no caso de elementos de barras, utilizam as equações que definem a variação dos esforços ao longo do elemento como funções de interpolação. Neste caso, a interpolação pode ser considerada teoricamente exata, permitindo a utilização de elementos finitos longos (Barbieri et al, 2006).

Duas condições permitem a soma da contribuição de todos os elementos e a montagem de uma matriz de rigidez do conjunto da estrutura, chamada de matriz de rigidez global:

- Condição de equilíbrio: todas as forças entre os elementos são transmitidas pelos pontos nodais, a soma das forças introduzidas em um nó pelos elementos que compartilham este nó é igual à soma das forças externas nele aplicadas;

- Condição de compatibilidade: os deslocamentos em um nó são os mesmos para todos os elementos conectados a este nó.

A matriz de rigidez global relaciona os deslocamentos e esforços nodais, conforme a equação de equilíbrio em coordenadas globais. As condições de contorno são aplicadas neste sistema de equações e a solução é obtida em termos de deslocamentos nodais. A partir destes deslocamentos, cada elemento é analisado para a obtenção dos resultados internos em termos de deslocamentos, tensões e esforços.

a) Discretização

A base da modelagem em elementos finitos é a discretização, ou seja, a definição da forma e da distribuição dos elementos no interior da estrutura. A forma do componente estrutural é o primeiro critério de discretização: vigas e pilares são modelados por elementos finitos de barra, lajes e paredes são representadas por elementos de superfície.

A forma particular dos edifícios, cuja estabilidade é assegurada pelo funcionamento conjunto de diferentes elementos estruturais, faz com que a implantação dos nós da malha obedeça a algumas regras básicas:

- As interseções entre paredes e entre paredes e lajes, ou ainda entre paredes e fundações constituem necessariamente linhas de nós;

- As interseções entre pilares e vigas e entre pilares e as fundações correspondem necessariamente a pontos nodais;

- Os bordos das aberturas em paredes e lajes formam obrigatoriamente linhas de nós.

A precisão de uma análise depende da densidade da malha, ou seja, do tamanho e da quantidade de elementos finitos. No limite, se o tamanho dos elementos tender a zero e a sua quantidade tender ao infinito, a discretização será equivalente ao meio contínuo e a precisão da análise será máxima. No entanto, o consumo de recursos computacionais e o tempo da análise serão infinitos.

O tamanho e a quantidade dos elementos finitos podem ser definidos tendo em vista a convergência dos resultados. Modelos com grandes elementos e de baixa densidade produzem resultados de menor precisão. À medida que o grau de refinamento da malha aumenta, aumenta também a precisão dos cálculos. Assim, o refinamento pode ser considerado satisfatório quando houver a convergência, ou seja, quando a variação dos resultados é desprezível com a diminuição do tamanho do elemento. A convergência dos resultados também é um critério para a avaliação do desempenho de uma formulação ou programa em elementos finitos. Se os resultados obtidos variarem continuamente com o refinamento, a qualidade da análise estará provavelmente comprometida.

A densidade dos elementos de superfície (de placa ou de casca), e não a dos elementos de barra é o que mais pesa em termos de esforço. O tamanho dos elementos de superfície depende do objetivo da análise e do funcionamento do elemento estrutural discretizado, mais especificamente do tipo de esforço predominante a descrever. Quando se busca analisar o comportamento à flexão fora do plano, como no caso das lajes, é importante discretizar cada vão com vários elementos. Se o interesse principal é no comportamento do plano de uma laje funcionando como diafragma ou uma parede ou pilar-parede com flexão composta, a variação linear das tensões é suficientemente precisa ao longo de um elemento, sendo que a utilização de poucos elementos pode ser adequada.

A interseção entre elementos de superfície perpendiculares entre si é uma zona crítica no que diz respeito à qualidade dos resultados. Algumas formulações usuais não são capazes de modelar corretamente o engaste de elementos submetidos principalmente a esforços no seu plano, como as paredes, com elementos submetidos à flexão, como as lajes. Os resultados apresentados podem apresentar valores máximos de momento não no entorno dos nós de engastamento, como é de se esperar, mas na primeira linha de nós adjacente.

O grau de refinamento também pode variar ao longo da estrutura. Regiões de descontinuidade geométrica, de concentração de carregamentos e de tensões podem demandar um aumento local da densidade de elementos. Elementos menores correspondem a uma maior densidade de pontos de integração, capazes de descrever melhor a variação brusca das variáveis.

No caso da modelagem de lajes ou paredes com elementos de superfície, atenção especial deve ser dada às singularidades ou descontinuidades. O caso de descontinuidade mais comum neste tipo de elemento são as aberturas que podem produzir perturbações locais importantes no campo das tensões.

Como referência, pode-se admitir que aberturas maiores do que 1m x 1m produzem perturbações significativas e devem ser representadas no modelo. A posição real da abertura pode ser adaptada na modelagem de maneira que o impacto sobre a organização da malha seja minimizado. Quando muitos furos são posicionados próximos uns dos outros, pode ser interessante a modelagem de uma única abertura englobando o conjunto dos furos reais.

Estas situações devem, no entanto, ser avaliadas caso a caso. É difícil a definição de regras gerais, principalmente porque a solução a adotar depende também da circulação dos esforços no entorno da abertura, como no caso da proximidade de outros elementos estruturais.

Outras particularidades que dizem respeito à geometria dos elementos também devem ser avaliadas cuidadosamente. É o caso de variações no alinhamento do eixo de barras contínuas, da superfície média de paredes e de rebaixos em lajes. A representação exata desse tipo de geometria pode causar a desorganização da malha, com perda de precisão de resultados, principalmente em uma análise global. O seu detalhamento deve ser avaliado, principalmente se o interesse for local.

O fator forma, ou melhor, as proporções de um elemento de superfície, também afetam a qualidade da modelagem. Os elementos finitos devem ter formas regulares. No caso de elementos triangulares, ângulos agudos devem ser evitados. No caso de elementos quadriláteros, devem ser evitados retângulos ou trapézios muito esbeltos, com uma diferença muito grande entre o tamanho dos lados. alguns autores recomendam que a relação entre os lados não ultrapasse 1:3 ou 1:4. A figura 4 apresenta formas favoráveis e desfavoráveis em elementos de superfície com 3 ou quatro lados.

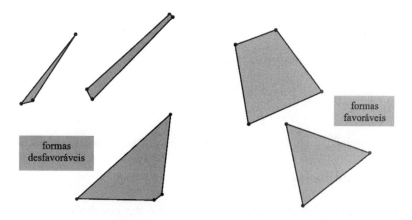

Figura 4 – elementos finitos triangulares e quadriláteros com formas favoráveis e desfavoráveis

b) Interpretação de resultados
A análise dos resultados dos elementos finitos deve ser feita considerando as particularidades do método e as características do material concreto armado. Enquanto as formulações mais acessíveis baseadas no método dos elementos finitos são elásticas e lineares, o concreto armado apresenta um comportamento fortemente não linear associado à fissuração do concreto e à plastificação da armadura.

O caráter elástico-linear da análise com elementos finitos produz regiões de concentrações de tensões e de picos de esforços, normalmente no entorno de pontos de maior rigidez ou carregamentos concentrados. O concreto armado, no entanto, é naturalmente capaz de redistribuir os esforços em função da posição das barras de aço. É interessante a comparação entre a aplicação dos resultados da análise elástica visando à verificação de um material frágil, como o concreto simples, ou de um material dúctil, que é o concreto armado corretamente dimensionado.

Considere o caso de uma laje plana sobre pilares. O modelo será constituído por elementos de placa ou casca apoiados sobre os elementos de barra correspondentes aos pilares. A distribuição de momentos fletores da laje apresentará na região sobre um pilar um pico com valores extremos exatamente sobre o ponto de apoio. Associado a este pico de momentos, haverá um pico de tensões. No caso de um material frágil como o concreto simples, quando no ponto de tensão máxima a resistência à tração for ultrapassada, uma rápida propagação de fissuras levará ao colapso da laje. Um material frágil deve, portanto, ser dimensionado para o pico de tensões.

No caso do concreto armado, a propagação das fissuras será impedida pelas armaduras, de maneira que a formação das primeiras fissuras levará a uma redistribuição de esforços. No concreto armado, o aço entra efetivamente em serviço a partir da fissuração do concreto. Por isso, a seção de concreto armado não precisa ser dimensionada para o pico dos esforços, mas para a média das solicitações calculada sobre uma distância adequada (AALAMI & BOMMER, 1999).

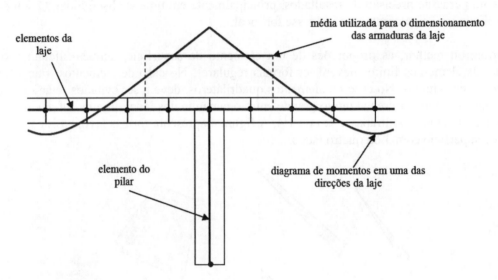

Figura 5 – Momentos para o dimensionamento das armaduras sobre o apoio de uma laje plana

5.3 CONTRAVENTAMENTO

Um dos objetivos da análise global de estruturas é o estudo das condições de contraventamento, ou seja, da resistência aos esforços horizontais e do seu comportamento frente às ações associadas às imperfeições geométricas. Três tipos de contraventamento podem ser utilizados nos sistemas estruturais:

- Contraventamento por pórticos planos ou espaciais: a resistência frente às ações horizontais é obtida pela soma da contribuição dos pilares distribuídos pelo edifício, pois o efeito do engastamento com as vigas aumenta a rigidez da estrutura;

- Contraventamento por núcleos de rigidez formados por paredes ou pilares paredes: a resistência é garantida por elementos de grande rigidez compostos por paredes ou pilares paredes localizados normalmente em caixas de escada ou de elevadores, e a contribuição dos demais elementos estruturais é reduzida ou desprezada. No contraventamento por núcleos de rigidez, as paredes que compõem o núcleo formam um pilar de seção composta que trabalha como uma viga em balanço engastada nas fundações, com cargas horizontais aplicadas ao nível de cada pavimento;

- Contraventamento misto: sistemas com pórticos e núcleos de rigidez, constitui a solução mais utilizada em edifícios de múltiplos andares.

Conforme o item 15.4.3 da NBR 6118:2014, é possível identificar em um edifício subestruturas que, devido à sua rigidez frente às ações horizontais, resistem à maior parte dos esforços decorrentes dessas ações. Estas subestruturas fazem parte do sistema de contraventamento, incluindo pórticos e núcleos de rigidez. Os elementos que não participam do contraventamento são chamados elementos contraventados.

5.3.1. Disposição dos elementos de contraventamento e centro de torção

De acordo com COIN & BISCH (2008), a analogia com uma viga de eixo vertical é interessante para a compreensão do funcionamento de um sistema de contraventamento. Assim, em cada pavimento de um edifício, os elementos estruturais responsáveis pelo seu contraventamento podem ser globalmente representados, em uma primeira aproximação, a uma viga de eixo vertical. A seção transversal desta viga é constituída pela soma das contribuições de cada um dos elementos de contraventamento presentes no pavimento. Assume-se, normalmente, que os elementos horizontais, vigas e lajes, os quais compõem um pavimento, formam um diafragma rígido, de maneira que a seção transversal da viga de eixo vertical não sofre deformações sob o efeito de um carregamento horizontal. Além da flexão, a distribuição das ações horizontais pode provocar a torção da viga vertical.

Segundo a teoria da elasticidade, os deslocamentos de qualquer ponto de uma seção submetida à torção pura são compostos de uma rotação do conjunto em torno do centro de torção e de um deslocamento longitudinal devido ao empenamento, do fato que as seções não permanecem planas. O centro de torção é o ponto da seção que apresenta apenas a rotação, com deslocamento longitudinal nulo.

Por reciprocidade, se a resultante dos esforços cortantes aplicados na seção passa pelo seu centro de torção, o deslocamento de um ponto qualquer é composto de uma translação de corpo rígido no seu plano e, portanto, sem rotação em torno do eixo longitudinal, e de deslocamento axial devido à flexão em torno de um eixo contido no seu plano, além do empenamento por cisalhamento. Esta propriedade é normalmente utilizada para a determinação do centro de torção de um pavimento ou edifício. Em um edifício, se a resultante das forças horizontais aplicadas no nível de um pavimento, seja pelo aço do vento ou de um terremoto, não coincide com o centro de torção, o pavimento apresentará uma torção de eixo vertical.

A distribuição dos elementos de rigidez horizontal na planta de um edifício tem, portanto, forte incidência sobre o comportamento da estrutura, mas também sobre a forma de modelagem global. Estruturas nas quais a resultante das ações horizontais em cada uma das direções não passa pelo centro de torção necessitam de um modelo tridimensional capaz de representar o comportamento à torção do conjunto.

5.3.2. Disposição dos elementos de contraventamento: deformações impostas

A disposição dos elementos de contraventamento também tem impacto na resposta da estrutura frente às deformações impostas: retração e fluência do concreto, temperatura e protensão. Quando dois ou mais elementos rígidos, sejam pilares ou núcleos de contraventamento, são dispostos em uma mesma direção e posicionados nas extremidades de um pavimento, as deformações no plano são impedidas, gerando esforços no próprio pavimento e também nos elementos verticais. No caso da protensão, elementos rígidos posicionados fora da região central do pavimento podem reduzir sua eficiência. Os modelos globais das estruturas com estas características devem ser capazes de reproduzir o efeito da restrição às deformações impostas.

5.4 PARÂMETROS DE INSTABILIDADE DA NBR 6118:2014

Uma estrutura deve ser suficientemente rígida para que a sua deformação sob um determinado carregamento não gere esforços adicionais que levem ao seu colapso. São os deslocamentos horizontais sob o efeito de

88 - Projeto, Execução e Desempenho de Estruturas e Fundações

cargas verticais assimétricas ou ações horizontais como o vento que produzem os esforços de segunda ordem. No caso de instabilidade, os efeitos de segunda ordem crescem até que as seções transversais deixem de ser capazes de resistir às solicitações totais. A verificação da estabilidade estrutural é, portanto, o critério para o projeto do sistema de contraventamento de uma construção e da rigidez horizontal da estrutura.

A abordagem da NBR 6118:2014 para a verificação da estabilidade de edifícios é baseada no conceito de deslocabilidade dos nós. Estruturas de nós fixos são aquelas nas quais os deslocamentos nodais horizontais são pequenos e, consequentemente, os efeitos globais de segunda ordem desprezíveis. A norma considera como tal aqueles inferiores a 10% dos respectivos esforços de primeira ordem. Nas estruturas classificadas como de nós fixos, basta considerar os efeitos locais de 2ª ordem. No caso contrário, estruturas com nós deslocáveis são sensíveis aos efeitos de segunda ordem.

O artigo 15.5 da NBR 6118:2014 apresenta os parâmetros α e γ_z para a classificação da estrutura segundo a deslocabilidade dos nós. Estes parâmetros são calculados a partir de algum tipo de análise capaz de representar o comportamento global do edifício, seja elementos finitos, análise matricial ou até mesmo por modelos simplificados. Nas análises globais representando a estrutura completa, a norma define que o valor representativo do módulo secante (E_{cs}) pode ser majorado em 10%.

5.4.1. Coeficiente α

Uma estrutura reticulada simétrica pode ser considerada como sendo de nós fixos se o seu parâmetro α for menor do que o valor α_1, conforme as expressões 1 a 3:

$$\alpha = H_{tot} \sqrt{\frac{N_k}{E_{cs} I_c}}$$ (Equação 1)

$$\alpha_1 = 0,2 + 0,1n \ para \ n \leq 3$$ (Equação 2)

$$\alpha_1 = 0,6 \ para \ n \geq 4$$ (Equação 3)

em que:

n = andares acima da fundação ou de um nível pouco deslocável do subsolo;
H_{tot} = altura total da estrutura correspondente ao número de andares n;
N_k = soma dos valores característicos de todas as cargas verticais atuantes na estrutura a partir do nível considerado para H_{tot};
$E_{cs} I_c$ = somatório dos valores de rigidez de todos os pilares na direção considerada – em estruturas com pilares de rigidez variável ao longo da altura, pode ser considerado o valor de $E_{cs} I_c$ de um pilar equivalente de seção constante.

A rigidez do pilar equivalente deve ser determinada calculando-se o deslocamento no topo da estrutura de contraventamento sob a ação do carregamento horizontal na direção considerada. A rigidez de um pilar equivalente de seção constante, engastado na base e livre no topo, de mesma altura H_{tot}, apresenta o mesmo deslocamento para a ação considerada.

No caso da ação do vento, a rigidez do pilar equivalente pode ser obtida considerando que a carga horizontal é uniformemente distribuída ao longo da altura do edifício. O deslocamento elástico de uma barra engastada – livre, de comprimento L e submetida a uma carga linear w, é dada pela equação 4. O deslocamento δ é obtido pela análise global da estrutura. O produto EI é a rigidez do pilar equivalente, em que E é o valor do módulo de elasticidade utilizado na análise. O comprimento L corresponde à altura H_{tot} considerada no cálculo do parâmetro α.

$$\delta = \frac{wL^4}{8EI}$$ (Equação 4)

O limite $\alpha_1 = 0,6$ prescrito para $n \geq 4$ é, em geral, aplicável às estruturas usuais de edifícios, com sistemas mistos de contraventamento com associação entre pórticos e pilares-parede. No caso de contraventamento constituído exclusivamente por pilares-parede, adotar $\alpha_1 = 0,7$. Quando houver apenas pórticos, adotar $\alpha_1 = 0,5$.

5.4.2. Parâmetro γ_z

O coeficiente γ_z de avaliação da importância dos esforços de segunda ordem é válido para estruturas reticuladas de no mínimo quatro andares. Ele pode ser determinado a partir dos resultados de uma análise linear de primeira ordem, para cada caso de carregamento, adotando-se os valores de rigidez dados no artigo 15.7.3 da NBR 6118:2014 para a consideração da não linearidade física. O valor de γ_z para uma determinada combinação de carregamento e para cada direção é dado pela equação 5.

$$\gamma_z = \frac{1}{1 - \dfrac{\Delta M_{tot,d}}{M_{1,tot,d}}}$$ (Equação 5)

em que:
$M_{1,tot,d}$ = momento de tombamento, ou seja, a soma dos momentos de todas as forças horizontais da combinação considerada, com seus valores de cálculo, em relação à base da estrutura;
$\Delta M_{tot,d}$ = soma dos produtos de todas as forças verticais atuantes na estrutura, na combinação considerada com os seus valores de cálculo, pelos deslocamentos horizontais de seus respectivos pontos de aplicação, obtidos da análise de 1ª ordem.

Estruturas com $\gamma_z \leq 1,1$ são consideradas como sendo de nós fixos. Neste caso, o projeto da estrutura pode ser realizado apenas considerando os efeitos locais de segunda ordem de cada elemento isolado e aplicando os esforços obtidos pela análise estrutural de primeira ordem, conforme a definição do artigo 15.6 da NBR 6118:2014.

Segundo o item 15.7.1 da norma, estruturas com nós móveis ($\gamma_z > 1,1$) devem ser obrigatoriamente calculadas a partir de uma análise global de 2ª ordem, considerando as não linearidades física e geométrica. O item 15.7.2 permite a adoção de uma solução aproximada para a determinação dos efeitos globais de 2ª ordem para estruturas com $\gamma_z \leq 1,3$. Os esforços finais, incluindo os efeitos de 1ª e 2ª ordem, podem ser obtidos a partir da majoração adicional dos esforços horizontais da combinação de carregamento considerada por $0,95\gamma_z$.

5.4.3. Consideração da não linearidade física

A não linearidade física corresponde à variação das propriedades constitutivas dos materiais que compõem os diferentes elementos estruturais frente ao crescimento do carregamento. Em elementos em concreto armado, a não linearidade física corresponde principalmente à fissuração do concreto e a plastificação da armadura. A curva tensão-deformação do concreto é essencialmente não linear, porém costuma-se admitir nas análises estruturais um comportamento elástico linear permanente para o material.

Análises considerando o escoamento do aço das armaduras são classificadas como plásticas, válidas apenas para o estado-limite último. Tratam-se dos cálculos que incluem o desenvolvimento de rotulas plásticas até a formação de mecanismo que torne a estrutura instável. O item 14.5.4 da NBR 6118 proíbe este tipo de análise para a consideração dos efeitos globais de segunda ordem.

A não linearidade física a ser levada em conta nas análises globais de instabilidade corresponde, portanto, à fissuração do concreto. A fissuração ocorre com maior incidência em elementos submetidos a uma flexão importante e tem menos efeito em peças nas quais os esforços de compressão são predominantes. A não linearidade física associada à fissuração faz com que a participação relativa na rigidez global dos pilares aumente, enquanto a contribuição de vigas e lajes diminua.

O item 15.7.3 da NBR 6118:2014 permite a consideração aproximada da não linearidade física, em que a rigidez obtida com as seções brutas de concreto é reduzida, da seguinte forma:

- Lajes $(EI)_{sec} = 0,3\ E_{ci}I_c$

- Vigas $(EI)_{sec} = 0,4\ E_{ci}I_c$ para $A'_s \neq A_s$

- Vigas $(EI)_{sec} = 0,5\ E_{ci}I_c$ para $A'_s = A_s$

- Pilares $(EI)_{sec} = 0,8\ E_{ci}I_c$

Como a fissuração é o fator principal de redução de rigidez dos elementos em concreto armado, a protensão de vigas e lajes tem consequência direta sobre a análise levando em conta a não linearidade física. A norma brasileira não apresenta valores específicos para elementos protendidos. Já a norma americana ACI 318 (ACI, 1999) recomenda a avaliação do efeito da protensão na rigidez de vigas e lajes segundo a quantidade, localização e distribuição das armaduras protendidas.

5.4.4. Cálculo dos parâmetros γ_z e α da NBR 6118:2014: exemplo

A determinação dos parâmetros de instabilidade da NBR 6118:2014 será revisada a seguir pelo exemplo do edifício das figuras 6 e 7. Trata-se de uma estrutura simples, em pórtico e bastante regular, concebida especificamente para este exemplo. Isto permite uma modelagem estrutural que pode ser facilmente realizada em qualquer programa comercial de análise matricial ou elementos finitos.

Figura 6 – Estrutura para o exemplo de cálculo dos parâmetros de instabilidade

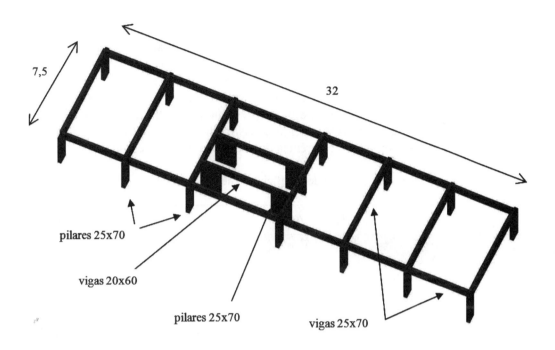

Figura 7 – Pórticos do pavimento tipo

O edifício tem altura total de 24m, com oito pavimentos tipo de planta retangular de 7,5m x 32m. Sete pórticos são dispostos na direção transversal, compostos por pilares e vigas com seção retangular de 25 cm de largura e 75 cm de altura total. Na direção longitudinal, há dois pórticos posicionados na região central, formados por pilares de seção 25 cm x 150 cm e vigas 20 cm x 60 cm. As lajes possuem 12 cm de espessura, com sobrecarga permanente de 1,5 kN/m² e carga acidental de 1,5 kN/m². A pressão do vento é de 1 kN/m² em cada uma das direções. O concreto é de classe C30.

Para a determinação dos deslocamentos da estrutura, um modelo tridimensional foi criado permitindo a consideração da contribuição da rigidez de todos os elementos da estrutura. Os pilares e a vigas foram representados por elementos finitos de barra e as lajes com elementos finitos de casca, capazes de representar o comportamento de diafragma assim como a flexão fora do plano. A redução da rigidez conforme o artigo 15.7.3 da NBR 6118:2014 foi obtida pela aplicação de módulos de elasticidade diferentes para cada tipo de elemento: barras de pilares, barras de vigas e cascas. Com isso, a geometria das seções transversais foi mantida conforme os valores brutos das dimensões em concreto.

O plano médio dos elementos de casca e os eixos longitudinais das vigas coincidem com o nível superior das lajes. O centro de gravidade das seções transversais coincide com os eixos longitudinais dos pilares e vigas. Como o objetivo é a avaliação comportamento global da estrutura, elementos de casca grandes, de dimensões 1,5 x 1,5m, foram utilizados para as lajes, possibilitando a redução do esforço computacional.

Determinação dos parâmetros γ_z do edifício

A tabela 1 apresenta o cálculo dos parâmetros γ_z para as duas direções: x corresponde à direção longitudinal enquanto y é o eixo global transversal. A combinação no ELU considerada é 1.4g+1.4q+0.84w. Os valores das cargas horizontais de vento nas duas direções (colunas 3 e 4) foram obtidos pela multiplicação da pressão ponderada pelas áreas de incidência sobre cada pavimento. O momento de tombamento na direção x

92 - Projeto, Execução e Desempenho de Estruturas e Fundações

(coluna 5) é obtido pela multiplicação da resultante dos esforços horizontais de cada pavimento (coluna 3) pela respectiva distância vertical até o nível das fundações (coluna 2). Da mesma forma, o momento de tombamento na direção z (coluna 6) é obtido pela multiplicação da resultante horizontal de cada nível (coluna 4) pela respectiva distância vertical até o nível das fundações (coluna 2). A coluna 7 apresenta a soma dos esforços normais aplicados no topo dos elementos finitos dos pilares de cada pavimento.

Cada linha da coluna 9 corresponde à soma dos produtos da carga vertical no topo de cada elemento de pilar pelo respectivo deslocamento horizontal na direção x. O mesmo foi feito na coluna 11 para os deslocamentos horizontais na direção y. Finalmente, as colunas 8 e 10 apresentam os deslocamentos médios dos diferentes níveis nas direções horizontais x e y, respectivamente. Estas médias foram obtidas pela divisão da coluna 9 pela 7 e da coluna 11 pela 7, e servem como referência dos deslocamentos da estrutura.

Tabela 1 – cálculo dos coeficientes de instabilidade γ_z

(1)	(2)	(3)	(4)	(5)	(6)	(7)	(8)	(9)	(10)	(11)
Pavimento	H	F_{hd} x	F_{hd} y	$M_{1,tot,d}$ X	$M_{1,tot,d}$ Y	$F_{d,v}$	δ x	$\Delta M,tot,d$ x	δ y	$\Delta M,tot,d$ Y
	m	kN	kN	KNm	KNm	KN	cm	KNm	cm	KNm
8	24	18,0	76,8	432	1843	2222	0,397	8,82	1,243	27,62
7	21	18,0	76,8	378	1613	2646	0,370	9,79	1,184	31,34
6	18	18,0	76,8	324	1382	2646	0,335	8,85	1,096	29,00
5	15	18,0	76,8	270	1152	2646	0,290	7,67	0,969	25,65
4	12	18,0	76,8	216	922	2646	0,230	6,09	0,804	21,29
3	9	18,0	76,8	162	691	2646	0,162	4,28	0,602	15,93
2	6	18,0	76,8	108	461	2646	0,092	2,42	0,375	9,93
1	3	18,0	76,8	54	230	2646	0,030	0,79	0,141	3,74
Σ				1944	8294	20744		48,725		164,49

Os parâmetros γ_z das duas direções podem ser obtidos com os somatórios das colunas 5 e 9 para x e das colunas 6 e 11 para y. Os resultados finais são os seguintes:

- na direção longitudinal x: $\gamma_z = 1,026$;
- na direção transversal y: $\gamma_z = 1,020$.

Os valores de γ_z são bem inferiores a 1,10, a estrutura pode ser considerada como de nós fixos e uma análise global de segunda ordem não é necessária.

Simulação dos parâmetros γ_z sem a consideração da não linearidade física
Uma segunda análise foi realizada desprezando a não linearidade física prescrita pelo artigo 15.7.3 da NBR 6118:2014. Uma nova análise global foi, portanto, realizada considerando as seções brutas de concreto e o módulo de elasticidade igual a 1,10 x E_{cs} do concreto C30. Os principais resultados obtidos são os seguintes:

-$\Delta M_{tot,d}$ x =28,51 kNm (-41%);

- $\Delta M_{tot,d}$ y = 89,52 kNm (-45%);
- na direção longitudinal x: γ_z = 1,015;
- na direção transversal y: γ_z = 1,011;

Observa-se a importante incidência da não linearidade física sobre a rigidez da estrutura e os parâmetros de instabilidade. Percebe-se, também, que a diferença entre os deslocamentos nas duas análises é superior à diferença de rigidez dos pilares, indicando a contribuição das vigas e, em menor escala, das lajes no funcionamento dos pórticos.

Parâmetros γ_z considerando subestruturas de contraventamento
A definição do contraventamento e a análise da estabilidade da estrutura pode, também, ser realizada pela adoção de subestruturas em cada uma das direções. Os elementos que não fazem parte da subestrutura de contraventamento em uma direção são considerados como elementos contraventados.

No caso de subestruturas compostas por pórticos, as análises globais podem ser realizadas por modelos planos, com ferramentas mais simples e menor esforço computacional. Apenas os elementos que constituem uma subestrutura de contraventamento são modelados e dimensionados para que os critérios de instabilidade sejam respeitados, levando em conta os possíveis efeitos globais de segunda ordem.

Assim, para o contraventamento longitudinal, foram selecionados os dois pórticos posicionados na região central do edifício. No sentido transversal, os 7 pórticos distribuídos ao longo do comprimento da estrutura. As figuras 8 a 10 apresentam as subestruturas de contraventamento e os pórticos planos utilizados para a análise global. Como artifício de modelagem, os pórticos, que na realidade são paralelos e ligados pelos pavimentos, são representados em série e conectados por elementos de barra rígidos, simulando o papel dos diafragmas.

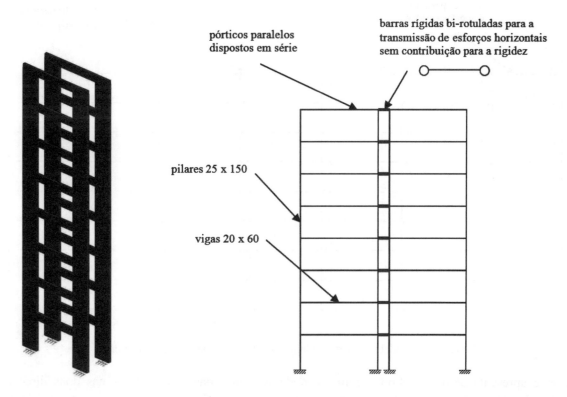

Figura 8 – Subestrutura de contraventamento e modelo de pórtico plano na direção longitudinal

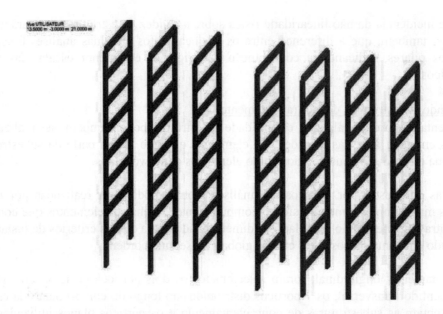

Figura 9 – Subestrutura de contraventamento na direção transversal

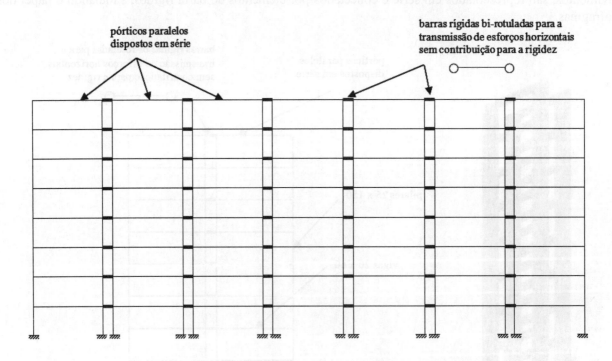

Figura 10 – Modelo de pórtico plano para a análise na direção transversal

A tabela 2 apresenta os dados obtidos com os modelos planos das subestruturas nas duas direções. As dimensões das seções transversais foram mantidas como descrito acima. Os parâmetros γ_z assim obtidos são os seguintes:

Capítulo 5 – Análise de Estruturas em Concreto Armado - 95

- na direção longitudinal x: $\gamma_z = 1,028$;
- na direção transversal y: $\gamma_z = 1,020$.

Tabela 2 – cálculo dos coeficientes de instabilidade γ_z

(1)	(2)	(3)	(4)	(5)	(6)	(7)	(8)	(9)	(10)	(11)
Pavimento	H	F_{hd} x	F_{hd} y	$M_{1,tot,d}$ X	$M_{1,tot,d}$ y	F_v d	δ x	$\Delta M,tot,d$ x	δ y	$\Delta M,tot,d$ Y
	m	kN	kN	KNm	KNm	KN	Cm	KNm	Cm	KNm
8	24	18,0	76,8	432	1843	2222	0,530	11,78	1,360	30,22
7	21	18,0	76,8	378	1613	2646	0,450	11,91	1,260	33,24
6	18	18,0	76,8	324	1382	2646	0,370	9,79	1,130	29,90
5	15	18,0	76,8	270	1152	2646	0,290	7,67	0,960	25,40
4	12	18,0	76,8	216	922	2646	0,210	5,56	0,760	20,11
3	9	18,0	76,8	162	691	2646	0,130	3,44	0,530	14,02
2	6	18,0	76,8	108	461	2646	0,070	1,85	0,300	7,94
1	3	18,0	76,8	54	230	2646	0,020	0,53	0,110	2,91
Σ				1944	8294	20744		52,53		163,84

Observa-se um aumento dos deslocamentos e dos parâmetros γ_z com a adoção das subestruturas. Em modelos espaciais completos, todos os pórticos e elementos estruturais são considerados e contribuem no contraventamento nas duas direções. Quando subestruturas são selecionadas, os elementos que as compõem são naturalmente mais solicitados e devem garantir a rigidez global do edifício. As vantagens ou desvantagens da adoção de subestruturas devem ser avaliadas de acordo com as características do projeto, de execução e da própria estrutura.

Determinação dos parâmetros α

A mesma análise estrutural pode ser utilizada para a determinação dos parâmetros de instabilidade $\square$. Neste caso, o objetivo é obter a rigidez do pilar equivalente de seção transversal constante, engastado na base e livre no topo.

Na direção longitudinal, a pressão do vento corresponde a uma carga uniformemente distribuída de 7,5 kN/m ao longo da altura do edifício. Levando em conta que o deslocamento no topo $\delta_x = 0,37$ cm da tabela 1 foi obtido com um coeficiente de ponderação igual a 0,8 para o vento, a carga a considerar é de 6,3 kN/m. Assim, a rigidez equivalente na direção x, conforme a equação 4, é $E_{cs}I_c = 65978181$ kNm².

O valor característico do carregamento vertical total N_k corresponde ao somatório da coluna 7. No entanto, este valor deve ser divido por 1,4 uma vez que a tabela 1 contém valores de cálculo: $N_k = 13230$ kN. Com estes dados, o parâmetro α na direção longitudinal é de 0,396 < 0,6, o que corresponde a uma estrutura de nós fixos. Na direção transversal, o mesmo tipo de cálculo tem como resultado um parâmetro α igual a 0,306, também associado a uma estrutura de nós indeslocáveis.

96 - Projeto, Execução e Desempenho de Estruturas e Fundações

5.5 CRITÉRIOS DA NBR 6118:2014 PARA A ANÁLISE ESTRUTURAL

5.5.1. Princípio para a utilização do método dos elementos finitos

Os princípios da análise estrutural são dados pelo capítulo 14 da NBR 6118. Segundo a norma, os resultados da análise estrutural obtidos por modelos em elementos finitos podem ser utilizados de duas formas:

a) Definição da trajetória das cargas para a criação de modelos de bielas e tirantes. A análise do fluxo das tensões principais permite a definição com maior precisão das zonas tracionadas e comprimidas e no posicionamento das bielas e dos tirantes em um elemento estrutural;

b) Cálculo dos esforços solicitantes resultantes ao longo de seções transversais ou linhas de integração de tensões.

Quanto ao dimensionamento das armaduras, o item 14.2.3 estabelece que elas não podem ser calculadas simplesmente a partir dos esforços de tração localizados ou pontuais do modelo em elementos finitos. Em uma parede estrutural formada por elementos finitos de casca, por exemplo, não se deve transformar o esforço de tração segundo uma dada direção em uma seção de armadura. Isto porque, entre outros motivos, as análises em elementos finitos são usualmente lineares, não levam em conta nem a fissuração nem o comportamento à compressão do concreto no estado-limite último. Uma análise em elementos finitos não substitui a teoria do concreto armado, definida no capítulo 17 da norma, para seções submetidas a solicitações normais e tangenciais.

Em uma parede estrutural submetida à flexo-compressão e modelada por elementos de casca, por exemplo, a seção transversal é composta por uma série de nós e corta vários elementos finitos. A transformação direta dos esforços dos elementos finitos em seção de aço levaria a uma distribuição de armadura conforme a curva das resultantes de tração ao longo de uma linha de integração de tensões. Já no dimensionamento, conforme a teoria do concreto armado, as armaduras devem ser concentradas no entorno do ponto que corresponde à resultante dos esforços de tração na seção, desprezando-se a resistência à tração do concreto.

5.5.2. Métodos de análise estrutural

O item 14.5 da NBR 6118 define seis tipos de análise estrutural:

- Análise linear: admite-se comportamento elástico-linear para os materiais, com as propriedades geométricas determinadas pelas seções brutas de concreto dos elementos estruturais. O módulo de elasticidade é o secante (E_{cs}), dado pelo artigo 8.2.8 da norma. Os esforços solicitantes obtidos com as análises lineares podem ser utilizados para o dimensionamento no estado-limite último desde que se garanta a ductilidade das peças. Em verificações em serviço, deve-se levar em conta a não linearidade física conforme o item 15.7.3 da norma;

- Análise linear com redistribuição no ELU: quando uma redistribuição de esforços é realizada localmente ou em toda a estrutura, todas as forças internas devem ser recalculadas garantindo o equilíbrio de cada um dos elementos e do conjunto. Deve-se assegurar a coerência dos cálculos de modo a se evitar a perda de esforços no processo de redistribuição. As análises no estado-limite de serviço devem ser baseadas em processos lineares sem redistribuição pois nos estádios I e II não há plastificação das armaduras;

- Análise plástica: considera os comportamentos rígido-plástico ou elastoplástico perfeitos para os materiais nas verificações exclusivamente no ELU. A análise plástica não deve ser utilizada quando se consideram os efeitos de segunda ordem globais, não houver ductilidade suficiente para que se atinja a plastificação dos materiais esperada, e no caso de carregamento cíclico com possibilidade de fadiga;

- Análise não linear: só pode ser realizada após o dimensionamento inicial das armaduras, pois o comportamento não linear do concreto depende das quantidades de aço das seções transversais. No estado-limite último, uma análise não linear leva em conta a formação de rótulas plásticas na estrutura. Em serviço, a não linearidade considera a fissuração do concreto;

- Análise por modelos físicos: o comportamento da estrutura é determinado a partir de ensaios realizados como modelos físicos de concreto, considerando critérios de semelhança mecânica. Este tipo de análise é apropriado quando os modelos de cálculo são insuficientes ou estão fora do escopo da norma.

5.5.3. Critérios de análise

O item 14.6.2.1 da NBR 6118 define um critério para a aproximação do comportamento mais rígido que existe no cruzamento de vigas e pilares. Enquanto na modelagem estrutural a interseção entre elementos corresponde a um ponto ou nó, na estrutura real este cruzamento tem dimensões cuja contribuição pode ter impacto na rigidez global. A norma permite que o trecho do elemento de viga entre um ponto localizado a uma distância igual a 30% da altura da seção a partir da face em direção ao interior do pilar e o nó seja considerado infinitamente rígido, conforme a figura 11. Isto corresponde a uma redução do comprimento de flexão da viga em relação à distância entre os nós de ligação dos pilares.

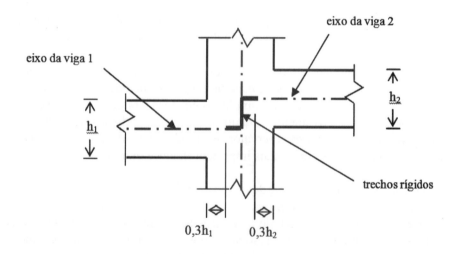

Figura 11 – Trechos rígidos no cruzamento de vigas com pilares

Com relação à consideração da rigidez à torção em modelos de grelhas e pórticos espaciais, o artigo 14.6.6.2 da norma permite uma redução de 15% de seu valor elástico, exceto para os elementos estruturais com protensão classes 2 ou 3. No caso de análises no estado-limite último, permite-se a adoção de uma rigidez à torção nula, de modo a eliminar a torção de compatibilidade. De qualquer maneira, se a rigidez à torção dos elementos de barra for levada em conta, atenção especial deve ser dedicada ao cálculo das armaduras e ao detalhamento dos elementos submetidos aos momentos de torção gerados na estrutura.

A NBR 6118 determina no seu artigo 14.6.6.3 a consideração da alternância da atuação das cargas variáveis em vãos adjacentes quando elas forem superiores a 5 kN/m². Em uma análise estrutural, isto pode ser feito pela criação de casos de cargas parciais que abrangem vãos alternados das lajes ou vigas. As combinações destes casos de cargas permitem a avaliação do comportamento da estrutura sob a ação simultânea das cargas acidentais sob toda a estrutura ou em parte dos vãos. As situações mais desfavoráveis são consideradas pelo estudo da envoltória das solicitações.

O artigo 14.6.6.4 permite que um pavimento de edifício seja considerado totalmente rígido no seu plano desde que não apresente grandes aberturas e se o lado maior do retângulo a ele circunscrito não superar três vezes o lado menor.

5.6 ASPECTOS SOBRE A MODELAGEM ESTRUTURAL

A escolha do tipo de modelagem a ser utilizada no projeto de uma estrutura depende de uma série de fatores:

a) O conhecimento do método e a capacidade de análise dos resultados por parte usuário
É indispensável que o engenheiro tenha a compreensão da ferramenta de análise utilizada. Elementos finitos são mais precisos, mas fornecem resultados de mais difícil interpretação, principalmente quanto aos elementos de superfície. O método tradicional tem um nível de precisão menor, mas fornece resultados mais próximos da noção comum de funcionamento estrutural. O método tradicional é adequado para a análise de estruturas simples ou para o pré-dimensionamento de construções mais complexas ou partes delas. Um reservatório prismático pode, por exemplo, ser dimensionado a partir das tabelas do método de Marcus ou por elementos finitos, conforme a familiaridade do usuário com a ferramenta.

b) A complexidade da estrutura
Os edifícios usuais apresentam um funcionamento estrutural bastante típico, com pórticos e núcleos de rigidez bem definidos. Este tipo estrutural, padrão no Brasil, é especialmente compatível com o método matricial, permitindo inclusive o processo automatizado de projeto estrutural em concreto armado.

Neste tipo de estrutura, modelagens por elementos finitos costumam ser localmente interessantes, como no caso de lajes de geometria complexa, lajes planas protendidas, paredes de arrimo, etc. A análise de subestruturas permite a adoção de modelos mais complexos nos locais onde eles são realmente necessários.
O método dos elementos finitos é efetivamente vantajoso, e às vezes indispensável, em estruturas especiais. É o caso de estruturas com cascas, como os reservatórios cilíndricos e silos, estruturas hidráulicas, edifícios de geometria complexa e com esforços horizontais importantes, entre outros.

c) disponibilidade de recursos computacionais e de tempo
Modelagens em elementos finitos envolvem programas mais complexos, maior capacidade computacional e maior tempo de análise. Na definição do método a ser utilizado para um determinado projeto, é importante avaliar se o ganho no nível de precisão produz resultados positivos em termos de segurança e economia que justifiquem um maior investimento em software e hardware, e um maior consumo de tempo.

5.6.1. Análise de pavimentos

a) consideração da rigidez à torção dos elementos estruturais
Na modelagem de pavimentos por grelhas ou por elementos finitos, a rigidez à torção de todas as peças estruturais pode ser levada em conta. Este tipo de solicitação consiste em uma diferença fundamental com relação à abordagem tradicional em que a torção de compatibilidade é desprezada.

Uma das possíveis consequências do engastamento à torção é a redução dos momentos positivos em lajes e vigas. No apoio sobre uma viga de bordo com torção, por exemplo, um momento negativo se desenvolve no bordo da laje com a consequente redução dos momentos positivos no centro. No caso de vigas centrais, a diferença entre os momentos negativos de um lado e de outro corresponde a um momento de torção na viga, afetando também a distribuição dos momentos positivos nas lajes adjacentes.

A consideração da rigidez à torção é perfeitamente aceitável e compatível com os requisitos de segurança e desempenho. No entanto, como ela pode levar à redução dos momentos positivos, a qualidade do projeto depende da atenção ao dimensionamento e ao detalhamento dos elementos em concreto armado submetidos à torção. A segurança depende também do cuidado no posicionamento das armaduras na execução. Se as armaduras de torção não forem efetivas ou se as armaduras superiores de bordo das lajes forem mal posicionadas, os momentos negativos não poderão se desenvolver e a armadura positiva será insuficiente.

b) diagramas de momentos fletores de elementos lineares
Outra consequência da consideração da rigidez à torção das vigas, dos engastamentos e da conexão entre elementos que se dá em cada nó é a forma dos diagramas de esforços dos elementos lineares. As curvas suaves de momentos e esforços cortantes de vigas pelo método tradicional dão lugar a diagramas descontínuos nas análises com grelhas ou pelos elementos finitos. Este tipo de resultado acaba sendo mais apropriado ao dimensionamento em concreto armado por programas automatizados do que pelo cálculo manual. Neste último caso, deve-se tomar cuidado na definição da distribuição longitudinal das armaduras longitudinais e na consideração dos comprimentos de ancoragem e de decalagem do diagrama de momentos fletores de acordo com a figura 18.3 da NBR 6118:2014.

c) momentos em lajes armadas em duas direções
O funcionamento de placas em duas direções leva ao desenvolvimento de momentos negativos principalmente na região dos ângulos de uma laje, mesmo se ela é considerada como simplesmente apoiada em todos os bordos. Este efeito é descrito pela solução das equações diferenciais das placas e observado nas análises com grelhas ou pelo método dos elementos finitos. É também por este motivo que a NBR 6118, no seu item 19.3.3.2, estabelece uma armadura negativa mínima nos bordos sem continuidade.

Enquanto no método tradicional os momentos nas lajes são determinados com base na hipótese de que os apoios são rígidos, a rigidez das vigas ou paredes estruturais de apoio tem grande influência na distribuição dos momentos fletores das placas. Isto demanda um cuidado especial na modelagem, na interpretação dos resultados da análise e na maneira como as lajes são armadas. Modelos locais utilizados para o cálculo de lajes de forma complexa, em que as vigas não são representadas, são particularmente sensíveis à rigidez utilizada para a descrição dos apoios.

d) posição relativa entre vigas e lajes
Nas análises por grelha ou por elementos finitos, o plano médio das lajes costuma ser representado no mesmo plano dos eixos longitudinais dos elementos de viga. Perde-se a contribuição da parcela da rigidez devido à excentricidade da laje em relação à alma da viga, como em uma seção T. A subestimação da rigidez do pavimento não costuma ser importante, levando a menores solicitações na laje e maiores na viga.

Alguns programas permitem o posicionamento do eixo longitudinal de um elemento linear fora do centro de gravidade da seção, nas fibras extremas inferiores ou superiores. A rigidez do conjunto viga-laje é representada de maneira mais próxima da realidade. Por outro lado, uma parte da flexão se desenvolve por um par de esforços normais na viga e na laje, e o momento fletor é reduzido. O dimensionamento das seções de concreto armado não pode ser feito a partir do diagrama de momentos, mas deve levar em conta a componente axial. Os esforços devem ser levados ao centro de gravidade da seção considerada. A figura 12 apresenta as possibilidades quanto à posição relativa entre elementos de viga e de laje.

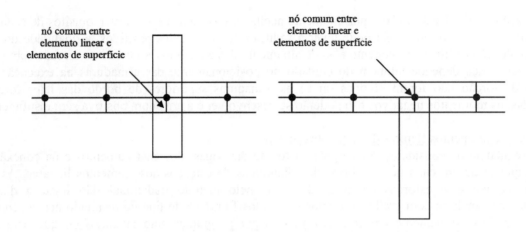

Figura 12 – Posição relativa entre elementos de barra e elementos de superfície

5.6.2. Núcleos de rigidez

Núcleos de rigidez costumam ser constituídos por um ou mais pilares-parede de seção transversal de forma geométrica composta. Estes elementos estruturais podem ser modelados por elementos de barra, grelhas ou elementos finitos de casca.

A modelagem por elementos finitos de casca pode ser considerada a maneira mais intuitiva, pois permite a representação precisa dos componentes do núcleo de contraventamento nas suas posições corretas. Ela permite também a conexão direta do núcleo com as vigas e lajes adjacentes. Visto que o dimensionamento das armaduras não pode ser feito diretamente a partir das tensões de tração ou compressão locais, mas depende das hipóteses para o cálculo das seções transversais submetidas a solicitações normais, é necessária a obtenção das resultantes dos esforços axiais e de flexão no centro de gravidade da seção. Estas resultantes dependem de um processo de integração das tensões ao longo dos componentes da seção do núcleo de rigidez.

Alguns programas representam o trecho de um núcleo entre dois pavimentos como um único elemento de barra cuja seção transversal possui as propriedades geométricas equivalentes aos da seção do conjunto. Este princípio é válido para qualquer geometria, mesmo quando o núcleo é composto por uma série extensa de caixas de escada e de elevadores, com muitos pilares paredes. O eixo longitudinal do elemento de barra coincide com o centro de gravidade da seção do núcleo de rigidez.

Este tipo de abordagem depende de aproximações, como os elementos de ligação entre o elemento que representa o núcleo de contraventamento e as peças estruturais adjacentes. Isto é normalmente feito por elementos rígidos de conexão responsáveis pela transferência dos esforços.

A modelagem do núcleo de rigidez por meio de um único elemento de barra tem precisão e validade limitadas. Núcleos de contraventamento posicionados fora do centro de torção do edifício ou cuja geometria gera a assimetria no comportamento da estrutura frente às ações horizontais não são corretamente representados por esta abordagem.

Os núcleos também podem ser modelados por meio de uma malha de elementos de barras ou grelha. Esta abordagem permite uma representação mais refinada, inclusive para as conexões dos núcleos com os elementos estruturais adjacentes. O comportamento deste tipo de modelo depende da consideração ou não da rigidez à torção das barras da grelha. A anulação deste componente de rigidez mostrou-se adequada, principalmente quando o núcleo de rigidez é submetido à flexo-torção.

A modelagem por meio de grelha também depende de algoritmos capazes de determinar os esforços globais no centro de gravidade da seção do núcleo, necessários para o dimensionamento em concreto armado. Como todo tipo de aproximação, este tipo de abordagem deve ser utilizado com cuidado, dependendo de uma avaliação cuidadosa dos resultados.

5.6.3. Critérios de avaliação da modelagem

Em função da quantidade de dados de entrada e de resultados envolvidos em uma modelagem global, o risco de perda de qualidade da análise deve ser considerado ao longo do processo de projeto estrutural. Procedimentos automatizados podem levar à impressão de que o projeto é desenvolvido pelo programa de computador, em que o engenheiro assume um papel secundário no processo.

Algumas verificações são úteis para avaliação dos resultados e das grandezas envolvidas:

- A soma das reações verticais para cargas permanentes e acidentais e a sua comparação com uma estimativa aproximada do peso próprio e das demais cargas. Para casos de cargas em que apenas ações verticais são aplicadas, a soma das reações horizontais deve nula;

- A soma das reações horizontais para as ações do vento e a sua comparação com o produto da carga média pela área de projeção da estrutura na direção considerada. Se apenas cargas horizontais são aplicadas, a soma das reações verticais deve ser nula;

- A análise dos resultados de casos de carga elementares, e não apenas das combinações, permite a compreensão do comportamento da estrutura e a identificação de erros;

- A observação da deformada global permite a observação de apoios mal posicionados ou ausentes;

- A observação dos primeiros modos próprios globais de vibração permite a identificação de partes da estrutura ou elementos mal conectados ao resto da estrutura. Frequências próprias muito baixas ou muito elevadas podem indicar incoerências na definição das características dos materiais, ou das seções transversais dos elementos.

5.7. CONCLUSÕES

A ideia inicial associada a uma análise global é a de um modelo tridimensional bem detalhado. Um edifício pode, no entanto, ser analisado andar por andar pelo método tradicional. O contraventamento pode ser verificado também de maneira simplificada em que os elementos verticais resistentes às forças horizontais podem ser representados como uma viga em balanço de eixo vertical.

O nível de detalhamento e de complexidade da análise estrutural depende do objetivo do cálculo e do tipo de estrutura. Análise estrutural representa tempo e custo para o projetista, não sendo obrigatória a aplicação do método mais completo e mais complexo.

À medida que uma estrutura passa a apresentar particularidades ou se afasta do comportamento dos sistemas em pórtico métodos mais complexos usando os elementos finitos se constituem nas ferramentas mais adequadas. Isto é válido globalmente, como em edifícios com paredes estruturais em concreto armado, obras hidráulicas, até estruturas de reatores, por exemplo, mas também localmente, em que uma parte da estrutura pode ser analisada de maneira mais refinada.

Ao mesmo tempo, quando se trata de análise de estruturas em concreto armado, não se deve perder de vista justamente as características do material. As análises estruturais são normalmente elásticas e lineares, enquanto o concreto armado é fortemente não linear. As normas de projeto fornecem critérios de análise que devem ser necessariamente respeitados para que os resultados obtidos sejam válidos.

A análise estrutural está hoje associada à modelagem computacional que permite um elevado nível de detalhamento, compatível com processos automatizados. No entanto, a análise estrutural sempre fez parte do projeto em concreto armado por meio de métodos simplificados e compatíveis com cálculos à mão. A evolução dos métodos de análise permite a otimização das estruturas, com elementos mais esbeltos e econômicos. Por outro lado, o excesso de automatização pode levar à impressão de que o projeto estrutural se resume à entrada de dados, com a transferência de responsabilidade para o programa de computador. Apesar da automatização do processo, análises simplificadas e manuais, paralelas à modelagem computacional, garantem ao engenheiro o domínio sobre o processo de projeto estrutural.

5.8. REFERÊNCIAS BIBLIOGRÁFICAS

AALAMI, B. O.; BOMMER, A. **Design Fundamentals of Post-Tensioned Concrete Floors**. Phoenix: Post-Tensioning Institute, 1999.

AMERICAN CONCRETE INSTITUTE. **ACI 318-99 ACI 318R-99: Building Code Requirements for Structural Concrete and Commentary**. - Michigan-USA, 1999.

ASSOCIAÇÃO BRASILEIRA DE NORMAS TÉCNICAS. **NBR 6118: Projeto de estruturas de concreto - Procedimento**. Rio de Janeiro, 2013.

BARBIERI, R. A; GASTAL, P. S. L; CAMPOS FILHO, A. **Numerical Model for the Analysis of Unbonded Prestressed Members**. ASCE Journal of Structural Engineering, Jan 2006, Vol. 132, No. 1, pp. 34-42.

COIN, A.; BISCH, P. **Conception des murs em béton selon les eurocodes: Principes et applications.** Paris: Presses de l'école nationale de Ponts et chaussées, 2008.

GARCIA, J. F. **El Método de los Elementos Finitos en la Ingéniería de Estructuras**. Barcelona: Universidade Politécnica de Barcelona, 1992.

MARTHA, L. F. **Análise de estruturas: Conceitos e Métodos Básicos.** Rio de Janeiro: Elsevier, 2010.

WEAVER, W. Jr.; GERE, J. M. **Matrix Analysis of Framed Structures**. 2nd Ed. New York. D. Van Nostrand. 1980.

CAPÍTULO 6 - EMPREGO DE SOFTWARE PARA DIMENSIONAMENTO ESTRUTURAL - I

Eng. Robson Luiz Gaiofatto, D.Sc.
rlgaiofatto@gmail.com

6.1 INTRODUÇÃO

O presente capítulo trata, de forma geral, dos cuidados necessários ao uso de programas de computador (*softwares*) na elaboração de projetos estruturais de edifícios em concreto armado. Trata-se de um assunto de elevada importância, uma vez que nos dias atuais a grande maioria dos projetos estruturais é elaborada com o uso de *softwares*, o que naturalmente pode ser demonstrado como fato de elevação da qualidade destes projetos e, consequentemente, como uma melhoria do comportamento dos edifícios construídos a partir das informações fornecidas pelos programas.

No entanto, a surpresa se dá quando, avaliando uma grande quantidade de projetos estruturais elaborados com o uso dos softwares, é possível encontrar uma perda considerável de qualidade média nos projetos. As falhas resultantes dos erros no uso dos programas ocasionam comprometimento da segurança, da durabilidade e da economia das estruturas, ou mesmo o consumo de elevadas somas em obras de recuperação e/ou reforço estrutural antes mesmo da obra estar concluída. Esta constatação leva a uma avaliação quanto aos motivos de um resultado negativo para uma expectativa tão positiva.

Com base em experiências práticas e análises de projetos estruturais ruins, resultantes de programas, é possível concluir que os principais fatores que contribuem para a falta de qualidade destes projetos são 1) a falta de conhecimento do usuário sobre o *software*, quando considera-se ser suficiente introduzir a arquitetura e lançar uma estrutura qualquer, acreditando que o programa resolverá o problema e 2) o envio à obra do resultado gerado, sem uma verificação ou conferência mínima do que foi produzido pelo *software*.

De forma geral, os *softwares* utilizados na engenharia nacional apresentam elevado potencial de solução de problemas, sendo considerados de alta qualidade. Entretanto, cada *software* tem suas limitações e sua forma de determinação dos parâmetros especificados pelas normas técnicas que regem as estruturas de concreto armado, não podendo ser responsabilizados pelos problemas ocorridos pela sua má ou inadequada utilização. É importante ser considerado que os problemas gerados pelo mau uso dos programas são de única e inteira responsabilidade do projetista, que não pode, sob nenhuma hipótese, associar os erros e falhas ao *software*.

Em função do exposto e como mencionado inicialmente, este capítulo tem por objetivo discutir as principais causas de erros nas análises de projetos estruturais realizadas por *softwares*, enfocando as questões associadas ao preparo do programa e à entrada de dados de cada projeto. No capítulo seguinte, parte II, serão tratadas as análises e cuidados que devem ser tomados quanto aos resultados apresentados pelos programas, incluindo dimensionamento e detalhamento das armaduras das peças de concreto armado.

Neste capítulo, serão tratados os seguintes tópicos:

- 2 - Definição das cargas a partir das características do imóvel;
- 3 - Ações e combinações de cargas;
- 4 - Estabelecimento das características dos materiais;
- 5 - Estabelecimento de desempenho das estruturas conforme NBR15.575;
- 6 - Funcionalidades básicas para emprego de software;
- 7 - Lançamento da arquitetura no software;

- 8 - Definição do modelo estrutural;
- 9 - Pré-dimensionamento global;
- 10 - Visualizações 3D e deformada da estrutura.

6.2 DEFINIÇÃO DAS CARGAS A PARTIR DAS CARACTERÍSTICAS DO IMÓVEL

Ao se iniciar o desenvolvimento de um projeto estrutural, naturalmente o conhecimento do projeto arquitetônico se faz indispensável, porém um conjunto de definições se faz necessária, de forma especial neste item, as cargas. Que cargas serão aplicadas à estrutura?

Embora possa parecer imediato e lógico, o programa não responde a esta questão e, caso o projetista não seja cuidadoso com a escolha das cargas, todo o projeto desenvolvido se torna incorreto. O programa define apenas o peso próprio da estrutura a partir das dimensões informadas.

A escolha das cargas de uma estrutura, além do atendimento dos objetivos de uso da estrutura e da forma construtiva a ser adotada, deve atender a um conjunto de normas técnicas que regulamentam as cargas mínimas para cada situação ou localização. Desta forma, o projetista deve conhecer estas normas de forma clara e segura para que este item não seja a causa de erros de projeto.

De maneira geral, as estruturas podem ser residenciais, comerciais, industriais, de uso público, de uso religioso, estacionamentos, ginásios, entre outros, além das aplicações mistas. Em cada um dos casos mencionados, cargas habituais e especiais devem ser consideradas, bem como as combinações entre elas.

As principais normas técnicas da ABNT (Associação Brasileira de Normas Técnicas) que devem ser atendidas no que tange à escolha das cargas nas estruturas das construções e as suas combinações são:

- NBR 6120/1980: Errata 2000: Cargas para o cálculo de estruturas de edificações;
- NBR 6123/1988: Errata 2-2013: Forças devidas ao Vento em Edificações;
- NBR 6118/14: Cap. XI – Ações;
- NBR 8681/2003: Ações e Segurança em Estruturas;
- NBR 7188/2013: Carga Móvel rodoviária e de pedestres em pontes, viadutos, passarelas e outras estruturas;
- NBR 15200/2012 – Projeto de estruturas de concreto em situações de incêndio;
- NBR 15421/2006 – Projeto de estruturas resistentes a sismos.

Figura 1: Ilustração de estrutura de um prédio residencial em concreto armado, Vila Velha – ES

Figura 2: Prédios residenciais e comerciais em estrutura mista de concreto armado e aço, Colônia - Alemanha

Além da escolha das cargas, os coeficientes de majoração devem ser escolhidos cuidadosamente em função da maior ou menor probabilidade de ocorrência das cargas em si, bem como de sua combinação.

Predominantemente, a NBR 6120/80 define as cargas mínimas para cada ambiente na maioria dos tipos de edificações, permitindo ao projetista uma grande segurança na escolha das cargas, tendo em vista que estas apresentam propriedades fortemente aleatórias.

A NBR 6120 é bastante antiga para o padrão geral das normas da ABNT, sendo a versão atual desta norma de 1980, com uma errata em 2000. Trata-se, no entanto, de uma norma bastante completa, que atende de forma clara e segura as definições elaboradas pelos projetistas, estando atualmente em fase de revisão.

As tabelas apresentadas na NBR 6120 para a escolha das cargas são de simples manuseio, desde que o projetista tenha um adequado conhecimento do projeto arquitetônico e especialmente tenha entendido os objetivos de uso da construção, bem como tenha observado questões executivas que possam vir a ocasionar cargas superiores àquelas relacionadas ao uso normal da obra, como cargas relacionadas ao depósito de materiais durante a fase executiva em função da falta de espaço de canteiro de obras.

Apesar da clareza, a norma traz em seu texto diversas situações para casos especiais, como cargas para escadas, guarda corpo de varandas e outras aplicações, além de tabela para redução das cargas acidentais em estruturas compostas por diversos pavimentos de mesmo uso, como é o caso dos pavimentos tipo em edifícios residenciais e comerciais, em que a probabilidade de ocorrência de carregamento máximo em todos os pavimentos é muito reduzida, podendo ser considerada mesmo improvável.
Esta redução de carregamento, conforme indicado na Figura 4, permite elevada economia nas estruturas, sem comprometer a segurança, uma vez que efetivamente trata-se de redução na consideração de cargas inexistentes.

Tabela 4 - Redução das cargas acidentais

Número de pisos que atuam sobre o elemento	Redução percentual das cargas acidentais (%)
1, 2 e 3	0
4	20
5	40
6 ou mais	60

Nota: Para efeito de aplicação destes valores, o forro deve ser considerado como piso.

Figura 3 – Tabela 4 da NBR 6120/80

106 - Projeto, Execução e Desempenho de Estruturas e Fundações

Ainda em relação à NBR 6120, esta norma permite o uso de coeficientes que transformam cargas dinâmicas em cargas estáticas, permitindo a utilização dos modelos tradicionais de dimensionamento das estruturas de concreto. Este uso, no entanto, deve ser manuseado com o adequado cuidado pelos projetistas, uma vez que as cargas dinâmicas devem ser adequadamente entendidas quanto às suas consequências. Existe um grande número de casos nos quais o coeficiente de majoração não deve ser aplicado, devendo ser elaborada uma análise dinâmica efetiva, em que a frequência natural da estrutura deve ser determinada de forma a garantir uma adequada separação desta em relação à frequência de excitação da estrutura, como recomendado na NBR 6118/14 em seu capítulo 23 (Ações Dinâmicas e de Fadiga), cabendo exclusivamente ao projetista a decisão sobre a forma de tratamento do problema.

No caso de cargas para garagens, de forma geral, a NBR 6120 define as cargas em função do peso dos veículos que utilizam o espaço. No ano de 2013, foi publicada uma revisão da NBR 7188 (Carga Móvel rodoviária e de pedestres em pontes, viadutos, passarelas e outras estruturas) que incluiu um novo capítulo sobre as cargas em garagens, no qual um dos parâmetros fundamentais passa a ser a dimensão do acesso à garagem, considerando a possibilidade de acesso de veículos de maior porte.

Conforme o texto desta norma, caso o acesso tenha altura ou largura livre entre 2,50 e 3,50 m, além da carga distribuída normal, indicada como sendo de 3 kN/m², a laje deverá ser verificada para veículo de 80 kN em quatro rodas (15 kN/roda no par frontal e 25 kN/roda no par traseiro) – distância entre rodas de 1,50 e 3,0m, posicionado nas situações mais críticas do elemento estrutural considerado.

Nos casos nos quais a altura ou largura do acesso forem maiores que 3,50m, considerar p = 4 kN/m2 sem impacto vertical. O veículo deve atender ao padrão TB-240 sem impacto vertical, ou seja, considera-se, além da carga distribuída, um veículo de 240 kN nas posições mais desfavoráveis aos momentos fletores, aos esforços cortantes e a outras situações especiais, como à punção.

Ainda de acordo com a mesma norma, independentemente do carregamento adotado para o pavimento de garagem, deve ser considerada a possibilidade de impacto de veículos nas colunas do edifício. Desta forma, a norma recomenda que os pilares na zona de fluxo dos veículos devem ser dimensionados considerando uma força horizontal de 100kN na direção do tráfego e de 50kN perpendicular, não concomitantes e a 1,0m acima do pavimento.

Outra norma de elevada importância na determinação das cargas nos edifícios é a NBR 6123 – Forças Devidas ao Vento em Edificações. Esta norma determina cargas horizontais que atuarão nas estruturas em função dos efeitos do vento e que, desta forma, influenciarão na análise de estabilidade global das estruturas. Predominantemente, nas estruturas mais esbeltas, a não consideração dos esforços de vento, ou a consideração inadequada destes esforços, é suficiente para comprometer as condições de segurança da estrutura. Em diversos casos conhecidos, projetistas não consideraram este esforço em estruturas, ocasionando sua ruína ou danos de elevada complexidade, que exigiram reforços estruturais de alto custo.

A NBR 6123 também tem data original antiga, 1988, embora com revisão de alguns pontos em 2013. No entanto, trata-se de uma norma muito atual, respeitada de forma geral em muitos locais do mundo, estando em fase de revisão pela ABNT.

Esta norma está contida nos *softwares* habituais de análise e dimensionamento das estruturas, como é o caso do Eberick (ALTO QI), entre outros, nos quais o projetista deve indicar diversos parâmetros que influenciam os efeitos do vento nas estruturas.

A sequência básica do uso da norma envolve a escolha da localidade de implantação da obra no mapa de isopletas contida no texto, de onde é retirado o valor da velocidade básica do vento. A seguir, calcula-se a velocidade característica do vento pela multiplicação da velocidade básica por três variáveis, que representam característica do local de implantação e da obra, além de um parâmetro que mede as consequências da ruína da obra em análise.

Com base na velocidade característica, é calculado o valor da pressão dinâmica do vento pela equação constante do texto da norma conforme indicado na figura 6 abaixo:

q - Pressão dinâmica do vento, correspondente à velocidade característica V_k, em condições normais de pressão (1 atm = 1013,2 mbar = 101320 Pa) e de temperatura (15°C):

$$q = 0,613 V_k^2 \ (q:N/m^2; V_k:m/s)$$

Figura 4: Texto original da NBR 6123

A partir do valor de q, será calculado o valor da força de arrasto, resultante do produto entre a pressão dinâmica, a área de contato do vento com a edificação e o coeficiente de arrasto, fornecido por tabelas diversas constantes da norma em função da direção de incidência do vento e do tipo de edificação.

Os programas de dimensionamento solicitam as principais características, calculam os esforços e os incluem nas combinações propostas pela NBR 8681/03.

A norma NBR 15200/12 exige verificações da estrutura em condições especiais ocasionadas por incêndios, como, por exemplo, a redução do módulo de elasticidade dos materiais após determinado período e condições de incêndio, sob cargas reduzidas, visando permitir que a estrutura tenha comportamento satisfatório, de garantia dos estados limites últimos, de forma a garantir o socorro e a evacuação das pessoas do interior das estruturas. A norma apresenta tabelas com dimensões e cobrimentos mínimos de armaduras em função do Tempo Requerido de Resistência ao Fogo. Estas verificações são realizadas de forma automática pelo Eberick, pela utilização de um módulo específico denominado "incêndio". Na configuração do programa, esta verificação deve ser acionada para que venha a ocorrer e seus resultados constem das memórias de cálculo geradas pelo programa.

A norma NBR 15421/06 trata do dimensionamento de estruturas sob a ação de sismos. Esta norma apresenta um mapa do Brasil dividido em 5 zonas de ocorrência de sismos, em função de medições ao longo de muitos anos que demonstram a ocorrência deste fenômeno em várias regiões brasileiras, com maior ou menor intensidade. Dados demonstram que no Brasil já foram registrados vários tremores com intensidade superior a 6 pontos na escala Richter, com ocorrência de danos estruturais significativos.

Desta forma, conforme a localização da estrutura no mapa do Brasil, a norma define valores de acelerações horizontais a serem associados aos carregamentos da estrutura, em especial na etapa de verificação da estabilidade global das estruturas.

6.3 AÇÕES E COMBINAÇÕES DE CARGAS

Neste item serão discutidos os coeficientes de segurança e as combinações recomendadas pelas normas da ABNT, NBR 6118/14 em seu capítulo XI, denominado Ações e pela NBR 8681/03 – Ações e Segurança das Estruturas.

Aparentemente, os programas definem os coeficientes de segurança e as combinações de carregamentos, entretanto, também apresentam a possibilidade de ajuste em suas configurações padronizadas. Estes ajustes

108 - Projeto, Execução e Desempenho de Estruturas e Fundações

são imprescindíveis para o desenvolvimento de um projeto adequado, uma vez que cada projeto apresenta características próprias e únicas. No capítulo 6, serão discutidas as opções de ajustes das configurações do programa Eberick.

Inicialmente, é apresentada uma definição das ações a serem consideradas nos projetos conforme o texto da NBR 8681, no qual as ações são classificadas em Permanentes, Variáveis e Excepcionais, sendo que a própria norma recorda que as ações de cada obra devem ser tomadas de forma exclusiva em função de suas características e peculiaridades.

As ações permanentes são aquelas que representam o peso próprio da estrutura e o peso de elementos que permanecerão sobre a estrutura pela maioria de seu tempo de vida, denominadas permanentes adicionais. Estas cargas podem ser subdivididas em diretas e indiretas. As primeiras (permanentes diretas) são definidas como sendo constituídas pelo peso próprio das estruturas, dos elementos construtivos fixos, das instalações permanentes fixadas à estrutura e dos empuxos permanentes ocasionados por terra ou outros materiais granulosos considerados irremovíveis.

As ações permanentes indiretas são constituídas pelas tensões resultantes de deformações impostas por retração ou fluência do concreto, por recalques diferenciais ou deslocamentos dos apoios, por imperfeições geométricas resultantes de falhas de execução e ainda por forças de protensão.

Neste conjunto de cargas, certamente o mais abrangente, deve ser considerado de forma especial as ações ocasionadas por imperfeições geométricas, que naturalmente não poderiam ser previstas de forma exata, uma vez que são ações consequentes de processos e cuidados executivos. Nestas situações, a NBR 6118/14, ao longo de seu texto – de forma especial no capítulo 11, considera diversas situações as quais os programas automaticamente introduzem nos modelos, entretanto, estes valores são resultantes também de parâmetros que devem ser adequadamente ajustados nas configurações destes programas, visando à individualidade de cada projeto.

As ações variáveis são aquelas cujo valor varia ao longo do tempo, sendo constituídas pelas ações geradas pelo uso da construção e pelas ações do vento e da água nas estruturas. Da mesma forma, as ações variáveis podem ser subdivididas em diretas e indiretas, sendo as variáveis diretas as ações previstas para uso na construção, como pessoas, móveis, impactos verticais das cargas, impactos laterais, forças centrífugas e longitudinais de frenagem e aceleração, as forças geradas pelo vento (definidas pela NBR 6123) e pela água, além daquelas ações variáveis durante a fase de construção da obra, como escoramentos, estoque de materiais e outras.

As ações variáveis indiretas são compostas pelos esforços gerados pelas variações uniformes e não uniformes da temperatura e pelas ações dinâmicas, sendo que estas ações devem ser consideradas quando a estrutura estiver sujeita a choques ou vibrações em função do tipo regular de uso, devendo estes esforços ser definidos com base nas indicações do capítulo 23 da NBR 6118/14.

Do ponto de vista das ações variáveis indiretas relacionadas às variações de temperatura, deve ser considerado que na maioria dos casos os programas não consideram estes esforços naturalmente, devendo sempre ser configurada a adequada verificação, desde que o programa contenha esta programação. Em muitos casos, os esforços devem ser quantificados externamente ao programa e introduzidos como esforços horizontais que provocarão tensões normais (tração ou compressão) na estrutura. Estes esforços, quando não considerados adequadamente no dimensionamento, são suficientes para formação de estado de fissuração muito intenso, comprometendo muitas vezes os estados limites de utilização e, com isso, comprometendo as condições adequadas de uso da estrutura (estados limites de Serviço ou de Utilização).

Finalmente, as ações excepcionais, cujos efeitos não podem ser previstos de forma precisa. Estas ações devem ser consideradas como previstas em normas específicas, como é o caso dos incêndios com efeitos previstos na NBR 15200 (Projeto de estruturas em situação de incêndio) e pelos sismos, conforme a NBR 15421 (Projeto de estruturas resistentes a sismos).

Quanto à consideração de todas as ações indispensáveis ao desenvolvimento de um projeto adequado, os programas, de forma geral, permitem a implementação dos esforços conforme a determinação do projetista. No caso das ações excepcionais, as verificações exigidas pelas normas específicas, citadas no parágrafo anterior, estão disponíveis em algumas versões de alguns programas e devem ser regularmente verificadas pelo projetista quanto à disponibilidade e a efetiva aplicação em cada projeto, conforme a necessidade ou obrigatoriedade normativa, sendo fornecidos os adequados parâmetros de configuração para cada situação analisada.

Concluídas as definições das ações a serem consideradas, estas deverão ser majoradas – quando a favor da segurança, conforme coeficientes de ponderação definidos na NBR 8681/03, ratificados pela NBR 6118/14. Estes valores serão definidos em função das verificações de segurança da estrutura ou da garantia de sua adequada utilização ao longo de sua vida útil.

Os coeficientes são definidos em função dos estados limites. As normas citadas consideram que as estruturas precisam atender aos estados limites últimos, nos quais as cargas são majoradas de forma a levar os modelos à condição de ruptura. Nestas condições, são verificadas as condições efetivas de segurança das estruturas, tanto global quanto localmente, ou seja, a estrutura deve ser estável enquanto um corpo rígido, bem como deve ser estável em cada um dos elementos que a constituem. Estas verificações são feitas por combinações denominadas como últimas, de construção ou especiais e as excepcionais. Cada uma destas combinações utilizará parâmetros previstos pela NBR 6118/14 para as estruturas de concreto em conformidade com as recomendações da 8681/03 voltada para estruturas em geral.

Entretanto, uma estrutura não estará adequadamente dimensionada se atender apenas às verificações do estado limite último, ela também deverá ser verificada, desta vez em condições de serviço (outros coeficientes de ponderação serão utilizados) a diversas condições visando garantir adequadas condições de conforto aos usuários. Estas verificações denominadas combinações quase-permanentes, frequentes e raras. Dentre estas verificações, devem ser garantidas condições de utilização associadas às condições de conforto, devendo ser considerados limites para deformações, fissurações, vibrações e outros comportamentos que possam gerar situações de insegurança ou desconforto aos usuários das estruturas.

A título ilustrativo, a figura 7 reproduz a tabela 2 da NBR 8681/03 no que tange aos valores dos coeficientes de ponderação para os casos de ações permanentes diretas agrupadas.

Combinação	Tipo de estrutura	Efeito	
		Desfavorável	Favorável
Normal	Grandes pontes[1]	1,30	1,0
	Edificações tipo 1 e pontes em geral[2]	1,35	1,0
	Edificação tipo 2[3]	1,40	1,0
Especial ou de construção	Grandes pontes[1]	1,20	1,0
	Edificações tipo 1 e pontes em geral[2]	1,25	1,0
	Edificação tipo 2[3]	1,30	1,0
Excepcional	Grandes pontes[1]	1,10	1,0
	Edificações tipo 1 e pontes em geral[2]	1,15	1,0
	Edificação tipo 2[3]	1,20	1,0
[1] Grandes pontes são aquelas em que o peso próprio da estrutura supera 75% da totalidade das ações permanentes. [2] Edificações tipo 1 são aquelas onde as cargas acidentais superam 5 kN/m². [3] Edificações tipo 2 são aquelas onde as cargas acidentais não superam 5 kN/m².			

Figura 5: Tabela 2 da NBR 8681/01 – Ações permanentes diretas agrupadas

Com base no exposto, a NBR 8681 define diversas combinações de ações que devem ser consideradas na geração dos esforços finais dos modelos numéricos de cálculo, de forma que as condições previstas sejam atendidas. Ou seja, não somente os coeficientes de segurança devem ser definidos, mas também as combinações de ações, que provocarão a utilização de coeficientes maiores ou menores conforme o risco de ocorrência de problemas no comportamento da estrutura para cada uma das situações consideradas.

As combinações das ações podem ser normais, especiais ou de construção, e excepcionais, sendo que, para cada situação, as combinações serão tratadas como frequentes, quase-permanentes e raras, conforme seja maior ou menor sua probabilidade de ocorrência na vida útil das estruturas.

Deve ser ainda esclarecido que, de forma geral, os coeficientes propostos pela NBR 8681 são relativos a um tempo de vida útil de 50 anos, o que apresenta coerência com as indicações da NBR 15575/13 apresentadas e discutidas posteriormente.

Estes procedimentos de aplicação de coeficientes e efetivação das combinações destas ações visando o atendimento dos estados limites previstos na normatização brasileira são atendidos automaticamente pelos programas, devendo, entretanto, o projetista estar atento às possibilidades de configurações de cada programa e mesmo de cada versão, visando a possibilidade de individualização de cada projeto.

6.4 ESTABELECIMENTO DAS CARACTERÍSTICAS DOS MATERIAIS

A qualidade de um projeto depende de diversos fatores, além do modelo estrutural considerado. Este fato tem diferenciado de forma determinante a engenharia estrutural dos dias atuais daquela de tempos remotos, quando o conhecimento da tecnologia do concreto tinha pequena importância no desenvolvimento dos projetos estruturais. O desenvolvimento do conhecimento das propriedades dos concretos, por meio de seus materiais constituintes e das reações químicas entre eles, além do imenso leque de possibilidades de misturas, tem feito com que o comportamento das estruturas seja fortemente modificado em função apenas do material. Naturalmente, este "apenas" é simbólico, uma vez que se trata do material com o qual a estrutura será executada, ou seja, é o material que torna a estrutura em realidade, portanto, tem importância fundamental no comportamento estrutural.

Desta forma, o estabelecimento das características dos materiais que serão utilizados na construção da estrutura ganha importância vital, em especial quando se aprofunda a preocupação com a durabilidade das estruturas, assunto que ganhou importância no Brasil após a entrada em vigor da NBR 6118 de 2003, que passou a citar explicitamente o problema e a estabelecer critérios mínimos para o seu alcance.
Atualmente, com a evolução da NBR 6118 para a versão 2014 associada com a entrada em vigor da NBR 15575/13, a Norma de Desempenho, aumenta ainda mais a preocupação obrigatória do projetista de estruturas de concreto armado com a durabilidade destas estruturas, bem como a preocupação dos engenheiros de execução e daqueles com responsabilidades de manutenção.

Assim sendo, ao se iniciar um projeto estrutural, a primeira questão a ser definida pelo projetista – talvez ainda antes do conhecimento detalhado do projeto arquitetônico – é a avaliação e determinação da classe de agressividade ambiental do local onde a estrutura será implantada.

Esta Classe de Agressividade Ambiental (CAA) será determinada em função de uma tabela proposta na NBR 6118/14, também constante da NBR 12655/15 (Concreto de Cimento Portland - Preparo, controle e recebimento). Esta tabela, que será apresentada na figura 6 a seguir, é bastante simples e por este motivo muito importante de ser adequadamente entendida.

Para cada uma das quatro classes de Agressividade Ambiental, são indicados exemplos de tipos de localidade visando facilitar a comparação dos locais de implantação das obras com as classes indicadas. Entretanto, mais importante deve ser o conceito de agressividade ou de risco de deterioração da estrutura, o qual, baseado nos efetivos fatores de deterioração de uma estrutura de concreto, como ataques químicos, inclusive cloretos e sulfatos e carbonatação os locais deve ser classificado conforme os quatro padrões da tabela 6.1 indicada na figura 6 abaixo.

Associadas às classes de agressividade ambiental, a NBR 6118/14 e a NBR 12655/15 definirão diversos parâmetros para os projetos, como cobrimentos mínimos para as armaduras no interior dos elementos de concreto, fator água cimento máximo, classes mínimas para os concretos, consumo mínimo de cimento e cobrimentos mínimos, que serão determinantes na garantia da durabilidade das estruturas, ou da obtenção de sua vida útil, desde que executadas de acordo com o projeto e submetidas a adequada manutenção continuada conforme especificado pelo manual de utilização da estrutura que deverá acompanhar o projeto estrutural, conforme recomendado pela NBR 6118/14 ao longo de seu texto.

Tabela 6.1 - Classes de agressividade ambiental

Classe de agressividade ambiental	Agressividade	Classificação geral do tipo de ambiente para efeito de projeto	Risco de deterioração da estrutura
I	Fraca	Rural	Insignificante
		Submersa	
II	Moderada	Urbana [1], [2]	Pequeno
III	Forte	Marinha [1]	Grande
		Industrial [1], [2]	
IV	Muito forte	Industrial [1], [3]	Elevado
		Respingos de maré	

[1] Pode-se admitir um microclima com uma classe de agressividade mais branda (um nível acima) para ambientes internos secos (salas, dormitórios, banheiros, cozinhas e áreas de serviço de apartamentos residenciais e conjuntos comerciais ou ambientes com concreto revestido com argamassa e pintura).

[2] Pode-se admitir uma classe de agressividade mais branda (um nível acima) em: obras em regiões de clima seco, com umidade relativa do ar menor ou igual a 65%, partes da estrutura protegidas de chuva em ambientes predominantemente secos, ou regiões onde chove raramente.

[3] Ambientes quimicamente agressivos, tanques industriais, galvanoplastia, branqueamento em indústrias de celulose e papel, armazéns de fertilizantes, indústrias químicas.

Figura 6: Tabela 6.1 da NBR 6118 – Classes de Agressividade Ambiental

Estes parâmetros devem ser definidos pelo projetista nas configurações dos programas de projeto estrutural, de forma que, ao escolher a classe de agressividade ambiental, o programa definirá os parâmetros máximos ou mínimos, entretanto, deve ser frisado que estes parâmetros não são de uso obrigatório. As normas recomendam os limites, mas caberá ao projetista a definição dos valores que poderão ser alterados nos programas nas configurações, conforme haja condições especiais de agressividade ou um objetivo de vida útil mais elevado, entre outras causas, para atendimento a critérios mais elevados especificados pela NBR 15575/13 que serão discutidos posteriormente.

Ainda dentro dos critérios de garantia da durabilidade das estruturas, a NBR 6118/14, em seu capítulo 7, define critérios de projeto que visam a durabilidade das estruturas. Dentre eles, a norma cita:

- drenagem:

O projeto deve prever e indicar forma de prevenir a possibilidade de acúmulo de água que poderá ocasionar cargas extras e ataques ao concreto por permeabilidade;

- formas arquitetônicas;
O projeto deve evitar formas arquitetônicas que dificultem a execução ou acesso para manutenção;

- qualidade do concreto do cobrimento;
Um dos três conceitos básicos que viabilizam o concreto armado como material estrutural prevê que o concreto deve garantir a passividade do ambiente onde está o aço;

- detalhamento das armaduras;
Um detalhamento adequado que equilibre todas as tensões que surgem no interior do concreto evitando fissuração e que permita uma adequada e correta execução da armadura e da concretagem, incluindo o posicionamento do vibrador, deve ser considerado na elaboração do projeto de estruturas de concreto armado;

- controle da fissuração;
A previsão de ocorrência de fissuração com o controle de sua abertura deve ser efetivado pelo projeto estrutural, de forma a não ocorrer fissuras com abertura acima dos limites permitidos pela tabela 13.4 da NBR 6118/14;

- medidas especiais;
Em condições de agressividade muito elevada, são recomendadas medidas especiais de proteção, que devem envolver quaisquer tecnologias de proteção ou materiais especiais que apresentem eficiência adequada e comprovada para o tipo de agressividade previsto, visando a obtenção da adequada durabilidade das estruturas.

- inspeção e manutenção preventiva;
Como já mencionado anteriormente, a norma 6118 em sua versão de 2014 prevê condições continuadas de inspeção e manutenção preventiva, que deverão ser previstas no manual de utilização, inspeção e manutenção da estrutura, indicado no seu item 25.3.

Todas estas recomendações devem ser observadas pelo projetista durante a elaboração do projeto e, para que sejam obtidas, exigem elevado cuidado na configuração do programa, na construção da estrutura (lançamentos da estrutura) e, sobretudo, na avaliação dos resultados fornecidos pelo programa, como será discutido no capítulo seguinte do presente livro.

Na definição das características dos materiais, a nova NBR 6118 de 2014 prevê a possibilidade de uso de concretos de até 90 MPa de resistência característica à compressão aos 28 dias, sendo esta uma das principais modificações desta nova versão em relação à anterior. Esta modificação, no entanto, exige toda uma alteração nos parâmetros de cálculo. Desta forma, deve haver um cuidado para que versões de programas não atualizadas venham a ser usadas para estruturas com concreto de classe superior ao C50. O Eberick, por exemplo, apresenta compatibilidade com a versão de 2014 da NBR 6118 a partir da sua versão 9.

Algumas definições de propriedades do concreto relacionadas com a resistência à compressão foram alteradas, mesmo para concretos de classe inferior a C50, como o módulo de elasticidade longitudinal e transversal, da retração e da fluência, entre outros, devendo haver um cuidado adicional na definição das configurações dos programas em cada projeto.

No caso do aço, não houve alteração em relação ao texto anterior, enquanto que nas situações de uso conjunto do concreto e do aço, situação da aderência, ocorreu modificação na forma de obtenção da resistência à tração do concreto, que afeta os resultados de resistência à aderência para emendas e ancoragens das barras. Estes parâmetros são corrigidos automaticamente pela versão atualizada dos programas de dimensionamento e detalhamento das estruturas de concreto armado.

Finalmente, não pode ser esquecido que a NBR 6118/14 exige que os projetos estruturais sejam verificados às condições de incêndio, atendendo à NBR 15200 (Projeto de estruturas de concreto em condições de incêndio), verificação efetivada pelo Eberick pelo módulo extra de incêndio e à norma NBR 15421/06 sobre as condições de Sismos, conforme mencionado no presente trabalho.

6.5 ESTABELECIMENTO DE DESEMPENHO DAS ESTRUTURAS CONFORME NBR 15575/13

Depois de várias discussões e debates, efetivamente entrou em vigor em 2013 a NBR15575 – Edificações Habitacionais – Desempenho, que afeta diretamente prédios habitacionais, em especial quanto ao seu projeto estrutural, além de exigir diversos outros parâmetros de qualidade das estruturas de concreto armado.

A norma é composta de seis partes, sendo a primeira relativa aos requisitos gerais e as demais específicas a diferentes temas conforme:

- Parte 1: Requisitos Gerais;
- Parte 2: Requisitos para os sistemas estruturais;
- Parte 3: Requisitos para os sistemas de pisos;
- Parte 4: Requisitos para os sistemas de vedações verticais internas e externas;
- Parte 5: Requisitos para os sistemas de coberturas;
- Parte 6: Requisitos para os sistemas hidrossanitários.

Do ponto de vista dos projetos estruturais, as duas primeiras partes afetam de forma importante os projetos, definindo diversos limites para as estruturas, entre eles o tempo de vida útil (VUP – Vida Útil de Projeto). Este tempo de vida útil, dito mínimo, é indicado como sendo de 50 anos, quando a construção for definida como estando associada ao primeiro dos padrões construtivos definidos pela norma, ou seja, o padrão mínimo (M). Haverá ainda o Padrão Intermediário (I) com tempo de vida útil mínimo de 62,5 anos e o Padrão Superior (S) com tempo de vida útil mínimo de 75 anos.

Esta norma alerta para a importância da preocupação na elaboração dos projetos estruturais com esta VUP pela qualidade do projeto e das condições de manutenibilidade que a obra resultante do projeto disporá. Ou seja, como já prevista na NBR 6118/14, conforme descrito anteriormente, esta norma atenta novamente para este critério como sendo fundamental para obtenção do tempo de vida útil.

A parte 2 apresenta duas tabelas fundamentais, apresentadas a seguir nas figuras 7 e 8, que nem sempre são compatíveis com os limites da NBR 6118. A presente norma esclarece que, no caso de divergências, deverão ser respeitados os limites mais restritivos. De forma geral, os programas de projeto estrutural estão se baseando na NBR 6118/14, não considerando os limites impostos pela 15575, o que pode ser considerado preocupante em questões judiciais futuras caso não considerado pelos projetistas. Desta forma, o projetista pode alterar as configurações padrão do programa introduzindo as recomendações que atendam às duas normas da ABNT.

A seguir serão apresentadas as duas tabelas mencionadas anteriormente:

114 - Projeto, Execução e Desempenho de Estruturas e Fundações

Tabela 1 – Deslocamentos-limites para cargas permanentes e cargas acidentais em geral

Razão da limitação	Elemento	Deslocamento-limite	Tipo de deslocamento
Visual/insegurança psicológica	Pilares, paredes, vigas, lajes (componentes visíveis)	$L/250$ ou $H/300^a$	Deslocamento final incluindo fluência (carga total)
Destacamentos, fissuras em vedações ou acabamentos, falhas na operação de caixilhos e instalações	Caixilhos, instalações, vedações e acabamentos rígidos (pisos, forros etc.)	$L/800$	Parcela da flecha ocorrida após a instalação da carga correspondente ao elemento em análise (parede, piso etc.)
	Divisórias leves, acabamentos flexíveis (pisos, forros etc.)	$L/600$	
Destacamentos e fissuras em vedações	Paredes e/ou acabamentos rígidos	$L/500$ ou $H/500^a$	Distorção horizontal ou vertical provocada por variações de temperatura ou ação do vento, distorção angular devida ao recalque de fundações (deslocamentos totais)
	Paredes e acabamentos flexíveis	$L/400$ ou $H/400^a$	

H - é a altura do elemento estrutural.

L - é o vão teórico do elemento estrutural.

a   Para qualquer tipo de solicitação, o deslocamento horizontal máximo no topo do edifício deve ser limitado a $H_{total}/500$ ou 3 cm, respeitando-se o menor dos dois limites.

NOTA. Não podem ser aceitas falhas, a menos aquelas que estejam dentro dos limites previstos nas normas prescritivas específicas.

Figura 7: Tabela 1 da NBR 15575-2/13

Tabela 2 – Flechas máximas para vigas e lajes (cargas gravitacionais permanentes e acidentais)

Parcela de carga permanente sobre vigas e lajes		Flecha imediata [a]			Flecha final (total)[c]
		S_{gk}	S_{qk}	$S_{gk} + 0{,}7\,S_{qk}$	$S_{gk} + 0{,}7\,S_{qk}$
Paredes monolíticas, em alvenaria ou painéis unidos ou rejuntados com material rígido	Com aberturas [b]	$L/1\,000$	$L/2\,800$	$L/800$	$L/400$
	Sem aberturas	$L/750$	$L/2\,100$	$L/600$	$L/340$
Paredes em painéis com juntas flexíveis, divisórias leves, gesso acartonado	Com aberturas [b]	$L/1\,050$	$L/1\,700$	$L/730$	$L/330$
	Sem aberturas	$L/850$	$L/1\,400$	$L/600$	$L/300$
Pisos	Constituídos e/ou revestidos com material rígido	$L/700$	$L/1\,500$	$L/530$	$L/320$
	Constituídos e/ou revestidos com material flexível	$L/750$	$L/1\,200$	$L/520$	$L/280$
Forros	Constituídos e/ou revestidos com material rígido	$L/600$	$L/1\,700$	$L/480$	$L/300$
	Forros falsos e/ou revestidos com material flexível	$L/560$	$L/1\,600$	$L/450$	$L/260$
Laje de cobertura impermeabilizada, com inclinação i ≥ 2 %		$L/850$	$L/1\,400$	$L/600$	$L/320$
Vigas calha com inclinação i ≥ 2 %		$L/750$	–	–	$L/300$

L   é o vão teórico.

a   Para vigas e lajes em balanço, são permitidos deslocamentos correspondentes a 1,5 vez os respectivos valores indicados.

b   No caso do emprego de dispositivos e detalhes construtivos que absorvam as tensões concentradas no contorno das aberturas das portas e janelas, as paredes podem ser consideradas "sem aberturas".

c   Para a verificação dos deslocamentos na flecha final, reduzir a rigidez dos elementos analisados pela metade.

Figura 8: Tabela 2 da NBR 15575-2/13

Apesar de pequenas divergências, a NBR 15575 deixa claro em seu texto que a norma de estruturas 6118 deve ser seguida e atendida de forma que o seu atendimento em relação aos limites indicados garantem a obtenção da vida útil mínima de 50 anos estipulada para o Padrão de construção Mínimo. Os critérios mencionados estão relacionados à durabilidade, à segurança e ao comportamento estrutural.

Para a obtenção de estruturas com tempo de vida útil superior, visando atendimento aos padrões intermediário e superior, o projetista deverá agir de forma que a estrutura resultante de seu projeto tenha concretos submetidos a menores valores de tensão (afetar os coeficientes de ponderação relativos aos carregamentos) e de deformação, pela especificação de concretos com características que permitam uma vida útil mais elevada, como maior conteúdo de cimento por m³, ou incorporação de sílica ativa no concreto, elevação dos cobrimentos em relação aos valores mínimos, um detalhamento mais cuidadoso que permita uma melhor qualidade de adensamento com consequente redução de permeabilidade.

Na realidade, o atendimento às especificações relacionadas à busca de estruturas de maior durabilidade envolve um domínio amplo do comportamento estrutural, visando a redução substancial da abertura de fissuras, por um maior controle das tensões e deformações da estrutura. Este fato está associado à elaboração de concretos com características e propriedades de maior resistência aos fatores de agressividade, previstos pela adequada definição das Classes de Agressividade Ambiental previstas na NBR 6118, como menor porosidade, maior resistência ao ataque de agentes químicos e ambientais, um módulo de elasticidade mais elevado e outras propriedades compatíveis com cada projeto e a cada ambiente de implantação do projeto.

Da mesma forma que a NBR 6118, a NBR 15575 define que as estruturas devem atender a parâmetros de resistência adequados a incêndio, estando este fato associado à durabilidade das estruturas.

6.6 FUNCIONALIDADES BÁSICAS PARA EMPREGO DE PROGRAMAS (*SOFTWARES*)

Diversos programas para desenvolvimento de projeto estrutural estão disponíveis no mercado, entre eles é possível citar o Eberick, distribuído pela AltoQI, tomado como referência no presente texto.

Como mencionado ao longo do próprio manual do Eberick, trata-se de um programa destinado ao projeto de edificações em concreto armado. É um software baseado em sistemas gráficos de entrada de dados, que permite ao usuário uma contínua visualização dos desenhos e das operações resultantes da introdução dos diversos elementos estruturais básicos como pilares, vigas e lajes; elementos especiais como escadas e reservatórios para as estruturas; além de elementos de fundações como sapatas e estacas, entre outras possibilidades. Estes elementos são posicionados sobre "espelhos" do projeto arquitetônico importados a partir de padrões de CAD, o que permite elevada produtividade ao projetista na operação de entrada dos dados.

Na sequência à entrada de dados, o projetista pode observar continuamente a estrutura que vai sendo construída, em visão espacial – 3D – de forma que falhas ou esquecimentos nos elementos de entrada são facilmente visualizados, permitindo um elevado controle de qualidade na entrada de dados.

Neste período, fase inicial da operação do projeto pelo programa, faz-se fundamental que o usuário acesse as possibilidades de configuração do programa, introduzindo as informações relacionadas ao projeto específico em andamento, da mesma forma que o projetista pode introduzir características próprias de dimensionamento e de detalhamento das estruturas que resultarão da análise em andamento.

Como principais características dos programas de elaboração de projeto estrutural, é possível definir:

- Entrada de dados gráfica em ambiente de CAD integrado, com possibilidade de importação da arquitetura em formato DXF ou DWG;
- Visualização tridimensional atualizada da estrutura;
- Análise da estrutura em modelo de pórtico espacial, com verificação da estabilidade global, considerando efeitos de vento;
- Possibilidade de modelar as ligações entre os elementos (rótulas, engastes ou ligações semirrígidas), o que afeta o comportamento da estrutura;
- Possibilidade de analisar os painéis de lajes em um modelo de grelha plana, com discretização semiautomática;
- Possibilidade de análise de diversas opções de ligações ou soluções em pouco tempo;
- Dimensionamento dos elementos de acordo com a norma NBR-6118:2014;
- Detalhamento dos elementos com possibilidade de edição da ferragem e atualização automática da relação de aço;
- Geração de quantitativos de materiais por elemento, prancha, pavimento ou projeto;
- Geração de diversos diagramas, apresentando reações de lajes e vigas, flechas em pavimentos, esforços e deformações por elemento ou pavimento, entre outros;
- Geração de relatórios formatados graficamente, em versão interna (visualização dentro do programa), em formato HTML (para Internet) ou RTF (para leitura no Microsoft Word®);
- Geração de pranchas de formato configurável distribuindo os detalhamentos, incluindo elevada facilidade de interface para ajustes e modificações de detalhamento.

Estes tópicos são descritos nos manuais de utilização do Eberick, sendo semelhantes aos dos demais programas comerciais que se propõem a auxiliar na elaboração de projetos estruturais.

Com todas as possibilidades apresentadas, fica relativamente simples a elaboração de projetos estruturais em concreto armado, entretanto, esta facilidade deve ser vista como um conjunto de pontos favoráveis em uma operação em que o computador – programa – é apenas uma ferramenta de auxílio, não devendo ser considerado como o autor do projeto em nenhuma hipótese.

Necessariamente, o projetista é o autor do projeto, uma vez que o programa somente poderá elaborar um bom projeto quando sua configuração for adequada, quando houver um bom lançamento da estrutura e quando o dimensionamento e o detalhamento resultante forem efetivamente verificados por um profissional que possa avaliar com clareza os esforços resultantes.

Os problemas consequentes do uso dos programas de projeto estão efetivamente associados a erros de entrada de dados, erros de configuração e falta de conhecimento dos recursos do programa, sendo que muitas vezes o projetista pensa que o programa efetuou certas verificações, as quais na realidade não estão contidas no programa em uso.

Desta forma, o projetista deve dominar muito bem o *software*, conhecendo seus detalhes e recursos, dominar as configurações, entendendo o correto significado de cada uma delas, de forma que o projeto resultante seja de fato aquilo que o projetista considerou.

6.7 LANÇAMENTO DA ARQUITETURA NO *SOFTWARE*

O lançamento das estruturas no programa deve atender aos critérios definidos no manual do usuário do *software*. Assim, recomenda-se um adequado conhecimento do funcionamento do programa, sendo que por vezes aquilo que se pode ver na tela do computador não corresponde à forma como os dados de entrada foram considerados no modelo a ser analisado pelo programa. Nestes casos, os resultados podem ser totalmente diversos daquele esperado, fato este que, quando não observado, resulta em erros executivos e prejuízos significativos.

Uma sequência de entrada de dados, considerada adequada, especialmente para o *Eberick*, está relacionada abaixo:

7.1 - Definição dos níveis;
7.2 - Definição das cargas gerais;
7.3 - Definição das configurações do projeto;
7.4 - Definição dos padrões de vento;
7.5 - Arquitetura;
7.6 - Pilares;
7.7 - Vigas;
7.8 - Lajes;
7.9 - Cargas especiais.
7.10 - Controle da entrada de dados;

Como pode ser visto na sequência apresentada, estas são as principais etapas que devem ser vencidas na fase inicial do uso dos programas para desenvolvimento de projetos estruturais. A seguir, é apresentada cada etapa com um pouco mais de detalhe:

6.7.1 – Definição dos níveis:

Os níveis do prédio são definidos com base no projeto arquitetônico e representam o número de pavimentos, diferenciando os que apresentam repetições, os pavimentos tipo e aqueles diferenciados um a um. A figura 13 ilustra a aplicação. Eventualmente, o programa permite a definição de pavimentos intermediários, que constituem níveis fictícios que podem receber cargas a níveis intermediários ou detalhes específicos.

6.7.2 – Definição das cargas gerais:

Juntamente com a definição dos níveis, o programa permite a introdução das cargas acidentais uniformemente distribuídas em cada pavimento. Estas cargas, denominadas cargas gerais, são cargas distribuídas que serão aplicadas em todo o pavimento, englobando geralmente as parcelas de cargas variáveis de pequena variação, como as cargas de móveis e pessoas e algumas cargas permanentes como revestimentos e paredes sem localização definida, como previsto na NBR 6120/80.

No caso específico do Eberick, as cargas permanentes ou acidentais aplicadas diretamente sobre vigas são incorporadas junto com a introdução destes elementos, sendo idêntico ao procedimento de introdução das cargas sobre as lajes. Apenas cargas especiais serão incorporadas posteriormente;

6.7.3 – Definição das configurações do projeto:

Em continuidade, recomenda-se que as configurações disponíveis no programa sejam verificadas cuidadosamente, considerando as características específicas do projeto em desenvolvimento. Recomenda-se que todas as configurações sejam verificadas em função de que muitas vezes alterações realizadas em projeto anterior podem comprometer o novo projeto em execução. Efetivamente, uma tela de configurações está associada a Projeto - Configurações do Sistema – Sistema, na qual é possível alterar unidades em uso no programa, locais de gravação das versões em uso, bem como intervalo de gravações automáticas.

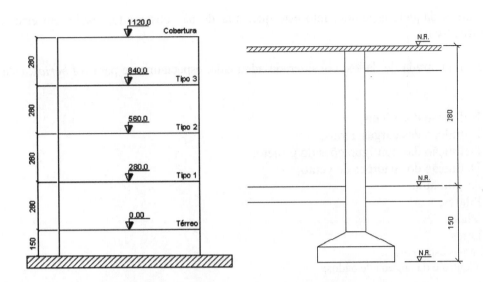

Figura 9: Definição dos níveis (apostila Curso básico do Eberick)

A lista de configurações que efetivamente afetará o projeto está disponível no menu principal sob o nome configurações.

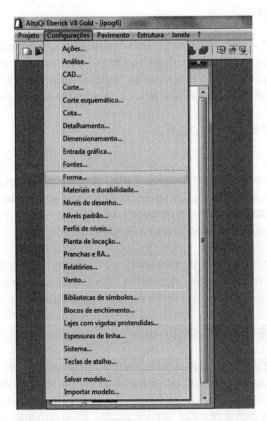

Figura 10: Tela de configurações do Eberick V10

Em cada uma das opções mostradas, existe uma variedade de configurações a serem definidas. Muitas estão associadas aos desenhos, entretanto diversas estão associadas aos materiais e aos critérios que influenciarão o modelo de análise estrutural. Por exemplo, tomaremos a opção Materiais e Durabilidade. A seguir será apresentada a tela resultante:

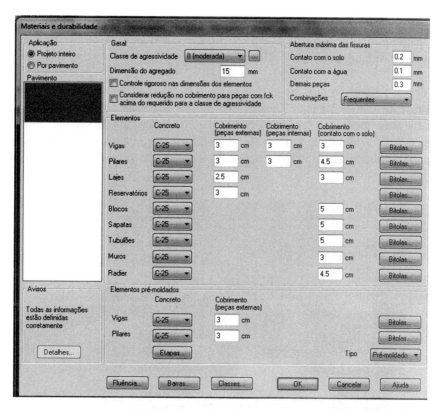

Figura 11: Tela de Materiais e Durabilidade do Eberick V10

Diversos parâmetros deverão ser escolhidos na mesma tela, sendo que inicialmente deve ser definido se as escolhas serão para o projeto inteiro ou por pavimento, recurso que o programa permite, mas que deve ser usado com elevado padrão de consciência e cuidado. Nesta tela, se definirá a Classe de Agressividade Ambiental e todos os parâmetros afim, que poderão ser defidos acima (ou abaixo) dos limites indicados pelas normas, como descrito anteriormente, sendo que o programa emitirá mensagem de erro caso sejam definidos parâmetros não aceitos pelas normas que definem cada assunto. Importância especial deve ser dada ao campo complementar denominado "Fluência", no qual a umidade relativa do ar, a idade de aplicação dos carregamentos e a vida útil prevista para a estrutura deverão ser informadas para que o programa possa calcular os coeficientes para as deformações diferidas, conforme o anexo A da NBR 6118/14.

Outra tela de grande importância nas configurações é a opção Configurações - Análise

Nesta tela, como apresentado na figura a seguir, diversas escolhas podem ser determinantes. Diversos parâmetros que serão utilizados na elaboração do dimensionamento serão definidos, como os coeficientes de redução do engastes nos nós classificados como semirrígidos, redução na consideração de torção nos pilares e redução da torção no dimensionamento das vigas. Estes parâmetros têm grande importância uma vez que o modelo de pórticos espaciais tem a característica de transmitir esforços aos elemenos constituintes que se comportam de forma diferenciada nas estruturas de concreto armado, necessitando portanto das correções pelos coeficientes indicados.

Outro parâmetro de elevada importância é a correção da rigidez axial dos pilares, fato que ocorre em função das deformações que ocorrem nos pilares sob carregamento, mas que se dá em etapas lentas em função do tempo demandado de carregamento dos pilares.

Critérios associados à determinação e verificação nas não linearidades física e geométrica são definidos nesta tela, sendo estes parâmetros fundamentais em estruturas consideradas como de nós móveis, ou seja, estruturas de maior flexibilidade, parâmetro este definidos a partir do cálculo do coeficiente gama-Z.

Ainda nesta tela, deverão ser definidos os parâmetros do campo apoio elástico padrão, no qual o Eberick solicita a definição de forma de ligação entre a estrutura e a fundação por meio de seus seis graus de liberdade disponíveis pelo modelo do pórtico espacial. Estes parâmetros são de elevada importância na definição das condições de estabilidade global, afetando diretamente os esfoços que a estrutura transmitirá às fundações, ocasionando soluções de fundações mais ou menos eficientes e mais ou menos econômicas.

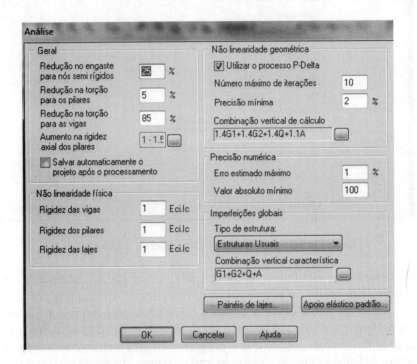

Figura 12: Tela de Configurações – Análise do Eberick V10

Ainda na mesma tela, é possível observar a possibilidade de definição do número máximo de iterações para a obtenção do processo P-Delta, que consiste de um processo iterativo para verificar a tendência à estabilidade de um pilar solicitado com uma carga incremental em que seus deslocamentos são calculados e relacionados em um gráfico.

Outro exemplo a ser verificado é a opção de dimensionamento, conforme será mostrado na figura abaixo. É possível observar que, ao escolher a opção Configuração – Dimensionamento, a tela que abre contém cinco abas superiores que permitem escolher parâmetros para o dimensionamento de Pilares, Vigas, Lajes, Sapatas e Blocos. Será apresentada apenas de forma ilustrativa a tela para configurações de dimensionamento de vigas.

Nesta tela, é definida a taxa de armadura limite e uma relação máxima entre altura e CG das armaduras, sendo este um parâmetro associado à economia do dimensionamento. Entretanto, este parâmetro muitas vezes bloqueia o processamento quando o limite definido é ultrapassado, porém, em muito casos será necessário estipular menores limites, os quais, embora antieconômicos, permitirão atendimento a imposições arquitetônicas.

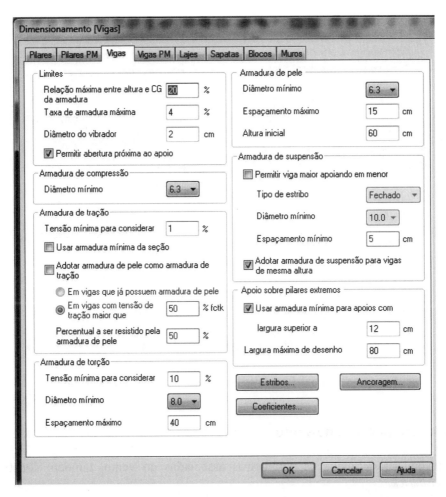

Figura 13: Tela do Eberick V10 para Configurações de Dimensionamento de Vigas

Definições sobre utilização de armaduras de pele é outro parâmetro que o projetista deve ser muito cuidadoso na definição. A NBR 6118/14 obriga a colocação de armadura de pele apenas em vigas com altura superior a 60 cm, entretanto, em muitos casos, vigas com altura total de 50 cm, submetidas a tensões mais elevadas, apresentam estado fissuratório significativo em função das tensões trativas remanescentes entre a linha da armadura positiva e a linha neutra. Portanto, cabe ao projetista uma escolha que deve variar dependendo das características de cada projeto.

Como pode ser observado na tela apresentada na figura abaixo, outros parâmetros devem ser definidos, dentre eles os campos associados a estribos, coeficientes, ancoragem e torção, dentro dos quais outros conjuntos de informações devem ser ajustados, para que seja possível a obtenção de projetos eficazes, ou seja, que apresentem adequada relação segurança e economia, associados a uma execução simplificada, que, além de representar redução de custo, representa sobretudo uma menor probabilidade de ocorrência de erros executivos, em geral de grandes consequências.

Na versão V10, o Eberick apresenta uma tela específica para a determinação dos limites de flecha. Nesta tela, diversos limites deverão ser ajustados, como limite de flecha que ocasionará aviso quando ultrapassado, sempre associada a uma determinada combinação de carregamentos, limite de flecha quando a estrutura sustenta alvenaria, entre outros, conforme:

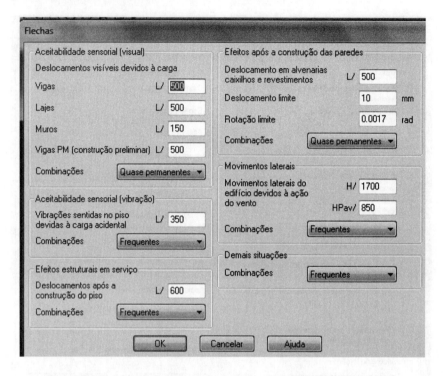

Fig. 14 – Quadro definindo os limites das deformações da estrutura

6.7.4 – Definição dos padrões de vento

Na sequência, devem ser definidos os parâmetros associados ao vento, também constante da lista de configurações do *Eberick*.

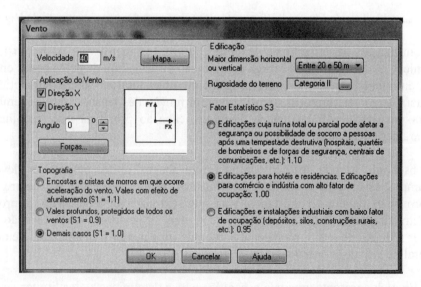

Figura 15: Tela de configuração do vento no Eberick V10

Esta tela oferece ainda como opção a possibilidade de observação do mapa de isopletas do Brasil, bem como a escolha dos parâmetros que a NBR 6123 considera como determinantes para a obtenção da velocidade característica do vento em cada local de implantação das estruturas. Devem ser considerados os parâmetros definidos no campo "Forças", no qual a turbulência do vento e as áreas de ação do vento sobre a estrutura podem ser determinantes para os efeitos do vento no comportamento global da estrutura.

6.7.5 – Arquitetura

Definidas as configurações, devem ser importadas as arquiteturas em formato .DXF. Estes arquivos devem ser preparados para a importação, devendo ser limpos de informações não importantes ao projeto estrutural, como hachuras, textos de especificações ou informações e outros, devendo permanecer apenas as paredes, vãos e cotas.

Estes arquivos, após serem importados, deverão ser ajustados de forma que estejam na mesma escala – definida pelo *Eberick* – padrão de 1:50, posicionados em relação a um ponto de origem – coordenadas 0,0 – comum a todos os pavimentos e sobrepostos – ferramenta disponível no *Eberick*, de forma que esteja assegurado que os desenhos não apresentam problemas com cotas e formas, ou seja, que, quando sobrepostos, estejam efetivamente no mesmo tamanho e na mesma posição.

As questões apresentadas são indispensáveis, uma vez que sobre estas arquiteturas será montado o modelo estrutural que resultará em toda a análise e, caso estas questões não sejam cuidadosamente verificadas, poderemos ter pilares fora de prumo, cargas que não se transmitem pela prumada correta, resultando em um projeto repleto de inconsistências que comprometerão todo o resultado obtido.

6.7.6 - Pilares

Com as arquiteturas definidas e colocadas em cada um dos níveis estruturais definidos anteriormente, deverá ser iniciada a implantação dos pilares. Esta operação será feita em um dos pavimentos podendo posteriormente ser copiada aos demais. É importante frisar que neste processo existe uma opção do programa que fixa a seção do pilar para todos os pavimentos. Caso esta opção seja habilitada, todos os pavimentos terão os pilares com tamanho constante, sendo mais difícil o seu ajuste a grupos de pavimentos, como é comum em edifícios de múltiplos pavimentos.

Na introdução dos pilares, devem ser escolhidas suas formas entre as diversas opções de pilares retangulares, quadrados, circulares, em "L" e outros. Da mesma forma para as vigas e lajes, o passo a passo está disponibilizado no *help* do programa, devendo ser consultado sempre que ocorrer mudanças de versão ou dúvidas sobre o processo.

A localização dos pilares é um fator resultante de um estudo aprofundado da arquitetura combinado com o conhecimento das diversas técnicas de montagem estrutural. O estudo não pode considerar apenas um pavimento, mas todo o conjunto dos pavimentos que constituem o prédio, sendo esta certamente a etapa de maior importância no desenvolvimento de um projeto estrutural. A escolha do posicionamento deve ser regulada pela distância entre os pilares, que deve ser definida em relação ao tipo de estrutura a ser escolhida para o prédio, ou seja, estruturas convencionais, estruturas com lajes planas, estruturas pré-moldadas ou estruturas protendidas, entre outras possibilidades. Entretanto, outros fatores podem ser determinantes, como disponibilidade de materiais e de mão de obra, incluindo costumes locais e diversos outros parâmetros, como experiência da construtora, tipo de terreno onde será implantada a fundação, tipo de fundação a ser escolhida, velocidade prevista para implantação da obra, etc.

Por todos estes motivos, a escolha do posicionamento dos pilares, etapa inicial e determinante na tarefa denominada lançamento estrutural, uma das primeiras e mais importantes do desenvolvimento de um projeto

124 - Projeto, Execução e Desempenho de Estruturas e Fundações

estrutural é considerada tão complexa. Nesta etapa, o projetista deve visualizar toda a estrutura, considerando todos os parâmetros descritos acima, entre outros específicos de cada obra ou projeto, e então escolher o posicionamento dos pilares e, a partir destes, os demais elementos da estrutura.

Assim sendo, as dicas para lançamento de uma estrutura estão centralizadas no conhecimento mais claro quanto possível da arquitetura, do claro conhecimento do comportamento estrutural e todas as demais questões que envolvem e definem a solução estrutural a ser proposta.

De forma geral, este lançamento deve ser voltado à obtenção da distribuição de cargas o mais uniforme possível. A partir da distância entre pilares, deve ser observado se as vigas ou lajes resultantes poderão ter dimensões que lhe concedam a rigidez necessária e compatível com os vãos e as cargas solicitantes que estarão expostas em presença das limitações normalmente impostas pela arquitetura, que por sua vez muitas vezes está presa a legislações e objetivos comerciais.

Ainda do ponto de vista do lançamento estrutural, é fundamental considerar que, seja qual for a solução proposta, o projeto arquitetônico não pode ser alterado, ainda que em pequenas partes. O projetista estrutural deve ter em mente que o objetivo da estrutura é permitir a realização, sob condições adequadas de segurança e comportamento, do projeto arquitetônico. Portanto, ainda que em muitos casos seja possível perceber problemas de manutenibilidade ou questões executivas, estes problemas devem ser encaminhados ao autor do projeto arquitetônico para que ele possa propor soluções, ainda que em consenso com o projetista estrutural, mas nunca que alterações sejam impostas pelo projetista estrutural sem a anuência do projetista arquitetônico.

Finalmente, o lançamento de uma estrutura ainda deve considerar a necessidade de existência de espaços para equipamentos e instalações. Estes fatores, quando não indicados claramente no projeto de arquitetura, devem ser discutidos entre os diversos profissionais, de forma que, depois de adotada a forma estrutural final, não seja necessária a adoção de ajustes após análise, dimensionamento e detalhamento estrutural.

A definição da ligação dos pilares em seu nível inferior é outra questão de elevada importância no desenvolvimento dos projetos pelos programas. Deve ser definida a forma de vinculação do pilar com o elemento de fundação. As possibilidades são engaste, articulação ou Apoio Elástico Padrão. É recomendado que seja escolhido Apoio Elástico Padrão. Ao ser feita esta escolha, o programa adotará os parâmetros definidos no comando de mesmo nome na tela Configurações – Análise (como discutido anteriormente), de forma que, caso seja necessário fazer alguma alteração nos pilares, alterações feitas por este comando terão efeito em todos os pilares. Em caso contrário, as alterações deverão ser feitas para cada pilar de forma individual e muito mais trabalhosa.

Concluída a introdução dos pilares em todos os pavimentos, recomenda-se que seja verificado se estes elementos estão efetivamente alinhados, ou seja, se por ventura não ocorreu alguma mudança de eixo nos pilares. Este fato ocorre de forma relativamente fácil devido às reduções que ocorrem ao longo dos vários pavimentos. Esta operação pode ser feita editando-se as prumadas e verificando a uniformidade de cada uma. Constatando-se falta de alinhamento, existe um comando em Elementos – Alinhamento – Alinhar elementos na vertical, o qual, ao ser efetivado, solucionará o problema por ventura constatado.

6.7.7 - Vigas

Na sequência, deverão ser introduzidas as vigas entre as diversas opções possíveis. As vigas, em princípio, ligarão os pilares, entretanto, as vigas são elementos que, além da tarefa fundamental de apoiar as lajes, apresentam funções de travamento no plano horizontal dos pilares, bem como, em conjunto com estes, forma pórticos de fundamental importância para a estabilidade global das estruturas. Em diversos casos, as vigas não se apoiarão diretamente em pilares, podendo estar em balanço (uma extremidade livre) ou apoiada diretamente em outras vigas.

A escolha do posicionamento das vigas é parte integrante e importante da tarefa de lançamento da estrutura, uma vez que a escolha da posição do vigamento define as dimensões das lajes, sua continuidade e em linhas gerais o seu comportamento. Como no caso dos pilares, a localização das vigas envolve escolhas entre quase infinitas possibilidades, envolvendo o conhecimento da arquitetura, uma vez que geralmente uma viga no teto de um pavimento influencia altura livre do pavimento, a interferência no posicionamento de instalações, tetos e decorações, além de ter envolvimento direto com a forma de distribuição das cargas do edifício, definindo o seu direcionamento aos pilares que as conduzirão ao solo.

O processo de entrada de dados, quando envolve o posicionamento diretamente entre pilares, é quase automático, uma vez que, escolhido o tipo e as dimensões das vigas, basta clicar sobre os pilares para o surgimento das vigas, entretanto, nos casos nos quais não haja uma referência disponível poderão ser usadas ferramentas auxiliares, que estão disponibilizadas na tela do programa, na opção Construir. Nesta opção, também estão disponíveis linhas, círculos e outras ferramentas de desenho auxiliar.

As ferramentas auxiliares de captura de pontos na tela devem ser utilizadas. Elas estão divididas em dois grupos. As ferramentas do primeiro grupo são: Ponto Notável, Ponto no Elemento, Interseção e Perpendicular e devem ser habilitadas para uso, ou desabilitadas caso não sejam necessárias.

No segundo grupo estão as ferramentas de captura que servem para obter pontos em figuras já construídas e são usadas em conjunto com alguma do primeiro grupo. São elas: Ponto Médio, Ponto Relativo, Quadrante e Ponto da Interseção.

A introdução das vigas inclui a indicação de existência de cargas de paredes sobre as vigas. As seções das vigas podem variar dentro do vão pela introdução de nós que separam os elementos permitindo mudança de seção.

Após o posicionamento das vigas conforme a opção do projetista, deverão ser definidas suas ligações com os pilares ou com outras vigas. Pela opção padrão, as vigas serão engastadas em suas extremidades, entretanto, esta opção, na maioria das vezes, não se apresenta como vantajosa para o comportamento da estrutura, devendo ser liberada em suas extremidades que não apresentem continuidade. O *Eberick* possui um comando que libera todas as extremidades de vigas apoiadas em outras vigas. No caso dos pilares, deve ser liberada uma por vez, o que na realidade permite um maior controle sobre o processo em aplicação.

Deve ser considerado que as bordas de balanço devem ser definidas por elementos de barra, de forma que o perímetro seja fechado e o programa permita a introdução posterior de uma laje que será considerada como em balanço.

Terminada a introdução das vigas, deve ser efetivada uma verificação de alinhamento das vigas, repetindo-se o procedimento descrito para os pilares quanto aos alinhamentos, porém com o uso da ferramenta "alinhamento horizontal".

Recomenda-se que, ao final da introdução das vigas, os pavimentos ainda não sejam copiados, devendo ainda ser introduzidas as lajes.

6.7.8 - Lajes

Finalmente serão introduzidas as lajes, devendo haver uma escolha entre as opções disponibilizadas pelo programa, entre lajes maciças e nervuradas. Deverá ser colocada uma laje em cada pano disponibilizado no pavimento.

A escolha do tipo de lajes, neste momento, é consequência das inúmeras escolhas feitas anteriormente, não havendo muita possibilidade de troca de solução, sem que esta troca traga consequências negativas à estrutura. Entretanto, uma das grandes vantagens do desenvolvimento de projetos estruturais com o uso de programas automáticos é a relativa facilidade no reposicionamento dos elementos antes das análises e dimensionamentos.

No ato de introdução das lajes são definidas sua espessura e as cargas de revestimento, bem como eventuais carregamentos adicionais sobre panos específicos.

Na forma padrão do *Eberick,* os panos de lajes são engastados em todas as suas extremidades, desta forma, torna-se indispensável que sejam articuladas as ligações nas quais não haja continuidade da placa de laje, geralmente na periferia e junto a buracos no interior da laje, como escadas e poço de elevador.

Concluído o pavimento, deve ser aplicada uma ferramenta para verificação de eventuais erros na montagem do pavimento pelos comandos: Elementos – Verificar lançamento. Sendo constatada a existência de erros, o programa apresenta indicações sobre as soluções mais adequadas.

6.7.9 - Cargas especiais.

Após o ajuste da estrutura, apresentada sem erros de entrada de dados, deverão ser aplicadas as cargas complementares, cargas lineares, cargas de superfície adicionais às gerais e cargas concentradas que por ventura sejam previstas para a estrutura. O *Eberick* apresenta diversos comandos para introdução de Cargas no item Elementos, ou pelo menu direto.

Após a conclusão da introdução de todas as cargas, o pavimento poderá ser copiado para os demais níveis finalizando a entrada de dados.

6.7.10 - Controle da entrada de dados

Concluída a entrada de dados, é possível observar a estrutura nos recursos 3D, as quais permitem observar a estrutura inteira girando em diversos ângulos, o que facilita muito a detecção de algum engano na montagem da estrutura.

Os comandos indicados acima para controle de alinhamentos e busca de erros de lançamento são indispensáveis e podem ser utilizados várias vezes visando evitar a persistência de falhas de lançamento.

O projetista deve estar constantemente preocupado com falhas de lançamento, porque em muitos casos são difíceis de perceber e podem ocasionar erros sérios na análise do modelo estrutural. Nesta etapa, devem ser observados problemas relacionados com alinhamentos, ortogonalidade e adequada cobertura da arquitetura, de forma que pilares e vigas sejam compatíveis com os espaços disponibilizados pelo projeto arquitetônico.

A precisão nos desenhos montados para suporte do modelo estrutural afeta ainda a confiabilidade do modelo de cálculo e os resultados obtidos, comprometendo a qualidade do projeto estrutural.

6.8 DEFINIÇÃO DO MODELO ESTRUTURAL

A definição do Modelo Estrutural pode ser considerada uma das etapas mais importantes para a qualidade do projeto estrutural. A escolha do posicionamento dos pilares e vigas é determinante quanto ao comportamento da estrutura resultante. Naturalmente, cada projeto deve seguir uma conceituação própria, e vários projetistas sempre poderão propor diferentes e adequadas soluções estruturais. Entretanto, algumas diretrizes podem ser propostas no intuito de se evitar projetos de comportamento estrutural complexo e, consequentemente, estruturas com elevada probabilidade de comportamento problemático.

A escolha de pilares espaçados uniformemente pode ser considerada uma das principais diretrizes, de forma que as cargas possam se distribuir da forma mais homogênea possível. Como consequência, as vigas apresentarão vãos pouco variáveis e uma distribuição mais uniforme de esforços, permitindo um detalhamento de armadura uniforme e bem distribuído. Da mesma forma, as lajes com vãos semelhantes poderão ser submetidas a esforços regulares, armaduras similares, resultando em redução de mão de obra e facilitando a execução e, finalmente, minimizando erros executivos.

De forma geral, um adequado lançamento estrutural envolve o conhecimento prévio da distribuição dos esforços que resultarão do carregamento aplicado. Uma boa escolha, portanto, como discutido no item anterior, pode ser associada a uma significativa experiência no trato com as estruturas em relação às arquiteturas, ou por processos de tentativa, com o uso dos programas de análise que permitem a avaliação comparativa entre diversas soluções.

Na realidade, um comparativo entre duas ou três alternativas é um processo recomendado para a busca de soluções de maior eficiência, visando o desenvolvimento de projetos estruturais de boa qualidade.

6.9 PRÉ-DIMENSIONAMENTO GLOBAL

Concluída a entrada de dados, deve-se processar a estrutura. Neste momento, o *Eberick* apresenta em seu menu um símbolo semelhante a um raio na cor amarela, no qual, ao passar o cursor, aparece a indicação de "processar estrutura".

Ao escolher esta ferramenta, surgirá uma lista de opções de análise conforme indicado na figura abaixo:

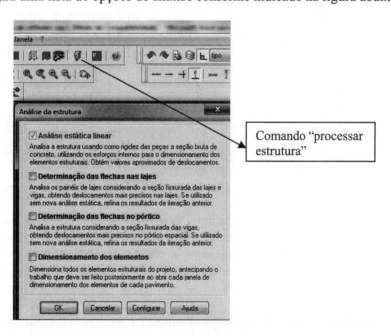

Figura 16: Tela do Eberick para o comando Processar Estrutura

Em muitas situações, a escolha da opção inicial "Análise Estática Linear" é suficiente para uma primeira avaliação do comportamento estrutural. Esta escolha se deve ao fato de que somente este item permite a obtenção de um resultado básico em bem pouco tempo. A escolha da análise completa, em geral, torna-se mais demorada quanto maior for a estrutura a ser analisada.

Este comando analisa o equilíbrio global da estrutura, apresentando resultados que permitem uma primeira avaliação do comportamento global, bem como gera os modelos 3D para visualização do comportamento geral da estrutura.

Após o processamento, o comando ao lado do raio, "relatórios", permite uma verificação do comportamento da estrutura, inclusive com a geração de relatórios que indicam a localização dos problemas, ou seja, uma primeira análise do comportamento da estrutura montada.

Com este comando, duas telas são formadas, uma com resultados e outra com mensagens, que podem ser escolhidas nas abas do alto da tela.

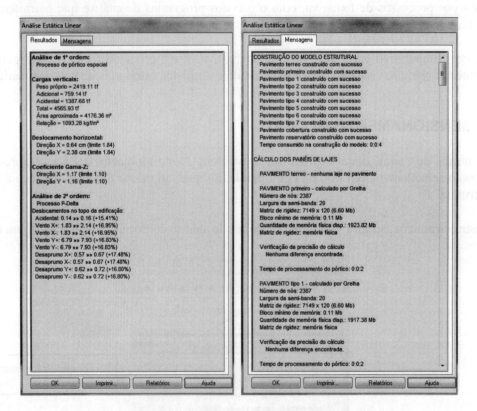

Figura 17: Exemplo das telas do Eberick V8 de processamento

As telas mostram os valores obtidos, permitindo uma comparação com os limites impostos ao comportamento da estrutura conforme a padronização das normas técnicas relativas aos temas, de forma que a avaliação sobre o real comportamento é rápido, permitindo observar a possibilidade de introduzir alterações na estrutura que resultem em resultados estruturais de melhor qualidade, ou simplesmente observar ser a proposta adequada aos objetivos a serem alcançados pelo projeto em análise.

As telas indicadas no item seguinte auxiliam ainda mais o entendimento do comportamento da estrutura modelada e das as diretrizes que devem ser observadas no intuito de obtenção de uma melhoria no comportamento estrutural.

A tela denominada Mensagem está truncada, apresentando apenas a parte inicial, entretanto, contém todas as características do processamento, inclusive o desenvolvimento do processo iterativo P x Delta que permite o entendimento do comportamento da estrutura aos esforços solicitantes indicados, incluindo forças de vento.

Na fase da análise da estabilidade global de uma estrutura, são adotados parâmetros normativos que devem ser observados e respeitados. A não observância tem como consequência a geração de estruturas com problemas de comportamento que podem resultar em comprometimento dos critérios de segurança (estado limite último) e de ocorrência de movimentações excessivas e desconfortáveis, além de estado de fissuração em elementos de alvenaria ou estrutural desagradáveis (estado limite de utilização).

Estes problemas são conhecidos previamente quando parâmetros como deformação total da estrutura, coeficientes "Gama-Z" ou efeitos "P-Delta" são desprezados na etapa de análise global. Os dois primeiros são limites, indicados na NBR 6118/14, havendo para o primeiro um limite de H/1700 e Gama-Z $\leq$ 1,1 para adoção de estruturas de nós fixos. Geralmente, após a execução do comando de Análise Estática Linear, onde já estão consideradas todas as solicitações que serão impostas à estrutura, incluindo os efeitos do vento e do sismo, aparecem os resultados de todas as combinações de carregamento – que podem ser visualizadas nas mensagens associadas, conforme indicado na figura acima.

A análise destas respostas é indispensável para a continuidade dos projetos. Na maioria dos casos, quando a deformação lateral está dentro dos limites (o programa indica o valor encontrado e o valor limite entre parênteses) e o fator Gama-Z está acima de seu limite, é possível considerar que a estrutura será dimensionada como sendo composta por nós móveis, fato este que, embora correto e seguro, representa estruturas mais caras, uma vez que nestes casos as estruturas não podem desprezar a possibilidade de ocorrência de não linearidades físicas. As não linearidades geométricas são sempre consideradas nas recomendações de verificações da NBR 6118, entretanto, quando as estruturas são consideradas com elevada rigidez ao comportamento global, a não linearidade física pode ser desprezada.

Quando, por outro lado, o deslocamento lateral fica fora do limite, o programa não permite continuar, indicando erro na estrutura e forçando o usuário a retornar e alterar a estrutura previamente lançada.

Em ambos os casos, as questões discutidas estão associadas à rigidez da estrutura no âmbito global, ou seja, faz-se necessário que se repense o problema. Desta forma, é possível fazer uma lista de fatores que afetam esta estabilidade global para que se possa pensar em alternativas e soluções:

- dimensões dos pilares x rigidez na direção mais deformável;
- ligação dos pilares com fundações – quanto mais engastados os pilares em sua base, maior a rigidez da estrutura (ver discussão no capítulo seguinte);
- ligação de vigas com pilares – quanto mais engastadas as vigas nos pilares, maior a rigidez do conjunto;
- dimensões das vigas e/ou espessura de lajes – de forma geral, quanto maior os elementos, mais rigidez para o conjunto;
- presença de elementos de grande rigidez, como pilar-parede, viga-parede e escadas;

A grande maioria dos problemas desta ordem se resolve com alterações nos elementos listados, devendo, no entanto, haver uma contínua preocupação com a manutenção da coerência entre segurança e economia nas soluções resultantes, uma vez que uma estrutura bem lançada é aquela que além de atender a todos os critérios normativos apresenta o menor custo de implantação.

A visualização das estruturas em 3D, inclusive deformadas, é uma das ferramentas mais importantes que o Eberick disponibiliza. A observação do comportamento deformado na maioria das vezes mostra com clareza onde estão os eventuais problemas de instabilidade de uma estrutura proposta.

6.10 VISUALIZAÇÕES 3D E DEFORMADA DA ESTRUTURA

A visualização da estrutura em 3D é uma operação extremamente simples, que demanda apenas um comando no menu principal. Existem outras opções para que a estrutura seja vista em diferentes ângulos, permitindo a observação de detalhes, além da possibilidade de observação do modelo estrutural, este sim com a possibilidade de ser observado na forma deformada ou com a indicação dos principais esforços. As deformações e principais esforços (normais, cortantes e fletores) podem ser observados por uma escala de cores, conforme indicado na figura abaixo, ou pelo posicionamento do cursor no ponto objeto quando o programa indica o valor no ponto com base na mesma unidade usada para a escala de cores.

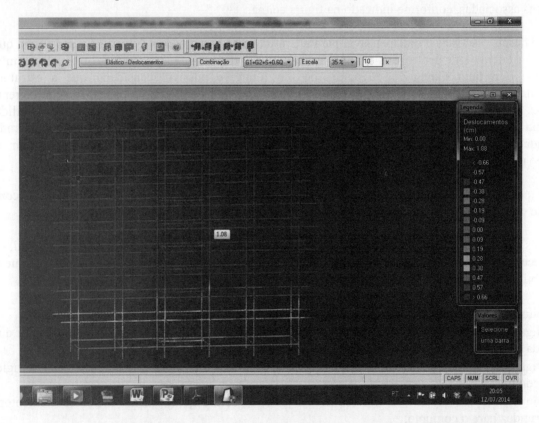

Figura 18: Exemplo de tela do Eberick V8 com estrutura em 3D indicando deslocamentos

A posição do cursor permite ler o deslocamento em cada barra da estrutura. Da mesma forma, a representação mostrada acima que contém os deslocamentos pode conter os esforços axiais, fletores e cortantes, permitindo uma avaliação completa da estrutura submetida à situação mais crítica entre todas as combinações previstas pelas normas.

6.11 CONCLUSÕES

Conforme pode ser observado ao longo deste capítulo, a elaboração de projetos de estruturas de edifícios em concreto armado com uso de programas específicos exige um grande conhecimento das normas técnicas relativas ao tema, bem como um conhecimento dos recursos e capacidades do programa escolhido para ser utilizado no desenvolvimento do projeto. Neste capítulo, foram apresentados os cuidados na preparação do programa e na entrada de dados para desenvolvimento do projeto, visando permitir a formação de um modelo numérico consistente, já visualizando um bom comportamento da estrutura em fase de projeto.

Naturalmente, nesta etapa uma visão geral do projeto é fundamental, uma vez que os resultados que serão obtidos e analisados na sequência devem conter um padrão de qualidade que certamente terá muito dos cuidados tomados na etapa inicial.

No capítulo seguinte serão analisados os resultados, compostos por dimensionamento e detalhamento, visando a obtenção de um projeto final de elevada qualidade.

6.12 REFERÊNCIAS BIBLIOGRÁFICAS

ASSOCIAÇÃO BRASILEIRA DE NORMAS TÉCNICAS. **NBR 6118: Projeto de estruturas de concreto - Procedimento.** Rio de Janeiro, 2014.

_____. **NBR 12655: Concreto de Cimento Portland – Preparo, controle e recebimento - Procedimento.** Rio de Janeiro, 2015.

_____. **NBR 6120: Carga para o cálculo de estruturas de edificações + errata 1 2000- Procedimento.** Rio de Janeiro, 2000.

_____. **NBR 6123: Forças devido ao vento em edificações + errata 2 2013 - Procedimento.** Rio de Janeiro, 2013.

_____. **NBR 15200: Projeto de estruturas de concreto em situação de incêndio.** Rio de Janeiro, 2012.

_____. **NBR 15421: Projeto de estruturas resistentes a sismos - Procedimento.** Rio de Janeiro, 2012.

_____. **NBR 15575 – Partes 1 e 2: Edificações Habitacionais - Desempenho.** Rio de Janeiro, 2013.

ALTOQI. **Curso Básico do Eberick:** projeto estrutural em concreto armado. Redação técnica de Rodrigo Broering Koerich. Florianópolis: AltoQi, 2013.

_____. **Manual do Programa Eberick Versão V10 Pleno.** Florianópolis: AltoQi, 2016.

fib(CEB-FIP) **Model Code 2010.** First complete draft. May 2010. Volume 1 and 2, 2010.

CAPÍTULO 7 - EMPREGO DE *SOFTWARE* PARA DIMENSIONAMENTO ESTRUTURAL - II

Eng. Robson Luiz Gaiofatto, D.Sc.
rlgaiofatto@gmail.com

7.1 INTRODUÇÃO

O presente capítulo trata, como o capítulo anterior, dos cuidados necessários ao uso de *softwares* na elaboração de projetos estruturais de edifícios em concreto armado.

Como visto no capítulo anterior, são diversos os cuidados que devem ser tomados na elaboração de um projeto estrutural com o uso de programas computacionais. Se por um lado os programas aparentam gerar uma facilidade muito grande na elaboração dos projetos, foi mostrado no capítulo anterior, e será reforçado neste capítulo, que as dificuldades são significativas e que, portanto, esta facilidade é apenas aparente, não podendo ser tomada como verdade. Na realidade, na maioria dos casos, um projeto bem elaborado com o uso de *software* acaba demandando um tempo adicional, embora possa apresentar uma qualidade muito superior aos procedimentos ditos convencionais.

Ao longo do tempo em que os programas vêm sendo usado na elaboração dos projetos estruturais, tornou-se normal encontrar problemas sérios em projetos devido ao uso inadequado destes programas, os quais, embora sejam, na maioria das vezes, programas de elevada qualidade e elevado potencial para geração de projetos de alto nível, a displicência, o desconhecimento e o despreparo de um grande número de projetista compromete perigosamente a qualidade dos resultados obtidos.

No capítulo anterior, foram discutidos de forma geral os cuidados com a preparação dos programas em suas configurações, necessários a uma entrada de dados segura e fiel ao projeto a ser desenvolvido, de forma especial com adequada e cuidadosa definição de carregamentos, além de ter sido mostrado que esta falta de cuidado pode ter consequências muito sérias, como grandes gastos financeiros e até mesmo riscos para as vidas dos usuários das edificações, isto em muitos casos conhecidos.

Neste capítulo, os objetivos serão discutir a segunda parte da elaboração dos projetos estruturais com o uso dos programas, que consiste na análise dos resultados de estabilidade global gerados na parte inicial e provocar uma discussão sobre a importância das partes componentes do projeto estrutural, seguida de análise crítica a ser realizada quanto ao dimensionamento e ao detalhamento dos elementos em concreto armado componentes da estrutura, ou seja, os pilares, vigas e lajes. Ao final será desenvolvida uma avaliação sobre elementos especiais da estrutura como os pilares e vigas-parede, seguido de procedimentos básicos para a readequação de projetos estruturais submetidos a modificações do projeto arquitetônico depois de elaborados.

O capítulo termina com uma discussão sobre critérios de otimização do projeto estrutural, buscando entender a influência de cada um dos elementos na qualidade dos projetos estruturais elaborados a partir do uso dos programas automáticos de análise, dimensionamento e detalhamento de estruturas de concreto armado.

A estrutura deste capítulo será composta pelos seguintes itens:

- 2 – Análise do resumo estrutural;
- 3 – Partes componentes do projeto estrutural;

- 4 – Análise do dimensionamento e detalhamento de pilares;
- 5 – Análise do dimensionamento e detalhamento de vigas;
- 6 – Análise do dimensionamento e detalhamento de lajes;
- 7 – Verificação de instabilidade local e localizada em vigas-parede e pilares-parede;
- 8 – Elementos especiais;
- 9 – Readequação do projeto estrutural devido a mudanças arquitetônicas;
- 10 – Dicas para otimização de projetos estruturais.

7.2 ANÁLISE DO RESUMO ESTRUTURAL

Nesta fase da análise, é importante retornar ao comando "Processar Estrutura", marcar todas as opções e executá-lo. Esta operação é mais demorada e leva alguns minutos, naturalmente dependendo do tamanho do projeto em análise e das características do computador utilizado nesta tarefa.

Com a execução deste comando em todas as suas opções, além de refazer a Análise Estática Linear em função de ajustes do modelo que geralmente ocorrem, também serão executados os comandos que envolvem a Determinação das Flechas nas Lajes, a Determinação das Flechas no Pórtico e o Dimensionamento de todos os Elementos que constituem o projeto.

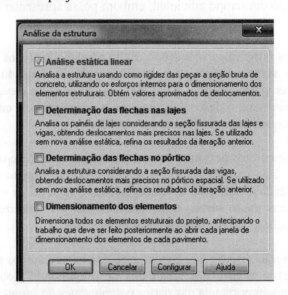

Figura 1: Quadro do *Eberick* V10 relativo ao comando Processar Estrutura

Novamente será gerado o resumo estrutural, entretanto, não mais contendo apenas informações relacionadas à análise de estabilidade global como visto no final do capítulo anterior, mas agora contendo uma análise mais completa da estrutura. Na versão Completa do *Eberick,* serão consideradas as seções fissuradas dos elementos componentes da estrutura analisada. Com esta consideração, deslocamentos mais precisos para o pórtico serão obtidos, de forma que os resultados serão mais exatos. Na sequência, todos os elementos da estrutura serão dimensionados.

Desta forma, a análise do resumo estrutural é de fundamental importância para a avaliação do projeto, uma vez que contém informações mais completas nesta etapa, denotando por vezes a necessidade de correções e alterações na montagem da estrutura. Caso ocorra esta necessidade, os procedimentos devem ser integralmente refeitos até a correção de todos os problemas constatados.

Nesta etapa, devem ser feitas verificações gerais dos seguintes itens:

- Verificação de deformação total nas duas direções;
- Verificação do coeficiente Gama-Z, ou P-Δ;
- Verificação dos pilares;
- Verificação das lajes:
  - Esforços;
  - Deformações.
- Verificação das vigas:
  - Dimensões geométricas;
  - Adequação de detalhamento.
- Verificação dos dados gerais de compatibilidade:
  - Peso Total da estrutura;
  - Avaliação das cargas lançadas.
- Verificação de todas as informações disponibilizadas pelo software.

Todas as verificações indicadas representam um volume bastante grande de trabalho, mas de grande importância na busca de um projeto de qualidade. De forma geral, as verificações devem ocorrer a partir de ferramentas disponíveis no menu principal do *Eberick*.

De forma ilustrativa, é mostrada abaixo uma tela de análise dos pilares:

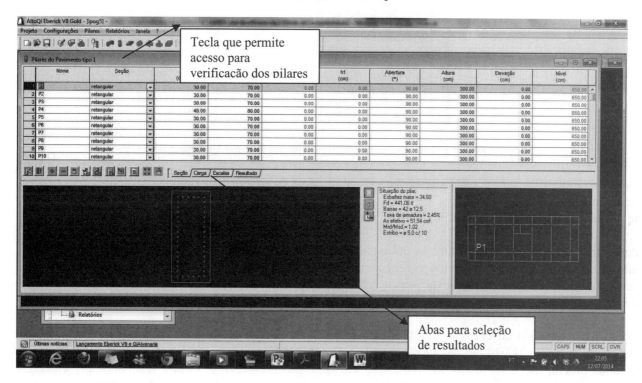

Figura 2: Tela do Eberick V10 para verificação dos pilares

Esta tela permite várias análises. Como pode ser observada na parte superior, estão sendo visualizadas as seções dos diversos pilares, havendo abas para cargas, escalas e resultados. Já na tela mostrada abaixo, é possível observar a seção (esquerda) e toda a armadura (direita) do pilar. Caso haja inconsistência entre a seção proposta e as solicitações definidas pelo programa em função dos dados de entrada, o pilar será indicado na cor vermelha e a seção com a armadura deixa de ser apresentada, surgindo indicativo de erro.

O mesmo procedimento deverá ser elaborado para as vigas e para as lajes dos diversos pavimentos da estrutura. Para as vigas e lajes, serão utilizados os comandos apresentados por desenhos que representam as vigas e lajes ao lado do comando indicado para acesso às informações dos pilares.

Outro fator importante a ser observado no resumo estrutural é a indicação da relação entre a carga total proposta no projeto e a área estrutural. Esta relação que aparece na tela de resultados da Análise Estática Linear (no exemplo da figura 3, igual a 1093,28 kgf/m²) quando apresenta valores fora da faixa de 900 e 1300 kgf/cm² vem acompanhada de uma mensagem de alerta pelo Eberick.

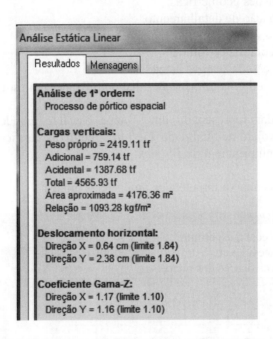

Figura 3: Tela do Eberick V10 relativa ao Resumo Estrutural

Este alerta significa que a relação está fora de uma faixa considerada normal para prédios residenciais. Entretanto, em casos de estruturas dimensionadas com cargas acidentais elevadas ou muito reduzidas, podem se posicionar fora da faixa padrão do *Eberick*, sem que isto consista em um erro.

Por outro lado, caso ocorra um erro na entrada de dados, por exemplo, quando uma carga de 200 kgf/m² é introduzida como 2000 kgf/m², ou vice-versa, o aviso será de grande importância. De forma geral, este aviso tem a utilidade de fazer o projetista pensar sobre as cargas introduzidas. Desprezar o aviso não altera o dimensionamento, entretanto, esta deve ser uma atitude bastante consciente por parte do projetista.

Como pode ser visto no exemplo apresentado na Figura 3, o valor de Gama-Z ultrapassa o limite inicial, entretanto, a NBR 6118/14 define que o limite de 1,1 indica apenas a dispensa da consideração dos efeitos de segunda ordem, não consistindo um limite que não deve ser ultrapassado. Com o resultado apresentado, a estrutura se mantém estável, desde que os deslocamentos horizontais do topo do edifício estejam dentro dos limites aceitos pela norma mencionada, ou seja, deverão ser menores que H/1700, limite indicado na mesma tela. Neste caso, entretanto, o dimensionamento global considera os efeitos de segunda ordem. Estando o valor de Gama-Z entre 1,1 e 1,3, a norma permite que a consideração dos efeitos de segunda ordem se dê por um método aproximado, o que o programa desenvolverá.

A NBR 6118/14, em seu item 15.7, considera que, estando o valor de Gama-Z acima de 1,1, a estrutura deve ser tratada como sendo de nós móveis, o que significa ser necessária uma análise não linear física e geométrica. Esta análise não linear, no entanto, pode ser feita de forma aproximada consistindo na avaliação dos esforços finais somados de primeira e segunda ordem a partir da simples majoração dos esforços horizontais da combinação de carregamento considerada por $0,95\,\gamma_z$. Entretanto, este processo somente pode ter validade se $\gamma_z \leq 1,3$.

Para os casos em que γ_z seja superior a 1,3, a NBR 6118/14 permite outro cálculo aproximado para a não linearidade física, como indicado no item 15.7.3 desta norma, pela redução do coeficiente de rigidez flexional - EI.

De forma geral, estruturas que apresentem valores de γ_z mais elevados apresentam menor rigidez à ação das cargas horizontais, geralmente apresentando deslocamentos excessivos nos andares mais elevados. Estes deslocamentos sempre devem ser verificados, sendo indicados juntamente com os valores de γ_z na mesma tela.

Quando ocorrem problemas em relação à instabilidade global, a solução passa, geralmente, pelo aumento da seção dos pilares elevando a rigidez na direção do problema constatado, ou na transformação de alguns pilares em pilares parede (um dos lados 5 vezes maior do que o outro). O enrijecimento de pórticos com a elevação da rigidez de vigas também apresenta bom resultado. Da mesma forma, o aumento do grau de engastamento de vigas em pilares eleva a rigidez do conjunto, embora em muitos casos resulte em estruturas mais armadas, de difícil execução de armadura e concretagem.

Outro ponto que afeta de forma significativa as condições de equilíbrio globais das estruturas é a forma de ligação dos pilares com as fundações. Entretanto, este fator deve ser analisado com adequado cuidado e atenção, uma vez que não é recomendável a consideração de engastamento de pilares com fundações, salvo em casos muito especiais, especialmente em edifícios de maiores alturas, ou em blocos de fundações de uma ou duas estacas.

Nestes casos, deve ser analisado o grau de enrijecimento que pode ser considerado na ligação dos elementos, que se por um lado não devem ser engastados, também não devem ser considerados livres, devendo mesmo ser obtida uma adequada relação de apoio elástico parcial. Esta relação depende do entendimento da rigidez dos elementos de fundação em relação ao tipo de solo que suporta a estrutura. Tal interação solo-fundação, em casos de maior responsabilidade, merece uma modelagem específica que permita a determinação com adequado grau de precisão a ser inserido no programa. Esta ligação deve ser definida pelo padrão de ligação personalizada, na qual os 6 graus de liberdade deverão ser definidos por ligações elásticas pela definição de coeficientes de mola, individualmente para cada pilar, ou em conjunto, de uma única vez, pelo comando Apoio Elástico Padrão, dentro do quadro de análise no comando configurações.

A escolha da solução efetiva para o problema geralmente envolve uma análise cuidadosa da estrutura lançada e dos problemas indicados nos relatórios de análise, de forma que seja possível uma avaliação quanto à falta de rigidez detectada pelo sistema estrutural montado.

Várias tentativas devem ser feitas, calculando-se apenas a primeira opção do quadro apresentado na figura 1 "Análise Estática Linear", o qual, embora apresente resultados aproximados, permite uma boa aproximação com a solução final. Geralmente, quando o cálculo completo é elaborado, melhores soluções se fazem presente, entretanto, em função do maior tempo dispendido, torna-se satisfatória a aproximação pela primeira opção e, apenas ao ser atingida uma solução satisfatória, efetua-se o cálculo completo para a continuidade da análise.

Finalmente, deve ser sempre mantido claramente para o projetista que a análise realizada é feita sobre um modelo estrutural e que os modelos são sempre diferentes da realidade, portanto, o entendimento das limitações do modelo adotado precisa estar sempre muito claro. Como discutido até aqui, nas configurações

138 - Projeto, Execução e Desempenho de Estruturas e Fundações

são definidas e adotadas diversas hipóteses para o modelo de cada prédio, desta forma, devem ser testadas as "previsões" em relação a medições ou informações consistentes obtidas no mundo real, em outros projetos ou outras metodologias de cálculo.

Modificar e ajustar o modelo, quantas vezes se fizerem necessárias, até que este apresente respostas consistentes com o mundo real é fundamental na busca e obtenção de projetos estruturais de boa qualidade.

7.3 PARTES COMPONENTES DO PROJETO ESTRUTURAL

Diversas etapas constituem o projeto estrutural de um edifício e cada uma delas contém uma elevada importância para a obtenção de um projeto estrutural com qualidade adequada. Desta forma, cada uma das etapas listadas abaixo deve ser elaborada de forma cuidadosa e verificada sistematicamente para que eventuais falhas não persistam e venham a contaminar todo o projeto.

As experiências vivenciadas mostram casos de projetos de boa qualidade geral, mas que perdem todo o seu valor em função da existência de erros em uma das etapas.

- Compatibilidade geométrica;

É fundamental a consciência por parte do projetista de que o projeto estrutural é a parte essencial da locação da obra e da definição de suas dimensões internas. A partir da locação das fundações (em geral a prancha número 1 do projeto de estruturas) dificilmente poderão ser modificadas as dimensões externas e as formas da construção resultante.

Naturalmente, os programas de projeto estrutural ajudam muito nesta tarefa, entretanto, em muitos casos, os projetos arquitetônicos usados como base para o estrutural contêm incorreções, as quais, se não forem detectadas na elaboração do estrutural, produzirão estruturas incompatíveis com os objetivos da obra. Como exemplo, é possível mencionar os casos, os quais, por pressa de execução, os desenhistas alteram cotas por meio da edição somente do seu texto, pelo programa autocad ou similar, sem que o tamanho do desenho seja corrigido.

Visando evitar estes problemas, o *Eberick* tem uma ferramenta denominada "medir", no *menu* de Ferramentas, que permite conferir as cotas. Entretanto, habitualmente, este procedimento não é feito em todas as cotas, demandando atenção posterior do projetista para que não persistam incompatibilidades. Recomenda-se que, além de algumas verificações aleatórias e atenção geral, as dimensões externas da obra sejam conferidas exaustivamente.

Quando falhas de compatibilidade geométrica ultrapassam a fase de projeto, muitos problemas, cujas soluções são sempre complexas e de custo elevado, certamente serão provocados. Alterar pontos de fundação executados e/ou modificar prumadas de pilares são ações geralmente de grande complexidade executiva, que envolvem ajustes estruturais, na maioria das vezes de grande complexidade e finalmente, como se pode imaginar, fortes consequências financeiras.

Estas intervenções, quando não realizadas adequadamente, certamente comprometem as condições de segurança e durabilidade da estrutura, uma vez que adaptações nem sempre permitem o atendimento a todas as recomendações normativas, em especial aos itens que se referem à durabilidade da estrutura.

- Compatibilização das ligações
  - Articulações;
  - Engastes;

- Ligações elásticas.

Como já discutido ao longo deste texto, as ligações entre pilares e fundações, pilares e vigas, vigas e vigas e ainda lajes e vigas são pontos de elevada vulnerabilidade e devem ser avaliadas cuidadosamente, de forma que não se tornem pontos vulneráveis da estrutura.

Estas ligações inicialmente influenciam de maneira determinante o comportamento global das estruturas, muitas vezes comprometendo limites de dimensionamento e em outras exigindo procedimentos de verificação que levam a estruturas mais caras e de execução mais complexa.

Por outro lado, as ligações entre elementos, de forma geral, são pontos de execução mais complexa, portanto, mais suscetíveis a erros com consequências sempre complexas e onerosas.

Por todos os motivos, durante a elaboração do projeto estrutural, as ligações devem sempre ser analisadas cuidadosamente, lembrando que os programas utilizam sistematização padronizada que deve ser observada e alterada pelo projetista sempre que necessário.

- Compatibilidade das solicitações

Este é outro fator importante no desenvolvimento de projetos estruturais de boa qualidade. O lançamento das estruturas, quando feito de forma aleatória, apenas para atendimento a questões arquitetônicas, na maioria das vezes leva a soluções estruturais nas quais as solicitações não são compatíveis com a obra.

Este conceito mostra que estruturas com fortes exigências quanto à manutenção de elementos de pequena altura (em especial vigas e lajes) não deve ter grandes vãos entre pilares, uma vez que solicitações elevadas se tornam incompatíveis com a pequena rigidez resultante. Desta forma, elementos estruturais muito deformáveis, com forte concentração de armaduras, certamente ocasionarão estruturas incompatíveis com os objetivos para os quais foi projetada.

Cabe ao projetista, ao estudar a arquitetura visando a criação do "esqueleto" de sustentação da construção, avaliar todas as situações, buscando alternativas de compatibilidade entre as solicitações e a estrutura que se pretende projetar.

- Compatibilidade das tensões – uniformidade

Da mesma forma que apresentado no item anterior, as estruturas devem manter uma compatibilidade entre as tensões geradas nos diversos elementos e mesmo dentro de um mesmo elemento.

Deve-se sempre buscar uma estrutura na qual não ocorram fortes discrepâncias entre seus valores, o que permitirá que ela seja mais regular e uniforme, não apenas do ponto de vista geométrico, mas também quanto à distribuição de armações e de facilidade executiva.

- Compatibilidade das deformações:

  - Uniformidade;
  - Ajuste aos estados limites de utilização (serviço);

As consequências de estruturas mal lançadas, ou mal estudadas, é a obtenção de elementos estruturais sujeitos a deformações excessivas e a comportamento inadequado, em geral não atendendo adequadamente aos estados limites de serviço preconizados pelas NBR 6118 e 8681.

O projetista deve considerar sempre que, muitas vezes, o programa não indica insuficiência de atendimento aos parâmetros normativos, mesmo que a estrutura não esteja com bom comportamento. Em muitas situações, mesmo atendendo às recomendações normativas, surgem estados de fissuração não previstos pelas normas. Do mesmo jeito, estas anomalias comprometem a qualidade da estrutura construída, gerando situações de desconforto aos usuários.

Anteriormente neste capítulo, já foi discutido o caso das armaduras de pele, sendo que sua ausência em muitos casos (a serem definidos a critério do projetista quando os parâmetros de norma estão atendidos) é fator responsável por diversas fissuras, as quais, embora não representem comprometimento da segurança, certamente comprometem o conforto do usuário e a durabilidade da estrutura. De forma geral, o atendimento aos limites prescritos pelas normas não representa garantia de uma estrutura de boa qualidade, este resultado é obtido pela combinação do uso adequado das normas associado ao domínio do conhecimento do projetista pelas consequências de cada decisão tomada durante a elaboração dos projetos.

- Detalhamento das armações:
    - Pilares;
        - Inclusive ligações com fundações.
    - Vigas;
    - Lajes;
    - Escadas;
    - Rampas;
    - Reservatórios.

Cada um destes elementos, e outros eventualmente existentes na estrutura, deve ter a sua armadura detalhada adequadamente, visando atendimento aos esforços solicitantes e às condições que permitam adequada concretagem.

Naturalmente, ao se utilizar os programas para desenvolvimento dos projetos estruturais, o detalhamento das armaduras é automatizado, entretanto, esta é uma das partes mais importantes de um projeto e, consequentemente, uma automatização adequada da programação torna-se mais difícil.

Os programas sempre apresentam um detalhamento para cada peça, no qual verificam-se os critérios acima, entretanto, como já mencionado, as estruturas estão submetidas a campos de tensão, que na maioria das vezes não apresentam a simplicidade dos modelos estruturais tradicionais, ou seja, em muitos casos, os detalhamentos automatizados não se fazem suficientes para permitir um comportamento confortável das estruturas e, consequentemente, os detalhamentos se tornam responsáveis por diversos problemas no comportamento das estruturas.

Desta forma, fica claro que todos os elementos resultantes do detalhamento automatizado de um projeto estrutural devem ser avaliados pelo projetista, em especial os elementos de maior importância quanto ao comportamento estrutural, sendo ajustados sempre que necessário. Este processo já é previsto na maioria dos programas, por meio de recursos de edição que permitem a substituição, supressão ou incorporação de barras nos elementos previamente detalhados de forma simples e rápida.

- Consistência de formas:
    - Posição relativa dos pilares;
    - Posição das cargas (lineares, pontuais e de superfície);
    - Posição das vigas:
        - Alinhamento
        - Efetiva ligação
    - Escadas e rampas.

Finalmente, do ponto de vista dos elementos constituintes de um projeto estrutural, as formas apresentam importância muito elevada. Como já mencionado, são as formas que determinam as formas finais da construção no que tange às dimensões externas e à posição de pilares, que habitualmente afetam a distribuição arquitetônica, seja interna ou nas fachadas.

Por este motivo, o desenho de formas merece cuidados especiais, devendo ser continuamente comparados por superposição aos desenhos de arquitetura. Esta operação torna-se bastante simples com a utilização dos programas computacionais.

7.4 ANÁLISE DO DIMENSIONAMENTO E DETALHAMENTO DOS PILARES

A seguir, serão apresentados parâmetros indispensáveis de verificação quanto ao dimensionamento e detalhamento dos principais elementos constituintes das estruturas em pórticos de edifícios de múltiplos pavimentos. Inicialmente, serão discutidas as questões mais relevantes dos pilares e, na sequência, das vigas e lajes.

Após a conclusão das análises de estabilidade global, as estruturas devem então ser dimensionadas pelos comandos complementares mostrados na figura 1, a partir de quando a estrutura estará integralmente dimensionada.

Concluído o cálculo, o projetista deve seguir a diretriz de buscar erros que o dimensionamento tenha encontrado e os corrigir, mas também avaliar os resultados considerados corretos pelo programa, uma vez que nem sempre estarão efetivamente coerentes.

Os primeiros elementos que devem ser analisados são os pilares. Não sendo constatada a existência de nenhum erro (ou existindo, após sua correção), devem ser avaliadas as cargas dos pilares, observando a coerência na sua variação entre os diversos elementos. Nesta etapa, devem ser efetivados cálculos manuais aproximados que demonstrem a coerência entre os resultados gerados pelo programa e resultados obtidos por modelos simplificados, como cálculo de cargas pelo método das áreas influentes.

Estas verificações devem ser feitas especialmente nos pilares mais carregados e a sua importância se deve ao fato de ser muito fácil a ocorrência de erros na entrada de dados, seja na entrada das cargas a serem consideradas, ou na formação geométrica do pórtico analisado numericamente.

Esta verificação, além de permitir uma avaliação se o lançamento estrutural foi bom, permite encontrar uma grande quantidade de problemas associados à entrada de dados, que não ocasionaram erros detestáveis pelo programa.

Eventuais pequenas diferenças de posicionamento de vigas, ou de cargas, ou de pilares, podem ocasionar erros no modelo de cálculo que podem comprometer todo o projeto resultante, sem que o programa tenha meios de detectá-lo, uma vez que soluções incomuns podem ser aceitas, já que o programa não tem ainda a capacidade de ler as vontades do projetista, ou seja, o programa não tem capacidade de evitar todos os erros.

Mais uma vez, cabe ao projetista o domínio da ordem de grandeza do comportamento da estrutura projetada. Ordem de grandeza das cargas, dos esforços solicitantes e do dimensionamento consequente. Ou seja, o projetista deve ter clara uma expectativa quanto aos resultados esperados, ou ainda, quando isto não for possível, desenvolver procedimentos por métodos aproximados que permitam um controle do processamento de grande complexidade elaborado pelos programas.

142 - Projeto, Execução e Desempenho de Estruturas e Fundações

Ao se concluir que o dimensionamento dos pilares está coerente com os esforços, o projetista deve observar o detalhamento resultante de cada pilar, observando a coerência do dimensionamento com os esforços solicitantes obtidos e, ainda, observando de forma geral o atendimento aos critérios normativos.

Pode parecer estranho ao leitor a recomendação de verificação aos critérios normativos, procedimento que os programas geralmente fazem automaticamente, entretanto, como mostrado no capítulo anterior deste livro, os programas permitem, por meio de suas configurações, que o projetista altere alguns critérios normativos, quando assim julgar necessário. Em muitos casos, os critérios são alterados em um projeto e persistem no projeto seguinte quando não era desejo do projetista, entretanto, devido a um esquecimento no ajuste das configurações, estas alterações persistem em projetos posteriores, comprometendo a qualidade do projeto executado. Estes "erros" podem ser observados por um acompanhamento cuidadoso da ordem de grandeza dos resultados.

Da mesma forma, o detalhamento resultante dos pilares, tanto na escolha das bitolas das armaduras como em especial nos estribos, deve ser verificado de forma criteriosa, uma vez que diversas questões que não constituem erro de projeto, mas apenas dificultam e encarecem a solução devem ser detectados e corrigidos pelo projetista.

Como já discutido no item anterior, sempre que necessário, o projetista poderá intervir no detalhamento das ferramentas do programa que simplificam esta operação, ajustando o detalhamento de cada peça à sua experiência ou mesmo corrigindo para garantir a qualidade do resultado.

É muito comum a observação de saídas geradas pelo programa com emendas em trechos de pequeno comprimento, o que causa desperdício de aço por transpasses desnecessários, bem como ocasionando desperdício de mão de obra. Nestes casos em que são gerados trabalhos desnecessários, é comum que o projeto seja alterado na obra, muitas vezes com base na experiência do armador, introduzindo erros que dificultam a conferência no canteiro, devendo, portanto, ser evitados no projeto.

Neste ponto, é importante alertar para que as correções não sejam efetuadas até que seja concluída uma avaliação geral do projeto, uma vez que, caso seja necessário um novo processamento, as modificações podem ser perdidas. Desta forma, deve ser elaborada uma avaliação geral e as correções de detalhamento podem ser iniciadas após a certeza de não haver necessidade de redimensionamento da estrutura pelo programa.

As ferramentas de edição dos programas, além de simplificar as operações de substituição, de alterações em bitolas e comprimentos, de supressão ou adição de barras, executam a correção automática das listas de ferro, evitando a ocorrência de erros em função da grande quantidade de informações associadas nas listas de armação.

Nesta etapa, deve ser verificada a compatibilidade das bitolas utilizadas com as seções dos pilares, o adequado e correto detalhamento de estribos e ganchos (em muitos casos, o projetista pode alterar a solução proposta pelo programa em função de características da obra a ser executada) e, eventualmente, as dobras e as emendas propostas pelo programa em função do conhecimento de especificidades de cada projeto.

Como pode ser observado ao longo das diversas recomendações apresentadas, o projeto estrutural não depende apenas de estar certo ou errado, mas sim de conter um detalhamento que facilite a execução, devendo haver cuidados que permitam a obtenção de atendimentos aos costumes da mão de obra local. Da mesma forma, o detalhamento, além de cuidar para que haja uma eficiente distribuição de tensões no interior da peça (adequada distribuição de bitolas no interior do concreto), deve ser suficientemente completo e claro de forma que não permita "interpretações" por parte do armador ou mesmo pelo engenheiro da obra, que, na maioria das vezes, seja por desconhecimento ou falta de entendimento das considerações de projeto, faz escolhas inadequadas ou mesmo incorretas, comprometendo a qualidade do projeto e da obra.

7.5 ANÁLISE DO DIMENSIONAMENTO E DETALHAMENTO DAS VIGAS

Da mesma forma que no caso dos pilares, na sequência, as vigas devem ser verificadas em cada um dos pavimentos da estrutura, uma vez que os carregamentos em geral variam nos pavimentos em função das cargas horizontais e das condições de rigidez de cada pavimento. Reduções de seção de pilares alteram momentos de engastamento, resultando em alterações no dimensionamento e, consequentemente, no detalhamento das vigas.

Erros de entrada de dados podem ser observados pela forma das deformações das vigas e pelos diagramas dos esforços solicitantes, necessitando ser continuamente observados, em especial nos elementos de maior importância ou maior complexidade, como é o caso dos maiores vãos, de vigas que apoiam em outras vigas, dos balanços e outros elementos que, de forma geral, poderiam ser tratados como elementos em zonas de distúrbio. Estas zonas de distúrbio são, por definição, todas as regiões nas quais a distribuição das tensões não atende aos critérios de tensões uniformes, como preconizado na literatura por Bernouille, ou seja, as tensões sofrem mudanças de direção ou de fluxo, ocasionando tensões em direções variadas, que podem resultar em estado de fissuração não esperado.

Deve ser considerado que os critérios de dimensionamento da maioria dos programas desenvolvidos para projetos estruturais são simplificados para solução dos problemas mais habituais, devendo, sempre que houver problemas específicos, executar análise específica, sendo necessário, em alguns casos, o uso de modelos mais sofisticados disponíveis em programas específicos de análise estrutural, como o SAP 2000 ou outros equivalentes.

Assim sendo, torna-se indispensável a avaliação de todos os elementos quanto ao dimensionamento e posteriormente quanto ao detalhamento. A questão do detalhamento deve mais uma vez ser lembrada, tendo em vista que os critérios utilizados pela maioria dos programas estabelecem soluções padrão para casos uniformes. Casos especiais merecem atenção especial do projetista, com consequentes soluções que devem ser ajustadas em cada caso.

Na avaliação das vigas, inicialmente os diagramas de esforços e as linhas de deformação devem ser avaliadas quanto à sua coerência em relação aos esforços solicitantes imputados à estrutura, e a definição das armaduras, escolhida de forma automática pelo programa precisa ser verificada quanto à sua compatibilidade com parâmetros específicos de cada obra. Nesta fase, a distribuição dos estribos é outro fator de elevada importância. Em função da distribuição dos esforços cortantes, cada viga deve ter uma definição quanto à bitola e o espaçamento dos estribos, causando uma dificuldade muito elevada aos programas automáticos que verificam parâmetros gerais, sendo impossível a avaliação individual de cada elemento estrutural, que deve ser feito pelo projetista.

Como mencionado para os pilares, também para as vigas os recursos disponíveis nos programas para edição e ajustes de armações, no interior dos elementos de concreto armado, são bastante amigáveis, podendo efetivamente permitir ao projetista a definição de projetos individualizados com qualidade de alto nível. Também neste caso, deve ser lembrado que as correções de detalhamento devem ser efetivadas apenas quando houver a certeza de que não será necessário um redimensionamento da estrutura pelo programa, evitando perda de tempo com retrabalho.

De forma específica, no caso de análise do detalhamento das vigas, devem ser observadas as emendas e ancoragens, a uniformidade das bitolas e seu adequado atendimento aos critérios normativos, pelos motivos já discutidos no item anterior.

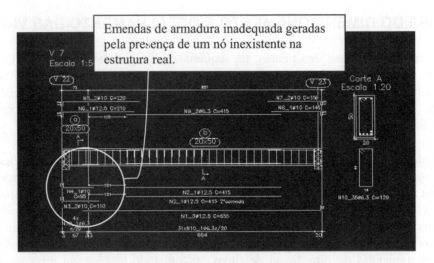

Figura 4: Detalhe de erro de detalhamento ocasionado por falha na entrada de dados

O detalhamento das armaduras das vigas é de grande importância no objetivo de se elaborar projetos de elevada qualidade. Como dito anteriormente, cada elemento estrutural, pilar, viga, laje, entre outros, demanda uma avaliação individualizada, em especial no que tange ao detalhamento.

No caso específico das vigas, a distribuição de armaduras em camadas é um dos pontos importantes de ser observado, uma vez que, por vezes, alterando bitolas é possível reduzir o número de camadas, o que sempre pode ser vantajoso, visto que a distribuição das barras no interior da viga afeta a posição do centro de gravidade das armaduras e consequentemente a altura útil (d) do elemento. Também a distribuição dos estribos gerada pelo programa deve ser observada com atenção, de forma que seja possível verificar um erro na entrada de dados, como mostrado na figura anterior, ou quando é possível obter uma distribuição de mais fácil execução.

Efetivamente, os programas elaborados para geração automática dos projetos procura ser o mais completo possível, entretanto, é fundamental que o projetista, usuário do programa, tenha clara consciência de que a interpretação dos resultados gerados pelos programas deve ser feita de maneira individualizada, o que permite a obtenção de resultados de elevada qualidade.

7.6 ANÁLISE DO DIMENSIONAMENTO E DETALHAMENTO DAS LAJES

Em continuidade às análises de dimensionamento e detalhamento dos principais elementos componentes das estruturas dos edifícios, as lajes são elementos de elevada importância, sendo que as falhas em seu dimensionamento e/ou detalhamento são motivos de problemas de grande seriedade nas obras.

Geralmente, uma das principais falhas que ocorrem no dimensionamento das lajes é o esquecimento de ajuste das continuidades, ou seja, dos engastamentos das lajes contínuas ou da articulação das lajes não contínuas. Esta decisão, que deve sempre ser tomada de forma consciente pelo projetista levando em consideração a relação entre vãos e entre cargas, afeta de forma direta o modelo de cálculo e, consequentemente, o detalhamento das lajes.

Nas lajes, os principais problemas estão associados à forma de ligação entre duas lajes ou entre lajes e vigas, em que uma continuidade, ou falta, de armadura demonstra uma irregularidade na entrada de dados. Deve também ser observado com muito cuidado o posicionamento das armaduras com função de evitar o chamado colapso progressivo, atendendo a diversas recomendações normativas, que nem sempre são possíveis de ser geradas pelos programas. Armaduras de combate a tensões cisalhantes, ocasionadas por cortante ou por punção, devem ser observadas cuidadosamente, devendo sempre ser comparadas com os diagramas de esforços disponíveis nos programas e muitas vezes não observados pelos projetistas.

Por este motivo, uma análise cuidadosa e criteriosa pelo projetista de cada laje da estrutura adquire imensa importância no controle da qualidade dos projetos. Em várias oportunidades foi possível observar projetos de lajes sem negativos em diversos pontos. Naturalmente, não se trata de um erro do programa, mas sim do operador do programa. Entretanto, quando erros assim ocorrem, podem ser observados pelas falhas resultantes no detalhamento, que denotam a falta de definição de esforços que influenciaram o dimensionamento e, consequentemente, a qualidade do projeto resultante.

Muitas falhas, observadas no detalhamento, estão associadas ao dimensionamento inadequado decorrente de configurações ou erros na entrada de dados. As falhas devem ser corrigidas e o projeto redimensionado, o que geralmente poderá ocasionar a perda de correções executadas anteriormente.

Da mesma forma que nos casos anteriores, os programas disponibilizam ferramentas de correção e alterações de detalhamento muito simples de serem usadas, com correções automáticas das listas de ferro.

Somente após todas as correções devem ser definidas as pranchas para conclusão do projeto estrutural.

7.7 VERIFICAÇÃO DE INSTABILIDADE LOCAL E LOCALIZADA EM VIGAS-PAREDE E PILARES-PAREDE

As vigas-parede e pilares-parede são elementos de uso relativamente comum nos projetos estruturais, entretanto de comportamento diferente dos elementos normais, ou seja, enquanto vigas e pilares normais são tratados nos modelos computacionais como elementos lineares, estes dois elementos especiais são tratados como elementos de superfície e, portanto, seu dimensionamento e detalhamento foge às regras tradicionais.

Por definição, as vigas-parede são vigas altas nas quais a relação entre vão e altura é superior a 2 nas vigas bi apoiadas e a 3 nos casos de vigas contínuas.

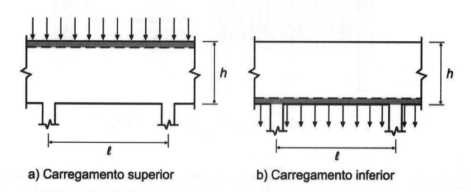

Figura 5: Réplica da figura 22.1 da NBR 6118/14

Do ponto de vista das vigas-parede, a norma 6118 chama a atenção em seu capítulo 22 para o comportamento estrutural diferenciado em relação às vigas comuns, destacando-se ineficiências à flexão e ao cisalhamento. A norma alerta ainda para o fato de que, por tratar-se de vigas altas, apresentam problemas de estabilidade como corpo rígido e, às vezes, de estabilidade elástica, desta forma, em muitos casos se torna necessária a utilização de enrijecedores de apoio.

Outros fatores que afetam a resistência das vigas-paredes são as cargas concentradas, as aberturas e eventuais engrossamentos.

A NBR 6118/14 define que são permitidos modelos planos elásticos lineares e não lineares baseados em métodos numéricos adequados, como o método dos elementos finitos, podendo ainda ser admitido o dimensionamento das vigas-parede no estado limite último, com base em modelos concebidos a partir do método de bielas e tirantes, descritos nesta norma pelo capítulo 22.3.

Do ponto de vista do detalhamento, diversas recomendações são apresentadas, como a necessidade de prolongamento de toda a armadura de flexão aos apoios, que deverão estar distribuídas em aproximadamente 15% da altura, bem como o fato de ser aconselhável a não colocação de ganchos no plano vertical, sendo mais eficiente a colocação de grampos horizontais ou outros dispositivos especiais.

Para as vigas contínuas, as armaduras relativas aos momentos negativos devem ser distribuídas nas proporções de A_{s1} nos 20% superiores de h e A_{s2} nos 60% centrais de h, sendo:

$A_{s1} = (l/2h - 0,5) A_s$

$A_{s2} = (1,5 - l/2h) A_s$

Em todas as situações, deve ser montada uma armadura horizontal mínima de 0,075% da largura por face, por metro.

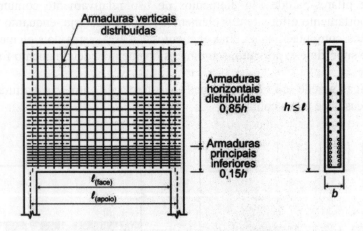

Figura 6: Réplica da figura 22.3 da NBR 6118/14

No que se refere aos pilares-parede, como definido no capítulo 14 da NBR 6118, são pilares nos quais a relação entre os lados é maior do que cinco, sendo estes elementos compostos por superfície plana ou casca cilíndrica, dispostos na vertical e submetidos de forma preponderante a esforços de compressão.

Estes pilares somente poderão ser considerados como elementos lineares no conjunto resistente da estrutura se for garantido que sua seção transversal tenha a sua forma mantida por travamentos adequados nos diversos pavimentos e desde que os efeitos de 2ª ordem locais e localizados sejam adequadamente considerados.

No item 15.9.2 da NBR 6118/14, é definido que os efeitos de 2ª ordem podem ser desprezados nos pilares-parede desde que seja conferido o efeito de diafragma horizontal pela adequada fixação da base e do topo de cada lâmina que constitui o pilar-parede e se a esbeltez de cada lâmina for menor que 35, sendo este cálculo definido por 3,46 vezes o comprimento equivalente de cada lâmina dividido pela espessura da lâmina.

Na figura 7, apresentada a seguir, será apresentada a tabela recomendada pela NBR 6118 para o cálculo do comprimento equivalente das lâminas.

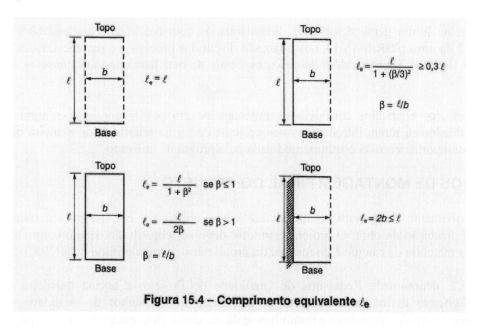

Figura 7: Réplica da tabela 15.4 da NBR 6118/14
Obs.: Se o topo e a base forem engastados e o valor de $\beta \leq 1$, os valores de λ podem ser multiplicados por 0,85.

Nos casos em que os pilares-parede não atenderem a estas exigências, o cálculo deverá ser efetivado como elemento bidimensional por processo exato (uso de programas específicos de análise estrutural como o SAP 2000, STRAP, dentre outros).

7.8 ELEMENTOS ESPECIAIS

A análise dos elementos especiais é sempre um problema nos projetos estruturais desenvolvidos com apoio de programas computacionais, uma vez que na maioria dos casos os programas não atendem a casos especiais, devendo aqui ser reiterado que os programas de forma geral são escritos para solucionar os problemas normais, ou seja, problemas com elevado índice de repetição.

Os elementos aqui considerados especiais são:
- Consoles
- Dentes Gerber
- Arcos

148 - Projeto, Execução e Desempenho de Estruturas e Fundações

- Cascas
- Pilares com formas aleatórias
- Escadas especiais
- Tanques e piscinas em formas aleatórias (amebas, entre outros);
- Elementos pré-fabricados
- Furos em vigas e lajes de forma geral
- Outras

Geralmente, os programas de automatização dos projetos de estruturas não solucionam nenhum destes problemas, que devem ser tratados externamente, ou por procedimentos manuais ou pelo uso de programas específicos de análise estrutural – já citados anteriormente.

Estes elementos, de forma geral, devem ser dimensionados com base nas recomendações indicadas nos capítulos 21 e 22 da nova NBR 6118/14, nos quais são discutidos processos e recomendações para aplicação dos modelos de Bielas e Tirantes, além de casos especiais de detalhamento para consoles, dentes Gerber, entre outros.

Conforme exposto, os elementos considerados especiais devem passar por análise, dimensionamento e detalhamento cuidadoso e serem introduzidos nos projetos de forma criteriosa, de maneira que não possam comprometer o comportamento da estrutura modelada pelo programa utilizado.

7.9 CRITÉRIOS DE MONTAGEM FINAL DO PROJETO

Todo o desenvolvimento do projeto estrutural tem como objetivo a entrega para a obra, onde será a referência de implantação da obra. O projeto estrutural deve ser constituído de um conjunto de desenhos, acompanhado da memória de cálculo e do manual do proprietário, como definido pela NBR 6118/14.

Em seu item 5.2, denominado Requisitos de Qualidade do Projeto, a norma brasileira de Projeto de Estruturas de Concreto define que o projeto deve atender aos requisitos de qualidade relacionados à capacidade resistente, ao desempenho e à durabilidade da estrutura. Informa textualmente que a qualidade do projeto estrutural deve considerar condições arquitetônicas, funcionais, construtivas e de integração com os demais projetos.

No subitem 5.2.3, denominado "Documentação da Solução Adotada", a norma define que o projeto estrutural deve ser constituído por desenhos, especificações e critérios de projeto, sendo que os dois últimos podem constar dos desenhos ou de documentos em separado. Estes documentos devem ser suficientes para garantir uma execução adequada da obra, sendo que projetos complementares de escoramentos e formas não fazem parte do projeto estrutural.

Desta forma, deve ser considerado que um projeto completo deve ser composto por desenhos de locação da obra, ou fundações, desenhos de forma de cada um dos pavimentos, inclusive térreo e cobertura e um conjunto de desenhos de detalhamento das armaduras, relacionados a fundações, pilares, vigas, lajes, escadas, reservatórios e outros elementos especiais.

Os desenhos de formas deverão conter de forma clara e precisa as dimensões geométricas de todos os elementos, incluindo elevações ou níveis. Embora os programas procurem gerar todos estes desenhos automaticamente, cabe ao projetista a verificação da existência de todas as informações, inclusive aquelas que correlacionam estes desenhos com o conjunto do prédio, além de todos os detalhes que sejam necessários ao entendimento claro por parte do executor da obra. Dentro deste conjunto de informações, devem ficar claros nos desenhos detalhes associados a manutenibilidade, como necessidade de drenagem ou acesso em pontos especiais, como previsto pelas normas 6118/14 e 15575/13.

Também devem estar contidas em todos os desenhos que constituem o projeto estrutural as especificações relativas aos materiais que deverão ser usados na execução da obra, a VUP (Vida Útil de Projeto) adotada com base nas recomendações da NBR 15575/13, bem como quaisquer outras informações que sejam indispensáveis à garantia de qualidade da obra, como classe de agressividade ambiental, esforços solicitantes considerados, etc.

Eventualmente, quando solicitado ou considerado imprescindível, deverá ser definido um documento com informações complementares, indicando inclusive a metodologia utilizada na definição do modelo de cálculo e todas as considerações adotadas no projeto, de forma que este possa ser verificado por outro profissional visando o controle de qualidade do projeto estrutural.

O programa Eberick, já em sua versão 10 (de acordo com a NBR 6118/14), gera todos os desenhos necessários e a memória de cálculo por meio de relatórios, entretanto, detalhes especiais e especificações na prancha devem ser introduzidos cuidadosamente pelo projetista, evitando o tradicional "copiar-colar" de outros projetos, o que provoca troca de informações e erros de projeto com sérias consequências para a construção.

Também é responsabilidade do projetista a verificação dos desenhos gerados quanto ao tamanho de letras, clareza dos traçados e conteúdo adequado e suficiente de informações em cada um dos desenhos gerados. Estas questões, em muitos casos, são definidas nas configurações do programa, entretanto, a cada mudança de escala ou necessidade de detalhes complementares, as configurações devem ser revistas ou os arquivos de desenho reconfigurados adequadamente.

É muito comum na geração das pranchas pelo programa que fiquem textos sobrepostos e com letras pequenas (ou muito grandes), obrigando o projetista a ser muito criterioso na montagem final das pranchas, quando deverá anexar títulos onde necessários, especificações e quadros de informações em todas as pranchas, gerando inclusive uma padronização compatível com o trabalho elaborado. Em muitos casos, o projetista, confiando na geração de detalhes pelo programa, permite que o projeto chegue à obra com falta de informações indispensáveis à execução. Este fato, que deve ser considerado muito grave, na maioria dos casos leva os executores da obra a tomarem decisões que podem comprometer a segurança ou durabilidade da estrutura.

De forma geral, os desenhos que constituem o projeto de estruturas devem ser gerados com muito cuidado, uma vez que estes desenhos efetivamente definem as formas geométricas da obra e a sua segurança. Assim sendo, sempre que possível, é recomendado que o projeto pronto seja verificado em presença do arquitetônico quanto a dimensões externas e à localização de pilares, pois, uma vez executado errado, o custo de reparos é muito elevado e em muitos casos impossível de ser corrigido.

Como parte final do projeto estrutural, deve ser elaborado o Manual de Utilização, Inspeção e Manutenção da estrutura, conforme recomendado no capítulo 25 da NBR 6118/14. Este documento deverá conter todas as informações quanto ao tipo de uso previsto e considerado normal, incluindo restrições a cargas elevadas, indicar períodos de inspeção e o que deve ser observado, bem como critérios gerais de Manutenção da estrutura que devem ser efetivados de forma a garantir a vida útil estimada para o projeto a ser executado.

7.10 READEQUAÇÃO DE PROJETO ESTRUTURAL DEVIDO A MUDANÇAS ARQUITETÔNICAS

Aqueles que estão acostumados com o dia a dia dos escritórios de projetos estruturais sabem o quanto é comum, durante a execução das obras, ou seja, após a conclusão dos projetos, surgir a necessidade de adequação dos projetos devido a modificações no projeto arquitetônico. Na maioria das vezes, a solicitação de modificação vem acompanhada de uma grande urgência, tendo em vista que a obra está em execução e por tratar-se de uma alteração necessária para a melhoria do projeto.

Estas modificações, do ponto de vista da arquitetura, geralmente são pequenas, entretanto, do ponto de vista da estrutura, habitualmente estas pequenas alterações geram verdadeiros "terremotos" no projeto estrutural, ou seja, são modificações que alteram completamente o modelo estrutural, comprometendo o detalhamento de muitos elementos.

O problema que ocorre na maioria destes casos é a tendência, devido à pressa do cliente, de ajustarmos a estrutura tentando adequar rapidamente às modificações a fim de reduzir os prejuízos do trabalho perdido. Entretanto, deve ser tomado muito cuidado nestes casos, pois, ao atendermos os anseios do cliente, acabamos cometendo erros devido à análise rápida e inconsistente dos problemas causados pelas "pequenas" modificações.

Na maioria dos casos, a melhor solução acaba sendo corrigir o modelo estrutural e fazer uma reanálise, gerando praticamente um projeto novo, tendo como consequência a análise do dimensionamento e do novo detalhamento, ou seja, um trabalho extenso e complexo para adequação da nova solução ao projeto por vezes parcialmente executado.

Nos casos em que a execução não está iniciada, o problema é facilitado pela inexistência da necessidade de adequação, entretanto, quando a execução já está sendo efetivada, geralmente é necessária a adequação da parte já existente, devendo ser analisado ainda, cuidadosamente, como as alterações afetarão a parte já executada. Em muitos casos, as adequações do projeto estrutural que se fazem necessárias inviabilizam a possibilidade de realização das alterações arquitetônicas solicitadas.

De forma geral, a necessidade de modificação de projetos estruturais tem consequências muito complexas, que dificilmente os clientes têm capacidade de entender, porém, este fator não pode ser usado como justificativa para adaptações mal estudadas e mal definidas, uma vez que consequências negativas serão sempre de responsabilidade do projetista.

Na elaboração das modificações, algumas questões devem ser consideradas:
- Perda de eficiência do projeto de forma geral;
- Excessivo trabalho para substituição de arquitetura de fundo e dificuldade de compatibilidade do modelo com a nova arquitetura;
- Avaliação das vantagens de nova modelagem;
- Elevado risco de comprometimento do projeto com as situações de reaproveitamento parcial do modelo.

Finalmente, serão listadas algumas questões que devem ser verificadas nestas operações:
- Verificação da consistência de cada pavimento:
  - Perda de nós;
  - Perda de alinhamentos;
  - Perda de verticalidade;
  - Perda de integridade entre elementos;
  - Ocorrência de inconsistências;

7.11 DICAS PARA OTIMIZAÇÃO DE PROJETOS ESTRUTURAIS

A otimização dos projetos estruturais é obrigação do projetista e deve ser continuamente buscada. Entretanto, cada projeto apresenta características particulares que fazem com que procedimentos de otimização nem sempre apresentem o resultado esperado.

O atendimento de todos os cuidados e procedimentos apresentados e discutidos nestes dois capítulos certamente serão o bastante para a obtenção de bons projetos, que poderão ainda ser melhorados dependendo da capacitação e da dedicação de cada projetista.

Ao longo do presente texto, muitos detalhes foram discutidos, como propostas de configuração dos programas, de cuidados no lançamento das estruturas, de cuidados no fornecimento das informações ao programa, de forma a não comprometer a montagem do modelo estrutural e consequentemente não comprometer os seus resultados. Também foram indicados e recomendados cuidados especiais com a análise e ajuste dos resultados, tanto quanto à estabilidade global quanto ao dimensionamento e detalhamento de cada um dos elementos que constituem a estrutura, sendo recomendada ênfase nos elementos especiais e pontos ditos de "Distúrbio" nas estruturas.

Apesar de todas as questões citadas, é possível ainda a elaboração de uma lista de recomendações que, quando implementadas, levam a uma melhoria na qualidade dos projetos estruturais:

- Domínio da conceituação geral da teoria das estruturas;
- Domínio da conceituação da teoria de dimensionamento de concreto armado;
- Domínio das normas de carregamentos para estruturas e de projetos de estruturas de concreto;
- Domínio (conhecimento) do projeto arquitetônico;
- Concepção estrutural predeterminada;
- Domínio e prática no uso de *softwares*;
- Conhecimento da conceituação do *software*;
- Compatibilidade do *software* com o projeto a ser desenvolvido;
- Análise cuidadosa dos resultados do *software* relativos ao comportamento global da estrutura modelada;
- Revisão e adequação dos detalhamentos de cada elemento estrutural;
- Consideração da realidade de cada obra;
- Consideração do padrão construtivo a ser adotado para a estrutura;
- Complementação dos detalhes necessários à adequada execução dos elementos estruturais.
- Necessidade de atualização dos conceitos estruturais – teoria das estruturas e resistência dos materiais;
- Necessidade de atualização em relação às normas técnicas associadas;
- Necessidade de atualização quanto às versões e evoluções dos *softwares*.
- Necessidade de revisão continuada dos projetos em execução.

Do ponto de vista do detalhamento das armaduras do concreto armado, algumas sugestões que resultam na melhoria da qualidade dos projetos:

- Uniformizar bitolas em Pilares;

152 - Projeto, Execução e Desempenho de Estruturas e Fundações

- Utilizar espaçamentos padronizados;
- Não permitir diferenças elevadas de bitolas, em especial nas vigas e lajes;
- Considerar sempre a possibilidade de mais barras de menor diâmetro (melhor distribuição de tensões);
- Uniformizar distribuição das armações das lajes;
- Atenção especial:
  - Armaduras de suspensão;
  - Armaduras de pele (costelas);
  - Detalhes de zonas de apoio (ancoragem);
  - Atenção para armação de bordas das lajes e momentos volventes;
  - Transições.

7.12 CONCLUSÕES

Muitas pessoas – engenheiros projetistas em alguns casos – consideram que, pelo fato de um projeto ter sido elaborado por um programa de computador, está garantida a qualidade do projeto. Hoje podemos afirmar que esta conclusão é absolutamente falsa. Não que os programas contenham falhas e por isso gerem projeto de má qualidade, muito pelo contrário. As falhas habituais são consequências do mau uso dos programas por pessoas (nem sempre profissionais) que não conhecem as teorias que se aplicam a projeto estrutural e, da mesma forma, desconhecem o funcionamento dos programas, suas configurações e suas características gerais.

Nos dias atuais, é possível afirmar que sem os programas torna-se impossível a função de projetista de estruturas com um mínimo de qualidade, uma vez que as verificações exigidas pelas normas técnicas associadas aos projetos estruturais demandam uma quantidade de verificações que seriam humanamente impossíveis de serem realizadas sem o uso dos *softwares*.

Entretanto, e exatamente por este motivo, os programas são ferramentas de elevada complexidade, exigindo grande capacitação de seus usuários, que frequentemente devem se atualizar, se ajustando às novas e contínuas versões e normas técnicas.

Todas as questões apresentadas e discutidas nestes dois capítulos confirmam esta necessidade de elevada capacitação por parte dos projetistas de estruturas, demonstrando ainda que a falta desta capacitação resulta em projetos de má qualidade, que muitas vezes comprometem a segurança das estruturas, ocasionam gastos excessivos e ainda apresentam como resultados construções com durabilidade comprometida, tão comum nos dias atuais.

Da mesma forma, a ideia propagada de maior rapidez no desenvolvimento dos projetos não pode ser levada ao pé da letra, uma vez que, embora os programas efetivamente cumpram tarefas matemáticas com elevada velocidade, a quantidade de análises e avaliações é muito grande e a elaboração de projetos em curto espaço de tempo é um dos principais fatores de comprometimento da qualidade dos projetos estruturais.

Como já mencionado, antigamente o projetista de estruturas, conhecido como "calculista", dependia de conhecimentos da resistência dos materiais com teoria das estruturas associados à teoria de dimensionamento do concreto armado, embasados pela norma de projetos de concreto (antiga NB-1). Para os profissionais dos tempos atuais, além dos "antigos" conceitos, naturalmente atualizados, conhecimentos de tecnologia dos concretos (submetida a forte evolução nos últimos anos), domínio das patologias que afetam as estruturas, domínio de técnicas de controle da durabilidade, domínio da informática e atendimento a pelo menos sete normas de grande complexidade (ver referências bibliográficas), apenas no domínio brasileiro, formam um conjunto mínimo de conhecimento (sempre atualizado) para que se possa operar de forma satisfatória os programas de projetos de estruturas de concreto.

Em função da crescente complexidade no desenvolvimento dos projetos estruturais – contrária aos conceitos leigos – o projetista de estruturas adquire uma importância cada vez maior no desenvolvimento da construção das estruturas, devendo ser cada vez mais preparado para entender os fenômenos físicos, conhecer os materiais e controlar o comportamento estrutural com auxílio de ferramentas computacionais a cada dia mais complexas de manusear, mas acima de tudo de conhecer.

Finalmente, é importante deixar claro que, não somente o conhecimento técnico leva a bons projetos, mas a dedicação, a organização, a disciplina e o objetivo constante de buscar as melhores soluções, naturalmente associados à experiência e a boas ferramentas computacionais, tendem a gerar projetos estruturais de qualidade crescente.

7.13 REFERÊNCIAS BIBLIOGRÁFICAS

ASSOCIAÇÃO BRASILEIRA DE NORMAS TÉCNICAS. **NBR 6118: Projeto de estruturas de concreto - Procedimento.** Rio de Janeiro, 2014.

_____. **NBR 12655: Concreto de Cimento Portland – Preparo, controle e recebimento - Procedimento.** Rio de Janeiro, 2015.

_____. **NBR 6120: Carga para o cálculo de estruturas de edificações + errata 1 2000- Procedimento.** Rio de Janeiro, 2000.

_____. **NBR 6123: Forças devido ao vento em edificações + errata 2 2013 - Procedimento.** Rio de Janeiro, 2013.

_____. **NBR 15200: Projeto de estruturas de concreto em situação de incêndio.** Rio de Janeiro, 2010.

_____. **NBR 15421: Projeto de estruturas resistentes a sismos - Procedimento.** Rio de Janeiro, 2012.

_____. **NBR 15575 – Partes 1 e 2: Edificações Habitacionais - Desempenho.** Rio de Janeiro, 2013.

ALTOQI. **Curso Básico do Eberick:** projeto estrutural em concreto armado. Redação técnica de Rodrigo Broering Koerich. Florianópolis: AltoQi, 2013.

_____. **Manual do Programa Eberick Versão V10 Gold.** Florianópolis: AltoQi, 2013.

fib(CEB-FIP) **Model Code 2010.** First complete draft. May 2010. Volume 1 and 2, 2010.

CAPÍTULO 8 - ELEMENTOS PRÉ-MOLDADOS E PROTENDIDOS

Luiz Álvaro de Oliveira Júnior
Prof. Doutor, Escola de Engenharia, Pontifícia Universidade Católica de Goiás
e-mail: alvarojunior@pucgoias.edu.br

8.1 INTRODUÇÃO

Elliot (2002) faz em seu livro a seguinte pergunta: "*o que torna o concreto pré-moldado diferente das outras formas de construção em concreto*"? A resposta a essa pergunta foi bastante curiosa: "*afinal de contas, ele não sabe que é pré-moldado, seja armado ou protendido*". Elliot (2002) complementa essa resposta explicando que é somente quando consideramos o papel que este concreto desempenhará no desenvolvimento de características estruturais que o fato de ser pré-moldado torna-se significativo. Isto quer dizer que, ainda que ele seja moldado fora do local de utilização definitivo, continua sendo concreto armado ou protendido, isto é, valem as mesmas teorias e códigos normativos utilizados para os concretos armado e protendido.

A respeito da utilização do pré-moldado na construção civil, Elliot (2002) argumenta que a própria existência de uma indústria de concreto pré-moldado e os numerosos projetos de sucesso empregando essa técnica são provas de que se trata de técnica prática e econômica a despeito da crença popular em países onde a cultura local coloca as construções em aço em primeiro lugar no quesito praticidade e economia, ou quando o concreto moldado no local é tido como o mais vantajoso.

A forte aceleração da Construção Civil brasileira nos últimos anos tem contribuído para desmantelar o mito de que o concreto pré-moldado não é economicamente acessível. Em particular, a partir de 2012 o Brasil tem visto crescer o emprego de elementos pré-moldados nas mais diversas obras construídas em todo o país, com destaque àquelas em que a rapidez na construção foi necessária. São exemplos notáveis destes casos as obras realizadas para a Copa do Mundo de 2014, nas quais foram investidos milhões de reais provenientes das iniciativas pública e privada na construção de estádios, obras de mobilidade urbana e reforma e ampliação dos aeroportos. De outro lado, o uso dessa técnica também cresceu em obras civis de forma geral (edifícios residenciais, comerciais (shoppings, supermercados, etc.), institucionais (escolas e empresas públicas e privadas), edifícios garagens, hospitais, etc.), na construção pesada (usinas, portos, estaleiros, grandes pontes e viadutos), em obras de infraestrutura e saneamento (canais e galerias, sistemas de drenagem e de esgotamento sanitário), estruturas de contenção, tanques e reservatórios, etc. Alguns exemplos de aplicação de concreto pré-moldado na construção civil são apresentados na Figura 1.

Paralelamente, observa-se que a protensão tem sido cada vez mais associada ao concreto pré-moldado, proporcionando ao mesmo tempo vantagens que lhe conferem ainda mais expressão, pois permitem melhorar o desempenho das peças pré-moldadas, com qualidade, segurança e durabilidade. Desse modo, as técnicas conhecidas como concreto pré-moldado e concreto protendido, as quais já eram bastante difundidas nas grandes metrópoles, têm crescido em importância, principalmente nas cidades vizinhas a esses grandes centros urbanos, nas quais se verificam altos índices de expansão territorial e demográfica como consequência do desenvolvimento da economia local e do acesso às tecnologias. O mesmo tem ocorrido nas cidades do interior do país mais afastadas das regiões metropolitanas, embora em escala menor.

156 - Projeto, Execução e Desempenho de Estruturas e Fundações

Edifício de múltiplos pavimentos
Fonte: www.pci.org

Edifício em painéis de parede
Fonte: www.construirnordeste.com.br

Edifício garagem
Fonte: www.highslant.com

Galpão
Fonte: www.classiwebgratis.com.br

Ponte segmentada
Fonte: www.news.cn

Estádio
Fonte: ligadonorio.blogspot.com.br

Estaleiro
Fonte: www.tea.com.br

Canal/Galeria enterrada
Fonte: www.jbpipepuller.com

Outros (hotel)
Fonte: www.tripadvisor.com.au

Figura 1: Exemplos de aplicação de pré-moldados na construção civil

Apesar de crescerem em relevância, as construções em concreto, e aqui se enquadram o concreto pré-moldado e o concreto protendido, ainda estão associadas a uma indústria (a da construção) que continua sendo considerada atrasada em relação a outros setores industriais, seja pela baixa produtividade em comparação com as indústrias automobilística, têxtil, alimentícia, etc., seja pelo grande desperdício que a construção civil brasileira ainda apresenta.

Nesse sentido, este capítulo pretende apresentar ao leitor um panorama geral das técnicas "Concreto Pré-Moldado" e "Concreto Protendido". A leitura começa pelo concreto pré-moldado e prossegue com o concreto protendido. Sempre que necessárias, interações das duas técnicas serão ressaltadas a fim de que o leitor as perceba e compreenda.

8.2 CONCRETO PRÉ-MOLDADO

A norma brasileira ABNT NBR 9062:2006 apresenta duas definições importantes a respeito do concreto pré-moldado: 1) elemento pré-moldado é aquele moldado previamente e fora do local de utilização definitiva na

Capítulo 8 – Elementos Pré-moldados e Protendidos - 157

estrutura (item 3.10); e 2) elemento pré-fabricado é elemento pré-moldado executado industrialmente, em instalações permanentes de empresa destinada para este fim (item 3.11). A primeira definição é, entretanto, uma definição genérica equivocadamente confundida com a definição de elemento pré-fabricado. A diferença entre as duas, embora sutil, reside no nível de rigor do controle de qualidade empregado na produção, sendo o pré-fabricado aquele cuja produção possui esse controle mais rigoroso. Desse modo, todo elemento pré-fabricado é pré-moldado, mas nem todo elemento pré-moldado é pré-fabricado.

A ABNT NBR 9062:2006 esclarece que, para ser considerado como pré-fabricado, o elemento necessita cumprir os seguintes requisitos:

- *Ter sido produzido por mão de obra treinada e especializada;*
- *A matéria-prima deve ter sido previamente qualificada por ocasião da aquisição e posteriormente pela avaliação de seu desempenho com base em inspeções de recebimento e ensaios (conforme item 12.2);*
- *Devem ser mantidos permanentemente pelo fabricante: estrutura específica para controle de qualidade, laboratório e inspeção das etapas do processo produtivo, a fim de assegurar que o produto colocado no mercado atenda aos requisitos da referida norma e esteja em conformidade com os valores declarados ou especificados;*
- *O concreto utilizado na moldagem dos elementos pré-fabricados deve atender às especificações da ABNT NBR 12655:2006, bem como apresentar um desvio-padrão máximo de 3,5 MPa a ser considerado na determinação da resistência à compressão de dosagem (f_{cj}), exceto para peças com abatimento do tronco de cone nulo;*
- *A conformidade dos produtos com os requisitos relevantes da ABNT NBR 9062:2006 e com os valores específicos ou declarados para as propriedades dos produtos devem ser demonstrados pela adoção das normas de projeto pertinentes ou ainda por ensaios de avaliação da capacidade experimental e pelo controle de produção de fábrica, incluindo a inspeção dos produtos;*
- *A frequência de inspeção dos produtos deve ser definida de forma a alcançar conformidade permanente do produto e, quando aplicável, atendendo ao disposto em normas específicas;*
- *Os elementos são produzidos com auxílio de máquinas e de equipamentos industriais que racionalizam e qualificam o processo;*
- *Após a moldagem, estes elementos são submetidos a um processo de cura com temperatura controlada, conforme o item 9.6 da ABNT NBR 9062:2006.*

Assim, um elemento pré-moldado não é necessariamente pré-fabricado. Ainda que tenha sido produzido em instalação industrial, o termo "pré-fabricado" só se aplica se a referida instalação atender aos requisitos informados acima.

8.2.1 Vantagens e Desvantagens

No caso do concreto pré-moldado, a grande maioria das vantagens está relacionada à execução de parte da estrutura fora do local de utilização. Entre essas vantagens, destacam-se:

- Racionalização e rapidez na construção, as quais permitem que a estrutura seja concluída em tempo menor que aquele necessário caso fosse produzida em concreto moldado no local ou outro sistema construtivo;
- Favorecimento ao emprego da protensão, que agrega ao pré-moldado (ou pré-fabricado) as vantagens (e desvantagens) do concreto protendido;
- Modulação, que permite a repetibilidade de detalhes e ligações e aumenta o número de reutilizações de fôrmas, gerando economia considerável;
- Possibilidade de reduzir (e até eliminar) o cimbramento;

158 - Projeto, Execução e Desempenho de Estruturas e Fundações

- Grande produtividade da mão de obra em comparação ao concreto moldado no local;
- Melhor aproveitamento das seções resistentes, sobretudo quando se emprega também a protensão, permitindo a obtenção de estruturas mais leves e esbeltas;
- Possibilidade de evitar interrupções nas concretagens, o que permite eliminar a ocorrência de juntas frias, ou de determinar sua ocorrência em posição mais favorável;
- Possibilidade de emprego em regiões de clima frio ou muito frio, permitindo que certas etapas da obra possam ser executadas fora do canteiro, evitando ou reduzindo o tempo da paralização da obra;
- Redução da produção de entulho, contribuindo para a preservação do meio ambiente;
- Organização do canteiro, proporcionando melhores condições de segurança e higiene da obra;
- Possibilidade de mudança de "*layout*" (desde que isso tenha sido previsto no projeto), o que permitiria o desmonte da estrutura sem a perda dos componentes, entre outras vantagens.

As desvantagens do concreto pré-moldado, por outro lado, estão associadas, basicamente, à montagem e execução das ligações, sendo as principais:

- Alto custo de transporte dos elementos da fábrica até o local de utilização definitivo;
- Os veículos de transporte, as vias e as dimensões dos elementos podem dificultar ou mesmo impedir o transporte até o local da obra;
- Os equipamentos de transporte no canteiro e montagem nem sempre estão disponíveis e são de alto custo de locação;
- Condições de acesso e movimentação dos equipamentos de transporte e montagem nem sempre são simples de fornecer.

8.2.2 Etapas do processo de produção de elementos

El Debs (2000) divide em três fases as atividades envolvidas na produção de elementos de concreto prémoldado: a) Atividades preliminares; b) Execução propriamente dita e c) Atividades posteriores. Cada uma destas fases envolve as seguintes etapas:

1) **Atividades preliminares**
   a) **Preparação dos materiais:** inclui armazenamento de agregados, aglomerantes, adições, aditivos e aços, dosagem e mistura do concreto, corte e dobra de aço para armaduras;

   Na armazenagem dos materiais, há que se assegurar adequadas condições de armazenagem para que não ocorra umidificação dos aglomerantes e das adições, e contaminação dos agregados por solo e impurezas, sobretudo as orgânicas. Assegurada a adequada armazenagem, os materiais são preparados conforme o traço e, dependendo das instalações da fábrica (ou do canteiro), podem ainda necessitar de espalhamento para secagem e redução da umidade e/ou de armazenamento até o momento da concretagem.

   b) **Transporte de materiais até o local de trabalho:** inclui o transporte do concreto já misturado até a fôrma, o que normalmente é feito com o auxílio de equipamentos e o transporte da armadura montada ou não;

   É importante ressaltar que, uma vez que se observa perda de trabalhabilidade do concreto no decorrer do tempo, o tempo de transporte do concreto até a fôrma deve ser mínimo, mas suficiente para depositá-lo diretamente na fôrma, evitando reabastecimento com concreto em pontos intermediários do trajeto entre fôrma e betoneira.

2) Execução propriamente dita

c) Preparação da fôrma e da armadura: inclui limpeza da fôrma, aplicação do desmoldante, colocação da armadura montada (ou montagem na própria fôrma), instalação de peças complementares (insertos, alças e outros dispositivos necessários), fechamento da fôrma e, se for o caso, aplicação de pré-tração;

Quanto às armaduras, após o corte e a dobra das barras de aço, a armadura é montada conforme as orientações do projeto, o que pode ocorrer dentro da fôrma, no caso de armaduras muito grandes e/ou muito pesadas; ou em bancadas, no caso de armaduras mais leves que possam ser transportadas com segurança até a fôrma para a concretagem.

d) Moldagem: consiste no lançamento e adensamento do concreto no interior da fôrma a fim de dar forma e textura à peça;

Na moldagem, atentar para o risco de exsudação e segregação em concretos mais fluidos, normalmente empregados em peças muito finas ou naquelas densamente armadas.

A etapa de moldagem é importante para a garantia da qualidade do produto final, seja do ponto de vista estético, seja do ponto de vista mecânico. A definição de traço de concreto em estudo de dosagem favorece a obtenção de concretos de melhor qualidade, pois os materiais são empregados em quantidades tais a fim de proporcionar determinada resistência ou atender determinada condição. Em geral, quanto maior a resistência esperada para o concreto da peça, maior o rigor necessário ao controle tecnológico do concreto, o que envolve a adoção de traços com baixa relação água/cimento, controle da umidade dos materiais, emprego de aditivos superplastificantes ou modificadores de viscosidade (no caso do concreto auto adensável), emprego de adições minerais com atividade pozolânica (por exemplo, a sílica ativa, algumas cinzas volantes, o metacaulim, etc.), de agregados mais resistentes, etc.

e) Adensamento: uma vez produzido o concreto, após seu lançamento no interior da fôrma, realiza-se o adensamento, cujo objetivo é eliminar eventuais bolhas de ar incorporadas ao concreto no momento da concretagem, garantir o preenchimento com concreto de todos os espaços no interior da fôrma assegurando o adequado envolvimento da armadura por esse concreto e, por fim, tornar o concreto o mais compacto possível, já que a porosidade do concreto está diretamente relacionada a sua resistência, sendo maior naqueles de menor resistência. O adensamento pode ser promovido de diversas maneiras: 1) por vibração; 2) por centrifugação; 3) por prensagem e 4) por vácuo.

O adensamento por vibração pode ser realizado interna ou externamente.

A vibração aplicada internamente, muito empregada no concreto moldado no local, consiste na imersão de vibrador de agulha no concreto ainda fresco. Neste tipo de vibração, deve-se tomar cuidado para não manter a agulha por tempo excessivo em determinada posição, pois a vibração concentrada pode afastar os agregados e ocasionar o preenchimento do espaço deixado pela agulha unicamente com pasta, cuja resistência é menor que a do concreto. Ainda, deve-se evitar que a agulha toque a armadura, pois isso pode prejudicar a aderência entre aço e concreto.

Por outro lado, a vibração externa pode ser executada, conforme relato de El Debs (2000), com vibradores fixados à fôrma (procedimento indicado no caso de elementos de pequenas dimensões) ou com vibradores que deslizam pelas laterais da fôrma à medida que o concreto é lançado em seu interior (procedimento indicado para elementos de grandes dimensões). Por fim, a vibração também pode ser realizada em mesas vibratórias, que são estruturas apoiadas elasticamente que vibram as fôrmas colocadas sobre elas. Este procedimento é eficaz, pois elimina grande parte das bolhas de ar incorporado e facilita o acabamento superficial da peça, já que a água de amassamento tende a se acumular numa fina película sobre o concreto, facilitando a atividade de regularização da superfície. Contudo, seu uso está restrito às peças cujas dimensões não excedam às da mesa vibratória e cujo peso esteja de acordo com a capacidade do equipamento. Deve-se cuidar para não aplicar esse tipo de vibração por tempo excessivo e/ou com frequência muito alta a fim de evitar a segregação e exsudação do concreto. Pode-se ainda recorrer à vibração superficial, mas apenas para elementos de pequena espessura, uma vez que nos elementos de grandes dimensões a vibração superficial não se distribui de maneira eficaz em toda a massa de concreto. Por essa razão, nestes elementos, é possível a associação da vibração superficial a outros tipos de vibração para realizar o adensamento.

No adensamento por centrifugação, técnica muito usada na produção de postes e estacas, o concreto ainda fresco é lançado no interior de uma fôrma que gira em relação ao seu eixo longitudinal. A rotação da fôrma gera força centrífuga, a qual atua sobre o concreto comprimindo-o contra as paredes internas da fôrma.

A prensagem é a técnica de adensamento na qual o concreto ainda fresco é comprimido no interior da fôrma. As bolhas de ar incorporado são expulsas pela força de compressão. Por outro lado, o adensamento com vácuo consiste em aplicar pressão negativa no interior da fôrma, que "suga" o ar incorporado ao concreto, tornando-o mais compacto.

f)   Cura do concreto: consiste no procedimento realizado para evitar que, por evaporação, a água que promoverá a hidratação do cimento seja perdida para o ambiente. A ausência de cura, ou cura ineficiente, diminui a resistência do concreto em função da baixa quantidade de cimento que se hidratará e da microfissuração plástica causada pela ascensão da água quando da evaporação.

A cura úmida é um procedimento comum e muito empregado, que pode ser realizado por aspersão ou por imersão. No primeiro caso, a superfície do elemento é mantida úmida, seja pela molhagem recorrente, seja pela colocação de materiais previamente umedecidos. No segundo caso, a peça é mergulhada em água no interior de tanques apropriados. Na cura úmida, a função da água de molhagem ou de imersão é manter a peça saturada de modo a evitar a evaporação da água de amassamento. Mehta e Monteiro (2008) explicam que, em condições normais de temperatura, alguns dos constituintes do cimento começam a se hidratar assim que entram em contato com a água, liberando calor e formando os primeiros produtos das reações. O calor pode acelerar a evaporação da água, reduzindo a quantidade de água necessária para reagir com todo o cimento. Desse modo, os grãos de cimento anidro podem ser envolvidos pelos produtos das reações já formados, diminuindo a velocidade dessas reações. Assim, segundo Mehta e Monteiro (2008), se a peça for mantida saturada, as reações de hidratação não serão desaceleradas, pois a quantidade de grãos de cimento anidro será minimizada.

A cura térmica à vapor, no que tange ao ganho inicial de resistência, é um procedimento mais vantajoso que a cura úmida. Este procedimento consiste em elevar a temperatura do concreto (dentro de certos limites) a fim de acelerar as reações de hidratação do cimento. Isso se explica pelo fato de que a temperatura exerce efeito catalizador sobre as reações de hidratação. Mehta e Monteiro (2008) explicam que, como as reações de hidratação do cimento são lentas, parece que níveis de temperatura adequados devem ser mantidos por tempo suficiente para *fornecer a energia de ativação necessária para que as reações se iniciem. Segundo esses autores, isso permite que o processo de desenvolvimento da resistência, que está associado ao preenchimento progressivo dos vazios com produtos de hidratação, transcorra sem problemas. Ferreira Jr. (2003) recomenda cuidados na condução desse tipo de cura, uma vez que temperaturas elevadas podem reduzir, por vaporização, a água necessária às reações de hidratação, além de gerar elevados gradientes térmicos, os quais podem causar microfissuração interna com consequente perda de resistência.*

El Debs (2000) apresenta alguns casos particulares da cura térmica, são eles: 1) cura com vapor atmosférico, uma combinação de elevação da temperatura e da umidade, cujo ciclo típico é apresentado na Figura 2 e, segundo El Debs (2000) e Mehta e Monteiro (2008), é um tipo de cura bastante empregado na indústria de componentes pré-moldados para acelerar o desenvolvimento da resistência a fim de possibilitar a desmoldagem mais rápida; 2) cura com vapor e pressão (concreto autoclavado); 3) cura com circulação de água ou óleo aquecido no interior de tubos dispostos ao redor da peça; e 4) cura por meio de aquecimento com resistência elétrica. Outros meios, menos usuais, de promover a cura térmica consistem em aquecer a água e os agregados antes da mistura do concreto.

Outra maneira de promover a cura consiste na aplicação de produtos químicos capazes de formar uma película impermeabilizante sobre o concreto, cuja função é reter a água de amassamento na pasta, mantendo-a disponível para as reações com as partículas de cimento. Esta é a chamada cura química.

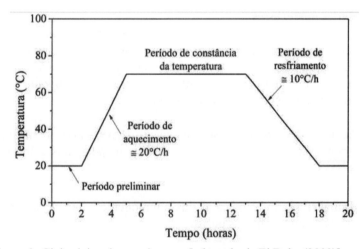

Figura 2: Ciclo típico de cura à vapor [adaptado de El Debs (2000)]

g) Desmoldagem: é o procedimento que sucede a cura, só podendo ser realizada quando a peça atingir resistência suficiente para ser movimentada. El Debs (2000) afirma que a resistência do concreto no ato da desmoldagem depende das solicitações impostas ao elemento nessa fase e recomenda não realizar a desmoldagem quando a resistência do concreto for inferior a 10 MPa, pois podem ocorrer deformações excessivas, perda de resistência em decorrência da fissuração prematura e quebra de cantos e bordas.

Nesta etapa, deve-se tomar cuidado, principalmente, com o manuseio da peça, a fim de se evitarem fissuras ou mesmo a ruptura da peça, que pode ocorrer por resistência insuficiente. Nesse sentido, é importante definir resistência mínima para desforma e assegurar que o concreto tenha resistência suficiente para que a peça seja manuseada, o que se pode obter empregando cimentos de alta resistência inicial.

162 - Projeto, Execução e Desempenho de Estruturas e Fundações

Um cuidado que se deve tomar nesta fase diz respeito ao saque da peça do interior da fôrma, o qual pode ser feito de forma direta, quando a peça é removida da fôrma com o auxílio de dispositivos mecânicos de manuseio; por separação, no caso das fôrmas tipo bateria, em que as peças são concretadas na posição vertical e, após o endurecimento, afastadas umas das outras para o saque; e por tombamento, quando o elemento é moldado na forma em posição horizontal e, após o endurecimento do concreto, a forma é rotacionada até que o elemento (em geral um painel) fique em posição vertical para ser retirado e transportado até o local de armazenagem.

Fôrmas metálicas permitem a remoção de suas faces laterais com relativa facilidade. Fôrmas de madeira, por sua vez, são mais restritivas quando se trata do desmonte para a desmoldagem, pois frequentemente esta atividade causa danos às peças da fôrma. Desse modo, o material da fôrma deve ser escolhido pensando: 1) no número de reutilizações da mesma fôrma; 2) na aderência do concreto ao material da fôrma; 3) na facilidade de montagem e desmontagem da fôrma e 4) na possibilidade de se modificar a fôrma para produzir componente diferente (versatilidade).

A desmoldagem de elementos protendidos é normalmente realizada após a transferência da força de protensão. El Debs (2000) alerta que se a fôrma, ou parte dela, puder restringir a livre deformação do elemento quando a força de protensão for transferida, então a remoção da fôrma (ou de parte dela) deve preceder a desmoldagem.

3) Atividades posteriores

h) Transporte interno: corresponde ao transporte realizado no interior da fábrica, do local onde ocorre a desmoldagem até o local onde ocorre a armazenagem. Alguns componentes podem, entretanto, necessitar de acabamentos específicos, como o polimento. Nesse caso, também se considera transporte interno o transporte realizado do local da desmoldagem até a estação de trabalho em que essa atividade será realizada.

i) Acabamentos finais: inspeção visual da peça para identificação de defeitos, tratamentos finais, como o polimento, remendos e reparos de pequenos defeitos.

j) Armazenagem: estocagem dos componentes, que deve ser realizada em área apropriada para que se evitem danos às peças.

8.2.3 Processos de execução

El Debs (2000) comenta que as atividades de execução de elementos de concreto pré-moldado podem ser realizadas em fôrma estacionária, fôrma móvel ou pista de concretagem. Na execução com fôrmas estacionárias, estas permanecem na mesma posição durante todo o processo de produção enquanto as equipes que realizam as diversas atividades se deslocam até a fôrma para realizarem suas respectivas tarefas, conforme sequência de produção. Por outro lado, a execução em fôrma móvel é aquela na qual as equipes de trabalho se encontram em posições fixas e a fôrma se desloca em direção a elas, para a realização das diversas tarefas na sequência determinada no processo de produção. Já a produção em pista de concretagem consiste na produção sequencial de componentes ao longo de uma linha. Esse processo é geralmente empregado na produção de lajes maciças ou alveolares e painéis, ambos pré-tracionados. Nas pistas de concretagem, pode-se utilizar a extrusão para produzir elementos de concreto pré-moldado com vazios (caso das lajes alveolares) ou sem vazios (caso das vigotas pré-moldadas). El Debs (2000) explica que, nesse caso, um único equipamento lança, conforma, adensa e faz o acabamento do concreto, movendo-se ao longo da pista de concretagem deixando para trás o produto acabado.

El Debs (2000) reforça que a escolha do processo de execução depende, basicamente, da produtividade esperada das equipes de trabalho, dos investimentos realizados na modernização dos equipamentos e das instalações da fábrica, na especialização da produção (produção de poucos tipos diferentes de elementos), da decisão tomada em relação ao emprego da protensão e da geometria dos elementos (se linear, como as vigas e pilares; ou superficial, como as lajes e os painéis).

8.2.4 Fôrmas

A escolha do material adequado para as fôrmas é fundamental para a qualidade do produto final. De maneira geral, elas precisam apresentar as seguintes características apontadas por El Debs (2000):

- Estabilidade dimensional, isto é, as peças da fôrma não podem apresentar variações nas dimensões a fim de assegurar que os elementos produzidos com elas obedeçam às tolerâncias de fabricação definidas no item 5.2.2 da ABNT NBR 9062:2006;
- Baixo custo de manutenção;
- Grande número de reutilizações;
- Baixa aderência ao concreto;
- Facilidade de manuseio, transporte, montagem e desmontagem;
- Estanqueidade, isto é, devem conter o concreto em seu interior, sem vazamentos de nata;
- Versatilidade, isto é, possibilidade de produzir elementos com diferentes seções transversais.

El Debs (2000) aponta que os materiais normalmente empregados são a madeira, o aço, o concreto (ou alvenaria) e o plástico reforçado com fibra de vidro. A escolha do material mais adequado, conforme comenta o mesmo autor, depende da qualidade desejada para o acabamento superficial, das tolerâncias dimensionais necessárias, das dimensões e da geometria dos elementos, do tipo de adensamento e cura a serem empregados e do número de reutilizações.

De maneira geral, no que diz respeito à aderência, concreto e alvenaria são materiais menos adequados para a produção de fôrmas do que madeira. Por outro lado, plástico reforçado com fibra de vidro e aço são materiais que apresentam menor aderência ao concreto. No que diz respeito à estabilidade dimensional, a madeira é menos adequada que os demais. Facilidade de transporte e manuseio são qualidades observadas em fôrmas de aço, madeira e plástico reforçado com fibra de vidro, mas não em fôrmas de concreto ou alvenaria.

As fôrmas mais usadas são as de madeira e as de aço. As primeiras são mais baratas, mas permitem menor número de reutilizações e necessitam de mais manutenção. Por outro lado, as fôrmas de aço são mais caras, permitem maior número de reutilizações e necessitam menos de manutenção.

A fim de facilitar a desmoldagem, El Debs (2000) recomenda recorrer à flexibilidade das fôrmas, caso elas sejam de aço, ou prever inclinação das nervuras em elementos de seção "T" ou "TT" de 1:10 caso sejam usadas fôrmas de madeira ou 1:15 se as fôrmas forem metálicas, pois a inclinação dessas nervuras facilita o saque da peça. El Debs (2000) aponta ainda que cantos retos e agudos nos elementos são mais suscetíveis a sofrerem danos durante o manuseio e, por essa razão, esse autor sugere a execução de chanfros nos cantos retos ou agudos das peças.

Também merecem comentário as fôrmas dos elementos de seção transversal vazada. Esses vazios podem ser executados, basicamente, de três formas: 1) vazio com acesso; 2) fôrma perdida e 3) fôrma recuperável. O vazio com acesso, conforme explica El Debs (2000), é de fácil execução e comumente empregado em peças de grandes dimensões, embora geralmente demande concretagem em mais de uma etapa, aumentando o tempo de produção. Por outro lado, El Debs (2000) relata que a técnica de fôrma perdida para realização de vazios geralmente é empregada para executar vazios de pequenas dimensões e consiste no emprego de tubos de papelão, poliestireno expandido, poliuretano expandido e outros materiais colocados em posições tais que ocupem o lugar da porção de concreto que não é necessária. Ao utilizar esta técnica, deve-se cuidar para que não haja flutuação dos tubos, em razão de sua menor densidade em comparação com o concreto. Por fim, no uso da técnica de fôrma recuperável, El Debs aponta ainda que é possível recorrer aos tubos de aço retirados após o início da pega do cimento. Esse autor também comenta outra possibilidade: o uso de tubos infláveis preenchidos com água ou ar para realizar o vazio com a técnica da fôrma recuperável.

8.2.5 Manuseio e transporte

O manuseio e o transporte dos componentes pré-moldados são realizados, no interior das fábricas, por equipamentos e dispositivos diversos. Para tanto, é importante, nos casos em que os elementos apresentam grandes dimensões e/ou peso elevados, a instalação de dispositivos auxiliares para o manuseio, os quais podem ser internos (laços ou chapas chumbados, orifícios, laços ou argolas rosqueadas posteriormente e dispositivos especiais) ou externos (balancins, prensadores transversais, braços mecânicos e ventosas). Entre os dispositivos internos, os mais comuns são os laços chumbados, mas eles necessitam de remoção e proteção contra a corrosão após a montagem do elemento. Já entre os dispositivos externos, os mais comuns são os balancins.

No transporte interno, realizado no interior da fábrica ou no pátio de armazenagem, os equipamentos mais empregados são as pontes e os pórticos rolantes, pois ambos podem ser usados na desmoldagem, no transporte e no empilhamento dos elementos. A ponte rolante, por ser muito rígida, tem movimentação mais restrita que o pórtico (que possui flexibilidade de movimento), mas não depende de boas condições do solo para se deslocar. Além das pontes e pórticos rolantes, outros equipamentos, menos comuns por não serem capazes de realizar a desmoldagem e o empilhamento, podem ser usados, como os carrinhos rolantes e os monotrilhos.

8.2.6 Armazenagem

Os locais de armazenagem, em geral, ocupam grande parte do terreno das fábricas. Nesses locais, os elementos são estocados para aguardarem que a resistência atinja determinado valor, preferencialmente a resistência de projeto ou, em se tratando de elementos que a empresa produza em grande quantidade, para formação de estoque disponível para a pronta entrega, caso dos elementos com dimensões padronizadas (tubos, lajes alveolares, aduelas, etc.).

El Debs (2000) recomenda que os elementos sejam armazenados sobre duas linhas de apoio, em posição semelhante à definitiva para que não surjam nos elementos esforços não previstos no projeto. Ainda, as pilhas não devem possuir muitos elementos, a fim de evitar deformações excessivas em razão da pouca resistência do concreto no momento da armazenagem. El Debs (2000) salienta que "estufamentos" causados por variações de temperatura e retrações diferenciais nas faces dos elementos também podem ser observados quando os elementos são armazenados em condições adversas.

8.2.7 Transporte externo

O transporte externo é aquele realizado pela malha rodoviária, ferroviária ou aquaviária, da fábrica até o canteiro de obras e, obviamente, não se aplica aos pré-moldados de canteiro. No Brasil, conforme aponta El

Debs (2000), é utilizado apenas o transporte rodoviário, normalmente feito por caminhões, carretas e carretas especiais, estas últimas sendo empregadas no transporte de elementos muito longos.

O transporte é uma fase transitória, na qual a peça encontra-se submetida a efeitos dinâmicos consideráveis que podem causar danos aos elementos e comprometer sua segurança. Desse modo, é importante a adequada fixação dos elementos ao veículo durante a fase de transporte.

Outra dificuldade frequentemente encontrada no transporte externo diz respeito aos gabaritos, os quais são as dimensões máximas que os elementos precisam apresentar para que possam ser transportados nos veículos. No transporte rodoviário, os gabaritos são, em geral, largura inferior a 2,5 m e altura inferior a 4,5 m.

Há outras limitações, como o comprimento e o peso dos elementos, e a distância a ser percorrida. El Debs (2000) comenta que é possível transportar elementos com comprimentos de até 30 m e que, em casos especiais, o comprimento pode chegar a 40 m. Por outro lado, El Debs (2000) aponta que as condições das vias urbanas que dão acesso ao local da obra podem reduzir o comprimento da peça a valores de até 20 m. Isso ocorre porque as dimensões das vias podem dificultar ou impedir as manobras de veículo que esteja transportando elementos de grande comprimento. O peso do elemento é outra dificuldade que pode ser enfrentada. A depender da faixa de peso que a via suporta, a empresa transportadora pode ser obrigada a requerer autorização especial para o transporte de elementos (ou cargas) cujo peso exceda a capacidade da via. Por fim, a distância a percorrer também pode inviabilizar a construção com elementos pré-moldados, pois o custo de transporte se torna excessivo.

8.2.8 Montagem

A etapa de montagem faz referência à execução das ligações e composição da estrutura com os elementos. Nesta etapa, são utilizados equipamentos que se classificam, basicamente, em equipamentos de uso comum, como as autogruas e as gruas de torre, e de uso restrito, como a grua de pórtico e o *"derrick"*.

El Debs (2000) aponta como principal característica das autogruas a grande mobilidade e afirma que elas são o principal equipamento de montagem usado nos canteiros, sobretudo aquelas com capacidade de cargas de 20 t e 50 t. A limitação a esses equipamentos se resume aos edifícios altos, para os quais são mais adequadas as gruas de torre, que podem ser fixas ou móveis.

As gruas de pórtico são estruturas de grandes dimensões instaladas sobre a obra. Os *"derricks"*, por outro lado, são estruturas de grande capacidade, mas de pequena mobilidade e por isso são pouco usuais.

Há que se mencionar ainda os guindastes acoplados aos caminhões, frequentemente empregados na montagem de elementos leves.

A respeito da escolha dos equipamentos a serem usados na montagem, El Debs (2000) aponta alguns aspectos que podem orientar essa escolha, são eles:

- Pesos, dimensões e raios de levantamento das peças mais pesadas e maiores;
- Número de levantamentos a serem feitos e frequência das operações;
- Mobilidade requerida, condições de campo e espaço disponível;
- Necessidade de transportar os elementos levantados;
- Necessidade de manter os elementos no ar por longos períodos;
- Condições topográficas de acesso;
- Disponibilidade e custo do equipamento.

166 - Projeto, Execução e Desempenho de Estruturas e Fundações

Nesta etapa, é importante a elaboração de um plano de montagem a fim de assegurar a rapidez da construção, a segurança e o comportamento esperado da estrutura. O plano de montagem deve considerar o cronograma da obra e suas relações com a produção a fim de possibilitar a definição adequada da sequência de montagem, na qual devem estar previstas todas as medidas a serem tomadas para garantir a segurança e a estabilidade da estrutura durante a montagem (escoramentos, apoios temporários, etc.) a fim de evitar o surgimento de esforços não previstos e não considerados no projeto, ou a perda de equilíbrio da estrutura ou de parte dela.

Recomendações para a montagem de estruturas compostas por elementos de concreto pré-moldado podem ser encontradas no manual elaborado pela Associação Brasileira da Construção Industrializada de Concreto (ABCIC) em parceria com o NetPré da Universidade Federal de São Carlos (NETPRE-UFSCar).

8.2.9 Considerações sobre o projeto e o dimensionamento

De acordo com El Debs (2000), os princípios gerais que norteiam o projeto de estruturas de concreto pré-moldado são: 1) conceber o projeto pensando na utilização do concreto pré-moldado; 2) resolver as interações da estrutura com as outras partes da construção; 3) minimizar o número de ligações; 4) minimizar o número de tipos de elementos; 5) utilizar elementos da mesma faixa de peso.

El Debs (2000) explica que a concepção do projeto pensando na aplicação da pré-moldagem é uma tarefa particularmente difícil, pois requer incluir o planejamento da construção na fase de projeto (o que normalmente não ocorre na construção com concreto moldado no local), mas que permite que sejam mais bem exploradas as potencialidades do concreto pré-moldado. Desse modo, El Debs (2000) recomenda que sejam levadas em consideração na elaboração do projeto as características favoráveis e desfavoráveis nas várias etapas da produção: a execução dos elementos, o transporte, a montagem e a execução das ligações.

O projeto da estrutura precisa, ainda, ser compatível com os demais projetos (instalações elétricas, hidráulicas, incêndio, automação, ar condicionado, etc.), com as esquadrias e outros elementos e com os sistemas de impermeabilização e de isolamento térmico. Isso é necessário, pois eventuais incompatibilidades de projeto ou da estrutura com os demais componentes da edificação detectadas no momento da construção resultam em prejuízos financeiros e, principalmente no comportamento estrutural e na aparência da construção. Um exemplo dessa integração é a previsão de furos em vigas e nervuras de painéis "TT" para passagem de tubulações de água e/ou esgoto.

A minimização do número de ligações contribui para a atenuação de uma das principais dificuldades do sistema: a execução das ligações. Trata-se de um princípio que está relacionado ao tamanho dos elementos e que, por isso, pode não ser fácil de empregar a depender das limitações das vias de acesso e dos equipamentos de içamento. Nesse sentido, também se recomenda minimizar o número de tipos de elementos e de suas variações, o que está relacionado à padronização da produção, já que ela é seriada, e ao uso das mesmas fôrmas para produzir peças de diferentes tamanhos. Além disso, a padronização proporciona repetibilidade à montagem, o que facilita essa fase. Assim, é importante reforçar que o número de sequências de montagem definidas no plano comentado no item 2.8 deste capítulo deve ser igual ao número de ligações diferentes a serem executadas na obra.

A utilização de elementos da mesma faixa de peso tem relação, segundo El Debs (2000), com a racionalização da etapa de montagem. Esse autor explica que, se houver elementos de pesos muito diferentes, os equipamentos de montagem serão mal aproveitados, pois seu dimensionamento será feito para os elementos de maior peso. Caso não seja possível trabalhar com elementos da mesma faixa de peso, é possível contornar esse inconveniente utilizando equipamentos de diferentes capacidades.

El Debs (2000) ressalta que esses princípios não são regras, mas diretrizes que norteiam o projeto. Dessa forma, a não observância de um ou de todos eles não implica necessariamente na inviabilização técnica e econômica da construção com concreto pré-moldado, pois todos os casos devem ser analisados de acordo com as próprias especificidades.

Ainda, a respeito do projeto, cabe mencionar que o dimensionamento de vigas, lajes (maciças) e pilares é feito segundo a ABNT NBR 6118:2014, da mesma forma que os elementos de concreto armado moldado no local, ficando a ABNT NBR 9062:2006 encarregada de especificar tolerâncias dimensionais e fornecer modelos para o dimensionamento das ligações. Para as lajes alveolares pré-moldadas de concreto protendido, a norma ABNT NBR 14861:2011 fixa os procedimentos de projeto, produção e montagem.

Em Allen e Iano (2013), podem ser encontradas algumas sugestões para o pré-dimensionamento de lajes maciças e alveolares, painéis "T" ou "TT", vigas "T" e pilares de concreto pré-moldado. Allen e Iano (2013) reforçam que são apenas aproximações válidas para um esboço inicial do projeto e não devem ser consideradas como dimensões definitivas. As sugestões trazidas por Allen e Iano (2013) referem-se a edifícios residenciais, comerciais, institucionais e edifícios garagem.

8.2.10   Principais componentes

Elementos estruturais de concreto pré-moldado (e protendido) são resistentes e esbeltos em relação ao vão, exatos, repetitivos e com alto grau de acabamento. Eles combinam a montagem rápida, em qualquer tipo de clima, das estruturas de aço com as propriedades de resistência ao fogo das estruturas de concreto moldado no local, resultando em estruturas econômicas para muitos tipos de edifícios (ALLEN e IANO, 2013).

Tomando vantagem desses aspectos, diversos componentes de concreto pré-moldado têm sido produzidos e empregados na construção de diversos tipos de obras. Entre os elementos mais utilizados, destacam-se as vigas, as lajes e os painéis, e os pilares comentados a seguir. Outros elementos, como os painéis, os tubos, as escadas e as aduelas são também muito comuns. Menos comuns são os dormentes, usados nas vias férreas, os elementos de arquibancada, os módulos pré-moldados, unidades completas que podem ser utilizadas desde a construção de habitações populares até celas em instalações prisionais, etc.

8.2.10.1 Vigas

Allen e Iano (2013) relatam que as vigas de concreto pré-moldado são produzidas geralmente em concreto armado ou protendido, com seções transversais padronizadas, mas diversificadas. As mais comuns são, provavelmente, as vigas de seção retangular, "I", "T", "T" invertido e "L". Allen e Iano (2013) comentam a utilidade dos dentes salientes nas seções "T" invertido e "L", que podem ser utilizadas como apoio direto a lajes pré-moldadas. Ainda, é comum o uso das chamadas *"pré-vigas"*, que são vigas de seção parcial, isto é, aquelas nas quais a seção transversal resistente ainda não está completa, o que só ocorre após aplicação de concreto moldado no local, já na obra.

8.2.10.2 Lajes e painéis

Allen e Iano (2013) relatam que os elementos pré-moldados de laje maciça ou alveolar e painéis "T" ou "TT" são frequentemente usados na execução de lajes de piso e de cobertura em edifícios de múltiplos pavimentos com as mais diversas finalidades.

Allen e Iano (2013) explicam que as lajes maciças são mais adequadas para pequenos vãos e, quando se deseja que o pavimento tenha a menor espessura possível; as lajes alveolares são mais adequadas para vãos intermediários, pois os vazios longitudinais substituem parte do concreto sem função estrutural, reduzindo o peso próprio e, para grandes vãos, são mais adequados os painéis "T" e "TT", capazes de substituir parte ainda maior de concreto sem função estrutural, além de dispensar os suportes temporários para evitar o tombamento durante a montagem. No caso dos grandes vãos, as lajes maciças também podem ser utilizadas. Contudo, a exigência de maior espessura para essas lajes compromete seu desempenho estrutural em razão do excessivo peso próprio. As lajes maciças e alveolares, em edifícios de múltiplos pavimentos, normalmente resultam em edifícios de menor altura total, já que suas faces lisas podem ser pintadas e utilizadas como acabamento final do teto em muitas aplicações.

De modo geral, conforme apontam Allen e Iano (2013), as lajes são produzidas com acabamento superficial rugoso para, após a execução das ligações, receberem capa de concreto moldado no local que se torna parte resistente da seção transversal.

Allen e Iano (2013) alertam para a existência de um número considerável de soluções econômicas para um mesmo vão com diferentes tipos de lajes pré-moldadas, proporcionando ao projetista alguma liberdade na escolha do elemento a ser utilizado em cada situação.

8.2.10.3 Pilares

Os pilares de concreto pré-moldado, por outro lado, apontam Allen e Iano (2013), geralmente possuem seção transversal retangular ou quadrada, podendo ser executadas em concreto armado ou protendido. Os pilares pré-moldados podem ter, ou não, consolos de concreto para apoio direto de vigas de concreto pré-moldado e chaves de cisalhamento para a melhor transferência de esforços no caso dos pilares que se conectam a cálices de fundação pré-moldados.

8.3 CONCRETO PROTENDIDO

Protensão é o artifício de introduzir em uma estrutura um estado prévio de tensões de compressão para melhorar o comportamento da mesma frente às diversas solicitações. O concreto obtido pela aplicação desse artifício é chamado concreto protendido, sendo sua armadura chamada de armadura ativa.

Carvalho (2012) explica que, nos elementos de concreto armado fletidos, a armadura principal (passiva e composta de barras de aço), é geralmente colocada próxima às regiões tracionadas e só passa a trabalhar quando o concreto que a envolve começa a se deformar, isto é, após a retirada do escoramento. Carvalho (2012) complementa que, nos elementos de concreto protendido fletidos, ainda que não ocorra a retirada do escoramento, a armadura principal já trabalha, pois é pré-alongada antes que cause deformações ao concreto. Neste caso, essa armadura é chamada de armadura ativa.

8.3.1 Vantagens e Desvantagens

Conforme apontam Cholfe e Bonilha (2013), as principais vantagens do concreto protendido são:

- Redução das tensões de tração provocadas pela flexão, diminuindo (ou até eliminando) a ocorrência de fissuras e proporcionando maior proteção das armaduras contra a corrosão, grande responsável pela redução da vida útil das estruturas;
- A protensão equilibra grande parcela do carregamento da estrutura, reduzindo deslocamentos finais (flechas) e garantindo a qualidade do acabamento final;
- Redução das quantidades necessárias de concreto e de aço, devido ao emprego eficiente de materiais de maior resistência, permitindo, dessa maneira, que as estruturas sejam mais leves e esbeltas;

- Redução do valor da força cortante e das tensões principais de tração, promovendo a redução da quantidade de estribos;
- Equilibra grande parte do carregamento atuante, podendo ser encarada como prova de carga para a peça protendida;
- Maior resistência à fadiga;

Carvalho (2012) complementa as vantagens apresentadas por Cholfe e Bonilha (2013) com as seguintes:

- Favorece o uso da pré-moldagem;
- Boa resistência ao fogo;
- Ótima qualidade do acabamento;
- Manutenção simples e de menor custo que as estruturas de aço e madeira;
- Como aço e concreto são mobilizados durante a protensão (principalmente o aço, que recebe tensões próximas a que determina o escoamento), costuma-se afirmar que a estrutura protendida já tem a resistência dos seus materiais constituintes testada.

Acrescentam-se ainda como vantagens:

- Ótima relação custo-benefício;
- Segurança.

Por outro lado, podem ser apresentadas para o concreto protendido as seguintes desvantagens:

- O concreto de maior resistência exige controle tecnológico mais rigoroso, pois as altas tensões na armadura podem comprimir excessivamente o concreto, caso sua resistência esteja menor que a de projeto em razão de controle tecnológico insatisfatório;
- Os aços de protensão exigem cuidados maiores contra a corrosão;
- O posicionamento dos cabos deve ser feito com grande precisão para evitar comportamento inadequado, uma vez que a força de protensão é muito alta nos cabos e desvios significativos em sua excentricidade podem ocasionar esforços adicionais não previstos no projeto;
- Exige equipamentos específicos e mão de obra treinada e especializada;
- Necessita de controle permanente do alongamento dos cabos para monitorar a força de protensão e evitar que ela seja maior que a necessária (risco de esmagamento do concreto) ou menor (risco de comportamento insuficiente).

Cholfe e Bonilha (2013) acrescentam as seguintes desvantagens:

- Erros de projeto ou de construção podem resultar em ruína. O item 17.2.4.2 da ABNT NBR 6118:2014 recomenda verificar o Estado Limite Último no ato da protensão;
- O projeto das estruturas protendidas, além de verificações e detalhamentos mais abrangentes, deve conter também procedimentos executivos para a construção e uso da estrutura.

Enquanto Carvalho (2012) completa as desvantagens com estas:

- Peso final relativamente alto se comparado às estruturas metálicas e de madeira;
- Necessita de escoramento e tempo de cura para peças moldadas no local;
- Alta condutibilidade de som e calor;
- Dificuldade, em algumas situações, para execução de reformas.

8.3.2 Aplicações

As possibilidades de aplicação mais usuais se referem à execução de vigas e lajes de edifícios; em pontes e viadutos; em lajes maciças e nervuradas; em pontes segmentadas; em estacas pré-moldadas protendidas; em dormentes de concreto; em estruturas de contenção; em silos e reservatórios; em pisos industriais; em monumentos, cascas e outras aplicações. A Figura 3 ilustra alguns exemplos de aplicação da protensão.

Figura 3: Exemplos de aplicação da protensão na construção civil

8.3.3 Tipos de protensão

A protensão pode ser classificada da seguinte maneira: 1) quanto ao processo executivo; 2) quanto à aderência; 3) quanto ao nível e 4) quanto à posição dos cabos.

Com relação ao processo executivo, a protensão pode ser do tipo pré-tração ou pós-tração. A pré-tração normalmente ocorre em pistas de protensão e se caracteriza pelo estiramento dos cabos antes da concretagem. Por outro lado, na pós-tração o estiramento dos cabos se dá após o endurecimento do concreto (normalmente após a desforma). Em ambos os casos, a transferência da força de protensão à peça é feita somente após o concreto atingir a resistência determinada para este fim em projeto.

No que diz respeito à aderência, a protensão pode ser aderente ou não aderente. No primeiro caso, a armadura protendida é solidária ao concreto que a envolve, sendo tal solidarização promovida pela injeção de nata de cimento no interior de bainhas metálicas previamente inseridas na armadura da peça antes da concretagem de forma a definir a trajetória da armadura ativa. A protensão não aderente, por outro lado, é aquela na qual não existe aderência entre a armadura ativa e o concreto, sendo normalmente executada com cabos engraxados. RUDLOF (2012) aponta que o emprego da protensão aderente é justificado, principalmente, pelo comportamento solidário da armadura ativa e do concreto, que permite, inclusive, que, na ocorrência de um corte ou ruptura do cabo, seu comprimento remanescente conserve a protensão. Por outro lado, RUDLOF (2012) explica que o emprego de protensão não aderente se justifica pelo uso de equipamentos mais leves que os empregados na protensão aderente, pela competitividade da técnica frente ao concreto armado convencional para edifícios de pequenos vãos, pela maior facilidade de manuseio dos cabos, que são mais leves e flexíveis que os empregados no sistema aderente, permitindo o melhor aproveitamento da seção resistente.

De acordo com o item 13.4.2 da ABNT NBR 6118:2014, com relação ao nível, a protensão pode ser parcial, limitada ou completa. A protensão parcial é indicada nos casos de pré-tração em ambiente com classe de agressividade I (fraca) e pós-tração em ambiente com classe de agressividade I e II (fraca a moderada). Por sua vez, a protensão limitada é indicada para pré-tração em ambiente com classe de agressividade II (moderada) e pós-tração em ambiente com classe de agressividade III e IV (forte a muito forte). Já a protensão completa é indicada quando se deseja empregar pré-tração em ambientes com classe de agressividade III e IV (forte e muito forte).

Por fim, a protensão se classifica também com relação à posição dos cabos na seção, podendo ser interna, quando a armadura ativa está mergulhada no concreto, seja diretamente ou por meio das bainhas; ou externa, quando a armadura ativa se encontra fora da seção transversal, normalmente fixada à peça por dispositivos metálicos conhecidos por desviadores (que determinam sua trajetória, normalmente poligonal) e ancorada à estrutura por meio de blocos de ancoragem.

8.3.3.1 Escolha do nível e do tipo de protensão

A escolha do nível de protensão (parcial, limitada ou completa) está condicionada às classes de agressividade ambiental do local no qual a construção será realizada, as quais são definidas no item 6.4.2 da ABNT NBR 6118:2014.

Além do nível de protensão, outra escolha deve ser feita: o processo executivo pelo qual a protensão será aplicada. Veríssimo e César Jr. (1998) apontam que o custo é o principal fator interveniente nessa escolha, já que o local da obra e a distância em relação à empresa que realizará a protensão, entre outros fatores, implicam em exigências de transporte e montagem que, muitas vezes, podem aumentar o custo de maneira significativa.

Nesse sentido, apresentam-se a seguir alguns detalhes técnicos que podem auxiliar na tomada dessa decisão, os quais foram extraídos na íntegra de Veríssimo e César Jr. (1998).

- Para cabos curtos, com comprimentos de até 10 m, os processos que adotam ancoragem em cunha são menos adequados em razão das maiores perdas de protensão por acomodação da ancoragem. Nesses casos, os processos que adotam ancoragens rosqueadas funcionam melhor, pois permitem controlar com maior precisão a força de protensão e o alongamento;
- Para cabos muito longos que apresentem curvaturas, os processos que utilizam fios ou cordoalhas lisas são mais adequados. Na utilização de armaduras ativas compostas de barras nervuradas, as perdas por atrito podem ser prejudiciais;

- Em cabos de grande comprimento, quando as perdas de protensão por atrito e a soma dos ângulos de mudança de direção são grandes, deve-se escolher processos que permitam um "sobretensionamento" e afrouxamento repetidos, o que é difícil de obter no caso de ancoragem direta por meio de cunhas;
- Para cabos que devem ser instalados na vertical, ou com declividade muito acentuada, é preferível adotar barras de protensão de diâmetro elevado do que cordoalhas ou feixes, porque as barras se mantêm nessa posição por conta própria sem a necessidade de sustentação ou de enrijecedores;
- No caso de protensão de lajes, a escolha da bitola do cabo de protensão, dimensionada de acordo com a força de protensão admissível, deve ser feita de modo que a distância entre os cabos não seja muito grande. O diâmetro da bainha depende também do tamanho do cabo, e não deve ser maior que ¼ da espessura da laje ou da alma da viga. Quando os cabos se cruzarem, como ocorre nas lajes cogumelo, a soma das alturas de ambos os cabos não deverá ultrapassar ¼ da espessura da laje;
- Deve-se evitar cabos únicos em vigas para que o eventual colapso desse cabo isolado não conduza a sua ruptura imediata. Adotam-se cabos isolados em vigas somente quando há armadura passiva suficiente para evitar uma ruptura da peça. Em geral, são utilizados de 2 a 3 cabos por viga para que ocorra uma melhor distribuição da força de protensão que se introduz na extremidade da viga.

8.3.4 Requisitos de durabilidade

Uma das principais inovações da ABNT NBR 6118:2003, a qual foi mantida na ABNT NBR 6118:2014, foi apresentar requisitos de durabilidade mais explícitos para o projeto de estruturas de concreto armado e protendido, que permitem escolher o nível de protensão de modo a evitar a ocorrência da corrosão, sobretudo nas estruturas de concreto protendido. Esses requisitos fixam, basicamente, no caso do concreto protendido, os cobrimentos mínimos das armaduras ativas e passivas, as classes de resistência mínimas para o concreto (ou relação a/c máximas) e os estados limites de serviço a serem atendidos (e combinações de ações a serem usadas), os quais dependem do nível de protensão (parcial, limitada ou completa), da classe de agressividade ambiental (de fraca a muito forte) e do tipo de protensão (pré-tração ou pós-tração).

Veríssimo e César Jr. (1998) comentam que a corrosão em armaduras ativas é mais preocupante por duas razões. A primeira delas é que normalmente os fios têm pequena seção transversal, e a segunda é que o aço, quando submetido a elevadas tensões, fica mais suscetível à corrosão. Veríssimo e César Jr. (1998) explicam que a chamada "*corrosão intercristalina sob tensão*" e o fenômeno da fragilização sob ação do hidrogênio, que também é conhecido como "*corrosão catódica sob tensão*", são mais perigosos que a corrosão ordinária. Esses fenômenos podem ocorrer devido à existência simultânea de umidade, tensões de tração e certos compostos químicos, como os íons cloreto, nitrato, sulfeto e sulfato e alguns ácidos. Veríssimo e César Jr. (1998) comentam ainda que esse tipo de corrosão, que não é detectada exteriormente, dá origem a fissuras iniciais de pequena abertura e pode, depois de algum tempo, conduzir a uma ruptura frágil.

8.3.5 Etapas do processo de protensão

O procedimento de protensão depende do processo executivo. No caso de ser empregada a pré-tração, a protensão normalmente ocorre em pistas de concretagem e, desse modo, o procedimento empregado na pré-tração difere do procedimento geral, adequado à pós-tração.

8.3.5.1 Pré-tração

A pré-tração é muito utilizada na produção de pré-moldados de concreto protendido. Conforme explicam Veríssimo e César Junior (1998), nas pistas de protensão, a armadura ativa é posicionada, ancorada em blocos nas cabeceiras e tracionada. Em seguida, a armadura passiva é colocada (se necessário), o concreto é lançado e adensado, seguindo-se a fase de cura, após a qual as fôrmas são retiradas, os equipamentos que mantinham os cabos tracionados são liberados e os fios são cortados com o auxílio de esmeril, transferindo a força de protensão para o concreto por meio da aderência, que nessa ocasião já deve estar suficientemente desenvolvida.

8.3.5.2 Pós-tração

Conforme descreve RUDLOF (2012), a operação de protensão com pós-tração é aplicada com o auxílio de atuadores hidráulicos e bombas de alta pressão. Normalmente, o procedimento executivo é composto pelas etapas de preparação, colocação do equipamento, protensão das cordoalhas, cravação e acabamento. A seguir, apresenta-se breve descrição retirada de RUDLOF (2012) das etapas do procedimento executivo da pós-tração.

Na preparação, as fôrmas dos nichos devem ser retiradas, seguindo-se a limpeza, quando necessária, da área de apoio do bloco de ancoragem. Em seguida, deve ser feita a colocação do bloco e das cunhas de ancoragem. Após o concreto atingir a resistência mínima indicada no projeto estrutural, deve ser providenciado o posicionamento do atuador hidráulico e de seus acessórios.

A operação de protensão é, então, realizada pelo acionamento do atuador hidráulico, pela bomba de alta pressão. As cordoalhas são tracionadas obedecendo à força e à sequência definidas no projeto estrutural. Deve-se registrar a pressão indicada no manômetro e o correspondente alongamento dos cabos para controle da força de protensão, a fim de evitar esmagamento do concreto.

A etapa de ancoragem/cravação tem início quando o atuador atingir a pressão e/ou o alongamento indicados no projeto estrutural. Nesse momento finaliza-se a protensão. A pressão no atuador é aliviada e as cordoalhas se ancoram automaticamente no bloco. Em seguida, é feita a remoção do equipamento de protensão.

A fase de acabamento começa após a liberação da protensão, quando é feito o corte das pontas das cordoalhas e, posteriormente, o fechamento dos nichos, sucedendo-se a injeção de nata de cimento no interior das bainhas, no caso de protensão aderente.

A injeção com nata deve atender às exigências especificadas na parte I da norma ABNT NBR 7681:2013, mais precisamente quanto às características físicas e químicas da nata a fim de assegurar a exequibilidade da etapa de injeção e evitar agressão química ao aço de protensão.

8.3.6 Considerações sobre o projeto e o dimensionamento à flexão

O dimensionamento à flexão de estruturas protendidas pode ser feito de duas maneiras distintas: 1) dimensionamento em Estado Limite Último e 2) dimensionamento em Estado Limite de Serviço.

Devem ainda ser levadas em consideração as perdas de protensão pertinentes a cada caso, a depender do tipo de protensão adotado (pré-tração, pós-tração com aderência posterior ou pós-tração não aderente).

8.3.6.1 Dimensionamento em Estado Limite Último

A Figura 4 apresenta o modelo mecânico de uma viga de seção retangular, no qual estão incluídas as resultantes de tração da armadura ativa e de compressão do concreto.

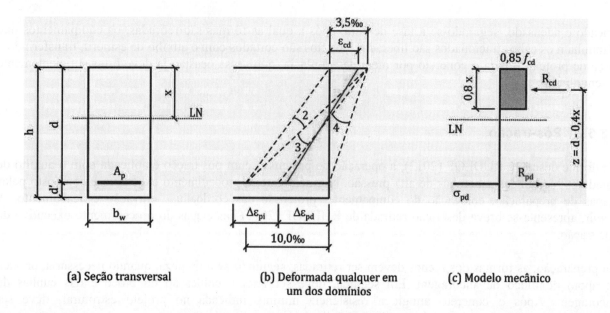

(a) Seção transversal   (b) Deformada qualquer em um dos domínios   (c) Modelo mecânico

Figura 4: Modelo mecânico de uma seção retangular de concreto protendido submetido à flexo-compressão excêntrica

A solução desse problema consiste em determinar a posição da linha neutra de modo a atender às condições de equilíbrio e compatibilidade de deformações na seção sem violar os limites de deformação permitidos pelos modelos constitutivos do concreto e do aço, especificados na ABNT NBR 6118:2014.

O dimensionamento pode ser feito de maneira simples empregando equações com parâmetros adimensionais. Em princípio, avalia-se em qual domínio de dimensionamento está a seção pelo cálculo do parâmetro µ, dado pela Equação 1. Os limites dos domínios dependerão dos requisitos de ductilidade estabelecidos pela ABNT NBR 6118:2014, os quais, por sua vez, dependem da classe de resistência do concreto. Na fronteira dos domínios 2 e 3, o aço encontra-se com deformação igual a 10‰ no baricentro da armadura, enquanto o concreto encontra-se com a deformação máxima de compressão, igual a 3,5‰. Assim, da compatibilidade de deformações, chega-se a µ = 0,158. Já na fronteira dos domínios 3 e 4, o valor de µ = 0,251 para concretos com $f_{ck} \leq 50$ MPa e µ = 0,205 para concretos com 50 MPa < $f_{ck} \leq 90$ MPa.

$$\mu = \frac{M_d}{f_{cd} \cdot b_w \cdot d^2}$$ (Equação 1)

em que:

µ = parâmetro adimensional;
M_d = valor de cálculo do momento fletor solicitante;
f_{cd} = valor de cálculo da resistência à compressão do concreto;
b_w = largura da seção transversal;
d_p = altura útil da armadura ativa (distância entre o centroide dessa armadura e a fibra superior);

Em seguida, determina-se a posição x da linha neutra calculando o parâmetro ξ pela Equação 2, com o qual se calcula o braço de alavanca φ do binário formado pelas resultantes de compressão (bloco de compressão) e tração (armadura ativa) pela Equação 3.

$$\xi = \frac{x}{d_p} = 1,25 \cdot \left[1 - \sqrt{1 - \frac{1,6 \cdot \mu}{0,68}}\right]$$ (Equação 2)

$$\varphi = 1 - 0,4 \cdot \xi \qquad \text{(Equação 3)}$$

Por fim, determina-se a área de aço A_p necessária para resistir ao momento solicitante, empregando a Equação 4. Nessa equação, σ_{pd} corresponde à tensão de tração que atua na armadura ativa, que depende de sua deformação, a qual é definida pela soma da deformação de pré-alongamento com aquela causada pela solicitação, que é função da posição da linha neutra. A relação entre esta tensão e sua correspondente deformação deve obedecer ao modelo constitutivo definido no item 8.4.5 da ABNT NBR 6118:2014.

$$A_p = \frac{M_d}{\varphi \cdot d_p \cdot \sigma_{pd}} \qquad \text{(Equação 4)}$$

Cholfe e Bonilha (2013) apresentam as equações 5, que fornecem os valores de σ_{pd} para os diversos aços empregados na protensão. Nestas equações, σ_{pd} é obtido em MPa com ε_{pd} informado em ‰.

Para aço CP 175
$$6,865‰ < \varepsilon_{pd} < 40‰$$
$$\sigma_{pd} = 1373 + 4,4666 \cdot \left(\varepsilon_{pd} - 6,865 \right) \qquad \text{(Equação 5a)}$$

Para aço CP 190
$$7,430‰ < \varepsilon_{pd} < 40‰$$
$$\sigma_{pd} = 1486 + 5,0967 \cdot \left(\varepsilon_{pd} - 7,430 \right) \qquad \text{(Equação 5b)}$$

Para aço CP 210
$$8,215‰ < \varepsilon_{pd} < 40‰$$
$$\sigma_{pd} = 1643 + 5,7412 \cdot \left(\varepsilon_{pd} - 8,215 \right) \qquad \text{(Equação 5c)}$$

Alternativamente, podem-se empregar combinações de armaduras ativas e passivas. Para isto, fixa-se o que, segundo Hanai (2005), Thürlimann define como Grau de Protensão, que nada mais é que uma relação entre as resultantes de tração de uma solução apenas com armadura ativa e de uma solução com ambas as armaduras, como mostra a Equação 6. De outra forma, o Grau de Protensão representa a média ponderada das áreas de aço das armaduras ativa e passiva (A_s) utilizando como ponderadores suas respectivas tensões.

$$G_p = \frac{A_p \cdot \sigma_{pd}}{A_p \cdot \sigma_{pd} + A_s \cdot \sigma_{sd}} \qquad \text{(Equação 6)}$$

Em que:

G_p = grau de protensão;
σ_{sd} = valor de cálculo da tensão de escoamento da armadura passiva.

Dimensionada, a seção requer posterior verificação dos Estados Limites de Serviço, a partir dos quais se assegura que a peça estará sob protensão parcial, limitada ou completa, conforme o tipo de protensão (pré-tração ou pós-tração) e as classes de agressividade ambiental (CAA I a IV), conforme especificado no item 13.4.2, Tabela 13.4, da norma ABNT NBR 6118:2014. Aqui cabem duas observações importantes: 1) sendo protendida, a seção requer verificação do que se chama "*estado em vazio*" ou "*ato da protensão*", que nada mais é que a situação na qual a peça se encontra submetida apenas ao peso próprio e à força de protensão e 2) a liberação da protensão pode ocorrer antes que a peça tenha atingido a resistência de projeto, desse modo é importante verificar a peça na idade da protensão. Na eventualidade de ser pré-moldada, a peça deverá, também, atender às verificações das fases transitórias (armazenagem, transporte, montagem, etc.). Ainda,

176 - Projeto, Execução e Desempenho de Estruturas e Fundações

sendo a protensão realizada em mais de uma etapa, a peça precisa ser verificada nas diferentes idades de protensão.

8.3.6.2 Dimensionamento em Estado Limite de Serviço

O dimensionamento em Estado Limite de Serviço parte da definição do nível de protensão (parcial, limitada ou completa), a partir do qual se definem quais são os Estados Limites de Serviço a serem verificados e que combinações de ações devem ser empregadas nessas verificações. Nesta alternativa de dimensionamento, determina-se, pela equação (7), para cada Estado Limite de Serviço, o valor de uma força no tempo infinito que atenda aos limites de tensão especificados na definição do próprio Estado Limite de Serviço que se está verificando.

$$\sigma = \frac{P_\infty}{A_c} + \frac{P_\infty \cdot e}{W} + \frac{M}{W} \qquad \text{(Equação 7)}$$

Em que:

P_∞ = força de protensão aplicada na seção no tempo infinito;
A_c = área da seção bruta de concreto;
e = excentricidade da força de protensão;
M = momento solicitante;
W = módulo resistente da seção em relação aos bordos inferior (na verificação do bordo inferior) e superior (na verificação do bordo superior). Atentar para o fato de que o módulo resistente é negativo se medido acima do centro de gravidade da seção transversal.

A força de protensão a aplicar na seção é aquela que satisfaz simultaneamente aos Estados Limites de Serviço que devem ser verificados. Com esta força, determina-se a área de aço pela Equação 8.

$$A_p = \frac{P_\infty}{\sigma_{pd}} \qquad \text{(Equação 8)}$$

Determinada a área de aço, verifica-se em seguida se a solução encontrada atende ao Estado Limite Último, cabendo aqui também as verificações do estado em vazio e da peça na(s) idade(s) da protensão.

8.3.6.3 Considerações sobre o traçado dos cabos

Veríssimo e César Jr. afirmam que o traçado dos cabos é fundamental para a configuração final dos esforços em uma peça de concreto protendido. Esses autores explicam que o traçado dos cabos deve ser projetado em função das ações atuantes na peça e depois ajustado para atender particularidades de cada situação, uma vez que o objetivo da protensão é atuar em sentido oposto ao dos esforços introduzidos pelas ações externas. Desse modo, é ideal que os esforços de protensão variem proporcionalmente aos esforços externos, o que pode ser obtido, conforme apontam Veríssimo e César Jr. (1998), se o traçado dos cabos acompanhar o diagrama de momentos fletores produzidos pelo carregamento externo.
Na definição do traçado dos cabos, Veríssimo e César Jr. (1998) alertam que o projetista deve sempre tentar utilizar as menores curvaturas e o menor número de curvas possíveis, a fim de reduzir as perdas por atrito, que dependem desses dois fatores.

Veríssimo e César Jr. (1998) alertam que, além do efeito do carregamento, outros fatores influenciam no projeto do traçado dos cabos. Esses autores comentam que, no caso das peças pré-tracionadas, o processo executivo proporciona apenas duas opções para o traçado dos cabos: retangular e poligonal. Já nas peças com cabos pós-tracionados colocados no interior de bainhas flexíveis, esses autores apontam a associação de trechos parabólicos e retilíneos como o traçado mais comum. Veríssimo e César Jr. (1998) complementam que, em vigas protendidas de grande porte, muitas vezes é necessário utilizar vários cabos para obter a protensão necessária e, frequentemente, a área das faces extremas da viga não proporcionam o espaço necessário para a colocação das peças de ancoragem para todos os cabos. Esses autores explicam que, quando isso ocorre, o traçado dos cabos é projetado de forma que alguns deles sejam ancorados na face extrema da viga e os demais no bordo superior e nas faces laterais da peça.

8.4 CONSIDERAÇÕES FINAIS

Concreto pré-moldado e concreto protendido são duas técnicas que vêm à mente praticamente juntas quando se pensa em executar estruturas de concreto de alto desempenho, capazes de vencer grandes vãos e apresentarem, ainda assim, menor peso próprio em comparação com as soluções em concreto armado moldado no local. As duas técnicas, que também podem coexistir isoladamente e, mesmo assim, serem econômica e tecnicamente competitivas para uma ampla gama de possibilidades, permitem explorar ainda mais as potencialidades uma da outra. Deve o leitor, na eventual necessidade de escolha de uma ou de outra, pesar os prós e contras de cada uma, avaliando, ainda, as implicações que essa escolha trará ao projeto.

8.5 REFERÊNCIAS BIBLIOGRÁFICAS

ALLEN, E.; IANO, J. **Fundamentos da Engenharia de Edificações: Materiais e Métodos**. 5ª Edição. Porto Alegre: Bookman, 2013. 995 p.

ASSOCIAÇÃO BRASILEIRA DE NORMAS TÉCNICAS. **NBR 6118: Projeto de estruturas de concreto - Procedimento.** Rio de Janeiro, 2014, 238 p.

ASSOCIAÇÃO BRASILEIRA DE NORMAS TÉCNICAS. **NBR 9062: Projeto e execução de estruturas de concreto pré-moldado**. Rio de Janeiro, 2006, 59 p.

ASSOCIAÇÃO BRASILEIRA DE NORMAS TÉCNICAS. **NBR 14861: Lajes alveolares pré-moldadas de concreto protendido – Requisitos e procedimentos**. Rio de Janeiro, 2011, 36 p.

CARVALHO, R. C. **Estruturas em Concreto Protendido: Cálculo e Detalhamento**. 1ª Edição, São Paulo: Editora Pini. 2012. 431 p.

CHOLFE, L.; BONILHA. L. **Concreto Protendido: Teoria e Prática**. 1ª Edição, São Paulo: Editora Pini. 2013. 337 p.

DONIAK, I. L. O. **Manual de Montagem de Pré-moldados**. Disponível em: http://www.tecnopre.com.br/fotos/downloads/dGnmWA1316986817Manual%20para%20Montagem%20de %20Estruturas%20Pre-Moldadas.pdf. Acesso em: 7 de agosto de 2014.

EL DEBS, M. K. **Concreto Pré-moldado: Fundamentos e Aplicações**. São Carlos-SP: Editora da EESC-USP. 2000. 456 p.

ELLIOT, K. S. **Precast Concrete Structures**. Oxford: Butterworth-Heinemann. 2002. 389 p.

FERREIRA Jr. E. L. **Avaliação de propriedades de concretos de cimento Portland de alto-forno e de alta resistência inicial submetidos à diferentes tipos de cura**. Dissertação. Universidade Estadual de Campinas, 2003.

HANAI, J. B. **Fundamentos do Concreto Protendido**. E-book de apoio ao curso de Engenharia Civil. Escola de Engenharia de São Carlos, Universidade de São Paulo. 2005, 116 p.

MEHTA, P. K.; MONTEIRO, P. J. M. **Concreto: Microestrutura, propriedades e materiais**. 3ª Edição. São Paulo: IBRACON. 2008. 674 p.

RUDLOF. **Concreto Protendido**. Disponível em: http://www.rudloff.com.br/downloads/. Acesso em: 28 de julho de 2014. 2012, 32 p.

CAPÍTULO 9 - DIMENSIONAMENTO DE CORTINA EM EDIFÍCIO

Daniel Carmo Dias
Mestre, PUC-GO
engdanieldias@gmail.com
Ricardo Tavares Pacheco
Mestre, PUC-GO
ricardoecivil@hotmail.com

9.1 INTRODUÇÃO

A valorização imobiliária vem impondo ao mercado e ao meio técnico cada vez mais a utilização de contenções para atender aos empreendimentos que possuem dois ou mais níveis de subsolo.

A princípio, a escavação poderia ser feita taludada com posterior reaterro, todavia, geralmente os limites dos subsolos são encostados nas divisas dos lotes do empreendimento e inviabilizam tal procedimento. Dessa forma, para ser viável a escavação a prumo junto à divisa da obra sem que haja abalo das edificações vizinhas, torna-se necessária a execução de uma contenção. A cortina é uma estrutura de contenção adotada como medida de proteção das escavações com a finalidade de que não ocorram acidentes que possam ocasionar danos materiais e humanos. Usualmente, chama-se de pré-contenção a execução da cortina antes da ocorrência da escavação. Segundo Joopert Jr. (2007), a estrutura de contenção deve proporcionar a integridade dos vizinhos durante a escavação. Portanto, a necessidade de executar as contenções, ou ao menos de limitar a escavação por taludes, é evidente: a segurança.

Existem diversos tipos de estruturas de contenção e são usadas conforme a finalidade da construção a ser edificada. No caso de edifício, os tipos mais empregados são as cortinas em estacas de concreto, em perfil metálico pranchado, e a parede diafragma, por ocuparem um espaço menor nos subsolos, restando uma área maior para as garagens. A parede diafragma é utilizada em escavações nas quais se deseja que o solo vizinho sofra a mínima descompressão durante a obra e em regiões nas quais o lençol freático elevado demanda que a parede seja estanque. Já as cortinas em estacas e em perfil metálico pranchado são mais utilizadas em regiões com lençol freático abaixo do último subsolo. As dimensões previstas no projeto de arquitetura para a estrutura de contenção também influenciam no tipo de cortina adotado. A escolha do tipo da contenção depende, dentre outros fatores, da tradição regional e experiência dos envolvidos na solução do problema. Assim sendo, a solução depende das técnicas e equipamentos disponíveis no local da obra.

Segundo a ABNT NBR 9061:1985 – Segurança de escavação a céu aberto, as cortinas são elementos estruturais e se destinam a resistir às pressões laterais devidas ao solo e/ou água, cargas estruturais e quaisquer outros esforços induzidos por estruturas vizinhas ou equipamentos adjacentes.

Dentro deste contexto, analisa-se o dimensionamento de uma cortina em perfil metálico pranchado com pré-moldados para a construção de dois subsolos utilizando métodos clássicos.

9.2 EMPUXO DE TERRA

As tensões in situ são originadas pelo peso próprio do maciço. A tensão horizontal é o esforço necessário para anular as deformações horizontais (laterais) no solo no estado natural (estado K_0). O cálculo da tensão horizontal é definido em termos de tensão efetiva. O empuxo de terra é a resultante das pressões laterais exercidas pelo solo sobre uma estrutura de contenção. O valor do empuxo sobre uma estrutura depende do deslocamento da estrutura sob a ação desse empuxo e é classificado em empuxo no repouso, ativo ou passivo. Hachich et al. (1998) enfatiza que o empuxo atuando sobre a estrutura de contenção provoca deslocamentos horizontais, os quais, por sua vez, alteram o valor e a distribuição do empuxo ao longo das fases construtivas da obra e mesmo durante a fase de serviço na sua vida útil.

O empuxo no repouso é a pressão atuante quando a estrutura não se desloca. O empuxo ativo ocorre quando há um alívio da tensão horizontal, ou seja, quando existe uma tendência de movimentação do solo no sentido de se expandir horizontalmente devido ao deslocamento da estrutura de contenção. Já o empuxo passivo ocorre quando há um aumento da tensão horizontal, ou seja, quando existe uma tendência de movimentação do solo no sentido de ser comprimido horizontalmente devido ao deslocamento da estrutura de contenção que comprime o maciço. A variação dos empuxos em função dos deslocamentos é mostrada na Figura 1.

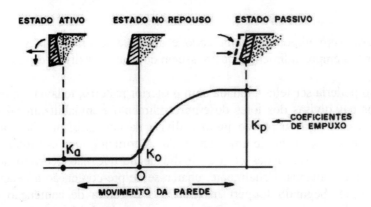

Figura 1 – Variação dos empuxos em função dos deslocamentos

A ABNT NBR 9061:1985 – Segurança de escavação a céu aberto estabelece que o empuxo de terra deve ser calculado de acordo com as teorias consagradas na mecânica dos solos. Segundo Massad (2005), os métodos de análise das pressões de terra contra paredes dividem-se em três grupos: métodos empíricos, métodos semiempíricos e métodos numéricos.

O método empírico, conhecido como Método da Envoltória Aparente de Tensões, é baseado em observações experimentais. Os diagramas mais utilizados de envoltória aparente são devidos a Terzaghi e Peck (1967) e foram obtidos a partir de medições das forças axiais máximas nas escoras de cortinas estroncadas (Hachich et al., 1998).

As teorias clássicas que abordam a ação produzida pelo maciço sobre as obras com ele em contato são: Coulomb (1776) e Rankine (1857). Posteriormente foram desenvolvidas outras teorias para o cálculo de pressão ativa e passiva de terra como, por exemplo: Müller-Breslau (1906), Caquot-Kérisel (1948), Absi-Kérisel (1990), Mazindrani (1997). Para cálculo de pressão passiva de terra, existe também a teoria de Sokolovski (1960). Os métodos clássicos se baseiam apenas nos parâmetros de resistência ao cisalhamento: coesão e ângulo de atrito interno e, por este motivo, continuam a ser empregados, sobretudo para projetos de obras de pequeno e médio porte, como para anteprojeto de obras de maior vulto.

Os métodos numéricos permitem levar em conta características de deformabilidade dos maciços e das contenções, dando origem ao cálculo da interação solo-estrutura. Para a utilização de métodos numéricos, é necessário que sejam conhecidos o estado inicial das tensões e os parâmetros geomecânicos que possam descrever as leis de interação solo-estrutura. Esses parâmetros, como qualquer parâmetro geotécnico, são de difícil determinação e exigem a realização de ensaios mais sofisticados como, por exemplo: ensaio de compressão triaxial, prova de carga submetida ao esforço horizontal, ensaio dilatométrico (DMT), ensaio de cone (CPT) e piezocone (CPTU), ensaio pressiométrico, etc. Todavia, no meio técnico brasileiro é frequente a utilização de correlações entre parâmetros de resistência com os valores de SPT obtidos em sondagens à percussão.

Melo (1975), citado por Cintra et al. (2011), alerta que é preciso analisar a origem e validade das correlações antes de aplicá-las inconscientemente e mesmo prejudicialmente em condições que extravasam as do campo experimental do qual decorreram. Devido às incertezas envolvidas na utilização dessas correlações, o valor dos parâmetros de resistência do solo deve ser adotado na condição mais desfavorável possível.

Atualmente, com o uso difundido do computador, é possível utilizar processos de cálculos que de modo geral fazem a representação do solo por meio de barras ou de meio contínuo levando em consideração o comportamento conjunto solo-estrutura e os aspectos evolutivos do problema. Como exemplos de softwares que fazem o cálculo de interação entre o maciço e a estrutura, podem ser citados: Cype, FLAC, Geo5, GeoStudio, PLAXIS etc. Uma característica essencial dos métodos numéricos é a necessidade de medições de deslocamentos e deformações em estruturas reais, para que, pelo uso da técnica de retroanálise, seja possível a comparação com as premissas de projeto (Hachich et al., 1998). Os métodos numéricos permitem fazer apenas cálculos de verificação do dimensionamento, sendo necessário, assim, um pré-dimensionamento, que frequentemente é feito a partir do emprego dos métodos clássicos.

Entre os resultados auferidos pelos métodos teóricos e numéricos, a precisão está nos parâmetros de resistência do solo, não bastando ter uma boa ferramenta numérica se ela não for bem alimentada. Deste modo, Ciria (2003), citado por Milititsky (2012), avaliou que métodos mais simples, com propriedades do solo bem representativas, são mais seguros que métodos complexos e sofisticados quando não se dispõe de dados representativos ou confiáveis.

9.3 CORTINA

9.3.1 Escoramentos

Para possibilitar o equilíbrio da cortina, podem ser utilizados no sistema de contenção os seguintes escoramentos: estronca, tirante, grampo, berma ou a própria estrutura. A estronca (escora) é um elemento horizontal ou inclinado que serve de apoio à longarina (perpendicular à longarina) e trabalha essencialmente a compressão. As estroncas geralmente são vigas em aço ou em madeira. A utilização de estroncas é associada ao uso de longarina (viga de aço ou de concreto), que é o elemento longitudinal que serve de apoio à cortina. O escoramento com estroncas tem as vantagens de não utilizar os terrenos adjacentes à contenção e de ser reutilizável. Como desvantagens, os estroncamentos geralmente dificultam as escavações e interferem na execução da estrutura definitiva.

O tirante e o grampo são elementos estruturais usados no sistema de contenção em substituição às estroncas e são classificados em ancoragem ativa e passiva, respectivamente. O tirante (ancoragem ativa) consiste em um ou mais elementos resistentes à tração posicionados com pequena inclinação, em geral de 10° a 15° com a horizontal, introduzidos no maciço por um pré-furo (bainha) preenchido parcialmente com calda de cimento e posterior processo de injeção para formar o bulbo de ancoragem. O bulbo de ancoragem é ligado à cortina por elementos resistentes à tração e da cabeça do tirante. Segundo a ABNT NBR 5629:2006, o tirante é um dispositivo capaz de transmitir esforços de tração aplicáveis a uma região resistente do terreno. Na Figura 2, são apresentados os elementos do tirante.

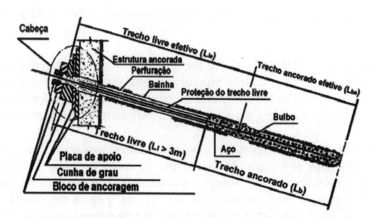

Figura 2 – Elementos do tirante

A utilização de tirantes apresenta as seguintes vantagens: possibilita que o interior da vala fique livre, proporcionado maior flexibilidade e trabalhabilidade no canteiro de obra; diminui os deslocamentos das paredes de contenção, pois a sistemática de incorporação aplica uma força prévia na cortina no sentido contrário à tendência de deslocamento; diminui os esforços na cortina dependendo da posição e da carga de incorporação. Como inconvenientes do uso de tirantes podem ser citados: não é possível a reutilização como normalmente acontece com as estroncas e longarinas; pelo processo executivo, não é possível retirá-lo do terreno vizinho após a sua instalação e o tirante pode vir a ser uma interferência significativa na implantação de obras futuras nos terrenos vizinhos. Por este motivo, a ABNT NBR 9061:1985 - Segurança de escavação a céu aberto estabelece no item 8.6.7 que, quando as ancoragens, por necessidades de execução, tiverem de invadir terrenos de terceiros, elas só podem ser executadas com autorização expressa por escrito dos proprietários dos terrenos a serem invadidos. Na autorização devem constar as finalidades estruturais (provisória ou permanente), processos executivos e plantas detalhadas do projeto total de ancoragens a serem executadas.

O grampo (ancoragem passiva) é muito semelhante à ancoragem ativa, porém sem pré-tensão e sem trecho livre. A capacidade de carga geotécnica dos grampos está relacionada à mobilização de atrito na interface de contato com o solo. Para mobilização do atrito são necessários pequenos deslocamentos da ordem de milímetros e, como o grampo trabalha a tração, quanto maior o atrito melhor o desempenho.

A berma é o maciço de solo não escavado deixado na parte do subsolo inferior da obra que gera empuxo passivo contrário à tendência de deslocamento da cortina. Após a execução das lajes da estrutura definitiva que travam a cortina, a berma provisória é escavada com mini escavadeira e executa-se o fechamento da cortina do último subsolo. De acordo com Hachich et al. (1998), a berma é utilizada em contenções com altura de até 6m e em solos com boas características de resistência. Para grandes escavações, a berma ocupa muito espaço interno, o que, geralmente, inviabiliza sua adoção. A berma necessita de proteção contra ressecamento e erosão do solo, que pode ser feito com chapisco de cimento e areia. Na prática, deve-se reduzir os empuxos passivos na região da banqueta, tendo em vista ressecamento do solo com perda de coesão, talude gerando desconfinamento etc. (Joopert Jr., 2007). Após a execução das fundações e da estrutura definitiva (lajes) que servem de apoio à contenção, os escoramentos provisórios podem ser retirados. Na Figura 3 são ilustrados os tipos de escoramentos usados para possibilitar o equilíbrio da cortina.

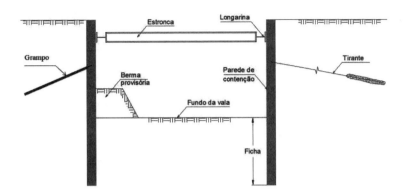

Figura 3 – Tipos de escoramentos usados para possibilitar o equilíbrio da cortina

9.3.2 Análise Estrutural

As cortinas classificam-se em dois grupos principais com base em seu tipo estrutural e esquema de carregamento:

a) cortinas em balanço;
b) cortinas apoiadas ou ancoradas:
- cortina escorada (uso de estronca);
- cortina chumbada (ancoragem passiva: não protendida);
- cortina ancorada (ancoragem ativa: protensão).

As cortinas em balanço são capazes de suportar os esforços provenientes do empuxo de terra sem qualquer tipo de apoio acima do nível da escavação. No entanto, estão sujeitas a maiores deslocamentos em relação às estruturas de contenção apoiadas ou ancoradas, sendo que a coesão pode viabilizar a cortina em balanço com alturas consideráveis. A ficha mínima é o comprimento mínimo de embutimento da cortina no solo, que garante o equilíbrio com uma margem de segurança adequada. O aumento do comprimento da ficha pode ser necessário para reduzir os valores dos deslocamentos horizontais.

As cortinas ancoradas ou apoiadas suportam o empuxo de terra tanto pela ficha quanto por meio de níveis de ancoragem acima da escavação. O número de ancoragens será determinado pela altura do solo a arrimar, sendo que a ancoragem, quando adequadamente posicionada, proporciona: redução da ficha e dos esforços na estrutura. A primeira linha de ancoragem deve ser colocada na posição mais próxima do topo da escavação para limitar deslocamentos da parede e, consequentemente, os danos induzidos às edificações vizinhas, pois as movimentações ocorridas antes do escoramento representam efeitos irreversíveis. As estruturas de contenção suportadas por ancoragens permitem a escavação a céu aberto e implantação da estrutura de forma convencional de baixo para cima, acelerando o processo construtivo.

Conforme a cortina tenha ou não uma pequena profundidade (ficha) abaixo da escavação, são ditas de extremidade livre ou de extremidade fixa, respectivamente. Na hipótese de cortina de extremidade livre, o giro ocorre no pé da cortina e a pressão de terra ativa desenvolve por trás da estrutura enquanto que o empuxo passivo aparece na frente da estrutura. Por outro lado, a hipótese de cortina de extremidade fixa implica a mobilização de uma resistência passiva atrás da cortina e ativa na frente da cortina abaixo do ponto de rotação, pois o giro ocorre em um ponto acima do pé da cortina. Das (2001) adverte que, quando a altura de material a ser arrimado em balanço excede aproximadamente 6 m, é mais econômico utilizar na parte superior da cortina uma ancoragem. A Figura 4 mostra a natureza admitida da deformada da cortina ancorada e a variação do momento fletor com a profundidade para os modelos de extremidade livre e extremidade fixa.

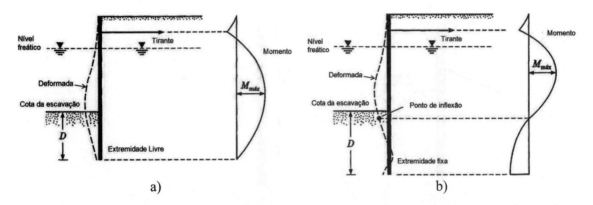

Figura 4 – Variação da deformada e do momento fletor em cortina ancoradas: a) modelo de extremidade livre; b) modelo de extremidade fixa (DAS, 2001)

A ficha para o modelo de extremidade livre é menor que a ficha necessária no modelo de extremidade fixa. Os deslocamentos dependem da rigidez do solo e da estrutura de contenção e, mais que tudo, da qualidade da execução. A escavação do terreno induz deslocamentos verticais e horizontais, e estes podem induzir danos em edificações vizinhas ou em redes de utilidades públicas dispostas nas proximidades da escavação (Hachich et al., 1998). De tal modo, é indispensável, antes do início das escavações, a realização de:

- laudo de vistoria fotográfico da vizinhança a ser elaborado por profissional devidamente habilitado;
- levantamento topográfico do terreno, incluindo nas cotas dos terrenos vizinhos a escavação no mesmo referencial de nível que a obra, pois o desnível a ser contido é a diferença entre a cota do terreno vizinho e a cota do fundo da vala;
- levantamento das edificações vizinhas e das redes de utilidades públicas.

Os levantamentos devem abranger uma faixa, em relação às bordas, de pelo menos duas vezes a maior profundidade a ser atingida na escavação. (ABNT NBR 9061:1985).

9.4 DIMENSIONAMENTO DE ESTRUTURAS DE CONTENÇÃO

Hachich et al. (1998) indica que antes de ser iniciada a elaboração do projeto de contenção deve ser feita uma análise preliminar com os seguintes objetivos:

- análise crítica do perfil geológico-geotécnico do local da obra;
- análise do comportamento provável do solo tendo em vista sua formação geológica e seus parâmetros de resistência e deformabilidade, diante da descompressão causada pela escavação;
- determinação dos valores dos parâmetros a serem utilizados de acordo com o comportamento previsto para a deformação da cortina. Para definir os valores dos parâmetros, o engenheiro poderá se basear em sua própria experiência, na bibliografia especializada e nos resultados de ensaios de campo e de laboratório.

A elaboração do projeto de estrutura de contenção contempla a determinação do carregamento e dos esforços solicitantes, o dimensionamento dos elementos de contenção e as verificações complementares. Após a análise preliminar, a etapa seguinte consiste em estimar os valores dos empuxos ativos e passivos, bem como os seus respectivos pontos de atuação. Deve-se lembrar que os esforços atuantes são obtidos em função das tensões efetivas e que a existência de várias camadas de solo implica em descontinuidades nos diagramas. Os empuxos calculados representam o carregamento obtido para cada metro de contenção.

A estrutura de contenção está sempre submetida a pelo menos dois esforços solicitantes: momentos fletores e forças cortantes. Em geral, o esforço normal devido ao peso próprio não é considerado por ser de grandeza significativamente menor que as demais solicitações. No dimensionamento da cortina, os elementos fundamentais a serem determinados são:

- comprimento da ficha para proporcionar estabilidade quanto ao tombamento;
- momentos fletores, esforços cortantes e normais;
- esforços atuantes nos apoios de cortinas escoradas, apoiadas ou ancoradas.

Conhecidos estes valores, escolhe-se o tipo de cortina a ser usada e realiza-se o dimensionamento estrutural dos elementos. O comprimento da ficha deve proporcionar a estabilidade quanto ao tombamento com um fator de segurança de, no mínimo, 1,5 (ABNT NBR 9061:1985). Na prática da engenharia, utiliza-se como fator de segurança quanto ao tombamento:

- $FS \geq 1,5$ (obras provisórias);
- $FS \geq 2,0$ (obras permanentes).

O dimensionamento estrutural da cortina deve ser feito para as envoltórias dos esforços solicitantes de todas as fases de execução da escavação atendendo aos requisitos de segurança previstos na ABNT NBR 8681:2003 – Ações e segurança nas estruturas – Procedimento. As paredes com perfil metálico são dimensionadas segundo as prescrições da ABNT NBR 8800:2008 – Projeto de estruturas de aço e de estruturas mistas de aço e concreto de edifícios. A estaca-prancha metálica ou o perfil metálico é dimensionado à flexão e ao cisalhamento, respectivamente, para o momento fletor máximo e força cortante máxima. Na ocorrência simultânea de esforço de compressão e de flexão, o perfil deve ser dimensionado à flexocompressão.

Se o concreto for o elemento estrutural, a cortina deverá ser dimensionada obedecendo às prescrições da ABNT NBR 6118:2014 – Projeto de estruturas de concreto – Procedimento. Os esforços solicitantes serão utilizados no dimensionamento da seção transversal e das armaduras de flexão e de cisalhamento. Com relação ao cisalhamento, as cortinas de concreto são dimensionadas geralmente como vigas, utilizando-se apenas estribos. Da mesma forma que a estaca-prancha metálica, o perfil da cortina de concreto deve ser dimensionado à flexocompressão na existência simultânea do esforço de compressão e de flexão. Caso a estrutura seja ancorada, o esforço atuante no tirante será utilizado para determinar: o diâmetro da perfuração; o comprimento do trecho livre e do bulbo de ancoragem; a ferragem do tirante; as dimensões da placa de apoio etc.

9.5 O CASO EM ESTUDO

Para edifícios urbanos, a altura de escavação é definida no projeto de arquitetura em função da quantidade de subsolos enterrados. Conforme o esquema apresentado na Figura 5, que representa o caso em estudo, observa-se a necessidade de execução de uma estrutura de contenção que suporte um desnível de 6,0m. Segundo Bilgin e Erten (2009a), citados em Mendes (2010) o valor mínimo das deformações máximas da cortina para um nível de ancoragem é estabelecido quando a ancoragem está localizada entre 0,25 a 0,27 da altura total da escavação medida a partir do topo, independentemente da altura da cortina. A solução adotada é uma cortina em perfil metálico pranchado com uma linha de tirante a 1,5m de profundidade.

Na Figura 5 também é mostrado o perfil geotécnico teórico do solo caracterizado pela existência de duas camadas com nível d'água a uma profundidade de 7,0m do nível do terreno (NT) e a ficha (y).

O processo de execução de uma cortina implica em vários estágios de construção, como pré-contenção, escavação em níveis com a respectiva fixação do escoramento (tirante) e que demanda as análises de estabilidade e de estrutura em cada uma destas fases. Em termos didáticos, se analisará a fase da obra já escavada e com uma linha de tirante executada.

A cortina em perfil metálico pranchado é uma cortina com peças de proteção horizontal apoiadas em elementos verticais que são introduzidos no solo por cravação ou colocados em furos executados previamente antes da execução da escavação. As cortinas desse tipo formam uma superfície contínua no trecho superior da escavação e um trecho descontínuo (apenas os elementos verticais) abaixo do nível da escavação.

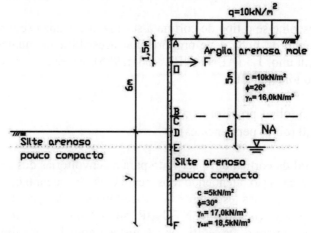

Figura 5 – Desenho esquemático e perfil geotécnico da situação problema

A execução dos elementos verticais deve obedecer à ABNT NBR 6122:2010 – Projeto e execução de fundações. A Figura 6 ilustra esquematicamente a cortina em perfil metálico pranchado com elementos horizontais.

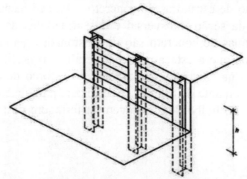

Figura 6 – Cortina em perfil metálico pranchado com elementos horizontais

Até a profundidade da vala, as pressões são determinadas por metro linear da estrutura. No entanto, a ABNT NBR 9061:1985 institui que, abaixo do nível da escavação, onde atua o empuxo passivo descontínuo, as pressões passivas devem ser consideradas atuando apenas em um trecho igual a três vezes a largura do elemento estrutural vertical. Por conseguinte, é necessário o pré-dimensionamento da bitola do perfil e do espaçamento entre eles para ser possível o cálculo dos empuxos abaixo do nível da escavação. Urbano (2010) sugere que as pressões ativas abaixo do fundo da vala sejam calculadas a favor da segurança, como se o escoramento fosse contínuo. Todavia, neste trabalho, considerou-se a hipótese que o empuxo ativo abaixo da escavação também seria mobilizado somente em uma extensão igual a três vezes a largura do perfil, pois a pressão ativa será mobilizada no trecho descontínuo devido às limitações inerentes ao "efeito de arco".

A seguir, é apresentada a sequência de cálculo da estabilidade da cortina pouco engastada para a escavação de 6,0 m de profundidade em local representado pelo perfil geotécnico mostrado na Figura 5.
Solução:

1. Teoria de empuxo ativo (Rankine): coeficiente de empuxo ativo (K_A):

$$K_A = tg^2(45 - \emptyset'/2) \qquad \text{(Equação 1)}$$

2. Teoria de empuxo passivo (Coulomb): coeficiente de empuxo passivo (K_P):

$$K_P = \frac{sen^2(\alpha-\emptyset')}{sen^2\alpha \cdot sen(\alpha+\delta) \cdot \left[1 - \sqrt{\frac{sen(\emptyset'+\delta) \cdot sen(\emptyset'+\beta)}{sen(\alpha+\delta) \cdot sen(\alpha+\beta)}}\right]^2} \qquad \text{(Equação 2)}$$

3. Determinação da tensão horizontal efetiva ativa:

$$\sigma'_{HA} = \sigma'_V K_A - 2c'\sqrt{K_A} + qK_A \qquad \text{(Equação 3)}$$

4. Determinação da tensão horizontal efetiva passiva:

$$\sigma'_{HP} = \left(\sigma'_V K_P + 2c'\sqrt{K_P}\right).\cos\delta \qquad \text{(Equação 4)}$$

em que:

$\emptyset'$: ângulo de atrito interno efetivo do solo (°);
δ: ângulo de atrito solo-muro (°). Terzaghi (1943) citado por Hachich et al. (1998) sugere para o ângulo de atrito solo-estrutura (δ): $\frac{1}{3}\emptyset \leq \delta \leq \frac{2}{3}\emptyset$

$$adotando \ \delta = \frac{1}{3}\emptyset \ \Rightarrow \ \delta = \frac{30°}{3} = 10°$$

α: inclinação do parâmetro em relação à horizontal ($\alpha = 90°$);
β: inclinação do terrapleno em relação à horizontal ($\beta = 0°$).
c': coesão efetiva do solo (kPa);
σ'_V: tensão vertical efetiva do solo (kPa);
σ'_{HA}: tensão horizontal efetiva ativa (kPa);
σ'_{HP}: tensão horizontal efetiva passiva (kPa);
q: sobrecarga externa adotada (10 kPa);
γ_w: peso específico da água (10 kN/m^3);
γ_{sat}: peso específico saturado
γ_{sub}: peso específico submerso ($\gamma_{sub} = \gamma_{sat} - \gamma_w$);

Cálculo dos coeficientes de empuxo ativo (Equação 1):

- argila arenosa mole:
$K_A = tg^2(45° - 26°/2)$
$K_A = 0,3905$

- silte arenoso pouco compacto:
$K_A = tg^2(45° - 30°/2)$
$K_A = 0,3333$

Cálculo do coeficiente de empuxo passivo (Equação 2):
- silte arenoso pouco compacto:

$$K_P = \frac{sen^2(90°-30°)}{sen^290°·sen(90°+10°)·\left[1-\sqrt{\frac{sen(30°+10°)·sen(30°+0°)}{sen(90°+10°)·sen(90°+0°)}}\right]^2}$$

$$K_P = 4{,}1433$$

Cálculo das tensões horizontais efetivas ativas (Equação 3):
- Ponto A

$\sigma'_{HA} = 0.0{,}3905 - 2.10\sqrt{0{,}3905} + 10.0{,}3905 = -8{,}59\ kPa \cong 0$

- Ponto B

$\sigma'_{HB} = 16.5.0{,}3905 - 2.10\sqrt{0{,}3905} + 10.0{,}3905$

$\sigma'_{HB} = 22{,}65\ kPa$

- Ponto C

$\sigma'_{HC} = 16.5.0{,}3333 - 2.5\sqrt{0{,}3333} + 10.0{,}3333$

$\sigma'_{HC} = 24{,}22\ kPa$

- Ponto D

$\sigma'_{HD} = (16.5 + 1.17).0{,}3333 - 2.5\sqrt{0{,}3333} + 10.0{,}3333$

$\sigma'_{HD} = 29{,}89\ kPa$

- Ponto E

$\sigma'_{HD} = (16.5 + 2.17).0{,}3333 - 2.5\sqrt{0{,}3333} + 10.0{,}3333$

$\sigma'_{HE} = 35{,}56\ kPa$

- Ponto F

$\sigma'_{HF} = [114 + 8{,}5.(y - 1)].0{,}3333 - 2.5\sqrt{0{,}3333} + 10.0{,}3333$

$\sigma'_{HF} = 32{,}72 + 2{,}83y$

Cálculo das tensões horizontais efetivas passivas (Equação 4):
- Ponto D

$\sigma'_{HD} = \left(0.4{,}1433 + 2.5\sqrt{4{,}1433}\right).cos10°$

$\sigma'_{HD} = 20{,}05\ kPa$

- Ponto E

$\sigma'_{HD} = \left(17.1.4{,}1433 + 2.5\sqrt{4{,}1433}\right).cos10°$

$\sigma'_{HE} = 89{,}41kPa$

- Ponto F

$\sigma'_{HF} = \left\{[(17 + 8{,}5.(y - 1)].4{,}1433 + 2.5\sqrt{4{,}1433}\right\}.\cos 10^0$

$\sigma'_{HF} = 54{,}73 + 34{,}68y$

5. Cálculo dos empuxos: ativo e passivo

O empuxo é a resultante das pressões laterais exercidas pelo solo sobre uma estrutura de arrimo. Assim, cada empuxo é numericamente igual à área de cada diagrama de tensão horizontal, como mostrado esquematicamente na Figura 7. O ponto de aplicação de cada empuxo é situado no centro de gravidade do diagrama de tensão e que não está representado na figura, mas será calculado. Nesta mesma figura, o comprimento da ficha (y) é representado pelo trecho DF. Os pontos de aplicação de cada empuxo ativo (d_{ai}) e de cada empuxo passivo (d_{pi}) foram calculados em relação ao ponto de instalação do tirante O.

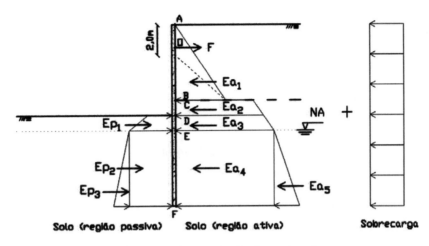

Figura 7 – Diagrama de pressões horizontais e de empuxos

$$E_{a1} = \frac{22,65.5}{2} = 56,63/m$$

$$d_{a1} = \frac{2.5}{3} - 1,5 = 1,83m$$

$$E_{a2} = \frac{(24,22 + 29,89).1}{2} = 27,06 kN/m$$

$$d_{a2} = 4,5 - \frac{1}{3}\left(\frac{29,89 + 24,22.2}{29,89 + 24,22}\right) = 4,017m$$

$$E_{a3} = \frac{(35,56 + 29,89).1}{2} = 32,73 kN/m$$

$$d_{a3} = 5,5 - \frac{1}{3}\left(\frac{35,56 + 29,89.2}{35,56 + 29,89}\right) = 5,014m$$

$$E_{a4} = 35,56(y - 1) = 35,56y - 35,56$$

$$d_{a4} = 5,5 + \left(\frac{y-1}{2}\right) = \left(\frac{10+y}{2}\right)$$

$$E_{a5} = (2,83y - 2,83).\frac{(y-1)}{2} = \frac{2,83y^2 - 5,66y + 2,83}{2}$$

$$d_{a5} = 5,5 + 2\left(\frac{y-1}{3}\right) = \left(\frac{14,5 + 2y}{3}\right)$$

190 - Projeto, Execução e Desempenho de Estruturas e Fundações

$$E_{p1} = \frac{(20,05 + 89,41).1}{2} = 54,73kN/m$$

$$d_{p1} = 5,5 - \frac{1}{3}\left(\frac{89,41 + 20,05.2}{89,41 + 20,05}\right) = 5,106m$$

$$E_{p2} = 89,41(y - 1) = 89,41y - 89,41$$

$$d_{p2} = 5,5 + \left(\frac{y-1}{2}\right) = \frac{10 + y}{2}$$

$$E_{p3} = (34,68y - 34,68).\frac{(y-1)}{2} = \frac{34,68y^2 - 69,36y + 34,68}{2}$$

$$d_{p3} = 5,5 + 2\left(\frac{y-1}{3}\right) = \frac{14,5 + 2y}{3}$$

Analisando o diagrama de tensões e lembrando que em solos coesivos existe uma inversão no empuxo na região próxima à superfície, normalmente faz-se uso de um diagrama aproximado de forma que a linha do diagrama inicie junto ao NT (nível do terreno) até o ponto de mudança de camada do solo. A utilização do diagrama simplificado é justificada pela possibilidade das fendas de tração que ocorrem até a profundidade em que a tensão horizontal se anula (Z_0) estar preenchida com água e, desta forma, o maciço exercer pressão sobre a estrutura nesta região do diagrama. Usualmente, existindo sobrecarga, utiliza-se uma distribuição linear ao longo da contenção para representar a indução de tensão então originada.

6. Equilíbrio de momentos ($\Sigma M_O = 0$)

O equilíbrio da contenção é estabelecido fazendo o somatório dos momentos em relação ao ponto (O) de instalação do tirante igual a zero. Desta forma, determina-se o comprimento da ficha (y). Para a resolução desta etapa, foi preciso pré-dimensionar a bitola do perfil metálico e o espaçamento entre eles para se mensurar o valor dos empuxos ativos e passivos mobilizados abaixo do fundo da vala.

- Perfil pré-dimensionado: w250x32.7
- largura da mesa (b_f) do perfil w250x32.7: $b_f = 146mm$
- largura efetiva para mobilização de empuxo ativo e passivo abaixo do fundo da vala: $3bf = 438mm = 0,438m$
- espaçamento (e) pré-dimensionado entre os perfis: e = 1,5m

A ABNT NBR 9061:1985 delibera que, no cálculo do empuxo passivo, é fundamental considerar a compatibilidade entre a sua mobilização e a deformação da cortina. A ABNT NBR 6122:2010 recomenda que o valor calculado do empuxo passivo deva ser reduzido por um coeficiente de no mínimo 2,0, visando limitar as deformações necessárias para sua mobilização. No cálculo do $\Sigma M_O = 0$, os empuxos passivos E_{p1}, E_{p2} e E_{p3} foram reduzidos seguindo a orientação da ABNT NBR 6122:2010.

$$\Sigma M_O = 0$$

(Equação 5)

$$1,5.E_{a1}.d_{a1} + 1,5E_{a2}.d_{a2} + E_{a3}.d_{a3}.3b_f + E_{a4}.d_{a4}.3b_f + E_{a5}.d_{a5}.3b_f$$
$$= \frac{E_{p1}}{2}.d_{p1}.3b_f + \frac{E_{p2}}{2}.d_{p2}.3b_f + \frac{E_{p3}}{2}.d_{p3}.3b_f$$

$$1{,}5{.}56{,}63{.}1{,}83 + 1{,}5{.}27{,}06{.}4{,}017 + 32{,}73{.}0{,}438{.}5{,}014 + (35{,}56y - 35{,}56){.}0{,}438{.}\left(\frac{10 + y}{2}\right)$$

$$+ \frac{2{,}83y^2 - 5{,}66y + 2{,}83}{2}{.}0{,}438{.}\left(\frac{14{,}5 + 2y}{3}\right)$$

$$= \frac{54{,}73{.}0{,}438{.}5{,}106}{2} + \frac{(89{,}41y - 89{,}41){.}0{,}438}{2}{.}\left(\frac{10 + y}{2}\right)$$

$$+ \frac{(34{,}68y^2 - 69{,}36y + 34{,}68)}{4}{.}0{,}438{.}\left(\frac{14{,}5 + 2y}{3}\right)$$

$$155{,}45 + 163{,}05 + 71{,}88 + 7{,}7876y^2 + 70{,}09y - 77{,}88 + 0{,}4132y^3 + 2{,}1692y^2 - 5{,}5780y + 3{,}00$$
$$= 61{,}20 + 9{,}7904y^2 + 88{,}1136y - 97{,}90 + 2{,}5316y^3 + 13{,}2911y^2 - 34{,}1771y$$
$$+ 18{,}35$$
$$2{,}1184y^3 + 13{,}1247y^2 - 10{,}5755y - 333{,}85 = 0$$
$$\boldsymbol{y = 4{,}15m}$$

7.   Equilíbrio de forças horizontais ($\Sigma F_H = 0$)

O equilíbrio de forças horizontais proporciona a obtenção da força atuante no tirante (F).

$$\Sigma F_H = 0 \qquad \qquad \text{(Equação 6)}$$
$$E_p - E_A + F = 0$$
$$F = E_A - E_p$$
$$F = 195{,}08 - 111{,}35 = 83{,}73\,{}^{kN}/_{1{,}5m}$$

Adotando o espaçamento entre tirante (e) igual a $3{,}0m$, a força (F_R) em cada tirante será:

$F_R = 2x83{,}73$ (a multiplicação por 2 indica que o tirante contribuirá para o equilíbrio de dois vãos efetivos entre perfis metálicos)
$F_R = 167{,}46\,kN$

A carga na direção da ancoragem é $F_R{.}\cos 15° = 161{,}75\,kN$ (carga a ser utilizada no dimensionamento dos tirantes).

8.   Determinação do momento fletor máximo

O momento fletor é máximo na seção na qual o esforço cortante é nulo. Adotando o eixo vertical Z na superfície do terreno e orientado na vertical para baixo, tem-se:

$V_{(z)}$: *função do esforço cortante ao longo da profundidade.*
$$Para\ 0 \leq Z < 1{,}5 \Rightarrow V_{(z)} = E_a \qquad \qquad \text{(Equação 7)}$$

$$Para\ 1{,}5 \leq Z < 5 \Rightarrow V_{(z)} = \frac{\sigma_h{.}z{.}1{,}5}{2} - F \qquad \qquad \text{(Equação 8)}$$

Usando a equação 8, encontra-se a profundidade que o esforço cortante se anula:

$$V_{(z)} = \frac{\left(16{.}Z{.}0{,}3905 - 2{.}10{.}\sqrt{0{,}3905} + 10{.}0{,}3905\right){.}Z{.}1{,}5}{2} - F$$
$$V_{(z)} = 4{,}686Z^2 - 6{,}4448Z - 83{,}73$$

$V_{(Z)} = 0 \Rightarrow 4,686Z^2 - 6,4448Z - 83,73 = 0$

$Z = 4,97m$ (*profundidade a partir da superfície na qual o esforço cortante é nulo e, consequentemente, o momento fletor é máximo*).

Para $Z = 4,97m \Rightarrow V_{(Z)} = 0$ *e Momento fletor máximo*

Para $1,5 \leq Z < 5 \Rightarrow M_{(Z)} = F.(Z - 1,5) - \frac{E_a.Z}{3}$ (Equação 9)

Assim, a partir da equação 9 determina-se o momento máximo:

$M_{(4,97m)} = 83,73.(4,97 - 1,5) - \dfrac{83,73.4,97}{3}$

$M_{(4,97m)} = 151,83\ kN.m$

A próxima seção com esforço cortante nulo é na ponta da cortina, porém o momento fletor também é nulo, pois a cortina foi considerada pouco engastada na ponta.

9. Determinação do esforço cortante máximo:

O esforço cortante é máximo no ponto de instalação do tirante e tem o seguinte valor:

Para $Z = 1,5m \Rightarrow V_{(Z=1,5)} = V_{máx}$

$V_{máx} = 83,73 - \dfrac{6,80.1,5}{2} \cdot 1,5$

$V_{máx} = 76,08\ kN$

10. Dimensionamento do perfil metálico à flexão simples:

Na ausência de esforço normal, o perfil metálico é dimensionado como viga à flexão simples. No dimensionamento de vigas de perfis, deve-se verificar os seguintes estados limites últimos (ELU): resistência ao momento fletor e resistência ao cisalhamento. Os estados limites últimos de resistência ao momento fletor são: flambagem lateral da mesa comprimida (FLT); flambagem local da mesa (FLM); flambagem local da alma (FLA). Já os estados limites de serviço (ELS) devem ser apurados para deformação máxima e vibrações excessivas. No entanto, como está sendo utilizado o método clássico, o ELS não será determinado.

A ABNT NBR 8800:2008 classifica as seções quanto à flambagem local em compacta, não compacta e esbelta. A seção é dita compacta quando pode atingir a plastificação total antes de qualquer outra instabilidade (Bellei et al., 2008). Para prevenir a ruína por flambagem local, deve-se limitar a relação largura-espessura da mesa comprimida e da alma do perfil da viga. A ABNT NBR 8800:2008 define esbeltez (λ) como sendo a relação entre largura (b) e espessura (t) da seção transversal do perfil e estabelece as relações largura-espessura limites para seções compactas e não compactas. Para a seção de um perfil I ser compacta, é preciso que:

$FLM \rightarrow \lambda = \dfrac{b_f}{2t_f} < \lambda_p = 0,38\sqrt{E/f_y}$ (Equação 10)

$FLA \rightarrow \lambda = \dfrac{d'}{t_w} < \lambda_p = 3,76\sqrt{E/f_y}$ (Equação 11)

sendo:

b_f: largura da mesa;

t_f: espessura da mesa;

d': altura livre da alma;
t_w: espessura da alma;
E: módulo de elasticidade do aço;
f_y: tensão limite de escoamento do aço.

Usando o perfil da Gerdau Açominas fabricado com o aço ASTM 572 Grau 50 que possui as seguintes propriedades:
$f_y = 34,5 \; kN/cm^2$ e $E = 20000 \; kN/cm^2$

Para que uma viga submetida ao momento fletor seja estável, deve-se ter, com base na expressão geral da segurança estrutural:

$$M_{Rd} \geq M_{Sd}$$ (Equação 12)

sendo:
M_{Rd}: momento fletor resistente de cálculo;
M_{Sd}: momento fletor solicitante de cálculo.

Supondo seção compacta, tem-se:

$$M_{Rd} = \frac{Z_x \cdot f_y}{1,10} \Rightarrow Z_{xmin} = \frac{M_{Sd} \cdot 1,10}{f_y}$$ (Equação 13)

Cálculo do momento fletor solicitante de cálculo:

$$M_{Sd} = 1,4 \cdot M_{máx} \Rightarrow M_{Sd} = 1,4 \cdot 151,83.\, 10^2 = 21256,2 \; kN.cm$$

$$Z_{xmin} = \frac{21256,2.1,10}{34,5} = 677,7 \; cm^3$$

Adotando o perfil I $w310x52$ com as seguintes propriedades geométricas:

$W310x52$	$d = 31,7 \; cm$	$I_x = 11909 \; cm^4$	$I_y = 1026 \; cm^4$
	$b_f = 16,7 \; cm$	$W_x = 751,4 \; cm^3$	$r_y = 3,91 \; cm$
$I_t = 31,81 \; cm^4$	$t_f = 1,32 \; cm$	$r_x = 13,33 \; cm$	$d' = 27,1 \; cm$
$C_w = 236422 \; cm^6$	$t_w = 0,76 \; cm$	$Z_x = 842,5 \; cm^3 > Z_{xmin} = 677,7 \; cm^3$	

sendo:
d: é a altura do perfil;
I_x e I_y: são os momentos de inércia em relação aos eixos x e y, respectivamente;
I_t: é o momento de inércia à torção uniforme;
W_x: é o módulo de seção elástico em relação ao eixo x;
Z_x: é o módulo de seção plástico em relação ao eixo x;
r_x e r_y: são os raios de giração em relação aos eixos x e y, respectivamente;
C_w: é a constante de empenamento do perfil.

Segundo a ABNT NBR 8800:2008, a distância máxima entre pontos de contenção lateral para que uma viga seja considerada contida lateralmente é $L_b \leq L_p$, em que:

$$L_p = 1,76.r_y.\sqrt{\frac{E}{f_y}}$$ (Equação 14)

$$L_p = 1,76.3,91.\sqrt{\frac{20000}{34,5}} = 165,7 \ cm$$

Analisando o perfil (viga) na cortina, considere-o não contido lateralmente, pois os elementos horizontais normalmente possuem largura menor que a altura da alma do perfil e, também, porque nem sempre é feito o preenchimento com concreto do espaço vazio entre a alma do perfil e os elementos horizontais. Considerando que a viga de coroamento dos perfis e do subsolo 1 já estarão concretadas neste estágio de construção, o comprimento L_b é:

$L_b = 600/2 = 300 \ cm$ portanto: $L_b > L_p$ é necessário avaliar a FLT.

Verificação da FLM, FLA e FLT pela determinação do momento fletor resistente de cálculo (Equações 10 e 11):

$$FLM \rightarrow \lambda = \frac{b_f}{2t_f} = \frac{16,7}{2.1,32} = 6,33 < \lambda_p = 0,38\sqrt{E/f_y} = 0,38\sqrt{20000/34,5} = 9,15$$

$$FLA \rightarrow \lambda = \frac{d'}{t_w} = \frac{27,1}{0,76} = 35,66 < \lambda_p = 3,76\sqrt{E/f_y} = 3,76\sqrt{20000/34,5} = 90,53$$

$$como \ \lambda < \lambda_p \Rightarrow M_{Rd} = \frac{Z_x.f_y}{1,10} = \frac{842,5.34,5}{1,10} = 26423,9 \ kN.cm > 21256,2 \ kN.cm \ (\text{ok})$$

$$\beta_1 = \frac{0,7.f_y.W_x}{E.I_t}$$ (Equação 15)

$$\beta_1 = \frac{0,7.34,5.751,4}{20000.31,81} = 0,0285$$

$$L_r = \frac{1,38\sqrt{I_y.I_t}}{I_t.\beta_1}.\sqrt{1 + \sqrt{1 + \left(\frac{27.C_w.\beta_1^2}{I_y}\right)}}$$ (Equação 16)

$$L_r = \frac{1,38\sqrt{1026.31,81}}{31,81.0,0285}.\sqrt{1 + \sqrt{1 + \left(\frac{27.236422.0,0285^2}{1026}\right)}} \Rightarrow L_r = 511,6 \ cm$$

$$FLT \rightarrow L_p < L_b < L_r \Rightarrow M_{Rd} = \frac{C_b}{1,10}\left[M_{pl} - (M_{pl} - M_r).\frac{L_b-L_p}{L_r-L_p}\right] \leq \frac{M_{pl}}{1,10}$$ (Equação 17)

$$M_{pl} = Z_x.f_y = 842,5.34,5 = 29066,3 \ kN.cm$$

$$M_r = 0,7.f_y.W_x = 0,7.34,5.751,4 = 18146,3 \ kN.cm$$

Permite-se adotar, de forma conservadora, o valor de $C_b = 1,0$ para todos os casos (Bellei et al., 2008). Assim, pela equação 17, tem-se:

$$M_{Rd} = \frac{1,0}{1,10}\left[29066,3 - (29066,3 - 18146,3) \cdot \frac{300 - 165,7}{511,6 - 165,7}\right]$$
$M_{Rd} = 22569,5 \ kN.cm > M_{Sd} = 21256,2 \ kN.cm$ (**ok**)

11. Dimensionamento do perfil metálico ao cisalhamento:

A distribuição de tensões tangenciais ilustradas na Figura 8 para perfil I evidencia que a alma é a maior responsável pela resistência ao cisalhamento.

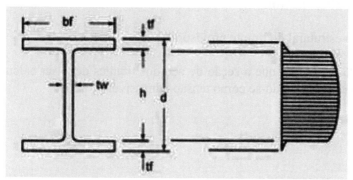

Figura 8 – Distribuição de tensões tangenciais em perfil I (Bellei et al., 2008)

As especificações permitem que se considere uma tensão de cisalhamento média (f_v) dada pela expressão:

$$f_v = \frac{V}{A_w} \tag{Equação 18}$$

sendo:

V: esforço cortante na seção;
$A_w = d.t_w$

Para que a viga submetida à força cortante seja estável, deve-se satisfazer a expressão geral de segurança estrutural:

$$V_{Rd} \geq V_{Sd} \tag{Equação 19}$$

A força cortante resistente de cálculo (V_{Rd}) de almas de todas as seções com dois eixos de simetria, um eixo de simetria e seções U é dada por:

$$V_{Rd} = \frac{R_V}{1,10} \tag{Equação 20}$$

Para $\frac{d'}{t_w} \leq 1,10 \cdot \sqrt{\frac{k_v.E}{f_y}} \Rightarrow R_V = 0,6.f_y.A_w$

$k_v = 5 \ para \ vigas \ sem \ enrijecedores$

$$V_{Rd} = \frac{0,6.f_y.A_w}{1,10}$$

$$\frac{d'}{t_w} = 35,66 \leq 1,10. \sqrt{\frac{5.20000}{34,5}} = 59,22$$

$$V_{Rd} = \frac{0,6.34,5.0,76.31,7}{1,10} = 453,4 \; kN$$

$$V_{Sd} = 1,4. V_{máx} \Rightarrow V_{Sd} = 1,4.76,08 = 106,5 \; kN$$

$$V_{Rd} = 453,4 \; kN > V_{Sd} = 106,5 \; kN \; (\text{ok})$$

12. Dimensionamento estrutural do tirante provisório:

A ABNT NBR 5629:2006 estabelece que a seção de aço dos tirantes deve ser calculada a partir do esforço máximo a que ele é submetido, tomando-se como tensão admissível:

$$\sigma_{adm} = \frac{f_{yk}}{FS} \cdot 0,9 \qquad \text{(Equação 21)}$$

em que:

σ_{adm}: é a tensão admissível;
f_{yk}: é a tensão de escoamento do aço que constituí o tirante.

FS: Fator de segurança $\left\{ \begin{array}{l} FS = 1,5 \; (Tirante \; provisório) \\ FS = 1,75 \; (Tirante \; permanente) \end{array} \right\}$

O tirante provisório tem prazo previsto de utilização inferior a 2 anos, a partir de sua instalação. Caso o prazo de utilização seja superior a 2 anos, o tirante é classificado como permanente. Usando o sistema GEWI32 para ancoragem em solo com diâmetro nominal de 32 mm e admitindo o tirante provisório, tem-se:

$$f_{yk} = 50 \; kg/mm^2 \; e \; área \; de \; aço \; S = 804 \; mm^2$$

$$\sigma_{adm} = \frac{50}{1,5} \cdot 0,9 \Rightarrow \sigma_{adm} = 30 \; kg/mm^2$$

A carga de trabalho (F_t) que pode ser aplicada ao tirante, de modo que este apresente a segurança necessária contra o escoamento do elemento resistente à tração, é:

$$F_t = \sigma_{adm} \cdot S \qquad \text{(Equação 22)}$$
$$F_t = 30 \cdot 804 \Rightarrow F_t = 24120 \; kg \; ou \; 241,2 \; kN$$

Portanto: $F_t = 241,2 \; kN > F_R.cos15° = 161,75 \; kN$

13. Dimensionamento geotécnico do tirante provisório pelo Método de Costa Nunes (1987) - fórmula simplificada

Para cálculo da capacidade de carga do bulbo de ancoragem do tirante, pode ser utilizada a formulação simplificada proposta por Costa Nunes (1987), a qual considera o efeito da pressão residual de injeção diretamente sobre o valor do atrito lateral mobilizado no bulbo.

$$Q_u = \pi DL[c' + (\gamma H + \Delta P)tg\,\phi']$$ (Equação 23)

em que:
Q_u: resistência lateral última do bulbo de ancoragem;
D: diâmetro médio do bulbo;
L: comprimento do bulbo;
c': aderência entre a calda de cimento e o solo (adotada igual à coesão efetiva do solo);
γ: peso específico do solo na profundidade do centro do bulbo;
H: profundidade do centro do bulbo;
ϕ': ângulo de atrito interno do solo;
ΔP: pressão residual de injeção.

Cabe observar que o valor de ΔP é limitado ao valor da ruptura hidráulica do terreno, variável em função do tipo de terreno e profundidade. Este valor limite pode ser determinado pelo ensaio pressiométrico. Costa Nunes (1987) admitiu uma pressão residual de injeção (ΔP) estimada em 50% da pressão de injeção aplicada na abertura das manchetes.

Conhecida a carga de ruptura do tirante, a carga admissível é dada pela equação 24, sendo FS o fator de segurança contra a ruptura geotécnica do tirante:

$$Q_{adm} = Q_u/FS$$ (Equação 24)

Na prática, adota-se o fator de segurança (FS) igual a 1,5 para obras provisórias e 2,0 para obras permanentes.

O comprimento ancorado ou do bulbo de ancoragem é a dimensão do trecho do tirante, projetado para transmitir a carga aplicada ao terreno. A ABNT NBR 5629:2006, item 4.4.1, institui: "a determinação do comprimento e da seção transversal da ancoragem deve ser feita experimentalmente por meio dos ensaios de qualificação e recebimento". Essa determinação existe porque, teoricamente, não é possível incorporar em métodos de cálculo a influência de vários fatores determinantes da capacidade de carga, como o processo de perfuração, a qualidade da mão de obra, o processo de injeção, etc (More, 2003). A força a ser resistida pelo tirante deve ser transmitida ao terreno somente pelo bulbo de ancoragem.

Em nenhum caso o início do bulbo de ancoragem deve distar menos de 3,0 m da superfície do terreno de início de perfuração, ou seja, o comprimento livre (LL) mínimo deve ser de 3,0m. Aconselha um cobrimento mínimo de 5,0m de terra sobre o centro do bulbo (Lb). Além disso, o centro das ancoragens em solo deve ser colocado sobre ou além da superfície de deslizamento que ofereça FS mínimo de 1,5, sem levar em conta as forças de protensão por elas induzidas no maciço (ABNT NBR 5629:2006).

A Figura 9 ilustra as distâncias citadas por Fernandes (1983), as quais geralmente são utilizadas para posicionamento dos bulbos de ancoragens dos tirantes.

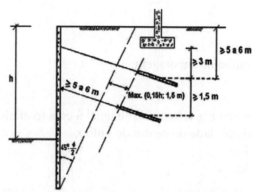

Figura 9 – Distâncias utilizadas para posicionamento dos bulbos de ancoragens dos tirantes (Fernandes, 1983)

O plano inclinado em $45° - \emptyset/2$ com a vertical na Figura 9 é um método simplificado de posicionar os bulbos de ancoragens fora da cunha de empuxo ativo do solo suportado pela cortina e atender ao disposto no item 4.5 da ABNT NBR 5629:2006, que trata da estabilidade global.

Littlejohn (1972) e Ostermayer (1976), citados em More (2003), apresentam as seguintes sugestões para o posicionamento dos bulbos de ancoragem: as profundidades dos bulbos devem se encontrar, no mínimo, 3,0 m abaixo de fundações de edifícios vizinhos e o espaçamento mínimo vertical e horizontal entre os bulbos deve ser de pelo menos 1,50 m, a fim de reduzir interferências. O comprimento mínimo do trecho livre deve ser de 5,0 a 6,0 m.

Utilizando o método simplificado para posicionar o bulbo de ancoragem determina-se um comprimento mínimo do trecho livre igual 6,3m, conforme ilustrado na Figura 10. Na figura também são mostrados o comprimento do trecho ancorado e a profundidade do centro do bulbo.

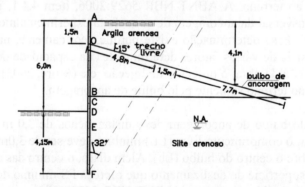

Figura 10 – Comprimento do trecho ancorado e profundidade do centro do bulbo

Adotando $D = 100m$, pressão residual de injeção (ΔP) de 150 kPa ($1,5\ kg/cm^2$) e utilizando a fórmula simplificada de Costa Nunes (1987) para estimativa da resistência lateral última (Q_u) do tirante, tem-se:

$Q_u = \pi DL[c' + (\gamma H + \Delta P) tg \phi']$ (Equação 25)
$Q_u = \pi. 0,1.7,7[10 + (16.4,1 + 150) tg 26°]$
$Q_u = 278,56\ kN$

Pela equação 24, determina a carga admissível e compara com a solicitante no tirante (equação 6):

$Q_{adm} = 278,56/1,5$
$Q_{adm} = 185,71\ kN > F_R. cos 15° = 161,75\ kN$

Comprimento do tirante = 6,3m + 7,7m = 14,0m

Para que seja possível realizar a protensão do tirante, é recomendado deixar pelo menor 1,5m de ferragem externa à cortina para dentro da vala.

Todos os tirantes devem ser ensaiados de acordo com os procedimentos previstos no item 5.7.2.3 da ABNT NBR 5629:2006 (Ensaio de recebimento).

14. Dimensionamento da longarina entre dois perfis como viga biapoiada:

A carga máxima a que a longarina será submetida é a carga máxima do ensaio em tirante provisório prevista pela ABNT NBR 5629:2006 e é igual a $1{,}5F_t$. Portanto:
Carga máxima (P) na viga biapoiada = 1,5 · 161,75 = 242,6 kN
O momento fletor máximo na viga biapoiada com carga centrada é:

$$M_{máx} = \frac{Pab}{L}$$ (Equação 26)

$$M_{máx} = \frac{242,6 \cdot 75 \cdot 75}{150} \Rightarrow M_{máx} = 9097,5 \ kN.cm$$

Para que uma viga submetida ao momento fletor seja estável, deve-se ter, com base na expressão geral da segurança estrutural:

$$M_{Rd} \geq M_{Sd}$$

Supondo seção compacta, tem-se: $M_{Rd} = \frac{Z_x.f_y}{1,10} \rightarrow Z_{xmin} = \frac{M_{Sd}.1,10}{f_y}$

Cálculo dos esforços solicitantes de cálculo:

$$M_{Sd} = 1,4 \cdot M_{máx} \Rightarrow M_{Sd} = 1,4 \cdot 9097,5 = 12736,5 \ kN.cm$$

$$Z_{xmin} = \frac{12736,5.1,10}{34,5} = 406 \ cm^3$$

Adotando o perfil duplo I $w250x22.3$ com as seguintes propriedades geométricas:

$W250x22.3$	$d = 25,4 \ cm$	$I_x = 2939 \ cm^4$	$I_y = 123 \ cm^4$
$A = 28,9 \ cm^2$	$b_f = 10,2 \ cm$	$W_x = 231,4 \ cm^3$	$r_y = 2,06 \ cm$
$I_t = 4,77 \ cm^4$	$t_f = 0,69 \ cm$	$r_x = 10,09 \ cm$	$d' = 22,0 \ cm$
$C_w = 18629 \ cm^6$	$t_w = 0,58 \ cm$	$Z_x = 267,7 \ cm^3 >$	$Z_{xmin} = 406/2 \ cm^3$

Segundo a ABNT NBR 8800:2008, a distância máxima entre pontos de contenção lateral para que uma viga seja considerada contida lateralmente é $L_b \leq L_p$ em que: $L_p = 1,76. r_y. \sqrt{\frac{E}{f_y}}$

(Equação 27)

Cálculo de r_y para o perfil duplo I:

$$I_{ytotal} = 2(I_y + A.d^2) \ Teorema \ dos \ eixos \ paralelos$$ (Equação 28)

200 - Projeto, Execução e Desempenho de Estruturas e Fundações

$$I_{ytotal} = 2.[123 + 28,9.(10,2/2)^2] \Rightarrow I_{ytotal} = 1749,4 \; cm^4$$

$$r_{ytotal} = \sqrt{\frac{I_{ytotal}}{A_{total}}} \qquad \text{(Equação 29)}$$

$$r_{ytotal} = \sqrt{\frac{1749,4}{2.28,9}} = 5,5 \; cm$$

$$L_p = 1,76.5,5.\sqrt{\frac{20000}{34,5}} = 233,1 \; cm$$

Como $L_b = 150cm$ (espaçamento entre eixos dos perfis) é menor que L_p, o momento fletor resistente de cálculo para o estado limite de flambagem lateral com torção (FLT), de seção I com dois eixos de simetria, fletida em relação ao eixo de maior inércia e de alma não esbelta ($\lambda \leq \lambda_r$) possui o mesmo valor momento fletor resistente de cálculo para os estados limites de flambagem local das mesas (FLM) e de flambagem local da alma (FLA). Portanto, basta fazer a verificação da FLM e FLA pela determinação do momento fletor resistente de cálculo (equações 10 e 11):

$$FLM \rightarrow \lambda = \frac{b_f}{2t_f} = \frac{10,2}{2.0,69} = 7,39 < \lambda_p = 0,38\sqrt{E/f_y} = 0,38\sqrt{20000/34,5} = 9,15$$

$$FLA \rightarrow \lambda = \frac{d'}{t_w} = \frac{22,0}{0,58} = 37,93 < \lambda_p = 3,76\sqrt{E/f_y} = 3,76\sqrt{20000/34,5} = 90,53$$

$$como \; \lambda < \lambda_p \Rightarrow M_{Rd} = 2.\frac{Z_x.f_y}{1,10} = 2.\frac{267,7.34,5}{1,10}$$

$$M_{Rd} = 16792,1 \; kN.cm > M_{Sd} = 12736,5 \; kN.cm \; \textbf{(ok)}$$

Dimensionamento da longarina ao cisalhamento:

Para que a viga submetida à força cortante seja estável, deve-se satisfazer a expressão geral de segurança estrutural (equação 19):

$$V_{Rd} \geq V_{Sd}$$

A força cortante resistente de cálculo (V_{Rd}) de almas de todas as seções com dois eixos de simetria, um eixo de simetria e seções U é dada pela equação 20:

$$V_{Rd} = \frac{R_V}{1,10}$$

Para $\dfrac{d'}{t_w} \leq 1,10.\sqrt{\dfrac{k_v.E}{f_y}} \Rightarrow R_V = 0,6.f_y.A_w$

$k_v = 5 \; para \; vigas \; sem \; enrijecedores$

$$V_{Rd} = \frac{0,6.f_y.A_w}{1,10}$$

$$\frac{d'}{t_w} = 37,93 \leq 1,10. \sqrt{\frac{5.20000}{34,5}} = 59,22$$

$$V_{Rd} = \frac{0,6.34,5.0,58.25,4}{1,10} = 277,2 \ kN$$

$$V_{Sd} = 1,4. V_{máx} \Rightarrow V_{Sd} = 1,4.161,75/2 = 113,23 \ kN$$

$$V_{Rd} = 277,2 \ kN > V_{Sd} = 113,23 \ kN \ (\text{ok})$$

9.6 CONCLUSÃO

Diante da realidade que o mercado impõe e das técnicas existentes, o dimensionamento de uma cortina implica em uma contenção segura e economicamente viável. As ressalvas ficam no campo geral ao se fazer qualquer verificação que envolva a capacidade ou esforço advindo do solo, no qual os parâmetros utilizados são sempre uma incógnita.

Não se pode deixar de ressaltar que o processo é meticuloso e necessita muito cuidado, mas para um engenheiro projetista esta precaução é rotina. Outra questão importante fica na análise para as várias fases de execução que devem ser rigorosamente previstas em face da singularidade de cada empreendimento.

Por fim, e não menos importante, consiste na determinação dos coeficientes de segurança e o processo executivo dos tirantes ou grampos para assegurar a trabalhabilidade dentro da vala, pois geralmente estes podem ser o ponto fraco do sistema.

Os principais resultados obtidos no dimensionamento da cortina para a escavação de 6,0m de profundidade foram:

- comprimento da ficha $(y) = 4,15m$;
- perfil w310x52,0 com espaçamento entre perfis $(e) = 1,5m$;
- tirante sistema GEWI32;
- comprimento do trecho livre = 6,3m;
- comprimento do trecho ancorado = 7,7m;
- diâmetro da perfuração = 4" (100mm);
- longarina: perfil duplo w250x22,3.

Para estabelecer a proteção a ser utilizada contra a corrosão, é preciso verificar o grau de agressividade a que a cortina em perfil metálico estará sujeita de acordo com o ambiente em que ela será instalada. A mesma ressalva vale para os tirantes, visto que são elementos estruturais metálicos. A proteção contra a corrosão tem por objetivo garantir que, durante a vida útil para a qual a estrutura de contenção foi projetada, não haja comprometimento da segurança da obra.

O dimensionamento estrutural da cortina deve ser feito para as envoltórias dos esforços solicitantes de todas as fases de execução da escavação, pois o processo de execução de uma cortina implica em vários estágios de construção, como pré-contenção, escavação em níveis com a respectiva fixação do escoramento (tirante) e execução da estrutura definitiva que trava a cortina. O fato de todos os tirantes serem testados

202 - Projeto, Execução e Desempenho de Estruturas e Fundações

individualmente (ensaios de recebimento) representa uma garantia de qualidade no que diz respeito às cargas admitidas no cálculo estrutural da cortina.

Os elementos horizontais devem ser detalhados com base no diagrama de pressão horizontal determinado até a profundidade de escavação da vala. Além da análise da estabilidade e do dimensionamento estrutural da cortina, o projeto deve contemplar também as seguintes verificações complementares: ruptura de fundo da vala, erosão interna, ruptura hidráulica e instabilidade devida à solicitação excessiva do tirante (estabilidade interna).

Espera-se do leitor o bom senso na aplicação e o entendimento de que o artigo apresenta apenas as linhas gerais do dimensionamento da cortina, que deverão ser aplicados com cautela conforme o caso específico.

9.7 REFERÊNCIAS BIBLIOGRÁFICAS

ABSI, E., KÉRISEL, J. **Active and Passive Earth Pressure Tables.** 3ª ed., Balkema, 1990.

ALONSO, U. R.; Exercícios de Fundações. 2ª ed., São Paulo: Blucher, 2010.

ASSOCIAÇÃO BRASILEIRA DE NORMAS TÉCNICAS. **NBR 5629: Execução de tirantes ancorados no terreno.** Rio de Janeiro, 2006.

ASSOCIAÇÃO BRASILEIRA DE NORMAS TÉCNICAS. **NBR 6118: Projeto de estruturas de concreto - Procedimento.** Rio de Janeiro, 2014.

ASSOCIAÇÃO BRASILEIRA DE NORMAS TÉCNICAS. **NBR 6122: Projeto e execução de fundações.** Rio de Janeiro, 2010.

ASSOCIAÇÃO BRASILEIRA DE NORMAS TÉCNICAS. **NBR 8681: Ações e segurança nas estruturas – Procedimento.** Rio de Janeiro, 2003.

ASSOCIAÇÃO BRASILEIRA DE NORMAS TÉCNICAS. **NBR 8800: Projeto de estruturas de aço e de estruturas mistas de aço e concreto de edifícios.** Rio de Janeiro, 2008.

ASSOCIAÇÃO BRASILEIRA DE NORMAS TÉCNICAS. **NBR 9061: Segurança de escavação a céu aberto-Procedimento.** Rio de Janeiro, 1985.

ASSOCIAÇÃO BRASILEIRA DE NORMAS TÉCNICAS. **NBR 11682: Estabilidade de encostas.** Rio de de Janeiro, 2009.

BELLEI, I. H.; PINHO, F. O.; PINHO, M. O. **Edifícios de múltiplos andares em aço.** 2ª Edição, São Paulo: PINI, 2008.

CAQUOT, A.; KERISEL, J. **Tables for the calculation of passive pressure, active pressure and bearing capacity of foundations.** Paris: Gauthier-Villars, 1948.

CINTRA, J. C. A; AOKI, N.; ALBIERO, J. H. **Fundações diretas: projeto geotécnico.** 1ª reimpressão, São Paulo: Oficina de Textos, 2012.

COSTA NUNES. A. J. da. **First Casagrande Lecture - Ground Prestressing.** In: VIII PCSMFE. Cartagena, Colômbia. 1987.

DAS, B.M. **Principios de Ingeniería de Cimentaciones.** 4ª Edição, Mexico: Thomson Learning, 2001.

FERNANDES, M. A. M. **Estruturas flexíveis para suporte de terras: Novos métodos de dimensionamento.** 1983. Tese de doutorado - Faculdade de Engenharia, Universidade do Porto, 520 p.

HACHICH, W.; FALCONI, F.F.; SAES, J.L.; FROTA, R.G.Q.; CARVALHO, C. S. & NIYAMA, S. : editores. **Fundações: Teoria e Prática.** 2ª Edição, São Paulo: PINI, 1998.

JOPPERT JR., I. **Fundações e Contenções de Edifícios - Qualidade total na gestão do projeto e execução.** São Paulo: PINI, 2007.

KÉRISEL, A. **Active and Passive Earth Pressure Tables.** 3ª ed., Balkema: 1990.

MASSAD, F. **Escavações a Céu Aberto em Solos Tropicais.** São Paulo; Oficina de Textos, 2005.

MAZINDRANI, Z.H.; GANJALI, M.H. **Lateral earth pressure problem of cohesive backfill with inclined surface.** Journal of Geotechnical and Geoenvironmental Engineering, ASCE 123(2), 1997. 110–112.

MENDES, F.B. O Uso de Ferramenta Computacional na avaliação e Dimensionamento de Cortina Atirantada. 2010. Dissertação de mestrado – Escola de Engenharia, Universidade Federal de Ouro Preto, 148 p.

MORE, J. Z. P. **Análise numérica do comportamento de cortinas atirantadas em solos.** 2003. Dissertação de Mestrado - Departamento de Engenharia Civil, Pontifícia Universidade Católica do Rio de Janeiro, 120 p.

MILITITSKY, J. **Grandes Escavações em Áreas Urbanas.** In: Seminário de Engenharia de Fundações Especiais e Geotecnia, 7º, 2012, São Paulo. Anais do 7º Seminário de Engenharia de Fundações Especiais e Geotecnia, São Paulo, 2012.

MULLER-BRESLAU, H. **Erddruck auf Stutzmauern.** Stuttgart: Alfred Kroner-Verlag, 1906.

SOKOLOVSKI, V.V. **Statics of Soil Media.** London: Butterworth, 1960.

CAPÍTULO 10 - MANIFESTAÇÕES PATOLÓGICAS EM ESTRUTURAS DE CONCRETO ARMADO

Eng° Civil Luiz Fernando Bernhoeft, Msc, - PETRUS ENGENHARIA
e-mail: luizfernando@petrusengenharia.com.br

10.1 INTRODUÇÃO

O envelhecimento das cidades brasileiras, especialmente as expostas a maior agressividade em seu ambiente, como zonas urbanas e marinhas, a forte tendência e ampla utilização da tecnologia do concreto armado no subsistema estrutura, associada à péssima prática na cultura de manutenção, especialmente preventiva que abrange os gestores das edificações tanto públicas como privadas, tem ampliado rápida e precocemente a atuação de especialistas em manifestações patológicas em estrutura de concreto nos últimos anos.

Segundo Souza e Ripper (1998), trata-se de um novo ramo da Engenharia das Construções, a qual abrange o estudo das origens, formas de manifestação, consequências e mecanismos de ocorrência das falhas e dos sistemas de degradação das estruturas. Helene (1992) acrescenta que a patologia pode ser entendida como a parte da engenharia que estuda os sintomas, os mecanismos, as causas e origens dos defeitos das construções civis, ou seja, é o estudo das partes que compõem o diagnóstico do problema.

O Brasil ficou chocado e assustado com o desabamento do Edifício Liberdade e de outros dois prédios adjacentes, no Centro do Rio de Janeiro. As três edificações desabaram por volta das 20h30min do dia 25 de janeiro de 2012, o colapso resultou em 23 vítimas fatais e dezenas de empresários "sem teto". Os mais otimistas acreditavam ser esse um fato isolado, porém, por volta das 19h40 do dia 6 de fevereiro do mesmo ano um novo desabamento acontece, desta vem em São Bernardo do Campo – SP, com duas vítimas fatais. Quando o tema é discutido no Brasil, é impossível não registrar o colapso total do edifício Areia Branca, em Jaboatão dos Guararapes – Recife - Pernambuco no dia 14 de outubro de 2004, o qual produziu uma cena no mínimo impressionante e ao mesmo tempo inédita no contexto nacional, um edifício concebido em estrutura articulada de concreto armado com 12 pavimentos tipo, em poucos segundos, espontaneamente, se tornou um grande volume de entulhos limitados ao terreno da edificação (BERNHOEFT, 2014).

Além dos casos mais marcantes apresentados, outros fatos isolados, com frequência bastante regular, mostram a importância do estudo das manifestações das estruturas de concreto armado, não apenas para a segurança dos usuários, mas muitas vezes, e principalmente, pela boa gestão de recursos, afinal, a intervenção em momento adequado é menor onerosa, complexa e por consequência causa menos transtorno, segundo HELENE (1986) *"as correções serão mais duráveis, mais efetivas, mais fáceis de executar e muito mais baratas quanto mais cedo forem executadas"*.

10.2   A CIÊNCIA

Patologia é uma palavra de origem grega em que "Pathos" significa doença e "logos", estudo, logo, patologia seria o estudo das doenças, a palavra não é a única da área originária no dicionário da medicina, juntamente com ela foram herdadas expressões como diagnóstico, prognóstico e terapia. Na análise das causas e origens das manifestações patológicas nas estruturas de concreto armado, é possível fornecer um diagnóstico, tornando importante alertar quanto a possíveis agravamentos e riscos (prognóstico), e por fim, e principalmente, propor a terapia (tratamento adequado) segundo cada caso.

Um correto diagnóstico é parte fundamental tanto para o sucesso do reparo / conserto, como para execução de obras e estruturas mais duráveis. É importante definir sucesso em reparo, que é: a melhor solução estética, funcional, econômica e durável. Na verdade, desses quatros fatores, "durabilidade" é o mais recente e vem se tornando o mais importante, assim como o maior desafio.

Segundo norma do IBAPE (Instituto Brasileiro de Avaliação e Perícia) de 2011, as origens das manifestações patológicas podem ser:

I. Endógena - Originária da própria edificação (projeto, materiais e execução);
II. Exógena - Originária de fatores externos a edificação, provocados por terceiros;
III. Natural - Originária de fenômenos da natureza;
IV. Funcional - Originária do mau uso, falha ou falta de manutenção;

Nas falhas de origem endógena, as fontes mais comuns são: Falhas ou ausência de detalhamento de projeto, falhas de execução; Não observância das Normas Técnicas (especialmente preventivas / durabilidade); Falhas de desempenho ou especificação de materiais.

Dentre as outras causas, a funcional merece destaque, uma vez que a ausência de cultura de manutenção, especialmente preventiva, gera danos, gastos e riscos que muitas vezes são erroneamente classificados em outras causas (falha de diagnóstico).

10.3 NORMALIZAÇÃO

Para o estudo das manifestações patológicas da estrutura de concreto armado, muitas são as normas técnicas as quais precisam ser atendidas, observadas e estudadas. Lembrando ainda que, apesar de não ser lei, as normas da ABNT (Associação Brasileira de Normas Técnicas) têm força de lei, uma vez que a legislação via de regra a coloca como parte integrante das obrigações do prestador de serviço ou material, com destaque ao código de defesa do consumidor, código civil, e, no caso especifico das construções: os códigos de obras municipais.

Porém, dentre as diversas normas importantes ao assunto, 04 (quatro) merecem grande destaque:

10.3.1 NBR 6118/2014

Norma referente a projeto de estrutura em concreto armado e protendido, desde a sua primeira versão em 1978, quando a NB1 se transformou na NBR 6118, vem apresentando evolução significativa no que diz respeito à durabilidade das estruturas. Sua nova versão apresenta dois capítulos exclusivos ao tema, o capítulo 6 - Diretrizes para durabilidade das estruturas de concreto, e o capítulo 7 - Critérios de projeto que visam a durabilidade, além do capítulo 25, que apresenta pontualmente Interfaces do projeto com a construção, utilização e manutenção. A tabela 1 ilustra bem a evolução da importância do requisito durabilidade.

Tabela 1 – Evolução da NB1 a NBR 8118/2014 – quanto à durabilidade das estruturas em concreto armado

	NB 1 / 1960	NBR 6118/ 1978	NBR 6118/ 2014
FCk	Usual 15MPa	Usual 18 MPa	Mínimo 20MPa
Cobrimento Pilar (cm)	1,5 cm	2,0 cm	De 2,5 cm a 5,0 cm
Cobrimento Viga (cm)	1,0 cm	1,5 cm	De 2,5 cm a 5,0 cm
Cobrimento Laje (cm)	0,5 cm	1,0 cm	De 2,0 a 4,5 cm
Durabilidade	Não considera	Consideração incipiente	Considera

A variação possível apresentada na coluna referente à NBR 6118/2014 da tabela 1 ocorre porque a norma em seu item 6.1 indica textualmente que *"As estruturas de concreto devem ser projetadas e construídas de modo que, sob as condições ambientais previstas na época do projeto e quando utilizadas conforme preconizado em projeto, conservem sua segurança, estabilidade e aptidão em serviço durante o prazo correspondente à sua vida útil"*. Ou seja, as condições ambientais e de agressividade do meio ambiente são levadas em consideração. Antes desse princípio (em vigor desde 2003), um mesmo projeto arquitetônico teria o mesmo projeto estrutural (superestrutura) independente da localização da obra, fato que não é possível hoje uma vez que essa norma identifica classes de agressividade ambientais (CAA) em quatro estágios: fraca, moderada, forte ou muito forte segundo a tabela 2.

Tabela 2 - Classe de Agressividade Ambiental, segundo NBR 6118/2014

CAA	AGRESSIVIDADE	CLASSIFICAÇÃO	RISCO
I	Fraca	Rural / submersa	Insignificante
II	Moderada	Urbana	Pequeno
III	Forte	Marinha / industrial	Grande
IV	Muito Forte	Industrial / respingo de maré	Elevado

A NBR 6118 ainda alerta os projetistas quanto aos mecanismos de envelhecimento e deterioração relativos ao concreto, destacando:

a) Lixiviação: por ação de águas puras, carbônicas agressivas ou ácidas que dissolvem e carreiam os compostos hidratados da pasta de cimento;
b) Expansão por ação de águas e solos que contenham ou estejam contaminados com sulfatos, dando origem a reações expansivas e deletérias com a pasta de cimento hidratado;
c) Expansão por ação das reações entre os álcalis do cimento e certos agregados reativos;
d) Reações deletérias superficiais de certos agregados decorrentes de transformações de produtos ferruginosos presentes na sua constituição mineralógica.

Estabelecendo no capítulo 6 as diretrizes de durabilidade, no capítulo 7 são apresentados critérios quanto a fatores que possuem correlação direta com a durabilidade das estruturas, ou seja: resistência do concreto, porosidade (relação água/cimento), cobrimento de cada elemento estrutural e cobrimento das armaduras segundo observa-se nas tabelas 3 e 4.

Tabela 3 - Apresentação da tabela 7.1 da NBR 6118/2014, Correspondência entre a classe de agressividade e a qualidade do concreto para CA e CP

Concreto [a]	Tipo [b, c]	Classe de agressividade (Tabela 6.1)			
		I	II	III	IV
Relação água/cimento em massa	CA	≤ 0,65	≤ 0,60	≤ 0,55	≤ 0,45
	CP	≤ 0,60	≤ 0,55	≤ 0,50	≤ 0,45
Classe de concreto (ABNT NBR 8953)	CA	≥ C20	≥ C25	≥ C30	≥ C40
	CP	≥ C25	≥ C30	≥ C35	≥ C40

[a] O concreto empregado na execução das estruturas deve cumprir com os requisitos estabelecidos na ABNT NBR 12655.
[b] CA corresponde a componentes e elementos estruturais de concreto armado.
[c] CP corresponde a componentes e elementos estruturais de concreto protendido.

Tabela 4 - Apresentação da tabela 7.2 da NBR 6118/2014, Correspondência entre a classe de agressividade ambiental e cobrimento das armaduras para CA e CP

Tipo de estrutura	Componente ou elemento	Classe de agressividade ambiental (Tabela 6.1)			
		I	II	III	IV [c]
		Cobrimento nominal mm			
Concreto armado	Laje [b]	20	25	35	45
	Viga/pilar	25	30	40	50
	Elementos estruturais em contato com o solo [d]	30		40	50
Concreto protendido [a]	Laje	25	30	40	50
	Viga/pilar	30	35	45	55

[a] Cobrimento nominal da bainha ou dos fios, cabos e cordoalhas. O cobrimento da armadura passiva deve respeitar os cobrimentos para concreto armado.
[b] Para a face superior de lajes e vigas que serão revestidas com argamassa de contrapiso, com revestimentos finais secos tipo carpete e madeira, com argamassa de revestimento e acabamento, como pisos de elevado desempenho, pisos cerâmicos, pisos asfálticos e outros, as exigências desta Tabela podem ser substituídas pelas de 7.4.7.5, respeitado um cobrimento nominal ≥ 15 mm.
[c] Nas superfícies expostas a ambientes agressivos, como reservatórios, estações de tratamento de água e esgoto, condutos de esgoto, canaletas de efluentes e outras obras em ambientes química e intensamente agressivos, devem ser atendidos os cobrimentos da classe de agressividade IV.
[d] No trecho dos pilares em contato com o solo junto aos elementos de fundação, a armadura deve ter cobrimento nominal ≥ 45 mm.

Ainda é importante citar que a tabela 13.4 da NBR 6118/2014 indica limites de fissuração também segundo a CAA, variando da menor exigência em concreto armado em CAA I de 0,4 mm, a concreto protendido em CAA II de 0,2 mm.

10.3.2 NBR 12655/2006 - Concreto - Preparo, controle e recebimento

Como sugere o título, esta norma fixa as condições exigíveis para o preparo, controle e recebimento de concreto destinado à execução de estruturas de concreto simples, armado ou protendido, fato absolutamente relevante ao assunto deste capítulo uma vez que os resultados das falhas no processo (preparo, controle e recebimento de concreto) via de regra geram manifestações patológicas a médio ou longo prazo, ou seja, têm ligação com a durabilidade e não funcionalidade da estrutura.

É importante destacar que essa norma apresenta as responsabilidades de cada profissional envolvido na composição e propriedades do concreto, que se encontra resumida na tabela 5.

Tabela 5 – Responsabilidade do Profissional

PROFISSIONAL	RESPONSABILIDADE
Projetista estrutural	<ul><li>Registro da resistência característica do concreto (todos os desenhos e memórias que descrevem o projeto tecnicamente);</li><li>Especificação dos valores de resistência para as etapas construtivas, tais como: retirada de cimbramento, aplicação de protensão ou manuseio de pré-moldados;</li><li>Especificação dos requisitos correspondentes à durabilidade da estrutura (consumo mínimo de cimento, relação água/cimento).</li></ul>
Executor da obra	<ul><li>Escolha da modalidade de preparo do concreto;</li><li>Escolha do tipo de concreto a ser empregado e sua consistência, dimensão máxima do agregado e demais propriedades, de acordo com o projeto e com as condições de aplicação;</li><li>Aceitação do concreto;</li><li>Cuidados requeridos pelo processo construtivo e pela retirada do escoramento, levando em consideração as peculiaridades dos materiais (em particular do cimento) e as condições de temperatura.</li></ul>

O responsável pelo recebimento do concreto é o proprietário da obra ou o responsável técnico pela obra, designado pelo proprietário. A documentação comprobatória do cumprimento da Norma (relatórios de ensaios, laudos e outros) deve estar disponível no canteiro de obra durante toda a construção, e ser arquivada e preservada pelo prazo previsto na legislação vigente.

A norma detalha condições para armazenamento, formas de mistura, estudo de dosagem e, principalmente, ensaios para recebimento do concreto: consistência e resistência à compressão.

10.3.3 NBR 15.575/2013 – Edificações Habitacionais - Desempenho

Conhecida popularmente como norma de desempenho, esta norma é dividida em 06 partes, a primeira discorre sobre Requisitos Gerais, as demais sobre requisitos ligados aos sistemas estruturais, sistemas de piso, sistemas de vedações verticais internas e externas, sistemas de coberturas e sistemas hidrossanitários.

210 - Projeto, Execução e Desempenho de Estruturas e Fundações

Obviamente, para o tema de manifestações patológicas em estrutura de concreto, a parte 1 (requisitos reais) e a parte 2 (sistemas estruturais) são mais relevantes.

Dentre as diversas contribuições da norma de desempenho para durabilidade das estruturas, é importante destacar a aplicação do princípio da engenharia diagnóstica que indica que não apenas as fases de PROJETO e EXECUÇÃO são importantes para a vida útil de uma edificação, mas tão importante quanto essas temos as etapas de ENTREGA e USO.

A lógica da norma é expressa na figura 1, na qual levam-se em conta as exigências do usuário e a condição de exposição resultando em requisitos, critérios e métodos de avaliação de desempenho aplicados ao edifício e sua parte.

Figura 1 – Lógica da norma

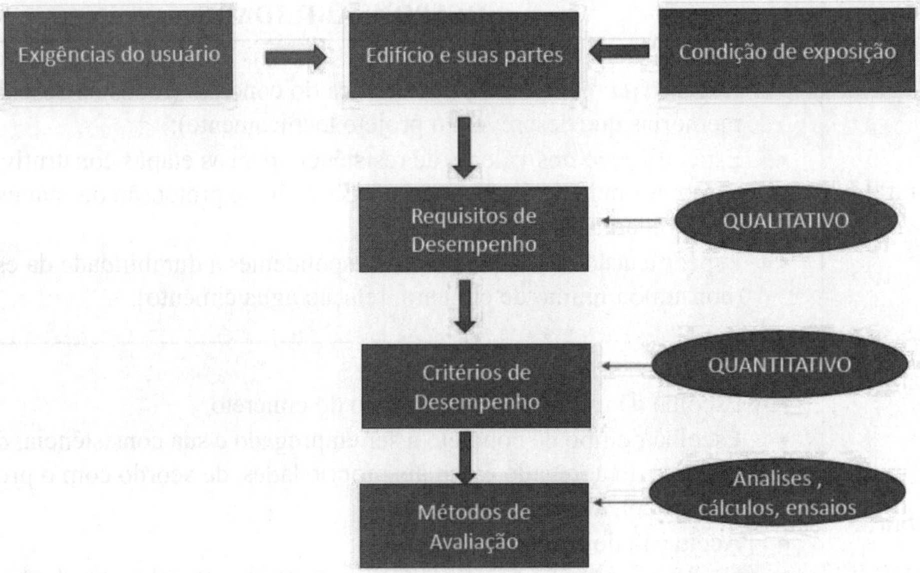

Apesar de uma prática antiga nos países desenvolvidos, e a norma de desempenho é notadamente um grande avanço ao mercado brasileiro, que deixa de se limitar apenas às normas prescritivas e cada vez mais busca resultados por desempenho, fato que favorece inclusive a inovação tecnológica, além de gerar transparência na relação com usuários por criar classificações de vida útil, uma vez que o foco da norma é o comportamento em uso, sendo importante lembrar que os princípios da norma "são considerados complementares às normas prescritivas, sem substituí-las".

A norma traz grande contribuição para manifestações patológicas nas estruturas uma vez que esclarece definições tais como: agente de degradação, condição de exposição, falha, durabilidade, manutenibilidade, dentre outros.

Dentre as definições, a de vida útil (VU) requer destaque, sendo *"Período de tempo em que um edifício e/ou seus sistemas se prestam para as atividades para as quais foram projetados e construídos atendendo nível de desempenho previsto, considerando a periodicidade e correta execução dos processos de manutenção especificados no manual de uso, operação e manutenção"* além de condicionar a VU ao cumprimento dos procedimentos de manutenção previsto em manual, é importante ressaltar que os projetistas, os fornecedores e os executantes precisam indicar qual a Vida Útil de Projeto (VUP), que nada mais é que a previsão de vida útil, ou seja, a VUP é a previsão, e a VU é o real acontecido com a edificação.

A norma estabelece responsabilidades para todos os envolvidos, projetistas, incorporador, construtora, fornecedor e também usuários.

A tabela abaixo ilustra a classificação de VUP mínima

Tabela C.5 – Vida útil de projeto mínima e superior (VUP) [a]

Sistema	VUP anos		
	Mínimo	Intermediário	Superior
Estrutura	≥ 50	≥ 63	≥ 75
Pisos internos	≥ 13	≥ 17	≥ 20
Vedação vertical externa	≥ 40	≥ 50	≥ 60
Vedação vertical interna	≥ 20	≥ 25	≥ 30
Cobertura	≥ 20	≥ 25	≥ 30
Hidrossanitário	≥ 20	≥ 25	≥ 30

[a] Considerando periodicidade e processos de manutenção segundo a ABNT NBR 5674 e especificados no respectivo manual de uso, operação e manutenção entregue ao usuário elaborado em atendimento à ABNT NBR 14037.

10.3.4 NBR 16280/2014 – Reforma em edificações

Em vigor desde 18 de abril de 2014, essa norma regulamenta condições e critérios necessários para execução de reformas em edificações, estabelecendo um sistema de gestão de controle de processos, projetos, execução e segurança, incluindo meios para:

a) Prevenção de perda de desempenho decorrentes de reformas e intervenções;
b) Planejamento, projeto e análise técnica das implicações da reforma;
c) Alteração de características ou funções;
d) Descrição das características das obras;
e) Segurança da edificação, do entorno e dos usuários;
f) Registro documental;
g) Supervisão dos processos e das obras.

Acontecimentos de sinistros, desastres ou perda de desempenho de edificações e, consequentemente, das estruturas, geraram a óbvia necessidade de uma norma como essa, que obriga a necessidade de um plano de reforma que deve ser elaborado por profissional habilitado, e esse plano deve ser enviado ao responsável da edificação antes do início da obra e deve atender às condições:

1. Atendimento de legislação e normas técnicas;
2. Estudo que garanta a segurança da edificação e dos usuários durante e após a obra;
3. Autorização para circulação na edificação de funcionários e insumos;
4. Apresentação de projetos, desenhos e memoriais (quando aplicáveis);
5. Escopo dos serviços que serão executados;
6. Identificação das atividades que propiciem geração de resíduos;
7. Identificação de utilização de materiais tóxicos, combustíveis e inflamáveis;

212 - Projeto, Execução e Desempenho de Estruturas e Fundações

8. Localização e implicações no entorno da obra;
9. Cronograma da obra;
10. Dados das empresas, funcionários e profissionais envolvidos;
11. Comprovação da responsabilidade técnica do projeto, execução e supervisão;
12. Planejamento de descarte de resíduo segundo legislação;
13. Implicações sobre procedimentos de uso, operação e manutenção.

A norma é uma grande evolução para segurança dos usuários, e ainda para prevenção de manifestações patológicas geradas pelo desconhecimento das ações de curiosos não profissionais habilitados.

10.4 AS MANIFESTAÇÕES PATOLÓGICAS

Estruturas desprotegidas, ou mal protegidas, estão vulneráveis à perda de características originais fruto da degradação e modo que a proteção dos elementos estruturais garante a VUP, e maximiza a VU.
Existem diversos tipos de ataques que podem ser sofridos por uma estrutura de concreto, destaca-se:

1. Mecânicos - abrasão, choques, vibrações, fadiga;
2. Físicos - temperatura, umidade;
3. Químicos - águas agressivas, solos agressivos.

O desafio para alguns tipos de estruturas é agravado pela difícil condição / possibilidade de manutenção (especialmente preventiva), e ainda é majorado pela ausência de cultura (durabilidade), que se reflete na escassez de fontes no meio técnico e acadêmico, além da própria ausência de cultura de manutenção mesmo quando as condições são adequadas.

Grande parte dos mecanismos de agressão ao concreto (especialmente armado) depende da presença de mecanismos de transporte dos agentes agressivos pelos poros (inerente), fissuras do concreto, e da existência de dois fatores essenciais:

- Disponibilidade de água no interior da massa de concreto;
- Disponibilidade de oxigênio do ar.

É possível afirmar que as agressões usuais que geram risco à integridade do concreto estão associadas a fenômenos expansivos no interior da massa de concreto já endurecido, ou à dissolução dos produtos de hidratação do cimento.

Pelos motivos citados, considera-se que a água é o principal agente de degradação do concreto armado, a fonte ou origem dessas águas são diversas: Dos processos construtivos, Infiltração do solo (lençol freático), Falhas ou ausência de impermeabilização, Águas servidas e Condensação.

Além das águas, tem-se ainda uma grande lista de agentes de degradação tais como: raízes, microrganismos, sulfatos, íons cloretos, dentre outros.

10.4.1 Lixiviação x Carbonatação

Parte do produto da reação de hidratação do cimento são cristais de $Ca(OH)2$ e $Mg(OH)2$, cal hidratada/hidróxidos de cálcio e de magnésio, componentes que são parcialmente solúveis em água (corrente). Na presença de água no interior da estrutura, a dissolução e transporte da cal hidratada é chamada lixiviação.

Figura 2. - Lixiviação

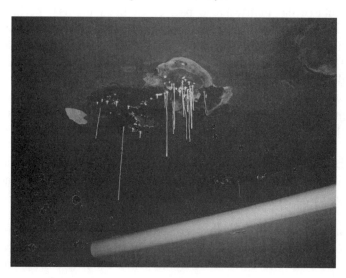

Como principais consequências da lixiviação, temos:

- Remoção de sólidos, gerando redução na resistência mecânica;
- Facilidade de gases e líquidos agressivos às armaduras;
- Penetração de água e oxigênio (corrosão de armaduras);
- Perda da proteção química pela carbonatação (transformação de hidroxilas em carbonatos) – queda do pH do concreto.

Sabe-se que a armadura inerente ao concreto armado ou protendido possui duas importantes forma de proteção:

- Barreira física, que é uma barreira gerada pela qualidade e espessura do cobrimento, fato que em parte justifica a grande importância dada na NBR 6118 às classes de agressividade ambientais e exigências quanto à espessura do cobrimento;
- Barreira química, que é o ambiente alcalino do concreto original, que se perde na redução do pH, favorecendo a corrosão.

A lixiviação, que visualmente é evidenciada pela mancha ou estalaquitites esbranquiçadas nas estruturas de concreto, quimicamente é expressa na reação da figura 2

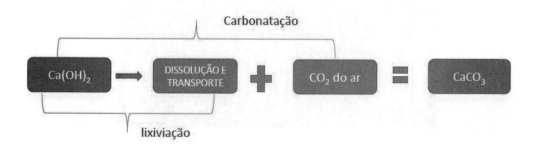

10.4.2 Corrosão eletrolítica das armaduras

Sem nenhuma dúvida, trata-se da manifestação patológica mais intensa, perigosa e comum no contexto brasileiro. Sua ocorrência é abundante uma vez que fatores associados a temperatura, grande extensão marinha, diversas capitais localizadas na orla, ações dos ventos e umidade formam condições favoráveis à corrosão de armadura. O perigo está associado à perda da capacidade portante da estrutura, em primeiro ligar pelo comprometimento da seção de aço, e posteriormente pela seção da peça em concreto propriamente dita, e ainda perda de aderência entre o aço e o concreto, afinal a corrosão é um processo eletroquímico, que gera expansão da armadura (perda de seção), tensões internas na peça estrutural gerando fissuras, e destacamentos do concreto (cobrimento).

Para se obter um metal, extrai-se em sua forma natural o minério pelo processo de Redução utilizando aplicação de energia. A oxidação nada mais é do que o processo inverso, uma reação espontânea, na qual o metal tende a voltar ao seu estado original.

É importante diferenciar corrosão química e corrosão eletroquímica. A primeira, também denominada oxidação, é provocada por uma reação gás-metal, isto é, pelo ar atmosférico e o aço, formando compostos de óxido de ferro (Fe_2O_3). Este tipo de corrosão é muito lento e não provoca deterioração substancial das armaduras. Como exemplo, o aço estocado no canteiro de obra aguardando sua utilização sofre este tipo de corrosão, que muitas vezes pode até ser benéfica como capa protetora.

Já a corrosão eletroquímica, ou eletrolítica, corrosão catódica, ou simplesmente corrosão, ocorre em meio aquoso é o principal e mais sério processo de corrosão encontrado na construção civil, nesse caso se encontra o grande risco mencionado, uma vez que a circulação de íons, pelo eletrólito – redução / oxidação, gera ânodo e cátodo, migração de elétron e perda de seção como ilustra a figura 3 sendo possível observar um pilar em processo de corrosão com suas zonas anódicas e catódicas claramente evidenciadas.

Figura 3 – Zonas Anódica e Catódica

A figura 4 indica a expansão gerada pelo aumento de volume do aço, fruto da corrosão, e consequente fissuração e destacamento.

Figura 4 – Expansão pelo aumento do volume de aço

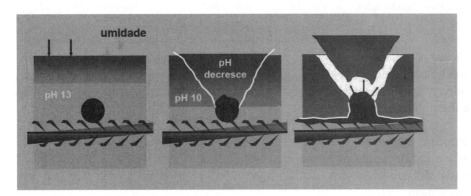

Para existir a corrosão eletrolítica das armaduras, basicamente 4 condições precisam existir simultaneamente: presença de um eletrólito (água), existência de condutores elétricos (armadura), presença de oxigênio (porosidade) e diferença de potencial (diferença de pH).

Fica claro que os condutores elétricos (as armaduras) jamais serão removidos do concreto armado ou protendido, e ainda sendo a porosidade uma condição inerente ao concreto, que pode ser minimizada mas nunca eliminada, o caminho para prevenção da corrosão de armadura passa fortemente pela não permissão de penetração de água que, além de eletrólito da pilha de corrosão, baixa o pH da estrutura por causa da lixiviação. A figura 5 apresenta uma condição absolutamente real na qual 2 pilares na mesma edificação, expostos à mesma zona de agressividade ambiental, distantes um do outro 3m, mesma qualidade de concreto e mesma idade. Um, porém, com elevada degradação de corrosão pela intensa exposição à umidade gerada por infiltração na laje.

Figura 5 – Pilar com elevada degradação de corrosão

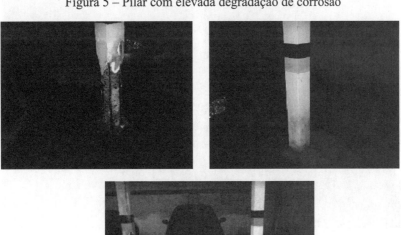

10.4.3 RAA - Reação Álcali-Agregado

Reação química no concreto, de hidróxidos alcalinos (principal fonte cimento) e minerais reativos presentes no agregado. Na presença de água, existe a formação do gel de sílica expansivo, gerando tensões internas ao concreto e posterior fissuração, perda da monoliticidade e, consequentemente, comprometimento da estrutura.

Se, por um lado que pode se entender como positivo, trata-se de uma reação lenta, por outro, a manifestação conduz a um quadro patológico irreversível, gera produtos expansivos capazes de fissurar e desmonolitizar o concreto, devido a tensões internas gerando perda / comprometimento de resistência mecânica e principalmente durabilidade.

Apesar de a prática e as normas indicarem formas eficientes de evitar que a RAA se desenvolva (ações preventiva), após a instalação do processo deletério, os danos causados são irreversíveis e as soluções de recuperação ainda são paliativas, por não corrigir o problema, mas apenas mitigam as consequências e requerem monitoramento.

No Brasil, por muito tempo o problema foi subestimado em edificações residenciais, acreditando-se que sua existência estaria restrita a grandes maciços de concretos, especialmente barragens. No entanto, após o colapso do edifico Areia Branca na Região Metropolitana de Recife, quando o laudo elaborado por equipe multidisciplinar coordenada pelo CREA PE apontou como causa principal falhas executivas nos elementos de fundações, instalou-se a cultura de escavações preventivas na execução desses laudos técnicos nas edificações dessa Região. Com as escavações, o diagnóstico de RAA vem sendo cada vez mais presente, acrescentando elementos de fundações, blocos de coroamento e ou sapatas como elementos estruturais de relevante probabilidade de observação do problema.

A característica visual do problema é um quadro fissuratório desorientado, sendo indicado nesse caso extração de testemunhos, nos quais é possível observar a presença do gel (resultado da reação), sendo indicado ainda o envio a um geólogo especialista para análise petrográfica e estudo do potencial de reatividade dos agregados utilizados.

Como é muito complicado mapear a reatividade dos agregados segundo a sua origem e, na prática, sendo a ação preventiva a melhor forma de combater a reação nas novas estruturas, a forma mais utilizada de precaução se dá pela utilização de cimentos com baixo teor de álcalis, além da adição de inibidores da reação sílica ativa ou metacaulim, sendo também indicada a impermeabilização dos elementos estruturais, especialmente por cristalização, aditivo no concreto no estado fresco.

10.4.4 Ataque por sulfato

Basicamente, existem duas formas de ataque por sulfatos:

a) Reação com os produtos de hidratação do aluminato tricálcico não hidratado (C3A) produzindo etringita;
b) Reação com o hidróxido de cálcio produzindo gipsita.

Assim como o gel no RAA, a formação da etringita leva à expansão e, devido à baixa resistência à tração do concreto, se instala um quadro fissuratório com características inclusive similares à do RAA, não sendo rara a ação conjunta das duas manifestações patológicas.

As fontes da contaminação por sulfato são diversas, merecendo destaque: o solo, águas contaminadas (industriais e chuvas), águas servidas e a água do mar.

A prevenção das manifestações patológicas se dá no uso de concretos menos permeáveis, com baixa relação a/c, uso de cimentos de alto-forno, pozolânicos ou resistentes aos sulfatos (RS).

A tabela 6 indica um balizamento do grau de agressividade no qual a estrutura estará exposta, dando ao profissional projetista parâmetro para as indicações preventivas.

Tabela 6 – Grau de Agressividade

NIVEL DO ATAQUE	PERCENTUAL DO SOLO (%)	EXISTÊNCIA NA ÁGUA (ppm)
Negligenciável	até 0,1	até 150
Moderado	0,1 a 0,2	150 a 1500
Severo	0,2 a 2	1500 a 10000
Muito Severo	acima de 2	acima de 1000

10.5 ENSAIOS E DIAGNÓSTICO

Para uma adequada indicação de solução, a etapa de diagnóstico é de fundamental importância para o sucesso do reparo, sendo importante indicar que, dentre os requisitos do "sucesso", temos a durabilidade.

É sabido que a inspeção / vistoria visual é a fase mais importante de todo o estudo, pois nela serão definidos os futuros passos necessários para que possa se estabelecer, pelo correto diagnóstico, o prognóstico e, principalmente, a terapia ideal a ser sugerida.

Após a inspeção visual e o mapeamento das manifestações patológicas tais como infiltrações de água, corrosão de armaduras, fissuras, deformações em elementos estruturais, é que se pode planejar a necessidade e a quantidade de ensaios complementares que podem contribuir ou ser necessários para a correta análise das manifestações patológicas.

Existem diversos tipos de ensaios possíveis, porém a relação abaixo indica os mais importantes, os mais básicos e práticos, que no dia a dia respondem pela grande maioria dos casos de diagnóstico, por se apresentarem viáveis, resultando em um excelente custo-benefício.

10.5.1 Pacometria

Trata-se de um detector de armadura conhecido como pacômetro, sendo que o ensaio leva o nome do aparelho. É a leitura da interação das armaduras e a baixa frequência de um campo eletromagnético criado pelo próprio aparelho. A partir dos dados recolhidos (intensidade e frequência) é possível localizar as barras de aço, e em alguns casos estimar o diâmetro e cobrimento das armaduras (SANTOS, 2008).

Além da importância das informações apresentadas, esse ensaio se apresenta como um importante marco inicial de um diagnóstico pois, com as marcações / localizações de armadura, é possível se obter melhores condições para execução de outros ensaios, sejam eles destrutivos ou não.

10.5.2 Extração de testemunho para obtenção da resistência a compressão

Apesar de um ensaio destrutivo, trata-se de um importante procedimento para obtenção de informações ligadas não apenas à funcionalidade e comportamentos estranhos à Vida Útil de projeto, mas também à durabilidade, uma vez que a resistência à compressão do concreto resulta em relações direta ou indiretamente proporcionais com requisitos importantes como indica a figura 6

Figura 6 – Requisitos de Funcionalidade

RESISTENCIA COMPRESSÃO ↑	DURABILIDADE ↑	POROSIDADE ↓	VULNERABILIDADE ATAQUES ↓	PERMEABILIDADE ↓	FATOR A/C ↓

A desvantagem óbvia desse ensaio é o fato de ser destrutivo e por isso requerer necessidade de reparo, e em alguns locais (posição da estrutura) é inviável. É fundamental antes da execução do ensaio localizar as armaduras para de forma nenhuma proceder seu rompimento.

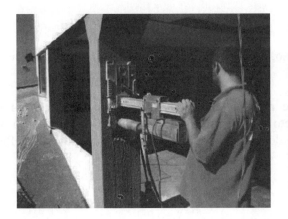

A lista das principais vantagens são:

    a) Resultado muitas vezes direto, sendo essa a medida mais confiável da resistência à compressão do concreto;
    b) Possibilidade de reaproveitamento e análise química do testemunho extraído, por exemplo profundidade de carbonatação;

c) Calibração e ou referência de outros ensaios não destrutivos;
d) Avaliação da espessura e das camadas do pavimento;

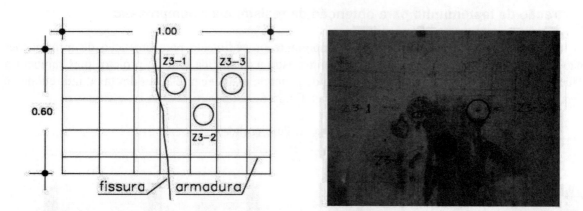

Um cuidado a ser observado na obtenção dos resultados é a aplicação dos fatores de correção, seja pela relação altura / diâmetro (H/D), seja pelo diâmetro do cilindro do testemunho, conforme descrito na tabela 7

Tabela 7 – Fator de Correção

CONDIÇÃO	FATOR DE CORREÇÃO
Relação H/D = 2	1,00
Relação H/D = 1	0,87
Diâmetro 150 mm	0,98
Diâmetro 100 mm	1,00
Diâmetro 50 mm	1,06

10.6 ESCLERÔMETRO DE REFLEXÃO

Trata-se de um típico ensaio não destrutivo e, por isso, proporciona pouco dano à estrutura, além disso, esse tipo de ensaio é aplicado com a estrutura em uso.

É um método normatizado (NBR 7584/2012) que mede a dureza superficial do concreto, fornecendo elementos para a avaliação da qualidade do concreto endurecido, para sua execução se utiliza o Martelo de Schmidt - aplicação de impacto sobre a superfície do concreto e posterior medida do índice de reflexão de um corpo impulsionado por uma mola.

Recomendações importantes:

a) Evitar leituras com distâncias inferiores a 5 cm das arestas;
b) Efetuar no mínimo 9 leituras em cada área, e sempre que possível 12;
c) Não realizar mais de 1 impacto no mesmo ponto;
d) Usar distância ideal entre impactos de 3 cm;
e) Nunca fazer ensaio em peças com menos de 14 dias, sendo ideal mínimo 28 dias de cura;
f) As superfícies de concreto devem ser secas e limpas, preferencialmente lixadas e planas;
g) Desviar as bolhas, agregados, armaduras, ou qualquer outro fator que deve falsear os resultados;
h) O esclerômetro deve ser auferido / calibrado após 3000 impactos realizados, ou a cada ano.

Desprezar todo índice individual que esteja afastado em mais de 10% do valor médio obtido. Após desprezar valores, calcular a média novamente com os valores restantes, o índice deve ser obtido com no mínimo cinco valores individuais, caso contrário, a área deve ser abandonada.

As vantagens do ensaio é a execução fácil e rápida com baixo custo e ainda a possibilidade da redução da quantidade de testemunhos extraídos.

É importante o cuidado com influência de fatores tais como: tipo de agregado, textura superficial, teor de umidade, cura e carbonatação.

10.6.1 Ultrassonográfica (v) (m/s)

Normatizado nacionalmente pela NBR 8802/2013, trata-se de um ensaio não destrutivo no qual se mede a velocidade de propagação de ondas ultrassonoras pelo concreto.

Pelas medições realizadas, é possível fazer uma avaliação da homogeneidade e da compacidade do concreto mais profundamente, uma vez que a esclerometria nos fornece resultados superficiais. A velocidade aumenta com o aumento da compacidade do concreto, uma vez que vazios comprometem a propagação de ondas sonoras.

Como vantagem do ensaio, registra-se execução rápida e simples, relativo baixo custo de execução, destaca-se a eficiência para detectar ninhos de concretagem e alta porosidade do concreto.

Como desvantagem, é importante ressaltar a influência de muitos fatores, tais como teor de umidade, mau contato superficial, presença de armaduras, erros frequentes de execução do ensaio e má correlação com a resistência à compressão.

PONTES, 2008 indica a tabela 8 como uma interessante referência de se balizar os resultados.

Tabela 8 – Condições do Concreto

VELOCIDADE DE PROPAGAÇÃO (m/s)	CONDIÇÕES DO CONCRETO
Superior a 4500	Excelente
3500 a 4500	Bom
3000 a 3500	Regular (duvidoso)
2000 a 3000	Geralmente Ruim
inferior a 2000	Ruim

10.6.2 Medição de frente de carbonatação

A penetração de carbonatação no concreto armado é uma das principais causas da corrosão de armadura, assim, esse ensaio mede a profundidade de carbonatação com o objetivo principal de analisar a proximidade dessa frente junto às armaduras.

O concreto em sua condição original é extremamente alcalino, com pH variando entre 12,5 a 13,5. Quando esse concreto se encontra carbonatado, existe uma redução de pH que chega a 9,0, sendo essa redução a principal causa de despassivação das armaduras.

O ensaio é parcialmente destrutivo e para sua execução se faz necessária a quebra de parte do elemento estrutural, via de regra uma de suas arestas, e a aplicação de uma solução de fenolftaleína e álcool aplicado na fratura recente e ortogonal à armadura, se após alguns minutos o indicador alterar a sua cor em pH maior que 9,8, para vermelho carmim, a coloração será alterada em profundidade não carbonatada. Onde não existir alteração de cor, existe a indicação de que nesse ponto o concreto está carbonatado e assim se executa a leitura da espessura (profundidade) com a precisão de milímetro.

Para análise de vantagens e desvantagens desse ensaio, observar a tabela 9

Tabela 9 – Vantagens e Desvantagens do ensaio

VANTAGENS	DESVANTAGENS
• Ensaio simples com resultado imediato; • Baixíssimo custo, ferramentas simples; • Essencial para o estudo da corrosão, sendo bom indicador da possibilidade de ocorrência de corrosão, sugestões preventivas.	• Parcialmente destrutivo, necessidade de reparos; • Grande variação de resultado segundo o grau de exposição da peça estrutural em análise, requerendo experiência em interpretação; • Necessidade de execução imediata após fratura intencional na peça estrutural.

10.6.3 Perfil de penetração de íons cloretos

É muito importante não apenas para análise correta de reparos ou proteção da estrutura, mas também para estimativa de sua durabilidade a medição da concentração de cloretos livres no concreto.

O ensaio se baseia na recolha de amostra de concreto, in loco, em pó, com o uso de furadeira. Cada amostra deve representar diferentes profundidades em cada etapa visando fornecer um gráfico / perfil de cloretos.

Após a remoção das amostras, recomedam-se a medição de cloretos totais em laboratório, sendo indicado o limite de 0,4% da massa de cimento ou 0,1% da massa do concreto como valores seguros para se evitar a corrosão por cloreto.

Nesse ensaio, é muito importante localizar as barras da armadura, e executar um perfil relacionando os percentuais e profundidade.

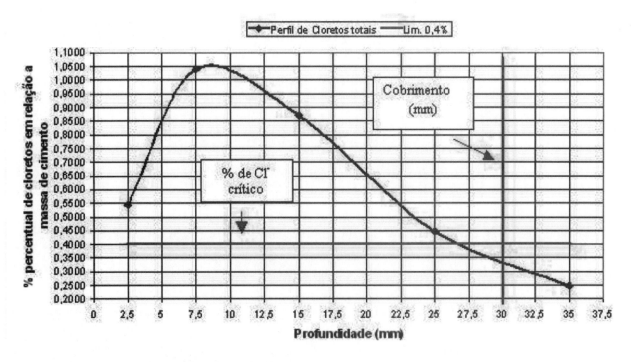

10.7 REFERÊNCIAS BIBLIOGRÁFICAS

ASSOCIAÇÃO BRASILEIRA DE NORMAS TÉCNICAS. **NBR 6118: Projeto de estruturas de concreto - Procedimento.** Rio de Janeiro, 2013.

CAPÍTULO 11 - TÉCNICAS PREVENTIVAS E DE RECUPERAÇÃO ESTRUTURAL

Ana Paula Abi-faiçal Castanheira
Doutora, IPOG/Engenharia Diagnóstica Ltda.
castanheiraanapaula@gmail.com

11.1 INTRODUÇÃO

Hoje em dia, com a velocidade de obra cada vez maior, cálculos estruturais permitindo utilizar o aço em seu limite último, a tecnologia do concreto possibilitando a construções de estruturas mais altas e mais esbeltas, prazos técnicos de obras nem sempre respeitados, a própria idade da construção sem manutenção preventiva, o mau uso da edificação e alguns sinistros fortuitos, o estudo da patologia das construções e das estruturas toma um lugar de destaque no cenário da Engenharia Civil, pois surge a necessidade cada vez maior de reparar e/ou de reforçar estruturas.

Para tanto, faz-se necessário diagnosticar o problema, ou seja, conhecer, a partir dos sintomas, as causas, as origens, os mecanismos de ocorrência e o estado atual do problema, para ser possível propor e executar um reparo e/ou um reforço eficiente(s) e; com base nestes conhecimentos, produzir obras cada vez mais duráveis, evitando-se cometer os mesmos erros encontrados em edificações anteriores.

Com este enfoque, este capítulo mostra algumas técnicas, ensaios, equipamentos e materiais utilizados para o diagnóstico, tanto para a prevenção como para o tratamento, sem a intenção de esgotar o assunto, porém abordando os mais comuns. E mostra também algumas técnicas de reparo e reforço estruturais mais utilizadas para o restabelecimento da vida útil da edificação.

11.2 ENSAIOS PARA DIAGNÓSTICO

A etapa crucial para solucionar os problemas construtivos ou estruturais é o diagnóstico. Sem ele, corre-se o risco de mascarar o problema sem solucioná-lo, ou seja, tampá-lo sem combater a causa, podendo, muitas vezes, complicá-lo ainda mais.

Outra importância do diagnóstico é na prevenção dos problemas. Utilizado, por exemplo, para identificar agregados reativos, pode-se evitar sua utilização em obras de concreto armado, evitando a indesejável reação álcali-agregado, que tem causado transtornos em edificações, principalmente de grande porte.

Existem várias técnicas, materiais, métodos, ensaios e instrumentos para diagnosticar características do concreto e da armadura, bem como as manifestações patológicas instaladas.

Em relação ao concreto, as características físicas e químicas dos materiais e a presença de agentes agressivos nas estruturas podem ser analisadas por meio de ensaios realizados em campo ou em laboratório. Alguns deles estão citados a seguir e servem para medir:

a) Absorção de água por imersão (NBR 9778);
b) Absorção de água por capilaridade (NBR 9779, ASTM C 642 e BS 1881 Part 5);
c) Carga necessária, medida por um dinamômetro, para extração de uma peça metálica contendo uma cabeça na extremidade embutida, utilizando-se um macaco hidráulico (*Lok Test* – ASTM C900 – Resistência ao Arrancamento do Concreto Endurecido);

226 - Projeto, Execução e Desempenho de Estruturas e Fundações

d) Carga necessária, medida utilizando-se um torquímetro, para extrair um parafuso com luva de expansão, que se dilata à medida que a carga é aplicada (*Capo Test* – ASTM C900 e EN 12504-3);

e) Dureza superficial, mediante ensaios esclerométricos (NBR 7584, ASTM C805 e BS 1881 Part 202);

f) Expansão das barras de argamassa para avaliar a possibilidade da existência de reação álcali-agregado (ASTM C-1260, NBR 15577);

g) Expansão de prismas de concreto para avaliar a possibilidade da existência de reação álcali-agregado (NBR 15577);

h) Integridade de estacas, tubulões, lajes e paredes de concreto, por meio do eco-impacto (ASTM C-1383);

i) Permeabilidade a líquidos (NBR 10786);

j) Resistência à penetração no concreto, utilizando-se a Pistola de Pólvora de Windsor (ASTM C 803 – *Penetration Resistance of Hardened Concrete*, ACI 228 e BS 1881 Part 207);

k) Potencialidade da reação álcali-agregado, permitindo a visualização da microestrutura da matriz do concreto, podendo-se observar sua natureza e seu grau de hidratação pela análise petrográfica (ASTM C 856, NBR 15577-3);

l) Potencialidade da reação álcali-agregado, relacionando a concentração de sílica dissolvida com a redução da alcalinidade do concreto (NBR 9774 e ASTM C – 289);

m) Profundidade de carbonatação, utilizando-se indicadores de pH como a fenolftaleína ou a timolftaleína (E 391 – LNEC);

n) Quantidade de cloretos solúveis em água de argamassas e concretos (ASTM C 1218);

o) Quantidade de cloretos solúveis em ácido de argamassas e concreto (ASTM C 1152);

p) Quantidade de cloretos totais no cimento (ASTM C 114);

q) Quantidade de sais solúveis (NBR 5746);

r) Resistividade elétrica do concreto em campo (NBR 7117 – Medição da resistividade do solo pelo método dos quatro pontos (Wenner));

s) Resistividade elétrica do concreto em laboratório (NBR 9204 – Determinação de resistividade elétrica volumétrica);

t) Variação dimensional de barras de cimento Portland expostas a sulfato (NBR 13583 – Cimento Portland – Determinação da Variação Dimensional de Barras de Cimento Portland Expostas à Solução de Sulfato de Sódio);

u) Velocidade da onda ultrassônica para verificar a integridade do concreto (ultrassom - NBR 8802, ASTM C597, BS 1881 Part 203); e

v) Outros.

Com a extração de testemunhos (NBR 7680, NBR 6118, ASTM C42, ACI 318 e BS 1881 Part 220), pode-se utilizá-los para avaliar várias propriedades do concreto, como: absorção de água, densidade, módulo de elasticidade, resistência à compressão, expansão pela reação álcali-agregado e outras.

De acordo com Cánovas (1988), os testemunhos extraídos normalmente apresentam resistências à compressão menores que as obtidas nos cilindros curados em laboratório, devido às microfissuras geradas na extração, ao corte dos agregados graúdos e à influência de suas dimensões. Mesmo assim, estes ensaios são realizados e faz-se a correção dos resultados utilizando-se a **Tabela 1** da Norma NBR 5739 (Concreto – Ensaio de Compressão de Corpos-de-Prova Cilíndricos), obtendo-se, desta forma, a resistência à compressão mais próxima da realidade. A Norma NBR 7680 – Concreto Endurecido – Procedimento para Ensaio e Análise de Testemunhos Extraídos de Estruturas Acabadas, estabelece a quantidade de testemunhos e as condições de ruptura.

Capítulo 11 – Técnicas Preventivas e de Recuperação Estrutural - 227

Tabela 1 – Fator de Correlação h/d (NBR 5739).

h/d	Fator de Correção
2	1,0
1,75	0,98
1,50	0,96
1,25	0,93
1	0,87

Existem outros ensaios que servem para analisar ou avaliar o concreto, como o gama-radiografia, gama-radiometria, o radar, a termografia infravermelha e a tomografia. Cada um deles com sua peculiaridade, como: o gama-radiografia e gama-radiometria no concreto (ASTM C 876 e BS 1881: Part 205), os quais são usados para analisar o concreto e detectar o número e posição das armaduras, segregações, fissuras interiores, juntas de concretagem, a densidade e espessura do concreto. O radar GPR (*Ground Penetration Radar*), normalizado pela ASTM D 6432, o qual é um método não destrutivo, com alta resolução espacial, que fornece resultados rápidos e pode ser usado em estruturas sujeitas a tráfego, e tem sido utilizado para avaliar a resistência do material, para medir espessura da peça, cobrimento e espaçamento das armaduras, extensão e posição de vazios, para avaliar, de forma qualitativa, a integridade e o desempenho da edificação e fornecer o grau de hidratação do cimento, o teor de água no concreto fresco e a presença de cloretos. A termografia infravermelha (ASTM D 4788-3 e ACI 228.2R), a qual é uma técnica que se baseia no princípio da condutividade térmica dos materiais, é utilizada para avaliar a heterogeneidade dos elementos estruturais, detectando anomalias no interior da estrutura de concreto armado. E a tomografia que pode ser: a) computadorizada por raio X (para medir fissura menor que 5 μm em alta definição e para localizar armadura de tamanho moderado); b) por impedância elétrica (para localizar armaduras e fraturas preenchidas com água no concreto, fornecendo informações sobre condutividade elétrica e, consequentemente, sobre corrosão de armadura); c) retroespalhamento de micro-ondas (para localizar armaduras a 6 ou 7 cm de profundidade e para inspecionar superfícies planas);

Em relação à armadura, existem vários ensaios, procedimentos ou equipamentos, sendo os mais utilizados os citados a seguir:

a) Barras e Fios de Aço Destinados a Armaduras para Concreto Armado (NBR 7480);
b) Determinação do Coeficiente de Conformação Superficial de Barras e Fios de Aço Destinados a Armaduras de Concreto Armado – Método de Ensaio (NBR 7477);
c) Espectroscopia de Impedância CA, utilizada em laboratório, para estimar a taxa de corrosão de armadura e estudar os efeitos dos inibidores de corrosão, dos cobrimentos e das corrosões por pites;
d) Exames visuais;
e) Materiais Metálicos – Determinação das Propriedades Mecânicas à Tração – Método de Ensaio (NBR 6152);
f) Medida de velocidade de corrosão ou taxa de corrosão da armadura, cujo objetivo é determinar a velocidade da perda de sua seção transversal. Pode-se utilizar vários equipamentos, sendo o GECOR 6 bastante utilizado. Ele fornece a taxa de corrosão instantânea;
g) Método de Ensaio de Fadiga de Barras de Aço para Concreto Armado (NBR 7478);
h) Pacometria, a qual utiliza equipamentos portáteis magnéticos e podem determinar com relativa precisão a espessura do cobrimento, a posição e o diâmetro da armadura. Porém, em peça densamente armada, conforme CARMONA FILHO (2000), o uso do pacômetro pode ser inviável se o espaçamento das armaduras for inferior ao cobrimento de concreto;

228 - Projeto, Execução e Desempenho de Estruturas e Fundações

i) Potencial eletroquímico ou potencial de corrosão (*ASTM C 876 – Standard Test Method for Half-Cell Potentials of Uncoated Reinforced Steel in Concrete*), é uma medida realizada *in loco* e indica qualitativamente a probabilidade de corrosão de armaduras;

j) Produtos Metálicos – Ensaio de Dobramento Semiguiado – Método de Ensaio (NBR 6153);

k) Taxa de corrosão da armadura pelo método da resistência de polarização linear, que pode ser obtida aplicando-se uma pequena voltagem, como uma perturbação, obtendo-se um fluxo de corrente como resposta (técnica potenciostática) ou aplicando-se uma pequena corrente, como perturbação e obtendo-se uma pequena voltagem como resposta (técnica galvanostática);

Considerando a estrutura como um todo, existem ensaios e equipamentos que permitem avaliar algumas características, como:

a) Auscultação de cabos com a técnica "RIMT" – *Reflectometric Impulse Measurement Technique* para avaliar o aço *in loco* e identificar os vazios de injeção;

b) Deformações específicas que podem ser medidas com os alongâmetros e extensômetros (que podem ser mecânicos, elétricos, acústico, óptico, pneumático e hidráulico) e de Huggembuger;

c) Deslocamento angular com o clinômetro de bolha ou de cordas vibrantes e o fio de prumo (coordinômetro) para analisar as rotações, descontinuidades e engastamentos;

d) Deslocamentos lineares que podem ser medidos com os defletômetros mecânicos quando as deformações são estáticas e com os defletômetros registradores de precisão variável quando as deformações são dinâmicas;

e) Estado de fissuração do concreto, utilizando-se o fissurômetro ou o fissurômetro óptico;

f) Movimentação de juntas ou fissuras, utilizando-se o alongâmetro, o micrômetro óptico com escala e o medidor triortogonal;

g) Recalques e flechas de vigas com nível topográfico com micrômetro; e

h) Outros.

11.3 RECUPERAÇÃO ESTRUTURAL

11.3.1 Considerações Iniciais

A seleção de um procedimento de reparo ou reforço estrutural está condicionada a fatores estruturais, econômicos, de rapidez e de execução, estéticos etc., e, neste processo de escolha, que deve ser o mais técnico possível, deve-se eleger uma solução mais eficaz, menos complicada e mais econômica.

Para que a recuperação estrutural alcance a eficiência almejada, deve-se considerar alguns aspectos, como: entendimento das propriedades dos materiais, conhecimento das vantagens e desvantagens de se utilizar um material em detrimento de outro, preparação da superfície a ser reparada, domínio da técnica de aplicação e procedimentos posteriores à realização do reparo.

O material de reparo deve apresentar características muito semelhantes às características do substrato no qual será empregado, principalmente quanto ao módulo de elasticidade e coeficiente de dilatação térmica, para minimizar as tensões que podem surgir entre os dois materiais, podendo causar fissuras e desagregação do material de reparo.

Outra questão importante é a aderência entre estes materiais. Para que o resultado final seja uma estrutura sólida e monolítica, recomenda-se fazer o teste de aderência, de acordo com normas, como a ASTM C-881 (2014) e ASTM C-1042 (2008), em que o resultado dependerá da resistência do substrato, da preparação da superfície e da aderência do material de reparo ao substrato.

Quanto à preparação da superfície, deve-se fazer uma limpeza criteriosa da área a ser reparada, deixando-a livre de sujeira, com poros funcionando como âncora e, dependendo do revestimento, deixá-la saturada com a superfície seca (quando o reparo não prevê ponte de aderência) ou deixá-la seca (quando o reparo prevê ponte de aderência).

Na etapa de planejamento da execução do reparo, deve haver uma preocupação com questões como: se as cargas serão removidas durante o reparo, como será o comportamento do material de reparo durante o carregamento das tensões e como será o comportamento dimensional do material frente às tensões distribuídas pelo substrato do concreto. O ideal é que o material apresente características suficientes para suportar as cargas de serviço, assumindo os níveis de tensões do concreto original.

Para que o material e o método de reparo ou reforço estrutural sejam escolhidos adequadamente, o mais importante é realizar um bom diagnóstico para avaliar as causas e origens dos problemas detectados. De posse deste diagnóstico, traça-se a estratégia e faz-se o projeto de reparo ou reforço estrutural. A seguir serão apresentadas algumas técnicas de reparos e reforços estruturais.

11.3.2 Reparos em Estruturas de Concreto Armado

Reparos são intervenções que visam corrigir pequenos danos ocorridos em elementos estruturais. Os reparos são, normalmente, classificados em função da: extensão e profundidade; enfermidade; causa; sintoma; ou elemento estrutural e sua localização.

A seguir serão abordados alguns tipos de reparos, com seus materiais e procedimentos correspondentes, de acordo com suas classificações.

11.3.2.1 Reparos Localizados e Superficiais

São aqueles que não ultrapassam as espessuras das camadas de cobrimento das armaduras. Como exemplos, podem ser citadas: as segregações, as porosidades ou contaminações que atingem o cobrimento das armaduras. Podem ser executados com os seguintes materiais e técnicas:

11.3.2.1.1 Reparo com Argamassa Convencional de Cimento e Areia

Procedimentos:

- Tratar o substrato e umedecê-lo para que fique saturado sem formação de poças d´água;
- Preparar a argamassa que pode ser fabricada na obra, normalmente com traço 1:3 (cimento:areia) em volume e relação água cimento igual a 0,45 ou utilizar argamassa industrializada;
- Aplicá-la com espátula ou colher de pedreiro;
- Dar acabamento final com desempenadeira metálica; e
- Executar cura úmida durante 1 a 3 dias, dependendo das condições climáticas.

11.3.2.1.2 Reparo com Argamassa Convencional e Adesivo Epoxídico

Procedimentos:

- Tratar o substrato e utilizar a ponte de aderência, empregando, por exemplo uma camada fina de adesivo epoxídico, em substrato seco. A utilização ou não da ponte de aderência dependerá da rugosidade do substrato;

230 - Projeto, Execução e Desempenho de Estruturas e Fundações

- Preparar a argamassa que pode ser fabricada na obra, normalmente com traço 1:2,5 ou 1:3 (cimento:areia) em volume e relação água cimento menor ou igual a 0,40 ou utilizar argamassa industrializada; porém, a argamassa de reparo deverá ser aplicada imediatamente após a aplicação do adesivo;
- Aplicá-la com espátula ou colher de pedreiro;
- Dar acabamento final com desempenadeira metálica; e
- Executar cura úmida durante 1 a 3 dias, dependendo das condições climáticas.

11.3.2.1.3 Reparo com Argamassa Modificada com Polímero – Pré-Dosada (Sika Top – 122) ou Preparada na Obra (Base Acrílica ou SBR)

Procedimentos:

- Tratar o substrato e umedecê-lo para que fique saturado sem formação de poças d'água;
- Para argamassa preparada na obra, aplicar ponte de aderência compatível (cimento + água + polímero, relação água:polímero = 1:1);
- Preparar a argamassa;
- Aplicá-la pressionando-a contra o substrato, inicialmente com as mãos e, a seguir, com espátula ou colher de pedreiro, obedecendo-se a espessura máxima preconizada pelo fabricante para cada camada;
- Dar acabamento final com desempenadeira metálica; e
- Executar cura úmida.

11.3.2.1.4 Reparo com Argamassa Grout Tixotrópica – Base Mineral (Sika Grout – Tix)

Procedimentos:

- Tratar o substrato e umedecê-lo para que fique saturado sem formação de poças d'água;
- Preparar o grout conforme especificação do fabricante;
- Aplicá-la pressionando-a contra o substrato, inicialmente com as mãos e, a seguir, com espátula ou colher de pedreiro, obedecendo-se a espessura máxima preconizada pelo fabricante para cada camada;
- Dar acabamento final com desempenadeira metálica; e
- Executar cura úmida ou com película.

Caso o concreto do substrato não apresente boa aderência ao grout, deve-se aplicar, para servir como ponte de aderência: o adesivo de base epóxi (Sikadur 31) sobre o substrato seco ou o adesivo de base acrílica (cimento + água + polímero, relação água:polímero = 1:1) ou SBR (emulsão de polímero estireno-butadieno) sobre o substrato úmido.

Dependendo do tipo de reparo, podem ser usados outros tipos de argamassas, como as de base epóxi ou poliéster, as quais exigem procedimentos próprios.

3.2.2 Reparos Localizados e Profundos

São aqueles que ultrapassam as espessuras das camadas de cobrimento das armaduras. Como exemplos, podem ser citados: as segregações, ninhos ou presença de corpos estranhos no concreto. Podem ser executados com os seguintes materiais e técnicas:

Capítulo 11 – Técnicas Preventivas e de Recuperação Estrutural - 231

11.3.2.2.1 Reparo com Concreto Convencional

O concreto convencional é o material que oferece muitas vantagens em relação a outros, desde que as condições locais não exijam material diferente, pois, devidamente dosado, é o que tende a apresentar módulo de elasticidade e coeficiente de dilatação térmica mais próximos do substrato a ser recuperado.

Procedimentos:

- Tratar o substrato e umedecê-lo para que fique saturado sem formação de poças d'água;
- Instalar formas com cachimbo e, se necessário, aplicar adesivo epóxi de elevado *"pot-life"*;
- Preparar o concreto com resistência, no mínimo igual ao do substrato. Mas, de preferência, utilizar concreto 5 MPa mais resistente que o existente;
- Aplicar o concreto no substrato úmido sem utilizar ponte de aderência ou no substrato seco quando utilizar ponte de aderência, que deverá ser passada tanto no concreto quanto nas armaduras;
- Vibrar adequadamente;
- Antes do completo endurecimento, desformar e, cuidadosamente, retirar todo o excesso do concreto. Este excesso pode ser retirado também com 24 horas após a concretagem, utilizando-se corte e lixamento; e
- Executar a cura mais apropriada.

11.3.2.2.2 Reparo com Concreto e Ponte de Aderência de Base Epóxi

Procedimentos:

- O concreto deverá ter consistência fluida, baixo fator água/cimento e, preferencialmente, ser aditivado com agente expansor (pó de alumínio, Intraplast N da Sika ou outro);
- Tratar o substrato, que deve estar seco antes da próxima etapa;
- Preparar e aplicar o adesivo epóxi de elevado *"pot-life"*. Evitar aplicar o adesivo epóxi sobre as armaduras. Caso isso seja difícil, aplicar sobre as armaduras, antes do adesivo, produto inibidor de corrosão (Sika Top 108, por exemplo);
- Instalar fôrmas com cachimbo;
- Lançar o concreto nas fôrmas e adensá-lo;
- Antes do completo endurecimento do concreto, desformar e, cuidadosamente, retirar seu excesso. Tal excesso pode ser retirado, também, após o total endurecimento, utilizando-se corte e lixamento; e
- Executar a cura.

11.3.2.2.3 Reparo com Concreto Grout ou Argamassa Grout

Procedimento:

- Tratar o substrato e umedecê-lo para que fique saturado sem formação de poças d'água;
- Instalar formas com cachimbo (se necessário, aplicar antes adesivo epóxi de elevado *"pot-life"*);
- Preparar a argamassa ou o concreto grout (argamassa grout mais pedriscos);
- Lançar o grout nas formas e adensá-lo;
- Antes do completo endurecimento do grout, desformar e, cuidadosamente, retirar seu excesso. Tal excesso pode ser retirado, também após o endurecimento (24 horas), utilizando-se corte e lixamento; e

232 - Projeto, Execução e Desempenho de Estruturas e Fundações

◆ Executar a cura.

11.3.2.2.4 Reparo com Argamassa Seca ("Dry Pack") e Adesivo Epoxídico

Procedimento:

- ◆ A argamassa seca poderá ser de grout específico (Grout – Tix), grout comum (Sika Grout), com pouca água ou argamassa de cimento e areia, de preferência aditivada com agente expansor (pó de alumínio, Intraplast N da Sika ou outro);
- ◆ Tratar o substrato, que deve estar seco antes da próxima etapa;
- ◆ Preparar a argamassa seca;
- ◆ Preparar e aplicar o adesivo epóxi. Evitar aplicar o adesivo sobre as armaduras. Caso isso seja difícil, aplicar inibidor de corrosão (Sika Top 108) sobre as armaduras antes do adesivo;
- ◆ Aplicar a argamassa seca em camadas (aproximadamente 2 cm de espessura), socadas contra o substrato; e
- ◆ Dar acabamento e executar a cura.

11.3.2.3 Reparos Superficiais de Grandes Áreas

Os reparos superficiais de grandes áreas normalmente são requeridos em função de segregações, erosões, desgastes, contaminações ou calcinações que atingem grandes áreas de concreto de cobrimento das armaduras. Podem ser executados com os seguintes materiais e técnicas:

3.2.3.1 Reparo com Argamassa Modificada com Polímero, Pré-Dosada (Sika Top – 122) ou Preparada na Obra (Base Acrílica)

Procedimentos:

- ◆ Tratar o substrato e umedecê-lo para que fique saturado sem formação de poças d'água;
- ◆ Preparar a argamassa;
- ◆ Aplicá-la em camadas, conforme especificações do fabricante, pressionando-a contra o substrato com desempenadeira ou colher de pedreiro e dando-lhe acabamento final com desempenadeira metálica; e
- ◆ Executar a cura.

11.3.2.3.2 Reparo com Argamassa ou Concreto Projetado

Procedimentos:

- ◆ Tratar o substrato;
- ◆ Promover, se necessário, o seu umedecimento (tipo saturado com superfície seca);
- ◆ Executar a projeção;
- ◆ Dar acabamento sarrafeado e desempenado; e
- ◆ Executar a cura.

Nos casos de erosão ou desgaste, cujas causas não foram eliminadas, é conveniente, após o reparo com quaisquer dos dois materiais (argamassa ou concreto projetado), aplicar revestimento protetor de base epóxi.

Ainda para estes casos, a utilização de material de reparo com formulação epoxídica é bastante indicado. Porém, devido ao seu alto custo, têm-se optado, com ótimos resultados, pela adoção de argamassas ou microconcretos aditivados com microssílica. Porém, a microssílica exige uma cuidadosa cura úmida, geralmente feita com aspersão contínua.

11.3.2.4 Reparos devido à Corrosão de Armaduras

Para que seja possível executar, com eficiência, reparos que visem interromper o processo de corrosão de armaduras (tanto por carbonatação, quanto por cloretos), faz-se necessário conhecer o funcionamento do sistema de proteção do aço dentro da massa de concreto.

Para tanto, é preciso verificar as relações existentes entre o pH do concreto e o potencial de corrosão (potencial eletroquímico) do aço. Essas relações foram estudadas por Pourbaix e são mostradas a seguir por meio do diagrama que leva o seu nome.

Pelo Diagrama de Pourbaix, observa-se que, para manter a proteção do aço dentro do concreto, deve-se:

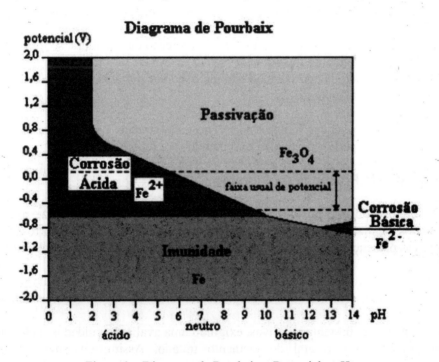

Figura 1 – Diagrama de Pourbaix – Potencial x pH.

a) Manter o pH entre 10,5 e 13 (esta é a proteção dada naturalmente pelo concreto homogêneo e compacto).
b) Abaixar o potencial de corrosão (< - 0,8 V) a fim de atingir a faixa de imunidade, o que se obtém com a chamada proteção catódica; e
c) Elevar o potencial de corrosão (> + 0,8 V) a fim de atingir a faixa de passivação (princípio da utilização dos inibidores anódicos, como o nitrito de sódio, por exemplo).

11.3.2.4.1 Corrosão por Despassivação da Armadura devido ao Gás Carbônico (CO_2)

A despassivação da armadura pode ocorrer em função da diminuição do pH do concreto devido à reação entre o hidróxido de cálcio presente na matriz aglomerante com o CO_2 vindo do exterior, conforme equação

234 - Projeto, Execução e Desempenho de Estruturas e Fundações

abaixo. Este fenômeno é denominado de carbonatação e pode ser facilmente detectado pelos indicadores de pH (fenolftaleína e timolftaleína).

$$CO_2 + Ca(OH)_2 \rightarrow CaCO_3 + H_2O \hspace{3cm} \text{(Equação 1)}$$

O reparo deve ser executado de acordo com a profundidade e a extensão da área afetada, conforme mostrado nos itens anteriores. Porém as armaduras devem ser limpas e posteriormente tratadas, utilizando-se inibidores de corrosão, aplicados por impregnação do concreto (Sika FerroGard 903+), que repassivam as armaduras.

Quando o objetivo for simplesmente impedir o avanço da carbonatação, deve-se aplicar uma película impermeabilizante, como tinta ou verniz. E, para realizar o reparo da estrutura com problema de corrosão de armadura devido à despassivação por carbonatação, deve-se proceder da seguinte forma:

- Cortar o concreto, obedecendo-se o ângulo de 90°;
- Liberar a armadura, pelo menos 2 cm em todas as direções para possibilitar sua limpeza;
- Limpar a armadura adequadamente, retirando os produtos de corrosão (tratamento "ao branco"), utilizando-se lixa metálica, escova metálica, jato de água sob pressão ou outras técnicas;
- Aplicar os materiais de reparo, após a proteção da armadura, se for o caso;
- Executar a cura do reparo; e
- Dependendo da agressividade do meio, adotar pinturas sobre o reparo curado para evitar contaminações precoces.

Em qualquer caso, deve-se verificar a necessidade de escoramento da estrutura para a realização da intervenção. Esta necessidade pode ser reduzida executando-se o reparo por trechos.

11.3.2.4.2 Corrosão pela Presença de Cloretos

A corrosão por cloretos consiste no ataque do cloreto diretamente à armadura, rompendo a película passivadora em pontos localizados, causando corrosão por pites. Trata-se de uma corrosão eletroquímica, na qual são necessárias as presenças de oxigênio e água, além do agente agressor (íons cloreto).

O cloreto pode chegar à estrutura de várias maneiras, como: do ambiente marinho, como aditivo, como contaminante na água de amassamento ou nos agregados, na forma de sais de degelo e outras.

As intervenções costumam ser bastante invasivas, exigindo uma avaliação cuidadosa sobre as influências que incidirão no comportamento estrutural do elemento tratado. Assim, citaremos alguns exemplos de tratamento, sem a pretensão de discorrer sobre todos, pois o mercado possui uma disponibilidade muito grande de materiais e marcas que podem ser utilizadas, desde que se conheçam as propriedades de cada material considerado.

11.3.2.4.2.1 Reparo com aplicação de polímeros inibidores de corrosão (Sika Top 108 ou NitoPrimer Zn – Fosroc)

Procedimentos:

- Retirar todo o concreto (obedecendo-se o ângulo de 90°) que envolve a armadura, deixando-a livre em todas as direções, com espaço mínimo de 2 cm para possibilitar a limpeza da barra;

- Limpar a armadura adequadamente, retirando os produtos de corrosão (tratamento "ao branco"), utilizando-se lixa metálica, escova metálica, jato de água sob pressão ou outras técnicas;
- Aplicar o material de reparo mencionado sobre a armadura e deixar secar;
- Aplicar o concreto ou argamassa apropriada, dependendo da extensão do dano, da localização na peça estrutural e do ambiente a que está inserida;
- Executar a cura do reparo; e
- Dependendo da agressividade do meio, adotar pinturas sobre o reparo curado para evitar contaminações precoces.

Observação: a argamassa SikaTop 108 Armatec é uma argamassa cimentícia, polimérica, fluida esverdeada, com inibidor de corrosão, pré-dosada, bicomponente, utilizada para proteger as armaduras em espera quando a obra estiver em andamento ou em processo de corrosão nas intervenções de reparo e/ou reforço estrutural. Utilizada como pintura nas armaduras, apresenta alta aderência e proteção, alta compatibilidade com argamassas cimentícias e com os inibidores de corrosão da linha Sika FerroGard. Protege as armaduras por passivação, inibição catódica e forma uma barreira impermeável (SIKA, 2011).

11.3.2.4.2.2 Reparo com inibidores de corrosão adicionados ao concreto ou argamassa

Procedimentos:

- Retirar todo o concreto (obedecendo-se o ângulo de 90°) que envolve a armadura, deixando-a livre em todas as direções, com espaço mínimo de 2 cm para possibilitar a limpeza da barra;
- Limpar a armadura adequadamente, retirando os produtos de corrosão (tratamento "ao branco"), utilizando-se lixa metálica, escova metálica, jato de água sob pressão ou outras técnicas;
- Dar o devido tratamento ao substrato;
- Preparar e aplicar o material de reparo aditivado com inibidor de corrosão (Sika FerroGard 901, por exemplo), observando a necessidade de ponte de aderência;
- Dar acabamento e promover a cura.

Observações: o produto Sika FerroGard 901 é um aditivo líquido verde transparente para concreto armado e argamassas, cuja dosagem recomendada é de 12 kg/m^3 de concreto. É composto por nitrogênio e substâncias orgânicas. Seu pH está em torno de 10 ± 1. Ele reduz tanto as reações catódicas como as anódicas, formando um filme na superfície do aço, impedindo a dissolução do metal, reduzindo assim a taxa de corrosão. Ele protege a armadura sem prejudicar as propriedades do concreto, seja no estado fresco ou endurecido (SIKA, 2009).

11.3.2.4.2.3 Proteção Catódica

A maneira mais eficiente, teoricamente, para prevenir ou interromper um processo corrosivo é a chamada proteção catódica, que pode ser por corrente impressa ou corrente galvânica.

O processo de proteção catódica por corrente impressa consiste em mudar o potencial de corrosão das armaduras para a zona de imunidade do Diagrama de Pourbaix, introduzindo-se corrente elétrica no circuito formado por todas as armaduras e metal instalado na superfície do concreto. Desta forma, as armaduras passam a fazer parte da região catódica (não sujeita à corrosão).

A proteção catódica por ânodos de sacrifício consiste em inserir na estrutura, ligados às armaduras, os ânodos de sacrifício que são materiais que apresentam potencial eletroquímico mais negativo que as armaduras, como o zinco, o alumínio e o magnésio, por exemplo. Desta forma, estes elementos novos protegem as armaduras, tornando-as catódicas e, consequentemente, livres de corrosão.

Enquanto a proteção catódica por corrente impressa exige monitoramento constante, a proteção por ânodos de sacrifício exige monitoramentos periódicos. Porém, ambas por profissionais especializados.

11.3.2.5 Reparos de Bordas de Consoles Curtos e Dentes Gerber

Os reparos de bordas de consoles ou dentes Gerber são bastante comuns. A quebra de bordas normalmente ocorre em função de: erros de detalhamento da armadura; mau posicionamento do aparelho de apoio; e/ou falta do aparelho de apoio.

Para o reparo, podem ser adotados diversos materiais e, normalmente, utiliza-se o macaqueamento da estrutura para a devida execução, conforme mostrado nas **Figuras 2 e 3** a seguir. Como ilustração, o item **11.3.2.5.1** apresenta um exemplo de procedimento de reparo utilizando concreto grout ou argamassa grout.

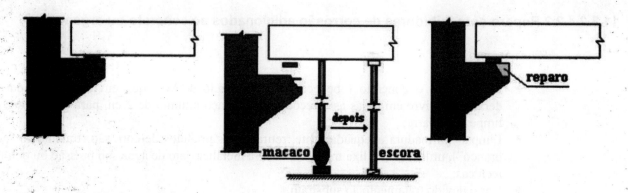

Figura 2 – Esquema de reparo de console curto (DEGUSSA, 2003)

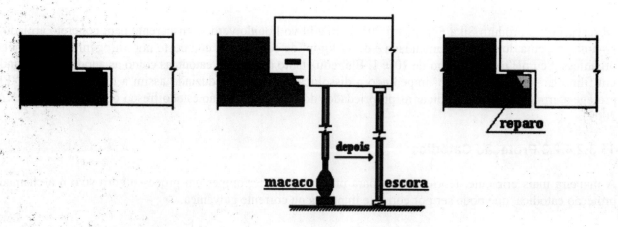

Figura 3 – Esquema de reparo de Dente Gerber (DEGUSSA, 2003)

11.3.2.5.1 Reparo com Concreto Grout ou Argamassa Grout (Sika Grout)

Procedimentos:

- Içar a viga que se apoia no consolo ou na viga de base utilizando-se o macaqueamento;

- Escorá-la e aliviar o macaco hidráulico;
- Tratar a superfície do concreto;
- Se necessário, corrigir o detalhamento da armadura;
- Instalar fôrmas estanques e impermeáveis;
- Preparar, lançar e adensar o grout;
- Iniciar cura úmida do grout aparente (com panos molhados) logo após o adensamento; e
- Após 24 horas, instalar o aparelho de apoio, macaquear, retirar as escoras lentamente e baixar a viga içada.

Observação: o tempo de entrada em carga pode ser menor do que 24 horas em função da necessidade e da resistência exigida do grout.

Outros materiais podem ser usados para este tipo de reparo, observando-se sempre as características de cada um deles para que os devidos cuidados sejam tomados. De acordo com Souza e Ripper (2009), pode-se utilizar desde a argamassa de base mineral até o concreto com adesivo epóxi. Porém, pode-se utilizar também o grout de base epóxi, o concreto de alto desempenho inicial (CAD) e outros.

A seguir, estão ilustrados alguns exemplos de correção do detalhamento da armadura visando sanar os problemas ocorridos nos consolos.

Figura 4 – Correção do detalhamento da armadura com retificação e soldagem da barra de ancoragem (DEGUSSA, 2003)

Figura 5 – Correção do detalhamento da armadura com retificação e instalação de dispositivos de ancoragem (DEGUSSA, 2003)

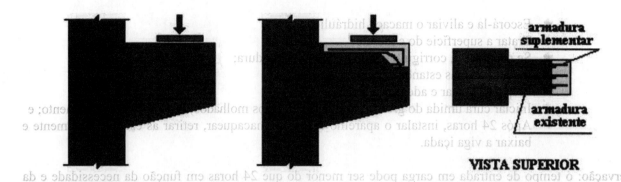

Figura 6 – Correção do detalhamento da armadura com armadura suplementar (DEGUSSA, 2003)

11.3.2.6 Reparos em Fissuras

Esta parte tratará exclusivamente de fissuras em estruturas de concreto armado. Para tanto, antes do reparo, deve-se fazer um bom diagnóstico para descobrir sua(s) causa(s), sua(s) origem(ens) e certificar-se de que se trata de uma fissura ativa ou passiva.

As fissuras causadas por retração hidráulica, recalques estabilizados e juntas de concretagem mal executadas podem ser tratadas como inativas. Aquelas causadas por esforços excessivos também podem ser consideradas inativas após as intervenções de reforço.

As fissuras ativas funcionam como "juntas naturais" da estrutura, devendo, portanto, ser tratadas como tal. As causadas por variação de temperatura são o exemplo típico destas fissuras.

O reparo de fissuras inativas geralmente implica na restauração da monoliticidade do concreto. Consiste, portanto, na aplicação de produtos (adesivos) capazes de promover a aderência entre os concretos de suas duas faces, que pode ser feita por gravidade ou por injeção sob pressão (ar comprimido), conforme o caso. A seguir, serão ilustrados alguns casos de reparo de fissuras estruturais.

11.3.2.6.1 Reparo em Fissuras de Pequena Abertura (0,3 a 1,0mm) em Superfície Vertical ou Inclinada

As fissuras de pequena abertura normalmente são reparadas por meio de injeção de resinas epóxi de grande fluidez (Sikadur 52). O reparo deve ser executado, obedecendo a seguinte sequência:

- Abrir externamente a fissura, dando-lhe a forma de V;
- Executar furos com broca de vídea com diâmetro de 12,5mm, espaçados de 5 a 30cm (em função da abertura da fissura) e com 3cm de profundidade;
- Retirar o pó, utilizando-se ar comprimido e escova de pelo;
- Se necessário, lavar com jato d'água;
- Com o substrato completamente seco, colar mangueiras plásticas transparentes com resina epóxi tixotrópica (Sikadur 31), bem como calafetar toda a fissura com o mesmo produto;
- Verificar a intercomunicação dos furos com ar comprimido;
- Após, no mínimo, 8 horas da calafetagem da fissura, preparar a resina de injeção (Sikadur 52), de maneira a não ocorrer incorporação de ar e nem aquecimento da mistura por agitação excessiva;
- Aplicá-la imediatamente, iniciando pela mangueira inferior (primeira mangueira);
- Quando a resina começar a verter pela segunda mangueira, obstruir a primeira e continuar a injeção pela segunda. Continuar assim até o preenchimento total da fissura;

- Após 24 horas, retirar as mangueiras plásticas por corte e broqueamento, obturar os orifícios com o adesivo epóxi (Sikadur 31) e dar acabamento por lixamento;
- Caso seja exigido melhor acabamento, pode-se retirar todo o adesivo epóxi de calafetação da fissura e aplicar material de reparo de melhor efeito estético.

Observação: caso a fissura ocorra dos dois lados do elemento estrutural (fissura passante), adotar os procedimentos acima nas duas faces. Os furos das duas faces deverão ficar defasados e a injeção ser alternada entre elas.

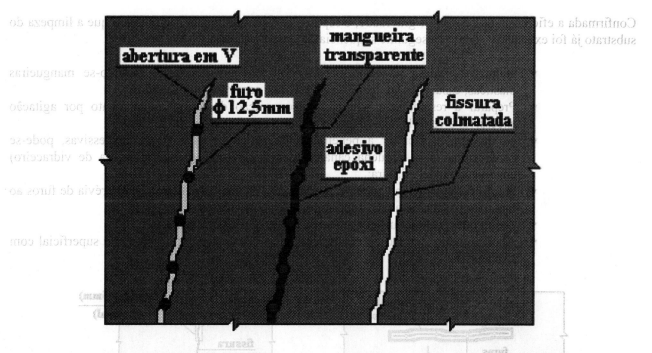

Figura 7 – Desenho esquemático do tratamento de fissura com injeção de adesivo epóxi (DEGUSSA, 2003)

11.3.2.6.2 Reparo em Fissuras de Pequena Abertura (0,3 a 1,0mm) em Superfície Horizontal

Essas fissuras de pequena abertura em superfície horizontal também são, normalmente, reparadas com resina epóxi de grande fluidez (Sikadur 52), aplicadas por injeção ou, em algumas situações, por gravidade. O método de aplicação dependerá da posição da fissura em relação ao elemento estrutural, de sua abertura mínima e do fato de ela ser ou não passante.

11.3.2.6.2.1 Fissuras passantes

No caso de fissuras passantes em superfície horizontal, é importante verificar se é possível aplicar a resina epóxi por gravidade. Esse processo é bem mais simples e barato que o de injeção por ar comprimido. Tal verificação pode ser feita da seguinte maneira:

- Limpar toda a extensão da fissura por meio de jato de ar comprimido e jato d'água;
- Em função do tipo de material ou produto encontrado (penetrado pelas fissuras), pode ser necessária a utilização de desengordurantes ou solventes específicos, que, posteriormente, deverão ser completamente eliminados pela lavagem;

- Após a completa secagem do substrato, lançar a resina (preparada em pequena quantidade) em um pequeno trecho da fissura, pela face superior do elemento estrutural e verificar seu surgimento ou não na face inferior;
- Um bom fluxo de resina pela fissura, na face inferior do elemento estrutural, será sinal de possibilidade de aplicação da resina por gravidade. Caso contrário, deverá ser utilizada a injeção por ar comprimido.

11.3.2.6.2.2 Aplicação de resina por gravidade em fissuras passantes

Confirmada a eficiência da resina por gravidade, o reparo deve ser continuado (lembrando que a limpeza do substrato já foi executada), dento da seguinte sequência de procedimentos:

- Obturar a fissura na face inferior do elemento estrutural, fixando-se mangueiras plásticas, espaçadas em torno de 30 cm, que servirão como suspiros;
- Preparar a resina, sem que haja incorporação de ar ou aquecimento por agitação excessiva, e vertê-la de uma extremidade a outra da fissura;
- No intuito de facilitar a penetração da resina e evitar perdas excessivas, pode-se confeccionar uma pequena canaleta provisória (com gesso ou massa de vidraceiro) envolvendo toda a fissura;
- A infiltração da resina pode ser ainda mais favorecida pela execução prévia de furos ao longo da fissura, pela face superior do elemento tratado;
- Assim que a resina fluir por um suspiro, ele deverá ser vedado;
- Após o endurecimento da resina, demolir a canaleta e dar acabamento superficial com lixadeira.

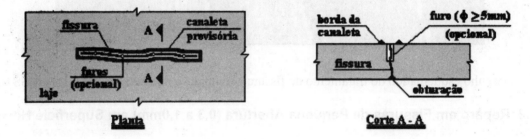

Figura 8 – Reparo de fissura com aplicação de resina epóxi por gravidade (DEGUSSA, 2003)

11.3.6.2.2.3 Aplicação de resina por injeção em fissuras passantes

Para o reparo de fissuras passantes, utilizando-se resina por injeção, o procedimento está mostrado a seguir:

- Abrir externamente a fissura, nas duas faces do elemento estrutural, dando-lhe a forma de V;
- Executar furos com broca de vídea, com diâmetro igual a 12,5mm e profundidade igual a 3cm, espaçados na face superior (furos de injeção), de 10 a 30cm (em função da abertura da fissura) e na face inferior (extravasores) a cada 50cm.
- Retirar o pó por meio de ar comprimido e escova de pelo;
- Se necessário, lavar com jato d'água;
- Com o substrato completamente seco, colar mangueiras plásticas transparentes nos furos utilizando resina epóxi tixotrópica (Sikadur 31) e calafetar toda a fissura, nas duas faces, com o mesmo produto;

- Verificar, por meio de ar comprimido, a intercomunicação de furos contíguos da face superior com os da face inferior. Se necessário, executar furos intermediários;
- Após, no mínimo, 8 horas da calafetação da fissura, preparar a resina de injeção (Sikadur 52), de maneira a não ocorrer incorporação de ar e nem aquecimento da mistura por agitação excessiva. Imediatamente, injetá-la pelas mangueiras, sequencialmente, de uma extremidade a outra da fissura.
- A mudança de injeção de uma mangueira à seguinte deverá ser feita quando a resina atingir uma altura de 10 cm na segunda mangueira, posicionada na vertical;
- A mangueira que deixou de ser injetada deverá ser tampada;
- A mudança de injeção deverá ser feita, também, no caso de a resina fluir simultaneamente pelas duas mangueiras seguintes;
- As mangueiras das faces inferior deverão ser, permanentemente, observadas e tampadas tão logo se observe o extravasamento de resina;
- A principal função das mangueiras é garantir a penetração da resina em toda a espessura do elemento estrutural. Caso não se observe extravasamento de resina por alguma mangueira da face inferior, após 24 horas da primeira injeção, deve-se executar dois novos furos em cada lado dela, afastados de 10cm. Nestes furos, deverão ser instaladas mangueiras e, por meio delas, executar a sequência de injeções;
- Após 24 horas, retirar as mangueiras plásticas por corte e broqueamento, obturar os orifícios com o adesivo epóxi (Sikadur 31) e dar acabamento com lixamento;
- Caso seja exigido melhor acabamento, retira-se todo o adesivo epoxídico de calafetamento da fissura e aplica-se material de reparo de melhor efeito estético.

11.3.3 Reforço Estrutural em Estruturas de Concreto Armado

O reforço estrutural se faz necessário quando se deseja: aumentar a capacidade resistente de um elemento ou repor as condições de estabilidade da estrutura, que pode ter sido perdida devido à ação de cargas excessivas ou quando a deterioração do elemento chega a níveis críticos, comprometendo a segurança estrutural.

Antes de realizar o reforço em uma estrutura, é fundamental avaliar que tipo de deficiência a estrutura apresenta, separando os casos com deficiência de armaduras, esmagamentos ou falta de inércia da seção do elemento estrutural. Também deve ser avaliado o espaço disponível para sua implantação e qual a interferência no partido arquitetônico. Apesar do custo, muitas vezes a adoção de determinado sistema de reforço estrutural é bastante influenciada por estes fatores.

Existem várias técnicas para se reforçar uma estrutura de concreto armado. Algumas delas serão abordadas neste item, como o encamisamento, protensão externa, concreto projetado, perfis metálicos, chapas metálicas e reforço com polímeros com fibras.

11.3.3.1 Encamisamento

O encamisamento consiste, basicamente, no reforço da estrutura com a inserção de uma nova camada que pode ser constituída por concreto, microconcreto ou grout, dependendo da espessura necessária para a adequação da estrutura. Tal técnica apresenta um baixo custo, além de ser uma das mais antigas, eficazes e largamente difundida.

O concreto se revelou como um sistema extremamente flexível e de ampla aplicação para o reforço das estruturas de concreto armado que apresentam defeitos ou para reabilitação de edifícios. Porém, deve-se tomar cuidados especiais com este tipo de reforço, principalmente com relação à retração que pode ocorrer na união entre o concreto novo e o velho.

242 - Projeto, Execução e Desempenho de Estruturas e Fundações

Nesse sistema de reforço, é essencial o conhecimento completo da estrutura, pois esses acréscimos às seções originam um grande acréscimo de sobrecarga, podendo gerar problemas com outros elementos estruturais.

Este sistema apresenta a vantagem de ser muito mais resistente ao fogo e às intempéries que afetam sua durabilidade (umidade, radiação solar, ácidos etc.), comparado a outras técnicas. Seguindo-se as especificações de projeto, este método torna-se bastante eficaz e confiável. Esta técnica permite reforçar elementos submetidos à compressão, flexão, cortante e torção, devido à má qualidade do projeto, dos materiais, da execução ou para mudança de uso da estrutura.

Considerando um reforço de pilar com concreto armado, o encamisamento normalmente requer o aumento de seção e acréscimo de armadura. A espessura mínima de cada camisa é fixada por razões construtivas e, normalmente, é superior a 7 cm, preferindo-se 10 cm. Para facilitar a concretagem com concreto convencional, utiliza-se aditivo superfluidificante para permitir que ele entre sem dificuldades, com distribuição uniforme, reduzindo a quantidade de vazios e os ninhos de concretagem.

Como o concreto utilizado para o encamisamento normalmente é o convencional, o pilar passará por um processo de retração nos extremos, topo e base, que deverá ser prevista na etapa de projeto. Outra preocupação importante é quanto à aderência do concreto novo ao antigo. Para melhorá-la, deve-se fazer uma escarificação no concreto antigo para eliminar graxa e pó e, caso necessário, utilizar ponte de aderência entre eles.

Como a espessura mínima do reforço em concreto armado está na ordem de 7cm, pode-se utilizar, também, concretos autoadensáveis e autonivelantes de alta resistência. Estes não necessitam de vibração e se adaptam aos pequenos espaços, apresentando, também, maior aderência ao concreto antigo.

11.3.3.2 Concreto Projetado

Concreto projetado é o processo de colocação do concreto sob pressão, que pode ser por via úmida ou por via seca. A grande força do choque causa um impacto sobre a superfície do concreto velho, melhorando assim a condição de aderência com o substrato, causa grande adensamento do material o qual, por sua vez, gera uma camada de grande densidade.

No processo por via úmida, todos os componentes do concreto se misturam, com exceção dos aditivos, antes da impulsão, incorporando ar comprimido pela bomba. Apresenta, como vantagem: a eliminação da formação de poeira, relações constantes de água/cimento; e bom rendimento. Como desvantagens, quando comparado à projeção por via seca: possui menos tempo para execução e apresenta maquinário maior e menos flexível.

A projeção por via seca apresenta inúmeras vantagens, quando comparada à projeção por via úmida, como: melhor aderência, menor retração, tubo de menor calibre e maior comprimento, maior facilidade de operação e menor consumo de energia.

O concreto projetado dispensa a utilização de fôrmas, necessitando somente da superfície a ser concretada. O encamisamento com concreto projetado permite espessuras menores que as utilizadas com concreto moldado. Porém, por questões de durabilidade, recomenda-se não utilizar espessuras inferiores a 4cm.
A espessura máxima da camada do concreto projetado deve ser igual a 10cm, com aplicação de sucessivas camadas, as quais são formadas pelas várias passagens da bomba sobre a superfície de trabalho. Assim, estas camadas devem ser executadas de forma consecutivas para evitar desperdícios, iniciando-se, normalmente, pela parte inferior.

A projeção deve ser feita perpendicularmente à superfície, evitando-se a modificação no ângulo ou na distância de lançamento, para não causar irregularidades na camada projetada, afetando a qualidade do concreto. A distância da bomba ao suporte é função da quantidade de material e da velocidade de projeção, devendo ser a mínima possível, estando entre 0,5 e 1,5m.

O acabamento superficial é realizado aplicando-se as mesmas técnicas utilizadas para os concretos convencionais. As regiões mais complexas são as arestas que devem ser arredondadas. A cura pode ser obtida por meio de molhagem direta que não produza a lavagem do material, cobrindo as superfícies com lâminas plásticas impermeáveis ou aplicando produtos de cura.

11.3.3.3 Protensão Externa

A técnica do protendido, na sua modalidade de tensionado *a posteriori*, encontra no reforço de estruturas uma acolhida muito forte, especialmente nos casos nos quais a debilidade estrutural de elementos horizontais, como vigas, é grave. Esta técnica permite, ainda, utilizando elementos auxiliares mais ou menos sofisticados, resolver problemas que não teriam solução com outro sistema de reforço.

Ela apresenta algumas vantagens bem importantes, como a de não necessitar aliviar a estrutura a ser reforçada; de gerar as forças que assegurarão o equilíbrio e a resistência da estrutura; e de não aumentar as cargas permanentes significativamente.

11.3.3.4 Reforço Estrutural com Chapas e Perfis Metálicos

A estrutura metálica proporciona alternativas interessantes ao reforço de estruturas de concreto, permitindo flexibilidade no reforço com várias alternativas para a execução. É recomendada quando ocorre falha na dosagem do concreto, falha na execução da obra, cura inadequada do concreto, falha de projeto ou mudança no uso da estrutura.

O reforço com chapas coladas ou perfis metálicos é uma técnica que consiste na incorporação de chapas coladas e/ou perfis metálicos junto aos elementos estruturais, utilizando-se a resina epóxi como adesivo. Exige mão de obra especializada e equipamentos adequados. É uma técnica muito utilizada devido à rapidez de execução e consequente liberação da estrutura para que receba a carga.

Graças à boa aderência que as resinas epóxi possuem sobre o concreto e o aço e entre estes dois elementos, são utilizadas no campo dos reparos e reforços, principalmente em vigas submetidas à flexão e/ou ao esforço cortante.

Figura 9 – Reforço em chapas metálicas, só com colagem (à esquerda) e também com chumbamento (SOUZA e RIPPER, 1998)

244 - Projeto, Execução e Desempenho de Estruturas e Fundações

Alguns cuidados devem ser tomados para que se obtenha resultados confiáveis com a chapa de aço, como (SOUZA e RIPPER, 1998):

+ Garantir perfeita aderência entre o substrato, o adesivo epóxico e a chapa metálica, com tratamentos superficiais especiais para o concreto e para a chapa de aço;
+ Não permitir que a espessura da camada aplicada do adesivo epóxico ultrapasse 1,5 mm;
+ Utilizar dispositivos especiais de ancoragem nas extremidades, como chumbadores químicos ou de expansão, em chapa com espessura superior a 3,0mm; e
+ Manter uma pressão leve e uniforme na colagem da chapa de aço contra a superfície de concreto, de acordo com o tempo especificado pelo fabricante do adesivo para início de cura e aderência inicial (mínimo de 24 horas).

Para que o reforço com perfis laminados de aço trabalhem em conjunto com a estrutura de concreto armado (pilar), deve existir uma união perfeita em todo o conjunto, da base ao topo do elemento estrutural, havendo comunicação com as vigas e, se for o caso, com a fundação.

11.3.3.5 Reforço Estrutural com Polímeros com Fibras (FRP)

O reforço estrutural com polímeros com fibras é uma técnica bastante indicada para elementos estruturais que necessitam de maior resistência à tração e para confinamento de pilares, principalmente em regiões sujeitas a sismos. Apresentam grande vantagem, quando comparada à técnica de chapas de aço, em relação ao peso e à maior velocidade de aplicação. Pode ser utilizado em reforços de estruturas de concreto, aço, madeira, alvenaria etc.

As fibras de carbono resultam do tratamento térmico (carbonização) de fibras precursoras orgânicas tais como o poliacrilonitril (PAN) ou com base no alcatrão derivado do petróleo ou do carvão (PITCH) em um ambiente inerte. O processo de produção consiste na oxidação dessas fibras precursoras seguido do processamento de elevadas temperaturas (variando de 1.000°C a 3.000°C para as fibras de carbono). Nesse processo térmico, as fibras resultantes apresentam átomos de carbono perfeitamente alinhados ao longo da fibra precursora, o que confere extraordinária resistência mecânica ao produto final.

De forma geral, as fibras de carbono apresentam as seguintes características básicas:

+ Resistência mecânica;
+ Resistência a ataques químicos diversos;
+ Estabilidade térmica e reológica;
+ Bom comportamento à fadiga e à atuação de cargas cíclicas;
+ Peso específico variando de 1,6 a 1,9 g/cm^3 (considerada bastante leve, a ponto de seu peso próprio ser desconsiderado nos reforços); e
+ Produto inerte, portanto, não afetado pela corrosão.

A fibra de carbono é 10 vezes mais resistente que o concreto, com deformabilidade similar (módulo de elasticidade "E" parecidos) e peso específico 5 vezes menor que do aço estrutural. Este tipo de reforço consegue economizar uma parte importante dos custos de mão de obra e medidas auxiliares, permitindo ainda a execução de reforços de estruturas em uso, de forma rápida e simples. Permite a manutenção das dimensões dos elementos estruturais, conservando os critérios de projetos e funcionalidade originais da edificação.

Apresenta algumas desvantagens, como: nenhuma resistência ao fogo, pouca resistência ao impacto, fácil objeto de vandalismo, perda das propriedades na presença de raios ultravioletas (80 a 100°C); e demora na cura. A proteção contra o fogo pode ser realizada mediante uma pintura à prova de fogo, em se tratando de incêndio médio, ou mediante a utilização de argamassa com perlite ou vermiculita, se o risco for grande. A proteção contra a ação direta de raios solares (ultravioletas) pode ser obtida aplicando-se uma camada protetora de poliuretano, por exemplo.

Para a obtenção da máxima eficácia deste tipo de reforço, torna-se imprescindível que a superfície do concreto esteja limpa e saudável para receber a fibra de carbono, para que sua aderência não fique comprometida. Que ele apresente resistência à compressão mínima, aos 28 dias, de 15 N/mm², medida em corpo-de-prova cilíndrico de 15 x 30 cm. Que as fissuras com aberturas superiores a 0,25mm sejam preenchidas com uma resina de baixa viscosidade. Que as quinas vivas e os elementos estruturais que são perpendiculares à direção das fibras sejam lixadas para se obter uma curvatura de raio superior a 3cm, sendo recomendável que seja de 5cm. Os raios menores diminuem a resistência à tração das fibras. Embora não seja exigida a sobreposição das lâminas quando as fibras estão colocadas em paralelo, convém que sobreponha 20cm para assegurar a perfeita cobertura da superfície do concreto.

Ao final da aplicação do sistema, deve-se verificar, visualmente, a presença de bolsas de ar. Caso existam, pode-se removê-las aplicando-se um ligeiro golpe com um objeto duro sobre as bolsas de ar. Se sua detecção foi realizada no estado ainda fresco, a melhor reparação consiste em furar a fibra sutilmente, com um objeto afiado, no sentido das fibras, para que o ar saia, pressionando a bolha. Após este procedimento, selar a superfície com um adesivo ou resina epóxi. Se a bolha for detectada após a cura do adesivo, convém realizar duas pequenas perfurações na superfície em questão. Injeta-se adesivo por uma das perfurações para que o ar aprisionado saia pela outra abertura. Qualquer ligeira protuberância pode ser consequência de uma irregularidade superficial, de pouca importância.

11.4 REFERÊNCIAS BIBLIOGRÁFICAS

ASSOCIAÇÃO BRASILEIRA DE NORMAS TÉCNICAS. **NBR 6118: Projeto de estruturas de concreto - Procedimento.** Rio de Janeiro, 2013.

CÁNOVAS, F. M. **Patologia e Terapia do Concreto Armado**. Tradução de M. Celeste Marcondes, Carlos Wagner Fernandes dos Santos, Beatriz Canabrava. São Paulo-SP: Pini, 1988. 521p.

DEGUSSA BRASIL. Manual de Reparo, Proteção e Reforço de Estruturas de Concreto. Red Rehabilitar. São Paulo - SP, 2003. 718p.

GOMIDE, T. L. F.; *et. al.* Normas Técnicas para Engenharia Diagnóstica em Edificações. São Paulo-SP: Pini, 2009. 248p.

JÂCOME, C. C.; MARTINS, J. G. Identificação e Tratamento de Patologias em Edifícios. Série Reabilitação. Repositório de Monografia. UFP, 2005.

MANUAL SIKA. **Ficha de Produto – SikaTop 108 Armatec.** Edição: 2011.

MANUAL SIKA. **Ficha de Produto – Sika FerroGard – 901**. Edição: 2009.

MARCELLI, M. **Sinistros na Construção Civil: Causas e Soluções para Danos e Prejuízos em Obras**. São Paulo – SP: Pini, 2007.

PANTOJA, J.C. Anotações de aulas. Brasília – DF, 2013.

SOUZA, V. C. de; RIPPER, T. **Patologia, Recuperação e Reforço de Estruturas de Concreto**. São Paulo-SP: Pini, 1998. 255p.

CAPÍTULO 12 - EDIFÍCIOS DE PAREDES DE CONCRETO MOLDADAS NO LOCAL

Joel Araújo do Nascimento Neto
Doutor, Departamento de Engenharia Civil, Universidade Federal do Rio Grande do Norte – UFRN
e-mail: joelneto@ct.ufrn.br

12.1 DEFINIÇÕES BÁSICAS RELACIONADAS AO SISTEMA CONSTRUTIVO DE PAREDES DE CONCRETO MOLDADAS NO LOCAL

Paredes de concreto armado são muito utilizadas em países como Chile, Colômbia e México. De acordo com Nunes (2011), isto ocorre devido às vantagens em termos de prazos, custos e qualidade, além de se tratar de um sistema estrutural monolítico, característica de extrema importância para esses países por apresentarem áreas com a ocorrência frequente de abalos sísmicos.

A partir da publicação do texto normativo ABNT NBR 16055:2012– *Parede de concreto moldada no local para a construção de edificação – Requisitos e procedimentos*, pode-se considerar que a consolidação desse sistema construtivo foi estabelecida no Brasil. Antes disso, segundo Sach, Rossignolo e Bueno (2011), em 1980 a empresa brasileira Gethal, de Caxias do Sul, desenvolveu a tecnologia de Paredes e Lajes em Concreto Celular moldadas no local, como ilustrado pela
Figura 1(a), produto que demonstrou ser melhor tecnicamente e de menor custo comparado ao concreto convencional até então utilizado. Outro exemplo do emprego desse sistema construtivo no Brasil ocorreu com a importação da tecnologia criada pela empresa francesa Outinord, cujo sistema de paredes de concreto moldadas no local utiliza fôrmas metálicas do tipo túnel, permitindo executar simultaneamente paredes e lajes, conforme ilustrado pela
Figura 1(b).

 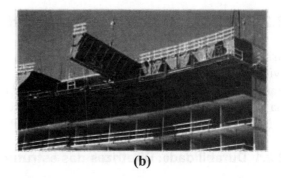

(a)   (b)

Figura 1 – Exemplos do emprego no Brasil do sistema de paredes de concreto moldadas no local: (a) Sistema Gethal de paredes de concreto celular [retirado de Braguim (2013)] e (b) Sistema do tipo fôrma túnel

De acordo com Braguim (2013), os sistemas Gethal e Outinord são exemplos pioneiros do sistema Paredes de Concreto no Brasil, e que já visavam à industrialização da construção. Entretanto, o alto investimento inicial necessário, a pouca flexibilidade do sistema na época e as limitações do sistema financeiro da habitação daquele período provocaram uma descontinuidade dessa tecnologia no país.

Sob alguns aspectos, pode-se dizer que o sistema construtivo de paredes de concreto apresenta algumas semelhanças em relação ao sistema construtivo de alvenaria estrutural, nos quais são executados

248 - Projeto, Execução e Desempenho de Estruturas e Fundações

simultaneamente a estrutura do edifício e os elementos que servem de vedação e divisória dos ambientes. Nesses elementos, ainda podem estar incorporadas, parcialmente, as instalações. Dessa forma, o sistema construtivo de paredes de concreto pode ser considerado racionalizado, permitindo, assim, realizar um planejamento completo e detalhado da obra. Isto ocorre pelo fato principal da eliminação das improvisações na obra, contribuindo também para reduzir a quantidade de operários no canteiro.

A utilização do sistema pode ser associada a diferentes tipologias de edificações: casas térreas e em sobrados; edifícios com térreo e 8 pavimentos tipo, o qual é considerado o limite para o surgimento de tensões de tração nas paredes; edifícios de até 30 pavimentos ou mais, sendo esses últimos considerados casos muito especiais que necessitam de um tratamento diferenciado.

Pela semelhança nas características básicas com a alvenaria estrutural, a comparação torna-se inevitável. Atualmente, o sistema de paredes de concreto é essencialmente utilizado na execução de edifícios destinados à população de baixa renda, enquanto que o de alvenaria estrutural já vem sendo empregado também em empreendimentos destinados à classe média. Também é difundido pelo meio técnico que o sistema de paredes de concreto tem maior custo inicial que o de alvenaria estrutural, traduzido pelo maior consumo de armação e elevado custo das fôrmas. Dessa forma, para tornar o sistema de paredes de concreto economicamente viável, seu emprego deve ser direcionado para empreendimentos com produção de edificações de larga escala, isto é, que tenham alta repetitividade, como é o caso de condomínios e edifícios residenciais.

As características de um sistema construtivo qualquer podem ser resumidas por algumas vantagens e desvantagens. Para o caso particular do sistema construtivo de paredes de concreto moldadas no local, podem ser citadas como algumas de suas vantagens: redução dos desperdícios e maior velocidade de execução; eliminação de etapas construtivas na execução dos revestimentos; maior controle de qualidade da construção; emprego de menor quantidade de mão de obra; maior tendência de industrialização e limpeza do canteiro de obras. Como desvantagens, podem ser citadas: peso excessivo da estrutura; necessidade de fôrmas específicas de alto custo inicial; necessidade de mão de obra altamente qualificada; rentabilidade proporcional à quantidade de unidades produzidas, devendo-se construir muitas unidades iguais; dificuldade de reformas na disposição das paredes estruturais.

12.2 PRESCRIÇÕES DA NBR 16055 (2012)

Várias das prescrições estabelecidas na NBR 16055 são fundamentadas naquelas da NBR 6118 com as devidas adaptações. Uma primeira adaptação se refere ao elemento parede de concreto, o qual é caracterizado quando seu comprimento for maior que dez vezes a espessura, na qual o carregamento vertical atua segundo seu plano médio. Quando qualquer elemento estrutural vertical não atender a esse critério inicial, devem ser seguidas as prescrições da NBR 6118 para o caso de pilares ou de pilares-parede.

12.2.1 Durabilidade. Diretrizes das estruturas de parede de concreto e critérios de projeto

Por se tratar de um sistema estrutural em concreto armado moldado no local, podem ser aplicadas as exigências da NBR 6118 (2007) no estabelecimento das diretrizes de durabilidade. No caso específico das paredes de concreto, nas quais as armaduras apresentam cobrimentos maiores que os especificados pela NBR 6118 (2007), é possível considerar uma classe de agressividade ambiental imediatamente acima (mais branda), desde que seja verificado o estado-limite de abertura de fissuras nas eventuais faces tracionadas do trecho de parede.

No que se refere aos critérios de projeto que visam a durabilidade, aplicam-se integralmente os requisitos da NBR 6118 (2007), considerando para o cobrimento das armaduras das paredes os requisitos estabelecidos para pilares.

12.2.2 Propriedades dos materiais. Concreto e aço

Para o preparo do concreto e a caracterização de suas propriedades nos estados fresco e endurecido, tais como, ensaio de resistência à compressão, ensaio de consistência da mistura, e uso de aditivos químicos, devem ser seguidas as recomendações das NBR 5739, NBR 6118, NBR 8953, NBR 12655, levando em consideração a classe de agressividade ambiental a que a estrutura estiver submetida.

A especificação do concreto para o sistema construtivo de paredes de concreto deve estabelecer:
a. Resistência à compressão para desenforma, compatível com o ciclo de concretagem;
b. Resistência à compressão característica aos 28 dias (f_{ck});
c. Classe de agressividade do local de implantação da estrutura, conforme NBR 12655;
d. Trabalhabilidade, medida pelo abatimento do tronco de cone ou pelo espalhamento do concreto.

Os projetistas podem ainda solicitar os seguintes requisitos complementares:
- Módulo de elasticidade do concreto, em determinada idade e tensão;
- Retração do concreto.

O aço utilizado no detalhamento das paredes de concreto pode ser do tipo: tela soldada, barras ou treliças, cujas propriedades estão estabelecidas pelas normas NBR 7481, NBR 7480 e NBR 14859, respectivamente.

12.2.3 Dimensões mínimas e juntas de trabalho

A espessura mínima das paredes com altura de até 3,0m deve ser igual a 10cm. Permite-se espessura igual a 8cm apenas nas paredes internas de edificações de até dois pavimentos. Para paredes com alturas maiores, a espessura mínima deve ser $l_e/30$, sendo l_e obtido de acordo com o disposto no item 17.2 da NBR 16055, o qual está transcrito no item 3.2.3 do texto aqui apresentado.

As juntas de trabalho são classificadas como: juntas de controle, que podem ser verticais ou horizontais, e juntas de dilatação.

Para o caso de paredes contidas em um único plano e na ausência de uma avaliação precisa das condições específicas da parede, devem ser dispostas as juntas verticais de controle para prevenir o surgimento de fissuras por: variação de temperatura; retração; variação brusca de carregamento; e variação da altura ou espessura. O espaçamento entre essas juntas deve ser definido a partir de ensaios específicos, sendo que, na falta desses ensaios, permite-se adotar espaçamento igual a 8,0m, para o caso de paredes internas, e igual a 6,0m, para o caso de paredes externas.

A junta horizontal de controle deve ser adotada devido ao efeito de dilatação da laje de cobertura da edificação. Essa junta permite a livre movimentação dessa laje, proveniente principalmente do efeito de variação da temperatura, sem que ocorra a transmissão de esforços que podem ocasionar o surgimento de manifestações patológicas nas paredes.

A disposição de juntas de dilatação é recomendável sempre que a deformação por efeito de temperatura puder comprometer a integridade do conjunto (paredes e lajes), e recomenda-se o seu uso da seguinte forma:
- A cada 25m da estrutura em planta. Esse valor pode ser alterado quando se realiza uma avaliação mais precisa dos efeitos de temperatura e retração sobre a estrutura;
- Nas variações bruscas de geometria ou de esforços verticais.

É importante deixar claro ao leitor que, para o caso das juntas de dilatação, sua disposição deve passar tanto pela parede quanto pela laje, promovendo-se a separação física do corpo da edificação. No caso da junta de controle, permite-se que sejam dos seguintes tipos: passantes ou não passantes; pré-formadas ou serradas.

250 - Projeto, Execução e Desempenho de Estruturas e Fundações

Procedimento semelhante já vem sendo realizado há bastante tempo para os edifícios de alvenaria estrutural, cujos resultados têm se mostrado bastante satisfatórios na prevenção das manifestações patológicas correspondentes.

12.2.4 Instalações

É permitido o embutimento das tubulações verticais nas paredes de concreto, desde que sejam atendidas simultaneamente as seguintes condições:
a. A diferença de temperatura no contato entre a tubulação e o concreto não ultrapassar 15°C;
b. A pressão interna na tubulação for menor que 0,3 MPa;
c. O diâmetro máximo for igual a 50mm;
d. O diâmetro da tubulação não ultrapassar 50% da espessura da parede, restando espaço suficiente para, no mínimo, o cobrimento adotado e a armadura de reforço. Admite-se tubulação com diâmetro de até 66% da espessura da parede e com cobrimentos mínimos, desde que existam telas de reforço nos dois lados da tubulação com comprimento mínimo de 50cm para cada lado;
e. Tubos metálicos não encostem nas armaduras para evitar corrosão galvânica.

Não são permitidas tubulações horizontais, a não ser trechos de até 1/3 do comprimento da parede, não ultrapassando 1,0m, desde que este trecho seja considerado não estrutural.

Em nenhuma hipótese são permitidas tubulações, verticais ou horizontais, nos encontros de paredes.

12.2.5 Requisitos para execução das paredes de concreto

Esses requisitos são tratados na NBR 16055 sob o aspecto do sistema de fôrmas e das armaduras a serem empregadas na execução das paredes.

Para o sistema de fôrmas são estabelecidos os requisitos básicos, as propriedades dos materiais, e alguns aspectos que devem estar contemplados na elaboração do correspondente projeto. Está estabelecido, por exemplo, que o formato, a função, a aparência e a durabilidade de uma estrutura de parede de concreto permanente não podem ser prejudicados devido a qualquer problema com as fôrmas, o escoramento, os aprumadores ou sua remoção. No caso específico do sistema de paredes de concreto, tais aspectos se tornam mais importantes do que, por exemplo, no sistema convencional de vigas e pilares, pois podem resultar em retrabalhos que, por sua vez, induzem à perda de competitividade do sistema. Como exemplos de problemas que podem resultar em retrabalhos, podem ser citados: trecho de parede apresentando saliências grosseiras devido à abertura ou movimentação da fôrma; deslocamento da armadura vertical devido à deficiência em seu posicionamento e/ou sua manutenção na posição correta durante a concretagem; saída exagerada de pasta ou de argamassa na região de emenda das fôrmas pela deficiência em sua estanqueidade. Tais situações podem inviabilizar a pintura diretamente sobre as paredes, sendo necessária a aplicação de chapisco e reboco, ou mesmo a demolição parcial para realizar nova concretagem. Dessa forma, devem ser tomados cuidados especiais para verificação sistemática da integridade do sistema de fôrmas, de modo a garantir seu adequado reaproveitamento e, quando necessário, a devida substituição.

Relativamente à elaboração do projeto do sistema de fôrmas, no item generalidades está enfatizada a importância do adequado detalhamento desse projeto para a viabilidade do sistema de paredes de concreto e para a garantia da qualidade do produto final. Para tanto, o projeto de fôrma deve ser desenvolvido em conformidade com o projeto estrutural, contemplando os seguintes aspectos:
a. Detalhamento geométrico e posicionamento dos painéis;
b. Detalhamento geométrico dos equipamentos auxiliares;
c. Detalhamento geométrico do travamento e aprumo;
d. Detalhamento do escoramento, inclusive escoramento residual permanente;

Capítulo 12 – Edifícios de Paredes de Concreto Moldadas no Local - 251

e. Tempo de retirada do escoramento residual;
f. Carga acumulada nas escoras do escoramento residual;
g. Sequência executiva de montagem e desmontagem;
h. Coordenação modular de projeto, segundo a NBR 15873.

Além desses, são tratados também aspectos relacionados ao escoramento, às fôrmas propriamente ditas, aos componentes embutidos nas fôrmas, às aberturas temporárias em paredes, assim como ao uso de agentes desmoldantes.

12.2.6 Concretagem

Os aspectos relacionados à etapa de concretagem foram tratados em dez itens: modalidades de preparo do concreto; concreto; cuidados preliminares; plano de concretagem; transporte do concreto na obra; lançamento; adensamento; controle tecnológico do concreto; junta de concretagem; e acabamento. Considerando-se que vários desses itens constam em outras normas brasileiras e para não tornar o texto demasiadamente longo, foram escolhidos apenas alguns para apresentação.

Com relação aos cuidados preliminares, destacam-se inicialmente alguns referentes ao sistema de fôrmas e às armaduras. A NBR 16055 prescreve que, além do sistema de fôrmas estar acompanhado do correspondente projeto, o responsável pela obra deve proceder a uma rigorosa análise crítica desse projeto, de modo a eliminar qualquer tipo de dúvida ou discordância antes de iniciar os trabalhos de montagem. Sobre o tópico relativo às armaduras, está estabelecido que, no caso de haver interferência da armadura com outros dispositivos construtivos, seu corte só pode ser realizado com a anuência do projetista estrutural e do responsável técnico da obra.

Ainda sob o aspecto dos cuidados preliminares, atenção especial deve ser dada às tolerâncias permitidas para a geometria das paredes: espessura, comprimento, desalinhamentos horizontal e vertical, posicionamento das armaduras e nivelamento.

Não são permitidas variações maiores que ± 5mm na espessura das paredes. No caso do comprimento, seja por trecho ou por parede total, a tolerância dimensional T_1 é igual a t/10, sendo t a espessura da parede conforme ilustrado pela Figura 2(a). No caso de haver espessuras diferentes, deve-se considerar a menor delas. Para o comprimento total do edifício, aplica-se a mesma tolerância t/10.

Com o intuito de liberar o gabarito de locação das paredes do primeiro pavimento, deve-se atender à variação de ± 5mm para a posição dos eixos de cada parede em relação ao especificado no projeto estrutural. Para os demais pavimentos, deve-se sempre tomar o primeiro como referência e considerar a mesma variação. Com relação ao desalinhamento horizontal (T_h), deve-se respeitar o menor dos valores 1/500 ou 5mm, sendo 1 o comprimento do elemento conforme ilustrado pela Figura 2(b).

No caso do desalinhamento vertical ou desaprumo das paredes, está estabelecida a tolerância (T_v) como sendo o menor valor entre h/500 e 5mm, sendo h a altura do pavimento expressa em milímetros. A tolerância cumulativa para o desaprumo (T_{vT}), conforme ilustrado pela Figura 2(c), não deve ultrapassar o valor de 10mm.

No que diz respeito ao posicionamento das armaduras, está prescrito que é necessário empregar quantidade suficiente de espaçadores de modo a garantir o correto posicionamento das telas centradas. Além disso, admite-se uma tolerância igual a 2cm em pontos isolados da tela, desde que o cobrimento especificado não seja comprometido. Para o caso da utilização de tela dupla, a tolerância passa a ser de 1cm, sempre respeitando-se o cobrimento especificado.

Como última prescrição para as tolerâncias está estabelecido que, tanto para o nivelamento das fôrmas antes da concretagem quanto para o nivelamento do pavimento após realização da concretagem, deve ser atendido o limite máximo de 10mm em relação às cotas especificadas no projeto. No caso do pavimento concretado, considera-se a situação de ainda estar escorado e sob atuação exclusiva do peso próprio. Se houver necessidade de tolerâncias maiores, estas só podem ser admitidas com a concordância do projetista estrutural e do responsável técnico da obra.

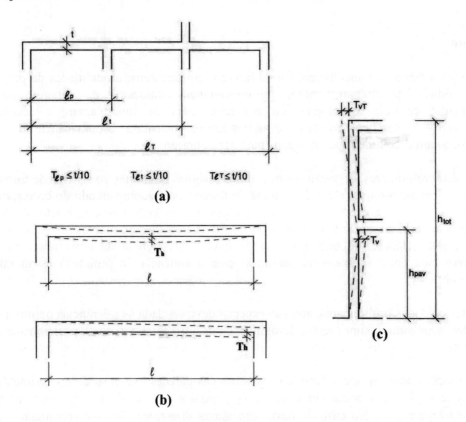

Figura 2 – Tolerâncias para geometria das paredes estabelecidas pela NBR 16055: (a) Comprimento; (b) Alinhamento e (c) Desaprumo

12.2.7 Adensamento

Faz-se necessário tomar cuidados muito especiais no momento do lançamento e do adensamento em virtude de o espaço entre fôrmas conter as telas e os elementos embutidos da instalação elétrica (eletrodutos e caixas de saída e/ou passagem), e da possibilidade de aprisionamento de ar em seu interior.

Para minimizar a ocorrência de eventuais falhas de concretagem, consta na norma os seguintes cuidados a serem tomados no caso de não ser empregado concreto autoadensável:

a. O adensamento (manual ou mecânico) deve garantir que o concreto preencha todos os espaços da fôrma sem prejuízo da aderência das armaduras. Para tanto, é preciso que no processo não se toque na armadura, nem desloque os elementos embutidos;

b. Quando houver alta densidade de armaduras, cuidados especiais devem ser tomados para que o concreto seja distribuído em todo o volume da peça e o adensamento se processe de forma homogênea;

c. O preenchimento da fôrma deve ser realizado sem a ocorrência de falhas por ar aprisionado. O sistema de fôrmas deve prever dispositivos que garantam a saída desse ar durante a concretagem, em especial nas regiões logo abaixo das janelas ou outros locais propícios à formação de vazios. Deve-se também acompanhar o enchimento das fôrmas por meio de leves batidas com martelo de borracha nos painéis.

12.2.8 Cura

Por ser constituído essencialmente de elementos de superfície, o sistema de paredes de concreto moldadas no local requer atenção especial também na etapa de cura, que deve seguir as prescrições da NBR 14931. Conforme consta na NBR 16055, enquanto o concreto não atingir endurecimento satisfatório, deve-se promover sua cura e proteção contra agentes prejudiciais para:
a. Evitar a perda de água pela superfície exposta;
b. Assegurar uma superfície com resistência adequada;
c. Assegurar a formação de uma capa superficial durável.

É muito importante enfatizar, principalmente no caso de elementos de grande superfície e volume de concreto, alguns agentes deletérios mais comuns ao concreto em seu início de vida. De acordo com NBR 16055, são eles: mudanças bruscas de temperatura; secagem rápida; chuva forte; água torrencial; congelamento; agentes químicos; bem como choques e vibrações de intensidade tal que possam produzir fissuras na massa de concreto e prejudicar a aderência da armadura. Além disso, também há indicações para iniciar a cura logo após a desenforma das paredes e, no caso das lajes, logo após o acabamento do concreto.

12.2.9 Comentários finais

Desde a elaboração do projeto do sistema de fôrmas até a cura dos elementos concretados, a execução do sistema de paredes de concreto moldadas no local requer procedimentos diferenciados que atendam às especificidades desse sistema construtivo.

Considerando as prescrições apresentadas e aquelas ainda constantes na NBR 16055, percebe-se que a execução do sistema construtivo de paredes de concreto deve atender a critérios de controle rigorosos. Sob este aspecto, é importante destacar que, para se alcançar os resultados esperados com o atendimento a esses critérios, torna-se primordial o emprego de mão de obra altamente qualificada e devidamente inspecionada. Ressalta-se ainda que, se tais procedimentos forem devidamente atendidos pelos profissionais envolvidos em todo o processo, fica garantida a qualidade do sistema construtivo no que se refere ao desempenho mecânico da estrutura e a sua durabilidade, reduzindo-se enormemente a probabilidade de ocorrência de manifestações patológicas diversas.

12.3. CONCEITOS BÁSICOS PARA O PROJETO DE EDIFÍCIOS

O projeto para edifícios de parede de concreto já deve ser concebido prevendo-se a padronização e a organização do produto e, para que isso seja alcançado, deve-se, antes de tudo, entender o conceito de coordenação modular. Não se tem por objetivo estabelecer regras únicas e/ou definitivas para o desenvolvimento do projeto, e sim indicar diretrizes a serem seguidas, e que são passíveis de modificações, de modo a tornar o sistema construtivo de paredes de concreto um produto de elevado desempenho, pautado em procedimentos que conduzam a prazos de execução menores, ao menor custo possível, bem como à minimização de imprevistos na obra. Na sequência do texto são apresentados alguns princípios básicos para elaboração do projeto arquitetônico, extraídos da vasta bibliografia produzida pela Associação Brasileira de Cimento Portland (ABCP) sobre o tema, e para a elaboração do projeto estrutural, a partir da experiência profissional do autor.

254 - Projeto, Execução e Desempenho de Estruturas e Fundações

12.3.1 Princípios básicos para o projeto arquitetônico segundo as diretrizes da Coletânea de Ativos de Parede de Concreto 2009-2010 da ABCP

12.3.1.1 Modulação

As dimensões dos ambientes devem ser múltiplas de um valor básico, denominado módulo, de forma a garantir uma padronização dessas dimensões e facilitar os procedimentos estabelecidos para a execução. A NBR 15843 – Coordenação modular para edificações estabelece o valor de 10cm como o módulo mínimo a ser atendido por todos os elementos da construção, tais como pisos e esquadrias, que devem considerar as folgas necessárias para instalação desses elementos garantindo a manutenção das dimensões modulares das paredes.

No caso de um projeto adotar paredes com espessura igual a 10cm, valor mínimo prescrito pela NBR 16055, é de fácil entendimento que a construção de um quadriculado de dimensões 10 x 10cm auxilia sobremaneira a elaboração do projeto arquitetônico em planta baixa. No caso de o projeto adotar paredes com espessuras maiores, 12 ou 15cm como é comum para edifícios mais altos, essa construção não se torna tão simples pela necessidade de ser limitada aos ambientes, desconsiderando-se a espessura das paredes. Nestes casos, deve-se simplesmente atentar para as dimensões modulares em cada ambiente.

12.3.1.2 Simetria em planta

A disposição simétrica das paredes em planta nas duas direções é fundamental por dois motivos principais:
   a. Ciclos de montagem e concretagem mais facilmente planejados: é possível organizar os ciclos em ½ ou ¼ do pavimento, de acordo com o conjunto de painéis de concretagem disponíveis;
   b. Melhora do comportamento estrutural do edifício: a distribuição das cargas verticais e horizontais ocorre também de forma simétrica, o que resulta numa estrutura mais bem-comportada, tornando possível o emprego de modelos de cálculo mais simplificados e dimensionamentos mais otimizados das paredes.

De acordo com a Coletânia de Ativos de Parede de Concreto (2009-2010) da ABCP, essa dupla simetria permite "girar" o conjunto de fôrmas sem a necessidade de retirar painéis ou acrescentar os "painéis de ciclo", maximizando a produtividade e garantindo o ciclo.

12.3.1.3 Alinhamentos vertical e horizontal das paredes

É muito importante que as paredes sejam alinhadas verticalmente e sem interrupção até as fundações. Dessa forma, garante-se a concepção de uma estrutura mais econômica por apresentar comportamento mais simples, sem a inclusão de elementos de transição em pavimentos intermediários. Concepções dessa natureza tornam o projeto estrutural de fácil simulação numérica e dimensionamento, resultando em economia da estrutura. Entretanto, quando há a real necessidade da interrupção das paredes, por exemplo, no caso da existência de pilotis, se faz necessário adotar modelos de análise estrutural consistentes para simulação adequada dos efeitos gerados nestas circunstâncias de projeto. No caso da existência de salão de festas, salas de ginástica e de recreação, como é comum em edifícios mais altos, é importante tentar ajustar esses espaços com as paredes dos apartamentos, reduzindo-se ao máximo os elementos de transição.

No que se refere ao alinhamento horizontal, ou em planta, das paredes, tal indicação se baseia nos procedimentos de execução, nos quais se minimizam a quantidade de eixos em planta, facilitando o posicionamento dos painéis que constituem as fôrmas das paredes de concreto. Isso conduz à rapidez na montagem das fôrmas e a ciclos de concretagem mais curtos.

É importante destacar que a interrupção do alinhamento vertical de algumas paredes com a introdução de elementos de transição pode causar a assimetria da planta e "quebrar" o comportamento simétrico da estrutura, além de afetar a estabilidade global do edifício.

12.3.1.4 Instalações elétricas e hidrossanitárias

Não há maiores dificuldades para embutir as instalações elétricas nas paredes por serem etapas distintas e independentes, sendo suficiente atentar para as prescrições da NBR 16055. Entretanto, no caso das lajes, deve-se evitar, assim como em outro processo construtivo qualquer, o cruzamento dos eletrodutos de modo a garantir que não haverá seu amassamento durante as etapas de montagem e concretagem.

Quanto às instalações hidrossanitárias, é prescindível o emprego de shafts e o agrupamento das áreas molhadas para reduzir o comprimento das tubulações a serem empregadas.

12.3.1.5 Trechos curtos de parede

É importante evitar a aproximação entre aberturas de janela, e entre janelas e paredes transversais, de modo a eliminar quaisquer trechos curtos que dificultam a montagem das fôrmas. No caso das bonecas das portas, se adotadas, considerar no mínimo a dimensão modular igual a 10cm. É importante ressaltar que esses trechos curtos de parede, invariavelmente, afetam negativamente a produtividade na montagem das fôrmas.

12.3.1.6 Impacto das variáveis anteriores em etapas do sistema construtivo

Na Coletânea de Ativos Parede de Concreto (2009-2010) consta o quadro, abaixo adaptado, que apresenta de forma resumida os impactos esperados ao se adotar os procedimentos anteriormente descritos durante a fase de projeto. É importante ressaltar que essa coletânea se refere ao resultado do acompanhamento de obras de construtoras que participaram do grupo Comunidade da Construção em várias regiões do país, tendo, portanto, um caráter de aplicação prática.

Quadro 1 – Resumo dos resultados esperados para as principais variáveis do sistema de paredes de concreto moldadas no local

Ganhos esperados para:	Variável avaliada		
	Modulação	Simetria	Alinhamento horizontal
Fôrmas	Redução da quantidade e de tipos de painéis. Facilidade de adaptação a outros projetos.	Redução/eliminação de painéis especiais ou "de ciclo".	Facilidade na montagem.
Aço/Telas	Menor número de formatos (posições). Melhor logística de estocagem e transporte.	Padronização da armação em todos os trechos.	Facilidade na montagem.
Concreto	Maior precisão na montagem = volumes.	Volumes conhecidos = menor perda de concreto.	Maior precisão na montagem = volumes conhecidos = menor perda de concreto.
Produtividade	Menor número de painéis = maior	Ciclos de montagem/ concretagem mais	Facilidade na montagem = ciclos

	velocidade de montagem.	rápidos.	constantes e mais rápidos.
Qualidade	Padronização = melhor controle = maior qualidade.	Padronização = melhor controle = maior qualidade.	Maior precisão na geometria e posicionamento das paredes.
Custo	Menor investimento na adaptação dos painéis de fôrmas a outros projetos.	Redução/eliminação de painéis especiais ou "de ciclo".	Ciclos constantes = garantia de prazo = custos previstos.

Quadro 1. Continuação

Ganhos esperados	Variável		
	Alinhamento Vertical	**Instalações Elétricas e Hidrossanitárias**	**Trechos curtos de parede**
Fôrmas	Redução/eliminação de fôrmas complementares e/ou de transição.	Ausência de furos e inserts nas fôrmas.	Menor quantidade de painéis.
Aço/Telas	Menor número de formatos (posições). Melhor logística de estocagem e transporte.	Melhoria da interface "armação x eletrodutos".	Menor número de formatos (posições). Melhor logística de estocagem e transporte.
Concreto	Volumes conhecidos = menor perda de concreto.	Melhor preenchimento do concreto.	Melhor preenchimento do concreto em todos os trechos de paredes.
Produtividade	Utilização da mesma fôrma desde o primeiro pavimento = chegada ao ritmo de ciclo mais rapidamente.	Atividades independentes = melhor controle = maior produtividade.	Menor número de painéis = maior velocidade de montagem.
Qualidade	Padronização = melhor controle = maior qualidade.	Minimização de retrabalhos.	Minimização do risco de "bicheiras".
Custo	Redução/eliminação de fôrmas complementares e/ou de transição.	Minimização de retrabalhos.	Menor investimento na adaptação dos painéis de fôrmas a outros projetos.

12.3.2 Princípios básicos para o projeto estrutural

É consenso entre projetistas estruturais e vários pesquisadores, por exemplo, Gameleira (2011), Carvalho (2012) e Braguim (2013), que os modelos de análise estrutural suficientes para determinação dos esforços nos edifícios de paredes de concreto moldadas no local são bastante semelhantes aos já utilizados para os edifícios de alvenaria estrutural. Isso ocorre pelo fato de ambos os sistemas estruturais serem constituídos essencialmente por elementos laminares, que são as paredes, o que lhes confere um caráter distinto dos edifícios constituídos por vigas e pilares formando os pórticos. Dessa forma, o que será discutido a seguir tem sua fundamentação na teoria empregada para edifícios de alvenaria estrutural já amplamente avaliada e aplicada pela comunidade científica e técnica da engenharia estrutural.

12.3.2.1 Distribuição de cargas verticais nas paredes

O sistema de paredes de concreto, assim como o de alvenaria estrutural, apresenta a característica de as lajes transmitirem suas cargas diretamente para as paredes sem o intermédio de vigas. Além disso, devido ao método executivo empregado, também se verifica a transmissão de cargas verticais entre paredes que se interceptam. Dessa forma, se faz necessário estabelecer um modelo de análise estrutural que simule adequadamente tais aspectos, de modo a se obter uma estimativa coerente de carregamento vertical nas paredes e, muito especialmente, nas fundações.

Inicialmente, considera-se que o carregamento vertical atuante nas paredes sofre um espalhamento segundo um ângulo de 45°, conforme ilustra a

Figura 3, e isso ocorre tanto para cargas distribuídas quanto concentradas. Além disso, se houver resistência suficiente na ligação entre paredes que se interceptam, esse espalhamento ocorre entre as correspondentes paredes, criando assim o que se denomina grupo de paredes para cargas verticais, conforme ilustrado pelas
Figura 3(c) e 3(d).

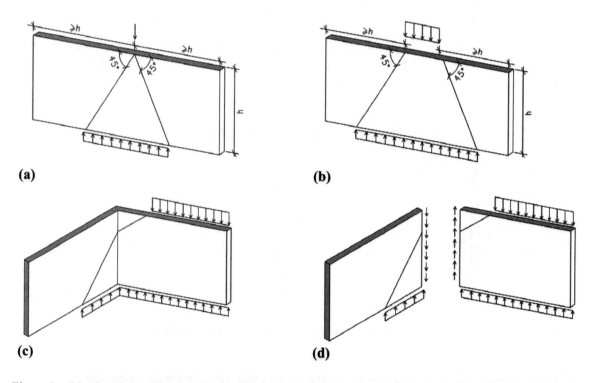

Figura 3 – Distribuição de cargas verticais nas paredes: (a) Carga concentrada, (b) Carga parcialmente distribuída, segundo a NBR 16055; (c) Grupo de paredes e (d) Forças de interação na ligação entre paredes

Sobre este aspecto, ainda é possível considerar dois modelos distintos para distribuição das cargas verticais:

a. Modelo de paredes isoladas

As paredes agem isoladamente umas das outras sem que ocorra transferência de carregamento nas interseções. Este modelo, além de ser antieconômico, não é o mais adequado para avaliação do edifício com a atuação das forças horizontais e pode favorecer o surgimento de fissuração vertical nas interseções verticais entre paredes;

b. Modelo de grupo isolado de paredes

A interseção vertical tem capacidade de suportar as forças de interação, permitindo que ocorra o espalhamento das cargas verticais entre todas as paredes que compõem o grupo. Este modelo conduz a um dimensionamento mais econômico, ao mesmo tempo em que permite considerar essa interação para o caso dos painéis de contraventamento do edifício. Normalmente, a definição das paredes do grupo é associada à existência das aberturas, conforme ilustrado pela
Figura 4, na qual se observa o grupo G1 constituído pelas paredes P1 e P4 e o grupo G2 pelas paredes P3, P6 e P5. Entretanto, deve-se ter o cuidado de avaliar o comprimento total de determinado grupo, pois, pelo fato de o espalhamento ocorrer segundo um ângulo de 45°, a extensão dos trechos de espalhamento não pode ser maior que o pé-direito para que o espalhamento ocorra em apenas um pavimento.

Por ocasião dos procedimentos de execução dos edifícios de parede de concreto, recomenda-se fortemente o emprego desse modelo para avaliação das cargas verticais no edifício, e que sejam elaborados detalhes consistentes de armaduras para amarração das paredes.

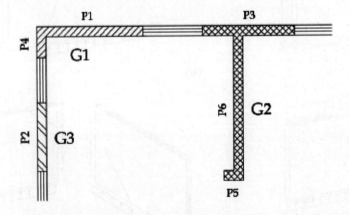

Figura 4 – Definição de grupos verticais de parede. Extraído de Nunes (2011)

12.3.2.2 Distribuição da força horizontal entre os painéis de contraventamento

Para o caso de sistemas estruturais constituídos por paredes, a ação do vento é transmitida para os painéis de contraventamento por meio das lajes agindo como diafragma rígido, conforme ilustrado pela Figura 5. Verifica-se, neste caso, que a ligação entre a laje e a parede deve ter capacidade de resistir às forças horizontais de modo a garantir sua transferência para os painéis.

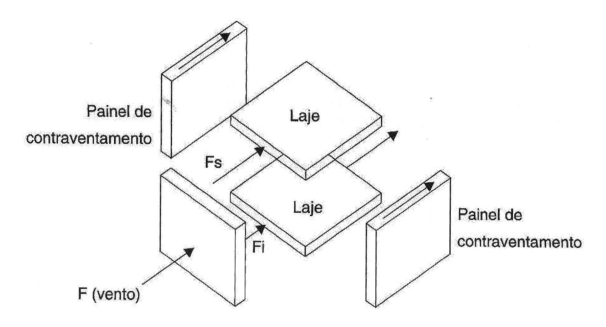

Figura 5 – Distribuição da força horizontal entre os painéis de contraventamento. Extraído de Parsekian (2012)

No sistema construtivo de parede de concreto, além de serem responsáveis para resistir as cargas verticais, as paredes também têm a função de garantir a estabilidade da estrutura frente às forças horizontais, como o vento por exemplo. A

Figura 3 ilustra os painéis de contraventamento na fachada de dois edifícios, a partir da qual se observam os trechos de parede acima e abaixo das aberturas de janela. Esses trechos, denominados lintéis, se considerados no modelo de análise estrutural tem como resultado principal o enrijecimento do sistema de contraventamento do edifício.

Figura 6 – Presença dos painéis de contraventamento nos edifícios

Entre os modelos de análise estrutural para determinação das forças horizontais em cada um dos painéis de contraventamento, destacam-se os três a seguir:

a. Modelo simplificado de paredes isoladas

Esse modelo tem como característica principal a desconsideração dos lintéis constituídos pelas aberturas de porta e de janela. Dessa forma, as paredes são idealizadas como elementos isolados e seu tratamento matemático se torna bastante simples. Tal como discutido por Nascimento Neto (1999) e Accetti (1998), desde que as deformações por cisalhamento possam ser consideradas desprezíveis, a força horizontal atuante em cada painel pode ser obtida por uma simples proporção entre inércias, expressa pela (Equação **1** e pela (Equação **2**:

$$F_{xi} = F_{x,pav} \left(\frac{I_{yi}}{\sum_1^m I_{yj}} + \frac{I_{yi} \cdot X_i}{\sum_1^m \left(I_{yj} \cdot X_j^2 \right)} \cdot exc_x \right)$$

(Equação 1)

$$F_{yi} = F_{y,pav} \left(\frac{I_{xi}}{\sum_1^m I_{xj}} + \frac{I_{xi} \cdot Y_i}{\sum_1^m \left(I_{xj} \cdot Y_j^2 \right)} \cdot exc_y \right)$$

(Equação 2)

Sendo:

F_{xi} e F_{yi} – a força horizontal no painel i de contraventamento disposto nas direções x e y, respectivamente;

$F_{x,pav}$ e $F_{y,pav}$ – a força horizontal no pavimento segundo as direções x e y, respectivamente;

I_{xi} e I_{xj} – o momento de inércia em relação ao eixo x de painéis de contraventamento i e j quaisquer dispostos na direção y;

I_{yi} I_{yj} – o momento de inércia em relação ao eixo y de painéis de contraventamento i e j quaisquer dispostos na direção x;

X_i e Y_i – a posição X e Y do painel i em relação ao centro de rigidez/elástico do edifício;

exc_x e exc_y – as excentricidades X e Y do centro geométrico em relação ao centro de rigidez/elástico do edifício.

É muito importante destacar que a segunda parte na (Equação **1** e na (Equação **2**, expressa mais especificamente pelos termos exc_x e exc_y, representa o efeito de momentos de torção em planta que ocorrem quando não há simetria das paredes. Quando ocorre simetria, esses termos assumem o valor nulo, e quando não há podem ser obtidos por:

$$exc_x = \frac{\sum I_{yi} \times x_{ref,i}}{\sum I_{yi}}$$

(Equação 3)

$$esc_y = \frac{\sum I_{xi} \times y_{ref,i}}{\sum I_{xi}}$$

(Equação 4)

Sendo:

$x_{ref,i}$ – a posição x do centro de gravidade de um painel de contraventamento i, disposto na direção y, em relação ao centro geométrico em planta;

$y_{ref,i}$ – a posição y do centro de gravidade de um painel de contraventamento i, disposto na direção x, em relação ao centro geométrico em planta;

I_{xi} e I_{yi} – os mesmos descritos anteriormente.

b. Modelo computacional de paredes isoladas

Tal como no modelo simplificado, as barras desse modelo são idealizadas isoladas, isto é, desconsiderando-se a presença dos lintéis. No entanto, as paredes são simuladas por elementos barra tridimensionais dispostos de acordo com a posição real em planta dos centros de gravidade individuais, conforme ilustrado pela

Figura 7. Evidentemente, para utilizar esse modelo se faz necessário o uso de ferramentas computacionais adequadas que disponham de recursos para simular os aspectos descritos e o efeito diafragma da laje. Uma das vantagens dessa modelagem é que eventuais assimetrias da estrutura já ficam automaticamente incorporadas aos resultados.

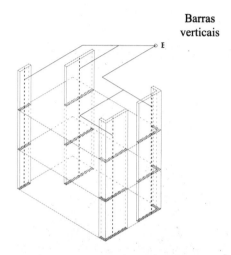

Figura 7 – Modelo computacional de barras isoladas. Extraído de Nascimento Neto (1999)

c. Modelo de pórtico tridimensional

Esse modelo corresponde a um aperfeiçoamento do modelo computacional de paredes isoladas pela incorporação de barras horizontais rígidas para simular o comprimento em planta das paredes e incorporar o efeito tridimensional de um grupo de paredes que se interceptem, conforme ilustrado pela Figura 8. Esse modelo ainda permite a inclusão dos lintéis de porta e de janela, atribuindo, dessa forma, um caráter mais completo para a simulação do sistema de contraventamento do edifício. Além disso, efeitos associados à contribuição de flanges nos painéis e à assimetria em planta também ficam automaticamente incorporados ao modelo.

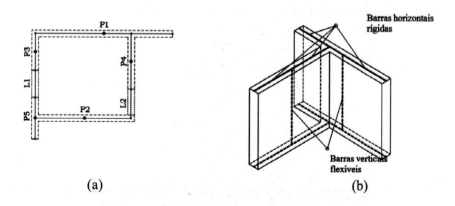

Figura 8 – Modelo de pórtico tridimensional: (a) Disposição dos painéis em planta e (b) Disposição tridimensional das barras verticais e horizontais. Extraído de Nascimento Neto (1999)

O modelo simplificado de paredes isoladas foi originalmente avaliado por Accetti (1998), enquanto que o modelo computacional de paredes isoladas e de pórtico tridimensional por Nascimento Neto (1999), ambos para o caso de edifícios de alvenaria estrutural. Entretanto, tais modelos podem ser utilizados também para avaliar os edifícios de paredes de concreto, conforme descrito por Nunes (2011) e Braguim (2013) que realizaram análises empregando o modelo de pórtico tridimensional descrito por Nascimento Neto (1999).

Ainda sobre os modelos de paredes isoladas, a NBR 16055 não faz qualquer tipo de menção à consideração de flanges para os painéis. Entretanto, devido ao método de execução empregado pelo sistema de paredes de concreto, é de fácil percepção que tal aspecto não pode ser negligenciado. Dessa forma, e pela semelhança no comportamento em relação à alvenaria estrutural, pode-se adotar a mesma sistemática para consideração das flanges cujo comprimento é limitado a 6t, sendo t a espessura da parede.

12.3.2.3 Dimensionamento à flexocompressão

A NBR 16055 Parede de concreto moldada no local para a construção de edifícios – Requisitos e procedimentos trata do dimensionamento de edifícios de até 5 pavimentos com o emprego de fôrmas removíveis. Em seu item 16, que trata dos princípios gerais de dimensionamento, verificação e detalhamento, consta a indicação do emprego de armaduras mínimas de ligação entre os elementos parede x parede, parede x laje e parede x fundação, o que garante o monolitismo da estrutura e prevenção ao surgimento de patologias por ocasião do comportamento do sistema estrutural.

O item 17 da mesma norma trata do dimensionamento estrutural das paredes, cujas premissas básicas são válidas para o caso de paredes predominantemente comprimidas e ocorrência de excentricidades menores que t/10, sendo t a espessura da parede.

As premissas básicas para o dimensionamento são as seguintes:

a. Trechos de parede com comprimento menor que dez vezes a sua espessura devem ser dimensionados como pilar ou pilar-parede;

b. Paredes devem ser dimensionadas à flexocompressão para os esforços atuantes, considerando-se como mínimo o valor entre as seguintes excentricidades:
b.1 Excentricidade mínima de $(1,5+0,03 \cdot t)$cm, sendo t a espessura da parede;
b.2 Excentricidade decorrente da pressão lateral do vento nas paredes.

c. Comprimento equivalente da parede (l_e), de acordo com a Figura 9.

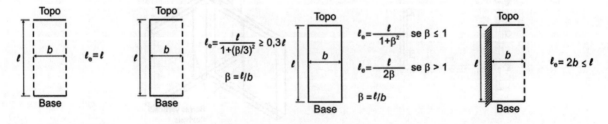

Figura 9 – Comprimento equivalente de flambagem das paredes. NBR 16055 (2012)

Para o caso de se utilizar tela dupla, isto é, tela em ambas as faces da parede, o dimensionamento não pode considerar a contribuição da armadura comprimida. Além disso, se a parede apresentar t < 15cm, só é

Capítulo 12 – Edifícios de Paredes de Concreto Moldadas no Local - 263

permitido considerar 50% da armadura. Nos casos em que t > 15cm, permite-se considerar 67% da armadura total disposta devido a sua maior eficiência para essas espessuras de parede.

12.3.2.3.1 Resistência de cálculo com atuação de normal de compressão

No item 17.5.1, a NBR 16055 (2012) prescreve a resistência de cálculo com atuação de normal de compressão, definida para a pressão máxima de vento igual a 1 kN/m², de acordo com a expressão seguinte:

$$\eta_{d,resistente} = \frac{(0,85 \cdot f_{cd} + \rho \cdot f_{scd}) \cdot t}{k_1 [1 + 3k_2 (2 - k_2)]} \leq \frac{(0,85 \cdot f_{cd} + \rho \cdot f_{scd}) \cdot t}{1,643} \leq 0,4 \cdot f_{cd} \cdot A_c \qquad \textbf{Equação 5}$$

Sendo:

$\eta_{d,resistente}$ – a normal resistente de cálculo por unidade de comprimento admitida no plano médio da parede;
f_{cd} – o valor de cálculo da resistência do concreto, $fcd = fck/1,4$;
f_{scd} – igual Es x $0,002/\gamma_s$, considerando a compatibilização da deformação no aço com a do concreto adjacente;
ρ – a taxa geométrica da armadura vertical da parede, não maior que 1%;
t – a espessura da parede;

k_1 e k_2 determinados a partir da esbeltez λ:

- Para $35 \leq \lambda \leq 86$ adotar:

$$k_1 = \frac{\lambda}{35} \quad e \quad k_2 = 0;$$

- Para $86 < \lambda \leq 120$ adotar:

$$k_1 = \frac{\lambda}{35} \quad e \quad k_2 = \frac{\lambda - 86}{35};$$

Devem ser ainda avaliados os efeitos de instabilidade localizada, de acordo com o item 15.9 da NBR 6118 (2007), considerando as excentricidades mencionadas anteriormente.

Neste mesmo item prescreve-se ainda que, para o caso de pressões de vento superiores a 1 kN/m², devem ser feitas verificações adicionais das paredes de periferia submetidas à flexão simples. As paredes do último pavimento devem ser calculadas como engastadas na parte inferior e apoiadas na laje de cobertura na parte superior. As paredes dos demais pavimentos devem ser calculadas como biengastadas.

12.3.2.3.2 Verificação da compressão

De acordo com o item 17.5.2 da NBR 16055 (2012), a verificação deve ser feita para cada trecho de parede e para cada caso de combinação considerado, permitindo-se considerar que a segurança ao estado limite último é atendida para as solicitações normais sempre que a condição seguinte for satisfeita:

$$\eta_{d,resistente} \geq \frac{3 \cdot \eta_{d,max} + \eta_{d,min}}{4} \qquad \text{(Equação 6)}$$

Sendo:

$\eta_{d,max}$ – o maior valor normal por unidade de comprimento, para o carregamento considerado, no trecho escolhido;

$\eta_{d,min}$ – o menor valor normal por unidade de comprimento, para o carregamento considerado, no trecho escolhido.

Os valores representados por $\eta_{d,max}$ e $\eta_{d,min}$ correspondem aos esforços atuantes nas extremidades do trecho em análise, todos de compressão ao longo do comprimento do trecho. No caso de ocorrer tração, o valor de $\eta_{d,min}$ deve ser considerado nulo, conforme ilustrado pela Figura 10.

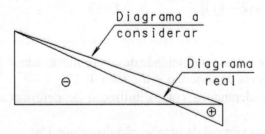

Figura 10 – Diagrama de tensões nas paredes

12.3.2.3.3 Dimensionamento à tração para momentos no plano da parede

A força total de tração pode ser determinada a partir da integração direta do bloco de tensões proveniente da atuação de momentos no plano da parede, conforme ilustrado pela

Figura 11. Faz-se necessário considerar todos os casos de carregamento e combinações que ocorrem em cada trecho da parede. Na ausência de algum método mais preciso, a NBR 16055 (2012) permite utilizar a (Equação 6 em todo o bloco tracionado do trecho de parede.

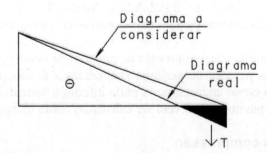

Figura 11 – Determinação da força de tração para dimensionamento das armaduras

É muito importante empregar procedimento apropriado para o dimensionamento das armaduras, visando à manutenção correta da força resultante das tensões de tração resistente na armadura.

12.3.2.3.4 Dimensionamento ao cisalhamento

Considera-se que a força cortante total horizontal é resistida pelos trechos que compõem a alma das paredes na mesma direção, não se permitindo acrescentar a largura da mesa ou flange em seções transversais do tipo T ou L.

A segurança no estado limite último do trecho de parede está garantida quando a força cortante solicitante de cálculo for inferior à força cortante resistente de cálculo (f_{vd}):

$$V_d \leq f_{vd}$$
(Equação 7)

$$f_{vd} = 0,3 \cdot f_{ctd} \cdot \left(1 + 3 \cdot \frac{\sigma_{cmd}}{f_{ck}}\right) \cdot \sum t \cdot l$$
(Equação 8)

$$com \quad \cdot \left(1 + 3 \cdot \frac{\sigma_{cmd}}{f_{ck}}\right) \leq 2 \quad e \quad f_{ctd} = \frac{0,21 \cdot (f_{ck})^{2/3}}{\gamma_c}$$

Sendo:

σ_{cmd} – a tensão média de cálculo no concreto comprimido, expressa em megapascals MPa;

t – a largura de cada trecho que compõe uma mesma parede, expressa em metros (m);

l – o comprimento de cada trecho que compõe uma mesma parede tomado sempre na direção da força cortante, expresso em metros (m);

f_{ck} – a resistência característica à compressão do concreto, expressa em megapascals MPa;

No caso da condição da (Equação 7 não ser atendida, é necessário armar a parede ao cisalhamento com área de armadura calculada por:

$$\frac{A_{sh}}{s} = \frac{V_d}{f_{yd}}$$
(Equação 9)

$$\frac{A_{sv}}{s} = \frac{V_d - \dfrac{n_d}{2}}{f_{yd}}$$
(Equação 10)

Sendo:

V_d – a força cortante por unidade de comprimento;

n_d – a compressão por unidade de comprimento na mesma seção.

12.4 REFERÊNCIAS BIBLIOGRÁFICAS

Associação Brasileira de Cimento Portland (ABCP). Coletânea de Ativos – Parede de Concreto (2009-2010).

ASSOCIAÇÃO BRASILEIRA DE NORMAS TÉCNICAS. NBR 5739: *Concreto - Ensaios de compressão de corpos-de-prova cilíndricos*. Rio de Janeiro, 2007.

_____. NBR 6118: *Projeto de estruturas de concreto – Procedimento*. Rio de Janeiro, 2014.

_____. NBR 7480: *Aço destinado a armaduras para estruturas de concreto armado – Especificação*. Rio de Janeiro, 2008.

_____. NBR 7481: *Tela de aço soldada – Armadura para concreto*. Rio de Janeiro, 1990.

_____. NBR 8953: *Concreto para fins estruturais – Classificação pela massa específica, por grupos de resistência e consistência*. Rio de Janeiro, 2015.

266 - Projeto, Execução e Desempenho de Estruturas e Fundações

_____. NBR 12655: *Concreto de cimento Portland – Preparo, controle, recebimento e aceitação – Procedimento*. Rio de Janeiro, 2015.

_____. NBR 14859: *Lajes pré-fabricadas de concreto. Parte 3: Armaduras treliçadas eletrossoldadas para lajes pré-fabricadas – Requisitos*. Rio de Janeiro, 2016.

_____. NBR 14931: *Execução de estruturas de concreto – Procedimento*. Rio de Janeiro, 2004.

_____. NBR 15873: *Coordenação modular para edificações*. Rio de Janeiro, 2010.

_____. NBR 16055: *Parede de concreto moldada no local para a construção de edificações – Requisitos e procedimentos*. Rio de Janeiro, 2012.

ACCETTI, K. M. *Contribuições ao projeto estrutural de edifícios em alvenaria*. 1998. 247 p. Dissertação (Mestrado) - Escola de Engenharia de São Carlos, Universidade de São Paulo.

BRAGUIM, T. C. *Utilização de modelos de cálculo para projeto de edifícios de paredes de concreto armado moldadas no local*. 2013. 227 p. Dissertação (Mestrado) – Escola Politécnica, Universidade de São Paulo. Departamento de Engenharia de Estruturas e Geotécnica.

CARVALHO, L. F. *Sistema construtivo em paredes de concreto para edifícios. Dimensionamento da estrutura e aspectos construtivos*. 2012. 130 p. Dissertação (Mestrado) – Programa de Pós-Graduação em Engenharia de Estruturas, Universidade Federal de Minas Gerais.

NUNES, V. Q. G. *Análise estrutural de edifícios de paredes de concreto*. 2011. 152 p. Dissertação (Mestrado) – Escola de Engenharia de São Carlos, Universidade de São Paulo.

NASCIMENTO NETO, J. A. *Investigação das solicitações de cisalhamento em edifícios de alvenaria estrutural*. 1999. 127 p. Dissertação (Mestrado) – Escola de Engenharia de São Carlos, Universidade de São Paulo.

PARSEKIAN, G. A.; HAMID, A A.; DRYSDALE, R. G. Comportamento e dimensionamento de alvenaria estrutural. São Carlos: EDUFSCar, 2012.

SACH, H.M.; ROSSIGNOLO, J.A.; BUENO,C. *Vedações verticais em concreto moldadas in loco: avaliação do conforto térmico de habitações térreas no Estado de São Paulo*. Revista Ibracon de Estruturas e Materiais, v.4, n.1, p.31-48, São Paulo, 2011.

CAPÍTULO 13 - CONCRETOS ESPECIAIS. UMA ABORDAGEM AO CONCRETO AUTOADENSÁVEL

Marcela Giacometti de Avelar

Instituto Federal de Educação, Ciência e Tecnologia do Espírito Santo – IFES – Nova Venécia; mavelar@ifes.edu.br

João Luiz Calmon

Universidade Federal do Espírito Santo - UFES; calmonbarcelona@gmail.com

13.1 INTRODUÇÃO

Durante o século XX, o concreto foi o material de construção mais utilizado em todo o mundo, e a tendência para o século XXI é de aumento de sua demanda. O valor estimado de consumo de concreto é de 11 bilhões de toneladas por ano, o que dá, segundo a *Federación Iberoamericana de Hormigón Premesclado* (FIHP), aproximadamente, um consumo médio de 1,9 toneladas de concreto por habitante por ano, valor inferior apenas ao consumo de água. No Brasil, o concreto que sai de centrais dosadoras gira em torno de 30 milhões de metros cúbicos (PEDROSO, 2009).

Apesar do uso intenso dos concretos convencionais (CC), compostos por cimento, agregados naturais e água, algumas deficiências importantes existem nesse material. Tais deficiências justificaram ao longo dos anos, a pesquisa e o surgimento dos chamados concretos especiais, com características e desempenho diferentes, e que trouxeram avanços importantes em relação aos concretos convencionais.

Segundo Watanabe (2008, p.1)

> "As principais deficiências que os concretos convencionais apresentam são: baixa relação resistência-peso, dificuldade de preencher peças esbeltas muito armadas, retração plástica, baixa ductilidade e permeabilidade em ambientes úmidos, além do problema da geração de entulhos de construção que contribui com o impacto ambiental. Ainda não foram "criados" concretos que superem todas as deficiências listadas, porém, os concretos especiais já existentes foram desenvolvidos visando superar as deficiências que são especificamente importantes em determinados tipos de construção."

Segundo Figueiredo *et al.* (2004), os concretos especiais podem ser definidos como:

> *"Concretos com características particulares devido à evolução tecnológica: melhorando as deficiências do concreto convencional ou incorporando propriedades não inerentes a este material;*
>
> *Concretos com características particulares para atender necessidade das obras: desenvolvimento de produtos para serem empregados em locais/condições em que o concreto convencional não pode ser aplicado."*

Existe hoje uma gama de concretos especiais, os quais podem ser visualizados na figura 1.1. Este assunto, pela sua magnitude, demandaria um livro específico. Por esse motivo, neste capítulo será feita uma abordagem especial ao concreto autoadensável, material bastante promissor para ser utilizado em várias aplicações.

Para pesquisar sobre concretos especiais, recomenda-se recorrer aos seguintes autores: Mehta e Monteiro (2014); Isaia (2011)

Figura 1. Concretos Especiais

13.2 CONCRETO AUTOADENSÁVEL (CAA)

13.2.1 Histórico e situação mundial do Concreto autoadensável

O termo autoadensável só foi adotado no final dos anos 90, entretanto, seu conceito vem sendo utilizado na prática há mais de 25 anos. Collepardi[1] já em 1975 desenvolvia o chamado *concreto reoplástico*, com características de alta fluidez e baixa segregação. Esse concreto foi utilizado com êxito em obras de concretagem submersa, podendo ser considerado o embrião do moderno CAA (COLLEPARDI, 2001).
A necessidade de se produzir concretos com capacidade de autoconsolidação também foi observada no Japão, na década de 80. Nesse país, as estruturas de concreto necessitam de uma grande quantidade de armadura, com a finalidade de resistir aos frequentes abalos sísmicos. Dessa forma, a compactação do concreto convencional por meio de equipamentos de vibração se torna difícil e, geralmente, pode deixar nichos e vazios na estrutura que conduzem numa queda na durabilidade (OKAMURA, 1997; OKAMURA e OUCHI, 2003; BARTOS, 2000; DE LA PEÑA, 2000a).

Além disso, a modernização da indústria japonesa demandou uma grande quantidade de trabalhadores,

---

[1] Mario Collepardi é professor da Universidade Politécnica de Milão, Itália. Ele é reconhecido mundialmente por sua contribuição como autor e coautor de inúmeros artigos relacionados à tecnologia do concreto e química do cimento. Atua também no estudo e aplicação de superplastificantes, tendo recebido muitos prêmios nesta área (COLLEPARDI, 2001).

reduzindo gradativamente dos canteiros, boa parte da mão de obra especializada na construção civil. O fato levou a uma diminuição na qualidade final das construções devido à falta de cuidados especiais na compactação (OKAMURA, 1997; BARTOS, 2000; DE LA PEÑA, 2000a; OKAMURA e OUCHI, 2003;).

Assim, em 1986, Okamura (1997) estudou a necessidade de um tipo de concreto que pudesse alcançar qualquer parte da forma, sem necessidade de vibração, apenas sob ação de seu peso próprio, diminuindo, dessa maneira, a dependência de mão de obra qualificada e os problemas com a durabilidade.

Os avanços nessas pesquisas culminaram, em 1988, com a construção do primeiro protótipo em escala real, utilizando materiais existentes no mercado na época. Os resultados experimentais realizados no protótipo apresentaram condições satisfatórias em relação à retração por secagem, calor de hidratação, propriedades no estado endurecido, entre outras (OKAMURA e OUCHI, 2003).

No início da década de 1990, somente as grandes corporações japonesas[2] detinham o *Know-how* para produção de CAA, mantendo secretas as suas pesquisas e descobertas. Entretanto, o emergente desenvolvimento desse concreto chamou a atenção do RILEM (*Réunion Internationale dês Laboratories et Experts dês Matériaux*), na França, especialmente após a formação do Comitê Técnico 145 – WSM – "*Workability of Fresh Special Concrete Mixes*", em 1992 (BARTOS, 2000; DRUTA, 2003; RILEM, 2006).

A fundação do TC 145 – WSM atraiu imediatamente a comunidade científica mundial e propiciou a criação de um Comitê Técnico RILEM (TC 174 – CAA), totalmente dedicado ao concreto autoadensável e formado por membros de quatro continentes em um total de dez países. A partir desse momento, foram desenvolvidos métodos de dosagem, ensaios e técnicas de aplicação específicas para o CAA, mostradas por meio de diversas conferências organizadas pela RILEM, como mostra o Quadro 1.

ANO	LOCAL	EVENTO	OBSERVAÇÕES
1996	-	Criação do TC-174-CAA	Comitê técnico totalmente voltado para o estudo do CAA.
1999	Estocolmo – Suécia	I Simpósio Internacional em CAA – RILEM	Publicação de 70 artigos de 13 países, sendo que 20 deles descreviam aplicações do CAA, o que mostrou que tal concreto teve uma rápida aceitação no mercado da construção civil. O TC-174 – CAA concluiu seus trabalhos com a produção de um estado da arte em CAA.
2001	Tóquio – Japão	II Simpósio Internacional em CAA – RILEM	Realizado pelo comitê técnico TC-188 CSC (*Casting of Self* SSC). Publicação de 74 artigos de 20 países. A aceitação do CAA foi tão grande que exigiu um cronograma de simpósios internacionais de 2 em 2 anos.
2002	Chicago - EUA	I Congresso Norte	-

---

[2] O CNV – Concreto Não Vibrado (NVC – *No Vibrated Concrete*) da corporação Kajima, o CSQ-Concreto de Super Qualidade (SQC- *Super Quality Concrete*) da Corporação Maeda e o Bioconcreto da Corporação Tasei são exemplos de denominações dadas pelas grandes corporações japonesas para o concreto autoadensável (BARTOS, 2000).

		Americano em CAA	
ANO	**LOCAL**	**EVENTO**	**OBSERVAÇÕES**
2003	Reiquiavique - Islândia	III Simpósio Internacional em CAA - RILEM	108 artigos de 26 países foram apresentados
2005	Changsha - China	I Congresso Chinês em CAA	Copatrocinado pelo RILEM
2005	Chicago - EUA	IV Simpósio Internacional em CAA e II Congresso Norte Americano – RILEM	Apresentação de 140 artigos de 38 países
2007	Gante - Bélgica	V Simpósio Internacional em CAA - RILEM	160 apresentações orais e 30 apresentações em pôster de diversos países, inclusive do Brasil.
2008	Valência - Espanha	I Congreso Español sobre Hormigón Autocompactante	100 apresentações
2012	Maceió – Alagoas - Brasil. Madrid - Espanha	I Simpósio Latino Americano sobre Concreto Autoadensável 3º Congreso Iberoamericano sobre hormigón autocompactante. Avances y oportunidades	Evento realizado em conjunto com o 54 Congresso Brasileiro do Concreto em 2012

Quadro 1 – Eventos importantes relacionados ao CAA nos últimos anos

Além dos diversos congressos dedicados ao CAA, surgiram instituições e centros de referência voltados à pesquisa e desenvolvimento do produto. No Canadá, por exemplo, os estudos se iniciaram poucos anos após o conceito do concreto autoadensável ter sido introduzido no Japão. O IRC (*Institute for Research in Construction*) juntamente com o CPCI (*Canadian Precast/Prestressed Concrete Institute*), o CANMET (*Canadian Centre for Mineral and Energy Technology - International Center for Sustainable Development of Cement & Concrete*) e o ISIS (*Intelligent Sensing for Innovative Structures*) foram alguns dos grupos que estudaram os vários aspectos da nova tecnologia (DRUTA, 2003).

Nos Estados Unidos pode-se citar o PCI (*Precast/Prestressed Concrete Institute*) que realizou os primeiros estudos em 1999, na aplicação em estruturas pré-fabricadas e protendidas.

Já na Inglaterra, destaca-se a EFNARC[3] (*European Federation of National Trade Associations Representing Producers and Applicators of Specialist Building Products*), fundada em 1989, atualmente uma das maiores referências no desenvolvimento de métodos de ensaios específicos para o concreto

---

[3] EFNARC é uma Federação Europeia dedicada às especialidades de produtos químicos para construções e sistemas estruturais em concreto. Foi fundada em março de 1989, representando os produtores e aplicadores de produtos especiais para edifícios (LISBÔA, 2004).

autoadensável (EFNARC, 2002; DRUTA, 2003).

Quanto ao Brasil, esse papel é muito bem representado pelos congressos anuais do IBRACON (Instituto Brasileiro de Concreto).

Nos IBRACON'S (Congresso Brasileiro de Concreto), destacam-se trabalhos da Universidade Federal de Santa Catarina - UFSC sobre dosagem e aplicação; da Universidade do Rio Grande do Sul - UFRS, sobre o uso em indústrias de pré-fabricados, métodos de dosagem e aspectos econômicos; das Universidades Federais de Alagoas - UFAL, de Pernambuco – UFPE e do Núcleo de Desenvolvimento da Construção Civil da Universidade Federal do Espírito Santo - UFES, com sua contribuição no uso de resíduos na produção de CAA; e a UNESP (Universidade Estadual de São Paulo) de Ilha Solteira e o Laboratório Central de Furnas que se destacam no campo de reologia do CAA (BARBOSA *et al.*, 2002; BARBOSA *et al.*, 2004; MELO *et al.*, 2005; TUTIKIAN *et al.*, 2005a; MELO e REPETTE, 2005; GOMES *et al.*, 2006; CALMON *et al.*, 2006; FERREIRA *et al.*, 2006; CALMON *et al.*, 2007).

13.2.2 Propriedades do concreto autoadensável no estado fresco

O concreto autoadensável é considerado um concreto capaz de se consolidar no interior das fôrmas pela ação única da gravidade. Simultaneamente, mantém-se suficientemente estável para garantir o preenchimento completo da fôrma, mesmo em áreas de difícil acesso ou congestionadas, sem bloqueio ou separação do agregado. Tais características são melhores definidas como: capacidade de preenchimento (*filling ability*), capacidade de passagem (*passing ability*) e resistência à segregação (HO *et al.*, 2002; EFNARC, 2002; GETTU e AGULLÓ, 2003; BOSILOJKOV, 2003).

A capacidade de preenchimento ou habilidade de fluxo (*flowability*) do CAA é governada pela elevada fluidez e coesão da mistura. Essas propriedades permitem que o concreto escoe intacto no interior da estrutura, preenchendo as fôrmas adequadamente e garantindo a cobertura total das barras de armadura, sob ação de seu peso próprio, ou seja, sem vibração (GOMES, 2002; KHAYAT e DACZKO, 2002; ARAUJO *et al.*, 2003).

A capacidade de passagem pode ser descrita como a facilidade da mistura de CAA de fluir livremente entre as barras de armadura, ou outros obstáculos, mantendo sua homogeneidade e, sem que haja obstrução do agregado graúdo na região das ferragens (GOMES, 2002; BARTOS, 2000; SCCEPG, 2005). Noguchi *et al.* (1999) acrescentam que esta é a propriedade mais importante para o desempenho do concreto autoadensável no estado fresco, pois ela determinará a capacidade de preenchimento final o que, consequentemente influenciará na resistência e durabilidade da estrutura.

A resistência à segregação ou estabilidade é um parâmetro fundamental para a manutenção da uniformidade e qualidade do CAA na obra. Esse concreto deve possuir coesão e viscosidade suficientes para evitar a separação de seus componentes durante as operações de transporte, lançamento e consolidação (GOMES, 2002; KHAYAT e DRACZKO, 2002; GUJAR, 2004; SSCEPG, 2005).

Outro aspecto importante diz respeito à exsudação, caracterizada como um tipo de segregação bastante comum em concretos altamente fluidos, tal como o autoadensável. Este fenômeno se manifesta pelo aparecimento de água na superfície do concreto após sua consolidação, ou ainda quando há retenção de água sob os agregados maiores e nas barras horizontais da armadura. A exsudação no CAA deve ser controlada a fim de se evitar o enfraquecimento da aderência entre o concreto e a armadura e o surgimento de fissuração (METHA e MONTEIRO, 1994; KHAYAT *et al.*, 1999).

Diante do exposto, um concreto só poderá ser considerado autoadensável se as três propriedades de trabalhabilidade mencionadas anteriormente forem alcançadas. Para quantificar os parâmetros necessários, existe uma série de ensaios que serão descritos em detalhes posteriormente. A seguir, no Quadro 2, apresenta-se uma lista desses métodos, bem como as respectivas propriedades avaliadas (EFNARC, 2002; GOMES, 2002).

MÉTODO	PROPRIEDADE
Ensaio de espalhamento (*slump flow*)	Capacidade de preenchimento
Fluxo de espalhamento T50	Capacidade de preenchimento
Anel J	Capacidade de passagem
Funil V	Capacidade de preenchimento
Funil V – T5minutos	Resistência à segregação
Caixa L	Capacidade de passagem
Caixa U	Capacidade de passagem
Caixa de preenchimento	Capacidade de passagem
Ensaio de estabilidade GTM	Resistência à segregação
Orimet	Capacidade de preenchimento

Quadro 2 – Lista de ensaios para as propriedades de trabalhabilidade do CAA (EFNARC, 2002)

13.2.2.1 Aspectos reológicos

O estudo das propriedades de fluxo do concreto é extremamente importante porque dele dependem fatores como bombeabilidade, lançamento, facilidade de colocação e adensamento, além das características de desempenho mecânico e durabilidade (FERRARIS, 1999; BANFILL, 2003).

Por muito tempo, uma determinação mais aprofundada da reologia do concreto foi negligenciada. No concreto convencional, por exemplo, geralmente o abatimento é o único parâmetro medido. Esse ensaio, ainda que seja realizado em laboratório, raramente fornece informações adicionais sobre o comportamento do concreto fluido (BANFILL, 2003; CASTRO e LIBÓRIO, 2006).

Com o desenvolvimento dos concretos especiais, tais como o concreto de alto desempenho e o autoadensável, a medida dos parâmetros reológicos tornou-se indispensável para a obtenção do desempenho desejado.

De uma forma geral, a reologia pode ser definida como a ciência que estuda a deformação e o escoamento dos fluidos e suspensões, quando submetidos a um sistema de forças. Considerando o concreto fresco como uma suspensão de partículas sólidas (agregados) mergulhadas em um líquido viscoso (a pasta do aglomerante) nada mais apropriado que aplicar ao material os modelos clássicos da reologia (FERRARIS *et al.*, 2001; PILEGGI, 2001; CAMÕES, 2005; CASTRO e LIBÓRIO, 2006).

Pela reologia, então, o concreto assume macroscopicamente um comportamento associado a um fluido não newtoniano, frequentemente modelado pela expressão de Bingham (Equação 1) e descrito por meio da tensão de escoamento e viscosidade plástica, como mostra o gráfico da Figura 2 (DE LARRARD *et al.*, 1998; FERRARIS *et al.*, 2001; BANFILL, 2003; POON e HO, 2004).

$\tau = \tau_0 + \eta.\gamma$, em que: (Equação 1)

τ – tensão de cisalhamento;
τ_0 – tensão de escoamento;
η – viscosidade plástica;
γ – taxa de cisalhamento.

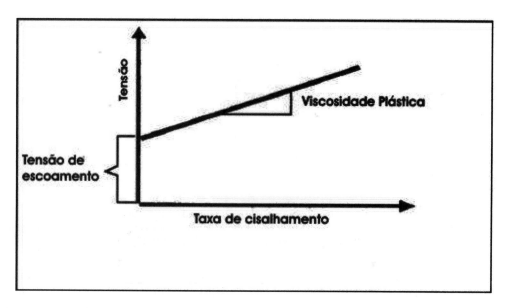

Figura 2- Equação de Bingham para um fluido (FERRARIS, 1999)

De acordo com o gráfico da figura 2, a tensão de escoamento corresponde a uma tensão mínima de cisalhamento necessária para que o fluido escoe, sendo determinada no ponto em que a coordenada da taxa de cisalhamento é zero. A viscosidade, por outro lado, é definida como sendo a medida da resistência do fluxo ao escoamento, representada pela inclinação da reta (FERRARIS, 1999; PILEGGI, 2001; BANFILL, 2003; CASTRO e LIBÓRIO, 2006).

O modelo de Bingham tem sido aplicado adequadamente para descrever o comportamento reológico dos concretos em geral. No entanto, alguns autores afirmam que o CAA não segue a mesma função linear e sugerem que para este se utilize o modelo de Herschel – Bulkley, representado pela Equação 2 (DE LARRARD *et al.*, 1998; FERRARIS *et al.*, 2001; BANFILL, 2003):

$\tau = \tau_0 + a.\gamma^b$, em que: (Equação 2)

τ_0 – tensão de escoamento;

    a e b = são novos parâmetros característicos que descrevem o comportamento reológico do concreto. Neste caso, a viscosidade plástica não pode ser calculada diretamente.

Diversos equipamentos têm sido propostos para avaliar a viscosidade plástica e tensão de escoamento de materiais cimentícios, dentre eles, destacam-se os reômetros. Em concretos, são comumente utilizados os reômetros de cilindros coaxiais e de pratos paralelos (DE LARRARD *et al.*, 1997; ESPING, 2007a).

No reômetro coaxial (Figura 3), a amostra de concreto é colocada na abertura entre dois cilindros concêntricos, sendo registrado o torque aplicado ao cilindro externo a partir da rotação do cilindro interno (PILEGGI, 2006). Esping (2007a) ressalta que, para a confiabilidade dos resultados das medidas reológicas em concretos, utilizando reômetros coaxiais, qualquer dimensão do equipamento deve ser de no mínimo 10 vezes maior que o diâmetro máximo da maior partícula da suspensão ($R_{ext} - R_{int} \geq 10 \cdot D_{max}$) e que a relação entre o raio do cilindro externo e interno seja inferior a 1,2 ($R_{ext}/R_{int} \leq 1,2$).

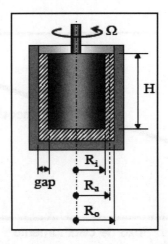

Figura 3 – Princípio dos reômetros coaxiais (ESPING, 2007a)

Além das restrições citadas anteriormente, Saak *et al.* (2001) acrescentam que é necessário que haja uma certa rugosidade na superfície dos cilindros, para minimizar o *efeito parede*, gerado pela formação de uma camada lubrificante de concreto em torno das paredes do equipamento. Esse fenômeno promove o escorregamento do material, fazendo com que o resultado obtido não represente seu comportamento real, ao longo de todo seu volume. Entretanto, Esping (2007a) afirma que já existem no mercado reômetros coaxiais com ranhuras ou nervuras superficiais tanto no cilindro externo como no interno, sendo o mais conhecido do mercado o reômetro BML para concreto.

Ao contrário do que acontece quando se usam os reômetros de cilindros coaxiais, utilizando-se o reômetro de pratos paralelos, o fluido é cisalhado entre um prato estacionário e um prato liso rotacional. Baseados nesta arquitetura destacam-se os reômetros comercialmente conhecidos como BTRHEOM (Figura 4) e o planetário IBB, desenvolvidos e utilizados nas pesquisas de De Larrard *et al.* (1997); Ferraris *et al.* (1999), de Sedran (2000) e de Maragon (2006).

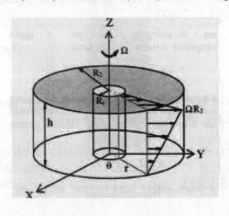
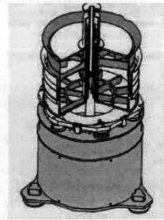

(a) Princípio de funcionamento do BTRHEOM
(b) Desenho esquemático do BTRHEOM

Figura 4 – Reômetro BTRHEOM (DE LARRARD *et al.*, 1997)

Embora o emprego de reômetros esteja conquistando seu espaço na comunidade científica internacional, seu uso ainda é restrito a grandes centros de pesquisa. Isso ocorre porque tratam-se de equipamentos relativamente complexos e caros, os quais devem ser fabricados em dimensões suficientemente grandes para se considerar o concreto como um fluido homogêneo. Outrossim, no caso do CAA, a simples determinação dos parâmetros reológicos pelos reômetros não basta para avaliar o comportamento do concreto quanto à capacidade de passar por restrições e de resistência à segregação, o que pode ser obtido pelos ensaios empíricos descritos na seção 2.7 (NUNES, 2001; REPETTE, 2005).

13.2.3 Propriedades do concreto autoadensável no estado endurecido

A avaliação do comportamento do CAA no estado endurecido é de primordial interesse de projetistas estruturais e usuários. É necessário demonstrar que, além de seus reconhecidos benefícios no estado fresco, também é possível obter características de desempenho mecânico e durabilidade, iguais ou superiores aos concretos convencionais.

Contudo, uma comparação das propriedades no estado endurecido entre o concreto autoadensável e o convencional de resistência equivalente deve ser feita com cautela, devido às particularidades da composição do CAA.

O maior teor de finos presentes nesse concreto e a menor granulometria de seus agregados causam alterações no esqueleto granular da mistura, podendo influenciar de forma significativa em propriedades como resistência à compressão, resistência à tração e módulo de elasticidade. Além disso, sua diferenciada microestrutura afeta a durabilidade do concreto (DOMONE, 2006a).

Alguns pesquisadores, dentre eles Holschemacher e Klug (2002), procuraram compilar o maior número de informações referentes às propriedades mecânicas do CAA no estado endurecido, em uma base de dados. As considerações desses e de outros autores acerca dessas propriedades são descritas a seguir.

13.2.3.1. Resistência à compressão

A resistência à compressão é uma das propriedades mais importantes do concreto endurecido. No geral, consiste no valor material característico para a classificação de um concreto nas especificações nacionais e internacionais.

É de consenso na literatura sobre o assunto que a composição da mistura e a microestrutura do concreto autoadensável afetam o comportamento da resistência à compressão ao longo do tempo. Entretanto, no geral, o desenvolvimento das resistências à compressão com a idade do concreto convencional e do CAA é bastante similar, salvo em alguns casos isolados em que o CAA apresentou resistências ligeiramente superiores (HOLSCHEMACHER e KLUG, 2002; DOMONE, 2006a).

Dessa maneira, um dos aspectos que influenciam para a obtenção de resistências superiores é a incorporação de adições minerais. Persson (2001a) cita que a adição de filer calcário em CAA aumenta a resistência à compressão em comparação com o concreto convencional. Este autor salienta, ainda, que a maior eficiência do empacotamento de partículas causada pela adição do filer foi a razão para o ganho de resistência.

No trabalho de Druta (2003), a incorporação de cinzas volantes e sílica ativa promove um aumento da resistência à compressão do CAA em 65% em relação ao concreto convencional. O gráfico da Figura 5 mostra os valores mínimos e máximos obtidos em três ensaios de resistência à compressão para cada relação a/c. O CAA alcançou resistências à compressão de até 50 MPa, obtidos com os fatores água/cimento de 0,3 e 0,4 podendo, assim, ser considerado um concreto de alta resistência, capaz de substituir o concreto tradicional no campo da construção.

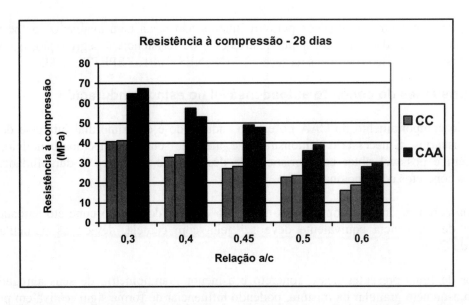

Figura 5 – Variação da resistência à compressão com a relação a/c (DRUTA, 2003)

Nesta mesma linha, Araújo *et al.* (2007) estudou a influência das adições minerais em concretos autoadensáveis. As misturas foram produzidas com cimento CP V – ARI, aditivo superplastificante de base policarboxilato e adições inertes e pozolânicas, a saber: sílica ativa, metacaulim, pó de pedra de micaxisto e de granito.

Os resultados desta pesquisa mostraram que concretos com sílica ativa atingiram resistências à compressão acima de 50MPa, aos 28 dias. Enquanto que concretos com metacaulim obtiveram resistências aproximadamente 23,5% menores em comparação com misturas com sílica ativa. Observou-se também que os concretos de referência apresentaram bom desempenho, e, apesar de não haver adição de finos ou pozolanas em sua composição, seu desempenho foi superior ao dos concretos com finos de pedreiras. A mistura com pó de micaxisto demandou uma maior quantidade de água, por ser uma adição com maior área específica, o que acarretou em maiores relações água/aglomerante e menores resistências.

13.2.3.2. Resistência à tração

Em concretos autoadensáveis observa-se uma maior tendência ao aumento da resistência à tração em relação ao concreto convencional. Este fato se deve a sua melhor microestrutura e, em especial, pela sua menor porosidade e melhor distribuição dos tamanhos dos poros dentro da zona de transição dos agregados com a pasta de cimento (HOLSCHEMACHER e KLUG, 2002).

Para CADAR (Concreto Autoadensável de Alta Resistência), resistências à tração são em torno de 0,07 a 0,10 (7 a 10%) da resistência à compressão (GOMES, 2002). No banco de dados criado por Holschemacher e Klug (2002), a maioria dos resultados de resistência à tração em concretos autoadensáveis está na mesma faixa regulamentar de concretos convencionais com mesma resistência à compressão. Contudo, é possível observar que cerca de 30% da totalidade dos dados apontam para uma maior resistência à tração em CAA.

No estudo feito por Druta (2003) em CAA, concluiu-se que a utilização de adições minerais (sílica ativa e cinza volante) e aditivos aumentou a resistência à tração por compressão diametral dos concretos autoadensáveis em aproximadamente 30% em relação ao concreto convencional. Observa-se no gráfico[4] da Figura 6 que a resistência à tração do CAA aos 7 dias foi comparável com a resistência à tração do concreto de referência aos 28 dias, com uma relação a/c de 0,4. Isso foi possível devido ao uso de sílica ativa e cinza volante que tendem a aumentar a resistência do concreto nas primeiras idades.

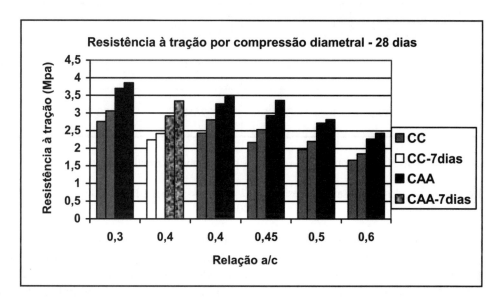

Figura 6 – Variação da resistência à tração por compressão diametral com a relação a/c (DRUTA, 2003)

13.2.3.3. Módulo de elasticidade

O módulo de elasticidade é consideravelmente afetado pelas características do agregado graúdo na mistura de concreto. No caso do CAA, constituído por agregados graúdos de pequena e média densidade e em menores proporções que em concretos convencionais, é esperado que esta propriedade apresente valores relativamente mais baixos.

No banco de dados gerado por Holschemacher e Klug (2002), foi demonstrado que o módulo de elasticidade pode ser até 20% menor em comparação com o concreto convencional de mesma resistência à compressão e produzidos com os mesmos agregados.

No trabalho de Klug e Holschemacher (2003) foram encontrados valores médios para módulo de elasticidade de 35,5 GPa, aos 28 dias e 36,5 GPa aos 56 dias. O módulo de deformação longitudinal apresentou-se sensivelmente menor que o concreto convencional, possivelmente devido aos resultados maiores de resistência, menor densidade e quantidade de agregado graúdo.

Já no estudo de Ferreira et al. (2006) ficou demonstrado com um nível de confiança de 95%, por meio de análise estatística, que não houve diferenças significativas entre o concreto convencional e o autoadensável nesta propriedade, em misturas de diferentes consistências e níveis de resistência à compressão.

Foram produzidos um concreto convencional vibrado (CCV) com *slump* de 13±2 cm e dois concretos autoadensáveis (CAA) com *slump flow* de 55±2 e 70±2 cm, respectivamente. As relações água/cimento

---

[4] Para a composição deste gráfico foram utilizados os valores mínimos e máximos entre três ensaios de resistência à tração por compressão diametral para cada relação a/c (DRUTA, 2003).

278 - Projeto, Execução e Desempenho de Estruturas e Fundações

(a/c) adotadas foram de 0,35, 0,45 e 0,60 para buscar os níveis de resistência de 50MPa (N50), 35MPa (N35) e 20MPa (N20), respectivamente. No Quadro 3 são apresentados os resultados obtidos nos ensaios de resistência à compressão e módulo de elasticidade aos 28 dias de idade.

Ensaio	Concreto				
	CCV13*N20	CCV13*N50	CAA55*N35	CAA70*N20	CAA70*N50
Resistência à compressão (MPa)	19,2	48,2	33,5	19,3	53,9
Módulo de Elasticidade (GPa)	19,9	33,6	26,4	20,0	33,4

Nota: *Valores referentes ao nível de consistência medidos pelo ensaio de espalhamento.

Quadro 3 – Resultados obtidos nos ensaios de resistência à compressão e módulo de elasticidade (FERREIRA *et al.*, 2006)

No programa experimental desta pesquisa foi adotado um planejamento fatorial[5] no qual as duas variáveis de estudo, tipo de concreto e relação a/c são os fatores e os três diferentes tipos de concreto e as relações água/cimento são os níveis escolhidos. Os resultados evidenciaram que o efeito do fator a/c é significativo, entretanto, o mesmo não acontece com a variável tipo de concreto, indicando que ela não exerce influência significativa no módulo de elasticidade.

13.2.3.4. Outros aspectos

Outros aspectos relacionados às propriedades no estado endurecido, tais como retração, fluência, aderência, difusividade, permeabilidade e absorção do CAA vêm sendo investigados por diversos pesquisadores devido à grande importância de caracterizar completamente este concreto (DEHN *et al.*, 2000; HOLSCHEMACHER e KLUG, 2002; ZHU e BARTOS, 2003; ALMEIDA FILHO, 2006).

Existem poucos estudos sobre retração plástica, autógena e sobre o comportamento da deformação ao longo do tempo sob carregamento para concretos autoadensáveis. As pesquisas publicadas se diferem muito sobre estas propriedades, fato que pode ser explicado, devido aos diversos parâmetros, como a relação entre agregado graúdo e miúdo e finura, que influenciam essas propriedades. No entanto, existe um consenso geral que o CAA é afetado da mesma forma que o concreto convencional de mesma relação a/c e tipo de cura (HOLSCHEMACHER e KLUG, 2002).

Quanto à aderência do CAA, as barras da armadura, Dehn *et al.* (2000) e Holschemacher e Klug (2002) realizaram estudos experimentais em modelos de arrancamento de barras produzidos com concreto autoadensável comparando-os com modelos em concreto convencional de mesmas características. Como resultados, os referidos autores avaliaram que existe certa ductilidade no comportamento pós-pico da tensão de aderência, sendo esta caracterizada por um deslizamento acompanhando de uma perda de tensão de aderência muito pequena.

Zhu e Bartos (2003) avaliaram as características de permeabilidade e difusividade de duas categorias de

---

[5] O planejamento fatorial é uma técnica bastante utilizada quando se tem duas ou mais variáveis independentes. Esta técnica permite uma combinação de todas as variáveis em todos os níveis, obtendo-se assim uma análise de uma variável, sujeita a todas as combinações das demais (FERREIRA *et al.*, 2006).

CAA: um com resistência à compressão de 40 MPa e outro com 60 MPa. Para cada nível de resistência, foram produzidos três concretos autoadensáveis e dois concretos convencionais de referência. As composições do concreto, bem como os coeficientes de permeabilidade e os resultados da difusividade são apresentados no Quadro 4 e na Figura 7.

Proporções da mistura (Kg/m³)	REF1 C40	REF1 C60	REF2 C40	REF2 C60	CAA1 C40	CAA1 C60	CAA2 C40	CAA2 C60	CAA3 C40	CAA3 C60
Agregado graúdo (20-5mm)	1105	1085	1045	1110	770	750	770	750	770	750
Areia natural (zona M)	715	620	695	635	875	915	875	915	990	930
Cimento Portland	340	465	280	375	285	320	335	410	360	475
Filer calcário	-	-	-	-	265	230	-	-	-	-
Cinza Volante	-	-	120	95	-	-	145	100	-	-
AMV	-	-	-	-	-	-	-	-	0,17	0,12
Superplastificante	-	-	-	1,5	5,0	4,4	4,8	4,6	7,2	6,7
Água livre	195	196	190	169	180	167	195	177	210	196
Relação a/c	0,57	0,42	0,68	0,45	0,63	0,52	0,58	0,43	0,58	0,41
Resistência à compressão (MPa) 7 dias	29,3	44,7	27,4	50,2	40,4	48,5	33,0	50,4	32,4	50,4
Resistência à compressão (MPa) 28 dias	45,5	61,8	42,9	68,5	50,9	56,9	49,9	71,3	41,6	66,8
Coeficiente de Permeabilidade (10^{-17} m²)	12,8±0,5	10,4±0,3	13,9±1,1	5,0±0,4	5,5±0,2	4,5±0,6	4,1±0,2	2,9±0,1	8,2±1,5	7,3±0,7

Quadro 4 – Proporções das misturas e coeficiente de permeabilidade dos concretos (ZHU e BARTOS, 2003)

Os resultados desse estudo mostraram que os concretos autoadensáveis apresentaram coeficientes de permeabilidade mais baixos que os concretos convencionais, para mesma classe de resistência. A difusividade foi dependente do tipo de finos utilizados na mistura. Concluiu-se também que, apenas a classe de resistência ou relação a/c, não pode assegurar que diferentes dosagens de CAA possuam menor ou igual grau de difusividade do que concretos convencionais. Entre os três concretos autoadensáveis avaliados, observou-se que os que não possuíam adição de finos, mas com adição de aditivos modificadores de viscosidade, obtiveram maior coeficiente de permeabilidade e difusividade.

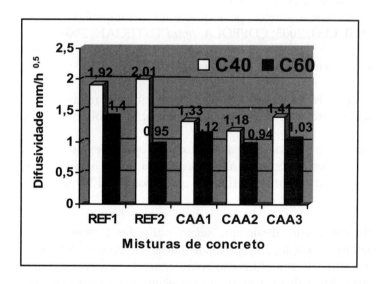

Figura 7 – Resultados da difusividade para os concretos ensaiados (ZHU e BARTOS, 2003)

13.2.3.5. Durabilidade

No que se refere à durabilidade, esta é consideravelmente maior em concretos autoadensáveis. Diversos autores afirmam que o elevado teor de finos é responsável por proporcionar uma boa distribuição granulométrica dos sólidos, aumentando assim o empacotamento de partículas. Em outros termos, a adição de finos à mistura acarreta numa menor quantidade de vazios e, consequentemente, há um aumento na densidade da matriz na zona interfacial de transição entre a pasta do cimento e os agregados. Com a microestrutura e interface agregado-pasta mais densa que em um concreto convencional, de mesma relação água/cimento; a permeabilidade a cloretos e gases, por exemplo, é menor (HOLSCHEMACHER e KLUG, 2002; BOSILJKOV, 2003; BILLBERG, 1999).

Em um estudo realizado por Persson (2003), foram avaliadas seis misturas de CAA e uma mistura de concreto convencional (referência), compostas por fíler calcário, agregados naturais, aditivos superplastificantes e incorporadores de ar, submetidas a uma solução de sulfato de sódio, água do mar ou água destilada, durante 900 dias. Verificou-se que o aumento de massa foi independente do teor de fíler calcário e ar incorporado. Observou-se, entretanto, que, quando curado em uma solução com sulfato de sódio, os concretos autoadensáveis mostraram maior perda de massa do que o concreto convencional, provavelmente devido ao teor de fíler calcário do CAA.

Persson (2001b) também analisou o comportamento dos concretos autoadensáveis com diferentes adições minerais, quanto à penetração de cloretos. Este pesquisador observou que, em um CAA com fíler calcário e outro, com uma composição de 5% de sílica ativa e 12% de cinza volante, o coeficiente de penetração de cloretos foi aproximadamente 60% maior do que no concreto com adições de cinza volante e sílica ativa.

13.2.4 Concreto autoadensável *versus* concreto convencional: vantagens e desvantagens

As principais vantagens do concreto autoadensável estão associadas à sua independência do processo de compactação. Devido à grande deformabilidade e à baixa segregação, sua aplicação em estruturas difíceis ou pouco viáveis de serem construídas mediante a vibração é facilitada. Com isso, também são eliminados os problemas gerados pela má compactação do concreto, como macrodefeitos, bolhas de ar e ferragens expostas, responsáveis diretos pela queda no desempenho mecânico e durabilidade das estruturas (GETTU e AGULLÓ, 2003; COPPOLA, *apud* TUTIKIAN, 2004).

A ausência de vibração também conduz a outros benefícios tais como:

a) rapidez na execução da obra: com a eliminação da vibração reduz-se o tempo de concretagem, o número de trabalhadores e os equipamentos de vibração envolvidos no processo (CBIC, 2005);

b) menor dependência de mão de obra qualificada: as operações de lançamento e consolidação do CAA são simplificadas e, portanto, não é necessária muita habilidade ou grande quantidade de operários para se obter um produto final de qualidade (GETTU e AGULLÓ, 2003; MANUEL, 2005);

c) melhor aspecto superficial: desde que sejam utilizadas fôrmas de qualidade e que haja um controle técnico na aplicação, a propriedade autonivelante do CAA garante superfícies suaves e uniformes, possibilitando sua utilização como concreto aparente em detalhes complexos, como em obras de arte. Além disso, conduz a uma economia em revestimento uma vez que não há necessidade de se corrigir falhas de concretagem (DE LA PEÑA, 2000a; EFNARC, 2002);

d) redução de problemas ergonômicos: a vibração necessária para compactar o concreto convencional provoca problemas de saúde nos trabalhadores, como fadiga, dores lombares e má circulação sanguínea nas mãos (BARTOS e SÖDERLIND, 2000; GETTU e AGULLÓ, 2003; RILEM, 2006);

e) redução do barulho: o ruído provocado pelos vibradores incomoda não só os trabalhadores na obra, mas também a população e estabelecimentos (escolas, hospitais entre outros) próximos à construção (GETTU e AGULLÓ, 2003). Em um estudo realizado por Bartos e Söderlind (2000) se constatou que, com o uso do concreto autoadensável há uma redução da ordem de um décimo de decibéis no ruído captado pelos trabalhadores e pelo entorno do que quando o concreto convencional é utilizado.

Apesar de todas as vantagens técnicas, econômicas e ambientais mencionadas anteriormente, a aplicação do concreto autoadensável no campo da construção civil ainda é modesta. Um dos principais motivos para esta barreira de aceitação é de ordem econômica.

Ho *et al.* (2001b) afirmam que, dependendo dos tipos de materiais empregados na mistura e do grau de controle de qualidade do concreto, o custo do CAA pode ser de 2 a 3 vezes maior que em um concreto convencional. Esses autores ainda citam que, na França, o preço do CAA é em torno de 50 a 100% mais caro e em Singapura, onde todos os ingredientes da mistura são importados, os custos chegam a ser 150% maiores que no concreto vibrado.

Por outro lado, em uma análise em que se considere o custo total da construção, como gastos com aluguel e manutenção de equipamentos de vibração, desgaste dos moldes e formas, números de trabalhadores, custos com energia elétrica, dentre outros, o CAA se apresenta com um material economicamente viável (HO *et al.*, 2001b; SCHLGBRAUM, 2002).

Um exemplo desse tipo de análise foi o estudo agraciado com o 12º. Prêmio Falcão Bauer, dado pela Câmara Brasileira da Indústria de Construção Civil em 2005. Nesse trabalho foi apresentado um estudo comparativo entre custos diretos de produção do CAA e do concreto convencional. O Quadro 5 e a Figura 8 ilustram esses valores.

	CONVENCIONAL	CAA	DIFERENÇA
Concreto	89,08	105,39	+ 18,3 %
Mão de Obra	7,03	2,23	- 68,3 %
Equipamentos e Energia Elétrica	3,89	0,39	-90,0 %
TOTAL	100,00	108,01	+ 8,0%

Quadro 5 – Custos relativos para 1m^3 de concreto com fck de 20 MPa (CBIC, 2005)

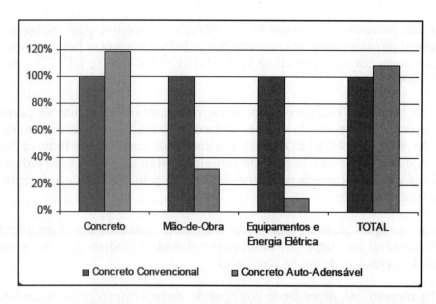

Figura 8 — Comparativo de custos para fck de 20 MPa (CBIC, 2005)

Nota-se, pelo gráfico da figura 8, que o valor do CAA ficou 8% mais caro que o concreto convencional. No entanto, se forem levados em consideração também os custos indiretos, tais como: importância e valor da velocidade de execução da obra; melhoria na qualidade final da estrutura; benefícios sociais e ambientais, o custo total do concreto autoadensável será menor que o do convencional (CBIC, 2005).

Cabe ressaltar que o valor da resistência também influenciará no custo final do CAA. De acordo com o trabalho de Tutikian (2004), quanto maior a resistência, menor o custo final do concreto autoadensável. Este autor estudou concretos com fck de 40 MPa constatando que os custos dos materiais para CAA foram apenas 1,8% mais caros que o concreto convencional.

Outro aspecto vantajoso do concreto autoadensável é que ele pode incorporar uma grande quantidade de resíduos industriais (cinzas volante e escória de alto-forno, por exemplo) como finos em sua mistura. Além de essas adições diminuírem os gastos com materiais[6] no CAA, melhoram consideravelmente suas propriedades no estado fresco e endurecido, solucionando os problemas ambientais gerados pela disposição desses resíduos (BOSILJOKOV, 2003; GOMES et al., 2003).

Contudo, algumas considerações devem ser feitas para que o CAA seja mais difundido no meio técnico e científico. Primeiramente, deve-se levar em conta que, devido à alta fluidez desse tipo de concreto, as fôrmas devem ser mais estanques e com uma inclinação de no máximo 2%. As pressões internas nas fôrmas também são maiores e variam de acordo com o aumento da altura de lançamento do concreto e, por razões de segurança, é conveniente considerar o concreto com um líquido para calcular a pressão lateral sobre o molde (DE LA PENA, 2000b; HAMILTON, 2004; REPETTE, 2005).

Além disso, é necessário promover adaptações físicas e capacitação técnica nas usinas que se disporem a produzir o CAA; os métodos de dosagem e de ensaios e controle de qualidade do concreto precisam ser aprimorados e desenvolvidos; deve haver maior controle do tempo e da dosagem do concreto e deve-se conhecer com maior predição qual a variabilidade desse tipo de material tanto na produção como em elementos estruturais (HAMILTON, 2004; REPETTE, 2005).

---

[6] A adição de finos ao CAA melhora sua coesão e viscosidade, como consequência, pode-se eliminar ou reduzir o uso de agentes modificadores de viscosidade, um dos ingredientes mais caros do mercado.

13.2.5 Aplicações práticas do concreto autoadensável

O concreto autoadensável possui uma elevada fluidez e se consolida sob ação de seu peso próprio, não necessitando de vibração dentre outras vantagens já discutidas na seção anterior. Tais características conferem um grande leque de aplicações que vão desde a construção de fundações executadas por hélice contínua até a utilização de áreas de difícil acesso à vibração ou formas com grande concentração de ferragens, passando pela construção de vigas e colunas, paredes diafragma, estações de tratamento de água e esgoto, reservatórios de água e piscinas, pisos, contrapisos, lajes de pequena espessura ou nervuradas, muros painéis, obras com acabamento em concreto aparente, túneis, pontes, sendo até mesmo utilizado em peças pequenas, com muitos detalhes ou com formatos não convencionais (GEYER e SÁ; 2005).

Além do mais, apresenta excelentes propriedades para ser usado em reabilitação de estruturas, em indústria de concreto pré-fabricado, protendido e pré-misturado. Também, pode ser dosado no canteiro de obras ou em centrais de concreto e depois transportado via caminhão betoneira, lançado com bombas de concreto, gruas ou simplesmente espalhado da mesma forma que um concreto convencional (TUTIKIAN, 2004; SCHLUMPF, 2004).

Domone (2006b) analisou 51 relatos de importantes aplicações do CAA no campo da construção ao longo de 11 anos. O gráfico da Figura 9 mostra a frequência dessas aplicações em três continentes.

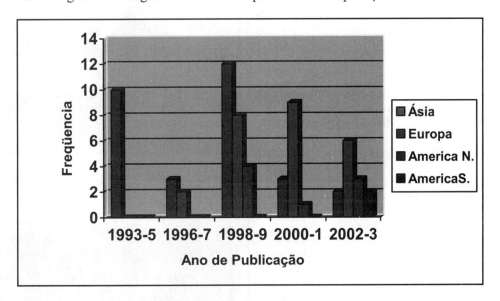

Figura 9 – Distribuição geográfica dos estudos de caso (DOMONE, 2006b)

Como se pode notar, utilizações mais antigas e de maior frequência estão situadas no continente asiático, predominantemente no Japão, devido ao pioneirismo de desenvolvimento do concreto autoadensável nesse país. Em meados de 1996, o CAA passa a se integrar no panorama europeu, apresentando um crescimento gradual ao longo dos anos. A introdução na América do Norte é mais recente, seguida posteriormente por aplicações na América do Sul.

A seguir, apresenta-se o Quadro 6 com algumas obras em que há utilização do concreto autoadensável nos continentes asiático, europeu e americano, além das citadas anteriormente.

284 - Projeto, Execução e Desempenho de Estruturas e Fundações

País	Aplicação e descrição	Imagens
Japão	**Obra**: Ponte Akashi Kaikyo **Construção:** 1998 **Características:** Primeira aplicação com grande volume de CAA. Maior vão livre do mundo na época de sua construção (1991m). **Vantagens:** Foram utilizados 290.000 m³ de CAA nos seus dois blocos de ancoragem, com um rendimento de 1900 m³/dia, o que gerou uma redução do prazo de execução em 20%. Fontes: OKAMURA, 1997; OUCHI, 1999.	Figura 10- Ponte Akashi Kaikyo (OUCHI, 1999)
Japão	**Obra:** Viaduto Higashi-oozu. **Características:** O CAA foi usado nas principais vigas T pré-fabricadas/protendidas do viaduto. Na proporção da mistura foram usados 20% de cinza volante, considerando as propriedades do concreto, a localização da obra e o custo. **Vantagens:** O custo do material do CAA aumentou 4,1%, entretanto, o custo com mão de obra foi 33% mais barato que no concreto convencional, diminuindo, assim, o custo final em 7,5%. **Fonte:** (OUCHI *et al.*, 2003).	Figura 11 - Vigas T em CAA (OUCHI *et al.*, 2003)
Japão	**Obra**: Reservatório de metano liquefeito **Construção:** 1998 **Características:** Tanque com 8 m de diâmetro, 38m de altura e 80cm de espessura e cerca de 12.000m³ de concreto. **Vantagens:** Rendimento de 200-250 m³/h de concreto; redução no período de construção de 22 para 18 meses; diminuição do n° inicial de camadas de concretagem de 14 para 10; e redução do n° de trabalhadores de 150 para 50. **Fonte:** OKAMURA, 1997; OUCHI, 1999).	Figura 12- Tanque de metano (KHRAPKO, 2007)

Japão	**Obra:** Túnel Yokohama **Características:** 3m de diâmetro, 1 km de comprimento. Cerca de 40 m³ de CAA foram utilizados para o preenchimento da estrutura, com um reforço em duas camadas de barras de aço deformadas. **Fonte:** TAKEUCHI et al., apud GOMES, 2002.	 Figura 13- Túnel Yokohama (CAVALCANTI, 2006)
Itália	**Obra:** Igreja do Apóstolo São Pedro **Local:** Pescara **Características:** Feita com uma variante do CAA na cor branca. **Vantagem:** O efeito marmorizado nas paredes externas da igreja acentua as vantagens arquitetônicas dessa variante do CAA. Alta fluidez em termos slump flow. ≥ 600 mm. **Fonte:** Collepardi et al. (2004).	 Figura 14 - Igreja do Apóstolo São Pedro (COLLEPARDI et al., 2004)
Itália	**Obra:** World Trade Center **Local:** San Marino **Características:** CAA de alta resistência; slump flow. ≥ 600 mm depois de 1h; resistência à compressão ≥ 80 MPa aos 28 dias; módulo de elasticidade dinâmico ≥ 40 GPa; e retração por secagem ≤ a 500 µm/m em dois meses. **Fonte:** Collepardi et al. (2004).	 Figura 15 - World Trade Center (http://www.edilportale.com/)

Quadro 6 – Aplicações do CAA (continuação)

286 - Projeto, Execução e Desempenho de Estruturas e Fundações

França	**Obra:** Dois Iglus **Construção:** 1999 **Características:** Iglus de 22m para testes. Estrutura com duas paredes de fechamento, uma abóboda no topo e outra com 5 segmentos iglu de 4.5m. Volume total de CAA de 200 m^3. **Vantagens:** Impossibilidade de compactação do concreto convencional tanto com vibradores internos como externos devido à complexidade da estrutura e inadequação das fôrmas. **Obs:** Foram estudados parâmetros de trabalhabilidade, qualidade da superfície, observações na capacidade de preenchimento. **Fonte:** BERNABEU e LABORDE (2000).	 Figura 16 - Dois Iglus (BERNABEU e LABORDE, 2000)
Canadá	**Obra:** Condomínio Cinque Terre **Local:** Vancouver **Vantagens:** Trabalho de assentamento e término das lajes em balanço reduzido em 90%; redução de 35 homens/hora para 3 homens/hora. **Fonte:** LAFARGE CORPORATION (2007).	 Figura 17 - Condomínio Cinque Terre (LAFARGE CORPORATION, 2007)
Chile	**Obra:** Reforma do Estádio Nacional do Chile **Características:** Reparo das arquibancadas altas e das vigas invertidas do estádio, onde o concreto encontrava-se em elevado grau de deterioração por problemas de corrosão. **Vantagens:** O uso do CAA proporcionou a entrega da obra no prazo (duas semanas, apenas), devido à fácil e rápida forma de aplicação – sem o uso de vibradores. **Fonte:** CANALLE (2004).	 Figura 18 - Estádio Nacional do Chile (CANALLE, 2004)

Quadro 6 – Aplicações do CAA (continuação)

Argentina	**Obra:** Edifício do Banco Galicia **Local:** Buenos Aires **Características:** Edifício de 34 andares. Nos primeiros 12 pisos foi utilizado concreto convencional; CAA utilizado na abóboda e nas colunas de concreto de alta resistência do edifício. **Vantagens:** Com a utilização de CAA a pressão no sistema hidráulico da bomba diminuiu 20%, com consequente economia na manutenção e aumento da vida útil do equipamento. **Fonte:** ZITZER et al. (2004)	 Figura 19 - Banco Galícia (ZITZER et al.,2004)
Brasil	**Obra:** Museu Iberê Camargo **Local:** Porto Alegre. **Características:** Concreto branco autoadensável. **Vantagens:** resolução de problemas com a vibração do concreto convencional fluido; economia de 7% no custo /m² da obra; redução do consumo de cimento de 80Kg/m³; aumento do tempo de trabalhabilidade; e diminuição da possibilidade de ocorrência de manifestações patológicas. **Fonte:** SILVA FILHO et al. (2004); TUTIKIAN et al. (2005b).	 Figura 20 – Museu Iberê Camargo (www.archinet.com)

Quadro 6 – Aplicações do CAA (conclusão)

13.2.6 Dosagem dos concretos autoadensáveis

De acordo com Mehta e Monteiro (1994), *dosar* um concreto significa obter a melhor proporção entre os materiais disponíveis, como cimento, água, agregados e aditivos, de maneira a produzir uma mistura que atenda aos requisitos de desempenho mínimos necessários a determinada aplicação, assim como o menor custo possível.

Os métodos para proporcionar a mistura do CAA diferem completamente dos métodos tradicionais, entretanto, são igualmente empíricos (GOMES, 2002). Além disso, no concreto autoadensável é importante levar em consideração o tamanho e a forma da estrutura e a dimensão e a densidade das armaduras, as quais podem influir consideravelmente sobre os requisitos de capacidade de preenchimento da peça, na habilidade de passar por obstáculos e na resistência à segregação (EFNARC, 2002).

No entanto, nem sempre o proporcionamento dos componentes do CAA é uma tarefa fácil. Segundo Tutikian (2004), um dos fatores que dificultam a implantação efetiva deste concreto no Brasil e no mundo é a falta de métodos de dosagem que permitam o uso de materiais locais, com garantia de eficiência econômica e técnica.

288 - Projeto, Execução e Desempenho de Estruturas e Fundações

De acordo com Su *et al.* (2001), em 1995 Okamura publicou o primeiro método de dosagem para CAA, sendo um marco no desenvolvimento da técnica do concreto autoadensável. Depois da proposta inicial, grupos e pesquisadores desenvolveram outros métodos, dentre os quais pode-se citar:

a) *Japanese Ready-Mixed Concrete Association* (JRMCA), uma versão simplificada do método de Okamura;

b) *Laboratory Central Des Ponts et Chausses* (LCPC), que se baseia no reômetro BTRHEON e no software RENE LCPC[7];

c) *Swedish Cement and Concrete Research Institute* (CBI), que considera o concreto em três fases: determinação do volume mínimo de pasta, composição da pasta baseada na caracterização reológica da argamassa e verificação das propriedades do CAA no estado fresco e endurecido;

d) *Universitat Politécnica de Catalunya* (UPC), que também denomina o método de dosagem para concretos autoadensáveis de alta resistência (CADAR) como método de Gomes (2002);

e) Su *et al.* (2001), que objetiva obter uma primeira mistura de um concreto autoadensável, cuja principal consideração é o preenchimento do vazio do esqueleto granular pouco compactado, com argamassa.

Outros métodos foram desenvolvidos, a saber: Tutikian (2004); Reppete-Melo (2005); método Tutikian & Dal Molin (2007).

Neste capítulo, apresentam-se resumidamente uma descrição do método de Okamura e do método de Gomes. O método de Gomes pode ser visto com detalhes em Giacometti (2008) e os métodos de Tutikian (2004) e Tutikian & Dal Molin (2007) podem ser compreendidos em detalhes em Tutikian (2015). O método de Reppete-Melo (2005) pode ser visto em Melo (2005).

13.2.6.1 Método de Okamura

Em 1995, Okamura propôs um método simples de dosagem, utilizando os constituintes comuns para fabricação de concreto. Basicamente, fixou a taxa de agregado miúdo e graúdo, e a trabalhabilidade requerida é alcançada facilmente, ajustando-se o fator água/finos e a dosagem do superplastificante. O esquema do procedimento de dosagem é apresentado na Figura 21.

---

[7] O software RENE – LCPC é encarregado de analisar as interações dos diferentes componentes da mistura de maneira a promover uma combinação com maior densidade (GETTU e AGULLÓ, 2003).

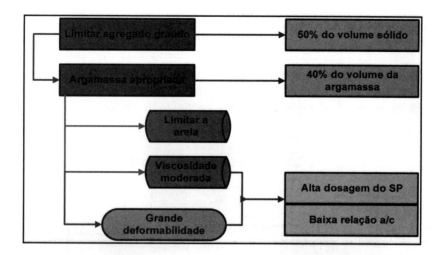

Figura 21 - Metodologia para obter autoadensamento (OKAMURA e OUCHI, 2003)

De acordo com a metodologia, a quantidade de agregado graúdo é limitada em 50% do volume total de concreto, enquanto a de agregado miúdo é fixado a 40% do volume total de argamassa. A relação água/finos é quantificada entre 0,9 e 1,0, dependendo do tipo de fíler utilizado, e a dosagem de aditivo é determinada experimentalmente até o material apresentar as características esperadas (OKAMURA e OUCHI, 2003).

Em seguida, as propriedades de autoadensamento da argamassa são avaliadas por índices que expressam a capacidade de fluxo (Γm) e viscosidade (Rm), medidos respectivamente nos ensaios[8] de *tronco de cone de consistência* e *funil V* (OKAMURA e OUCHI, 2003). Tais critérios foram usados também para definir a dosagem apropriada do superplastificante e a relação água/finos para o CAA (GOMES, 2002).

Apesar da simplicidade do método, algumas limitações são apontadas por Tutikian (2004). Este autor afirma que "não há como dosar um concreto apenas com limites superiores de quantidade e com termos altamente abrangentes, como alta dosagem de aditivo superplastificante e baixa relação a/c". Outra deficiência é o fato de não incorporar no seu cálculo a adição de finos pozolânicos ou aditivos modificadores de viscosidade, além de não existir uma sequência de execução, forçando a várias tentativas para alcançar as propriedades requisitadas.

13.2.6.2. Método de Gomes

Este método foi desenvolvido pelo professor Paulo Cesar Gomes na Universidade Politécnica da Catalunya em caráter experimental. Trata-se de uma extensão do método de Torrales *et al.* (1996;1998, *apud* LISBÔA, 2004) para concretos de alta resistência, adaptado para concretos autoadensáveis.

O procedimento considera o concreto como um material bifásico no qual a fase da pasta é otimizada separadamente do esqueleto granular. Além disso, para ser considerado de alta resistência, o CAA deve apresentar resistência à compressão igual ou maior que 50 MPa aos 7 dias. Na Figura 2.10 está representado um esquema detalhado do processo de dosagem proposto por Gomes (2002).

De acordo com o fluxograma, no método são designadas as relações água/cimento (a/c), superplastificante sólido/cimento (sp/c) e fíler/cimento. O fator a/c se mantém na faixa de 0,35 a 0,40, sendo determinado de acordo com a resistência requerida. A dosagem ótima de superplastificante (sp/c) e

---

[8] Esses ensaios serão descritos 2.7. Ver também Giacometti (2008).

a relação f/c são encontradas pelos ensaios[9] de cone de *Marsh* em conjunto com o mini–*slump*. Da mesma forma, a dimensão máxima característica dos agregados é limitada em 20mm (GOMES, 2002).

A melhor combinação do esqueleto granular é determinada segundo um critério de máxima densidade a seco e sem compactação. Esse resultado é alcançado com a variação da composição dos agregados que forneçam maior massa unitária[10], garantindo o menor conteúdo de vazios.

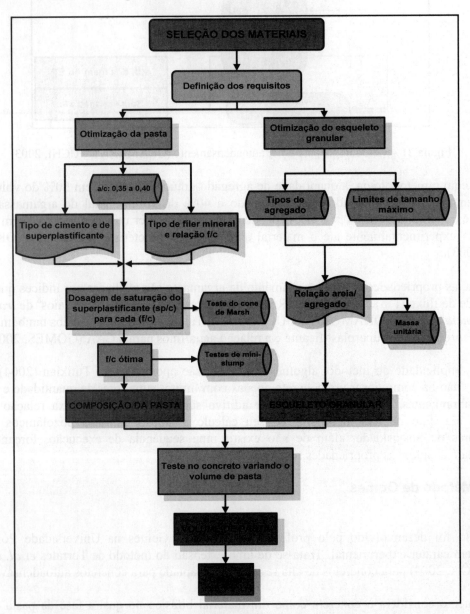

Figura 22 – Esquema detalhado do método de dosagem de Gomes (2002)

Finalizada essas etapas, passa-se à otimização do volume de pasta, em que os CAA's são submetidos a diversos ensaios que avaliam suas propriedades no estado fresco. Para medir a capacidade de preenchimento, Gomes (2002) recomenda os ensaios de espalhamento (*slump flow*) e funil V, para os

---

[9] Esses ensaios serão descritos 2.8. Ver também Giacometti (2008).
[10] Gomes (2002) utiliza as orientações da norma ASTM C29/C29M. Pode-se utilizar o procedimento conforme a NBR NM 45 (ABNT, 2006) - Determinação de massa unitária no estado solto. Ver Giacometti (2008).

parâmetros de capacidade de passar pelas armaduras, a caixa – L e, finalmente, para os parâmetros de resistência à segregação, o tubo U.

13.2.6.3. Proporções da mistura

A alta fluidez e moderada viscosidade e coesão do concreto autoadensável são características que estão diretamente ligadas à escolha dos componentes e suas proporções na mistura. O CAA necessita de uma grande quantidade de finos para evitar a segregação do agregado e a exsudação da água durante o lançamento. Além disso, contribui para a redução do calor de hidratação pela substituição parcial do cimento por estas adições, uma vez que o CAA exige um alto volume de pasta (GOMES, 2002; GETTÚ e AGULLÓ, 2003).

Nos Quadros 7 e 8 no **Apêndice 1** estão apresentadas as proporções de mistura de CAA com níveis de resistência normal e de alta resistência, elaboradas por diversos autores.

Em uma análise comparativa entre o CAA de resistência normal e o Concreto Autoadensável de Alta Resistência (CADAR), observa-se que o concreto autoadensável de alta resistência apresenta um maior volume de pasta, maior massa de finos, menor relação água/finos e, consequentemente, menor massa de agregados, que são características comumente encontradas no concreto convencional de alta resistência.

Ainda nos Quadros 7 e 8 apresentados no **Apêndice 1,** observa-se a presença usual de materiais finos, tais como: sílica ativa, escória de alto-forno, fíler calcário, cinza volante e a incorporação de superplastificantes de grande poder redutor de água, principalmente de nova geração como policarboxílicos e outros copolímeros.

13.2.7 Ensaios em concreto autoadensável

Todos os procedimentos dos ensaios descritos a seguir podem ser encontrados em detalhes em Giacometti (2008), Tutikian e Dal Molin (2015) e Tutikian (2015).

A classificação e o conjunto de equipamentos para avaliação da trabalhabilidade foram desenvolvidos para este novo tipo de concreto no Brasil e deve ser pesquisado na NBR 15823 (ABNT, 2010) - Partes 1, 2, 3, 4, 5, 6.

Esta norma especifica a medição de trabalhabilidade do CAA com seis procedimentos de ensaios, porém outros não foram normalizados. Por isso, ainda há divergências no meio técnico e acadêmico quanto às especificações de medidas de alguns equipamentos.

13.2.7.1 Ensaio de espalhamento (Slump flow) e T_{50}

O ensaio de espalhamento é o método mais comum para avaliar a habilidade do concreto autoadensável de fluir, devido a seu peso próprio. Com esse método, é possível também avaliar visualmente a presença de segregação (EFNARC, 2002; GOMES, 2002; GETTU e AGULLÓ, 2003).

O equipamento para o ensaio é o cone de Abrams (Figura 23), o mesmo usado para o ensaio de abatimento do concreto convencional, especificado pela NBR NM 67 (ABNT, 1998).

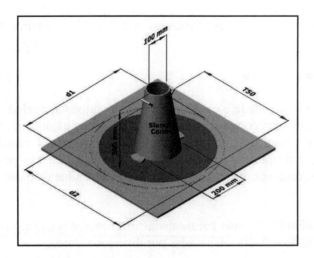

Figura 23 – *Slump flow* (CAVALCANTI, 2006)

Como mencionado anteriormente, por meio deste ensaio também se pode avaliar o grau de segregação do CAA. Examinando o aspecto final do concreto, é possível determinar um índice de estabilidade visual (IEV) usando-se uma escala numérica de 0 a 3, quantificando a presença de sinais de segregação ou exsudação. Para ser aceitável dentro dos parâmetros de autoadensamento, o CAA deve exibir taxa 0 ou 1 (KOEHLER *et al.*, 2003).

Utilizando-se o cone de Abrams invertido, ou seja, com a abertura de menor diâmetro sobre a base, pode obter-se uma variação deste ensaio. A grande vantagem da inversão é que não há necessidade de outra pessoa para firmar o cone sobre a base, pois o próprio peso do concreto o mantém estável. Tal fato facilita a execução do ensaio em obra, uma vez que dá ao operador mobilidade para o preenchimento do cone, além de poder ser executado em superfícies elevadas, como mostra a Figura 24. Os parâmetros medidos para esta variante são os mesmos que o *slump flow* convencional (GETTU e AGULLÓ, 2003; RAMSBURG, 2003).

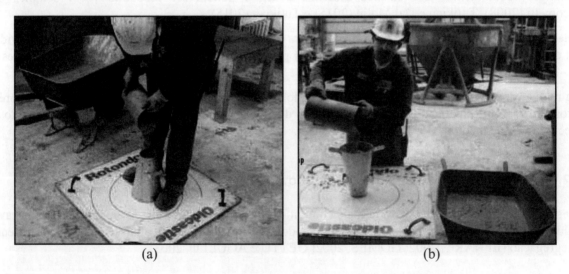

Figura 24 – (a) O cone e o técnico estão em firmemente plantados no piso. (b) Técnico executando o ensaio de *slump-flow* invertido em uma base elevada (RAMSBURG, 2003)

Tanto na forma tradicional quanto na invertida, os resultados obtidos por estes ensaios são o T_{50} e o diâmetro final de espalhamento (D_F). O T_{50} representa o tempo necessário para que a amostra de concreto alcance um diâmetro de 50cm. São recomendados valores de T_{50} entre 1 e 10 segundos para misturas com uma viscosidade moderada sem que apresente segregação e com um comportamento favorável frente ao bloqueio. Quanto aos valores de D_F, são recomendadas medidas entre 600 e 800mm, apresentadas por misturas com boa habilidade ou facilidade para preenchimento. No Quadro 7 são mostrados os limites mínimos e máximos dentro dos parâmetros de autoadensamento, segundo diversos autores.

REFERÊNCIAS	ESPALHAMENTO (mm)		TEMPO (s)	
	MÍNIMO	MÁXIMO	MÍNIMO	MÁXIMO
Araújo et al. (2003)	650	800	2	5
Coppola (2000)	600	750	5	12
EFNARC (2002)	650	800	2	5
Gomes (2002)	600	700	4	10
Gomes et al. (2003)	600	750	3	7
Palma (2001)	650	750	3	6
Peterssen (1999)	650	725	3	7
Rigueira Victor et al. (2003)	600	800	3	6
Tviksta (2000)	600	-	3	7

Quadro 7 – Limites de resultados para o *slump flow* e T_{50}cm (TUTIKIAN, 2004)

13.2.7.2 Ensaio de espalhamento com Anel - J (J-Ring test)

O anel japonês é usado em conjunto com o *slump flow* para determinar a capacidade de fluxo juntamente com a resistência ao bloqueio do CAA. O equipamento consiste em um anel de 30cm de diâmetro por 10 ou 12cm de altura, no qual se dispõem barras perimetrais verticais com espaçamento entre as barras normalmente recomendado igual a 3 vezes a dimensão máxima característica do agregado graúdo. Vale dizer que a especificação alemã fixa a separação das barras em aproximadamente 2,5 vezes o diâmetro máximo do agregado graúdo (GOMES, 2002; EFNARC, 2002; BRAMESHUBER e UEBACHS, 2002; GETTU e AGULLÓ, 2003).

O diâmetro final D_F de espalhamento é obtido da mesma maneira que foi feito com o ensaio de espalhamento de fluxo (*slump flow*), mas desta vez a amostra atravessa o anel durante o espalhamento. As alturas alcançadas pelo concreto junto às faces interna e externa do anel são medidas em quatro lugares (em mm), como ilustra a Figura 25. As médias entre essas medidas são calculadas (GOMES, 2002; EFNARC, 2002; GETTU e AGULLÓ, 2003)

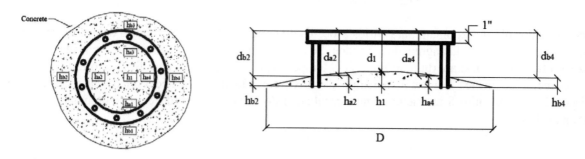

Figura 25 - Medida das alturas no anel-J (PCI, 2003)

O resultado do diâmetro de espalhamento final deve ser maior que o valor obtido no *slump flow* sem o anel menos 50mm. Da mesma forma, a diferença entre as alturas interna e externa do anel não deve superar 10mm (GOMES, 2002; EFNARC, 2002; BRAMESHUBER e UEBACHS, 2002; GETTU e AGULLÓ, 2003).

13.2.7.3 Ensaio de tempo de fluidez com funil-V (V funnel test)

Este ensaio expressa a avaliação da capacidade do CAA de passar por áreas restritas, na direção vertical e sob ação de seu peso próprio. Além de ser um bom indicativo da viscosidade, também avalia a resistência à segregação. O funil V foi desenvolvido na Universidade de Tóquio e consiste em medir o tempo que aproximadamente 10 litros de concreto leva para escoar pela abertura do funil (GOMES, 2002; EFNARC, 2002; KOEHLER *et al.*, 2003; GETTU e AGULLÓ, 2003).

As dimensões e geometria do equipamento são variadas, conforme mostra a Figura 26. Normalmente, o funil retangular é o mais utilizado. Para o canal de saída do funil, recomenda-se uma abertura de dimensão mínima maior que três vezes a dimensão máxima característica do agregado graúdo. Como no CAA, o tamanho máximo do agregado graúdo não ultrapassa 20mm, a dimensão mínima da saída é em torno de 6,5 a 7,5cm (GOMES, 2002; EFNARC, 2002; GETTU e AGULLÓ, 2003).

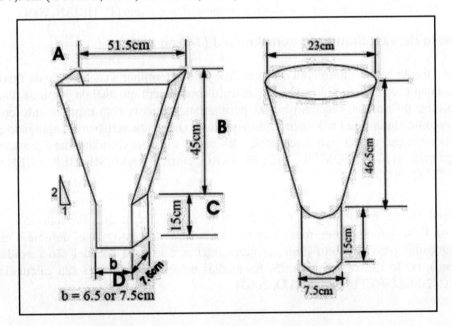

Figura 26 - Geometrias do funil V (GOMES, 2002)

Os resultados obtidos apontam para vários aspectos do concreto fresco. O primeiro deles está relacionado com o teor e tamanho dos agregados graúdos. Se a dosagem desses componentes for correta, o concreto passará facilmente pela abertura do funil V. O tempo que o concreto leva para fluir pelo funil é associado à sua maior ou menor fluidez. Um tempo de fluxo elevado indica a necessidade da modificação da viscosidade. O Quadro 8 apresenta alguns resultados do ensaio de acordo com referências de diversos pesquisadores.

REFERÊNCIAS	TEMPO (s)		DIMENSÕES			
	MÍNIMO	MÁXIMO	A	B	C	D
Araújo et al. (2003)	6	12	-	-	-	-
Coppola (2000)	-	-	550	425	150	65
EFNARC (2002)	6	12	490	425	150	65
Furnas (2004c)	-	-	515	450	150	65
Gomes (2002)	10	15	515	450	150	65 ou 75
Gomes et al. (2003a)	7	13	515	450	150	65
Noor e Uomoto (1999)	9,5	9,5	490	425	150	70
Peterssen (1998 E 1999)	5	15	550	450	120	75

Quadro 8 – Valores limites de resultados e dimensões para o funil – V (TUTIKIAN, 2004)

13.2.7.4 Ensaio da Caixa L *(L Box test)*

O ensaio da caixa L mede a habilidade do concreto de fluir sob ação da gravidade e, simultaneamente, sua capacidade de passar por obstáculos que simulam as barras de armadura (GETTU e AGULLÓ, 2003).

O equipamento é uma caixa em formato de "L" que deve ser fabricado em materiais não absorventes e rígidos, tais como madeira, metal ou acrílico, de fácil montagem e desmontagem para facilitar a limpeza das superfícies em contato com o concreto. Consiste basicamente de um depósito vertical com altura de 600mm que se conecta a uma seção horizontal de comprimento que pode variar de 700 a 800mm. Na abertura que liga o canal vertical ao horizontal está localizada uma pequena porta móvel, responsável por reter o concreto antes do início do escoamento e as barras de aço, as quais simulam as armaduras de uma estrutura real. As Figuras 27 e 28 ilustram o formato e as dimensões da caixa L (EFNARC, 2002; GOMES, 2002; GETTU e AGULLÓ, 2003).

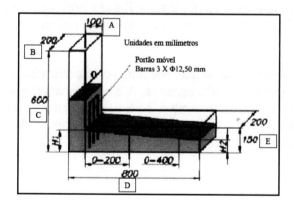

Figura 27 - Dimensões da caixa – L (EFNARC, 2002)

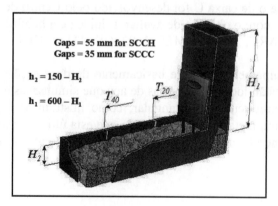

Figura 28 - Espaçamento entre as barras e medidas do T_{20} e T_{40} (SONEBI et al., 2000)

O espaçamento entre essas barras ainda é controverso na literatura. A AFGC (2000) recomenda o uso de barras com diâmetro de 14mm, com espaçamento entre elas de 39mm, podendo ser aumentado para 58mm em casos de aplicações em que não há congestionamento de armaduras. Já a EFNARC (2002) e Gomes (2002) recomendam utilizar um espaçamento de 3 vezes a dimensão máxima característica do agregado graúdo, coincidindo praticamente com a recomendação de Billberg (1999), para a utilização de

296 - Projeto, Execução e Desempenho de Estruturas e Fundações

3 barras de 12mm, com um espaço de 34mm entre elas. Manuel (2005) cita ainda que é possível fabricar caixas L sem obstáculos para concretos nos quais a dimensão máxima característica do agregado graúdo não ultrapasse 25mm.

Neste teste, os parâmetros obtidos são tempos de escoamento para que a mistura atinja a marca de 20cm (T_{20}) e 40cm (T_{40}) na seção horizontal da caixa e a relação de bloqueio (H_2/H_1). Os valores desses parâmetros, obtidos em diferentes variações de caixa – L, são apresentados no Quadro 9.

REFERÊNCIA	MEDIDAS			DIMENSÕES				
	H2/H1	T20 (s)	T40 (s)	A	B	C	D	E
Araújo *et al.* (2003)	0,80	-	-	-	-	-	-	-
Barbosa *et al.* (2002)	-	-	-	100	-	600	700	150
Coppola (2000)	0,90	-	-	120	300	600	780	200
EFNARC (2002)	0,80	-	-	100	200	600	800	150
FURNAS (2004d)	-	-	-	100	200	600	700	150
Gomes (2002)	0,80	<1	<2	100	200	600	700	150
REFERÊNCIA	MEDIDAS			DIMENSÕES				
	H2/H1	T20 (s)	T40 (s)	A	B	C	D	E
Gomes *et al.* (2003a)	0,80	0,5-1,5	2-3	100	200	600	700	150
Palma (2001)	0,80	-	3 a 6	-	-	-	-	-
Peterssen (1998 e 1999)	0,80	-	-	100	200	600	700	150
Rigueira Victor *et al.* (2003)	0,80	<1,50	<3,50	100	-	-	-	-
Tviksta (2000)	0,85	-	-	100	200	600	-	150

Quadro 9 – Limites de resultados e dimensões para a caixa L (TUTIKIAN, 2004)

13.2.7.5 Ensaio da Caixa – U (U Box Test)

O ensaio de caixa U foi desenvolvido pelo Centro de Pesquisas Tecnológicas da *Taisei Corporation*, no Japão, com o objetivo de avaliar a fluidez e a habilidade do CAA de passar por obstáculos sem segregar (EFNARC, 2002; GOMES, 2002; GETTU e AGULLÓ, 2003).

O equipamento consiste basicamente de duas seções verticais, separadas por uma porta deslizante, na qual estão localizadas barras de aço que simulam as armaduras de uma estrutura. A base do aparato pode ser semicircular ou retangular, como ilustram as Figuras 29 e 30. Ambas podem ser fabricadas em madeira, metal ou acrílico, sendo que esta última é mais fácil de construir e exige maior deformabilidade do concreto, uma vez que apresenta ângulos retos na sua parte inferior (GETTU e AGULLÓ, 2003).

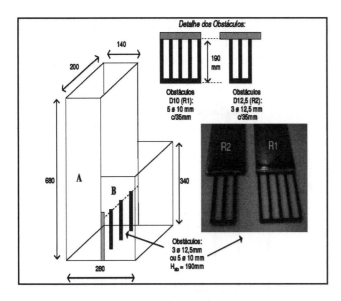
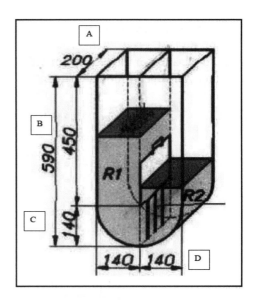

Figura 29 – Dimensões (mm) da caixa U e detalhe dos obstáculos (MANUEL, 2005)

Figura 30 – Medidas da caixa U recomendadas (EFNARC, 2002)

A quantidade de barras e o espaçamento entre elas podem ser definidos de acordo com a finalidade que o concreto ensaiado terá na obra (GETTU e AGULLÓ, 2003). Entretanto, a EFNARC (2002) recomenda barras de aço com um diâmetro nominal de 13mm, com espaçamento de 50mm entre elas. Manuel (2005) cita ainda que é possível utilizar 5 barras de diâmetro de 10mm ou 3 barras de 12,5mm, as quais definem o grau de exigência para que o concreto seja autoadensável.

Com os resultados obtidos, determina-se a altura de preenchimento e, quanto mais próximo de zero esse valor resultar, maior a fluidez do concreto. O Quadro 10 mostra os valores mínimos e máximos encontrados, em várias configurações da caixa – U, por diversos pesquisadores.

REFERÊNCIA	R2 – R1 (mm) MÍNIMO	R2 – R1 (mm) MÁXIMO	DIMENSÕES (mm) A	B	C	D
Araújo et al. (2003)	0	30	-	-	-	-
Coppola (2000)	90%	100%	200	680	190	140
EFNARC (2002)	0	30	200	590	140	140
FURNAS (2004)	-	-	200	680	190	140
Gomes (2002)	0	80	200	680	190	140
Noor e Uomoto (1999)	0	24,2	200	680	190	140
Shindoh e Matsuoka (2003)	0	80	200	680	190	140

Quadro 10 - Limites de resultados e dimensões para a caixa U (TUTIKIAN, 2004)

13.2.7.6 Ensaio da Caixa de preenchimento (Fill BoxTest).

Este equipamento permite avaliar a capacidade de preenchimento do concreto em uma situação em que se simula uma estrutura com alta taxa de armadura. O ensaio da caixa de preenchimento é também conhecido como método de Kajima ou *vessel test* (GETTU e AGULLÓ, 2003; EFNARC, 2002).

O aparato, ilustrado na Figura 31, consiste de um recipiente fabricado em material transparente, não absorvente, com dimensões de 30 x 50 x 30cm. No interior da caixa são dispostos 35 obstáculos (barras metálicas ou de PVC) com diâmetro de 20mm e um espaçamento de 50mm entre eixos. Para facilitar a execução do ensaio, um tubo de 100mm de diâmetro e 500mm de altura, acoplado a um funil, deve ser colocado na parte superior do equipamento.

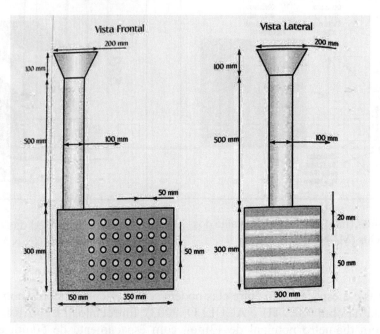

Figura 31 – Medidas da caixa de preenchimento recomendadas (EFNARC, 2002)

O objetivo principal do teste é obter a porcentagem média de preenchimento, devendo este valor estar entre 90 e 100% para considerar um concreto autoadensável. O Quadro 11 ilustra os resultados obtidos na caixa de preenchimento por diversos autores.

REFERÊNCIA	F (%) MÍNIMO	F (%) MÁXIMO	DIMENSÕES (mm) A	B	C	D	E	F
Araújo et al. (2003)	90	100	-	-	-	-	-	-
EFNARC (2002)	90	100	200	500	300	500	50	300
FURNAS (2004b)	-	-	200	500	300	500	50	300
Gomes et al. (2003)	-	-	-	-	300	500	50	-
Palma (2001)	-	100	-	500	-	-	50	-

Quadro 11 – Limites de resultados e dimensões para a caixa de preenchimento (TUTIKIAN, 2004)

13.2.7.7 Ensaio do Tubo U (U Pipe Test)

O objetivo do ensaio do Tubo U é avaliar quantitativamente a resistência à segregação ou à estabilidade do concreto autoadensável no estado fresco. O aparato foi desenvolvido por Gomes (2002) como uma adaptação do ensaio U de Sakata et al. (1997) e Coluna de Rols et al. (1999), na Universidade Politécnica da Catalunya, Espanha (GOMES, 2002; GETTU e AGULLÓ, 2003;).

O equipamento é fabricado com três segmentos de tubo e dois joelhos de PVC, com diâmetro interno de 156mm e comprimentos conforme ilustra a Figura 32.

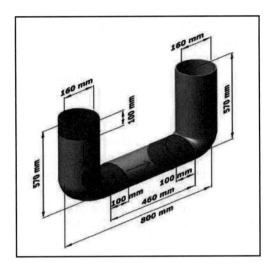

Figura 32 – Ensaio do tubo U (CAVALCANTI, 2006)

O parâmetro obtido no ensaio é a relação de segregação (RS), que deve ser igual ou superior 0,90 para concretos autoadensáveis.

13.3 MATERIAIS

Os materiais envolvidos na dosagem de concretos autoadensáveis são, em geral, os mesmos empregados no concreto convencional. São eles: cimento, agregados graúdos e miúdos, finos, água e aditivos. No entanto, no caso do CAA, o uso de aditivos superplastificantes é obrigatório e imprescindível para obtenção da alta fluidez. Além disso, também estão presentes as adições minerais e os agentes modificadores de viscosidade, utilizados para se obter uma adequada coesão na mistura e evitar a segregação e a exsudação durante colocação do concreto (GETTU e AGULLÓ, 2003; LISBÔA et al., 2004).

Do ponto de vista econômico, o emprego de materiais locais no CAA resulta em um concreto economicamente mais viável devido à redução de custos de transporte e facilidade de obtenção. Além do mais, este concreto pode incorporar um elevado teor de finos, sendo um potencial consumidor de resíduos industriais. A utilização de adições provenientes de resíduos e subprodutos[11] das indústrias locais não só reduz custos do material e melhora seu desempenho, mas também diminui o impacto ambiental (GETTU e AGULLÓ, 2003; GOMES et al., 2003; LISBÔA et al., 2004).

A seguir serão apresentadas as características e as implicações de cada material empregado na fabricação do CAA.

13.3.1 Cimento

De uma forma geral, não existe nenhum requisito adicional exigido ao cimento para seu emprego em concreto autoadensável. Frequentemente, é utilizado o cimento Portland (CP), bastante produzido e facilmente encontrado no mercado. Todavia, é importante acrescentar que seu teor na mistura deve ser

---

[11] Subprodutos são materiais que não são produtos primá⋯ ⋯ suas respectivas indústrias produtoras e podem ou não requerer um processamento qualquer antes do emr⋯ ⋯ minerais (MEHTA e MONTEIRO, 1994, 2014).

300 - Projeto, Execução e Desempenho de Estruturas e Fundações

limitado para evitar efeitos indesejados, tais como elevado calor de hidratação e aumento da retração plástica. A EFNARC (2002) recomenda que a quantidade de cimento esteja na faixa entre 350 Kg/m³ – 450 Kg/m³. Teores superiores a 500 Kg/m³ podem causar retração, e inferiores ao limite mínimo de 350 Kg/m³ só são adequados em conjunto com outras adições, formando misturas binárias[12] ou ternárias[13] (EFNARC, 2002; GETTU e AGULLÓ, 2003; REPETTE, 2005; MELO, 2005).

Além disso, algumas características do aglomerante devem ser avaliadas antes de ser incorporado ao CAA, dentre elas, a finura e a capacidade de adsorver o superplastificante. Em concretos autoadensáveis, é desejável cimentos que apresentem maior área específica, objetivando a redução da tensão de escoamento e maior viscosidade (NEVILLE, 1997). Este tipo de cimento também é o mais adequado para a produção de CADAR (Concreto Autoadensável de Alta Resistência), pois possuem elevada velocidade de hidratação e um rápido ganho de resistência (NUNES, 2001; REPETTE, 2005).

O fenômeno da adsorção do aditivo pelo cimento se dá preferencialmente nas fases de aluminatos (C_3A[14] e C_4AF[15]), especialmente no C_3A. A fixação no aluminato tricálcico ocorre rapidamente e em poucos segundos, retardando a evolução da hidratação. Os aditivos também podem retardar a hidratação dos silicatos (C_2S[16] e C_3S[17]), no entanto, esse efeito é mais evidente no C_3A. Por isso, são recomendados cimentos com uma quantidade menor que 10% (em massa de cimento) do composto, a fim de manter a trabalhabilidade das misturas de CAA (EFNARC, 2002; JOLICOEUR e SIMARD, 1998; REPETTE, 2005).

13.3.2 Agregados

Normalmente, os agregados que comumente são empregados no concreto convencional podem ser utilizados no CAA. Mas, características como teor de umidade, absorção de água e variação da quantidade de finos devem ser constantemente monitoradas. A forma e granulometria dos agregados também são importantes, pois influenciam diretamente as propriedades de fluxo e a demanda de pasta do concreto. Quanto mais esféricas forem as partículas do agregado, menos suscetível ele é a bloqueio e maior é a fluidez da mistura devido à redução do atrito interno. Diante disso, é preferível o emprego de areias naturais, por apresentarem grãos com forma mais uniforme e arredondada, e britas de forma regular de qualquer natureza (EFNARC, 2002; REPETTE, 2005; SCCEPG, 2005).

A influência dos agregados miúdos nas propriedades dos concretos em geral é significativamente maior do que a dos agregados graúdos. Em especial no CAA, a umidade superficial das areias deve ser cuidadosamente verificada, pois este concreto é muito mais sensível às flutuações no teor de água total da mistura do que o concreto tradicional (RILEM, 2006). Outrossim, frações de partículas com tamanho inferior a 0,125mm presentes na areia devem ser consideradas no total do teor de finos (cimento + finos) da pasta e ainda no cálculo da relação água/finos, contribuindo positivamente com a reologia do concreto (EFNARC, 2002; SCCEPG, 2005).

O agregado graúdo geralmente tem seu tamanho máximo limitado entre 12 e 20mm, sendo que o espaçamento entre as barras da armadura é o principal fator dessa limitação. Mas valores inferiores ou

---

[12] cimento + adição.
[13] cimento + duas adições.
[14] Aluminato tricálcico
[15] Ferroaluminato tetracálcico
[16] Silicato dicálcico.
[17] Silicato tricálcico.

superiores são aceitáveis, dependendo das exigências da estrutura. Gomes (2002), por exemplo, fixou a dimensão máxima do agregado graúdo em 12mm, visando à produção de concretos autoadensáveis de alta resistência. Da mesma maneira, em certas situações é possível o emprego de agregados com dimensão máxima característica entre 25 e 40mm (EFNARC, 2002; GOMES, 2002; GETTU e AGULLÓ, 2003; SCCEPG, 2005).

Encontra-se no trabalho de Calmon *et al.* (2013) e Giacometti (2008) uma pesquisa inovadora sobre a utilização de escória de aciaria moída como finos no concreto autoadensável de alta resistência. O trabalho analisa os efeitos da escória de aciaria e de outros materiais cimentícios nas propriedades reológicas das pastas de cimento autoadensáveis. A utilização de escória de aciaria moída mostrou-se promissora para ser utilizada com finos no CAA.

13.4 CONSIDERAÇÕES FINAIS

O CAA é um tipo de concreto promissor para o futuro por oferecer enormes vantagens em relação a outros tipos de concretos, como, por exemplo, uma melhora no acabamento superficial, maior durabilidade, maior rapidez na execução da obra, lançamento de concreto em níveis elevados, permitindo concretagens rápidas, redução do custo de aplicação por m³, etc.

A permanente busca é a dos concretos de última geração com características especiais, obtidos pela mistura de componentes convencionais e outros desenvolvidos sob a ótica da engenharia, como os modernos aditivos químicos. Os diferentes tipos de concreto de última geração visam satisfazer exigências técnicas e ambientais cada vez mais restritas ao uso do concreto convencional. A pesquisa está em desenvolvimento, buscando concretos que poderão ser usados intensivamente na indústria da construção, tais como: Concreto com cura interna; Concreto condutivo (condutor elétrico); Concreto de retração reduzida; Concreto de retração compensada, Concreto translúcido, Concreto fotocatalítico.

Finalmente, sugere-se aos leitores a pesquisa de um recente trabalho de Tutikian (2015) intitulado Práticas recomendadas IBRACON. Concreto autoadensável, publicado pelo Instituto Brasileiro do Concreto – IBRACON .

13.5 REFERÊNCIAS

ASSOCIAÇÃO BRASILEIRA DE NORMAS TÉCNICAS (ABNT). – **NBR 15823. Concreto autoadensável. Classificação, controle e aceitação no estado fresco – Parte 1.** Rio de Janeiro: ABNT,2010

ASSOCIAÇÃO BRASILEIRA DE NORMAS TÉCNICAS (ABNT). – **NBR 15823. Concreto autoadensável. Determinação do espalhamento e do tempo de escoamento - Método do cone de Abrams. – Parte 2.** Rio de Janeiro: ABNT,2010

ASSOCIAÇÃO BRASILEIRA DE NORMAS TÉCNICAS (ABNT). – **NBR 15823. Concreto autoadensável. – Determinação da habilidade passante - Método do anel J -Parte 3.** Rio de Janeiro: ABNT,2010

ASSOCIAÇÃO BRASILEIRA DE NORMAS TÉCNICAS (ABNT). – **NBR 15823. Concreto autoadensável. – Determinação da habilidade passante - Método da caixa L-Parte 4.** Rio de Janeiro: ABNT,2010

302 - Projeto, Execução e Desempenho de Estruturas e Fundações

ASSOCIAÇÃO BRASILEIRA DE NORMAS TÉCNICAS (ABNT). – **NBR 15823. Concreto autoadensável. – Determinação da viscosidade - Método do funil V-Parte 5.** Rio de Janeiro: ABNT,2010

ASSOCIAÇÃO BRASILEIRA DE NORMAS TÉCNICAS (ABNT). – **NBR 15823. Concreto autoadensável. – Determinação da resistência à segregação - Método da coluna de segregação -Parte 6.** Rio de Janeiro: ABNT,2010

AÏTCIN, P-C. **Concreto de alto desempenho.** 1ª ed. São Paulo: Pini, 2000.

ALMEIDA FILHO, F. M. **Contribuição ao estudo da aderência entre barras de aço e concretos auto-adensáveis.** 2006. 292 p. Tese (Doutorado em Engenharia) – Programa de Pós-Graduação em Engenharia Civil, Escola de Engenharia de São Carlos, Universidade de São Paulo, São Carlos, São Paulo, 2006.

ARAUJO, J. L.; BARBOSA, N.P.O; SANTOS, S.B.; REGIS, P.A. Concreto auto-adensável com materiais locais no nordeste brasileiro. In: 45° CONGRESSO BRASILEIRO DO CONCRETO, 2003, Vitória. **Anais...** Vitória: IBRACON, 2003, 19 p.

ARAÚJO, J.; GEYER, A.; CASTRO, A.; ANDRADE, M. Influência das adições nas propriedades mecânicas do concreto auto-adensável. In: 49°. CONGRESSO BRASILEIRO DO CONCRETO, 2007, Bento Gonçalves. **Anais...** Bento Gonçalves: IBRACON, 2007, 11p.

BANFILL, P. F. G. The theology of fresh cement and concrete: a review. In: 11th INTERNATIONAL CEMENT CHEMISTRY CONGRESS, 2003, Durban. Proceedings...Durban: Portland Cement Association, 2003, 13 p.

BARBOSA, M.P.; BOSCO, A.R.C.; BERTO, R.B.; SALLES, F.M. Um estudo das características e propriedades do concreto auto-adensável (CAA). In: 44°. CONGRESSO BRASILEIRO DO CONCRETO, 2002, Belo Horizonte. **Anais...**Belo Horizonte: IBRACON, 2002, 16p.

BARBOSA, M.P.; SILVA, L.M.; MENOSSI, T.; SALLES, F.M.; RÓS, P.S. A influência da adição de finos basálticos nas características reológicas e mecânicas dos concretos auto

adensáveis (CAA), 2004, Florianópolis. **Anais...**Florianópolis: IBRACON, 2004, v.2, p.7-12.

BARTOS, P. J. M.; GRAUERS, M. **Self-compacting concrete.** Concrete, v. 33, n. 4, 1999.

BARTOS, P. J. M.; SÖDERLIND, L. **Environment and ergonomics.** Brite EuRam Program: Rational production and improved working environment through using self compacting concrete. Task 8.5, p. 1-31, 2000.

BERNABEU; LABORDE. **Production system for civil engineering.** Brite EuRam Program: Rational production and improved working environment through using self compacting concrete. Task 8.3, p.1-40, 2000.

BILLBERG, P.; PETERSSON, Ö.; NORBERG, J. Full scale casting of bridges with self-compacting concrete. In: FIRST INTERNATIONAL RILEM SYMPOSIUM ON SELF-COMPACTING CONCRETE, Stockholm, 1999. **Proceedings...**Stockholm: RILEM, 1999.

BRAMESHUBER, V.; UEBACHS, S. Self-Compacting Concrete – Application in Germany. In: 6th. INTERNATIONAL SYMPOSIUM ON UTILIZATION OF HIGH STRENGTH/HIGH PERFORMANCE CONCRETE, Germany, 2002. **Proceedings...**Germany: Leipzig University, v.2, p. 1503-1514, 2002.

BOSILJKOV, V. B. SCC mixes with poorly graded aggregate and high volume of limestone filler. **Cement and Concrete Research**, Pergamon, n. 33, p. 1279-1286, 2003.

CALMON, J. L.; MORATTI, M.; SOUZA, F. L. S. Estudos de finos e pastas para produção de concreto auto adensável de alta resistência. In: 48º. CONGRESSO BRASILEIRO DO CONCRETO, 2006, Rio de Janeiro. **Anais...** Rio de Janeiro: IBRACON, 2006, 16 p.

CALMON, J.L.; TRISTÃO, F.A.; GIACOMETTI, M.; MENEGUELLI, M.; MORATTI, M. Estudo de finos e pastas para produção de concreto auto-adensável de alta resistência como fíler de escória de aciaria e outras adições. In: 49º. CONGRESSO BRASILEIRO DO CONCRETO, 2007, Bento Gonçalves. **Anais...** Bento Gonçalves: IBRACON, 2007, 16 p.

CALMON, J. L.; TRISTÃO, F. A.; GIACOMETTI, M.; MENEGUELLI, M.; MORATTI, M.; TEIXEIRA, J.E. S.L. Effects of BOF steel slag and other cementitious materials on the rheological properties of self-compacting cement pastes. Construction and Building Materials. 40, 2013, pp. 1046–1053

CAMARA BRASILEIRA DA INDÚSTRIA DA CONSTRUÇÃO (CBIC). **Utilização de concreto auto-adensável em estruturas de edifícios com custos inferiores ao concreto convencional**. 12º. Concurso Falcão Bauer, 2005, p. 1-15.

CAMÕES, A. Influência do superplastificante nos parâmetros reológicos do betão fresco. **Revista da Engenharia Civil da Universidade do Minho**, Guimarães, Portugal, n.24, 2005, p. 29-44.

CANALLE, J. H. Seminario de tecnología del concreto: experiencias Recientes. Concretos Autonivelantes. In: SEMINARIO. RECIENTES TECNOLOGÍAS DEL CONCRETO, agosto 2004, Lima. **Anais...**Lima: Asociación de Productores de Cemento (ASOCEM), 2004.

CASTRO, A. L. de; LIBORIO, J. B. L. Initial Rheological Description of High Performance Concretes. **Materials Research**, v. 9, n. 4, p. 405-410, 2006.

CAVALCANTI, D. J. H. **Contribuição ao estudo de propriedades do concreto auto-adensável visando sua aplicação em elementos estruturais**. 2006. 140 P. Dissertação (Mestrado em Engenharia) - Programa de Pós-Graduação em Engenharia Civil, Universidade Federal de Alagoas, Maceió, 2006.

COLLEPARDI, M. Admixtures used to enhance placing characteristics of concrete. **Cement and Concrete Composites**, Elsevier, v. 20, n.2-3, p.103-112, 1998.

COLLEPARDI, M. A Very Close Precursor of Self-Compacting Concrete (SCC). In: SOSTAINABLE DEVELOPMENT AND CONCRETE TECHNOLOGY: Supplementary Volume of the Proceedings of Three – Day CANMET/ACI INTERNATIONAL SYMPOSIUM, 2001, San Francisco: **Proceedings...**San Francisco: CANMET/ACI, 2001, 20p.

COLLEPARDI, M. Innovative concrete for Civil Engineering Structures: SCC, HPC and RPC. In: WORKSHOP ON NEW TECHNOLOGIES AND MATERIAL IN CIVIL ENGINEERING, 2003, Milan. **Proceedings...**Milan. p.1-8.

COLLEPARDI, M.; BORSOI, A.; COLLEPARDI, S.; TROLI, R. Recent Developments of Special SCC's. In: SEVENTH CANMET/ACI INTERNATIONAL CONFERENCE ON RECENT ADVANCES IN CONCRETE TECHNOLOGY, 26-29 may., Las Vegas. **Proceedings...** Las Vegas, 2004, p.1-18.

304 - Projeto, Execução e Desempenho de Estruturas e Fundações

Da Silva, M. G. Cimento Portland com adições minearias. In: Isaia, G. C. (ed.) Materiais de Construção Civil e Princípios de Ciência dos Materiais. São Paulo: IBRACON – Instituto Brasileiro do Concreto, 2007, vol.1.

DAL MOLIN, D.C.C. Adições Minerais para Concreto Estrutural. In: **Concreto:** Ensino, Pesquisa e Realizações. São Paulo: IBRACON, 2005, v. 1, cap. 12, p. 345-379.

DAL MOLIN, D.C.C. Adições Minerais. In: Isaia, G. C. (ed.) Concreto: Ciência e Tecnologia. São Paulo: IBRACON, 2011, v. 1.

DE LA PEÑA, B.R. Hormigón autocompactante: Nueva tecnología para la construcción con hormigón. **Revista Bit**, Chile, p. 41-42, Corporación de Desarrollo Tecnológico y Camara Chilena de la Construcción, jun. 2000a.

DE LA PEÑA, B.R. Consideraciones para el diseño y colocación de hormigón. **Revista Bit**, Chile, p. 14-16, dic. 2000b. Corporación de Desarrollo Tecnológico y Camara Chilena de la Construcción.

DE LARRARD, F; HU, C.; SEDRAN, T. SZITZAR, J.C.; JOLY, M.; CLAUX, F. DERKX, F.A. A New Rheometer for Soft-to Fluid Fresh Concrete. ACI Materials Journal, v.94, n.3, p.81-90, 1997.

DE LARRARD, F.; FERRARIS, C. F; SEDRAN, T. Fresh concrete: a Herschel-Bulkley material. **Materials and Structures**, v. 31, p. 494-498, 1998.

DEHN, F.; HOLSCHEMACHER, K.; WEIBE, D. Self-Compacting Concrete (SCC) – Time Development of the Material Properties and the Bond Behavior. **Lacer,** n.5, p.

DOMONE, P. L. A review of the hardened mechanical properties of self-compacting concrete. **Cement and Concrete Composites**, v. 29, Elsevier, p.1-12, 2006a.

DOMONE, P.L. Self-compacting concrete: An analysis of 11 years of case studies. **Cement and Concrete Composites**, v.28, Elsevier, p.197-208, 2006b.

DRUTA, C. **Tensile Strength and Bonding Characteristics of Self-Compacting Concrete**. 2003. 115 p. Thesis (Master of Science in Engineering Science) – Department of Engineering Science, Louisiana State University, Louisiana, 2003.

ESPING, O. **Early age proprieties of self-compacting concrete**: effects of fine aggregate and limestone filler. 2007. 111 p. Thesis (Degree of Doctor of Philosophy) - Department of Civil and Environmental Engineering, Building Technology, Chalmers University of Technology, Göteborg, Sweden, 2007a.

EUROPEAN FEDERATION FOR SPECIALIST CONSTRUCTION CHEMICALS AND CONCRETE SYSTEMS (EFNARC). **Specification and guidelines for self-compacting concrete.** Reino Unido: EFNARC, 2002, 32 p.

FERRARIS, C.F. Measurement of the Rheological Properties of High Performance Concrete: state of the art report. **Journal of Research of the National Institute of Standards and Technology**, v. 104, n. 5, p. 461-468, 1999.

FIGUEIREDO, A.D.; DJANIKIAN, J.G.; HELENE, P.R.L.; SELMO, S.M.S.; JOHN, V.M. *Concretos especiais*. São Paulo, Escola Politécnica – USP. Disponível em <http://pcc2340.pcc.usp.br/2004/Transpar%C3%AAncias/Concretos-especiais-004rev.PDF>, em jun/2006, 14p.

FERRARIS, C.F.; OBLA, K. H.; H.R. The influence of mineral admixtures on the rheology of cement paste and concrete. **Cement and Concrete Research**, Pergamon, n. 31, p. 245-255, 2001.

FERREIRA, R.B.; LIMA, M.B.; PEREIRA, A.C.; SILVA, M.V.A.; ANDRADE, M.A.S. Comparativo de Custo entre o Concreto Convencional e o Concreto Auto-Adensável na Região de Goiânia/GO. In: 48º.CONGRESSO BRASILEIRO DO CONCRETO, 2006, Rio de Janeiro. **Anais...** Rio de Janeiro: IBRACON, 2006, 15p.

GEISELER, J. Use of steelworks slag in Europe. **Waste Management**, Pergamon, v.16, n.1-3, p. 59-63, 1996.

GETTU, R.; AGULLÓ, L. **Estado del Arte del Hormigón Autocompactable y su Caracterización**, 2003, 64 p. Departamento de Ingeniería de la Construcción E.T.S de Ingenieros de Caminos, Canales y Puertos, Universidad Politécnica de Cataluña, Barcelona, España. Informe C4745/1, 2003.

GIACOMETTI, M. (2008). **Estudo das propriedades reológicas do concreto auto-adensável de alta resistência com fíler de escória de aciaria LD.** (Dissertação de Mestrado). Programa de Pós-graduação em Engenharia Civil da UFES, 2008

GEYER, A.L.B.; SÁ, R. R. de. Concreto auto-adensável: uma nova tecnologia à disposição da construção civil de Goiânia. **Informativo técnico REALMIX**, ano 1, n. 1, 8 p., abr. 2005.

GOMES, P. C. C. **Optimization and characterization of high-strength self compacting concrete**, 2002. 139 p. Tesis (Doctoral em Enginyeria) - Departament D`Enginyers de Camins, Canal I Ports, Universitat Politécnica de Calalunya, Barcelona, 2002.

GOMES, P. C. C.; GETTU, R.; AGULLÓ, L.; TENÓRIO, J.J.L. Concreto auto-adensável: um aliado ao desenvolvimento sustentável do concreto. In: 45º. CONGRESSO BRASILEIRO DO CONCRETO, 2003, Vitória. **Anais...** Vitória: IBRACON, 2003, 15 p.

GOMES, P.C.C.; UCHOA, S.B.B.; BARROS, A.R. Propriedades de durabilidade do Concreto Auto-adensável. In: 48º. CONGRESSO BRASILEIRO DO CONCRETO, 2006, Rio de Janeiro. **Anais...** Rio de Janeiro: IBRACON, 2006,10p.

GREISSER, A. **Cement-Superplasticizer Interactions at Ambient Temperatures. Reology, Phase Composition, Pore Water and Heat of Hydration of Cementitious Systems.** 2002. 162 p. Dissertation (degree of Doctor of Technical Sciences), Swiss Federal Institute of Technology, Zurich, 2002.

GUJAR, A.H. **Mix Design and Testing of Self-consolidating Concrete Using Florida Materials**. Final Report Submitted to the Florida Department of Transportation, Report n. BD 503, 2004, 111 p.

HAMILTON, T. **Structural Evaluation of AASHTO Type II Girders constructed with Self-Consolidating Concrete**. Palestra apresentada na 17º. Session of Conference of AASHTO, Orlando, EUA, 2004.

HO, D. W. S.; SHEINN, A.M.M.; TAM, C.T. The sandwich concept of construction with SCC. **Cement and Concrete Research**, New York, n. 31, Pergamon, p. 1377-1381, 2001b.

HO, D. W. S.; SHEINN, A. M. M.; TAM, C. T. The use of quarry dust for SCC applications. **Cement and Concrete Research**, n. 32, Pergamon, p. 505-511, 2002.

HOLSCHEMACHER, K.; KLUG, Y. A Database for the Evaluation of Hardened Properties of SCC. **Lacer**, n.7, p.123-134, 2002.

ISAIA, G. C. (ed.) Concreto: Ciência e Tecnologia. São Paulo: IBRACON, 2011, v. 1-2.

JOLICOEUR, C.; SIMARD, M-A. Chemical admixture-cement interactions: phenomenology and physico-chemical concepts. **Cement and Concrete Composites**, Elsevier, v. 20, n. 2-3, p. 87-101, 1998.

KHAYAT, K. H. Viscosity- Enhancing Admixtures for Cement-Based Materials – An Overview. **Cement and Concrete Composites**, Elsevier, n. 20, p.171-188, 1998.

KHAYAT, K.H.; HU, C.; MONTY, H. Stability of self-compacting concrete, advantages, and potential applications. In: FIRST INTERNATIONAL RILEM SYMPOSIUM ON SELF-COMPACTING CONCRETE, 1999, Stockholm. **Proceedings...**Stockholm: RILEM Publications, 1999, p.143-152.

KHAYAT, K. H.; DACZKO, J.A. **The holistic approach to self-consolidating concrete**. In: FIRST NORTH AMERICAN CONFERENCE ON THE DESIGN AND USE OF SELF-CONSOLIDATING CONCRETE, 2002, Chicago. **Proceedings**...Chicago: Center for Advanced Cement-Based Materials, 2002, v.1, p. 9-13.

KOEHLER, E.P.; FOWLER, D.W. FERRARIS, C.F. Summary of Concrete Workability Test Methods. ICAR **Report 105.1**: Measuring the Workability of High Fines Concrete. International Center for Aggregates Research, The University of Texas at Austin, 92 p., 2003.

LACHEMI, M.; HOUSSAIN, K.M.A.; LAMBROS, V.; NKINAMUBANZI, P-C.; BOUZOUBAÂ, N. Performance of new viscosity modifying admixtures in enhancing the rheological properties of cement paste. **Cement and Concrete Research**, Pergamon, n.34, p.185-193, 2003.

LISBÔA, E. M. **Obtenção do concreto auto-adensável utilizando o resíduo de serragem de mármore e granito e estudo de propriedades mecânicas.** 2004. 115. Dissertação (Mestrado em Engenharia) – Programa de Pós-Graduação em Engenharia Civil, Universidade Federal de Alagoas, Alagoas, 2004.

MANUEL, P. J. M. **Estudo da influência do teor de argamassa no desempenho de concretos auto-adensáveis.** 2005. 178 p. Dissertação (Mestrado em Engenharia) - Programa de Pós-Graduação em Engenharia Civil, Universidade Federal do Rio Grande do Sul, Porto Alegre, 2005.

MARAGON, E. **Desenvolvimento e caracterização de concretos auto-adensáveis reforçados com fibras de aço.** 2006. 128 p. Dissertação (Mestrado em Engenharia) - Programa de Pós-Graduação em Engenharia, Universidade Federal do Rio de Janeiro, Rio de Janeiro, 2006.

MARTIN, J.F. Aditivos para concreto. In: ____. **Concreto** – Ensino, Pesquisa e Realizações. São Paulo: IBRACON, 2005, v. 1, cap.13, p.381-406.

MEHTA, P. K.; MONTEIRO, P. J. M. **Concreto:** estrutura, propriedades e materiais. 2. ed. São Paulo: IBRACON, 2014.

MELO, K. A. **Contribuição à dosagem do concreto auto–adensável com adição de fíler calcário**. 2005. 184 p. Dissertação (Mestrado em Engenharia) - Programa de Pós-Graduação em Engenharia Civil, Universidade Federal de Santa Catarina, Florianópolis, 2005.

MELO, K.A.; SILVA, W.R.L.; REPETTE, W.L. Concreto auto–adensável: avaliação do teor de aditivo superplastificante para garantia da fluidez em pasta, argamassa e concreto. In: 47º. CONGRESSO BRASILEIRO DO CONCRETO, 2005, Recife. **Anais...** Recife: IBRACON, 2005. p. 467 – 480.

MELO, Karoline Alves. Contribuição à dosagem de concreto autoadensável com adição de fíler calcário. Florianópolis, 2005. 184p. Dissertação (Mestrado em Engenharia Civil). Universidade Federal de Santa Catarina, Brasil. Acesso em: 17 agosto 2010.

NEVILLE, A. M. **Propriedades do concreto**. 2. ed. São Paulo: PINI, 1997.

NOGUCHI, J.; OH, S.G.; TOMOSAWA, F. Rheological Approach Passing Ability between Reinforcing bars of self compacting concrete. In: FIRST INTERNATIONAL RILEM SYMPOSIUM ON SELF-COMPACTING CONCRETE, 1999, **Proceedings...**Stockholm: RILEM Publications, 1999, p. 83-94.

NUNES, S. C. B. **Betão Autocompactável**: tecnologia e propriedades. 2001. 198 p. Dissertação (Mestrado em engenharia) – Programa de Pós-Graduação em Estruturas de Engenharia Civil, Faculdade de Engenharia, Universidade do Porto, Porto, 2001.

OKAMURA, H. Self-compacting high-performance concrete. **Concrete International,** v. 19, n. 7, p. 50-54, jul. 1997.

OKAMURA, H.; OUCHI, M. Self-Compacting Concrete. **Journal of Advanced Concrete Technology,** Japan, v. 1, n. 1, p. 5-15, apr. 2003. Japan Concrete Institute.

OUCHI, M. Self-Compacting Concrete: Development, Applications and Investigations. **Nordic Concrete Research**, n. 23, 5 p., 1999.

OUCHI, M.; NAKAMURA, S-A.; OSTENBERG, T.; HALLBERG, S-E.; LWIN, M. **Applications of Self-Compacting Concrete in Japan, Europe and the United States**. ISHPC, 2003, 20p.

PEDROSO, F.L. Concreto: as origens e a evolução do material construtivo mais usado pelo homem. Concreto & Construções. N. 53, Jan.- Fev. – Mar, 2009, p.14-19.

PERSSON, B. Sulphate resistance of self-compacting concrete. **Cement and Concrete Research**, Pergamon, n.33, p.1933-1938, 2003.

PETERSSON, Ö.; BILLBERG, P.; VAN, B.K. A Model for Self-Compacting Concrete. In: INTERNATIONAL RILEM CONFERENCE ON PRODUCTION METHODS AND WORKABILITY OF CONCRETE, 1996, Glasgow. **Proceedings...**Glasgow: RILEM, 1996, p. 483-492.

PILEGGI, R. G. **Ferramentas para o estudo e desenvolvimento de concretos refratários**. 2001. 187 p. Tese (Doutorado em Ciência e Engenharia de Materiais) – Programa de Pós-Graduação em Ciência e Engenharia de Materiais, Universidade Federal de São Carlos, São Paulo, 2001.

PILEGGI, R.; CINCOTTO, M. A.; JOHN, V. M. **Conceitos reológicos aplicados no desenvolvimento de argamassas**. In: **e-Mat** – Revista de Ciência e Tecnologia de Materiais de Construção Civil. v. 3, n. 2, p. 62-76, Nov. 2006.

POON, C. S., HO, D. W. S. A feasibility study on the utilization of r-FA in SCC (Short communication). **Cement and Concrete Research**, 2004, p. 1-3.

308 - Projeto, Execução e Desempenho de Estruturas e Fundações

RAMSBURG, P. The SCC Test: Inverte dor Upright? **The Concrete Producer**, Hanley-wood LLC, p. 1-5, July, 2003.

REPETTE, W.L. Concretos de Última Geração: Presente e Futuro. In: _____. Concreto: Ensino, Pesquisa e Realizações. São Paulo: IBRACON, 2005, v.2, cap.49, p. 1509-1550.

RILEM TECHNICAL COMMITTEE. Final report of RILEM TC 188-CSC: Casting of self compacting concrete. **Materials and Structures**, France, n. 39, p. 937-954, 2006.

RIXOM, M.R.; MAILVAGANAM, N.P. **Chemical admixtures for concrete**. Third Edition. New York: E & FN Spon, 1999.437p.

RONCERO, J. **Effect of superplasticizers on the behavior of concrete in the fresh and hardened states**: implications for high performance concretes. 2000. 189 p. Thesis (Doctoral), Universitat Politècnica de Catalunya. Escola Tècnica superior d'eninyers de Camins, Canals I Ports de Barcelona. Barcelona, June, 2000.

SAAK, A. W.; JENNINGS, H. M.; SHAH, S. New Methodology for Designing Self-Compacting Concrete. **ACI Materials Journal**, v. 98, n. 6, p. 429-439, 2001.

SCHLAGBAUM, T. Economic Impact of Self-Consolidating Concrete (SCC) in Ready-Mixed Concrete. In: FIRST NORTH AMERICAN CONFERENCE ON THE DESIGN AND USE OF SELF-CONSOLIDATING CONCRETE, 2002, Chicago. **Proceedings**...Chicago: Center for Advanced Cement-Based Materials, 2002, 7 p.

SCHLUMPF, J. Self-compacting concrete structures in Switzerland. (Abstract). **Tunnelling and Underground Space Technology**, Elsevier, v.19, 1p., 2004.

SEDRAN, T. Rheology. **Final Report.** Brite EuRam Program, LCPC, Task 3, 30 p., 2000.

SELF – COMPACTING CONCRETE EUROPEAN PROJECT GROUP (SCCEPG). **The European Guidelines for Self Compacting Concrete. Specification, Production and Use**. Reino Unido: EFNARC, 2005. 63p.

SILVA FILHO, L.C.P.; DAL MOLIN, D.C.C.; KIRCHHEIM, A.P.; PASSUELO, A.; PASSA, V.F. Uso do concreto branco estrutural: museu Iberê Camargo. In: II SEMINÁRIO DE PATOLOGIA DAS EDIFICAÇÕES – NOVOS MATERIAIS E TECNOLOGIAS EMERGENTES, 2004, Porto Alegre. **Anais...** Porto Alegre: LEME, 2004, 11p.

SONEBI, M.; BARTOS, P.J.M.; ZHU, W.; GIBBS, J.; TAMIMI, A. **Properties of hardened concrete**. Brite EuRam Program: Rational production and improved working environment through using self compacting concrete. Task 4, p.1-73, 2000.

SU, N.; HSU, K-C.; CHAI, H-W. A simple mix design method for self-compacting concrete. **Cement and Concrete Research**, Pergamon, v.31, p. 1799-1807, 2001.

TUTIKIAN, B.F. **Método de dosagem para concretos autoadensáveis**, 2004. 149 p. Dissertação (Mestrado em Engenharia Civil) – Programa de Pós-Graduação em Engenharia Civil, Universidade Federal do Rio Grande do Sul, Porto Alegre, 2004.

TUTIKIAN, B.F.; KUHN, R.O.; BRESCOVIT, J.; DAL MOLIN, D.C.C.; CREMONINI, R.A. Comparação da evolução da resistência à compressão aos 3, 7, 28 e 63 dias, do consumo de cimento e penetração íons cloretos dos concretos auto adensáveis com finos pozolânicos e não pozolânicos. In: 47º. CONGRESSO BRASILEIRO DO CONCRETO, 2005, Recife. **Anais...** Recife: IBRACON, 2005a, p. 363-371.

TUTIKIAN, B.F.; DAL MOLIN, D.; CREMONINI, R. **Viabilização Econômica do Concreto Auto adensável**. CAMARA BRASILEIRA DA INDÚSTRIA DA CONSTRUÇÃO (CBIC). 12º. Concurso Falcão Bauer. 2005b. p. 1-15.

TUTIKIAN, B. F. E DAL MOLIN, D. C. Concreto autoadensável. 2ª edição. – São Paulo: Pini,2015

TUTIKIAN, B. F. (coord.). Práticas recomendadas IBRACON. Concreto autoadensável. 1ª edição. –São Paulo: IBRACON, 2015 (digital)

WATANABE, P. S. **Concretos especiais – propriedades, materiais e aplicações.** Relatório Final de Pesquisa. Universidade Estadual Paulista, 2008.

ZHU, W.; BARTOS, P.J.M. Permeation properties of self-compacting concrete. **Cement and Concrete Research**, Pergamon, n.33, 2003, p.921-926.

ZITZER, L.; FORNASIER, G.; MANSILLA, G.; BIBÉ, L. Experiencia argentina em hormigones autocompactantes. In: ENCUENTRO IBEROAMERICANO DEL HORMIGÓN PREMEZCLADO, 13-17 sept. 2004, Cartagenas de Índias, Colombia. **Apresentação em power point**...Cartagenas de Índias: Federación Iberoamericana del Hormigón Premezclado (FIHP), 2004. 64 slides, color. Disponível em <http://www.hormigonfihp.org/evento/memorias/leonardo_zitzer_experiencia_argentina_hormigones_autoc ompactantes.pdf>. Acesso em: fev. 2008.

APÊNDICE I – Quadros das misturas para misturas de CAA de resistência normal e concretos autoadensáveis de alta resistência (CADAR).

Mistura kg/m³	Bouzoubaã (2001)	Bouzoubaã (2001)	Nagataki (2005)	Domone e Chai (1996)	Kim *et al.* (1996)	Sakata *et al.* (1996)	Sakata *et al.* (1996)	Sedran *et al.* (1996)	Bartos e Grauers (1999)	Umehara (1999)	Shindoh (1996)	Ambroise e Péra (2001)	Su *et al.* (2001)
Cimento	163	161	200	218	370	331	331	350	280	360	215	380	300
Filler Calcário						216	216	134	240			20	
Escória de alto forno			200	280						247	215		63
Sílica Ativa													
Cinza Volante	245	241	100	125	159						107		148
Material Cimentíceo (mc)	408	402	500	623	529	331	331	350	280	607	537	380	511
Total material fino (mf)	408	402	500	623	529	547	547	484	520	607	537	400	511
Água	164	141	166	179	185	166	166	168	199	176	178	201	171
Agregado Miúdo	851	866	704	686	782	713	713	852	865	774	881	900	928
Brita Φ até 10 mm													
Brita Φ até 11 mm								363					
Brita Φ até 12,7 mm	851	864											
Brita Φ até 14 mm													
Brita Φ até 16 mm										803		800	
Brita Φ até 20 mm			898	785	820	888	888	571	750		663		718
Total de Brita	851	864	898	785	820	888	888	934	750	803	663	800	718
Superplastificante	2	3	6	8,2	10	9,8	13,7	7,1	4,2	6,4		4	8,2
Incorporador	0,394	0,345		0,8		0,3	0,1						
Agente Viscoso							0,35					2	
Volume de Pasta (%)	33,6	31,1											
Relação a/c (em peso)	1,01	0,88	0,83	0,82	0,5	0,5	0,5	0,48	0,71	0,49	0,83	0,53	0,57
Relação a/mc (em peso)	0,40	0,35	0,33	0,29	0,35	0,50	0,50	0,48	0,71	0,29	0,33	0,53	0,33
Relação a/f (em peso)	0,4	0,35	0,33	0,28	0,35	0,3	0,3	0,34	0,36	0,29	0,33	0,5	0,4
Argamassa	2110	2132	2102	2094	2131	2148	2148	2270	2135	2184	2081	2100	2157
Teor de Argamassa (%)	59,67	59,47	57,28	62,51	61,52	58,66	58,66	58,85	64,87	63,23	68,14	61,90	66,71
teor água/materiais secos (%)	7,77	6,61	7,90	8,55	8,68	7,73	7,73	7,40	9,32	8,06	8,55	9,57	7,93
fc 28dias (MPa)	30,3	30,3			47			50	47			48	41

Quadro 7- Misturas de CAA de resistência normal.

Mistura kg/m³	Barbosa et al. (2002)	Perisim (2001a)	Su et al (2001)	Nishizaki et al (1996)	Khayat e Guimal (1997)	Billberg (1999)	Nagai (1999)	Gomes (2002)	Gomes (2002)	Gomes (2002)	Gomes (2002)	Erileu y Heinadal (1999)	Bui et al. (2002)
Cimento	378	260	300	515	417	405	505	432	465	501	458	395	380
Filler Calcário				70		121	75	130	186				
Sílica Ativa	37,8				18			43,2					16
Escória de Alto forno			63										
Filler Quartzito		185											
Cinza Volante			148		118					200	275		145
Material Cimentíceo (mc)	415,8	260	511	515	553	405	505	475,2	465	701	733	411	525
Total material fino (mf)	415,8	445	511	585	553	526	580	605,2	651	701	733	411	525
Água	185	207	172	170	225	162	187	183	178	190	190	165,9	159,6
Agregado Miúdo	770,5	1000	928	737	691	895	861	791	791	771	744	932	788
Brita Φ até 11 mm		395											
Brita Φ até 12,7 mm	1010				568			834	834	721	696		
Brita Φ até 14 mm													
Brita Φ até 16 mm		270										488	854
Brita Φ até 20 mm			718	789	247	732	882						
Brita Φ até 24 mm												414	
Total de Brita	1010	665	718	789	815	732	882	834	834	721	696	902	854
Superplastificante	3,23	1	8,2	9	5,6	3,4	12,8	13,6	11,1	8,8	7,4	4,2	2,2
Incorporador													
Agente Viscoso							0,1						
Volume de Pasta (%)								38	38	43	45		
Relação a/c (em peso)	0,49	0,8	0,57	0,33	0,54	0,4	0,37	0,4	0,35	0,35	0,4	0,42	0,48
Relação a/mc (em peso)	0,44	0,80	0,34	0,33	0,41	0,40	0,37	0,39	0,38	0,27	0,26	0,40	0,30
Relação a/f (em peso)	0,44	0,47	0,34	0,29	0,41	0,31	0,32	0,3	0,27	0,27	0,26	0,38	0,35
Argamassa	2196,3	2110	2157	2111	2059	2153	2323	2230	2276	2193	2173	2245	2167
Teor de Argamassa (%)	54,01	68,48	66,71	62,62	60,42	66,00	62,03	62,60	63,36	67,12	67,97	59,82	60,59
teor água/materiais secos (%)	8,42	9,81	7,97	8,05	10,93	7,52	8,05	8,21	7,82	8,66	8,74	7,39	7,37
fc 28dias (MPa)	65,3	65	51,4	60	52	69	70	63,6	55,9	67	60,8	72	74

Quadro 8 – Misturas para concretos autoadensáveis de alta resistência (CADAR).

CAPÍTULO 14 - CONTROLE TECNOLÓGICO DE INSUMOS E PRODUÇÃO DO CONCRETO

Alfredo Santos Liduário
Mestre, Universidade Federal de Goiás/Furnas Centrais Elétricas S.A.
email: aliduario@yahoo.com.br

14.1 INTRODUÇÃO

No âmbito de qualquer atividade construtiva há a necessidade de um efetivo controle de construção para que a qualidade desejada seja atingida. Nas obras de concreto, os objetivos do controle são de garantir que sejam executadas de acordo com o previsto nos projetos e especificações, a um menor custo possível e assegurando a qualidade e uniformidade suficientes para garantir um desempenho satisfatório durante toda sua vida útil (ANDRIOLO e SGARBOZA, 1993).

Segundo Andriolo e Sgarzoba (1993), vários fatores influenciam na qualidade e obtenção de uma estrutura de concreto durável. Para tanto, deve-se ter atenção principalmente em:

- Controle de fabricação dos materiais manufaturados como cimento, adições minerais, aço, aditivos, entre outros;
- Pesquisa, ensaio de pré-qualificação e controle de beneficiamento de materiais naturais como água e agregados;
- Dosagem e mistura dos materiais;
- Transporte, lançamento e consolidação do concreto;
- Condições das fundações ou juntas de construção no momento do lançamento do concreto;
- Quantidade e qualidade dos equipamentos;
- Condições dos embutidos, armação e fôrmas;
- Cura do concreto;
- Capacidade e comportamento da equipe de construção;

Em grandes obras, nas quais os volumes de concreto e a velocidade de lançamento são muito grandes, o controle assume uma importante ferramenta de detecção de variações na qualidade de forma ágil e por consequência evita correções altamente onerosas.

Por fim, o controle tem como objetivo acompanhar e detectar possíveis desvios na qualidade dos materiais e procedimentos previstos e possibilitar a correção em tempo suficiente a fim de garantir a qualidade da estrutura a um menor custo possível (ANDRIOLO e SGARBOZA, 1993).

14.2 CONTROLE DE QUALIDADE DOS MATERIAIS E INSUMOS

Para garantir a qualidade do concreto produzido na central, é preciso verificar a constância da qualidade de cada um dos componentes da mistura: cimento, agregados, água e aditivos.

Deve ser elaborada uma frequência para a realização dos ensaios em função do grau de responsabilidade da estrutura, das condições agressivas locais e das características prévias conhecidas dos materiais disponíveis, conforme visto como exemplo nos Quadros 1 e 2 para ensaios de controle de cimento e agregados.

312 - Projeto, Execução e Desempenho de Estruturas e Fundações

Quadro 1 - Frequência de Ensaios de Controle de Cimento

Ensaios	Frequência
Finura Blaine	a cada lote ou 1 amostra composta por semana para aceitação
Finura pela peneira 200	
Finura pela peneira 325	
Início e fim de pega	
Ensaio de qualidade - resistência à compressão	
Massa específica	1 vez a cada 2 ou 3 meses
Expansibilidade a quente	
Análise química	

Quadro 2 - Frequência de Ensaios de Controle de Agregados

Ensaios	Frequência
Agregado Graúdo	
Umidade	1 vez por dia
Granulometria	a cada lote ou 1 amostra composta por semana para aceitação
Partículas friáveis em torrões de argila	
Teor de materiais pulverulentos	
Massa unitária em estado solto	1 vez por mês
Massa unitária em estado compactado	
Massa específica	
Absorção	
Índice de forma	
Abrasão "Los Angeles"	
Agregado Miúdo	
Umidade	1 vez por dia
Granulometria	a cada lote ou 1 amostra composta por semana para aceitação
Partículas friáveis em torrões de argila	
Teor de materiais pulverulentos	
Índice de matéria orgânica	

Massa unitária em estado solto	
Massa específica	1 vez por mês
Absorção	
Coeficiente de inchamento e umidade crítica	

Obs: a determinação da reatividade potencial de álcalis, segundo a NBR 15577-2 (2008), deve ser realizada a cada seis meses ou 150.000 m³, o que acontecer primeiro.

Esta norma determina ainda que o responsável pelo controle deve possuir qualificação e experiência comprovada e ao final da obra emitir um relatório conclusivo sobre os resultados obtidos e as análises efetuadas com relação à conformidade dos materiais aos requisitos técnicos. Este relatório deve fazer parte dos documentos de aceitação da obra.

14.3 DOSAGEM DO CONCRETO

O concreto deve ser dosado a fim de minimizar sua segregação, levando-se em consideração as operações de mistura, transporte, lançamento e adensamento.

A dosagem do concreto pode ser feita por qualquer método baseado na correlação entre as características de resistência e durabilidade do concreto e a relação água/cimento, considerando a trabalhabilidade desejada.
Os métodos de dosagem, sem exceção, permitem obter teórica e analiticamente um primeiro traço, ou seja, uma proporção dos materiais mais provável. Contudo, essa primeira proporção dos materiais deverá sempre ser conferida e geralmente ajustada por meio de amassadas experimentais em laboratório para obtenção do traço indicado para início de produção.

Por fim, o objetivo maior de um estudo de dosagem é obter a proporção ótima entre os agregados miúdos e os diferentes agregados graúdos disponíveis, compondo-os de forma a conseguir a máxima compacidade, o menor volume de vazios e o menor custo, assegurando a melhor trabalhabilidade possível.

14.3.1 Cálculo da Resistência de Dosagem

Devido às condições de variabilidade prevalecentes durante a construção, tem-se que na resistência de dosagem deve-se considerar o desvio padrão Sd, segundo a equação da NBR 12655 (2015). A resistência média de dosagem é o parâmetro que define o proporcionamento, ou seja, o traço dos materiais constituintes de uma mistura.

$$f_{cmj} = f_{ckj} + 1,65.Sd \hspace{2cm} \text{(Equação 1)}$$

Em que:

- f_{cmj}: resistência média do concreto à compressão, prevista para a idade j dias (idade de controle), em MPa;
- f_{ckj}: resistência característica do concreto à compressão, aos j dias, em MPa;
- Sd: desvio padrão da dosagem, em MPa.

Segundo a NBR 12655 (2015), o valor de resistência à compressão que apresenta uma probabilidade de 5 % de não ser alcançado é denominado resistência característica do concreto à compressão (f_{ck}), conforme mostrado na Figura 1. O valor característico é calculado em função da dispersão dos resultados, originados pelo processo de produção e ensaio.

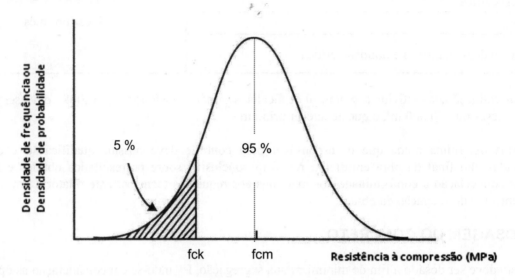

Figura 1: Curva normal (curva de Gauss) com a representação do fck e fcm

Em que:

- f_{ck}: resistência característica do concreto à compressão é o valor de referência adotado pelos projetistas como base de cálculo. Nesse valor é aplicado o coeficiente de minoração para a obtenção da resistência de cálculo f_{cd} do concreto à compressão.

- f_{cm}: resistência média do concreto obtida pela média aritmética de f_{ci} (resistência individual do corpo de prova) a j dias de idade, em MPa.

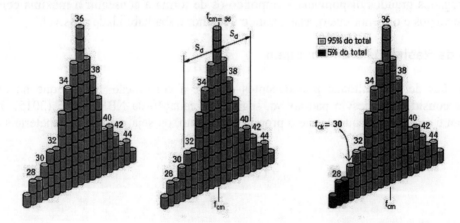

Figura 2: Representação do f_{ck} e f_{cm} - (fonte: http://www.revistatechne.com.br/engenharia-civil/152/artigo156894-1.asp)

Segundo a NBR 12655 (2015), quando o concreto for elaborado com os mesmos materiais, mediante equipamentos similares e sob condições equivalentes, o valor numérico do desvio padrão (Sd) deve ser fixado com no mínimo 20 resultados consecutivos obtidos no intervalo de 30 dias, em período imediatamente anterior. Em nenhum caso o valor de Sd adotado pode ser menor que 2 MPa.

Conforme a NBR 12655 (2015), quando o desvio padrão (Sd) não é conhecido, deve-se adotar para o cálculo da resistência de dosagem o valor apresentado na Tabela 1

Tabela 1 – Desvio padrão a ser adotado em função da condição de preparo do concreto – NBR 12655 (2015)

Condição de preparo do concreto	Desvio padrão (MPa)
A	4,0
B	5,5
C*	7,0
* Para a condição de preparo C, e enquanto não se conhece o desvio padrão, exige-se para os concretos de classe C15 o consumo mínimo de 350 Kg de cimento por metro cúbico de concreto.	

Condição A

- Aplicável a todas as classes de concreto (NBR 8953, 2015): o cimento e os agregados são medidos em massa, a água de amassamento é medida em massa ou volume com dispositivo dosador e corrigida em função da umidade dos agregados.

Condição B

- Aplicável às classes C10 até C20 (NBR 8953, 2015): o cimento é medido em massa, a água de amassamento é medida em massa ou volume com dispositivo dosador e os agregados medidos em massa combinada com volume. Por massa combinada com volume, entende-se que o cimento seja sempre medido em massa e que o canteiro deva dispor de meios que permitam a confiável e prática conversão de massa para volume de agregados, levando em consideração a umidade da areia.

Condição C

- Aplicável apenas às classes C10 e C15 (NBR 8953, 2015): o cimento é medido em massa, os agregados medidos em volume, a água de amassamento é medida em volume e a sua quantidade é corrigida em função da estimativa da umidade dos agregados e da determinação da consistência do concreto.

Nas grandes obras, como nas UHE (Usinas hidrelétricas), em que estruturas massivas em sua maioria trabalham mais pela inércia do que pela resistência, existem várias classes de concreto com níveis de resistência características (f_{ck}), em j dias (idades de controle) diferentes, como mostrado na Tabela 4. Desta forma, a NBR 12655 não seria adequada para controle deste tipo de obra, uma vez que oferece apenas uma equação com um valor definido para o valor de "t = 1,65" para a determinação da resistência média de dosagem (f_{cmj}).

Sendo assim, outra muito utilizada e divulgada no Brasil, principalmente na construção de UHE's, é a recomendação Americana ACI 214 (*Recommended Practice for Evaluation of Strength Test Results of Concrete*), que propõe outros parâmetros para controle tecnológico e dosagem do concreto.

316 - Projeto, Execução e Desempenho de Estruturas e Fundações

Quadro 3 – Classes de Concreto – Tabela retirada de especificação técnica de projeto de obra de UHE

CLASSE	D Max (mm)	Resistência Característica à Compressão (fck)		UTILIZAÇÃO
		Valor (MPa)	Idade (Dias)	
H	25	30	90	- concreto resistente à abrasão (t = 1,645) - concreto protendido (t = 1,645) - superfícies hidráulicas sujeitas a velocidades >12m/s (t=1,645) - concreto secundário das guias de comportas (t = 1,645)
G	25	25	90	- concreto protendido (t = 1,645) - concreto densamente armado (t = 1,645) - superfícies hidráulicas sujeitas a velocidades entre 4 m/s e 12m/s (ver nota 4) (t=1,645)
F	25	30	28	- concreto resistente à abrasão (t=1,645) - concreto protendido (t = 1,645) - peças pré-moldadas (t = 1,645) - superfícies hidráulicas sujeitas a velocidades > 12m/s (t=1,645) - concreto secundário das guias de comportas (t = 1,645)
E	25	25	28	- concreto protendido (t = 1,645) - concreto densamente armado (t = 1,645) - peças pré-moldadas (t = 1,645) - superfícies hidráulicas sujeitas a velocidades entre 4 m/s e 12m/s (t=1,645)
D	50	20	28	- concreto armado (t = 1,645) - concreto com baixa densidade de armadura dos pilares e muros do vertedouro (t = 1,282) - regiões sujeitas a solicitações dinâmicas t = 1,645 - peças pré-moldadas (t = 1,645) - superfícies hidráulicas sujeitas a baixas velocidades de água < 4 m/s (t =1,645)
C	50	20	90	- concreto armado (t = 1,645) - concreto com baixa densidade de armadura dos pilares e muros do vertedouro (t = 1,282) - regiões sujeitas a solicitações dinâmicas (t = 1,645) - superfícies hidráulicas sujeitas a baixas velocidades de água < 4 m/s (t =1,645)
B	50	15	90	- concreto armado (t = 1,645) - concreto maciço com baixa densidade de armadura (t = 1,282) - impermeabilização de fundação (t = 0,842) - concreto de face ou de envelopamento do CCR (t = 0,842)
A	50	9	90	- preenchimento de cavidades e irregularidades de fundação (t = 0,842) - concreto massa (t = 0,842) - concreto compactado com rolo (t=0,842)
A1	50	6	90	- preenchimento de cavidades e irregularidades de fundação (t = 0,842) - concreto massa (t = 0,842) - concreto compactado com rolo (t = 0,842)

Além da equação apresentada pela NBR 12655 (2015) para o cálculo da resistência de dosagem, a recomendação ACI 214 (2002) apresenta suas equações, como se segue:

$$fcj = fck + z.Sd$$ (Equação 2)

Em que

- **z**: é o z da distribuição normal (curva normal), o qual é utilizado para fornecer uma probabilidade de o valor da resistência característica (f_{ck}) não ser alcançado;

$$fcj = \frac{fck}{(1 - z.CV)}$$ (Equação 3)

- **CV**: coeficiente de variação.

Percebe-se que a equação do ACI 214 é igual a da NBR 12655, porém o valor de "z" não é fixado.

Exemplo (3.1): Calcular a resistência de dosagem para a idade de 28 dias a partir de uma resistência característica de projeto (fck) de 21 MPa, sendo o desvio padrão de dosagem (Sd) adotado de 4 MPa. Utilizar a equação da NBR 12655:

Solução:

$$\boxed{f_{cmj} = f_{ckj} + 1,65.Sd} \Rightarrow f_{cm28} = 21 + 1,65.4,0 \Rightarrow \boxed{f_{cm28} = 27,6MPa}$$

Exemplo (3.2): Calcular a resistência de dosagem para a idade de 28 dias a partir de uma resistência característica de projeto (fck) de 21 MPa, sendo o coeficiente de variação de 15 % e um t = 1,645. Utilizar a equação do ACI 214:

Solução:

$$fcj = \frac{fck}{(1 - t.CV)} \Rightarrow fc28 = \frac{21}{(1 - 1,645.0,15)} \Rightarrow \boxed{f_{c28} = 27,9MPa}$$

A resistência média de dosagem (fcmj ou fcj), juntamente com outros parâmetros de dosagem, é utilizada para calcular as primeiras proporções entre os materiais determinadas no estudo de dosagens em laboratório. Ao se iniciar a elaboração dos concretos no início da obra, alguns ajustes deverão ser realizados, uma vez que as condições de obra são diferentes. Contudo, boa parte dos parâmetros determinados em laboratório será mantida nesses ajustes.

Nas Figuras 3 a 7 estão apresentados exemplos de curvas de dosagem, nas quais são retirados os parâmetros para determinação dos traços iniciais e, na Tabela 2, os traços determinados. As curvas de dosagens e os traços aqui apresentados foram obtidos com o método de dosagem baseado no Módulo de Finura da Mistura (FURNAS, 1997).

318 - Projeto, Execução e Desempenho de Estruturas e Fundações

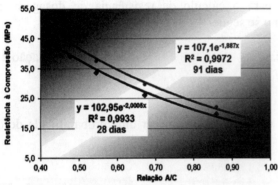

Figura 3 – Resistência à Compressão x Relação A/C

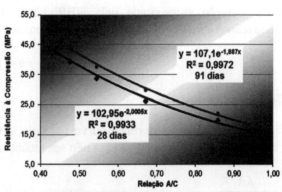

Figura 4 – Resistência à Compressão x Módulo de Finura da Mistura

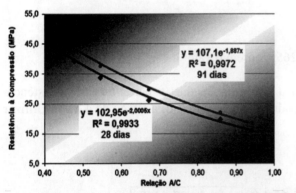

Figura 5 - Módulo de Finura da Mistura x % Areia em Massa

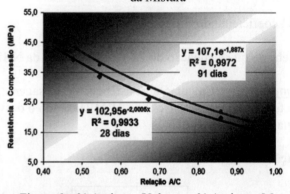

Figura 6 – % Areia em Volume x % Areia em Massa

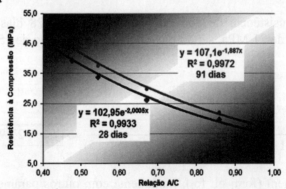

Figura 7 – Água Unitária x Módulo de Finura da Mistura

Tabela 2 – Traços iniciais determinados pelas curvas de dosagens

Norma	Equação do ACI 214 (2002)										
CLASSE	A		B		C		D		E		F	
t =	0,842	1,282	0,842	1,282	0,842	1,282	1,645	1,282	1,645	1,282	1,645	1,282
cv =	0,2	0,2	0,2	0,2	0,2	0,2	0,15	0,15	0,15	0,15	0,15	0,15
fck (MPa)	9,0	9,0	18,0	18,0	20,0	20,0	20,0	20,0	25,0	25,0	30,0	30,0
fcj = fck/[1-t.cv] (MPa)	10,8	12,1	21,6	24,2	24,1	26,9	26,6	24,8	33,2	31,0	39,8	37,1
Idade (dias) (controle)	91						28					
Traço em peso - 1:	13,18	12,49	9,17	8,12	8,17	7,45	6,72	7,38	5,01	5,70	3,88	4,41
Cimento CP IV (kg/m³)	146	154	205	227	226	246	269	248	341	308	418	379
Água Unitária (kg/m³)	178	178	174	179	179	180	182	177	193	185	199	193
Relação A/C	1,215	1,155	0,847	0,788	0,792	0,732	0,677	0,712	0,566	0,601	0,475	0,510
Areia Artificial (kg/m³)	916	909	855	828	829	812	779	803	699	734	617	658
Brita 25mm (kg/m³)	1011	1011	1028	1020	1020	1018	1024	1032	1008	1024	1004	1014
Módulo de Finura	4,705	4,714	4,793	4,817	4,816	4,835	4,883	4,860	4,975	4,942	5,093	5,040
Aditivo Polifuncional (kg/m³)	1,462	1,537	2,053	2,275	2,264	2,456	2,685	2,485	3,411	3,085	4,183	3,791
Aditivo Incorporador (kg/m³)	0,146	0,154	0,205	0,227	0,226	0,246	0,269	0,248	0,341	0,308	0,418	0,379
Percentual de argamassa com ar	61,77	61,75	61,13	61,43	61,42	61,50	61,26	60,97	61,87	61,28	62,02	61,66
Percentual de argamassa sem ar	57,57	57,55	56,93	57,23	57,22	57,30	57,06	56,77	57,67	57,08	57,82	57,46
% Areia em massa	47,6	47,3	45,4	44,8	44,8	44,4	43,2	43,8	41,0	41,8	38,1	39,4
% Areia em volume	47,5	47,2	45,3	44,7	44,7	44,3	43,1	43,7	40,9	41,7	38,0	39,3

14.4 CONTROLE TECNOLÓGICO DA PRODUÇÃO DO CONCRETO

O controle tecnológico de produção do concreto compreende o conjunto de métodos que ajudam tanto o fabricante do concreto quanto o engenheiro responsável pelo controle tecnológico na obra a cumprirem e verificarem o especificado, possibilitando a correção do processo quando necessário, tornando a produção do concreto mais econômica.

Sendo assim, interessa controlar os fatores que influem na resistência à compressão durante o controle de produção, ou seja, para se obter um concreto com características homogêneas, é necessário assegurar a uniformidade dos materiais, a regularidade do proporcionamento, a qualidade da mão de obra e a eficiência dos equipamentos.

Deve-se também utilizar da verificação da uniformidade das características do concreto fresco. Normalmente, a trabalhabilidade expressa pela consistência, a massa específica do concreto fresco e o teor de ar incorporado dão boa informação sobre a manutenção das características finais do concreto endurecido.

Por fim, uma das formas de se efetuar o controle de produção do concreto é pelo controle da resistência à compressão. Basicamente, a dispersão dos resultados tem origem em duas causas:

1) A variabilidade extrínseca, originada pelas operações de ensaio e controle, tais como: moldagem, mudança de pessoal, capeamento, prensa, dentre outros – **Variação dentro do ensaio.**
2) A variabilidade inerente à produção do concreto, devido às variações dos materiais, equipamento, mão de obra, produtor do concreto, dentre outros – **Variação devido à produção;**

14.4.1 Variação Dentro do Ensaio

A variabilidade devido ao ensaio é estimada pela variação dentro do ensaio baseada nas diferenças de resistência entre pares de corpos de prova que compõem um resultado de ensaio de resistência.

A estimativa do desvio padrão dentro do ensaio (Se) é obtida a partir da média das amplitudes (range) dos valores de resistência de todos os exemplares da amostra. A amplitude de cada exemplar deve ser dividida pelo coeficiente (d_2) apresentado na Tabela 3, que corresponde ao número de corpos de prova por exemplar.

Tabela 3 – Coeficiente para cálculo do desvio padrão dentro do ensaio (NBR 5739 (2007) e ACI 214 (2002))

Número de corpos de prova	d_2
2	1,128
3	1,693
4	2,059
5	2,326
6	2,534

$$S_e = \sum_{i=1}^{n} \frac{A_i}{n.d_2}$$

(Equação 4)

Em que:

$Se \rightarrow$ desvio padrão dentro do ensaio, em MPa;
$A_i \rightarrow$ amplitude (Intervalo "Range") dos valores de resistência. É a diferença entre o maior e menor resultado de corpo de prova que representa um mesmo exemplar (Amáx – Amin).
$n \rightarrow$ número de exemplares da amostra;
$d_2 \rightarrow$ coeficiente que depende do número de corpos de prova representativo de um mesmo exemplar.

O Coeficiente de variação dentro do ensaio é calculado segundo a expressão abaixo:

$$CVe = \frac{Se}{fcm}$$

(Equação 5)

Em que:

$CVe \rightarrow$ coeficiente de variação dentro do ensaio, em %
$Se \rightarrow$ desvio padrão dentro do ensaio, em MPa;
$fcm \rightarrow$ resistência média dos exemplares, em MPa.

14.4.2 Variação Devido à Produção

A variação devido à produção pode ser estimada a partir dos resultados de ensaio de resistência de uma mistura de concreto se cada resultado representa uma betonada diferente de concreto.

A variação total (desvio padrão do processo de produção e ensaio Sc) tem duas variações de componentes, a variação dentro do ensaio (Se) e a variação devido à produção (Sp).

- **Sc**: desvio padrão do processo de produção e ensaio do concreto obtido de uma ou mais amostras, a j dias de idade, em MPa. O desvio-padrão é calculado pela equação abaixo:

$$Sc = \sqrt{\frac{\sum_{i=1}^{n}(fci - fcm)^2}{n-1}}$$

(Equação 6)

Em que:

$Sc \rightarrow$ desvio padrão total (desvio padrão devido ao ensaio e devido à produção), em MPa;
$fci \rightarrow$ resultado individual de resistência à compressão dos corpos de prova, em MPa;
$fcm \rightarrow$ resistência média dos exemplares, em MPa.

A variância amostral é dada pela soma das variâncias da amostra dentro do ensaio e da de produção:

$$\boxed{Sc^2 = Se^2 + Sp^2}$$

(Equação 7)

A partir desta equação, o desvio-padrão devido à produção poder ser calculado:

$$\boxed{Sp = \sqrt{Sc^2 - Se^2}}$$

(Equação 8)

Exemplo (4.1): Abaixo está representado o resultado de resistência aos 28 dias de um lote correspondente a 50 m³ da moldagem de uma laje de concreto (considerar um fck ≤ 34,5 MPa). Calcular os seguintes parâmetros:

Lote de aproximadamente 50 m³		
	Resistência à compressão (MPa)	
Exemplar	Corpos de prova	
	CP 1	CP 2
1	20,6	19,6
2	19,0	18,2
3	14,6	15,0
4	17,1	18,3
5	19,1	20,1
6	16,5	15,9
7	20,9	21,1
8	14,1	14,5
9	16,7	17,7
10	15,7	16,1
11	21,4	21,6
12	18,7	17,5

a) Resistência média do lote;
b) O desvio padrão e o coeficiente de variação de produção e ensaio;
c) O desvio padrão e o coeficiente de variação das operações de ensaio;
d) O desvio padrão do processo de produção;
e) Avaliação do controle;

Solução:

322 - Projeto, Execução e Desempenho de Estruturas e Fundações

a) Resistência média do lote

$$fcm = \sum_{i=1}^{n} \frac{fc_i}{n} \Rightarrow fcm = \frac{20,6+19,0+...+17,5}{24} = 17,9 MPa$$

b) O desvio padrão e o coeficiente de variação de produção e ensaio

$$Sc = \sqrt{\frac{\sum_{i=1}^{n}(fci-fcm)^2}{n-1}} \Rightarrow Sc = \sqrt{\frac{(20,6-17,9)^2 + (19,0-17,9)^2 + ... + (17,5-17,9)^2}{24-1}} = 2,33 MPa$$

$$CVc = \frac{Sc}{fcm} \Rightarrow CVc = \frac{2,33}{17,9} = 0,13 = 13\%$$

c) O desvio padrão e o coeficiente de variação das operações de ensaio

$$Se = \sum_{i=1}^{n} \frac{A_i}{n.d_2} \Rightarrow Se = \frac{(20,6-19,6) + (19,0-18,2) + ... + (18,7-17,5)}{12 \times 1,128} = 0,620 MPa$$

$$CVe = \frac{Se}{fcm} \Rightarrow CVe = \frac{0,620}{17,9} = 0,0346 = 3,46\%$$

d) O desvio padrão do processo de produção

$$S_c^2 = S_e^2 + S_p^2 \Rightarrow S_p = \sqrt{S_c^2 - S_e^2} \Rightarrow S_p = \sqrt{2,33^2 - 0,620^2} \Rightarrow S_p = 2,25 MPa$$

e) Avaliação do controle

Podemos utilizar a Tabela 4.3 (fck $\leq$ 34,5 MPa) fornecida pelo ACI 214 (2002) para avaliação do controle. Neste caso, considerando o controle em canteiros de obras, utilizamos a variação total (desvio padrão (**Sc**)) e a variação dentro do ensaio (coeficiente dentro do ensaio (**CVe**)). Conforme a Tabela 4.3, temos:

O controle se encontra **<u>excelente,</u>** desvio padrão (**Sc**) abaixo de **2,8 MPa** e o coeficiente dentro do ensaio (**Cve**) **<u>muito bom</u>**, ou seja, entre **3,0% e 4,0%**;

O ACI 214 (2002) apresenta ferramentas que auxiliam o engenheiro do controle a verificar a qualidade dos concretos produzidos nas centrais, e, consequentemente, a eficácia do controle.
A avaliação da eficiência das operações de ensaio é feita por conceitos atribuídos ao coeficiente de variação. Na Tabela 4 estão apresentados os níveis de avaliação, segundo a NBR 5739 (2007) e nas Tabelas 5 e 6 os padrões de controle, segundo o ACI 214 (2002):

Tabela 4 - Avaliação do ensaio por meio do coeficiente de variação dentro do ensaio – NBR 5739 (2007)

Coeficiente de Variação (CVe)				
Nível 1 (Excelente)	Nível 2 (Muito bom)	Nível 3 (Bom)	Nível 4 (Razoável)	Nível 5 (Deficiente)
CVe ≤ 3,0	3,0 < CVe ≤ 4,0	4,0 < CVe ≤ 5,0	5,0< CVe ≤6,0	CVe ≥ 6,0

Tabela 5 - Padrões de controle de concreto – fck ≤ 34,5 MPa (ACI 214 (2002))

Variação total					
Classe de Operação	Desvio-padrão para diferentes padrões de controle, MPa				
	Excelente	Muito Bom	Bom	Regular	Ruim
Controle em canteiros de obras	Abaixo de 2,8	2,8 a 3,4	3,4 a 4,1	4,1 a 4,8	Acima de 4,8
Estudo de dosagem em laboratório	Abaixo de 1,4	1,4 a 1,7	1,7 a 2,1	2,1 a 2,4	Acima de 2,4
Variação dentro-do-ensaio					
Classe de operação	Coeficiente de variação para diferentes padrões de controle, %				
	Excelente	Muito Bom	Bom	Regular	Ruim
Controle em canteiros de obras	Abaixo de 3,0	3,0 a 4,0	4,0 a 5,0	5,0 a 6,0	Acima de 6,0
Estudo de dosagem em laboratório	Abaixo de 2,0	2,0 a 3,0	3,0 a 4,0	4,0 a 5,0	Acima de 5,0

Tabela 6 - Padrões de controle de concreto – fck > 34,5 MPa(ACI 214 (2002))

Variação total					
Classe de Operação	Coeficiente de variação para diferentes padrões de controle, MPa				
	Excelente	Muito Bom	Bom	Regular	Ruim
Controle em canteiros de obras	Abaixo de 7,0	7,0 a 9,0	9,0 a 11,0	11,0 a 14,0	Acima de 14,0
Estudo de dosagem em laboratório	Abaixo de 3,5	3,5 a 4,5	4,5 a 5,5	5,5 a 7,0	Acima de 7,0
Variação dentro-do-ensaio					
Classe de operação	Coeficiente de variação para diferentes padrões de controle, %				
	Excelente	Muito Bom	Bom	Regular	Ruim
Controle em canteiros de obras	Abaixo de 3,0	3,0 a 4,0	4,0 a 5,0	5,0 a 6,0	Acima de 6,0
Estudo de dosagem em laboratório	Abaixo de 2,0	2,0 a 3,0	3,0 a 4,0	4,0 a 5,0	Acima de 5,0

Em complementação dessas ferramentas, o ACI 214 (2002) apresenta outras que podem ser utilizadas no controle da produção do concreto, como exemplo, o gráfico das resistências simples (valores individuais) e o gráfico da média móvel.

- **Gráfico das Resistências Simples (individuais):** É o sistema de controle de produção mais comum e mais utilizado. Esse gráfico inclui, além das médias das resistências entre um par de corpos de prova em várias idades, a resistência média requerida (f_{cj}) e a resistência característica (f_{ck}), como pode ser observado na Figura 8.

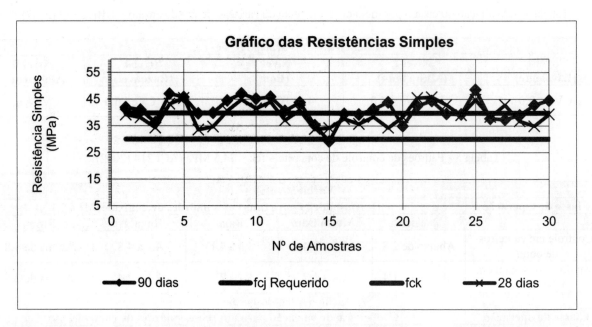

Figura 8 – Gráfico das resistências simples com média de 2 corpos de prova - 28 dias e 90 dias

- **Gráfico da Média Móvel da Resistência:** Este tipo de gráfico reduz o alarde e a dispersão no gráfico de resistência simples. Desta forma, as tendências no desempenho são mais facilmente identificadas. Entretanto, é necessário um número maior de amostras para utilizá-lo. Na Figura 9 está apresentado o gráfico de média móvel.

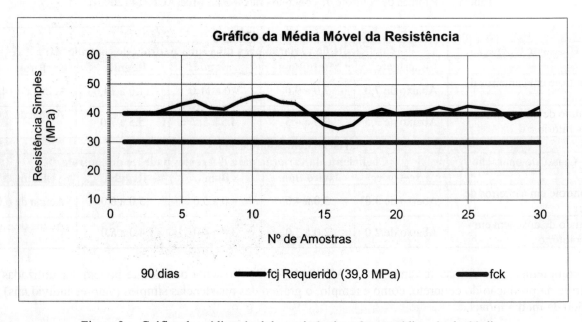

Figura 9 – Gráfico da média móvel das resistências - 3 por média móvel - 90 dias

14.5 CONTROLE DE ACEITAÇÃO DO CONCRETO

O controle de aceitação do concreto difere em relação ao controle tecnológico da produção do concreto. Neste caso, o objetivo é julgar simplesmente a conformidade ou não de certa porção do concreto com relação ao que foi especificado. Portanto, não se trata da análise da estabilidade do processo, ou seja, o objetivo não é a analisar as variações que intervêm no processo de produção do concreto para se alcançar aquela qualidade.

Em princípio, não envolve fatores econômicos da produção. O importante é aceitar um concreto com a resistência característica atendida, seja qual for a dispersão e a média de produção daquele concreto.

Desta forma, vem o interesse em se limitar certa quantidade de concreto (lote) dentro da qual se fará uma amostragem aleatória. Para complementar, a identificação dos elementos da estrutura (rastreabilidade) que foram confeccionados com aquele lote de concreto é necessária, de modo que, na época em que se dispuser dos resultados, seja possível decidir sobre sua adequação.

Segundo Helene e Terzian (1992), o objetivo maior do controle da resistência à compressão do concreto é a obtenção de um valor potencial, único e característico da resistência à compressão de um certo volume de concreto, para que seja comparado esse valor com aquele que foi especificado no projeto.

14.5.1 Classes de resistência do concreto

Os concretos são classificados em grupos pela resistência característica à compressão (f_{ck}), segundo a NBR 8953 (2015).

Tabela 7 – Classes de resistência de concreto – NBR 8953(2015)

CLASSES DE RESISTÊNCIA DO GRUPO I	
GRUPO I	f_{ck}
C10*	10
C15*	15
C20	20
C25	25
C30	30
C35	35
C40	40
C45	45
C50	50

CLASSES DE RESISTÊNCIA DO GRUPO II	
Grupo II	f_{ck}
C55	55
C60	60
C70	70
C80	80
C100	100

* classe de concreto não estrutural

14.5.2 Formação dos Lotes

Entende-se por lote o volume de concreto que será submetido a julgamento de uma só vez. Deve ser formado pelo volume de concreto produzido com um mesmo traço e numa mesma central, no qual as características dos materiais (cimento, agregados, água e aditivos) mantiveram-se uniformes e de mesma natureza.

É conveniente separar em lotes diferentes os diferentes pavimentos de uma estrutura, bem como as estruturas que estão sendo solicitadas por tipos diferentes de carregamento. Por exemplo, os pilares de um edifício que estão submetidos à compressão devem constituir um lote separado das vigas e lajes, submetidas à flexão.

326 - Projeto, Execução e Desempenho de Estruturas e Fundações

A recomendação da NBR12655 (2015) para a formação de lotes de concreto prescreve a limitação do volume máximo de concreto de um lote e do tempo máximo de concretagem do lote, como pode ser observado na Tabela 8. A razão para isto é que se mantenham a constância dos materiais e do processo de produção.

Tabela 8 – Valores para a formação de lotes de concreto - Limites máximos para a definição do número de lotes – NBR 12655 (2015)

SOLICITAÇÃO PRINCIPAL DOS ELEMENTOS ESTRUTURAIS		
Limites Superiores	Compressão simples ou flexão e compressão [1]	Flexão Simples [2]
Volume de concreto	50 m³	100 m³
Número de andares [3]	1	1
Tempo de concretagem	3 dias de concretagem [4]	

1) Pilares, vigas de transição, tubulões, brocas, blocos
2) Lajes, vigas, paredes de caixas d'água, escadas
3) Entenda-se número de estruturas independentes
4) Este período deve estar compreendido no prazo total máximo de sete dias, que inclui eventuais interrupções para tratamento de juntas.

Ao se misturar os resultados de exemplares de populações distintas e analisar tudo junto, certamente a variabilidade encontrada vai ser maior e falsa. Significa uma resistência média mais alta para compensar a falsa dispersão, logo antieconômico.

14.5.3 Identificação dos Exemplares da Amostra

Segundo a NBR 12655 (2015), as amostras devem ser coletadas aleatoriamente durante a operação de concretagem, conforme a NBR NM 33 (1998). Cada exemplar deve ser constituído por dois corpos de prova da mesma amassada, conforme a NBR 5738 (2015), para idade de rompimento, moldados no mesmo ato. Segundo a NBR 12655, o valor que representa a resistência do exemplar é o maior valor entre os corpos de prova de um exemplar.

Outro fator muito importante e imprescindível é a identificação na estrutura dos exemplares retirados, o que podemos denominar de rastreabilidade. Sem esse procedimento, o controle da resistência do concreto não tem eficácia, uma vez que não será possível identificar qual região na estrutura precisará da intervenção para reparar a não conformidade. Na Figura 10 está apresentado um exemplo de identificação na estrutura dos exemplares retirados para controle da resistência à compressão do concreto.

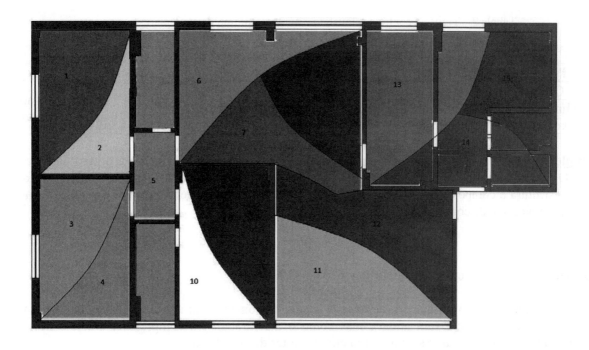

Lotes	Exemplares (caminhões)	Data de moldagem	Hora de descarga	Nota Fiscal
1	1	15/10/2013	07:30	027560
	2	15/10/2013	08:00	027561
	3	15/10/2013	08:40	027562
	4	15/10/2013	09:10	027565
	5	15/10/2013	09:45	027570
	6	15/10/2013	10:10	027571
	7	15/10/2013	10:50	027572
	8	15/10/2013	11:30	027573
	9	15/10/2013	11:55	027577
	10	15/10/2013	12:30	027580
	11	15/10/2013	14:00	027581
	12	15/10/2013	14:35	027582
	13	15/10/2013	15:00	027583
	14	15/10/2013	15:30	027584
	15	15/10/2013	15:50	027585

Figura 10 – Exemplo de identificação das regiões onde foram lançados os concretos com seus respectivos exemplares retirados

Essa forma de identificação pode ser aplicada não somente para lajes, mas para vigas, pilares e fundações.

14.5.4 Número de Exemplares por Amostra

Segundo a NBR 12655 (2015), o número de exemplares da amostra é função do tipo de controle estatístico do concreto, que podem ser de três formas, conforme Tabela 9.

328 - Projeto, Execução e Desempenho de Estruturas e Fundações

Tabela 9 – Tipos de controle estatístico e número mínimo de exemplares por amostra

Controle Estatístico do Concreto			
Por Amostragem Parcial		Por Amostragem Total	Casos Excepcionais
Grupo I	Grupo II	1 exemplar por amassada	De 2 a 5 exemplares para cada 10 m³ de concreto
Mínimo de 6 exemplares	Mínimo de 12 exemplares		

Exemplo 5.1: Qual o número de lotes para o exemplo do controle estatístico para o caso da obra de um túnel? O concreto tem como fck 40 MPa. Na concretagem foram utilizados caminhões-betoneira de 5 m³ cada. A estrutura é composta por 4 arcos de transferência de carga independentes uns dos outros. Cada arco consome um volume de concreto de 60 m³.

Solução:

Primeiramente, a classe de resistência do concreto é o Grupo I.

Segundo, para a definição do número de lotes, o tempo de concretagem é inferior a três dias e cada arco é uma estrutura independente (um andar), mas como o arco trabalha à compressão, um lote deve ter no máximo 50 m³. Logo, cada arco será dividido em dois lotes de 30 m³ cada.

Em cada concretagem serão utilizados 6 caminhões betoneira de 5 m³ cada. Neste caso, é possível fazer o controle estatístico por amostragem total, ou seja, um exemplar por amassada, totalizando 6 exemplares. Conforme a NBR 7212 (2012), para obras especiais, tais como barragens, pontes e túneis, a frequência de amostragem deve ser em função dos volumes de concreto preparado.

14.5.5 Controle da Resistência do Concreto

A resistência característica à compressão estimada (fck_{est}) para cada idade, em função dos resultados obtidos nos ensaios de ruptura dos corpos de prova deve ser comparada com a resistência característica (fck) estabelecida no projeto. O lote deve ser aceito caso a fck_{est} resulte maior ou igual à fck. Caso a fck_{est} resulte inferior à de projeto, o engenheiro da obra deve consultar o projetista de estrutura e o fornecedor de concreto para providências.

O cálculo da fck_{est} para cada lote deve ser feito pelo próprio laboratório de controle tecnológico do concreto. Desta forma, a NBR 12655 (2015) estabelece o critério de aceitação do concreto lançado sempre que tenham sido satisfeitas as condições de projeto e execução, e somente quando resultar:

$$fck_{est} \geq fck$$

Segundo a NBR 12655, consideram-se dois tipos de controle: o controle estatístico do concreto por amostragem parcial e o controle do concreto por amostragem total. Para cada um destes tipos é prevista uma forma de cálculo do valor estimado da resistência característica (fck_{est}) dos lotes de concreto.

14.5.5.1 Cálculo por Amostragem Parcial

Para este tipo de controle, em que são retirados exemplares de algumas betonadas de concreto, o cálculo do fck_{est} é feito conforme a seguir:

Para lotes com número de exemplares $6 \leq n < 20$, o valor estimado da resistência característica à compressão (fck_{est}), na idade especificada, é dado por:

$$f_{ckest} = 2 \cdot \frac{f_1 + f_2 + \dots + f_{m-1}}{m-1} - fm$$ (Equação 9)

Em que:

- m = **n/2**. Despreza-se o valor mais alto de n, se n for ímpar
- $f_1, f_2, \dots, f_m$ = valores das resistências dos exemplares, em ordem crescente

Não se deve tomar para fck$_{est}$ valor menor que $\psi_6 f_1$, adotando-se para ψ_6 os valores da Tabela 10, em função da condição de preparo do concreto e do número de exemplares da amostra, admitindo-se interpolação linear.

Caso o fck$_{est}$ pela equação anterior seja menor do que $\psi_6 f_1$, adota-se:

$$f_{ckest} = \psi_6 \cdot f_1$$ (Equação 10)

Para lotes com número de exemplares **n ≥ 20**:

$$f_{ckest} = f_{cm} - 1,65 \cdot S_d$$ (Equação 11)

em que:

- $f_{cm} \rightarrow$ é a resistência média dos exemplares do lote em MPa
- $S_d \rightarrow$ é o desvio padrão da amostra de n elementos, calculado com um grau de liberdade a menos (n-1) no denominador, em MPa. Este desvio padrão corresponde ao desvio padrão do processo de produção e ensaio (Sc).

14.5.5.2 Cálculo por Amostragem Total

Consiste no ensaio de exemplares de cada amassada de concreto. Neste caso, não há limitação para o número mínimo de exemplares do lote e o valor estimado de resistência característica é dado por:

$$f_{ckest} = f_{c(betonada)}$$ (Equação 12)

Considera-se que cada betonada represente um "lote", ou seja, seleciona os maiores valores entre os corpos de prova de cada exemplar e compara com o f_{ck} de projeto.

14.5.5.3 Cálculo para Casos Excepcionais

Divide-se a estrutura em lotes de no máximo 10 m³ e os amostra com número de exemplares ente 2 e 5. Trata-se de uma amostragem parcial, nestes casos, denominados excepcionais, o valor estimado da resistência característica é dado por:

$$fck_{est} \geq fck$$ (Equação 13)

em que:

330 - Projeto, Execução e Desempenho de Estruturas e Fundações

Tabela 10 - Valores de ψ_6 (NBR 12655, 2015)

Condição de preparo	Número de exemplares										
	2	3	4	5	6	7	8	10	12	14	≥ 16
A	0,82	0,86	0,89	0,91	0,92	0,94	0,95	0,97	0,99	1,00	1,02
B ou C	0,75	0,80	0,84	0,87	0,89	0,91	0,93	0,96	0,98	1,00	1,02

Exemplo 5.2: Conhecendo os resultados do controle estatístico por amostragem parcial do concreto do 8° pavimento de um edifício residencial, em que o fck = 20 MPa, verificar se o lote pode ser aceito.

Controle estatístico parcial		
	Resistência à compressão (MPa)	
Exemplar	Corpos de prova	
	CP 1	CP 2
1	23,0	21,0
2	25,3	23,9
3	21,5	22,2
4	23,4	24,4
5	22,0	23,1
6	22,9	22,1
7	24,9	25,1
8	23,3	22,2
9	20,8	21,9
10	23,8	23,8
11	24,2	22,7
12	23,0	24,5

Solução

$6 \leq n < 20$

> **Maiores resultados entre os pares dos exemplares em ordem crescente**

"n" número de exemplares

$$\boxed{21,9 < 22,2 < 22,9 < 23,0 < 23,1 < 23,3} < 23,8 < 24,2 < 24,4 < 24,5 < 25,1 < 25,3$$

$$m = \frac{n}{2} = \frac{12}{2} = 6$$

$$fck_{est} = 2 \cdot \frac{21,9 + 22,2 + 23,0 + 23,1}{6-1} - 23,3 = 21,9 MPa$$

Capítulo 14 – Controle Tecnológico de Insumos e Produção do Concreto - 331

$$f_{ckest} = 2 \cdot \frac{f_1 + f_2 + ... + f_{m-1}}{m-1} - f_m$$

$$\boxed{Escolher\ o\ maior\ dos\ dois\ fck_{est}}$$
$$\Downarrow$$
$$fck_{est} = 21,9MPa \geq fck = 20MPa \ OK!$$

$$\boxed{fck_{est} = \psi_6 \cdot f_1 = 0,99.21,9 = 21,7MPa}$$

Exemplo 5.3: Abaixo estão apresentados os resultados de resistência por amostragem parcial de uma viga de ponte rolante, em que fck = 25 MPa aos 28 dias. Verificar se o lote pode ser aceito.

Controle estatístico por amostragem parcial	
Exemplar	**Resistência à compressão (MPa)**
1	32,0
2	41,8
3	46,9
4	32,0
5	42,5
6	37,4
7	26,6
8	40,4
9	44,9
10	39,0
11	31,8
12	36,4
13	38,9
14	43,8
15	41,3
16	39,1
17	42,6
18	52,0
19	43,9
20	46,6

Solução:

$n \geq 20$

$$\boxed{fcm = \sum_{i=1}^{n} \frac{fc_i}{n}} \Rightarrow \boxed{fcm = 40,0MPa}$$

$$\boxed{f_{ckest} = f_{cm} - 1,65 \cdot S_d}$$

332 - Projeto, Execução e Desempenho de Estruturas e Fundações

O desvio padrão Sd e a média são calculados com os maiores valores entre os corpos de prova dos exemplares. Na Tabela acima estão apenas os maiores valores.

$$fck_{est} = 40,0 - 1,65 \cdot 6,09 = 29,95 MPa$$

$$\Downarrow$$

$$fck_{est} = 29,95 MPa \geq fck = 25 MPa \ \ OK!$$

$$Sc = \sqrt{\frac{\sum_{i=1}^{n} (fci - fcm)^2}{n-1}} \Rightarrow Sd = Sc = 6,09 MPa$$

Na Tabela 11 abaixo é apresentada uma planilha utilizada pelos engenheiros de Furnas para avaliação do controle tecnológico da produção do concreto na construção de UHE's, conforme a recomendação ACI 214 (2002). Nesta planilha, é apresentada tanto a parte do controle da produção quanto o controle da resistência do concreto.

Tabela 11 – Planilha utilizada para controle tecnológico do concreto na construção de UHE's (Usinas Hidrelétricas)

CONTROLE ESTATÍSTICO DA QUALIDADE DO CONCRETO
DETERMINAÇÃO DA RESISTÊNCIA À COMPRESSÃO AXIAL SIMPLES (MPa)
AVALIAÇÃO PELO MÉTODO DA ACI 214/2002

CLASSE: C1 — LOTE: 02 — Fck DE PROJETO: 25,0 MPa — IDADE DE CONSIDERADA: 28 DIAS — Rev: 00

Número Série	Dosagem	Data de Moldagem	Consistência (cm)	Ar Incorp. (%)	Massa Unit. (kg/m³)	Idade (dia) 3	7	28	90	Amp. Média 28 dias	Estrutura	Local de Aplicação
2471	19.C13-BS	17/12/2010	14,0	2,8	2.287	19,6	27,1	32,0	35,7	3,4	FS	(CTS3-4399/11) UNID. 03 SUP DAS LINHAS
2499	19.C13-BS	22/12/2010	13,0	2,7	2.346	23,0	27,5	41,8	46,7	2,1	FS	(CTS3-4461/11) Caixa d´água
2511	19.C13-BS	11/01/2011	14,0	1,9	2.386	22,6	30,5	46,9	45,9	2,8	FS	(CTS3-4504/11) UNIDADE 3 LAJE DO GERADOR
2521	19.C13-BS	15/01/2011	19,0	2,0	2.373	17,3	23,0	32,0	37,1	0,3	FS	(CTS3-4526/11) UNIDADE 3SUPORTE DAS LINHAS DE TRANSIÇÃO
2557	19.C13-BS	29/01/2011	12,0	1,3	2.342	24,4	30,9	42,5	49,1	1,7	AM	(CTS3-4602/11) CAIXA D'AGUA
2601	19.C13-BS	19/02/2011	15,0	3,2	2.346	20,8	26,8	37,4	43,6	0,8	FS	(CTS3-4696/11) Suporte das linhas de transmissão
2603	19.C13-BS	19/02/2011	13,0	2,7	2.366	22,6	25,1	26,6	43,6	4,3	AM	(CTS3-4670/11) RESERVATORIO DE AGUA POTAVEL
2611	19.C13-BS	24/02/2011	14,0	3,8	2.307	24,5	27,1	40,4	49,0	0,1	AS	(CTS3-4719/11) VIGAS COMPLEMENTARES DOS TRILHOS DO PÓRTICO
2617	19.C13-BS	02/03/2011	15,0	2,9	2.340	15,3	27,4	44,9	48,8	2,6	BD	(CTS3-4734/11) ENVELOPES E8,E8A,E9,E9A
2625	19.C13-BS	04/03/2011	14,0	2,9	2.347	12,9	25,3	39,0	44,7	1,2	FS	(CTS3-4750/11) LAJE SOBRE PREMOLDADOS MONTANTE LINHA A
2665	19.C13-BS	25/03/2011	14,0	2,2	2.354	17,1	24,4	31,8	41,9	0,4	FS	(CTS3-4886/11) SALA DO GRUPO GERADOR DIESEL
2689	19.C13-BS	02/04/2011	15,0	2,2	2.341	14,9	23,3	36,4	41,6	1,2	BD	(CTS3-4946/11) CAIXA DE PASSAGEM 7,7 A 8 E 8A
2707	19.C13-BS	08/04/2011	14,0	3,0	-	19,5	28,4	38,9	44,9	1,5	BD	(CTS3-4993/11) ENVELOPES E9 E 10A
2725	19.C13-BS	19/04/2011	14,0	2,2	2.350	20,0	25,1	43,8	50,1	2,0	BD	(CTS3-5058/11) ENVELOPES E11E E11A
2743	19.C13-BS	29/04/2011	13,0	2,1	2.363	15,8	26,6	41,3	48,0	2,3	FS	(CTS3-5903/11) SALA DO GRUPO GERADOR DIESEL
2747	19.C13-BS	30/04/2011	14,0	2,9	2.343	17,4	27,0	39,1	48,8	0,8	BD	(CTS3-5111/11) ENVELOPES E12 E E12A
2751	19.C13-BS	30/04/2011	13,0	2,2	2.343	17,2	27,4	42,6	50,5	0,8	BD	(CTS3-5113/11) ENVELOPES E13 E E131
2753	19.C13-BS	03/05/2011	14,0	-	2.340	20,9	26,9	52,0	57,5	1,2	BD	(CTS3.5423.11) ENVELOPE E28
2769	19.C13-BS	06/05/2011	14,0	2,5	2.346	19,9	31,7	43,9	51,0	1,0	BD	(CTS3.5149.11) ENVELOPES E 29
2771	19.C13-BS	06/05/2011	14,0	2,1	2.375	15,9	27,8	46,6	52,4	1,3	AM	(CTS3.5150.11) RESERVATORIO INFERIOR DE AGUA POTAVEL
2773	19.C13-BS	07/05/2011	14,0	2,2	2.350	16,3	30,5	41,3	48,3	1,0	BD	(CTS3-5160/11) ENVELOPES - E30
2775	19.C13-BS	09/05/2011	14,5	3,4	2.330	16,4	30,8	44,2	50,6	1,8	BD	(CTS3.5567.11) ENVELOPES - E3 E E3A
2779	19.C13-BS	13/05/2011	14,0	2,8	2.357	17,7	30,8	44,9	50,1	0,1	BD	(CTS3.5571.11) ENVELOPES E3 E E3A
2785	19.C13-BS	13/05/2011	12,0	2,8	2.330	17,7	30,3	44,5	54,8	0,9	BD	(CTS3.5592.11) ENVELOPES E14 E E14A
2787	19.C13-BS	14/05/2011	13,0	3,0	2.311	19,8	24,7	39,2	44,0	0,0	BD	(CTS3.5596.11) ENVELOPES E31
2799	19.C13-BS	19/05/2011	15,0	3,8	2.305	19,6	25,9	39,3	44,0	1,5	BD	(CTS3.5620.11) ENVELOPES E50,E51E52 E E53
2807	19.C13-BS	24/05/2011	13,0	3,8	2.337	15,3	26,4	37,5	47,9	2,2	BD	(CTS3.5712.11) ENVELOPES E55
2809	19.C13-BS	25/05/2011	14,0	3,0	2.323	14,3	25,8	38,1	42,4	4,0	BD	(CTS3.5719.11) ENVELOPES E54
2811	19.C13-BS	25/05/2011	14,0	3,2	2.317	14,7	27,9	41,3	45,9	0,8	BD	(CTS3.5720.11) ENVELOPES E56
2823	19.C13-BS	27/05/2011	14,0	2,9	2.317	15,3	25,7	41,0	47,2	2,1	BD	(CTS3.5746.11) ENVELOPES E61
Resultados Médios			14,0	2,7	2340	18,1	27,3	40,4	46,9	1,5		

ESTATÍSTICA DO RESULTADO

Dentro do Lote (Resistência)		Dentro do Ensaio (Amplitude)	
Média (MPa)	40,4	Média (MPa)	1,54
Desvio Padrão (MPa)	5,2	0,8865 Média (MPa)	1,36
Coeficiente de Variação (%)	12,8	Coeficiente de Variação (%)	3,38

RESISTÊNCIA CARACTERÍSTICA ESTIMADA

Numero de Amostras	30
Coeficiente t	1,645
fck Estimado (MPa)	31,8

ACI 214 (PRÁTICA RECOMENDADA)

Dentro do Lote		Dentro do Ensaio	
Padrão Controle C.V. (%)	D. Padrão (MPa)	Padrão Controle	Coeficiente de Variação (%)
Excelente ≤ 7,0	≤ 2,80	Excelente	≤ 3,0
Muito Bom 7,0 a 9,0	2,8 a 3,4	Muito Bom	3,0 a 4,0
Bom 9,0 a 11,0	3,4 a 4,1	Bom	4,0 a 5,0
Razoável 11,0 a 14,0	4,1 a 4,8	Razoável	5,0 a 6,0
Pobre > 14,0	> 4,8	Pobre	> 6,0

CONCLUSÃO DO LOTE

X	Conforme (fck est/fck proj ≥ 1,0)	
	Não Conforme (fck est/fck proj < 1,0)	1,27
-	Lote Parcial	

Acompanhamento das Resistências Simples

Tendência de Crescimento do fck Estimado

$$y = 7,4494\ln(x) + 6,4579$$
$$R^2 = 0,9823$$

14.6 REFERÊNCIAS BIBLIOGRÁFICAS

- ANDRIOLO, Francisco R., SGARBOZA, Bento C. **Inspeção e controle de qualidade do concreto**. São Paulo: Newswork, 1993.

- ASSOCIAÇÃO BRASILEIRA DE NORMAS TÉCNICAS. **NBR 15577: Agregados – Reatividade álcali-agregado.** Rio de Janeiro, 2008.

- ASSOCIAÇÃO BRASILEIRA DE NORMAS TÉCNICAS. **NBR 8953: Concretos para fins estruturais – classificação pela massa específica, por grupos de resistência e consistência.** Rio de Janeiro, 2009.

- ASSOCIAÇÃO BRASILEIRA DE NORMAS TÉCNICAS. **NBR 5739: Concreto – ensaio de compressão de corpos de prova cilíndricos.** Rio de Janeiro, 2007.

- AMERICAN CONCRETE INSTITUTE. **ACI 214R-02:** *Recommended practice for evaluation of strength test results of concrete.* 2002.

- ASSOCIAÇÃO BRASILEIRA DE NORMAS TÉCNICAS. **NBR NM 33: Amostragem de concreto fresco.** Rio de Janeiro, 1998.

- ASSOCIAÇÃO BRASILEIRA DE NORMAS TÉCNICAS. **NBR 5738: Concreto – procedimento para moldagem e cura de corpos de prova.** Rio de Janeiro, 2015.

- ASSOCIAÇÃO BRASILEIRA DE NORMAS TÉCNICAS. **NBR 7212: Execução de concreto dosado em central - procedimento.** Rio de Janeiro, 2012.

- ASSOCIAÇÃO BRASILEIRA DE NORMAS TÉCNICAS. **NBR 12655 – Concreto – preparo, controle e recebimento.** Rio de Janeiro, 2015.

- HELENE, Paulo, TERZIAN, Paulo. **Manual de dosagem e controle do concreto.** Pini, abr. 1992.
- MEHTA, P. Kumar, MONTEIRO, Paulo J.M. **Concreto – estrutura, propriedades e materiais.** 3.ed. São Paulo: Pini, 2008.

- NEVILLE, Adam M. **Propriedades do concreto.** 2.ed. São Paulo: Pini, 1997.

- Equipe de FURNAS - Editor Walton Pacelli de Andrade - **Concretos: massa, estrutural, projetado e compactado com rolo - ensaios e propriedades** - Editora Pini, São Paulo - SP, 1997.

CAPÍTULO 15 - PRINCÍPIOS DE DIMENSIONAMENTO EM ESTRUTURAS METÁLICAS

Azambuja, Eduardo Bicudo de Castro, IPOG
edazambuja@globo.com

15.1 O AÇO E O PROCESSO SIDERÚRGICO

O ferro gusa é o produto da primeira fusão do minério de ferro e contém cerca de 3,5 a 4,0% de carbono. O aço é uma liga metálica constituída basicamente de ferro e carbono, obtida do refino do ferro gusa, ou seja, da diminuição dos teores de carbono, silício, manganês, enxofre e fósforo existentes no ferro gusa. Nos tipos mais comuns de aços utilizados na construção civil, o teor de carbono é da ordem de 0,10 a 0,30%.

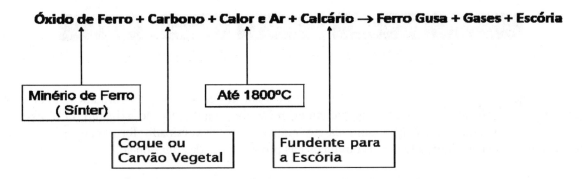

Figura 1 - Transformação química do minério de ferro em ferro gusa (Fonte: AUTOR)

A transformação do minério de ferro em AÇO é feita por meio da execução de 4 (quatro) etapas:

a) Preparação: tratamento das matérias-primas básicas necessárias para obtenção do aço, o minério de ferro, sendo transformado em sínter, e o carvão mineral, modificado em coque metalúrgico;

b) Redução: obtenção do ferro gusa no alto-forno;

c) Refino: transformação do ferro gusa em aço;

d) Lingotamento e laminação do aço em produtos comerciais.

Após a preparação dos materiais e melhoria das suas características, ocorre a fase de Redução no alto-forno, uma enorme cuba de aço de 50 a 100m de altura revestida com material refratário que funciona como um reator vertical e um trocador de calor, trabalhando em contracorrente, a carga sólida com o sínter, misturada em proporções adequadas de coque e fundentes, é posicionada no topo e o ar pré-aquecido é insuflado próximo à sua base, alcançando temperaturas de até 1.500°C. O ferro gusa líquido é vazado na parte inferior do alto-forno, transportado em vagões que passam, primeiramente, por processos de redução dos teores de enxofre e análise química, para seguir à aciaria.

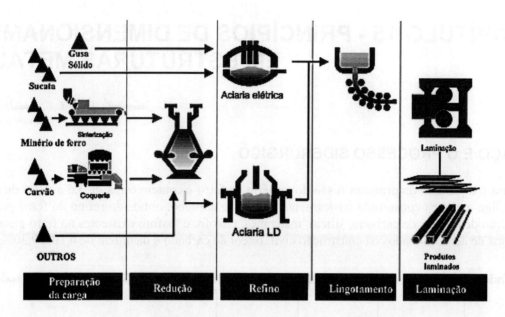

Figura 2 - Etapas para obtenção do aço (Fonte: DIAS, 2006)

A fase de refino acontece na aciaria, onde o ferro gusa e a sucata ferrosa são transformados em aço, com o ajuste do teor de carbono, fósforo, manganês e silício feito por uma injeção de oxigênio. O produto ainda sofre um ajuste fino na composição química no equipamento denominado forno-panela. A Tabela 1 apresenta a influência de alguns elementos químicos nas propriedades das ligas de aço.

Tabela 1 - Influência de elementos químicos nas propriedades do aço (Fonte: SILVA, 2010)

Elemento químico	Resistência à tração	Resistência à corrosão	Tenacidade	Soldabilidade
Carbono	↑	↓	↓	↓
Manganês	↑	---	↑	↓
Silício	↑	↑	↑	↓
Fósforo	↑	↑	↓	↓
Cromo	↑	↑	↑	↓
Níquel	↑	↑	↑	↓
Cobre	↑	↑	↓	↓

Durante o Lingotamento, o aço líquido passa da panela para um recipiente de distribuição que o libera para moldes na forma de placas, blocos e tarugos, transportados em uma esteira até a sua completa solidificação. A fase seguinte do processo é a laminação que pode ser feita a quente ou a frio, e consiste na conformação do aço no produto desejado, chapas grossas, finas ou perfis laminados.

15.2 HISTÓRICO DA CONSTRUÇÃO DE AÇO

Acredita-se que a primeira forma metálica de ferro tenha surgido, ainda no período neolítico, quando fragmentos de minério que circundavam as fogueiras foram reduzidos, pela ação do calor e do contato com a madeira carbonizada, a metal sólido (QUEIROZ, 1988).

Segundo QUEIROZ (1988), o primeiro alto-forno surgiu em meados do século XV e o equipamento a carvão mineral apareceu por volta de 1630, no século XVII. O processo de laminação é montado a partir do início do século XVIII.

A primeira obra importante construída em ferro fundido foi a ponte Coalbrookdale, em 1779, com vão de 31m, sobre o rio Severn em Shropshire, uma região rica em carvão na Inglaterra. Apesar do uso de uma liga metálica, a estrutura ainda preservava os conceitos das antigas pontes em arcos parabólicos que buscavam a eficiência nos esforços de compressão.

Figura 3 - Ponte Coalbrookdale (Fonte: http://structurae.net/ acesso em 31/7/2014)

A ponte suspensa Menai, construída no país de Gales no período de 1819 a 1826, com 177m, foi à época o maior vão do mundo, ainda em uso, um dos principais trabalhos da longa carreira do construtor escocês Thomas Telford (1757-1834), o qual, ao lado do engenheiro francês Gustave Eiffel (1832-1923), foi um dos pioneiros da construção em aço.

Após construir em Bordeaux uma grande ponte unindo as redes ferroviárias de Midi e Orleans, adquiriu fama internacional, sendo chamado para construir em Portugal, Estados Unidos e na Itália, destacando-se a obra do Viaduto de Garabit, a ponte sobre o rio Douro, a Torre Eiffel e a estrutura de sustentação da Estátua da Liberdade.

Figura 4 – Viaduto de Garabit (Fonte: http://www.pbs.org/wgbh/buildingbig/wonder/structure/ acesso em 31/7/2014)

Para suprir as necessidades comerciais da cidade de Chicago, nos Estados Unidos, adotou-se como solução, ainda no final do século XIX, a verticalização dos edifícios com o uso de estruturas de aço, revestidas para dar maior segurança em incêndios, obtendo com isso maior capacidade estrutural, resultando em um melhor aproveitamento dos espaços, maior rapidez na execução e possibilidade de usos múltiplos. Os projetos da chamada Escola de Chicago apresentaram soluções que compatibilizavam a estrutura com as novas propostas arquitetônicas.

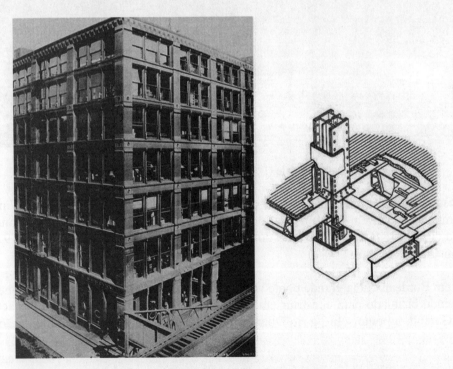

Figura 5 - Second Leiter Building, Chicago EUA, projetado por William Le Baron Jenney (Fonte: http://hasxx.blogspot.com.br/ acesso em 31/7/2014)

No Brasil, no final da década de 1940 começam a funcionar os alto-fornos da Companhia Siderúrgica Nacional, em Volta Redonda, sendo inaugurada também a sua Fábrica de Estruturas Metálicas (FEM). Em 1957, com a participação do engenheiro pernambucano Paulo Rodrigues Fragoso (1904-1991), é fabricado e montado o edifício Garagem América, no centro da cidade de São Paulo, o primeiro prédio metálico construído no Brasil com materiais e projetos produzidos no país.

Figura 6 - Edifício Garagem América (Fonte: DIAS, 2002)

15.3 SISTEMAS ESTRUTURAIS EM AÇO

No dimensionamento de estruturas utilizam-se modelos teóricos que substituem barras por linhas ligadas por vínculos, procurando simular o comportamento real. Quanto mais próximo da realidade, melhor o desempenho desse modelo. Define-se:

a) Pórticos indeslocáveis, em que o deslocamento de todos os nós depende apenas da deformação axial de barras;

b) Pórticos deslocáveis, em que o deslocamento de pelo menos um dos seus nós depende da deformação por flexão de pilares.

Os pórticos deslocáveis tendem a ser menos econômicos devido às ligações rígidas necessárias, além de exigirem uma inércia maior dos pilares para limitar os deslocamentos horizontais. Já os pórticos indeslocáveis, apesar de resultarem estruturas com menores deslocamentos, exigem maiores adequações da solução arquitetônica, por causa da necessidade das barras de contraventamentos.

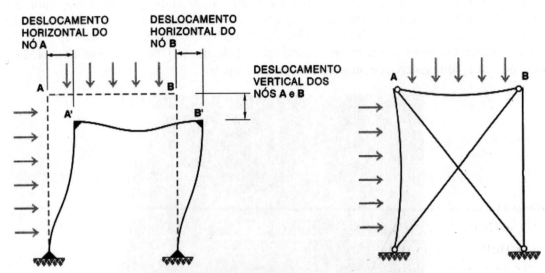

Figura 7 - Pórticos deslocável e indeslocável (Fonte: DIAS, 2006)

Há diferentes formas de se conceber soluções para um problema estrutural, sendo possível combinar elementos capazes de resistir, simultaneamente, a solicitações axiais, de flexão e de cisalhamento, ligando rigidamente pilares e vigas, criando uma estrutura hiperestática em pórticos. As ligações deverão ter alto grau de vinculação com as seguintes características:

a) Interação de força normal e momento fletor;
b) Deslocamento global da estrutura depende da rigidez dos pilares.

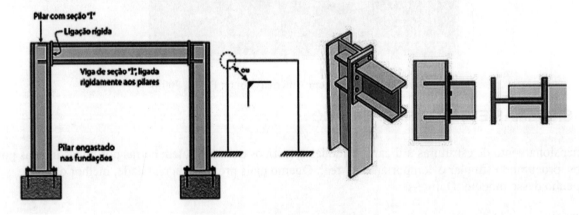

Figura 8 - Detalhe de ligações de pórticos indeslocáveis (Fonte: SILVA, 2010)

É possível também conceber uma estrutura capaz de resistir aos efeitos das cargas, verticais e horizontais, estudando uma distribuição de rótulas entre os vários elementos. As vigas horizontais serão fletidas, os pilares simplesmente comprimidos e as ligações rotuladas deverão resistir a esforços cortantes. Para resistir às ações horizontais, será associada uma estrutura vertical rígida e engastada que transfira os seus efeitos às fundações.

Essa associação produz um conjunto de elementos isostáticos em condições de absorver os esforços oriundos dos carregamentos, com as seguintes características:

a) Ligações rotuladas simples;
b) Deslocamentos dependentes de uma estrutura rígida;
c) Interação reduzida das solicitações axiais e os momentos fletores nos pilares da estrutura;

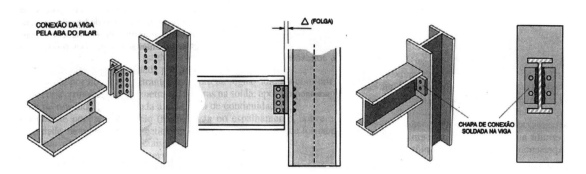

Figura 9 - Detalhe de ligações de pórticos deslocáveis (Fonte: SILVA, 2010)

Vigas são elementos estruturais horizontais que transportam cargas verticais, sendo submetidas, basicamente, por esforços de flexão. As estruturas de piso são, em geral, compostas por vigas principais e secundárias, normalmente, com menor espaçamento entre elas, associadas a painéis de laje, trabalhando, preferencialmente, apenas na direção do menor vão. Além de transferir as cargas verticais para os pilares, os sistemas de piso são responsáveis por distribuir as ações do vento para as estruturas de contraventamentos, funcionando como diafragmas rígidos horizontais.

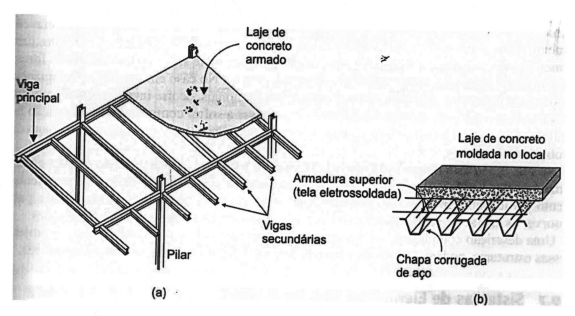

Figura 10 - Estrutura de piso (Fonte: PFEIL, 2009)

As vigas de alma cheia são caracterizadas pelo afastamento das mesas com o objetivo de aumentar a inércia no plano de flexão, podendo ser formadas por perfis soldados, laminados ou dobrados a frio. As alveolares são vigas que se originam do recorte longitudinal das almas de perfis I, com posterior deslocamento e soldagem, obtendo-se, com o peso original, uma nova geometria com melhores características aos esforços de flexão.

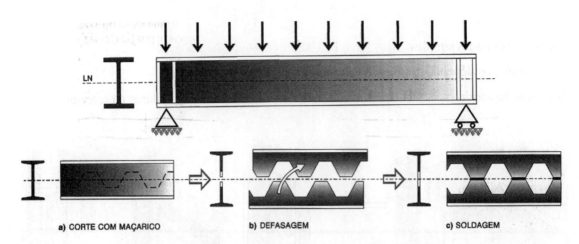

Figura 11 – Viga de Alma Cheia e a viga Vierendel (SILVA, 2010)

A treliça é um sistema estrutural formado por barras que se unem em nós, formando triângulos. Isso garante que, quando as cargas atuarem nos nós, serão desenvolvidos apenas esforços de tração e compressão simples, apresentando barras mais esbeltas e um conjunto mais leve para vencer grandes vãos. A Vierendel é uma viga composta por barras unidas por ligações rígidas, formando quadros que devem resistir a esforços normais, cortantes e momentos fletores. São mais deformáveis que as treliças.

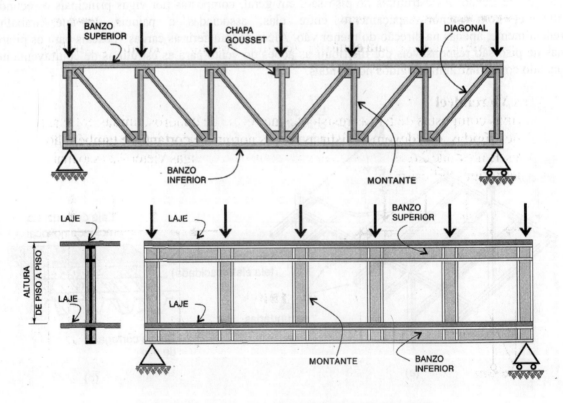

Figura 12 - Treliça e viga Vierendel (Fonte: SILVA, 2010)

Com o objetivo de se aproveitar melhor a resistência do aço e a rigidez do concreto armado, além de melhorar o comportamento resistente ao fogo, a ABNT NBR 8800/2008, no seu Anexo O, trata do dimensionamento de Vigas Mistas de Aço e Concreto, e no Anexo P, do dimensionamento de pilares mistos AÇO/CONCRETO.

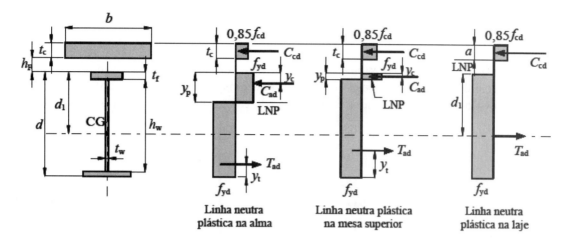

Figura 13 – Viga Mista aço e concreto (Fonte: Anexo O ABNT NBR 8800:2008)

Flambagem é o nome dado ao fenômeno de perda de estabilidade lateral que ocorre em elementos esbeltos submetidos a esforços de compressão, diminuindo a resistência final das peças e gerando deslocamentos não aceitáveis. Devido às próprias características do material e de suas estruturas, a flambagem é sempre analisada no dimensionamento dos elementos de aço.

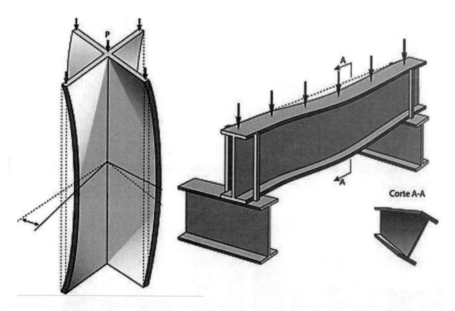

Figura 14 - Flambagem em perfis metálicos (SILVA, 2010)

15.4 PRODUTOS SIDERÚRGICOS DO AÇO

O aço é produzido em uma grande variedade de tipos e formas, e cada qual procura atender, eficientemente, uma ou mais aplicações em chapas, perfis, tubos ou barras. As propriedades mecânicas dos aços são dependentes do teor de certos elementos químicos, especialmente, do teor de carbono.

A quantidade de carbono presente no aço define sua classificação. Os aços de baixo carbono possuem um máximo de 0,3% deste elemento e apresentam grande ductilidade. São bons para o trabalho mecânico e soldagem, não sendo temperáveis, utilizados na construção de edifícios, pontes, navios, automóveis, dentre outros usos. Os principais requisitos para os aços destinados à aplicação estrutural são: elevada tensão de escoamento, elevada tenacidade, boa soldabilidade e boa trabalhabilidade.

A adição de pequenas quantidades de certos elementos de liga, como o cobre (Cu), o níquel (Ni) e o cromo (Cr), cria uma espécie de barreira à corrosão do aço. Esses tipos de aço, denominados patináveis, quando expostos ao clima, desenvolvem uma camada compacta e aderente de proteção à corrosão atmosférica.

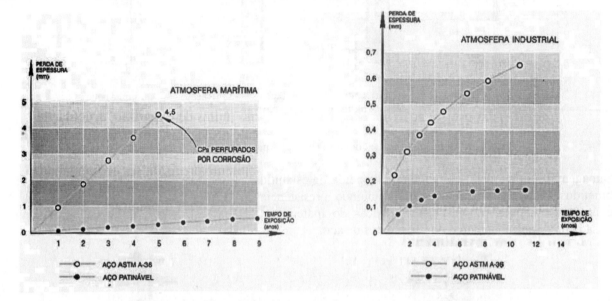

Figura 15 – Comportamento dos aços patináveis com o tempo (Fonte: DIAS, 2006)

De acordo com Pannoni (1987), a morfologia da camada de ferrugem formada sobre um aço patinável é diferente daquela formada em um aço carbono comum. Os aços patináveis desenvolvem uma fase amorfa rica em cobre, fósforo, cromo e silício que isola o substrato metálico do ingresso de oxigênio e água. A ferrugem formada sobre o aço carbono comum possui trincas macroscópicas que não impedem a entrada desses dois componentes.

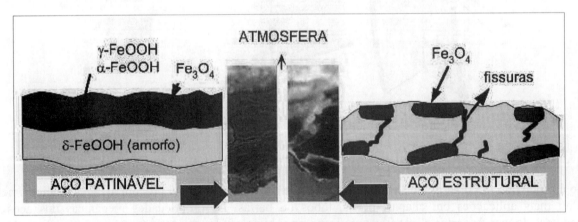

Figura 16 – Morfologia do aço patinável (Fonte: PANNONI, 1987)

A ductilidade é a capacidade do material se deformar sob ação de cargas, tendo importância porque conduz a mecanismos de ruptura acompanhados de grandes deformações, que fornecem avisos da atuação de cargas elevadas. Pode ser medida pela deformação unitária residual após a ruptura do material. Fragilidade é o oposto, os aços podem ser tornar frágeis pela ação de baixas temperaturas ambientes, ou efeitos térmicos localizados, como nas ligações por solda elétrica.

A elasticidade de um material é a sua capacidade de voltar à forma original após sucessivos ciclos de carga e descarga. A deformação elástica é reversível, ou seja, desaparece quando a tensão é removida. Deformação plástica é aquela permanente provocada por tensão igual ou superior ao limite de escoamento do aço, que altera a estrutura interna do aço, aumentando sua dureza e o valor do limite de resistência, porém reduzindo sua ductilidade.

A soldabilidade se refere à capacidade do aço de ser soldado satisfatoriamente, sem dificuldades, sob condições normais de fabricação, mantendo suas características e propriedades originais.

Para uma mesma tensão, determinados materiais se deformam mais do que outros, o módulo de elasticidade informa o quão deformável é um material e o comportamento do aço pode ser analisado pelo traçado do diagrama Tensão x Deformação.

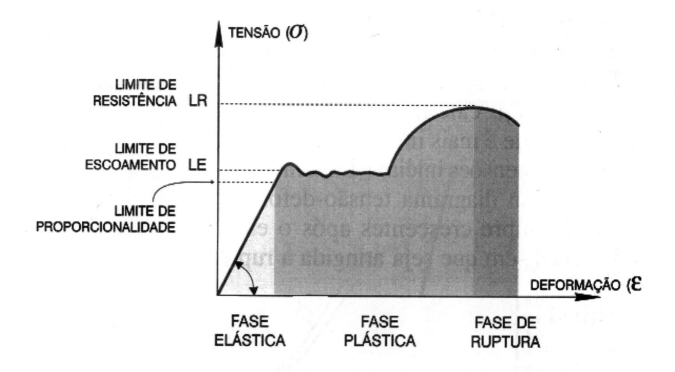

Figura 17 – Diagrama Tensão x Deformação do aço (Fonte: DIAS, 2006)

A resistência à ruptura dos materiais é medida em ensaios estáticos, quando as peças metálicas trabalham sob efeito de esforços repetidos em grande número, pode haver ruptura em tensões inferiores às obtidas em ensaios estáticos. Esse efeito denomina-se fadiga do material. Essa propriedade é determinante no dimensionamento de peças sob ação de efeitos dinâmicos importantes, tais como peças de máquinas e de pontes. Segundo a NBR 8800:2008, item k.2.6, nenhuma verificação de fadiga é necessária se o número de ciclo de aplicações das ações variáveis for menor que 20.000.

Para efeito de cálculo e dimensionamento dos elementos estruturais, devem ser adotados, para aços estruturais, os valores de propriedades mecânicas definidos no item 4.5.2.9 da ABNT NBR 8800:2008 (Tabela 2)

Tabela 2 - propriedades mecânicas dos aços estruturais (Fonte: ABNT NBR 8800:2008)

a) módulo de elasticidade, $E = E_a = 200\,000$ MPa;

b) coeficiente de Poisson, $\nu_a = 0,3$;

c) módulo de elasticidade transversal, $G = 77\,000$ MPa;

d) coeficiente de dilatação térmica, $\beta_a = 1,2 \times 10^{-5}$ °C^{-1};

e) massa específica, $\rho_a = 7\,850$ kg/m^3.

O aço estrutural, quando exposto a temperaturas de incêndio, sofre reduções nas suas propriedades originais, principalmente, das tensões resistentes de escoamento ~~e última,~~ e do módulo de elasticidade, podendo causar o colapso da edificação. Os aços resistentes ao fogo são basicamente resultado de modificações de aços resistentes à corrosão atmosférica, com adições de elementos de liga, como o molibdênio (Mo) e o cobre (Cu), podendo ser complementadas com titânio, nióbio e vanádio.

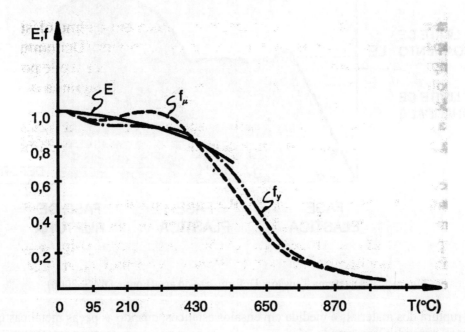

Figura 18 – Redução das propriedades do aço estrutural com a temperatura (Fonte: PFEIL, 2009)

A Tabela 3 apresenta os aços estruturais de uso frequente no Brasil, especificados pela norma americana ASTM – American Society for Testing and Materials, o aço carbono comum A36 e o aço de alta resistência A572, com suas respectivas tensões de escoamento (f_y) e última (f_u), e os aços de baixa liga e alta resistência mecânica resistente à corrosão atmosférica A242 e A588.

Tabela 3 – Aços estruturais de uso frequente pela ASTM (Fonte: ABNT NBR 8800:2008)

Classificação	Denominação	Produto	Grupo de perfil[a b] ou faixa de espessura disponível	Grau	f_y MPa	f_u MPa
Aços-carbono	A36	Perfis	1, 2 e 3	-	250	400 a 550
		Chapas e barras [c]	$t \leq 200$ mm	-	250	400 a 550
	A500	Perfis	4	A	230	310
				B	290	400
Aços de baixa liga e alta resistência mecânica	A572	Perfis	1, 2 e 3	42	290	415
				50	345	450
				55	380	485
			1 e 2	60	415	520
				65	450	550
		Chapas e barras [c)]	$t \leq 150$ mm	42	290	415
			$t \leq 100$ mm	50	345	450
			$t \leq 50$ mm	55	380	485
			$t \leq 31,5$ mm	60	415	520
				65	450	550
Aços de baixa liga e alta resistência mecânica resistentes à corrosão atmosférica	A242	Perfis	1	-	345	485
			2	-	315	460
			3	-	290	435
		Chapas e barras [c)]	$t \leq 19$ mm	-	345	480
			19 mm $< t \leq 37,5$ mm	-	315	460
			37,5 mm $< t \leq 100$ mm	-	290	435
	A588	Perfis	1 e 2	-	345	485
		Chapas e barras [c]	$t \leq 100$ mm	-	345	480
			100 mm $< t \leq 125$ mm	-	315	460
			125 mm $< t \leq 200$ mm	-	290	435

Os perfis são importantes componentes no projeto, fabricação e montagem de estruturas de aço, sendo utilizadas seções transversais que se assemelham às formas das letras I, H, U e Z, além das cantoneiras no formato L. Podem ser obtidos diretamente da laminação a quente, por soldagem ou pela conformação a frio, sendo chamados, respectivamente, de perfis laminados, soldados e formados a frio.

As seções laminadas com mesas paralelas são oferecidas no Brasil em várias medidas compreendidas entre as alturas de 150 a 610 mm e comprimentos padrão de 12.000mm. Dividem-se em 2 (duas) séries W e HP, sua designação é dada pela série, seguida pela altura e a massa por unidade de comprimento. Assim, podemos encontrar o W 310x21 e o HP 310x125.

Os componentes soldados são formados por 3 (três) chapas de aço estrutural, unidas entre si por soldagem por arco elétrico, podendo ter seção transversal simétrica ou assimétrica, em formato de I, H ou U, nas séries CS, coluna soldada, VS, viga soldada ou CVS, coluna-viga soldada, conforme a relação de sua altura e largura.

E os perfis estruturais formados a frio, conhecidos por chapas dobradas, obtidos, principalmente, pela sequência de operações similares de dobras em prensas, até o atingimento da seção desejada, fornecendo resistência pela geometria alcançada.

Tabela 4 – Perfis de aço estrutural (Fonte: DIAS, 2006)

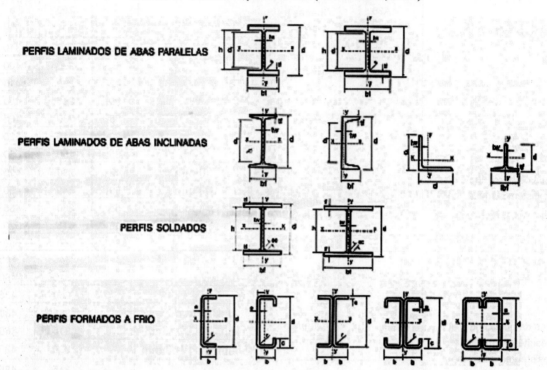

15.5 AÇÕES EM ESTRUTURAS DE AÇO

Os carregamentos que atuam na estrutura de uma edificação podem ser classificados, segundo PFEIL (2009), da seguinte forma:

a) AÇÕES PERMANENTES são aquelas invariáveis durante a vida útil da estrutura e relacionadas como o peso próprio de materiais, instalações ou equipamentos fixos;

b) AÇÕES VARIÁVEIS são decorrentes do uso da edificação, ação de vento ou variação de temperatura;

c) AÇÕES EXCEPCIONAIS são aquelas de baixa probabilidade de ocorrência, mas incluem grande intensidade, tais como explosões, choques de veículos e abalos sísmicos.

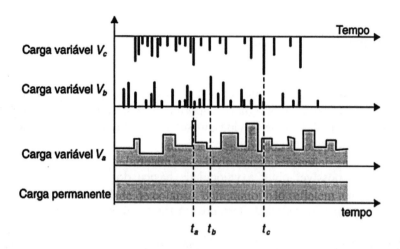

Figura 19 – Carregamentos atuantes na estrutura ao longo do tempo (Fonte: PFEIL, 2009)

A ABNT NBR 6120:190, Cargas para o Cálculo de Estruturas de Edificações, fixa as condições exigíveis para a determinação dos valores das cargas que devem ser consideradas no projeto de estruturas de edificações, qualquer que seja sua classe e destino, salvo os casos previstos em normas especiais, como a de vento.

A norma define carga ACIDENTAL como toda aquela que pode atuar sobre a estrutura de edificações em função do seu uso. As cargas verticais que se consideram atuando nos pisos de edificações referem-se a carregamentos devidos a pessoas, móveis, utensílios, materiais diversos e veículos, e são supostas uniformemente distribuídas, com valores mínimos indicados.

Tabela 5 – Ações acidentais decorrentes do uso (Fonte: ABNT NBR 6120:1980)

		Local	Carga
1	Bancos	Escritórios e banheiros	2,0 kN/m²
		Salas de diretoria e gerência	1,5 kN/m²
2	Cinemas	Platéia com assentos fixos	3,0 kN/m²
		Estúdio e platéia com assentos móveis	4,0 kN/m²
		Banheiro	2,0 kN/m²
3	Corredores	Com acesso ao público	3,0 kN/m²
		Sem acesso ao público	2,0 kN/m²
4	Edifícios residenciais	Dormitórios, sala, copa, cozinha e banheiro	1,5 kN/m²
		Despensa, área de serviço e lavanderia	2,0 kN/m²
5	Escolas	Anfiteatro, corredor e sala de aula	3,0 kN/m²
		Outras salas	2,0 kN/m²
6	Escritórios	-	2,0 kN/m²
7	Lojas	-	4,0 kN/m²
8	Restaurantes	-	3,0 kN/m²
9	Terraços	Sem acesso ao público	2,0 kN/m²
		Com acesso ao público	3,0 kN/m²
		Inacessível a pessoas	0,5 kN/m²

O vento é produzido por diferenças de temperatura de massas de ar na atmosfera, o caso mais fácil de identificar é quando uma frente fria chega a uma determinada área e choca-se com o ar quente produzindo vento, fenômeno o qual pode ser observado antes do início de uma chuva.

Não é uma ação preponderante em construções baixas e pesadas com paredes grossas, porém em estruturas esbeltas passa a ser uma das solicitações mais importantes a determinar no projeto de estruturas. As considerações para determinação das forças devidas ao vento são regidas e calculadas de acordo com a NBR 6123/1988 - Forças devidas ao vento em edificações.

Pelo gráfico de isopletas, é possível obter a velocidade básica do vento V_0 para o local da construção, definida como sendo a velocidade de uma rajada de 3 segundos, podendo ser ultrapassada, em média, uma vez em 50 anos, atuando a 10 metros acima do terreno, em campo aberto e plano.

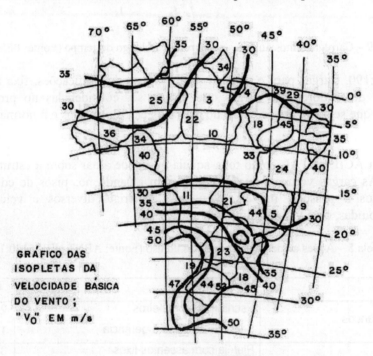

Figura 20 – Isopletas da velocidade básica do vento (Fonte: ABNT NBR 6123:1988)

A velocidade característica (Vk) é aquela utilizada em projeto, sendo que são considerados os fatores topográficos (S1), a influência da rugosidade (obstáculos no entorno da edificação) e das dimensões da edificação (S2), e o fator de uso da edificação que considera a vida útil e o tipo de uso (S3). A velocidade característica pode ser expressa em (m/s) pela expressão:

$$V_k = V_o \times S_1 \times S_2 \times S_3$$

A velocidade característica (V_k) permite determinar a pressão dinâmica do vento (q) pela expressão:

$$q = 0{,}613 \times V_k^2$$

As forças devidas ao vento sobre uma edificação devem ser calculadas separadamente para elementos de vedação e suas fixações (telhas, vidros, esquadrias, painéis de vedação, etc.), partes da estrutura (telhados, paredes, etc) e a estrutura como um todo (global), e depende da diferença de pressão nas faces opostas da parte da edificação em estudo, os coeficientes de pressão são dados para superfícies externas e internas.

Os coeficientes de pressão têm valores definidos para diferentes tipos de construção na NBR6123, que foram obtidos por meio de estudos experimentais em túneis de vento. A força devida ao vento em elementos ou partes da estrutura pode ser expressa por:

$$F = (C_{pe} - C_{pi}) \times q \times A$$

Em que (Cpe) e (Cpi) são os coeficientes de pressão de acordo com as dimensões geométricas da edificação, (q) é a pressão dinâmica do vento e (A) é a área frontal perpendicular à atuação do vento. Valores positivos dos coeficientes de pressão externo ou interno correspondem a sobrepressões, valores negativos correspondem a suções.

A força global do vento sobre uma edificação é obtida pela soma vetorial das forças do vento que aí atuam. A componente da força global na direção do vento, força de arrasto (Fa), é obtida por:

$$F_a = C_a \times q \times A$$

Em que:
a)   Ca = coeficiente de arrasto;
b)   q = pressão dinâmica do vento

c)   Ae = área frontal efetiva: área da projeção ortogonal da edificação, estrutura ou elemento estrutural sobre um plano perpendicular à direção do vento (área de sombra).

Os ensaios de edificações como conhecemos hoje foram revolucionados em 1959 por Jack E. Cermak, quando montou um túnel de vento de camada limite atmosférico na Colorado State University. A partir dessa data, passou-se a estudar a interação vento-estrutura em edificações submetidas a um escoamento turbulento, reproduzindo as características do vento natural do local da construção (Revista Construção Metálica, Edição nº 111-201).

15.6   BASES PARA PROJETO: SEGURANÇA E ESTADOS LIMITES

Entende-se por Estrutura Segura aquela que atenda aos seguintes requisitos intuitivos de segurança:

a)   Durante a vida útil, a estrutura deve garantir a permanência das características da edificação a um custo razoável de manutenção;

b)   Em condições normais de utilização, a construção não deve ter aparência que cause inquietação aos usuários, nem apresentar falsos sinais de alarme que lancem suspeitas sobre sua segurança;

c)   Em situações não previstas de utilização, a estrutura deve apresentar sinais visíveis de advertência.

Para efeitos da NBR 8800:2008, devem ser considerados os estados limites últimos (ELU) e os estados limites de serviço (ELS). Os estados limites definem impropriedades para o uso da estrutura, por razões de segurança, funcionalidade ou estética, desempenho fora dos padrões especificados para sua utilização normal ou interrupção de funcionamento em razão da ruína de um ou mais de seus componentes:

a)   Estados Limites Últimos (ELU): correspondentes à ruína de toda a estrutura, ou parte dela, por ruptura, deformações plásticas excessivas ou por instabilidade;

b)   Estados Limites de Serviço (ELS): estados que, pela sua ocorrência, repetição ou duração, provocam efeitos incompatíveis com as condições de uso da estrutura, tais como deslocamentos excessivos, vibrações e deformações permanentes.

352 - Projeto, Execução e Desempenho de Estruturas e Fundações

As condições usuais de segurança referentes aos Estados Limites Últimos, quando verificadas isoladamente em relação a cada um dos esforços atuantes, são expressas pela desigualdade:

$$R_d \geq S_d$$

As condições usuais referentes aos Estados Limites de Serviço são expressas por desigualdades do tipo:

$$S_{ser} \leq S_{lim}$$

Na análise estrutural deve ser considerada a influência de todas as ações que possam produzir efeitos significativos para a estrutura, levando-se em conta estados limites últimos e de serviço e incertezas relativas ao modelo matemático usado na análise estrutural, à execução da estrutura e às dimensões das seções transversais dos elementos estruturais.

O método dos estados limites utilizado para o dimensionamento de uma estrutura de aço exige que nenhum Estado Limite aplicável seja excedido quando a estrutura for submetida a todas as combinações apropriadas de ações, ponderadas pelo coeficiente γf, dado por:

$$\gamma_f = \gamma_{f1} \times \gamma_{f2} \times \gamma_{f3}$$

a) γf1 ... É a parcela que considera a variabilidade das ações;

b) γf2 ... É a parcela que considera a simultaneidade de atuação das ações;

c) γf3 ... É a parcela que considera possíveis erros de avaliação dos efeitos das ações seja por problemas construtivos, seja por deficiência do método de cálculo empregado, de valor maior ou superior a 1,10.

Tabela 6 - Coeficientes γg ou γq na Tabela 1 da ABNT 8800:2008

Combinações	Ações permanentes (γ_g) [a c]					
	Diretas					Indiretas
	Peso próprio de estruturas metálicas	Peso próprio de estruturas pré-moldadas	Peso próprio de estruturas moldadas no local e de elementos construtivos industrializados e empuxos permanentes	Peso próprio de elementos construtivos industrializados com adições in loco	Peso próprio de elementos construtivos em geral e equipamentos	
Normais	1,25 (1,00)	1,30 (1,00)	1,35 (1,00)	1,40 (1,00)	1,50 (1,00)	1,20 (0)
Especiais ou de construção	1,15 (1,00)	1,20 (1,00)	1,25 (1,00)	1,30 (1,00)	1,40 (1,00)	1,20 (0)
Excepcionais	1,10 (1,00)	1,15 (1,00)	1,15 (1,00)	1,20 (1,00)	1,30 (1,00)	0 (0)
	Ações variáveis (γ_q) [a d]					
	Efeito da temperatura [b]		Ação do vento	Ações truncadas [e]	Demais ações variáveis, incluindo as decorrentes do uso e ocupação	
Normais	1,20		1,40	1,20	1,50	
Especiais ou de construção	1,00		1,20	1,10	1,30	
Excepcionais	1,00		1,00	1,00	1,00	

O produto $\gamma f1 \times \gamma f3$ é representado por γg ou γq na Tabela 1 da ABNT 8800:2008 e o coeficiente $\gamma f2$ é igual ao fator $\varphi 0$ da Tabela 2.

Tabela 7 - Valores dos fatores de combinação $\varphi 0$ e de redução $\varphi 1$ e $\varphi 2$, para as ações variáveis, conforme a ABNT NBR 8800:2008 - Tabela 2

Ações		γ_{f2} [a]		
		ψ_0	ψ_1 [d]	ψ_2 [e]
Ações variáveis causadas pelo uso e ocupação	Locais em que não há predominância de pesos e de equipamentos que permanecem fixos por longos períodos de tempo, nem de elevadas concentrações de pessoas [b]	0,5	0,4	0,3
	Locais em que há predominância de pesos e de equipamentos que permanecem fixos por longos períodos de tempo, ou de elevadas concentrações de pessoas [c]	0,7	0,6	0,4
	Bibliotecas, arquivos, depósitos, oficinas e garagens e sobrecargas em coberturas (ver B.5.1)	0,8	0,7	0,6
Vento	Pressão dinâmica do vento nas estruturas em geral	0,6	0,3	0
Temperatura	Variações uniformes de temperatura em relação à média anual local	0,6	0,5	0,3
Cargas móveis e seus efeitos dinâmicos	Passarelas de pedestres	0,6	0,4	0,3
	Vigas de rolamento de pontes rolantes	1,0	0,8	0,5
	Pilares e outros elementos ou subestruturas que suportam vigas de rolamento de pontes rolantes	0,7	0,6	0,4

Um carregamento é definido pela combinação das ações que têm probabilidades não desprezíveis de atuarem simultaneamente sobre a estrutura, durante um período preestabelecido. As combinações últimas normais decorrem do uso previsto para a edificação, conforme a ABNT NBR 8800:2008, é dada pela expressão:

$$F_d = \sum_{i=1}^{m}\left(\gamma_{gi} F_{Gi,k}\right) + \gamma_{q1} F_{Q1,k} + \sum_{j=2}^{n}\left(\gamma_{qj}\Psi_{oj} F_{Qj,k}\right)$$

Onde:

$F_{Gi,k}$ representa os valores característicos das ações permanentes;

$F_{Q1,k}$ é o valor característico da ação variável considerada principal para a combinação;

$F_{Qj,k}$ representa os valores característicos das ações variáveis que podem atuar concomitantemente com a ação variável principal.

As combinações de serviço são classificadas de acordo com a sua permanência na estrutura em quase-permanentes, frequentes e raras. As combinações quase-permanentes são aquelas que podem atuar durante grande parte do período de vida da estrutura, utilizadas para efeito de longa duração e para a aparência da construção:

$$F_{ser} = \sum_{i=1}^{m} F_{Gi,k} + \sum_{j=1}^{n}\left(\Psi_{2j} F_{Qj,k}\right)$$

354 - Projeto, Execução e Desempenho de Estruturas e Fundações

As combinações frequentes são utilizadas para os estados limites reversíveis, que não causam danos permanentes à estrutura ou a outros componentes da construção, tais como, vibrações excessivas, movimentos laterais excessivos, empoçamentos em coberturas e abertura de fissuras, dada pela expressão:

$$F_{ser} = \sum_{i=1}^{m} F_{Gi,k} + \psi_1 F_{Q1,k} + \sum_{j=2}^{n} \left(\Psi_{2j} F_{Qj,k} \right)$$

As combinações raras são aquelas que podem atuar no máximo algumas horas durante o período de vida útil da estrutura, utilizadas para os estados limites irreversíveis, dada pela expressão:

$$F_{ser} = \sum_{i=1}^{m} F_{Gi,k} + F_{Q1,k} + \sum_{j=2}^{n} \left(\Psi_{1j} F_{Qj,k} \right)$$

Resistência é a capacidade máxima de um elemento estrutural de suportar os efeitos de uma ação. Analogamente, é possível estabelecer modelos probabilísticos e determinar valores de resistência nominais para as propriedades mecânicas dos aços, considerando incertezas relativas às propriedades dos materiais e ao comportamento das peças em cada tipo de colapso.

As resistências dos materiais são representadas pelos valores característicos (fk) definidos como aqueles que, em um lote, têm apenas 5% de probabilidade de não serem atingidos.

A resistência de cálculo (fd) de um material é definida como:

$$f_d = \frac{f_k}{\gamma_m}$$

Sendo γm o coeficiente de ponderação da resistência dado por:

$$\gamma_m = \gamma_{m1} \times \gamma_{m2} \times \gamma_{m3}$$

Em que:
a)   γm1   considera a variabilidade da resistência dos materiais envolvidos;
b)   γm2   considera a diferença entre a resistência do material no corpo de prova e na estrutura;
c)   γm3   considera os desvios gerados na construção e aproximações de projeto.

Tabela 8 - NBR 8800:2008 Tabela 3, Valores dos coeficientes de ponderação das resistências γm

| Combinações | Aço estrutural [a] | | Concreto γ_c | Aço das armaduras γ_s |
| | γ_a | | | |
	Escoamento, flambagem e instabilidade γ_{a1}	Ruptura γ_{a2}		
Normais	1,10	1,35	1,40	1,15
Especiais ou de construção	1,10	1,35	1,20	1,15
Excepcionais	1,00	1,15	1,20	1,00

A Tabela C.1 - Deslocamentos Máximos, da ABNT NBR 8800:2008, determina os deslocamentos máximos de barras da estrutura e de conjuntos de elementos estruturais, incluindo, por exemplo, pisos, coberturas, divisórias e paredes externas, Caso haja paredes de alvenaria sobre ou sob uma viga, solidarizadas com essa viga, o deslocamento vertical também não deve exceder a 15mm.

Tabela 9 – Deslocamentos máximos, conforma e ABNT NBR 8800:2008

Descrição	δ [a]
- Travessas de fechamento	$L/180$ [b]
	$L/120$ [c d]
- Terças de cobertura [g)]	$L/180$ [e]
	$L/120$ [f]
- Vigas de cobertura [g)]	$L/250$ [h]
- Vigas de piso	$L/350$ [h]
- Vigas que suportam pilares	$L/500$ [h]
Vigas de rolamento: [j)] - Deslocamento vertical para pontes rolantes com capacidade nominal inferior a 200 kN	$L/600$ [i]
- Deslocamento vertical para pontes rolantes com capacidade nominal igual ou superior a 200 kN, exceto pontes siderúrgicas	$L/800$ [i]
- Deslocamento vertical para pontes rolantes siderúrgicas com capacidade nominal igual ou superior a 200 kN	$L/1000$ [i]
- Deslocamento horizontal, exceto para pontes rolantes siderúrgicas	$L/400$
- Deslocamento horizontal para pontes rolantes siderúrgicas	$L/600$
Galpões em geral e edifícios de um pavimento: - Deslocamento horizontal do topo dos pilares em relação à base	$H/300$
- Deslocamento horizontal do nível da viga de rolamento em relação à base	$H/400$ [k l]
Edifícios de dois ou mais pavimentos: - Deslocamento horizontal do topo dos pilares em relação à base	$H/400$
- Deslocamento horizontal relativo entre dois pisos consecutivos	$h/500$ [m]
Lajes mistas	Ver Anexo Q

15.7 DIMENSIONAMENTO DE ELEMENTOS DE AÇO: TRAÇÃO

As peças tracionadas são barras prismáticas, constituídas por seções simples ou compostas, submetidas à força axial de tração, devendo ser atendida a condição:

$$N_{t,Sd} \leq N_{t,Rd}_{(1) \, e \, (2)}$$

Em que:

a) $N_{t,Sd}$ é a força axial de tração solicitante de cálculo;

b) $N_{t,Rd}$ é a força axial de tração resistente de cálculo, sendo o menor dos valores obtidos considerando-se os estados limites últimos de ESCOAMENTO DA SEÇÃO BRUTA e de RUPTURA DA SEÇÃO LÍQUIDA EFETIVA.

A NBR 8800:2008, com a finalidade de reduzir efeitos de vibração, recomenda que o índice de esbeltez máximo de barras tracionadas não supere o valor de 300:

$$\lambda = \frac{L_f}{i_{min}} = \left(\frac{k \times L}{i_{min}}\right) \leq 300$$

Nas peças tracionadas com furos, as tensões em regime elástico não são uniformes, verificando-se tensões mais elevadas nas proximidades dos furos. O escoamento da seção com furos conduz a um pequeno alongamento da peça e não constitui um estado limite. Devido à ductilidade do aço, no estado limite as tensões atuam de maneira uniforme em toda a seção da peça.

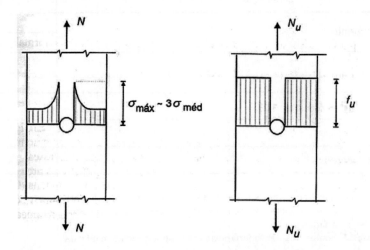

Figura 21 – Distribuição de tensões em furos de barras tracionadas (Fonte: PFEIL, 2009)

Assim, para o Estado Limite Último de Escoamento da Área Bruta, a ABNT NBR 8800:2008 determina a seguinte resistência:

$$N_{t,R_d(1)} = \frac{A_g \times f_y}{\gamma_{a_1}} = \frac{A_g \times f_y}{1,10}$$

E para o Estado Limite Último Ruptura da Seção Líquida Efetiva:

$$N_{t,R_d(2)} = \frac{A_e \times f_u}{\gamma_{a_2}} = \frac{(C_t \times A_n) \times f_u}{1,35}$$

Em que:
a) Ag é a área bruta da seção transversal da barra;
b) Ae é a área líquida efetiva da seção transversal da barra;
c) Ct é o coeficiente de redução;
d) An é a área líquida;
e) fy é a resistência ao escoamento do aço;
f) fu é a resistência à ruptura do aço.

Em uma barra tracionada, a área líquida (An) é obtida subtraindo-se da área bruta (Ag) a dimensão dos furos contidos em uma seção linear da peça. No caso de furação em ziguezague, é necessário pesquisar diversos percursos para encontrar a menor seção líquida. Os segmentos envesados são calculados somando-se um comprimento reduzido dado por $s^2/4g$, sendo "s" e "g", respectivamente, os espaçamentos horizontal e vertical entre dois furos.

O furo padrão para parafusos comuns deverá ter uma folga de 1,5mm em relação ao diâmetro nominal para permitir a montagem das peças. Como o corte do furo danifica uma parte do material da chapa, considera-se para efeito de cálculo da seção líquida um diâmetro fictício igual ao diâmetro do furo acrescido de 2,0mm, ou seja:

$$Diâmetro\ fictício\ do\ furo = (d_n +1,5mm + 2,0mm) = (d_n + 3,5mm)$$

Assim, a área líquida An de barras com espessura de chapa "t" e furos pode ser representada pela equação:

$$A_n = \left[b - \sum(d_n + 3,5mm) + \sum \frac{s^2}{4g} \right] \times t$$

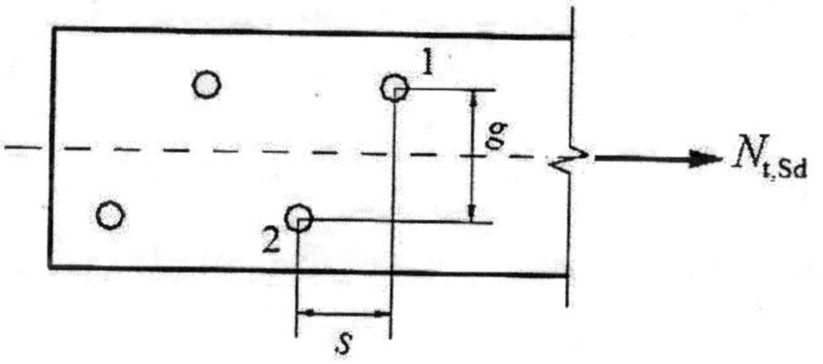

Figura 22 – Adição do comprimento reduzido dado por s²/4g, sendo "s" e "g", respectivamente, os espaçamentos horizontal e vertical entre dois furos (Fonte: PFEIL, 2009)

Quando a ligação de uma barra tracionada não é feita com todos os segmentos do perfil, as tensões se concentram na parte conectada. Esse efeito é levado em conta por um coeficiente redutor da seção líquida (Ct):

$$A_e = C_t \times A_n$$

15.8 DIMENSIONAMENTO DE ELEMENTOS DE AÇO: COMPRESSÃO

As peças comprimidas são barras prismáticas, constituídas por seções simples ou compostas, submetidas à força axial de compressão, devendo ser atendida a condição:

$$N_{c,S_d} \leq N_{c,R_d}$$

Em que:

a) $N_{c,Sd}$ é a força axial de compressão solicitante de cálculo;

b) $N_{c,Rd}$ é a força axial de compressão resistente de cálculo associada aos estados limites últimos de instabilidade por flexão, por torção ou flexo-torção e de flambagem local.

A norma ABNT NBR 8800:2008, com a finalidade de evitar grande flexibilidade, recomenda que o índice de esbeltez máximo de barras comprimidas não supere o valor de 200:

$$\lambda = \frac{L_f}{i_{min}} = \left(\frac{k \times L}{i_{min}}\right) \leq 200$$

O esforço de compressão tende a acentuar o efeito de curvatura inicial existente nas peças. Os deslocamentos laterais produzidos compõem o processo conhecido como flambagem por flexão, que reduz a capacidade de carga da barra comprimida. A flambagem pode ocorrer globalmente na coluna, ou nas chapas que compõe o perfil, denominada flambagem local.

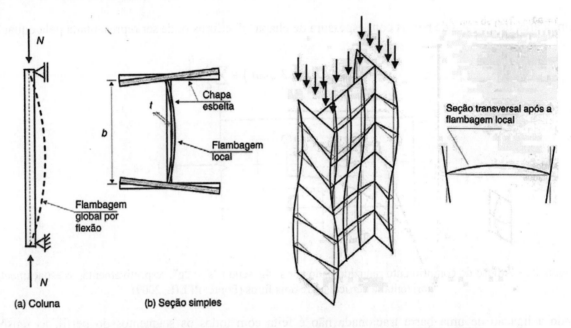

Figura 23 – Flambagem global e local em perfis de aço (Fonte: PFEIL, 2009)

O gráfico da
Figura 24 representa a variação da tensão última (fc) dividida pela tensão de escoamento do material (fy), em função da esbeltez (λ) da coluna. A curva tracejada apresenta o comportamento de uma coluna perfeita, enquanto a linha cheia demonstra o critério de resistência de uma coluna real, considerando os efeitos de imperfeições geométricas e das tensões residuais do material.

Para permitir a comparação entre as resistências de perfis com diferentes tipos de aço, a ABNT NBR8800:2008 propõe uma curva representada com as coordenadas,

$$\chi = \frac{f_c}{f_y}$$

e o índice de esbeltez reduzido:

$$\lambda_0 = \sqrt{\frac{QA_g f_y}{N_e}}$$

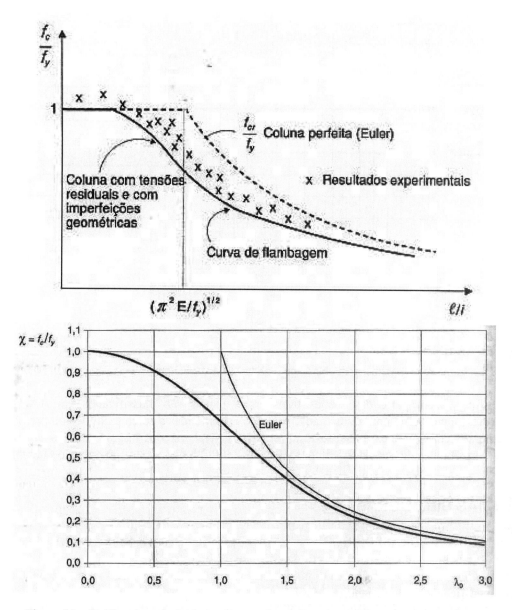

Figura 24 – Gráfico da resistência em função da esbeltez do perfil (Fonte: PFEIL, 2009)

A força de compressão resistente de cálculo de uma barra, associada aos estados limites últimos de instabilidade por flexão e de flambagem local, é determinada pela expressão:

$$N_{c,R_d} = \frac{\chi Q A_g f_y}{\gamma_{a1}} = \frac{\chi Q A_g f_y}{1,10}$$

Em que:
χ é o fator de redução associado à resistência à compressão;
Q é o fator de redução associado à flambagem local, que terá o valor de 1,0, quando todos os elementos componentes da seção tiverem relação largura e espessura (b/t) inferior ao limite $(b/t)_{LIM}$;
Ag é a área bruta da seção transversal da barra.

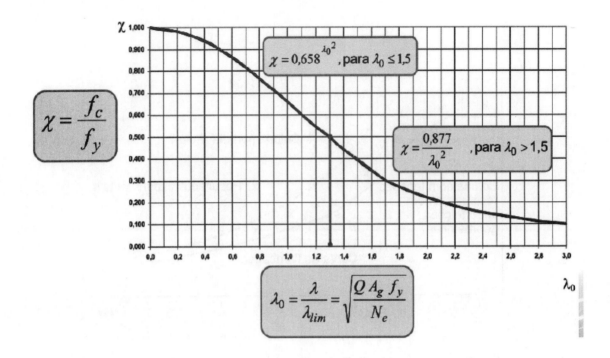

Figura 25 – Variação do parâmetro de flambagem global com a esbeltez fictícia (Fonte: PANTOJA, 2014)

Os elementos que fazem parte das seções transversais usuais são classificados em AA (duas bordas vinculadas) e AL (apenas uma borda vinculada). As barras submetidas à força axial de compressão, nas quais todos os elementos componentes da seção transversal possuem relações largura e espessura (b/t) que não superam os valores limites da Tabela F.1 da ABNT NBR 8800:2008 têm fator de redução Q igual a 1,00.

REFERÊNCIAS BIBLIOGRÁFICAS

ABNT – ASSOCIAÇÃO BRASILEIRA DE NORMAS TÉCNICAS. **NBR 8800 - Projeto de estruturas de aço e de estruturas mistas de aço e concreto de edifícios**. Rio de Janeiro: 2008.
ABNT – ASSOCIAÇÃO BRASILEIRA DE NORMAS TÉCNICAS. **NBR 6120 - Cargas para o cálculo de estruturas de edificações**. Rio de janeiro: 1980.
ABNT – ASSOCIAÇÃO BRASILEIRA DE NORMAS TÉCNICAS. **NBR 6123 - Forças Devidas ao Vento em Edificações – Procedimento**. Rio de Janeiro: 1988.
DIAS, Luís Andrade de Mattos. **Estruturas de aço: conceitos, técnicas e linguagem**. 5ed. São Paulo: Zigurate Editora, 2006.
PFEIL, Walter; PFEIL, Michèle. **Estruturas de aço: dimensionamento prático**. 8ed. Rio de Janeiro: LTC, 2009.
PANNONI, F.D.; MARCONDES, L.. **COS-AR-COR: Aços de Alta Resistência Mecânica Resistentes à Corrosão Atmosférica**. Relatório interno de número RT/17 da Coordenadoria de Pesquisa Tecnológica da COSIPA (1987).
PANTOJA, João da Costa. **PDEM – Notas de aula**. Brasília: IPOG, 2014.
SILVA, Valdir Pignatta. **Estrutura de aço para edifícios: aspectos tecnológicos e de concepção**. São Paulo: Blucher, 2010a.

CAPÍTULO 16 - DETALHAMENTO E EXECUÇÃO DE ESTRUTURAS METÁLICAS

Azambuja, Eduardo Bicudo de Castro, IPOG
edazambuja@globo.com

16.1 Proteção contra corrosão

Os metais são encontrados na natureza na forma de minérios, e para sua transformação é necessária uma quantidade de energia, quanto maior for essa necessidade, maior será a tendência de o metal voltar a sua forma primitiva, mais estável. Esse mecanismo é chamado de corrosão.

A corrosão é uma deterioração das propriedades de um material quando ele reage com o seu ambiente e a sua intensidade depende da agressividade do meio.

$$\text{Minério} + \text{Energia} \rightarrow \text{Metal}$$
$$\text{Metal} + (\text{Ação Corrosiva}) \rightarrow \text{Minério} + \text{Energia}$$

A proteção do aço contra corrosão atmosférica, fenômeno que ocorre na presença simultânea de água e oxigênio, visa assegurar a durabilidade e a manutenção estética durante o período de vida útil. A corrosão mais significativa do aço acontece quando a umidade do ar for superior a 80% e em temperaturas superiores a 0°C, entretanto, se agentes poluentes ou sais higroscópicos estiverem presentes, ela poderá ocorrer em umidades relativas inferiores (ABNT NBR 8800:2008).

A corrosão mais representativa é a eletroquímica, semelhante a uma pilha com dois eletrodos imersos em um eletrólito e envolve a transferência de elétrons. São reações anódicas e catódicas, na presença de uma solução que permite o movimento dos íons. O processo de corrosão eletroquímica é devido ao fluxo de elétrons que se desloca de uma área da superfície metálica para a outra.

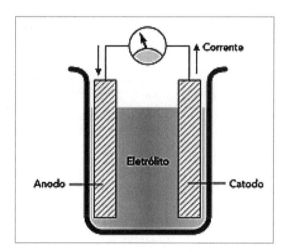

Figura 1 – Esquema de corrosão eletroquímica (Fonte: SILVA, 2010)

No caso do aço, a pilha é formada devido à presença de impurezas, de elementos de liga e do tratamento térmico diferenciado durante a laminação. Se a superfície metálica for exposta a uma atmosfera úmida na presença de poluentes ou névoa salina, o eletrólito será formado e ocorrerá a corrosão eletroquímica.

A pilha poderá ser formada também quando o aço for conectado a outro material com potencial de oxidação diferente, e, quanto ao processo químico de corrosão, pode se considerar:

a) Não existe corrosão sem o contato da superfície metálica com o oxigênio e a água;
b) A taxa de corrosão depende do grau de poluição do ambiente;
c) A taxa de corrosão depende do tempo de umidificação da superfície;
d) A corrosão é influenciada pelo contato com outros metais;
e) Aeração diferenciada também provoca a formação de pilhas.

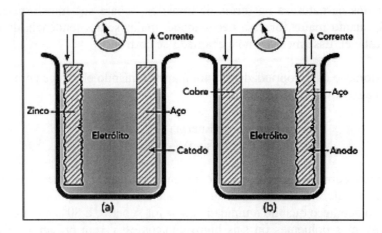

Figura 2 - Par galvânico (Fonte: SILVA, 2010)

O contato elétrico entre materiais diferentes resulta no processo corrosivo conhecido como corrosão galvânica. A intensidade deste tipo de corrosão será proporcional à distância entre os valores dos materiais envolvidos na tabela de potenciais eletroquímicos, em outras palavras, na "nobreza" dos materiais.

A escolha de um sistema adequado de proteção anticorrosiva tem como fator determinante o tipo de ambiente em que a estrutura se encontra, devendo-se levar em conta também a aparência e a durabilidade.

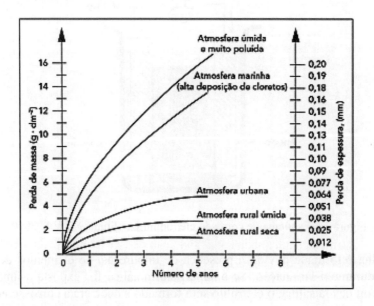

Figura 3 - Velocidade de corrosão em aço expostos a diferentes ambientes atmosféricos (SILVA, 2010)

Os ambientes podem ser classificados em 6 (seis) categorias de corrosividade: C1, muito baixa; C2, baixa; C3, média; C4, alta; C5-I, muito alta industrial; e C5-M, muito alta marinha, definidas na Tabela N.1 da ABNT NBR 8800:2008 em temos de perda de massa ou de espessura para espécimes-padrão feitos de aço carbono após o primeiro ano de exposição.

Tabela 1 – Categorias de agressividade, segundo a ABNT NBR 8800:2008

Categoria de corrosividade	Perda de massa por unidade de superfície/perda de espessura (após um ano de exposição)				Exemplos de ambientes típicos	
	Aço baixo-carbono		Zinco			
	Perda de massa g/m²	Perda de espessura µm	Perda de massa g/m²	Perda de espessura µm	Exterior	Interior
C1 Muito baixa	≤ 10	≤ 1,3	≤ 0,7	≤ 0,1	-	Edificações condicionadas para o conforto humano (residências, escritórios, lojas, escolas, hotéis)
C2 Baixa	> 10 a 200	> 1,3 a 25	> 0,7 a 5	> 0,1 a 0,7	Atmosferas com baixo nível de poluição. A maior parte das áreas rurais	Edificações onde a condensação é possível, como armazéns e ginásios cobertos
C3 Média	> 200 a 400	> 25 a 50	> 5 a 15	> 0,7 a 2,1	Atmosferas urbanas e industriais com poluição moderada por dióxido de enxofre. Áreas costeiras de baixa salinidade	Ambientes industriais com alta umidade e alguma poluição atmosférica, como lavanderias, cervejarias e laticínios
C4 Alta	> 400 a 650	> 50 a 80	>15 a 30	> 2,1 a 4,2	Áreas industriais e costeiras com salinidade moderada	Ambientes como indústrias químicas e coberturas de piscinas
C5-I Muito alta (industrial)	> 650 a 1500	> 80 a 200	>30 a 60	> 4,2 a 8,4	Áreas industriais com alta umidade e atmosfera agressiva	Edificações ou áreas com condensação quase que permanente e com alta poluição
C5-M Muito alta (marinha)	> 650 a 1500	> 80 a 200	>30 a 60	> 4,2 a 8,4	Áreas costeiras e offshore com alta salinidade	Edificações ou áreas com condensação quase que permanente e com alta poluição

Os mecanismos de proteção contra a corrosão dependem da agressividade do ambiente e também da forma de atuação, e incluem:

a) A seleção de um material que apresente uma baixa taxa de corrosão no ambiente especificado;
b) A alteração do ambiente com o uso de inibidores de corrosão;
c) A mudança do potencial eletroquímico com o emprego de proteção catódica;
d) A aplicação de revestimentos adequados para a criação de uma barreira efetiva entre o metal e o ambiente agressivo;
e) A metalização por processo industrial de galvanização a quente;
f) O controle de corrosão por detalhamento adequado.

A carepa de laminação deve ser removida antes de se iniciar o processo de proteção do aço por aplicação de barreiras, pois, por possuir coeficiente de dilatação diferente, a carepa acaba se trincando durante os ciclos naturais de aquecimento e resfriamento, permitindo a penetração de água, oxigênio e contaminantes variados. Um outro problema é que por ser muito lisa, não fornece a rugosidade necessária à perfeita ancoragem da camada de proteção.

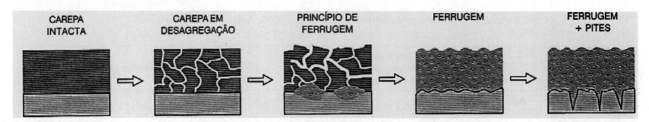

Figura 4 – Carepa de laminação (Fonte: DIAS, 2006)

O detalhamento cuidadoso na etapa de projeto, fazendo com que constituintes agressivos como a água não permaneçam em contato prolongado com a estrutura, é fundamental para o controle da corrosão, e quando associado a um sistema de proteção adequado, torna a manutenção menos onerosa.

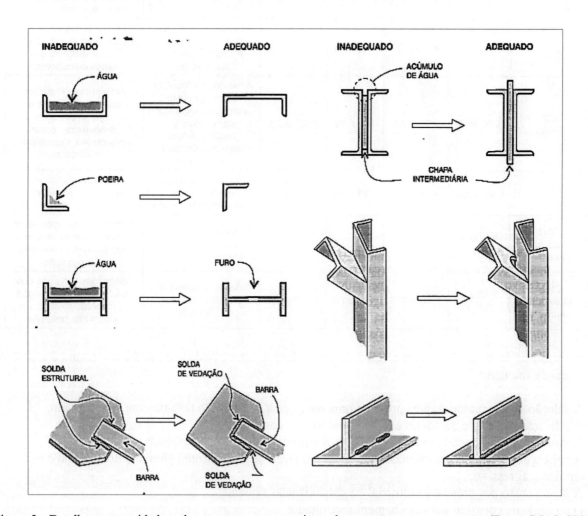

Figura 5 – Detalhamento cuidadoso da estrutura com mecanismo de proteção contra a corrosão (Fonte: DIAS, 2006)

16.2 PROTEÇÃO CONTRA INCÊNDIOS

A principal finalidade da segurança contra incêndio em edificações é minimizar o risco à vida das pessoas, relacionadas com a exposição severa à fumaça, ao calor, aos gases tóxicos e à falência de elementos construtivos. Outro aspecto também avaliado é a possibilidade de redução de perdas patrimoniais em situações de incêndio.

Um sistema de segurança contra incêndio é composto de um conjunto de meios passivos e ativos, que devem ser devidamente integrados para se atingir o nível ótimo de proteção. A proteção passiva está associada às medidas incorporadas à construção do edifício, independe de ação externa:

a) Compartimentação dos ambientes;
b) Saídas de emergência;
c) Reação ao fogo dos materiais de revestimento;
d) Resistência ao fogo dos elementos construtivos;
e) Controle de fumaça;
f) Separação entre edificações.

A proteção ativa entra em ação após o início do incêndio, podendo ter um acionamento manual ou automático, e está associada a sistemas de detecção, alarme e de meios de combate dimensionados de acordo com as características do edifício.

A ação térmica acarreta em aumento de temperatura, provocando a redução da capacidade resistente dos elementos estruturais e o aparecimento de novos esforços devidos às novas deformações. Uma estrutura em situação de incêndio é considerada segura quando não entra em colapso devido à exposição a altas temperaturas, permitindo a desocupação da edificação.

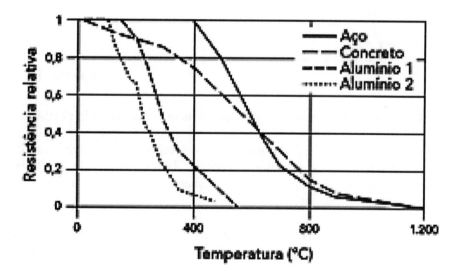

Figura 6 - Variação da resistência e módulo de elasticidade do aço, concreto e alumínio em função do aumento da temperatura (Fonte: SILVA, 2010)

A temperatura uniforme que causa o colapso de um elemento estrutural em situação de incêndio é denominada temperatura crítica. É possível determinar um modelo matemático que represente a variação da temperatura dos gases quentes que tomam um compartimento em função do tempo, possuindo um ramo ascendente, e, após o consumo do material combustível, outro trecho descendente.

Devido à dificuldade de obtenção desse modelo, as normas utilizam uma curva simplificada, obtida por uma expressão logarítmica, que simula apenas a fase de aquecimento dos gases, denominada Curva do Incêndio Padrão.

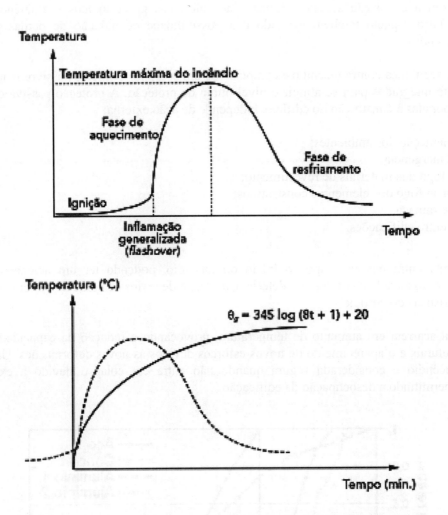

Figura 7 – Curva temperatura-tempo de um incêndio e modelo incêndio-padrão (SILVA, 2010)

A curva-padrão é de fácil uso, porém o incêndio-padrão não corresponde ao incêndio real. Para seu emprego, há necessidade de se utilizar artifícios, tal qual o TRRF - Tempo Requerido de Resistência ao Fogo, entendido como o tempo mínimo em minutos que os elementos construtivos devem resistir a uma ação térmica padronizada, em um ensaio laboratorial.

O TRRF é um tempo fictício que, associado à curva-padrão, conduz à máxima temperatura no elemento de aço no incêndio real e pode ser preestabelecido por consenso em cada sociedade, sem cálculos. Pelo Método Tabular, as normas exigem um tempo mínimo de resistência ao fogo em um incêndio padrão, o denominado tempo requerido de resistência ao fogo (TRRF), apresentado em minutos e definido em função do risco de incêndio da edificação.

Tabela 2 - TRRF de algumas edificações, segundo o método tabular, extraído da tabela A1 da ABNT NBR 14432/2001 (Fonte: SILVA, 2010a)

Ocupação/ uso	Altura da edificação				
	Classe P1 h ≤ 6m	Classe P2 6m < h ≤ 12m	Classe P3 12 m < h ≤ 23m	Classe P4 23 m < h ≤ 30 m	Classe P5 h > 30m
Residencial	30	30	60	90	120
Hotel	30	60(30)	60	90	120
Supermercado	60(30)	60(30)	60	90	120
Escritório	30	60(30)	60	90	120
Shopping	60(30)	60(30)	60	90	120
Escola	30	30	60	90	120
Hospital	30	60	60	90	120
Igrejas	60(30)	60	60	90	120

Notas: 1 - Para subsolos com h > 10 m - 90 minutos; h < 10 m - 60 minutos, não podendo ser inferior ao TRRF dos pavimentos acima do solo;
2 - Os TRRF entre parênteses são aplicados para edificações em que cada pavimento acima do solo tenha área inferior a 750 m².

Segundo Silva (2010), o conceito do TRRF é aplicado em vários países com valores máximos variando entre 60 e 180 minutos. No Japão, o TRRF para edifícios altos é maior para os pavimentos inferiores e menor para os pavimentos superiores.

Porém, tendo em vista que os ensaios a altas temperaturas de estruturas são realizados em fornos aquecidos, simulando a situação real de incêndio, alguns autores propuseram outros métodos para correlacionar o tempo de resistência ao fogo.

Outra maneira de se determinar o TRRF é por meio do Método do Tempo Equivalente, que qualifica a influência de parâmetros arquitetônicos nas exigências de resistência ao fogo, relacionados à carga de incêndio específica, medidas de proteção ativa, dimensões da edificação, altura dos compartimentos e áreas de abertura para o exterior. O valor do tempo equivalente, conforme Silva (2010), pode ser obtido pela expressão abaixo, respeitando-se a legislação do local onde será construído o prédio:

$$t_e = q_{fi} \, x \, \gamma_n \, x \, \gamma_s \, x \, K \, x \, W \, x \, M$$

t_e = tempo equivalente (min);
q_{fi} = valor característico da carga de incêndio específica (MJ/m²) determinado segundo a NBR 14432:2000. Alguns valores de carga de incêndio são fornecidos na Tabela A.1.

γ_n = coeficiente adimensional que leva em conta a presença de medidas de proteção ativa da edificação (eq. A.2);

γ_s = coeficiente de segurança (adimensional) que depende do perigo de início e propagação do incêndio e das conseqüências do colapso da edificação (eq. A.3);
K = fator relacionado às características térmicas dos elementos de vedação. A favor da segurança, pode-se tomá-lo igual a 0,07 min. m²/MJ;
W = fator relacionado à altura do compartimento e à ventilação do ambiente (eq. A.5);
M = fator de correção que depende do material da estrutura.

Para evitar o colapso em situação de incêndio, existem duas alternativas:

a) Dimensionamento dos elementos estruturais para resistir temperaturas elevadas;
b) Uso de revestimentos contrafogo com baixa condutividade térmica a fim de impedir o aumento excessivo da temperatura das estruturas de aço em situação de incêndio.

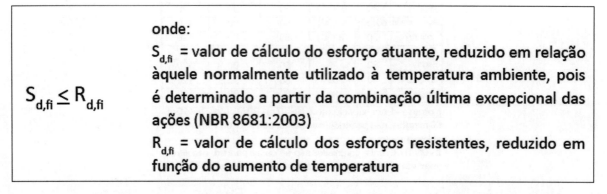

Figura 8 – Verificação da estrutura com combinação excepcional (Fonte: ABNT NBR 8800:2008)

Em termos gerais, os materiais de revestimento contrafogo devem apresentar baixa massa específica aparente, baixa condutividade térmica, alto calor específico, adequada resistência mecânica (quando expostos a impactos), garantia de integridade durante a evolução do incêndio, custo compatível. Os tipos de revestimentos contrafogo mais empregados no Brasil são:

a) Argamassas projetadas;
b) Placas rígidas;
c) Pintura intumescente.

As argamassas projetadas contendo fibras consistem de agregados, fibras minerais e aglomerantes. São aplicadas sob baixa pressão por meio de uma mangueira até a pistola, onde é misturada com água nebulizada e jateada diretamente na superfície da estrutura. Resulta numa superfície rugosa, mais apropriada para elementos acima de forros ou ambientes menos exigentes.

As placas rígidas são elementos pré-fabricados fixados na estrutura por meio de pinos ou perfis leves de aço, proporcionando diversas possibilidades de acabamento. Geralmente são compostas por materiais fibrosos ou vermiculita ou gesso ou combinação desses materiais.

As pinturas intumescentes são constituídas por polímeros com substâncias diversas intumescentes, que reagem na presença de fogo, em geral, a partir de 200°c, aumentando seu volume. Os poros resultantes são preenchidos por gases atóxicos que, junto com resinas especiais que constituem as tintas, formam uma espuma carbonácea rígida na superfície protegida, retardando o efeito do calor da chama.

O dimensionamento das espessuras do material de revestimento pode ser feito por meio de métodos analíticos e pelo conhecimento das propriedades físicas e térmicas dos materiais, tais como: densidade, condutividade térmica e do calor específico, em função da temperatura.

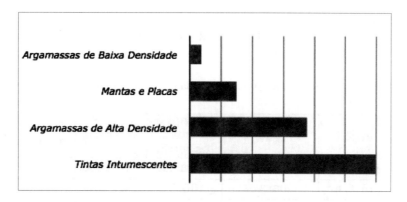

Figura 9 - Gráfico do custo de proteção passiva (Fonte: www.pcf.com.br, acesso em 1/10/2014)

O fator de massividade (F) é uma característica do elemento estrutural e relaciona a área lateral do perfil exposta ao fogo com o seu volume:

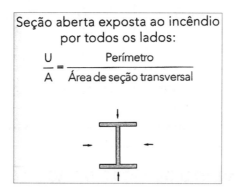

Figura 10 – Fator de massividade do perfil (Fonte: SILVA, 2010)

Outra maneira mais prática de se encontrar as espessuras é o uso direto de métodos experimentais. Elementos de aço com diversas dimensões e revestidos por diferentes espessuras são testados em laboratórios e, como resultado, tem-se tabelas, denominadas de Carta de Cobertura que associam o fator de massividade e o TRRF, a espessura a se empregar.

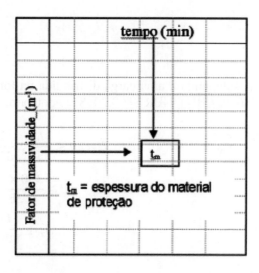

Figura 11 – Carta de cobertura (Fonte: SILVA, 2010)

370 - Projeto, Execução e Desempenho de Estruturas e Fundações

Considerando o baixo risco à vida humana, existem edificações isentas que não necessitam de comprovação da resistência ao fogo das estruturas. A ABNT NBR 14432:2000 apresenta algumas situações, descritas na Tabela 3, em que essas isenções são aceitas.

Tabela 3 – Estruturas que não necessitam de comprovação da resistência ao fogo das estruturas (Fonte: SILVA, 2010)

Área	Uso	Carga de incêndio específica	Altura	Meios de proteção
≤ 750 m²	Qualquer	Qualquer	Qualquer	
≤1500 m²	Qualquer	≤ 1000MJ/m²	≤2 pav.	
Qualquer	Centros esportivos Terminais de pass.	Qualquer	≤ 23 m	
Qualquer	Garagens abertas	Qualquer	≤ 30 m	
Qualquer	Depósitos	Baixa	≤ 30 m	
Qualquer	Qualquer	≤ 500MJ/m²	Térrea	
Qualquer	Industrial	≤ 1200MJ/m²	Térrea	
Qualquer	Depósitos	≤ 2000MJ/m²	Térrea	
Qualquer	Qualquer	Qualquer	Térrea	Chuveiros automáticos
≤ 5000 m²	Qualquer	Qualquer	Térrea	Fachadas de aproximação

16.3 PRÉ-DIMENSIONAMENTO DE VIGAS DE AÇO

A elaboração de um projeto estrutural pode ser dividida em etapas distintas, porém, que se relacionam durante todo o seu desenvolvimento (Figura 12):

a) Definição de dados e concepção estrutural;
b) Pré-dimensionamento;
c) Análise estrutural;
d) Verificação;
e) Detalhamento;
f) Emissão dos desenhos.

A flecha de uma viga biapoiada submetida a uma carga distribuída uniforme é dada pela expressão abaixo, sendo limitada pela relação L/350 da ABNT NBR 8800:2008, e adotando:

$$E = 200.000 \ MPa \ e$$
$$q_n = 5,0m \times 11,00 \frac{kN}{m^2}$$

$$flecha \leq \frac{L}{350} \therefore \frac{L}{350} \geq \frac{5q_nL^4}{384EI_x}$$

$$I_x \geq \frac{350 \times 5q_nL^3}{384E}$$

$$I_x \geq \frac{L^3}{8000}$$

Conforme o item 5.4.2.2 da ABNT NBR 8800:2008, para assegurar a validade da análise elástica, o momento fletor resistente de cálculo não pode ser tomado maior que:

$$M_{S_d} \leq \frac{1,50 W f_y}{1,10}$$

Sendo W o módulo de resistência elástico mínimo da seção transversal e uma viga biapoiada submetida a uma carga distribuída uniforme:

$$W \geq \frac{1,10 M_{S_d}}{1,50 f_y} = \frac{1,10}{1,50 f_y} \times \frac{q_d L^2}{8} = \frac{1,10}{1,50 f_y} \times \frac{1,50 \times q_n L^2}{8}$$

E considerando:

$$q_n = 5,0m \times 11,00 \frac{kN}{m^2} \; e \; f_y = 25,0 \frac{kN}{cm^2}$$

$$W \geq \frac{L^2}{330}$$

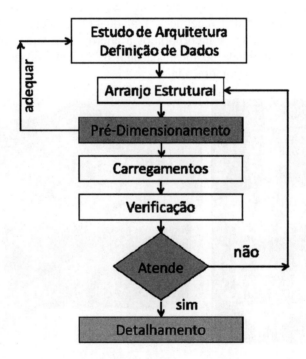

Figura 12 – Fluxograma para o detalhamento de um projeto estrutural (Fonte: AUTOR, 2014)

16.4 DIMENSIONAMENTO DE VIGAS MISTAS

Denomina-se viga mista aço-concreto a viga constituída de um perfil metálico suportando uma laje de concreto armado, ligados por meio de conectores mecânicos de cisalhamento, de tal forma a se deformarem como um único elemento.

Possui como vantagens na sua aplicação:

a) Possibilidade de dispensa de formas e escoramentos;
b) Redução do prazo de execução;
c) Redução do peso próprio da estrutura;
d) Diminuição dos deslocamentos verticais da viga;
e) Redução das proteções contra incêndio e corrosão.

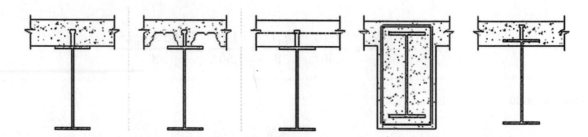

Figura 13 – Tipos de seções transversais de vigas mistas (Fonte: CALENZANI, 2014)

As vigas mistas podem ser executadas em laje maciça moldada no local, sendo que os conectores são soldados diretamente sobre a mesa superior do perfil de aço e incorporados à laje, em laje maciça moldada no local, com forma de aço incorporada ("steel deck"). na qual Os conectores são soldados pela forma de aço sobre a mesa superior do perfil de aço e incorporados à laje ou com laje contendo vigotas ou painéis pré-fabricados e mesa colaborante moldada no local, na qual os conectores são soldados diretamente sobre a mesa superior do perfil de aço e incorporados à laje.

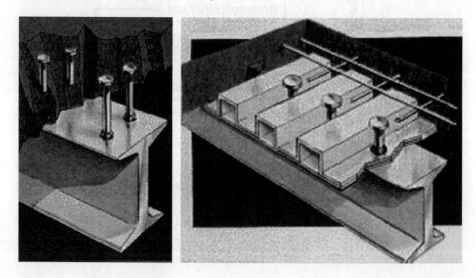

Figura 14 - Tipos de lajes com o uso de vigas mistas (Fonte: CALENZANI, 2014)

A interação do aço e o concreto é completa, na região de momento positivo, se os conectores tiverem resistência de cálculo igual ou superior à resistência de cálculo do componente de aço à tração ou da laje de concreto à compressão (Figura 15), o que for menor (Item O.1.1.2 da ABNT NBR 8800:2008).

As vigas mistas podem ser escoradas ou não escoradas. São consideradas escoradas as vigas mistas nas quais o componente de aço permanece praticamente sem solicitação até a retirada do escoramento (Item O.1.1.2 da ABNT NBR 8800:2008).

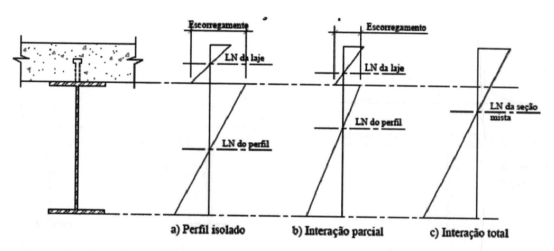

Figura 15 – Tipos de interações nas lajes com o uso de vigas mistas (Fonte: CALENZANI, 2014)

No caso de construção não escorada, durante a fase de construção, os perfis de aço das vigas mistas devem ser dimensionados para suportar todas as ações de cálculo aplicadas antes de o concreto atingir uma resistência igual a 0,75fck. Após a cura do concreto, o carregamento acidental será resistido pela seção mista, no entanto, ocorre uma sobreposição das tensões aplicadas antes e depois da cura do concreto.

A região de momentos negativos de vigas mistas contínuas ou em balanço é caracterizada pela tração na laje de concreto e pela possibilidade de flambagem local e flambagem lateral com distorção da mesa inferior comprimida do componente de aço. A seção transversal resistente da viga mista fica reduzida ao perfil de aço.

No caso de vigas mistas sujeitas a momento fletor positivo, a mesa comprimida não sofre flambagem local, a classificação se dará então pela esbeltez da alma:

$$\lambda = \frac{h}{t_w}$$

Em seções compactas, cuja esbeltez vale $\frac{h}{t_w} \leq 3{,}76\sqrt{\frac{E}{f_y}}$, utiliza-se o diagrama de tensões com plastificação total para o cálculo do momento resistente da seção mista.

Para seções semicompactas, nas quais $3{,}76\sqrt{\frac{E}{f_y}} < \frac{h}{t_w} \leq 5{,}7\sqrt{\frac{E}{f_y}}$ a flambagem local da alma ocorre antes da plastificação total da seção, o momento resistente é obtido em regime elástico.

Sendo "h" a altura da alma, dada pela distância entre as faces internas das mesas dos perfis soldados, e essa distância menos os dois raios de concordância dos perfis laminados, e "tw" a espessura da alma.

Em uma viga T com mesa larga, as tensões de compressão na flexão diminuem do meio para os lados da mesa, devido às tensões de cisalhamento. Para resolver essa situação, a ABNT NBR 8800:2008 considera uma largura efetiva da mesa de concreto, de cada lado da linha de centro da viga, dada, para vigas mistas biapoiadas, pelo menor dos seguintes valores:

a) 1/8 do vão da viga mista, considerado entre a linha de centro de apoios;
b) Metade da distância entre a linha de centro da viga analisada e a linha de centro da viga adjacente;
c) Distância da linha de centro da viga à borda de uma laje em balanço.

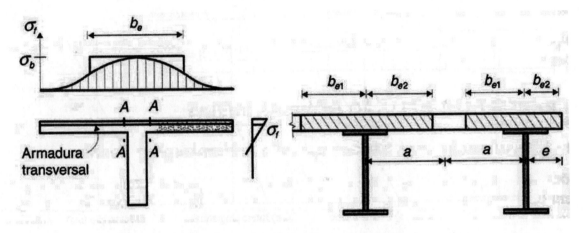

Figura 16 – Largura efetiva da mesa colaborante (Fonte: PFEIL, 2009)

As propriedades geométricas da seção mista utilizadas na determinação das tensões e deformações no regime elástico são obtidas com a seção homogeneizada, transformando a seção de concreto em uma seção equivalente de aço, dividindo sua área pela relação:

$$\alpha_e = \frac{E_{aço}}{E_{concreto}} = \frac{E_{aço}}{E_{CS\infty}} = \frac{E_{aço}}{\frac{E_{CS}}{(1+\phi)}} = (1+\phi) \times \frac{E_{aço}}{E_{CS}}$$

A ABNT NBR 6118:2014 indica a seguinte expressão para o cálculo do módulo secante do concreto, em função da sua resistência característica à compressão, fck:

$$E_{cs} = \alpha_i \times \alpha_e \times 5600\sqrt{f_{ck}}, em\ MPa.$$

Os efeitos de longa duração, fluência e retração do concreto podem ser considerados, simplificadamente, com o uso de φ≈2 e multiplicando a relação modular por 3.

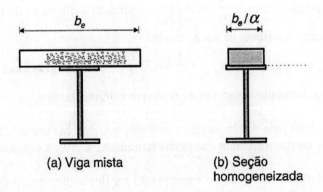

Figura 17 – Seção transversal homogeneizada (Fonte: PFEIL, 2009)

O coeficiente de redução 0,85, conhecido como *Efeito Rusch*, aplicado sobre a resistência à compressão de cálculo do concreto, f_{cd}, tem por objetivo estabelecer a tensão máxima à compressão e leva em conta três fatores (Clímaco, 2005):

a) A diminuição de 25% da resistência do concreto quando submetido a cargas de longa duração;

b) O aumento da resistência do concreto após os 28 dias, podendo alcançar valores até 20% superiores, em média, após um ano;
c) Diferenças nas propriedades do concreto da estrutura em relação ao moldado nos corpos de prova, com diminuição média de 5% na resistência à compressão.

De acordo com o item O.2.3.1.1.1 da ABNT NBR 8800:2008, as vigas mistas compactas de alma cheia, biapoiadas, sob momento positivo e interação completa, apresentam o seguinte diagrama de tensões:

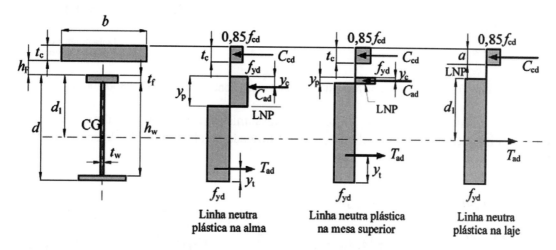

Figura 18 – Variação da linha neutra na seção transversal mista (ABNT NBR 8800:2008)

O momento fletor resistente de cálculo, M_{Rd}, para vigas mistas compactas de alma cheia, biapoiadas ($\beta_{VM} = 1,00$), com interação completa e LN da seção plastificada na laje de concreto (item O.2.3.1.1.1 (a)) é dado por:

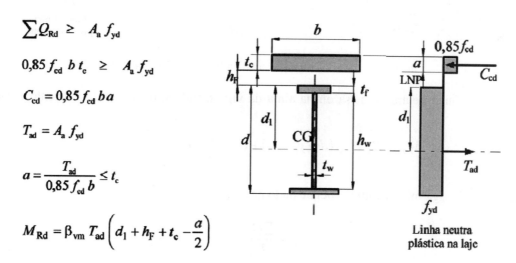

$$\sum Q_{Rd} \geq A_a f_{yd}$$

$$0,85 f_{cd} b t_c \geq A_a f_{yd}$$

$$C_{cd} = 0,85 f_{cd} b a$$

$$T_{ad} = A_a f_{yd}$$

$$a = \frac{T_{ad}}{0,85 f_{cd} b} \leq t_c$$

$$M_{Rd} = \beta_{vm} T_{ad} \left(d_1 + h_F + t_c - \frac{a}{2} \right)$$

Figura 19 – Linha neutra na laje de concreto armado (Fonte: ABNT NBR 8800:2008)

O momento fletor resistente de cálculo, M_{Rd}, para vigas mistas compactas de alma cheia, biapoiadas ($\beta_{VM} = 1,00$), com interação completa e LN da seção plastificada na mesa superior do perfil de aço (item O.2.3.1.1.1 (b)) é dado por:

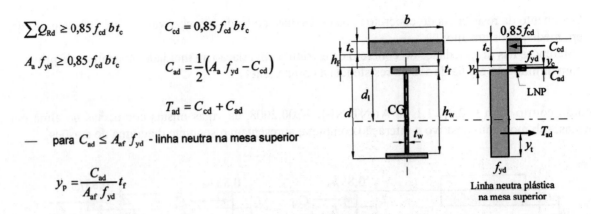

Figura 20 – Linha neutra na mesa da viga metálica (Fonte: ABNT NBR 8800:2008)

O momento fletor resistente de cálculo, M_{Rd}, para vigas mistas compactas de alma cheia, biapoiadas ($\beta_{VM} = 1{,}00$), com interação completa e LN da seção plastificada na alma do perfil de aço (item O.2.3.1.1.1 (b)) é dado por:

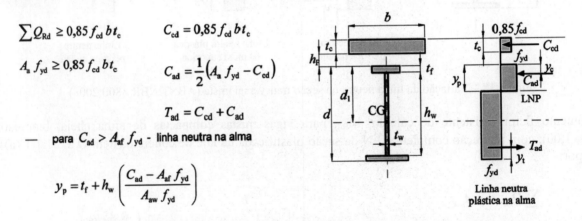

Figura 21 – Linha neutra na alma da viga metálica (Fonte: ABNT NBR 8800:2008)

Em ambos os casos, linha neutra na mesa ou na alma da viga metálica, o momento resistente é dado pela expressão:

$$M_{Rd} = \beta_{vm}\left[C_{ad}(d - y_t - y_c) + C_{cd}\left(\frac{t_c}{2} + h_F + d - y_t\right)\right]$$

O grau de interação da viga mista de alma cheia é dado por:

$$\eta_i = \frac{\sum Q_{Rd}}{F_{hd}}$$

Em que F_{hd} é a força de cisalhamento de cálculo entre o componente de aço e a laje, igual ao menor valor entre $A_a f_{yd}$ e $0{,}85 f_{cd} b t_c$, não pode ser inferior a:

Quando os perfis de aço componentes da viga mista têm mesas de áreas iguais:

$$\eta_i = 1 - \frac{E}{578 f_y}(0{,}75 - 0{,}03 L_e) \geq 0{,}40 \quad para \quad L_e \leq 25m;$$

$\eta_i = 1$ para $L_e > 25m$ (interação completa);

Sendo L_c a distância entre os pontos de momento nulo em metros (m).

Para vigas mistas compactas de alma cheia, biapoiadas ($\beta_{VM} = 1,00$), com interação parcial (item O.2.3.1.1.1 (c), isto é:

$$\Sigma Q_{Rd} < A_a f_y \text{ e } \Sigma Q_{Rd} < 0,85 f_{cd} b t_c$$

Ocorrendo essas condições, tem-se que $C_{cd} = \Sigma Q_{Rd}$ e sendo válidas as expressões do item O.2.3.1.1.1 (b) para determinação de Cad, Tad e yp com o novo valor de CCd, o momento fletor de cálculo, MRd, é dado por:

$$M_{Rd} = \beta_{vm} \left[C_{ad}(d - y_t - y_c) + C_{cd}\left(t_c - \frac{a}{2} + h_F + d - y_t\right) \right]$$

com:

$$a = \frac{C_{cd}}{0,85 f_{cd} b}$$

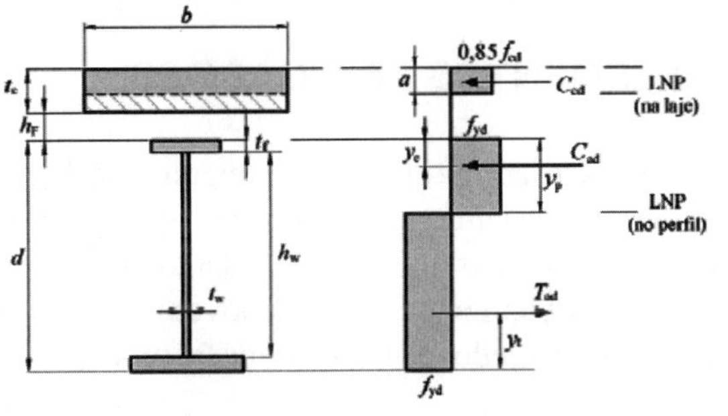

Figura 22 – Interação parcial da viga mista (Fonte: ABNT NBR 8800:2008)

A força resistente de cálculo de um conector de cisalhamento tipo pino com cabeça é dada pelo menor dos seguintes valores:

$$Q_{Rd} = \frac{1}{2} \frac{A_{CS}\sqrt{f_{ck}E_C}}{1,25} \quad ou \quad Q_{Rd} = \frac{R_g R_p A_{cs} f_{ucs}}{1,25}$$

A_{cs} é a área da seção transversal do conector;
f_{ucs} é a resistência à ruptura do aço do conector;
E_c é o módulo de elasticidade do concreto;
R_g é um coeficiente para consideração do efeito de atuação de grupos de conectores, dado em O.4.2.1.2;
R_p é um coeficiente para consideração da posição do conector, dado em O.4.2.1.3.

O fator R_g considera o efeito do número de conectores na nervura igual a 1,0, 0,85 e 0,70 para um, dois e três ou mais conectores, respectivamente. Não sendo possível garantir o posicionamento do conector, recomenda-se usar $R_p = 0,60$.

Nas vigas com seção de aço compacta e interação completa, a soma das resistências Q_n dos conectores entre o ponto de momento nulo e o de momento máximo é dada pelo menor entre as resistências nominais do concreto em compressão e do aço em tração:

(a) Linha neutra plástica na seção de aço

$$nQ_n \geq 0,85 f_{cd} b h_c$$

(b) Linha neutra plástica na laje

$$nQ_n \geq A_a f_{yd}$$

De acordo com a ABNT NBR 8800:2008, o espaçamento entre conectores está limitado a $a < 8h_c$, no caso geral, e $a < 915mm$ para laje com forma de aço incorporada. O espaçamento mínimo de conectores tipo pino com cabeça na direção longitudinal da viga é de $6\phi_d$ e de $4\phi_d$ na transversal.

A força cortante de cálculo de vigas mistas de alma cheia deve ser determinada considerando-se apenas a resistência do perfil de aço, assim:

$$V_{Sd} \leq V_{Rd}$$

Os seguintes estados limites de utilização devem ser verificados no caso de vigas mistas a deslocamentos excessivos, fissuração do concreto e a vibrações excessivas.

16.5 ELEMENTOS DE LIGAÇÕES

As ligações são compostas dos elementos de ligação e dos meios de ligação. Os elementos de ligação são todos os componentes incluídos no conjunto para permitir ou facilitar a transmissão dos esforços: enrijecedores, chapas de ligação, placas de base, cantoneiras, consolos e talas de emenda. Os meios de ligação são os elementos que promovem a união entre as partes da estrutura para formar a ligação: soldas, parafusos, barras redondas rosqueadas e pinos.

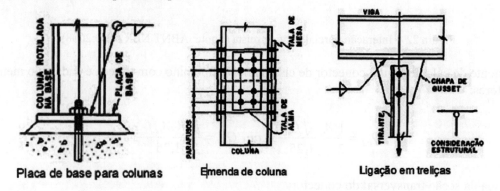

Figura 23 – Elementos de ligação (Fonte: VASCONCELOS, 2011)

Os Componentes das Ligações devem ser dimensionados de forma que a sua resistência de cálculo a um determinado Estado Limite Último seja igual ou superior à solicitação de cálculo, determinada (NBR 8800:2008, item 6.1.1.2):

a) Pela análise da estrutura sujeita às combinações de cálculo das ações;
b) Como uma porcentagem especificada da resistência da barra ligada;
c) A resistência de cálculo pode também ser baseada em um Estado Limite de Serviço.

Além disso, o projeto deve permitir a execução adequada do sistema de ligação, em boas condições de segurança de fabricação, transporte e montagem, e com um bom acesso a eventuais serviços de manutenção.

Segundo a NBR 8800:2008, item 6.1.5, a RESISTÊNCIA MÍNIMA de ligações, para garantia da integridade estrutural, deve atender também aos seguintes critérios:

$S_d \geq 45kN$ — **6.1.5.2 Ligações sujeitas a uma solicitação de cálculo inferior a 45 kN, excetuando-se diagonais** de travejamento de barras compostas, tirantes constituídos de barras redondas e travessas de fechamento lateral de edifícios, devem ser dimensionadas para uma solicitação de cálculo igual a 45 kN.

$S_d \geq 0,5R_d$ — **6.1.5.3 As ligações de barras tracionadas ou comprimidas devem ser dimensionadas, no mínimo,** para 50% da força axial resistente de cálculo da barra, referente ao tipo de solicitação que comanda o dimensionamento da respectiva barra (tração ou compressão).

Figura 24 – Critérios para dimensionamento de ligações (ABNT NBR 8800:2008)

O comportamento mecânico das ligações influi na distribuição dos esforços e deslocamentos das estruturas, tornando-se essencial o conhecimento da rigidez e da capacidade de rotação da ligação. As ligações devem ser detalhadas conforme o modelo de cálculo estabelecido no projeto da estrutura, podendo classificá-las como rígidas ou flexíveis, conforme o comportamento traduzido pela curva momento fletor x rotação.

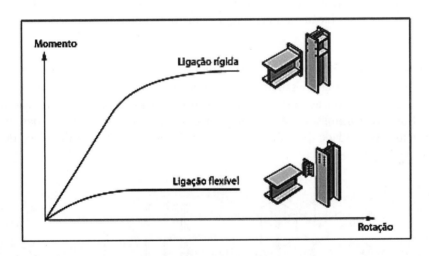

Figura 25 – Tipos de ligações, rígida e flexível (Fonte: SILVA, 2010)

De forma simplificada, as ligações usuais, tradicionalmente consideradas rotuladas ou rígidas, podem ser simuladas com esses tipos de vinculação na análise estrutural (NBR 8800:2008, item 6.1.2.3). A rotação de uma ligação é definida como a variação do ângulo formado pela tangente aos eixos dos elementos conectados após a deformação. A ligação rígida é tal que o ângulo entre os elementos estruturais que se interceptam permanece essencialmente o mesmo após o carregamento da estrutura. No caso de ligações flexíveis, a restrição à rotação relativa entre os elementos estruturais deve ser tão pequena quanto se consiga obter na prática.

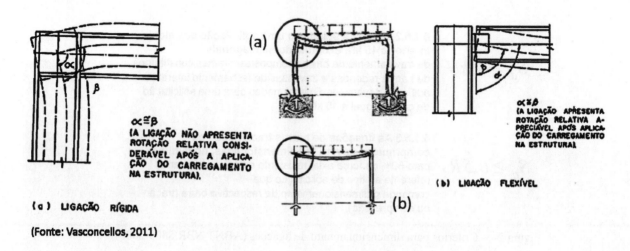

Figura 26 – Ligações rígidas e flexíveis (Fonte: VASCONCELLOS, 2011)

Dependendo dos esforços solicitantes e das suas posições relativas, as ligações podem ser dos seguintes tipos básicos cisalhamento centrado, cisalhamento excêntrico, tração ou compressão, e tração ou compressão com cisalhamento. Os parafusos devem resistir a esforços de tração, cisalhamento ou ambos, ao passo que as soldas devem resistir a tensões de tração, compressão, cisalhamento ou à combinação de tensões tangenciais e normais.

As ligações parafusadas, tanto como as soldadas, são empregadas em larga escala nas montagens finas das estruturas em campo ou nas de fábrica. Possuem como vantagens a rapidez nas ligações de campo, economia no consumo de energia, uso de poucas pessoas e melhor resposta às tensões decorrentes de fadiga. Como desvantagens, as estruturas parafusadas possuem a necessidade de verificação das áreas líquidas e esmagamento das chapas, necessidade de realização de pré-montagem e maior dificuldade de modificações e correções de erros de montagem.

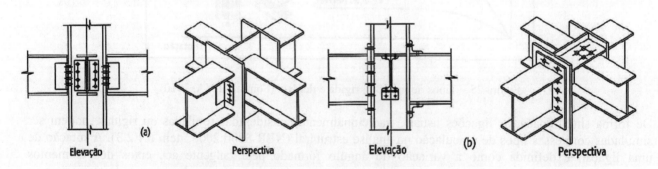

Figura 27 – Tipos de ligações parafusadas (BELLEY, 2008)

Os parafusos de baixo carbono, também conhecidos como parafusos comuns, que seguem as especificações ASTM A307, têm, em geral, cabeça e porca sextavada, com rosca parcial ou ao longo de todo o corpo do parafuso. A instalação é feita sem especificação de torque de montagem, desconsiderando a resistência ao deslizamento entre as partes conectadas.

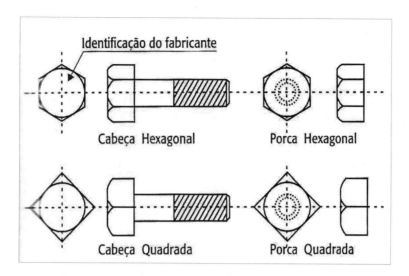

Figura 28 – Detalhe do parafuso comum ASTM A307 (Fonte: BELLEY, 2008)

As ligações envolvendo parafusos comuns são assumidas sempre como ligações do tipo contato, ou seja, os parafusos são solicitados ao cisalhamento, à tração ou a ambos os esforços simultaneamente.

Os esforços de tração são transmitidos diretamente por meio de tração no corpo do parafuso e os esforços de cisalhamento são transmitidos por cisalhamento do corpo do parafuso e o contato de sua superfície lateral com a face do furo, devido ao deslizamento entre as chapas ligadas.

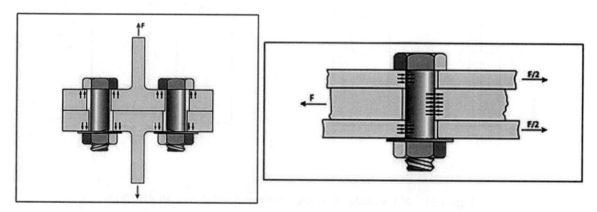

Figura 29 – Solicitações no parafuso comum (Fonte: SILVA, 2010)

A utilização de aços de alta resistência mecânica na fabricação de parafusos permite a montagem de parafusos com protensão, evitando o deslizamento entre as partes conectadas, pois as superfícies de contato das chapas ficam firmemente pressionadas umas contra as outras.

Os esforços de cisalhamento nas ligações com parafusos de alta resistência são transmitidos ou por atrito, devido à pressão entre as partes ligadas, nas chamadas ligações por atrito, ou por contato do corpo do parafuso com as paredes do furo, com cisalhamento do corpo do parafuso, nas chamadas ligações por contato.

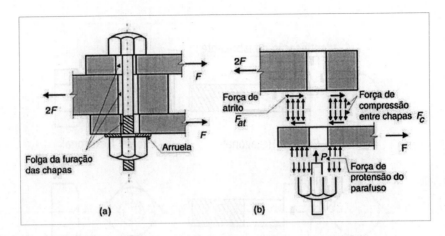

Figura 30 – Parafuso de alta resistência (Fonte: PFEIL, 2009)

O dimensionamento dos parafusos no estado limite último é feito com base nas seguintes modalidades de ruptura na ligação:

a) Colapso do conector;
b) Colapso por esmagamento ou rasgamento da chapa;
c) Colapso por tração da chapa.

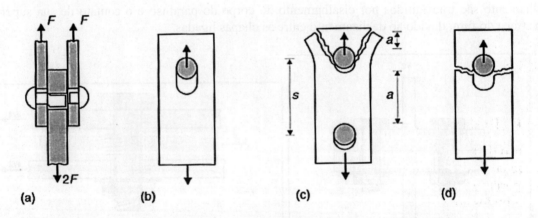

Figura 31 – Modalidades de ruptura nos parafusos (Fonte: PFEIL, 2009)

Nas conexões por contato, os parafusos podem ser solicitados à tração, ao cisalhamento ou à combinação desses esforços. A força de tração resistente de cálculo para um parafuso é dada por:

$$F_{t,Rd} = \frac{0,75 A_b f_{ub}}{\gamma_{a2}} = \frac{0,75 A_b f_{ub}}{1,35}$$

A_b ... é a área bruta do parafuso baseada no seu diâmetro;

f_{ub} ... é a resistência a tração do material do parafuso.

A força cortante resistente de cálculo, por plano de corte, para cisalhamento do corpo do parafuso é dada por:

$$F_{v,R,d} = \frac{\phi_v A_b f_{ub}}{\gamma_{a2}} = \frac{\phi_v A_b f_{ub}}{1,35} = \frac{[0,40 \, ou \, 0,5] A_b f_{ub}}{1,35}$$

A_b ... é a área bruta do parafuso baseada no seu diâmetro;

f_{ub} ... é a resistência a tração do material do parafuso;

ϕ_v... = 0,4 parafusos em geral;

ϕ_v ... = 0,5 parafusos de alta resistência quando o plano de corte passa fora da rosca.

A força cortante resistente de cálculo para o cisalhamento considerando a pressão de contato no furo é dada por:

$$F_{c,R,d} = \frac{\phi_c l_f t f_{ub}}{\gamma_{a2}} = \frac{2\phi_v d_b t f_{ub}}{\gamma_{a2}} \therefore F_{c,R,d} = \frac{\phi_c l_f t f_{ub}}{1,35} \leq \frac{2\phi_v d_b t f_{ub}}{1,35}$$

Onde:

ϕ_c = 1,2 para furos-padrão, furos alargados, furos pouco alongados em qualquer direção e furos muito alongados na direção da força quando a deformação no furo para forças de serviço for uma limitação de projeto;

ϕ_v = 1,5 para furos-padrão, furos alargados, furos pouco alongados em qualquer direção e furos muito alongados na direção da força quando a deformação no furo para forças de serviço não for uma limitação de projeto;

ϕ_v = 1,0 no caso de furos muito alongados na direção perpendicular à da força;

l_f é a distância, na direção da força, entre as bordas de furos adjacentes ou de furo a borda livre;

t é a espessura da parte ligada;

f_u é a resistência à ruptura do aço da parede do furo.

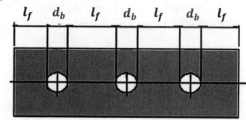

Com base em análise experimental de parafusos solicitados simultaneamente à tração e cisalhamento, é razoável a utilização de uma curva circular de interação, cuja expressão é dada por:

$$\left(\frac{F_{t,Sd}}{F_{t,Rd}}\right)^2 + \left(\frac{F_{v,Sd}}{F_{v,Rd}}\right)^2 \leq 1,0$$

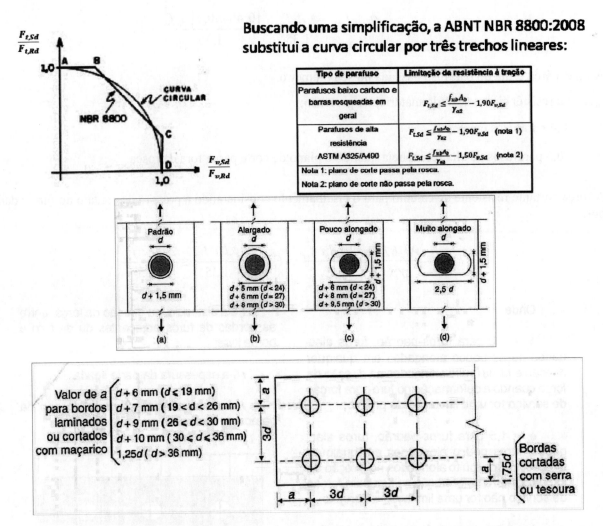

Figura 32 - Tipos de furos e espaçamentos construtivos mínimos recomendados para parafusos com furo padrão (Fonte: PFEIL, 2009)

A união de componentes metálicos pode ser feita por meio da fusão de eletrodos metálicos. Devido à alta temperatura produzida por um arco voltaico, processa-se também a fusão parcial dos componentes a serem ligados. Após o resfriamento, metal base e metal do eletrodo passam a constituir um corpo único. Alguns aços estruturais são melhores para a soldagem do que outros e os procedimentos de soldagem devem levar em conta a composição química do metal base.

Possuem como vantagens a economia de material, a facilidade de modificações nas peças e de correções de eventuais erros de montagem, além de um menor tempo no processo de fabricação. Como desvantagens, as estruturas soldadas estão submetidas a efeitos de retração por temperatura, necessidade de energia elétrica no canteiro, maior tempo de montagem das peças e necessidade de uma maior análise de fadiga das peças.

A ABNT NBR 8800:2008 recomenda a aplicação das disposições contidas American Welding Society – AWS D1.1 para a especificação dos materiais de soldagem e apresenta os 3 (três) processos de soldagem (Figura 33).

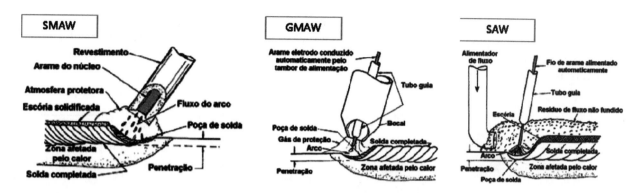

Figura 33 – Processos de soldagem (Fonte: VASCONCELLOS, 2011)

As ligações soldadas podem ser classificadas quanto à posição e na especificação AWS, os eletrodos são designados pela letra "E" e um conjunto de algarismos (
Figura 34).

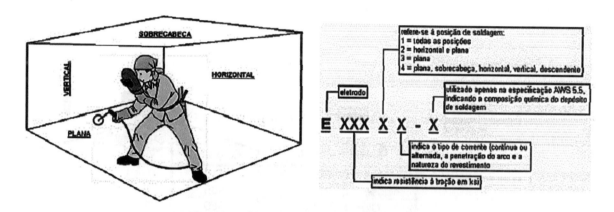

Figura 34 – Posições de soldagem (Fonte: VASCONCELLOS, 2011)

Os eletrodos utilizados no processo de soldagem devem ser especificados de acordo com a compatibilidade do metal base com o metal de solda, conforme determinado na tabela 7 da ABNT NBR 8800:2008 (Tabela 4).

Tabela 4 – Tipos de eletrodos de soldagem (Fonte: VASCONCELLOS, 2011)

Aço	SMAW	GMAW	SAW	FCAW
Aço patinável de média e alta resistência	E 7018 W	ER 8018 SG	F 7AO-EW	F 71T8 Ni1
	E 7018 G			E 80T1 W
ASTM A36	E 7018	ER 70 S6	F 7AO-EL12	E 70T-1 E 71T-1 E 70T-4
		ER 70 S3		
ASTM A572 grau 50	E 7018	ER 70 S6	F 7AO-EM12K	
		ER 70 S3		
ASTM A570 grau 40	E 7018 / E 6013	ER 70 S6	F 7AO-EL12	
		ER 70 S3		

Quanto ao tipo, as soldas podem ser classificadas em filete, penetração (total e parcial) e em soldas de tampão. Para esforços de pouca intensidade, a solda de filete é a mais usada devido, principalmente, à pouca preparação do metal base. No caso de esforços maiores, a solda de penetração, por permitir maiores resistências, torna-se mais aconselhável.

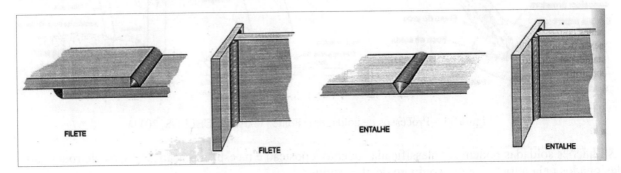

Figura 35 – Tipos de soldas (Fonte: VASCONCELLOS, 2011)

O uso de soldas de tampão está limitado a casos especiais. A resistência de cálculo de soldas é determinada com base em dois estados limites últimos:

a) Ruptura da solda na seção efetiva;
b) Escoamento do metal base na face de fusão.

Tabela 5 – Resistência dos eletrodos de soldagem (Fonte: VASCONCELLOS, 2011)

Metal da solda	f_W (MPa)
classe 6 ou 60 (AWS)	415
classe 7 ou 70 (AWS)	485
Classe 8 ou 80	550

A resistência de cálculo de soldas de filete é dada pelo menor valor calculado pelos dois estados limites últimos aplicáveis:

a) Ruptura da solda na seção efetiva:

$$F_{w,Rd} = \frac{0,60 A_w f_w}{\gamma_{w2}} = \frac{0,60(l_w a)f_w}{1,35} = \frac{0,60(l_w 0,707 d_w)f_w}{1,35}$$

b) Escoamento do metal base na face de fusão:

$$F_{Rd} = \frac{0,60 A_{MB} f_y}{\gamma_{a1}} = \frac{0,60(l_w d_w)f_y}{1,10}$$

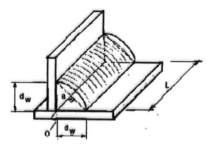

fw ... é a resistência mínima à tração do metal de solda;
fy ... é a tensão de escoamento do metal de base;
dw ... é a perna do filete;
a ... é a garganta efetiva da solda;
lw ... é o comprimento do filete

Figura 36 – Solda de filete (Fonte: VASCONCELLOS, 2011)

Dimensão nominal mínima da perna de uma solda de filete (d_w):

Menor espessura do metal base na junta t (mm)	d_w (mm)
≤ 6,35	3
6,35 < t ≤ 12,5	5
12,5 < t ≤ 19	6
> 19	8

Dimensão nominal máxima da perna de uma solda de filete (d_w):

Espessura do material da borda t (mm)	d_w (mm)
< 6,35	t
≥ 6,35	t - 1,5

Ligações com soldas de penetração são mais eficientes quando comparadas a soldas de filete, pois requerem menos metal de solda depositado e eliminam a necessidade de elementos adicionais na conexão, como, por exemplo, as cobres juntas. Além disso, devido à sua maior resistência a tensões cíclicas e ao impacto, são preferíveis em casos de elementos solicitados dinamicamente.

Solda de penetração total é a solda de topo em um lado ou em ambos os lados da junta com penetração completa e fusão do metal da junta e do metal base em toda a profundidade da junta.

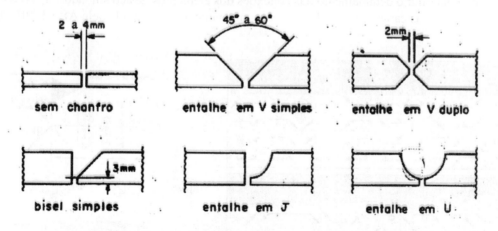

Figura 37 – Tipos de solda de penetração (Fonte: VASCONCELLOS, 2011)

A resistência de cálculo para escoamento do metal base na face de fusão em soldas de penetração total para a resultante da soma vetorial de cisalhamento é dada pelo valor:

$$F_{Rd} = \frac{0{,}60 A_{MB} f_y}{\gamma_{a1}} = \frac{0{,}60 (l_w d_w) f_y}{1{,}10}$$

A resistência de cálculo para escoamento do metal base na face de fusão em soldas de penetração total para esforços de tração ou compressão normal à seção efetiva da solda é dada pelo valor:

$$F_{Rd} = \frac{A_{MB} f_y}{\gamma_{a1}} = \frac{(l_w d_w) f_y}{1{,}10}$$

Em que:
fy ... é a tensão de escoamento do metal de base;
dw = t ... é a menor espessura das partes soldadas;
lw ... é o comprimento da solda de penetração total.

Um grande número de defeitos pode ocorrer e resultar em descontinuidades internas à solda. Alguns dos defeitos mais comuns são: fusão incompleta do eletrodo, penetração inadequada na junta, porosidade, altura de solda inadequada ou mordeduras, absorção indesejável de escórias na composição da solda e fissuras longitudinais ou transversais.

O controle de qualidade das soldas pode ser aferido com os seguintes ensaios:

a) Inspeção visual, dependem da experiência do inspetor para detectar defeitos superficiais;
b) Líquidos penetrantes: penetram nos defeitos revelando-os por meio de um material poroso ou fluorescente, também para detectar defeitos superficiais, principalmente em soldas de filete;
c) Inspeção por partículas magnéticas, cujo espalhamento na superfície da solda detecta defeitos internos por meio da sua disposição;
d) Inspeção interna da solda por ultrassom pela emissão e recepção das ondas;
e) Inspeção por radiografia com o emprego de raios-X para detectar defeitos internos na solda.

Com o objetivo de facilitar o detalhamento das conexões dos elementos de aço soldados, a AWS adotou uma simbologia para indicar as características das ligações, que também foi adotada pela ABNT NBR 8800:2008 ().

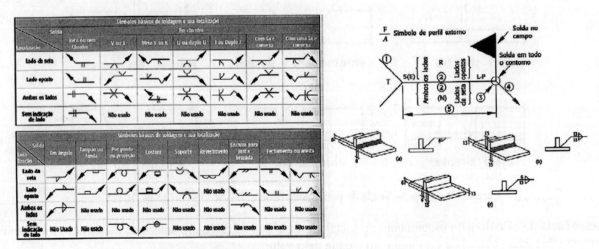

Figura 38 – Simbologia de solda (Fonte: BELLEY, 2008)

16.6 PLANEJAMENTO DE TRANSPORTE

O transporte das estruturas será realizado por algum meio de transporte, seja rodoviário, ferroviário, marítimo, aéreo ou fluvial. Conforme o meio de transporte adotado, existirão determinadas limitações das peças da estrutura, tanto devido ao seus pesos individuais e total, quanto pelas dimensões máximas e do volume disponível.

Os seguintes fatores devem ser avaliados para o transporte das peças componentes de uma estrutura, definições relativas ao trajeto, como limitações quanto a largura, altura e pesos máximos permitidos, os limites impostos pelo processo de montagem ou pela disponibilidade de espaço no canteiro de obras e as dimensões dos perfis comercializados.

O transporte rodoviário é a modalidade predominante no Brasil, apesar das limitações quanto às dimensões das carrocerias, dos gabaritos rodoviários e do estado de conservação das estradas.

As outras modalidades de transporte, como o marítimo ou ferroviário, dificilmente não dependerão em algum ponto do trajeto da interveniência da modalidade rodoviária. Outra característica do transporte rodoviário é a possibilidade de que o mesmo veículo seja carregado no interior da fábrica e ele próprio chegue a poucos metros do local onde a estrutura será montada.

Nos veículos rodoviários existem cinco termos que definem os pesos e as capacidades de carga:

a) Lotação (L): peso útil máximo permitido para o veículo; é a sua capacidade de carga;
b) Tara (T): é o peso do veículo sem carga, com tanque cheio e motorista;
c) Peso Bruto Total (PBT): Lotação somada com a Tara de um veículo com cabina e carroceria em um mesmo chassi;
d) Peso Bruto Total Combinado (PBTC): É a Lotação somada à Tara dos veículos combinados, quando a cabina está em um veículo e as carrocerias em outros chassis;
e) Capacidade Máxima de Tração (CMT): É a capacidade de tração do veículo trator, normalmente fornecido pelo fabricante.

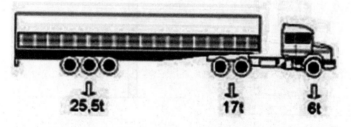

Figura 39 – Peso Bruto Total (PBT) de 48,5t (Fonte: PINHO, 2005)

Segundo a Resolução nº 12/98 do Contran, as dimensões autorizadas para veículos, considerados normais, são as seguintes:

a) Largura máxima: 2,60m;
b) Altura máxima com relação ao solo: 4,40m;
c) Comprimento total:
d) Veículos simples: 14,00m;
e) Veículos articulados: 18,15m;
f) Veículos com reboque: 19,80m

O transporte fluvial é feito por hidrovias. Entende-se por hidrovia os caminhos navegáveis interiores, artificiais ou não, com infraestrutura mínima de portos e cartas de navegação, que permitam a um determinado tipo de barco transitar com segurança.

Algumas hidrovias dependem do volume de água da estação das chuvas para se tornarem navegáveis, o que não permite o transporte em qualquer época do ano. Outro modo de transporte hidroviário é o transversal, ou seja, a utilização de balsas e barcaças na travessia de cursos d'água não servidos por pontes, em rodovias. Os veículos rodoviários são transportados sobre as balsas para o outro lado, onde a estrada continua.

16.7 EQUIPAMENTOS DE MONTAGEM

Os equipamentos utilizados na montagem de estruturas metálicas dividem-se em três grupos, equipamentos de içamento vertical, equipamentos de transporte horizontal e equipamentos auxiliares.

Os dois tipos mais comuns de equipamentos de içamento vertical são os guindastes e as gruas. Os guindastes são formados por um veículo de deslocamento sobre o solo, do qual parte uma lança que se projeta para cima e forma variados ângulos com a horizontal. As gruas se caracterizam por possuírem uma torre vertical na qual se apoia uma lança horizontal.

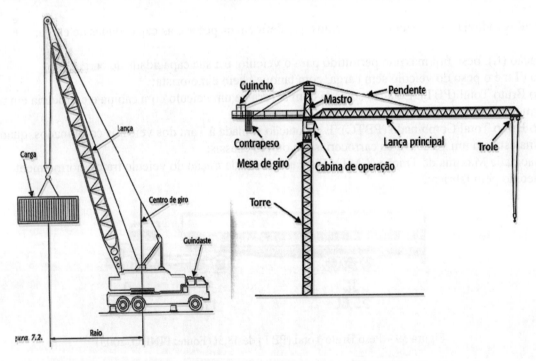

Figura 40 – Equipamentos de montagem, o guindaste e a grua (Fonte: BELLEY, 2008)

A operação de guindastes é regida por duas limitações básicas:

a) A capacidade estrutural do equipamento, formada pela resistência das peças que compõe a lança, do guincho e dos cabos de aço de içamento;
b) A resistência ao tombamento, determinada pelo momento equilibrante, propiciada pelo contrapeso, que deve superar o momento de tombamento da carga.

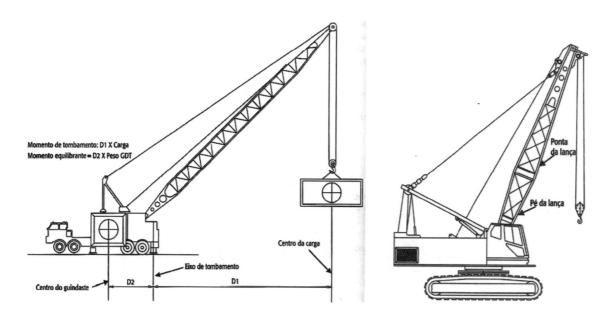

Figura 41 – Equipamentos de montagem sobre rodas e esteiras (Fonte: BELLEY, 2008)

Antes de decidir qual tipo de guindaste utilizar, alguns aspectos devem ser considerados: a dimensão, peso e o raio de operação da peça maior ou mais pesada, a altura máxima do içamento, o número de içamentos, as condições do terreno e a necessidade ou não de transporte horizontal.

Para a escolha do equipamento de montagem, devem-se observar as características da estrutura e do canteiro de obra, considerando a altura do edifício, o seu comprimento e largura, além do prazo de montagem. Na escolha da grua ideal, fixam-se os seguintes parâmetros, altura máxima da estrutura, a maior carga a ser içada, a melhor localização do equipamento, o maior raio de operação para cobrir toda a projeção da obra e o maior momento de tombamento, dado por (carga x raio).

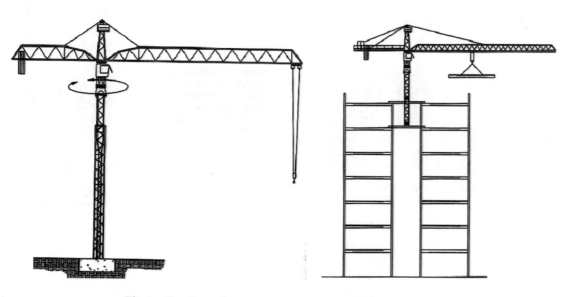

Figura 42 – Grua fixa e ascensional (Fonte: BELLEY, 2008)

A condição ideal é aquela em que as peças se encontram junto ao local de montagem, dentro do raio de ação do guindaste ou da grua, porém, eventualmente, por falta de espaço no canteiro, torna-se necessário armazenar as peças em um local distante, surgindo a necessidade de um transporte horizontal.

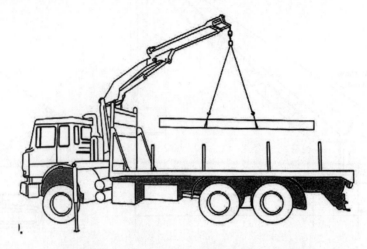

Figura 43 - Caminhão com braço hidráulico telescópico montado sobre o chassi, com capacidade de levantar e transportar cargas (Fonte: BELLEY, 2008)

Denominam-se equipamentos auxiliares de montagem aqueles utilizados na execução das ligações entre as peças ou em outros serviços de campo, como por exemplo:

a) Equipamentos retificadores de solda;
b) Grupos geradores movidos por motores a diesel;
c) Compressores pneumáticos;
d) Guinchos;
e) Conjuntos de corte com oxigênio em mistura com um gás inflamável.

Figura 44 – Equipamentos auxiliares (Fonte: BELLEY, 2008)

16.8 REFERÊNCIAS BIBLIOGRÁFICAS

ABNT – ASSOCIAÇÃO BRASILEIRA DE NORMAS TÉCNICAS. **NBR 8800 - Projeto de estruturas de aço e de estruturas mistas de aço e concreto de edifícios**. Rio de Janeiro: 2008.

ABNT – ASSOCIAÇÃO BRASILEIRA DE NORMAS TÉCNICAS. **NBR 6120 - Cargas para o cálculo de estruturas de edificações**. Rio de janeiro: 1980.

ABNT – ASSOCIAÇÃO BRASILEIRA DE NORMAS TÉCNICAS. **NBR 6123 - Forças Devidas ao Vento em Edificações – Procedimento**. Rio de Janeiro: 1988.

BELLEI, Ildony Hélio; PINHO, Fernando O.; PINHO, Mauro O. **Edifícios de múltiplos andares em aço**. 2ed. São Paulo: Pini, 2008.

CALENZANI, Fernanda. **DEEM – Notas de aula**. Brasília: IPOG, 2014.

CLÍMACO, João Carlos Teatini de Souza. **Estruturas de Concreto Armado: fundamentos de projeto, dimensionamento e verificação**. Brasília: Editora Universidade de Brasília: Finatec, 2005.

DIAS, Luís Andrade de Mattos. **Estruturas de aço: conceitos, técnicas e linguagem**. 5ed. São Paulo: Zigurate Editora, 2006.

PFEIL, Walter; PFEIL, Michèle. **Estruturas de aço: dimensionamento prático**. 8ed. Rio de Janeiro: LTC, 2009.

PANNONI, F.D.; MARCONDES, L.. **COS-AR-COR: Aços de Alta Resistência Mecânica Resistentes à Corrosão Atmosférica**. Relatório interno de número RT/17 da Coordenadoria de Pesquisa Tecnológica da COSIPA (1987).

PANTOJA, João da Costa. **PDEM – Notas de aula**. Brasília: IPOG, 2014.

PINHO, Mauro. **Transporte e Montagem**. Rio de Janeiro: IBS/CBCA, 2005.

SILVA, Valdir Pignatta. **Estrutura de aço para edifícios: aspectos tecnológicos e de concepção**. São Paulo: Blucher, 2010a.

VASCONCELLOS, Alexandre Luiz. **Ligações em estruturas metálic**as. 4ed. Rio de Janeiro: IABr/CBCA, 2011.

CAPÍTULO 17 - TÉCNICAS DE FÔRMAS E ESCORAMENTOS

Robson Lopes Pereira
Mestre em Estruturas e Materiais pela UFG/GO, Professor PUC-GO e Doutorando pela UnB
e-mail: robsonlopesvetor@gmail.com

17.1 INTRODUÇÃO

As edificações de concreto armado são amplamente utilizadas no Brasil e estes edifícios exigem uma estrutura auxiliar, ou secundária, destinada a dar forma e suporte aos elementos de concreto desde quando este ainda está fresco até a sua solidificação e adequado ganho de resistência. Devido a isto, tem-se um grande uso de fôrmas e escoramentos na construção civil e, no entanto, o que frequentemente se verifica é a falta de um projeto adequado destas fôrmas e escoramentos, podendo acarretar diversos problemas que impactam diretamente sobre quatro fatores importantes quando se trata de obras de engenharia, sendo o custo, o prazo, a qualidade e a segurança dos operários.

De todos os prejuízos associados à falha do sistema de fôrmas e escoramentos, sem dúvida aquele que mais causa impacto é a perda de vidas humanas. Infelizmente, casos desse tipo ainda ocorrem, principalmente por ruptura ou perda da estabilidade lateral de escoras.

Usualmente, os sistemas de fôrmas e escoramentos têm a sua execução atribuída aos mestres de obra, ou encarregados de carpintaria e uma execução inadequada pode exercer forte influência na segurança, qualidade, prazo e custo final da obra. O objetivo deste capítulo é apresentar sistemas de fôrmas e escoramentos empregados na construção civil e demonstrar os princípios de dimensionamento desses sistemas de fôrma a difundir o uso adequado, mostrando a utilidade de um bom projeto associado ao sistema construtivo da empresa de engenharia.

17.2 IMPORTÂNCIA DO TEMA E ESTRATÉGIAS PARA MINIMIZAÇÃO DOS CUSTOS

Atualmente, aumentaram-se as exigências na construção civil, priorizando qualidade dos produtos e serviços oferecidos. Por ser uma estrutura provisória, grande parte das obras no Brasil ainda não respeitam as boas práticas de execução de fôrmas e escoramentos, e nem se preocupam com um projeto adequado elaborado por profissional qualificado, talvez por desconhecimento do impacto de uma eventual falha ou por excesso de confiança gerado pela aplicação excessiva de materiais.

Almeida et al. (2014) desenvolveu um estudo com o objetivo de comparar a quantidade de elementos de fôrmas e escoramentos de um pavimento executado pelos carpinteiros em uma obra, com o quantitativo retirado do mesmo pavimento dimensionado segundo referências bibliográficas. A obra tratava-se de um conjunto habitacional, executado em alvenaria estrutural com 8 edifícios de 04 andares por torre e 04 apartamentos por andar. Constatou-se que houve um superdimensionamento na execução das fôrmas e escoramentos e, consequentemente, um aumento no consumo de materiais e mão de obra, refletindo no custo total da obra. Com projeto adequadamente elaborado, conseguiu-se chegar ao pavimento a uma redução de 35% na quantidade das transversinas, 20% nas longarinas e 34% no número de escoras. Considerando a repetitividade e um plano de uso adequado ao ritmo da obra, o projeto de fôrmas e escoramento levaria a uma economia de 32% do gasto com o sistema se comparado ao pavimento executado considerando a experiência dos carpinteiros.

396 - Projeto, Execução e Desempenho de Estruturas e Fundações

Ainda sob o ponto de vista econômico, a participação das fôrmas e escoramentos é extremamente significativa. Como exemplificado, a falta de um projeto adequado poderá resultar num custo excessivo de material; superestimativa da resistência e rigidez dos elementos constituintes ou, em casos mais extremos, resultar na falha do sistema.

A Tabela 1 a seguir faz referência aos estudos de diversos autores que levantaram os custos referentes à execução de uma estrutura de concreto armado, concluindo a majoritária participação do item fôrmas e escoramento sobre o custo total da estrutura. Observa-se que, apesar de as publicações terem sido realizadas entre 1973 e 2007, os percentuais do custo das fôrmas e escoramentos mantiveram-se entre 30 e 60% do custo da estrutura. Tal fato pode ser um indicativo da pouca atenção que o sistema tem recebido ao longo do tempo.

Tabela 1: Estudos publicados, autores e respectivos anos, relacionando o custo do sistema de fôrmas com relação ao custo total da estrutura de concreto armado. Fonte – Rezende (2010)

Autor / Ano	Custo (%)
Barros e Melhado (2006)	35% a 50%
CSTC (1973)	40% a 60%
CEB (1976)	30% a 50%
CIB (1985)	35% a 50%
Hurd (1985)	35% a 60%
Maranhão (2000)	40% a 60%
Nazar (2007)	45%

Na organização da tabela, o autor não cita características da estrutura utilizada e se foi considerado o reaproveitamento ou repetitividade na avaliação dessas porcentagens.

Zorzi (2015) afirma que o custo de uma fôrma também está relacionado com o número de seu reaproveitamento, da velocidade de execução da estrutura e da produtividade de mão de obra. Quanto à qualidade, o sistema de fôrmas é o grande responsável pela geometria obtida para a estrutura (prumo, nível, alinhamento e esquadro), sendo este o gabarito para os demais subsistemas.

Para exemplificar a importância da repetitividade no sistema de fôrmas e sua participação financeira na estrutura de concreto armado, Nazar (2007) montou um estudo comparativo dos custos dos componentes aço, concreto, fôrmas e a mão de obra envolvida na aplicação desses materiais e obteve os resultados mostrados na Figura 1 a seguir, considerando a ausência de reaproveitamento (pavimento atípico) e a repetitividade para 10 utilizações (pavimento tipo).

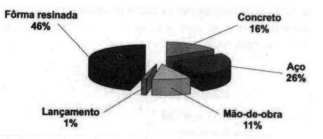 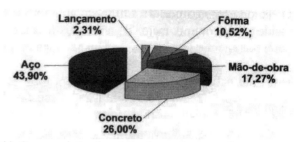

a) Composição de custo do pavimento atípico b) Composição de custo do pavimento tipo

Figura 1 – Percentuais de materiais e mão de obra para os insumos envolvidos na produção de uma estrutura de concreto armado. Pavimento atípico e pavimento tipo. Fonte: Nazar (2007)

No estudo realizado, o custo final da estrutura de concreto armado do pavimento atípico (sem repetitividade) ficou em R$ 1.028,72/m^3 (R$ 97,97/m^2) enquanto a repetitividade das fôrmas em 10 vezes fez o custo da estrutura cair para R$ 615,48/m^3 (R$ 58,62/m^2), sendo, portanto, 40% menor. A participação do material e mão de obra associada às fôrmas caiu de 46% para 10,52% do custo da estrutura.

Para a composição dos pavimentos ilustrados na Figura 1, adotou-se o consumo de aço de 100 kg/m^3 de concreto e o consumo de concreto da estrutura de 0,20 m^3/m^2 de pavimento, que, segundo o autor, são índices usuais em edifícios. A mão de obra de carpinteiro, para montagem e desmontagem de fôrmas, foi estimada em 1,5 h/m^2 de fôrma e, para o lançamento de concreto, estimou-se o consumo de 2,0 h de carpinteiro/m^3 de concreto. O consumo de fôrmas do pavimento foi arbitrado com sendo 2,1 vezes a área de projeção do pavimento. No pavimento atípico, utilizaram-se compensados resinados e no pavimento tipo compensado plastificado em função da repetição de 10 vezes.

A Figura 2 a seguir mostra como o conceito de reaproveitamento dos materiais pode ser aplicado também nos sistemas integralmente em madeira, típico de obras de menor orçamento. Observa-se que as transversinas, longarinas e escoras, executadas em madeira serrada, estão apropriadas ao transporte sem a etapa de desfazer as partes.

Figura 2 – Sistema em madeira serrada executado pensando no reaproveitamento das peças

O estudo comparativo exemplificado anteriormente pode ilustrar situações em construções de edifícios tanto residenciais como comerciais, nos quais a característica básica é o projeto de dois ou três andares atípicos, como garagem e térreo, e os demais pavimentos tipos de apartamentos ou salas comerciais.

Uma alternativa construtiva que pode ser utilizada pelas empresas de engenharia que executam edifícios de múltiplos pavimentos para minimizar os custos dos andares atípicos é a estratégia de adotar um plano de ataque diferenciado para a torre do edifício (que contempla a região onde está o pavimento tipo e, consequentemente, a possibilidade de repetição) e para a periferia (caracterizada pela região das garagens e ausência de repetitividade). Plano de ataque é a fase do planejamento executivo em que se detalham todos os aspectos técnicos da obra, tais como ciclo de execução, dimensionamento de equipes e previsão de uso dos equipamentos.

Tal estratégia consiste em primeiro executar boa parte da torre do edifício para posteriormente executar a periferia. Desta forma, no conjunto de compensados e sarrafos beneficiados para a execução do pavimento tipo poderia ser utilizada uma quantidade de vezes suficiente para que, após certo desgaste, tal material fosse refeito pelos carpinteiros para se adequar às formas do trecho relativo à periferia (pavimento atípico).

Tal situação apresenta a vantagem de transmitir a sensação de que o edifício está sendo construído em ritmo acelerado (fato facilitador da comercialização em planta), pois para quem vê a obra pelo lado de fora do tapume não se visualiza a etapa não executada da periferia. Outra característica é a possibilidade de utilizar mão de obra remanescente da construção dos pavimentos tipos uma vez que é usual diminuir a quantidade de profissionais de carpintaria tão logo o ritmo de repetição possa ser suportado por uma quantidade menor de carpinteiros.

Observa-se que tal procedimento é ainda melhor otimizado quando pensado durante a elaboração do projeto estrutural sob a forma de setorização do edifício. O projeto deve prever a existência de juntas de dilatação entre a região da torre e da periferia a fim de evitar que as armaduras de aço fiquem sobrando nos elementos estruturais desta região de interface esperando a próxima etapa construtiva. Caso não possam ser utilizadas juntas construtivas, deve-se considerar a potencial alteração do comportamento estrutural, como no caso de vigas contínuas executadas parcialmente.

A Figura 3 mostra os consoles pensados no projeto de estrutura para separar a região da torre da região da periferia. A situação mostrada na imagem com um pilar com console em substituição à execução de dois pilares adjacentes tem sido empregada para otimizar os arranjos estruturais. Na região das juntas construtivas e juntas de dilatação continuam existindo duas vigas paralelas, usualmente separadas por uma placa de EPS de 2cm, mas o pilar passa a ser construído somente em um dos lados com uma das vigas, ficando a outra apoiada sobre o console de concreto com uma placa de neoprene funcionando como aparelho de apoio.

Na economia atual, quanto mais se observa a aproximação entre o custo de produção e o preço de venda conseguido junto ao mercado, mais se observará a necessidade de otimizar processos e focar em sistemas que possibilitem uma ampliação das margens de lucros dos empreendedores. Neste momento, as fôrmas e escoramentos devem ser melhor avaliados como potenciais pontos minimizadores de custos e os projetos elaborados por profissionais habilitados devem ser mais solicitados e valorizados.

Capítulo 17 – Técnicas de Fôrmas e Escoramentos- 399

Figura 3 – Exemplo de separação entre torre e periferia à partir da execução de consoles de concreto armado nos pilares. À frente vê-se um sistema de fôrmas plásticas removíveis para lajes nervuradas apoiadas diretamente nos pilares

17.3 SISTEMAS DE FÔRMAS

De acordo com Assahi (2009), sistema de fôrma é o conjunto dos elementos compostos pelo cimbramento, equipamentos de transporte, apoio e manutenção, juntamente com a própria fôrma.

Para Fajersztajn (1992), a classificação do sistema se dá de acordo com o material dos elementos empregados no sistema. O processo de escolha do sistema de fôrmas é também influenciado pelo prazo de execução e os custos inerentes à estrutura.

Considerando os tipos de materiais empregados, os sistemas de fôrmas podem ser integralmente em madeira, misto de madeira e metálico, integralmente metálico, sistemas que utilizem de cubetas plásticas de polipropileno para lajes nervuradas, sistemas plásticos, sistemas em papelão e sistemas em alumínio.

A evolução e o desenvolvimento da construção civil nas últimas décadas foi muito grande. Segundo Assahi (2009), a preocupação com o meio ambiente, a quantidade de reaproveitamentos, a qualidade do acabamento do concreto e a praticidade na hora de montar e desmontar foram apenas alguns dos fatores que fizeram com que se pensasse mais no item fôrma.

A Figura 4 a seguir mostra os componentes de um sistema de fôrmas em madeira para lajes maciças destacando-se os garfos como escoramentos para as vigas, as longarinas, as transversinas em madeira serrada e as escoras pontuais em caibros, compondo um sistema similar à Figura 2 mostrada anteriormente.

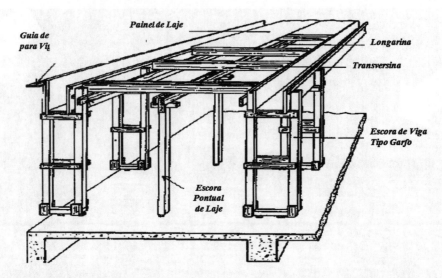

Figura 4 – Elementos de um sistema de fôrmas para lajes integralmente em madeira. Fonte: UEPG, 2007

A Tabela 2 a seguir mostra as principais características dos materiais utilizados nas fôrmas e escoramentos, relacionando suas vantagens e desvantagens.

Tabela 2: Características, vantagens e desvantagens dos sistemas de fôrmas considerando os materiais utilizados

Material	Características	Vantagens	Desvantagens
Madeira	Pode ser madeira serrada, compensado ou madeira bruta (escoramento em eucalipto); apresenta elevado módulo de elasticidade e bom desempenho quanto à trabalhabilidade.	Facilidade de corte e montagem. Comparada a fôrmas metálicas, as fôrmas de madeira apresentam um baixo custo em relação ao seu processo de fabricação.	Baixa durabilidade, falta de padronização, excesso de mão de obra, grande volume de entulho gerado.
Metal	Podem ser de aço ou alumínio. Para que seja viável, a adoção do sistema está vinculada diretamente com a padronização e repetitividade da estrutura. O prazo de execução arrojado e o elevado número de reutilizações também são características que conferem viabilidade ao sistema.	Precisão geométrica, elevado número de reutilizações, industrialização, boa capacidade de carga, redução da mão de obra, não gera resíduo, escoramentos atingem alturas superiores se comparado ao de madeira.	Alto custo de aquisição e manutenção, pouca flexibilidade do sistema, necessidade de um projeto mais detalhado, exige mais cuidado no manuseio dos elementos.
Plástico	As fôrmas plásticas podem ser usadas para as lajes nervuradas ou edificações que utilizem paredes de concreto.	Leve, resistente e reciclável sendo rápido o procedimento de montagem e desmontagem.	Alta deformabilidade.
Papelão	Rápida desforma, bom isolante térmico e acústico.	Grande facilidade de manuseio e transporte. Estanqueidade.	Inutilizável.

17.3.1 OPÇÕES DE FÔRMAS SEGUNDO OS ELEMENTOS ESTRUTURAIS

Nos edifícios usuais de concreto armado, os elementos estruturais que compõem o sistema estrutural global são constituídos pelas lajes, vigas e pilares ou a união destes elementos. Segundo Mascarenhas (1989), as fôrmas são classificadas de acordo com o material e pela maneira como são utilizadas, levando em conta o tipo de obra.

A escolha de um sistema produtivo específico dentre muitos possíveis requer uma detalhada avaliação de todos os eventos que interferirão direta e indiretamente no resultado da fôrma.

Os principais fatores a serem considerados na escolha do sistema de fôrmas, são:

- Características físicas, geométricas e especificações da estrutura;
- Insumos e serviços técnicos disponíveis na região;
- Viabilidade de equipamento operacional de transporte vertical e horizontal;
- Prazo de execução necessário;

O enfoque mais importante é o da adequabilidade. Deve-se optar pelo processo e sistema que melhor atenda aos objetivos. Uma vez o sistema seja considerado adequado, a escolha recairá no mais econômico, o que não significa o mais barato.

O diagrama indicado na Figura 5 serve de orientação para decisão sobre o tipo de sistema de fôrma à escolher, conhecendo-se as particularidades do projeto.

Figura 5 – Fluxograma para decisão do sistema de fôrma a escolher

O sistema de fôrmas metálicas prontas mostrado a seguir permite a construção de paredes de concreto de forma industrializada, em substituição à alvenaria de blocos cerâmicos ou de concreto. São leves, recicláveis e de fácil montagem e seu uso é recomendado para empreendimentos com alto grau de repetição, sobretudo para conjuntos habitacionais. Esse tipo de fôrma é composto por painéis de chapas planas, que também podem ser de alumínio ou material plástico, estruturado por perfis metálicos e montados com a ajuda de conectores. A Figura 6 a seguir mostra os componentes de um sistema de fôrma pronto utilizado em paredes de concreto estrutural.

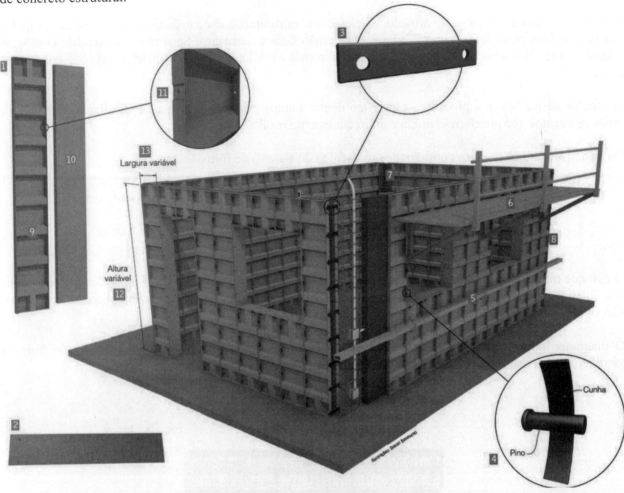

Figura 6 – Sistema de fôrmas prontas para paredes estruturais de concreto. Fonte: Revista Equipe de Obras, Edição 63

Os painéis (1) devem receber camada de desmoldante antes de cada concretagem. Após a desforma, devem ser lavados com jato d'água para assegurar sua vida útil. As chapas de fechamento (2) para os vãos de janelas e portas são fornecidas sob medida, de acordo com o projeto. Os espaçadores (3) podem ser fabricados em aço e fixados com pino e cunha (4). Essas peças são reutilizáveis e servem para definir a espessura da parede e para a fixação dos espaçadores e alinhadores. Os Perfis para alinhamento (5) são posicionados na união dos painéis com pino e cunha. O console ou plataforma (6) é usado como andaime de trabalho preso à própria fôrma. Os perfis canto interno (7), canto externo (8), painéis da estrutura (9) e forro (10) terminam de compor os sistemas de fôrmas para paredes estruturais representados na Figura 6 e são montados nas furações (11) apenas nos perfis laterais e nas cabeças. A altura (12) e a largura da parede (13) são definidas sob medida de acordo com o projeto apresentado pelo empreendedor.

Os sistemas de fôrmas e escoramentos integralmente em madeira são típicos de obras de menor orçamento, sem padronização de tamanho e, praticamente, nenhuma repetitividade. Neste tipo de sistema, usualmente, utilizam-se tábuas serradas para a execução das laterais de vigas e pilares e enrijecedores em sarrafos. As bases das vigas são apoiadas diretamente sobre as alvenarias ou, em trechos em que isso não é possível, executa-se sobre escoramentos em madeira bruta de eucalipto. Os pilares são fechados após a execução parcial da alvenaria colocando-se painéis das fôrmas laterais e apresentam a vantagem de que durante o processo de concretagem parte do concreto preenche os furos do tijolo furado propiciando uma solidarização da interface entre a estrutura e a alvenaria, capaz de dispensar o uso de telas de combate à fissuração nessa região. A Figura 7 a seguir mostra um processo executivo muito comum em edificações de até 2 pavimentos, em que é pequena a possibilidade de reaproveitamento de materiais.

Figura 7 – Sistema de fôrma integralmente em madeira para vigas associado à execução simultânea de pilares e alvenaria

Para a otimização dos sistemas de fôrmas, sempre que for adequado, deve-se estabelecer a possibilidade de reaproveitamento dos painéis. Desta forma, os sistemas mistos de forro em madeira (ou compensado) e travamentos metálicos são mais adequados a situações de obras com grande repetição dos elementos estruturais, como é o caso de edifícios de múltiplos pavimentos.

A utilização de compensado plastificado favorece o processo de repetição e a qualidade do acabamento dos elementos estruturais pela melhoria da superfície de contato com o concreto. Porém, para execução de vigas e pilares, devem ser estruturados no sentido longitudinal com enrijecedores em sarrafos de madeira serrada devido à baixa resistência à flexão. Essa estruturação pode ser feita com esses sarrafos colocados no sentido da melhor inércia frente ao esforço de empuxo (cutelo) ou na menor inércia (chapado). Este último tipo de instalação facilita o reaproveitamento do painel e é mais durável embora seja menos resistente à flexão.

Algumas particularidades importantes dos Sistemas Mistos são que os perfis metálicos devem ser vazados para permitir a passagem de barras de ancoragem e em sua instalação deve sobrar no mínimo 15 cm dos perfis de cada lado do pilar. As Figuras 8 a 10 a seguir mostram o sistema de fôrma e escoramento misto aplicado à pilares, vigas e lajes maciças.

Figura 8 – Sistema misto aplicado a pilares

Figura 9 – Sistema misto aplicado a vigas

Figura 10 – Sistema de fôrmas e escoramento misto para lajes maciças

Neste último caso, é possível ver que as transversinas e longarinas são executadas em perfil metálico vazado semelhante aos que são utilizados para travamento dos pilares e vigas. Tal fato facilita a execução diminuindo a variação do tipo de peças do sistema a serem utilizadas na obra.

17.3.2 SISTEMAS DE FÔRMAS PARA LAJES

A NBR 6118 Projeto de estruturas de concreto (2014) define placas como sendo elementos de superfície plana sujeitos principalmente a ações normais ao seu plano. As placas de concreto são usualmente denominadas lajes e são classificadas quanto ao tipo de apoio, seção transversal, tipo de execução e disposição da armadura.

Quanto à seção transversal, a laje maciça é aquela na qual toda a espessura é composta por concreto, contendo armaduras longitudinais, e também transversais, de flexão se forem armadas em duas direções. Por serem os elementos estruturais que mais consomem fôrmas e concreto no pavimento, têm sido alvo da otimização ao longo dos anos com o desenvolvimento de vários processos construtivos que objetivam minimizar esses consumos. Para a diminuição do volume de concreto a ser empregado nas lajes, uma opção é a utilização de seção transversal nervurada. As lajes usualmente são apoiadas em vigas ou paredes estruturais ao longo das bordas e uma outra alternativa que vem ganhando cada vez mais aceitação é apoiar as lajes diretamente sobre os pilares, diminuindo o tempo de execução, pois, com a eliminação parcial ou total das vigas do pavimento, torna-se mais ágil o processo de montagem e desforma, economizando em mão de obra.

Na Figura 11 vê-se um sistema pronto de fôrma associado às lajes apoiadas sobre os pilares (lajes lisas) com transporte vertical dos elementos realizado por gruas. Tal conjunto de características propicia grande agilidade à execução da estrutura.

Figura 11 – Sistemas Prontos de fôrmas e escoramentos associados às lajes lisas

Quanto ao tipo de execução, as lajes podem ser moldadas "in loco", pré-moldadas ou pré-fabricadas. As lajes pré-moldadas são caracterizadas pelo fato de o elemento estrutural ser executado fora de seu local definitivo e ter toda sua resistência estabelecida, não sendo necessária a utilização de escoramentos na obra. É o caso das lajes alveolares que dispensam o uso de cimbramento e o concreto adicionado na obra tem função primordial de solidarizar as várias faixas de laje.

As lajes pré-fabricadas têm parte dos elementos executados em indústrias e solidarizados na obra a partir do acréscimo do concreto do capeamento que tem importante função estrutural. Exemplos de lajes pré-fabricadas são as lajes treliçadas e as lajes com vigotas de concreto armado, todas com seção transversal nervurada e que necessitam de escoramento até a cura do concreto adicionado na obra.

As seções transversais nervuradas moldadas "in loco" podem ser executadas com EPS ou fôrmas plásticas de polipropileno conhecidas como cubetas. Podem ser associadas a sistemas de escoramentos que facilitem a execução dispensando o uso de mão de obra especializada de carpinteiros, pois corresponde a um processo de montagem. As Figuras 12 e 13 mostram uma laje nervurada moldada "in loco" a partir de um sistema de escoramentos metálico pronto e as Figuras 14 e 15 mostram o sistema de fôrmas plásticas removíveis associadas a um sistema de "Guias de Cubetas".

Figura 12 – Sistemas de escoramentos para lajes nervuradas moldadas "in loco" com EPS

Figura 13 - Laje nervurada moldada "in loco" mostrando o teto inferior plano

Figura 14 – Sistemas de Guias de cubetas para lajes nervuradas moldadas "in loco"

Figura 15 – Teto inferior não plano das lajes nervuradas com fôrmas plásticas removíveis

17.3.3 SISTEMAS AVANÇADOS DE GRANDE PRODUTIVIDADE

Alguns sistemas de fôrmas e escoramentos têm seu uso consagrado e são sistemas rápidos ideais para execução de pontes, viadutos e estruturas altas de concreto, pois adequam-se às situações em que a metodologia construtiva não permite, ou pretende evitar, o apoio de escoramento direto no solo considerando que a instalação de andaimes para a execução da obra seja impraticável ou onerosa demais. São utilizados em obras de engenharia onde necessita-se de grande produtividade. Os sistemas utilizados na execução de pontes por balanços sucessivos, sistemas de fôrmas trepantes e de fôrmas deslizantes são exemplos desse tipo.

Conforme relatado no Catálogo Mills (2016), o balanço sucessivo é utilizado quando há necessidade de execução de grandes vãos e na execução de obras sem a interdição de trânsito em vias urbanas. O princípio do Balanço Sucessivo consiste na utilização de equipamentos específicos (treliças metálicas e perfis) que executam trechos da superestrutura "pendurados" em plena seção transversal adjacente (aduelas), que avançam em balanços, a partir dos pilares, aduela a aduela, até a totalidade da execução do vão. As treliças são ancoradas sempre nas aduelas anteriores já protendidas e todos os esforços provenientes da concretagem são transferidos e resistidos por ela. A Figura 16 mostra esse sistema.

Figura 16 – Sistema de Fôrmas para a execução de pontes e viadutos pelo método construtivo de balanço sucessivo

As fôrmas trepantes são ideais para execução de estruturas altas de concreto, pois têm como único suporte a camada inferior já concretada. Pode ser empregada tanto na vertical quanto com inclinação (constante ou variável) como em obras de infraestrutura, reservatórios de concreto armado, barragens para hidrelétricas, mastros de pontes e viadutos, caixas de escada ou elevadores, pilares e paredes maciças de concreto muito elevadas, estádios e obras especiais de geometria arrojada.

Além de as fôrmas trepantes possibilitarem a execução de estruturas com alturas elevadas, o sistema tende a ser mais rápido na construção de estruturas verticais concretadas in loco. A Figura 17 a seguir mostra a utilização do sistema e um fluxograma da sequência de execução com o uso do sistema trepante.

408 - Projeto, Execução e Desempenho de Estruturas e Fundações

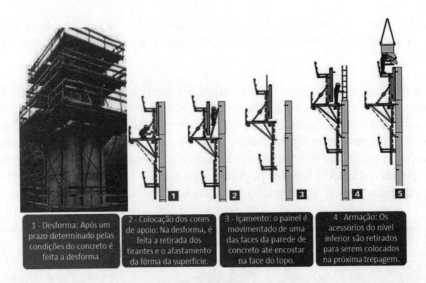

Figura 17 – Sequência de execução de fôrmas trepantes. Fonte: Edição 1 - Revista infraestrutura

Na Figura anterior, a etapa 5 corresponde à fase na qual é feito o alinhamento e a aprumação da fôrma após concluída a armação. Deve-se, então, fechar a outra face da fôrma, alinhar, aprumar, vedar, realizar a nova concretagem e curar.

Outro sistema muito usado em reservatórios e silos de concreto verticais são as fôrmas deslizantes. As fôrmas deslizantes não precisam esperar a cura do concreto para a desforma como é o caso das fôrmas trepantes, porém, em termos financeiros este sistema se torna bastante desvantajoso se comparado às trepantes, uma vez que requer um consumo maior de cimento no concreto, além dos aditivos para que se atinja uma pega mais rápida. No entanto, quando o cronograma exige uma execução mais acelerada, a melhor solução pode ser o sistema deslizante.

Para que seja viável, a estrutura tem que ser constante da base ao topo. Além disso, os construtores precisam tomar um cuidado maior com nivelamento e prumo da estrutura, sobretudo em pilares de grande altura. A principal característica desse sistema é a possibilidade de se realizar concretagens contínuas, o que se reflete em maior produtividade. Para se ter uma ideia, com um sistema de fôrmas deslizantes é possível executar uma média de 2 m a 4 m de uma estrutura de concreto por turno de 12 horas.

As fôrmas deslizantes têm duas plataformas, uma superior, onde trabalha a equipe de armação e concretagem da estrutura e outra inferior, que abriga os profissionais responsáveis pelo acabamento. A Figura 18 e 19 a seguir mostra o sistema deslizante e suas características de utilização.

Figura 18 – Sistema de fôrmas deslizantes. Fonte: Edição 8 – Revista Infraestrutura

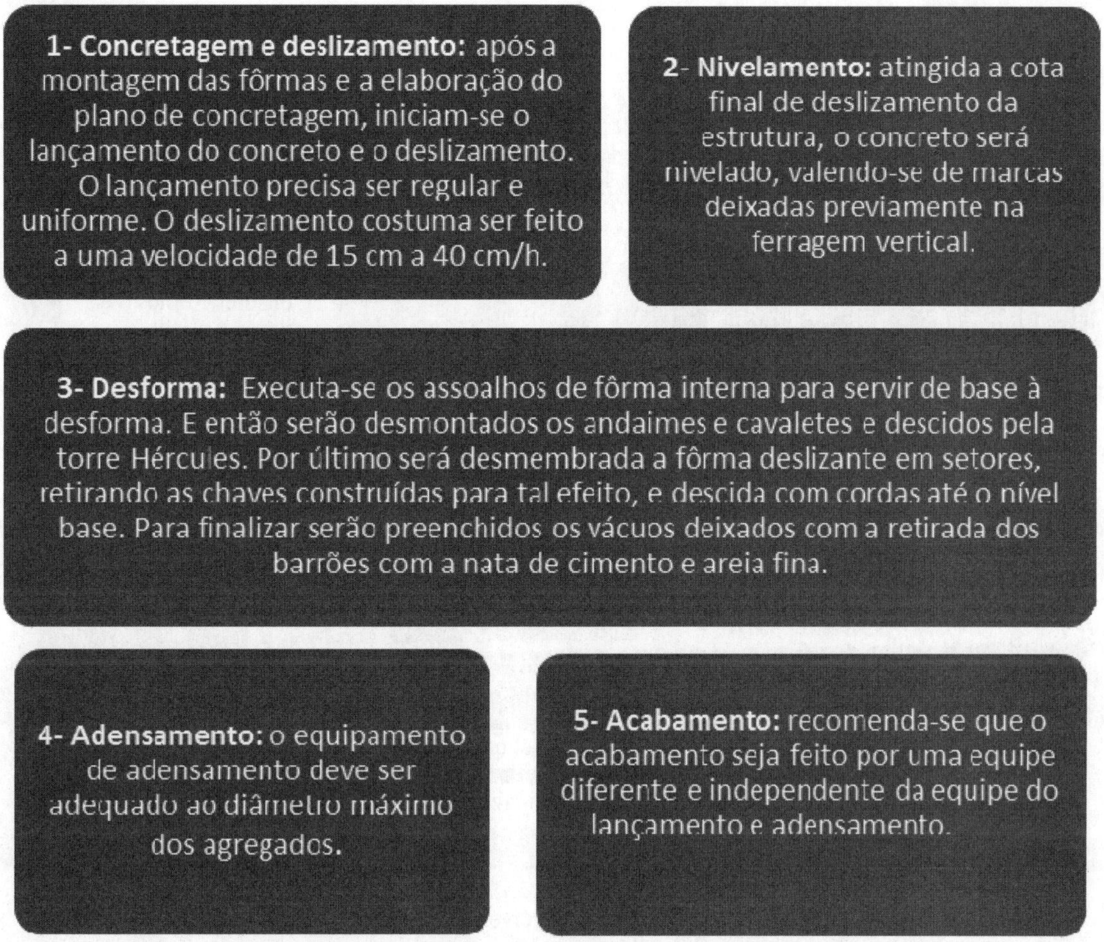

Capítulo 17 – Técnicas de Fôrmas e Escoramentos- 409

1- Concretagem e deslizamento: após a montagem das fôrmas e a elaboração do plano de concretagem, iniciam-se o lançamento do concreto e o deslizamento. O lançamento precisa ser regular e uniforme. O deslizamento costuma ser feito a uma velocidade de 15 cm a 40 cm/h.

2- Nivelamento: atingida a cota final de deslizamento da estrutura, o concreto será nivelado, valendo-se de marcas deixadas previamente na ferragem vertical.

3- Desforma: Executa-se os assoalhos de fôrma interna para servir de base à desforma. E então serão desmontados os andaimes e cavaletes e descidos pela torre Hércules. Por último será desmembrada a fôrma deslizante em setores, retirando as chaves construídas para tal efeito, e descida com cordas até o nível base. Para finalizar serão preenchidos os vácuos deixados com a retirada dos barrões com a nata de cimento e areia fina.

4- Adensamento: o equipamento de adensamento deve ser adequado ao diâmetro máximo dos agregados.

5- Acabamento: recomenda-se que o acabamento seja feito por uma equipe diferente e independente da equipe do lançamento e adensamento.

Figura 19 – Sistema de fôrmas deslizantes. Fonte: Edição 8 - Revista infraestrutura

Um comparativo de vantagens e desvantagens entre os sistemas trepantes e deslizantes pode ser visto na reportagem da Revista Téchne edição 118.

Enquanto os sistemas rápidos mostrados anteriormente têm seu uso consagrado na boa prática da engenharia com vários exemplos de obras executadas, outros sistemas rápidos podem ser desenvolvidos para atender a casos de obras específicos.

Uma possibilidade é o uso de fôrmas deslizantes horizontais associadas às lajes lisas de concreto protendido. Segundo Fonseca et al. (2014), o sistema de fôrma para lajes e seu escoramento são fundamentais para garantir o cronograma de execução de uma obra rápida. Neste sentido, o emprego de fôrmas deslizantes para as lajes, também conhecida como mesas, se torna uma alternativa viável quando se deseja uma maior rapidez na conclusão da superestrutura. Para os autores, faz-se necessário, também, que os pilares sejam alinhados e igualmente espaçados, para que seja possível o deslizamento da fôrma entre os vãos. Tal sistema apresenta como vantagens a redução da equipe de montagem se comparada a um sistema de fôrma convencional, redução do prazo de execução da obra e dispensa a utilização de escoramento remanescente representando um processo altamente produtivo que possibilita a redução dos custos da superestrutura. As Figuras 20 a 23 mostram o uso de fôrmas deslizantes horizontais.

Figura 20 – Vista da face superior da laje

Figura 21 – Vista da face inferior do sistema

Figura 22 - Fôrma apoiada sobre os consoles removíveis dos pilares. Fonte: Fonseca et al. (2014)

Figura 23 - Cabos na viga principal auxiliando a movimentação. Fonte: Fonseca et al. (2014)

17.4 DIMENSIONAMENTO DE FÔRMAS E ESCORAMENTOS

A escassez de informações essenciais para nortear a execução do projeto na área de fôrmas e cimbramentos e, consequentemente, uma carência de subsídios para os profissionais diretamente ligados à construção civil (especialmente projetistas) representa um problema quando se pensa em otimização de projetos e métodos de execução de sistemas de fôrmas e escoramentos. Embora os conhecimentos básicos necessários sejam ministrados nos cursos de engenharia civil em disciplinas como resistência dos materiais e materiais de construção, a exemplificação da utilização destes ensinamentos de forma aplicada aos sistemas aqui

Capítulo 17 – Técnicas de Fôrmas e Escoramentos- 411

demonstrados têm sido negligenciada na formação do profissional de engenharia, correspondendo a uma verdadeira lacuna que deve ser cada vez mais preenchida à medida que faz-se necessário otimizar esse sistema para diminuição de custos nas edificações.

O surgimento da norma ABNT NBR 15696:2009 (Fôrmas e escoramentos para estruturas de concreto – Projeto, dimensionamento e procedimentos executivos) foi um avanço da área, pois traz a especificação de que o sistema deve ser projetado e construído obedecendo à sua Seção 6 e às prescrições das normas ABNT NBR 7190:1997 (Projeto de Estruturas de Madeira) e ABNT NBR 8800 (Projeto e Execução de Estruturas de Aço). Em caso de ser empregado outro material nas fôrmas e escoramentos, sugere-se utilizar a norma correspondente, caso exista.

A ABNTNBR 15.696:2009 determina que os cálculos de dimensionamento de fôrmas e escoramentos devem ser feitos pelo método dos estados-limites. O método de tensões admissíveis pode ser aplicado, porém, em caráter transitório, sendo que o fator de segurança utilizado deve assegurar o atendimento das mesmas condições dos estados-limites.

Algumas verificações simplificadas com resultados satisfatórios podem ser obtidas quando utilizam-se os procedimentos relativos à verificação das tensões admissíveis. Algumas publicações ilustravam esse procedimento antes da publicação da atual norma e tal processo deve ser utilizado somente como uma verificação inicial.

Vale destacar que, no dimensionamento de forro de madeirite, transversina, longarina e escoras associadas ao sistema de fôrmas para lajes de concreto armado, o principal carregamento é o peso próprio do concreto a ser suportado, o peso dos elementos constituintes do sistema e o peso do eventual acúmulo de pessoas e materiais durante o processo de concretagem. No caso de fôrmas de pilares e vigas a principal ação a ser considerada no dimensionamento é o empuxo do concreto em contato com a face da fôrma.

Projetar um sistema de fôrmas e escoramentos equivale a projetar estruturas provisórias, sejam de madeira, aço, alumínio, plástico ou até mesmo papelão.

17.4.1. DETALHAMENTO DO CÁLCULO SIMPLIFICADO SEGUNDO O MANUAL SH

O Manual SH de Fôrmas para Concreto e Escoramentos Metálicos (2008) traz uma sequência de cálculo para o dimensionamento de fôrmas e escoramentos. Os procedimentos executados na referência foram organizados em um fluxograma e está mostrado na Figura 24 a seguir.

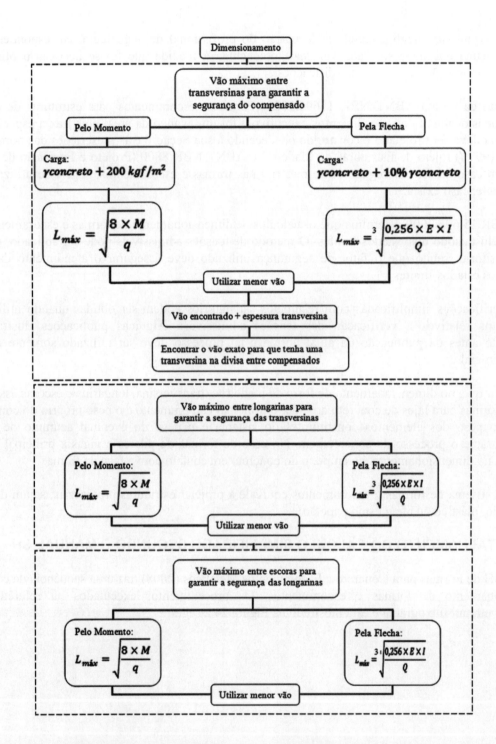

Figura 24 – Sequência de dimensionamento simplificado para Fôrmas

Neste procedimento simplificado para o cálculo do vão máximo suportado pelos elementos fletidos do sistema de fôrmas (compensado, transversina e longarina), deve-se avaliar o comportamento das peças quanto aos esforços e quanto aos deslocamentos. No cálculo pelo momento, verifica-se a capacidade da peça frente à ruptura e no cálculo pela flecha verifica-se o deslocamento e o compara aos valores admitidos como limites, garantindo que não ocorrerão deformações excessivas.

O peso específico do concreto armado é 2,5 tf/m³ de acordo com a NBR 6120, porém, segundo o procedimento de dimensionamento presente no Manual SH, deve-se adicionar 0,2 tf/m² para o cálculo do momento admissível e 10% do peso específico para o cálculo da flecha. Estes valores referem-se à carga acidental na laje, pesos dos demais materiais como a armadura, peso de equipamentos e carga devido aos trabalhadores.

O fluxograma indicado na Figura 25 a seguir mostra algumas solicitações exigidas pela norma NBR 15696:2009 no cálculo de fôrmas e escoramentos de um sistema para lajes.

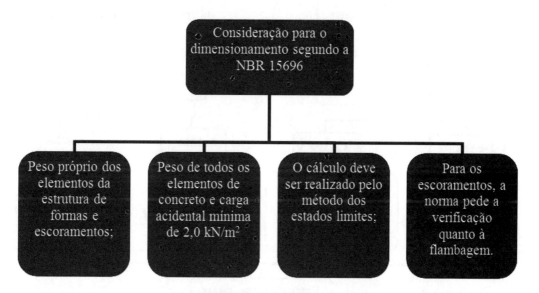

Figura 25 – Solicitações exigidas pela norma NBR 15696

A principal diferença entre o método simplificado (Manual SH) e a referência normativa (NBR 15696:2009) na consideração quanto ao carregamento a ser utilizado no dimensionamento consiste no fato de que a norma sugere que, além do valor mínimo de 2,0 kN/m² para a carga acidental de trabalho na execução dos serviços de lançamento, adensamento e acabamento do concreto, a carga estática total a ser considerada não deve ser inferior a 4,0 kN/m².

Outra diferença entre as duas abordagens é o limite de flecha a ser considerado no dimensionamento que para o método simplificado é de vão dividido por 300 e para a Norma é de 1 mais vão sobre 500 com o resultado em milímetros, portanto mais rigorosa. Por exemplo, a máxima flecha que um perfil metálico de 2 metros de vão diminuiu foi de 6,66 mm para 5 mm.

O roteiro anterior também pode ser aplicado ao travamento de pilares e vigas com a adequação de que os carregamentos gravitacionais devem ser substituídos pelo empuxo.

Enquanto o procedimento anterior serve para definir os espaçamentos máximos entre os apoios dos compensados, das transversinas e das longarinas, a carga que chega em cada escora deve ser definida a partir da área de influência sobre cada peça, que depende da carga gravitacional total e desses espaçamentos.

Conhecida a carga, as escoras devem ser verificadas quanto à maior ou menor possibilidade de ruptura por flambagem. Essa perda da estabilidade lateral que atinge elementos lineares esbeltos quando submetidos ao esforço de compressão é, usualmente, o fator limitante da capacidade de suporte de uma escora.

Para a verificação das escoras quanto à flambagem, o Manual SH traz uma verificação simplificada conforme sequência de cálculo que foi organizada em um fluxograma mostrado na Figura 26 a seguir.

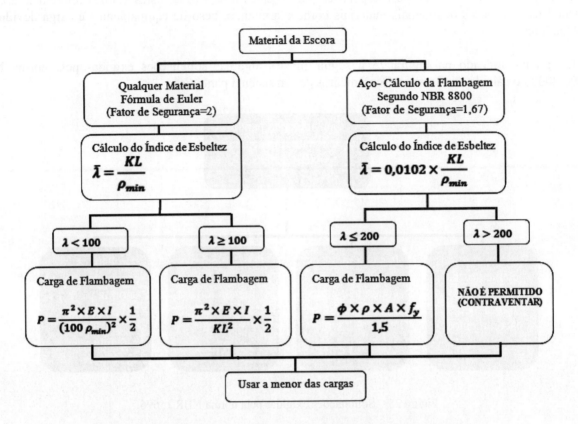

Figura 26 – Sequência de dimensionamento simplificado para escoramentos

Tal roteiro simplificado, apesar de diferir do dimensionamento à flambagem das normas de madeira conforme pode ser visto em exemplo numérico no trabalho de Rezende (2014), apresenta resultados semelhantes e pode ser usado para uma verificação rápida.

Como falado na introdução deste capítulo, de todos os prejuízos associados à falha do sistema de fôrmas e escoramentos, sem dúvida, aquele que mais causa impacto é a perda de vidas humanas e infelizmente ainda ocorrem acidentes devido, principalmente, à ruptura ou perda da estabilidade lateral de escoras.

O sistema de escoramentos em madeira bruta de eucalipto ainda é muito usado e deve ser melhor observado dadas a heterogeneidade das características físicas do material e principalmente a variedade de diâmetros entre as escoras. A utilização em regiões de pé-direito duplo também deve ser monitorada adequadamente, pois a emenda de madeira roliça para atingir alturas de escoramentos maiores que 3 metros ainda é uma prática de muitos profissionais carpinteiros que utilizam escoras de eucalipto. Nestes casos, é imprescindível a redução do espaçamento entre escoras e a inserção de travamentos em duas direções para diminuir o comprimento de flambagem.

A Figura 27 e 28 a seguir mostra um exemplo do uso de escoras de eucalipto para escoramento de uma laje em uma região de pé-direito duplo.

Capítulo 17 – Técnicas de Fôrmas e Escoramentos- 415

Figura 27 – Emenda no escoramento em madeira roliça de eucalipto – Detalhe 1 das linhas de travamento

Figura 28 – Escoramento em madeira roliça de eucalipto – Detalhe 2 das linhas de travamento para região de pé direito duplo

Mesmo quando utilizam-se de escoramentos metálicos, deve-se cuidar para o adequado travamento entre as peças e solicitar ao fornecedor que entregue um projeto de montagem do sistema por ele locado. A verificação dos serviços antes da concretagem por parte de profissional indicado pelo fornecedor também é uma prática adequada quando se utiliza de sistemas de escoramentos locados, pois, por apresentar maior capacidade de carga, a ruptura associada à falha dos escoramentos metálicos pode causar danos excessivos às obras. As Figuras 29 e 30 a seguir mostram falhas em cimbramentos metálicos em obras de grande porte de construtoras experientes como exemplo de que a negligência deste item pode causar grandes prejuízos à imagem da empresa de engenharia e, em casos mais graves, a perda de vidas humanas.

Figura 29 – Obra da Secretaria da Cultura de São Paulo - Janeiro de 201

Figura 30 – Obra em Natal (RN) – Construtora com 25 anos de mercado - novembro de 2016

17.4.2 CONSIDERAÇÕES QUANTO AO EMPUXO DO CONCRETO NO CÁLCULO DE FÔRMAS PARA PILARES

A pressão lateral do concreto, ou empuxo, gera uma carga que possui grande influência no dimensionamento das fôrmas de pilares, paredes de concreto e faces laterais das vigas. Esse valor deve ser adequadamente estimado visto que tanto o superdimensionamento quanto o subdimensionamento de um sistema de fôrmas podem gerar elevados gastos. Várias publicações indicam que a real determinação da pressão lateral que o concreto exerce sobre as fôrmas envolve diversas variáveis, tais como a intensidade do adensamento (ou vibração), a temperatura ambiente e do concreto, a presença ou não de aditivos, o peso específico do concreto, a consistência (slump), a velocidade de enchimento (ou velocidade de concretagem), as dimensões das fôrmas, o tempo de pega, a altura da camada de concreto a ser vibrada, a altura de lançamento do concreto nas fôrmas, a dosagem do concreto, a quantidade e distribuição das armaduras, as dimensões dos agregados, a natureza do aglomerante, a deformabilidade das fôrmas, a relação água x cimento e a textura e permeabilidade das fôrmas (American Concrete Institute, 1958 apud Maranhão, 2000; F; Calil Jr. et al., 1998 apud Maranhão, 2000; F.).

A Tabela 3 a seguir apresenta resumidamente o efeito das principais variáveis na pressão que o concreto fresco exerce sobre as faces laterais das fôrmas.

Tabela 3 – Fatores e sua influência sobre a pressão lateral exercida pelo concreto fresco

FATOR	PRESSÃO LATERAL
Velocidade de concretagem	↑ ↑
Abatimento do concreto	↑ ↑
Vibração (profundidade e frequência)	↑ ↑
Peso específico do concreto	↑ ↑
Altura da camada de concreto fresco	↑ ↑
Temperatura	↑ ↓
Dimensões da seção transversal	↑ ↑

Vários estudos e ensaios foram realizados na tentativa de determinar uma expressão adequada para a estimativa da pressão lateral que o concreto exerce sobre as fôrmas, mas os resultados obtidos têm diferido bastante em função das muitas variáveis que afetam o problema (Maranhão, 2000), de forma que não há uma expressão de cálculo que contemple todos esses parâmetros visto que nem todos são de fácil mensuração.

Gardner (1985) apud Santilli e Puente (2013) afirma que as variáveis que mais afetam a pressão lateral exercida pelo concreto são a profundidade do concreto fresco e a capacidade da mistura em desenvolver resistência ao cisalhamento e atrito com a parede da fôrma. Estes, por sua vez, dependem de outros fatores relacionados ao concreto, características da fôrma e método de concretagem.

A determinação do empuxo do concreto pode ser feita segundo diversos métodos de dimensionamento de fôrmas e escoramentos que consideram uma envoltória de pressões, que depende da influência do concreto admitido ou não como equivalente a um fluido. A Figura 31 apresenta as envoltórias de pressão hidrostática, pressão adotada em projeto e pressão típica (real) do concreto como material não fluido.

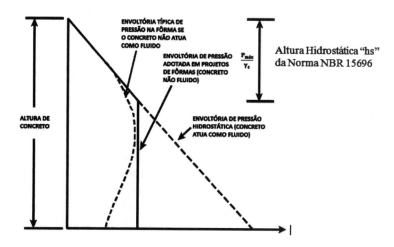

Figura 31 – Envoltórias de pressão lateral de concreto (Adaptado: BARNES; JOHNSTON, 2004)

A pressão hidrostática pura é a curva mais simples que se pode adotar para a pressão lateral de concreto fresco, imaginando-se que este seja um fluido perfeito, porém, o concreto é uma mistura heterogênea de partículas sólidas e água, que, com a profundidade e aumento do tempo, desenvolve uma estrutura interna, adquirindo resistência ao cisalhamento e atrito com a superfície da fôrma, fazendo com que a pressão lateral seja inferior à hidrostática. Consequentemente, as envoltórias de pressão propostas pelos métodos de projetos de fôrmas são, em sua maioria, caracterizadas como hidrostáticas até certa profundidade da superfície livre (razão entre pressão máxima e peso específico do concreto), e depois permanece constante até a base da fôrma, no valor máximo calculado para alguma profundidade que corresponda à pega do concreto (Barnes; Johnston, 2004; Gardner, 1985 apud Santilli, 2010).

Diversos autores realizaram estudos experimentais da pressão lateral de concreto fresco sobre as fôrmas, comparando os resultados obtidos aos valores calculados com os métodos normatizados ou propostos por outros pesquisadores.

Maranhão (2000) desenvolveu um estudo experimental no qual mediu a pressão lateral do concreto fresco sobre as fôrmas de um pilar, de seção transversal (20 cm x 100 cm), de um edifício em construção. A experimentação foi realizada utilizando-se extensômetros elétricos de resistência variável tipo "strain gages", colocados na superfície das barras de aço (tensores) para medir sua deformação após o término da concretagem e, em seguida, a cada 15 minutos, até que os decréscimos não fossem mais significativos. Conhecidas as deformações, determinaram-se as forças a que estavam submetidos os tensores e, posteriormente, as pressões exercidas pelo concreto. O maior valor de pressão média obtido foi 26,38 kN/m². O autor comparou os valores de pressão obtidos experimentalmente com alguns métodos de cálculo teóricos de pressão, apresentados na Tabela 4.

Tabela 4 – Valores das pressões máximas segundo alguns métodos de cálculo (Adaptado: Maranhão, 2000)

MÉTODO	PRESSÃO MÁXIMA (kN/m²)
CEB (1976)	67,7
ACI – 347R (1988)	56,4
DIN 18218 (1980)	57,6
GARDNER (1985)	57,6
TEORIA DO EMPUXO (φ=15°)	10,1

418 - Projeto, Execução e Desempenho de Estruturas e Fundações

Como se pode notar, o valor de pressão obtido experimentalmente (26,38 kN/m²) é significativamente inferior aos valores calculados pelos métodos estudados pelo autor, com exceção da Teoria do Empuxo, que, segundo Maranhão (2000), é a extrapolação da fórmula de Janssen para pressões nas paredes de silos.

Zahng et al. (2016) mediu a pressão lateral de concreto fresco em 16 pilares, ao ar livre, para simular o ambiente real da construção, dentre os quais 10 possuíam seção transversal de 60 cm x 120 cm, 2 de 30 cm x 120 cm, 1 de 15 cm x 120 cm e os últimos três tinham dimensões de 60 cm x 60 cm, todos de altura igual a 3 m. Para assegurar a confiabilidade dos dados, foram utilizados, simultaneamente, dois tipos de células medidoras de pressão, de diferentes fabricantes. A média dos valores máximos de pressão lateral sobre os lados menores das fôrmas foi de 31,1 kPa e para os lados maiores foi de 30,1 kPa. Não foram considerados nessa média os pilares de 60 cm x 60 cm, por possuírem lados iguais. O autor constatou que os valores fornecidos pela norma ACI 347R-04 e pela especificação CIRIA R 108 são resultados conservadores se comparados com os valores obtidos experimentalmente. Os valores dos erros relativos calculados com base no ACI 347R-04 variaram de 0% a + 47%; a média relativa de erro foi de 25%. Os erros relativos dos valores calculados utilizando o CIRIA R 108 variaram de + 5% a + 116%; a média de erro relativo foi de 58%.

Observa-se que os resultados obtidos por Maranhão (2000), (26,38 kN/m²), aproximam-se dos apresentados por Zahng et al. (2016), (31,1 kN/m²), demonstrando que os principais métodos de cálculo de pressão lateral de concreto fresco resultam em valores superiores aos que realmente ocorrem nas fôrmas verticais. Além disso, Maranhão (2000) apresentou a conclusão das pesquisas realizadas pela GETHAL Fôrmas, Equipamentos e Serviços, na qual as pressões laterais exercidas pelo concreto não superaram o valor de 30 kN/m², para os casos correntes de pilares de edifícios residências e/ou comerciais.

Para alguns autores, o parâmetro que mais interfere na pressão lateral de concreto é a velocidade de concretagem. A velocidade de concretagem ou velocidade de enchimento (m/h) é, conforme a NBR 15696 (ABNT, 2009, p. 19), "o incremento vertical do nível superior do concreto medido linearmente em relação ao tempo decorrido de concretagem". Este fator tem efeito primário na pressão lateral. Para altos valores de velocidade, a pressão é máxima. Mas, se a velocidade é baixa, as primeiras porções de concreto lançado tendem a desenvolver resistência cisalhante, ou seja, estar com a pega iniciada, dentro de certo tempo, reduzindo o valor da pressão do concreto (Calil Jr. et al., 1998 apud Maranhão, 2000; Hurd, 1963 apud Nazar, 2007).

Souza et al. (2016) desenvolveu um trabalho cujo principal objetivo foi estudar a influência da velocidade de concretagem medida "in loco" sobre a pressão lateral do concreto fresco calculada a partir de modelos teóricos apresentados por normas e referências internacionais. Para isso, realizaram-se medições da velocidade de concretagem em pilares de cinco obras e as pressões máximas suportadas foram calculadas por meio das fórmulas do procedimento simplificado apresentado neste capítulo, considerando as dimensões dos compensados e travamentos e os vãos entre apoios dos elementos do sistema de fôrmas. Os resultados obtidos apontaram que as velocidades de concretagem em campo superam os valores limitados pelos métodos teóricos de cálculo e que as estimativas da pressão realizadas a partir das velocidades reais medidas "in loco" ultrapassariam os valores máximos suportados pelas fôrmas. A Tabela 5 mostra as velocidades de concretagens encontradas.

Tabela 5 – Resultados das medições das velocidades de concretagem medidas "in loco"

Pilar					Velocidade de concretagem (m/h)		
Seção Transversal (cm)	Altura (m)	Tempo de enchimento (minutos)	Área da seção transversal (cm²)	Volume (m³)	ABRASFE	Camadas	Direto
30x50	3,48	0,84	1.500	0,52	243,97	235,33	248,57
20x130	2,89	2,67	2.600	0,75	121,96	125,10	64,94
35x80	2,90	2,16	2.800	0,81	98,21	92,18	80,56
35x175	2,90	2,08	6.125	1,78	87,72	103,15	83,65
19x695	3,90	14,45	13.699	5,34	24,25	21,05	16,19

Pode-se observar pelos dados da Tabela 5 do trabalho de Souza et al. (2016) que, pelos três métodos de medição utilizados (ABRASFE – 2016, Método da camadas e Método Direto), foram obtidos valores de velocidade de concretagem superiores aos determinados como limite pelas normas e referências internacionais avaliadas no estudo. O menor valor obtido pela medição "in loco" foi 16,10 m/h, que superou em 137,57% o valor máximo determinado pela ABNT NBR 15.696:2009 (7 m/h) e em 157,78% a velocidade de concretagem limite para paredes dada pelo método do ACI 347R-04 (4,5 m/h). A maior velocidade medida (249,66 m/h) é 35,67 e 55,48 vezes maior do que os limites determinados por essas duas referências normativas, respectivamente.

As Figuras 32 e 33 mostradas a seguir exemplificam situações da consequência de uma consideração da pressão exercida pelo concreto nas fôrmas de maneira inadequada. Se o valor de dimensionamento for maior que o realmente aplicado, pode-se ter um travamento exagerado do pilar e, consequentemente, um maior consumo de materiais. Uma velocidade de concretagem tomada com valores menores que o atuante pode conduzir a um subdimensionamento das fôrmas dos pilares.

Figura 32 – Fôrma de pilar parede com enrijecedores longitudinais e transversais em perfis metálicos

Figura 33 – Concretagem de pilar solteiro com bombeamento de concreto a partir de caminhão lança

O cálculo da máxima pressão lateral do concreto nas fôrmas proposto pela NBR 15.696 (ABNT, 2009) é feito para diferentes classes de consistência do concreto, determinadas conforme a Tabela 6 a seguir.

Tabela 6 – Classes de consistência do concreto. Fonte: ABNT NBR 15696 (2009).

Classe de Consistência	Abatimento (mm)
C1	abatimento ≤ 20
C2	20 < abatimento ≤ 80
C3	80 < abatimento ≤ 140
C4	abatimento > 140

De acordo com esta norma, a altura hidrostática representada por $P_{máx}/\gamma_c$ na Figura 31 é a diferença entre a superfície superior do concreto e a altura em que a pressão do concreto considerado como fluido atinge o valor máximo.

A máxima pressão lateral do concreto (P_b) e a altura hidrostática correspondente (h_s) são calculadas, em função da velocidade de concretagem (v_b) e da classe de consistência, pelo diagrama apresentado na Figura 32 retirado da NBR 15.696.

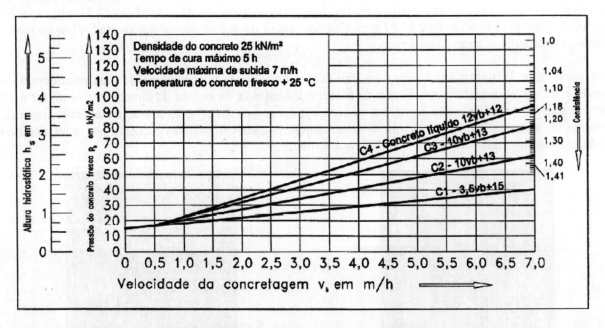

Figura 34 – Diagrama para determinação da pressão do concreto e altura hidrostática correspondente em função da velocidade de concretagem e da consistência

No gráfico presente na norma, a curva relativa à classe de consistência C2 apresenta a formulação errada e onde se lê "C2 – 10vb +13" na verdade é "C2 – 7vb +13.

Segundo a NBR 15.696, quando forem utilizados aditivos retardadores, os valores da pressão do concreto e a altura hidrostática, extraídos do diagrama, devem ser multiplicados por fatores de majoração que dependem da classe de consistência do concreto e do tempo de retardamento da pega, em horas. No caso de concretos autoadensáveis, devido à sua alta fluidez, deve-se considerar a pressão do concreto como sendo hidrostática ($P_b = \gamma_c \cdot h$), durante o tempo de endurecimento ou início de pega, dependendo do método de concretagem.

Se o peso específico do concreto (γ_c) diferir de 25 kN/m³, o valor da pressão de concreto deve ser multiplicado pelo fator α, que varia conforme o valor de γ_c. A altura hidrostática permanece igual, independentemente das alterações do peso específico. Se não houver medidas de isolamento térmico, a influência da temperatura deve ser considerada. Nos casos em que a temperatura do concreto, durante a concretagem, for menor que 25°C, P_b e h_s devem ser aumentados em 3% para cada 1°C abaixo de 25°C. Não é permitido considerar a influência de temperaturas acima de 25°C.

Vale destacar que a velocidade de concretagem presente no eixo x do diagrama tem seu valor máximo de 7 m/h e que corresponde a pressões máximas nas fôrmas de 83 kN.m² para classe de consistência 3 e 62 kN/m² para classe de consistência 2. Esses valores de empuxo são muito maiores que os máximos medidos experimentalmente que giram em torno de 30 kN/m².

A Tabela 7 a seguir resume os pontos enumerados que devem ser levados em consideração na determinação de qual a pressão a ser considerada no dimensionamento das fôrmas para pilares.

Tabela 7 – Fatores influentes na pressão e característica a ser considerada

Fatores Intervenientes	Característica a ser considerada
Grande quantidade de variáveis intervenientes no fenômeno	Inexistência de uma formulação que contemple todas as variáveis
Distribuição das pressões ao longo da forma diferente da hidrostática	Pressão atuante menor que a hidrostática máxima
Valores medidos experimentalmente menores que os determinados pelas referências normativas	Grandes fatores de segurança se considerados os valores normativos
Velocidades de concretagem "in loco" são muito maiores que os limites estabelecidos pelas referências normativas para pilares	Parâmetros para definição da pressão incoerentes com a prática construtiva de pilares

Considerando todo o relato anterior, percebe-se que os parâmetros normativos não são adequados para a determinação dos valores de pressão do concreto nas fôrmas para o dimensionamento de pilares. Quando se trata de cortinas de concreto, os valores de entrada a partir da velocidade de concretagem podem apresentar valores mais adequados. Assim, de maneira prática, pode-se adequar o gráfico presente na norma adotando valores de velocidade de concretagem da ordem de 3,0 m/h quando se tratar de concretagem de pilares solteiros e 4,0 m/h quando a concretagem ocorrer sob a forma de pavimento integrado. Desta maneira, estaríamos falando de pressões entre 43 kN/m² e 53 kN/m² para concretos mais usuais em bombeados (Classe de consistência C3 entre 80 e 140 mm) e valores entre 34 kN/m² e 41 kN/m² quando o slump for maior que 20 mm e menor que 80 mm.

Uma boa prática de projeto de fôrmas e escoramentos deve considerar os procedimentos construtivas da empresa executora. Desta maneira, pode-se viabilizar o processo de otimização das considerações sobre a pressão de projeto observando se os valores forem superestimados a partir da visualização do comportamento durante a concretagem. Nesse processo, pode-se fazer uma gradual redução da pressão e diminuir adequadamente a quantidade de material.

17.5 REFERÊNCIAS BIBLIOGRÁFICAS

ABNT CATÁLOGO. ABNT NBR 15696/2009 – Fôrmas e Escoramentos para Estruturas de Concreto. Norma técnica.

ABNT CATÁLOGO. ABNT NBR 7190/1997 – Projeto de Estruturas de Madeira. Norma técnica.

ABNT CATÁLOGO. ABNT NBR 8800/1986 – Projeto e Execução de Estruturas de Aço em Edifícios. Norma técnica.

ABRASFE – Associação Brasileira de Fôrmas, escoramentos e acesso. Pressão do concreto fresco sobre as fôrmas. 34 slides, color. Acompanha texto. Disponível em: <http:// livrozilla.com/doc/21923/--abrasfe>. Acesso em: 14 mai. 2016.

ALMEIDA, Alexandre Carvalho; GARROTE, Carolina Stival Nunes de A, PEREIRA, Robson Lopes; O uso de fôrmas e escoramentos nas obras e as novas referências normativas. Trabalho de Conclusão de Curso da PUC-GO (2014).

ASSAHI, P.N. Sistema de fôrma para estrutura de concreto In: ISAIA, G.C. Concreto: ensino, pesquisas e realizações. São Paulo: IBRACON, 2009.cap.14.

BARNES, J. M.; JOHNSTON, D. W. Fresh concrete lateral pressure on formwork. In: CONSTRUCTION RESEARCH CONGRESS, 2003, Honolulu. Anais. Honolulu: 2004.

CALIL JR, Carlito; OKIMOTO, Fernando; STAMATO, Guilherme Corrêa; PFISTER, Giani; Fôrmas de madeira para concreto armado.: Univ. Fed. de São Carlos, 1998.

FAJERSZTAJN, H; LANDI, F.R. Formas para concreto armado: aplicação para o caso do edifício. (Boletim Técnico da Escola Politécnica da USP, Departamento de Engenharia de Construção Civil, BT/PCC/60). São Paulo: EPUSP, 1992. 11p.

FONSECA, Jéssica Freire; LEITE, Rodrigo Augusto de C.; TEIXEIRA, Jamilla E. S. Lutif; VIEIRA, Geilma Lima; Estudo de Caso sobre o Emprego da Tecnologia de Fôrmas Deslizantes Horizontais, Anais do 56º Congresso brasileiro de concreto – IBRACON, 2014

MASCARENHAS, A.C., Fôrmas para concreto - UFBA - BAHIA, 1989.

MARANHÃO, G. M. Fôrmas para concreto: subsídios para a otimização do projeto segundo a NBR 7.190/97. 2000. 226 f. Dissertação (Mestrado) – Escola de Engenharia de São Carlos, Universidade de São Paulo, São Carlos, 2000.

MILLS; Catálogo, http://www.mills.com.br/produtos-e-servicos/infraestrutura-mills/balanco-sucessivo acessado em 29/12/2016.

NAZAR, N. Fôrmas e escoramentos para edifícios: critérios para dimensionamento e escolha do sistema. São Paulo: PINI, 2007. 173 p.

REZENDE, R. B. Uma visão sobre o uso de fôrmas e escoramentos em cidades de grande, médio e pequeno porte do Brasil Central e as novas diretrizes normativas. 2010. 164 f. Dissertação (Mestrado) – Universidade Federal de Uberlândia, Uberlândia, 2010.

SANTILLI, A.; PUENTE, I. An empirical model to predict fresh concrete lateral pressure. Construction and building materials, n. 47, p. 379-388, 2013.

SANTILLI, A.; PUENTE, I, LOPEZ, A. Rate of placement discussion for the validation of experimental models of fresh concrete lateral pressure in columns. Construction and building materials, n. 24, p. 934-945, 2010.

SH Fôrmas, escoramentos e andaimes. Manual SH de fôrmas para concreto e escoramentos metálicos. São Paulo: PINI, 2008.

SOUSA, Marina Oliveira; SANTOS, Naiane Souza; PEREIRA, Robson Lopes; Influência da velocidade de concretagem medida in loco sobre a pressão lateral do concreto no dimensionamento de fôrmas. Trab. de Conc. de Curso da PUC-GO (2016).

UEPG, Departamento de engenharia civil da; Notas de aulas da disciplina de Construção Civil. Carlan Seiler Zulian; Elton Cunha Doná. Ponta Grossa: DENGE, 2000.

ZHANG, W.; HUANG J.; LI, Z.; HUANG, C. An experimental study on the lateral pressure of fresh concrete in formwork. Construction and building materials, n. 111, 2016.

ZORZI, A. C. Sistema de Fôrmas para Edifícios. Cyrela Construtora; IBRACON. 2ª ed. São Paulo, 2015.

CAPÍTULO 18 - FERRAMENTAS ESTATÍSTICAS APLICADAS À QUALIDADE DA CONSTRUÇÃO

Sérgio Botassi dos Santos
Mestre e Doutor, Universidade Pontifícia Católica de Goiás - PUC
e-mail: sbotassis@gmail.com

18.1 INTRODUÇÃO

A concepção que se tinha da área da engenharia civil em estruturas e fundações é de que um especialista da área era grande conhecedor de um segmento específico, como: projeto, execução, recuperação, reforço, manutenção, etc. Atualmente, o projetista está sendo compelido a preocupar-se não somente em projetar atendendo às normas prescritivas correntes, mas também em otimizar a estrutura e fundação para que se atinjam um desempenho proporcional às suas finalidades, bem como a construção seja realizada de maneira factível, racional e, consequentemente, econômica. A norma de desempenho NBR 15.575 (ABNT, 2013) é um importante exemplo desta mudança cultural, pois vem exigindo que se pense na qualidade de um imóvel ainda na fase de projeto, demandando esforços para que se garanta o nível mínimo de atendimento das necessidades de seu cliente, vinculada a todas as fases do ciclo de vida da edificação.

Diante deste cenário, é fundamental se utilizar de ferramentas que tragam maior confiabilidade dos projetos, bem como da sua construção, uso e manutenção. Vários selos da qualidade, como ISO 9001 (ABNT, 2015) e SiQ/PBQP-H (Ministério das Cidades, 2012), possuem esse intuito, necessitando para isso de análises estatísticas que permitam avaliar a estabilidade dos processos em produzir conforme planejado e projetado, atendendo aos requisitos dos clientes. O maior nível de padronização das atividades da construção civil nacional, como já realizado em larga escala em países de primeiro mundo, também é um forte argumento para o uso de ferramentas estatísticas já que assim pode-se ter melhor controle e garantir a qualidade com menor probabilidade de não conformidades, aumentando a credibilidade de os processos atingirem os propósitos de qualidade e ainda aumentar a produtividade.

18.2 PRINCÍPIOS DE GESTÃO DA QUALIDADE VOLTADOS PARA A CONSTRUÇÃO

É preciso inicialmente ter em mente que, embora a definição de qualidade seja ampla e genérica, ela também pode ser aplicada de maneira objetiva a qualquer propósito, inclusive na engenharia estrutural e de fundações. Pode-se definir qualidade de maneira prática e simplificada como sendo: *"capacidade de se atender à necessidade de alguém ou de algo"*. Quando se fala em atender à necessidade, esse é o ponto chave da qualidade, pois somente se respeita a qualidade quando atendemos à finalidade ao qual foi concebida, vinculada obviamente aos desejos do cliente, independentemente do que um terceiro possa achar desta situação. Por exemplo, quando se constrói um edifício com uma arquitetura ousada, na qual haja uma preocupação maior com as questões estéticas do que funcionais, para determinados usuários das edificações tais atributos são louváveis e dignos de se valorizar, inclusive monetariamente, já outros com uma visão mais pragmática podem ignorar que essas características arquitetônicas possam fazer alguma diferença em suas necessidades, não se valorizando essa edificação.

Sendo assim, torna-se imprescindível atender à qualidade tomando como referência os requisitos que o consideram como acolhida a necessidade do cliente. Pode-se assim associar os requisitos provenientes:

✓ Respeito a requisitos normativos (ex.: NBR, ISO);

426 - Projeto, Execução e Desempenho de Estruturas e Fundações

✓ Interesses sociais provenientes de instituições reguladoras (ex.: decretos, regulamentos);
✓ Necessidades coletivas (ex.: tendências de mercado); e
✓ Necessidades individuais (ex.: requisitos específicos de projetos).

Obviamente que em um projeto estrutural e/ou de fundações há uma maior tendência de os requisitos estarem associados a prescrições normativas que estabelecem os padrões técnicos a serem respeitados, considerando assim atendido os atributos que os definem com qualidade adequada. Entretanto, as próprias normas, quanto a comunidade técnica começa a abrir alternativas aceitáveis de novas soluções construtivas, materiais, modelos de dimensionamento que precisam ser validados para garantir a qualidade não só do produto ou serviço pretendido, como do processo envolvido. Desta forma, é importante fazer essa distinção, conforme a seguir:

❖ *Qualidade do Produto:* Possui o foco no atendimento das necessidades do cliente a fim de garantir a qualidade pretendida. Possui como objetivo:
    ✓ Satisfação do cliente;
    ✓ Alto desempenho (uso racional e durável); e
    ✓ Confiabilidade e segurança.

❖ *Qualidade do Processo:* Visa atuar no meio ao qual se consiga atender aos padrões de qualidade definidos para o produto com menor variabilidade em seus atributos técnicos. Faz parte do foco na qualidade do processo:
    ✓ Racionalização dos recursos;
    ✓ Padronização das rotinas;
    ✓ Confiabilidade e previsibilidade dos resultados; e
    ✓ Foco na produtividade e melhoria contínua.

Dentro destes princípios da qualidade em se avaliar tanto o produto quanto o processo, pode-se ainda associar dentro do gerenciamento da qualidade a garantia e controle da qualidade, que se diferenciam a partir das seguintes denominações:

❖ *Garantia da Qualidade:* Ações previamente programadas para se assegurar os padrões de qualidade, normalmente tomadas na fase de planejamento, procuram assim conceber o produto ou processo de maneira otimizada e racionalizada. Fazem parte dos princípios da garantia da qualidade:
    ✓ Produto deve ser adequado à finalidade pretendida;
    ✓ Erros devem ser eliminados antes que aconteçam.

❖ *Controle da Qualidade:* Permitir de forma preventiva que processos resultem em produtos e serviços conformes durante a implantação do projeto. Um dos principais princípios do controle da qualidade é:
    ✓ Capacidade de previsibilidade dentro de limites aceitáveis.

Desta forma, ao se pensar em projeto estrutural deve-se ter uma visão sistêmica do produto final (edificação pronta), pois de nada adianta ter um projeto que atenda às especificações técnicas conforme normas prescritivas, regulamentos, etc., quando não se concebe a estrutura para que tenha uma interface inteligente, não somente com os elementos construtivos da edificação (vedações, acabamentos, impermeabilizações, instalações, etc.), como também pensar na estrutura desde a fase construtiva até o seu uso durante a vida útil, conforme é concebido na norma de desempenho NBR 15.575 (ABNT, 2013).

As certificações que lidam com práticas de gestão da qualidade deixam explícitos em seus requisitos a necessidade de comprovação estatística para se atestar a qualidade. O Sistema de Avaliação da

Capítulo 18 – Ferramentas Estatísticas Aplicadas à Qualidade da Construção - 427

Conformidade (SiAC) do PBQP-H explicita a importância e obrigatoriedade do uso de técnicas estatísticas para medição e análise da conformidade do produto, e do próprio sistema de gestão da qualidade. A ISO 9001, em seu item 8.4, quando trata da análise de dados na gestão da qualidade, informa que é preciso avaliar a conformidade dos requisitos do produto e características e tendências dos processos para um melhor e mais confiável entendimento da evolução da gestão da qualidade em uma empresa. Tal importância da análise estatística na gestão da qualidade foi materializada com a publicação da NBR ISO 10.017 (ABNT, 2005), a qual apresenta um catálogo de ferramentas estatísticas para o gerenciamento da qualidade, formas de aplicá-las, restrições, propósitos, etc., sendo algumas delas detalhadas neste capítulo.

18.3 FUNÇÕES ESTATÍSTICAS BÁSICAS APLICADAS NA QUALIDADE

A estatística surge no gerenciamento da qualidade para permitir que seja possível avaliar o atendimento de requisitos do cliente de uma maneira prática e com maior confiabilidade, uma vez que a mensuração da qualidade por si só não é garantia de se alcançar o propósito pretendido. Fazendo uma analogia simples para se explicar essa ideia pode-se dizer que, por exemplo, ao se verificar que os resultados individuais de verticalidade dos elementos estruturais estão dentro das exigências técnicas normativas, não pode haver desvios de qualidade por oscilação dos resultados capazes de gerarem danos estruturais e ainda custos consequentes em outras partes e componentes da edificação. Assim, é fundamental avaliar estatisticamente os resultados dentro de um mesmo grupo de resultados, pois essa pode ser uma poderosa forma de se avaliar um diagnóstico comportamental dos valores que mensuram a qualidade.

As duas formas clássicas de se trabalhar com estatística na qualidade são por meio da:
- ❖ *Estatística Descritiva:* Responsável pelo estudo das características de uma dada população de tamanho conhecido. (Ex.: análise da qualidade técnica de todas peças pré-moldadas de uma produção);
- ❖ *Estatística Indutiva:* Infere os resultados de um grupo, admitindo-o representativo de um mesmo conjunto de valores, a partir da amostra de uma dada população ou universo, enunciando as consequentes leis. (Ex.: controle de qualidade dos insumos por meio de amostragem).

A estatística indutiva é largamente utilizada pela capacidade que possui de ser mais facilmente aplicada e ainda por haver menor custo associado aos serviços. Por outro lado, ao assumir que uma amostra de observações represente um grupo de resultados maiores, há o risco de haver diferenças entre a amostra e população que precisam ser consideradas no processo estatístico.

18.3.1 Medidas de Posição

Ao lidar com grande quantidade de dados numéricos em um determinado evento do qual se deseja verificar a qualidade, é interessante obter algum tipo de número que possa representá-los a fim de facilitar futuras comparações. É comum na estatística haver mensurações repetidas de um mesmo grupo de produtos ou serviços para que se tenha uma representatividade estatística dos dados que supostamente possuem as mesmas características. Assim, deste grupo de resultados faz-se necessário adotar um dado numérico que os represente de maneira equilibrada. Uma forma intuitiva de representar esse grande volume de dados numéricos pode ser por meio de medidas que permitam avaliar onde há maior concentração ("posição") de valores em uma dada distribuição numérica, como exemplo apresentado na Figura 1. Percebe-se por meio desta figura que dos 10 resultados de absorção de piso cerâmico que mais ocorreram dentro da mesma amostra a concentração está entre 3% e 4% e possivelmente algum número dentro deste intervalo seja considerado como referência para representar essa amostra.

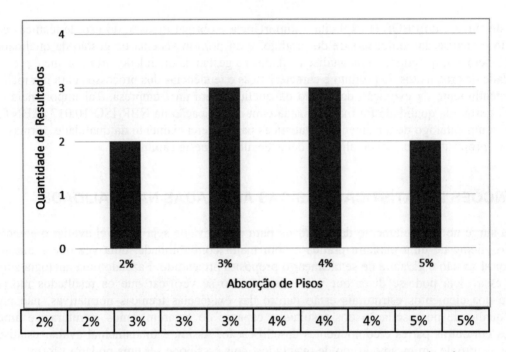

Figura 1: Exemplo de grupo de resultados no qual há maior concentração de valores

A essa medida que procura representar o grupo é denominada na estatística de *medida de posição*. Na prática, utilizam-se três tipos:

- Média aritmética: Quociente da soma dos valores das medidas individuais pela quantidade total de medidas;
- Moda: Valor que ocorre com mais frequência (que se repete) em uma série de dados;
- Mediana: Refere-se ao valor central de uma série em ordem crescente ou decrescente.

A grande vantagem da média em relação às demais medidas de posição é que o seu cálculo envolve diretamente a contabilização de todos os valores individuais, embora a média possa não fazer parte do grupo de resultados. A aplicação de cada uma dessas medidas depende do foco em que se deseja avaliar dentro dos grupos de resultados. Normalmente, utiliza-se a média para análise equilibrada de todos os valores individuais de um grupo, incorporando suas dispersões, já a moda ocorre quando o foco da análise estatística e do fenômeno estudado é verificar dentro de conjunto de valores aqueles que se repetem, possivelmente pelo fato de indicarem um comportamento mais provável de resultados. A mediana é aplicada em situações nas quais deseja-se avaliar o valor central de um grupo de resultados independente de possíveis dispersões no seu entorno.

Exemplo: Uma grande empresa de âmbito nacional resolveu realizar uma pesquisa junto aos seus principais clientes pelo Brasil para verificar o nível de satisfação quanto aos serviços prestados pelas suas redes regionais (Tabela 1). A partir dessas informações, pretendeu-se compará-las entre si por meio do cálculo da média, moda e mediana. Pergunta-se: Em qual região do país a empresa possui os clientes mais satisfeitos?

Tabela 1: Exemplo de aplicação das medidas de posição – Análise do Nível de Satisfação (NS) de clientes nas regionais

Norte		Sul		Nordeste		Centro-Oeste		Sudeste	
Cliente	NS	Cliente	NS	Cliente	NS	Cliente	NS	Cliente	NS
A	5	A	6	A	8	A	7	A	7
B	9	B	6	B	4	B	9	B	10
C	5	C	8	C	7	C	5	C	10
D	9	D	7	D	6	D	5	D	6
E	8	E	6	E	7	E	9	E	7
F	9	F	9	F	3	F	6	F	8
G	6	G	9	G	4	G	7	G	7
H	9	H	7	H	10	H	4	H	6
I	8	I	9	I	7	I	9	I	7
J	6	J	6	J	4	J	8	J	6
K	5	K	9	K	7	K	6	K	7
L	7	L	8	L	3	L	9	L	6
M	7	M	9	**Média**	**5,8**	N	4	N	5
Média	**7,2**	N	7	**Moda**	**7**	O	6	O	4
Moda	**9**	O	10	**Mediana**	**6,5**	P	6	P	7
Mediana	**7**	P	4			**Média**	**6,7**	Q	5
		Q	7			**Moda**	**9**	R	5
		R	6			**Mediana**	**6**	S	8
		S	8					T	8
		T	8					U	6
		Média	**7,5**					V	3
		Moda	**6**					X	4
		Mediana	**7,5**					Z	7
								Média	**6,5**
								Moda	**7**
								Mediana	**7**

Pelos resultados da Tabela 1 somos tentados a acreditar que a região sul tenha os clientes mais satisfeitos, pois sua média e mediana são superiores às demais. De fato, esses indicadores demonstram essa possibilidade, embora não se possa negar também que as regiões possuam a moda superior, demonstrando que há maior possibilidade de notas mais altas nessas regionais. Percebe-se, portanto, que essa simples análise não é suficiente para se eleger indiscutivelmente a região que apresenta os clientes mais satisfeitos, apesar de ajudar na triagem (possivelmente regiões norte e sul). Requer ainda que seja analisada também a dispersão de seus valores, pois assim avalia-se a concentração de resultados mais significativos do grupo.

18.3.2 Medidas de Dispersão

Percebe-se, pelo simples exemplo da Tabela 1, que para a interpretação de dados estatísticos é fundamental que se conheça não só uma medida de posição, mas também medidas de variabilidade/dispersão dos resultados dentro de um grupo de valores que supostamente deveriam ser iguais. As principais medidas de dispersão são:

- Amplitude: É a diferença entre o maior e o menor valor observado. Possui a desvantagem de não considerar valores intermediários;
- Variância: É a diferença quadrática média entre cada um dos valores e a média aritmética de um conjunto de observações;
- Desvio padrão: Equivale à raiz quadrada da variância. Possui unidade similar à população de dados;

- Coeficiente de variação: O desvio padrão, quando utilizado comparativamente, por si só não diz muita coisa. Ele possui maior destaque se relacionado com uma medida de posição (média).

As fórmulas que mensuram dispersão encontram-se resumidas no Quadro 1, considerando um grupo hipoteticamente homogêneo de n valores: $x_1, x_2, ..., x_n$, e seu valor médio $\overline{x}$.

Quadro 1: Equações para cálculo de dispersão.

Amplitude: $r = x_{maior} - x_{menor}$	$Variância: \sigma^2 = \dfrac{\sum (x_1 - \overline{x})^2}{N} (população)$ $s^2 = \dfrac{\sum (x_1 - \overline{x})^2}{n-1} (amostra)$
$Desvio\ Padrão: \sigma = \sqrt{\sigma^2}\ (população)$ $s = \sqrt{s^2}\ (amostra)$	**Coef. Variação:** $CV = \dfrac{s}{x}.100$

Para ilustrar a aplicabilidade dessas equações, será relatado a seguir um exemplo em que uma indústria faz retirada de amostras de um determinado insumo vendido por 3 fornecedores para verificação de sua qualidade. Adotando o valor 1 como péssimo e 10 como ótimo, foram calculadas a média e todas as medidas de dispersão, conforme resumido na Tabela 2.

Tabela 2: Exemplo de aplicação das medidas de dispersão – Análise da qualidade de insumo.

Fornecedor 1		Fornecedor 2		Fornecedor 3	
Amostra	Qualificação	Amostra	Qualificação	Amostra	Qualificação
1	5,6	1	5	1	7,1
2	5,8	2	4,7	2	5,5
3	6,4	3	4	3	6,4
4	5,5	4	5,9	4	9,5
5	5,0	5	5,0	5	9,3
6	5,9	6	5,3	6	7,5
7	6,3	7	5,5	7	9,7
8	6,5	8	4,3	8	6,8
9	2,6	9	5,9	9	6,2
10	6,0	10	5,5	10	6,1
11	5,1	11	4,6	11	8,1
12	6,0	12	4,2	12	5,0
13	5,2	13	5,2	13	5,0
14	5,2	14	4,8	14	9,1
15	6,4	15	5,0	15	5,6
16	5,0	16	4,7	16	6,1
17	5,9	17	4,3	17	8,5
18	5,7	Média	4,9	18	6,3
19	5,1	Amplit.	1,9	19	5,1
20	9,7	Variância	0,3	20	5,5
		Desv. Pad.	0,6	21	9,9
21	5,4	Coef. Var.	12%	22	8,7
Média	5,7			23	6,9
Amplit.	7,1			Média	7,1
Variância	1,5			Amplit.	4,9
Desv. Pad.	1,2			Variância	2,7
Coef. Var.	21%			Desv. Pad.	1,6
				Coef. Var.	23%

Fica visível na compilação dos resultados da Tabela 2 que, embora o fornecedor 3 apresente em média os melhores resultados do insumo, sua dispersão de resultados também é alta. Isso equivale a dizer que a capacidade de previsibilidade da qualidade do insumo fica prejudicada, podendo gerar grandes transtornos e custos adicionais para empresa, pois essa variabilidade interfere no ajuste dos processos subsequentes da cadeia produtiva. Já o fornecedor 2, embora não apresente os melhores resultados médios, possui dispersão baixa em relação aos demais fornecedores, contribuindo para que as atividades que dependam deste insumo tenham condição de desenvolver seus trabalhos sem grandes ajustes na produção, tendendo a aumentar a produtividade e reduzir insucessos. Sendo assim, fica claro que não basta avaliar a qualidade de um trabalho a partir dos atributos técnicos dos produtos (resultados finais), mas também por meio da sua capacidade de reproduzir o serviço com baixa variabilidade (qualidade do processo).

18.4. FORMAS GRÁFICAS DE ANÁLISE DE DISPERSÃO

Existem várias formas gráficas para a análise estatística de dispersão de resultados, porém, duas das mais recomendadas para garantia e controle da qualidade, quando há uma base de dados significativa e confiável, serão apresentadas a seguir.

Uma delas é a partir do gráfico tipo *histograma*, cujo eixo horizontal agrupa os resultados em intervalos (classes) nos quais serão calculadas suas respectivas frequências de valores – eixo vertical, conforme ilustrado na Figura 2. O histograma normalmente é acompanhado de um outro gráfico referente ao percentual acumulado dos resultados.

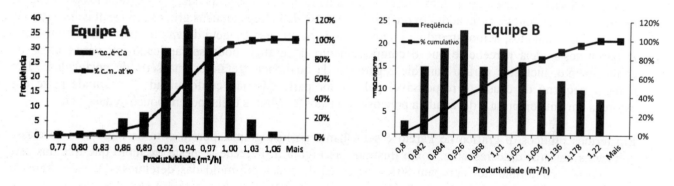

Figura 2: Exemplo de aplicação do histograma para análise de produtividade de equipes de trabalho

No exemplo da Figura 2 é perceptível que, embora a equipe B apresente intervalos extremos de produtividade maior que A, a equipe A concentra seus resultados em intervalo menor (entre 0,92m²/h e 0,97m²/h), o que significa dizer que a produtividade de A possui menor dispersão de valores e, portanto, mais previsível e capaz de ser reproduzido para planejamento futuro da obra.

As etapas típicas de montagem de um histograma são as seguintes:

✓ Coletar dados para compor o histograma aleatoriamente (recomenda-se no mínimo 50 valores) referente à variável que se deseja estudar.

✓ Definir um número de intervalos (quantidade de classes *k*) da variável que se deseja estudar para se realizar a contagem de frequências. A Tabela 3 apresenta algumas sugestões de quantidade de classes em função da quantidade de resultados com os quais se deseja criar o histograma. É válido ressaltar que a definição desses intervalos é muito particular e específica do que se está monitorando, pois a ideia dessas classes é estabelecer intervalos que considerem os valores com efeitos semelhantes ao propósito do estudo. Exemplo: sabe-se que muitos fenômenos de mensuração da durabilidade de estruturas de concreto estão associados a fenômenos de difusão/percolação de agentes agressivos em seu meio, que são mensurados na escala de potencias de 10, ou seja, agrupamentos mais consistentes de resultados devem ocorrer variando a potência, e não a base.

Tabela 3: Sugestão de quantidade de intervalos de classes

Números de Resultados	Quant. de intervalos de classes (k)
<50	5-7
50-100	6-10
100-250	7-12
>250	10-20

- ✓ Calcule a amplitude total (R) dos dados coletados, referente à diferença entre o maior e o menor valor do intervalo de dados que deseja criar o histograma.
- ✓ Calcule a amplitude de cada classe: $h = R / k$.
- ✓ Adote intervalos de classe partindo do menor valor dos dados e acrescente gradativamente h até alcançar o maior valor.

Outra forma gráfica de análise estatística de dados bastante conhecida é o gráfico de Pareto. Vilfredo Pareto, no século XVIII, percebeu em alguns levantamentos de dados de empresas que, após agrupados por meio de resultados semelhantes e colocados em ordem decrescente de valores, poucos grupos representavam a grande maioria dos resultados, demonstrando a importância de haver essa triagem de valores para fins estratégicos. A partir desta ideia percebe-se que o comportamento do gráfico pode ser aplicado em várias áreas do conhecimento, inclusive para o controle e garantia da qualidade, gerando uma série de postulados: "Um número pequeno de causas é responsável pela maior parte das não conformidades"; "Grande parte dos esforços em uma empresa é destinado a poucos propósitos"; "Muitos úteis, porém poucos vitais"; etc.

Em termos práticos, o gráfico de Pareto é semelhante ao histograma, porém com os intervalos de classe colocados em ordem decrescente, como ilustrado na Figura 3. Percebe-se neste exemplo que três dos sete tipos de não conformidades agrupam 80% dos casos de peças pré-moldadas defeituosas e necessitam de cuidados especiais para o tratamento.

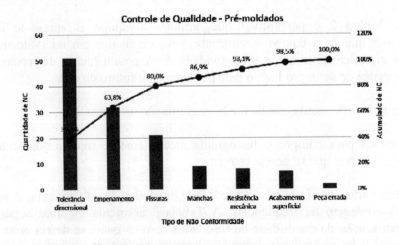

Figura 3: Exemplo de aplicação do gráfico de Pareto

É válido ressaltar que tanto o histograma quanto o gráfico de Pareto devem ser utilizados como ferramentas complementares na análise estatística de dados e não como uma única forma de se avaliar os resultados. Isso se deve ao fato de que os dados contidos nesses gráficos possuem suas particularidades técnicas que somente um conhecedor da área possui condições de interpretá-las. Por exemplo, na Figura 3 percebe-se que a não conformidade de falha na resistência mecânica embora sua incidência nas peças pré-moldadas não tenha sido generalizada, mas sabe-se que essa patologia gera risco de colapso estrutural e, consequentemente, maior efeito sobre a obra como um todo.

18.5. PLANEJAMENTO DE EXPERIMENTOS

A cultura do "imediatismo" na qual grandes e pequenos projetos da construção civil vêm sendo "forçados" a cumprir com cronogramas cada vez mais enxutos demanda por procedimentos de execução com pequenas chances de desperdício, exigindo gradualmente aumento da eficiência, eficácia, racionalização dos processos e melhoria do desempenho. Percebe-se no histórico mundial com a evolução da tecnologia nas mais diversas áreas, inclusive na construção civil, que o tempo médio de implantação de grandes projetos que demandavam até dezenas de anos passou para algumas unidades de anos, por outro lado, a qualidade desses projetos, seja por questões regulamentares quanto da própria exigência de mercado, requer que os processos sejam ajustados e otimizados em tempo exíguo. *O Planejamento dos Experimentos possui como premissa analisar a qualidade do produto/processo previamente para garantir o seu desempenho, preocupando-se em racionalizar recursos (tempo, insumos, equipe e equipamentos).*

Quando se trata de desempenho, a norma brasileira NBR 15.575 (ABNT, 2013), na parte um em seu item seis, informa que, *"para atingir essa finalidade é realizada uma investigação sistemática baseada em métodos consistentes, capazes de produzir uma interpretação objetiva sobre o comportamento esperado do sistema em condições de uso definidas"*. Ou seja, isso significa dizer que o desempenho das edificações precisa ser provado por meios consistentes, sabendo que em muitos casos é necessário realizar experimentos com comprovação estatística, principalmente para novos sistemas construtivos.

Segundo a NBR ISO 10.017 (ABNT, 2008), define-se Planejamento dos Experimentos, ou *Design of Experiments – DOE*, como sendo um conjunto de investigações planejadas para comprovar estatisticamente efeitos avaliados por meio de experimentos. Para fins ilustrativos, imagine que uma construtora implantará um sistema de gestão da qualidade que pretende definir procedimentos operacionais para as principais atividades fins da obra. Dentre as várias atividades, ela resolveu iniciar por uma etapa estratégica da obra que é a execução da estrutura de concreto, conforme fluxograma apresentado na Figura 4. Fica visível neste exemplo que o DOE envolve as principais etapas do ciclo PDCA (*Plan, Do, Check, Act*) e é utilizada com uma forte ferramenta de melhoria contínua, princípio este da ISO 9001. Desta forma, percebe-se que é necessário se conhecer de forma aprofundada os processos envolvidos em um trabalho de qualidade, avaliando quais são os parâmetros fundamentais que interferem nos objetivos deste processo e como é possível ajustá-los a fim de otimizar os trabalhos e em paralelo atender às necessidades do seu cliente.

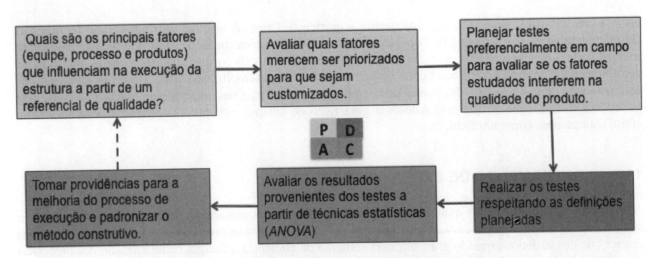

Figura 4: Etapas do Planejamento de Experimentos aplicadas à construção civil

Em síntese, pode-se afirmar que, a partir do DOE, tem-se condição de avaliar se os processos e produtos atenderão aos requisitos dos clientes e ainda procurar garantir que haja uma melhora contínua de tais requisitos.

18.5.1. Terminologias

Para um melhor entendimento dos elementos técnicos que compõem o DOE, apresentam-se a seguir as principais terminologias, seus significados e propósitos.

- ✓ *Característica de qualidade:* Refere-se a todos atributos do produto que o cliente considera como importantes, mesmo que ele não saiba mensurar ou descrevê-los tecnicamente (ex.: durabilidade). Essas características são o ponto de partida para a montagem do planejamento de experimentos.

- ✓ *Variáveis de Resposta:* Aspectos do produto que podem ser medidos e que permitem quantificar as características de qualidade (ex.: vida útil). Quem normalmente deve estabelecer as variáveis respostas é o especialista na produção deste serviço ou produto, e que consegue "traduzir" o desejo do cliente em meios técnicos, seja qual área for.

- ✓ *Parâmetros do Processo:* Todas as variáveis da linha de produção que podem ser alteradas, tensional ou intencionalmente, interferindo sobre a qualidade final do produto ou processo (variáveis de resposta) em magnitudes das mais diversificadas. Dentro dos parâmetros do processo, tem-se:

    o *Fatores manipulados (ou controláveis):* São aqueles que foram selecionados para serem estudados, estimando poder haver efeito significativo sobre a variável resposta. Normalmente se testam os fatores controláveis em vários níveis no experimento (Ex.: testar tipos de matéria-prima diferentes).
    o *Fatores constantes:* Equivalem àqueles que não são o foco do experimento e, por isso, são mantidos constantes durante os testes (ex.: considerar a mesma equipe).
    o *Fatores não controláveis (Ruídos experimentais):* São as variáveis que não podem ser controladas por motivos técnicos ou econômicos (ex.: produtividade das equipes ao longo do tempo, oscilações climáticas, etc.). São responsáveis pelo erro

Capítulo 18 – Ferramentas Estatísticas Aplicadas à Qualidade da Construção - 435

experimental ou variabilidade residual; considerado inerente e, portanto, admissível dentro de um processo controlado.

o *Níveis*: Correspondem às quantidades variáveis de valores dentro dos fatores controláveis (ex.: fator controlável taxa de armadura na estrutura, testados em 3 níveis de 0,4%, 0,6% e 0,8%).

18.5.2. Etapas do Planejamento de Experimento

O planejamento de experimentos consiste em uma série de atividades devidamente organizadas para que atinja o principal propósito de se constatar quais são os parâmetros que interferem de forma significativa no processo e se alcance o ajuste ótimo de forma que se racionalizem recursos e se consiga atingir o desempenho esperado do seu cliente. As principais etapas serão transcritas a seguir.

i) Consulta ao cliente

É de suma importância iniciar o planejamento de experimentos a partir do seu cliente direto, seja ele interno ou externo ao processo, pois o propósito fundamental do DOE é atender expectativas de quem possui interesse em seu serviço e/ou produto. Entretanto, a consulta ao cliente deve ser realizada de forma planejada e direcionada, uma vez que normalmente o cliente possui conhecimento limitado a respeito das qualidades potenciais que um serviço possa proporcionar a ele. Existem defensores da ideia de que a consulta ao cliente seja aberta, sem direcionamentos, para não inibir ou limitar os desejos de quem pagará por eles. De certo modo, esse princípio tem fundamento, porém, ao nos referirmos a direcionamento, entenda-se delimitar de maneira organizada os principais aspectos esperados pelo cliente, mas sem restringir sua capacidade em opinar sobre as particularidades dos atributos mais desejados e ainda um *ranking* dos mais relevantes. As principais formas de consulta ao cliente são: pesquisas de mercado, análise de indicadores setoriais, *benchmarking* com parceiros da área, consulta direta, levantamento junto aos órgãos de classe (associações, conselhos, comitês, etc.), etc.

Há também situações particulares de produto ou serviço, as quais, pelas características intrínsecas desconhecidas de seu cliente, demandam definir os atributos de qualidades pelo seu próprio criador e em um segundo estágio avaliar essas características junto ao cliente para verificar se agregaria valor ao produto ou serviço. Um exemplo típico desta situação é quando há intenção de se lançar um produto ou serviço novo e/ou inovador em que não haja parâmetros comparativos de qualidade no mercado, ou se há por questões de haver algum similar é ainda restrito comparado com os atributos diferenciados deste seu produto inovador. Para exemplificar este fato, percebe-se que, com a vigência da norma de desempenho foi possibilitada a implantação de novos sistemas construtivos que possuem atributos, muitos deles associados a necessidades do construtor, que não são atendidas a contento no sistema tradicional, como: baixo desperdício, alta produtividade e durabilidade diferenciada.

ii) Interpretação dos especialistas

Nesta etapa, deve-se estruturar o modelo experimental a ser considerado nos experimentos, levantando quais variáveis respostas representarão as necessidades do cliente e os potenciais parâmetros do processo intervenientes no atingimento de qualidade pretendida. Esta é uma etapa estratégica, pois a partir dela se desenvolverá todos os experimentos acreditando-se que seus resultados permitirão melhorar os processos e produtos alvo do trabalho.

As variáveis respostas, como abordado anteriormente, devem sempre que possível refletir o mais fielmente as características de qualidade, e de forma mensurável capaz de atestar com facilidade o atingimento dos objetivos. Sabe-se na prática que essa não é uma tarefa fácil, pois a mensuração de qualidade por meio da variável resposta é uma representação técnica de um parâmetro normalmente subjetivo ou de difícil constatação, havendo, portanto, risco de não representar com fidelidade as necessidades do cliente. Obviamente, quando o processo que se deseja melhorar esteja mais voltado para um cliente técnico é de se esperar características de qualidade mais fáceis de estarem associadas às variáveis resposta, como por exemplo ao se definir pelo cliente (equipe de acabamento da obra) que a verticalidade da alvenaria é uma variável resposta importante que é naturalmente mensurada pelo desvio em relação ao fio de prumo.

iii) Execução dos experimentos

É necessário planejar os experimentos a serem realizados para que os resultados alcançados estejam dentro de um nível de confiabilidade a ponto de serem extrapolados para aplicação em larga escala na obra. Desta forma, recomenda-se realizar os passos a seguir:

✓ *Elaborar a matriz experimental (listagem dos testes):* Deve-se organizar todos os ensaios/testes que serão realizados a fim de obedecer aos critérios estatísticos importantes, principalmente relacionados à aleatoriedade na sequência dos testes a fim de diluir os ruídos.

✓ *Padronizar os testes:* É sempre recomendável que haja rotinas de ensaios pré-definidas que ajudem a representar o mais fielmente possível o padrão de qualidade em que se deseja seguir na produção. Uma excelente referência nos padrões técnicos são as normas brasileiras advindas das mais variadas fontes de boas práticas da construção civil (ex.: ABNT, ISO, associações técnicas, programas da qualidade, SiAC, SiNAT, normas DNIT, etc.). Diferente do que se imagina, é recomendável que os testes ocorram in loco, onde o serviço ou fabricação do produto ocorrerá, pois assim se terá uma precisão maior das dispersões frente à realidade local. Logicamente que, se o ambiente onde os serviços ocorrem houver baixa condição de controle de sua execução, ou o alvo do estudo envolva análise não relacionada ao processo, os testes poderão ser realizados em ambiente controlado, diferente da realidade do local de serviço.

✓ *Registro dos resultados:* Os valores advindos dos testes monitorados precisam ser documentados e organizados de tal forma que facilite o tratamento estatístico. Não se pode validar ou eliminar resultados, antes que se analise criteriosamente a significância técnica, pois é importante lembrar que os testes muitas vezes fogem à rotina de resultados típicos conhecidos na literatura técnica, normas, valores de mercado, etc.

iv) Análise e otimização dos resultados

A análise e otimização coroa todo o planejamento de experimentos, pois deve-se realizar o tratamento dos resultados para diagnosticar como o processo monitorado se comporta com a variação intencional dos fatores controláveis. Deve-se prioritariamente realizar a análise dos resultados sob o aspecto estatístico com o objetivo de verificar se há correlação significativa entre a variável resposta de interesse e os níveis dos fatores controláveis a partir da ferramenta estatística conhecida como Análise de Variância, ou, em inglês, *Analisys of Variance* – ANOVA, que será reportado mais à frente neste capítulo.

Verificada a significância estatística daquilo que se testou, é importante avaliar se existe alguma curva que se ajuste à variável resposta, pois assim pode-se predizer expectativas de resultados futuros em casos de necessidade de ajustes nos parâmetros do processo. Essa modelagem em curva ainda permite verificar se existe ponto otimizado em que se utiliza racionalmente os recursos do processo para atingir os melhores resultados de saída, como ilustrado na Figura 5.

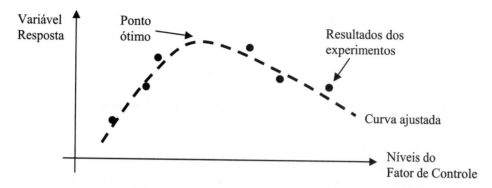

Figura 5: Ilustração de determinação do ponto ótimo (aquele em que se alcança o melhor resultado da variável resposta em função do fator controlável)

18.5.3. Estudo de Caso

A fim de ilustrar as etapas do DOE, apresenta-se a seguir um exemplo aplicado na construção civil. Uma construtora resolve implantar uma série de melhorias em seus procedimentos operacionais e para tanto aplicará o Planejamento de Experimentos para avaliar a etapa de execução de vedações verticais externas, com o seguinte título: *Avaliação do Sistema de Vedação Vertical Externa (SVVE)*. O processo atual desta construtora para execução do SVVE é em alvenaria convencional de blocos cerâmicos com acabamento em argamassa de reboco e pintura texturizada, conforme dados contidos na Tabela 4.

Tabela 4: Dados gerais do processo atual de execução

		Tipo:	Cerâmico
Alvenaria	**Bloco**	**Dimensões:**	14x19x29 (cm)
	Argamassa	1:2:8 (cimento:cal:areia média) – Esp.: 1cm	
	Processo	Execução manual tradicional	
Revestimento Externo	**Argamassa**	1:2:5 (cimento:cal:areia média) – Esp.: 2cm	
	Chapico	1:3 (cimento:areia grossa)	
	Pintura	Texturizada hidrófuga	

i) Consulta ao cliente

Foi realizada uma pesquisa de mercado junto aos seus principais clientes e partes interessadas para avaliar o SVVE realizado pela construtora. Os diretores da empresa diagnosticaram que essa etapa da obra é uma das que mais está gerando desperdícios e aparecimento de patologias após finalizada, durante uso. As principais características de qualidade identificadas foram:

- ✓ *Redução de desperdício:* Constatou-se que o consumo de insumos estava variando muito (cimento e blocos);
- ✓ *Durabilidade:* A empresa já teve que recuperar várias fachadas que apresentaram patologias ainda dentro do prazo de garantia;
- ✓ *Planicidade:* Superfícies irregulares com desaprumo.

ii) Análise dos especialistas

438 - Projeto, Execução e Desempenho de Estruturas e Fundações

Resolveu-se então, a partir das características de qualidade identificadas, eleger as variáveis respostas que as representassem de forma mensurável, chegando aos resultados apresentados na Tabela 5.

Tabela 5: Variáveis respostas selecionadas.

Caract. da Qualidade	Variáveis de Resposta			
	Designação	Tipo	Import.	Alvo (Meta)
Desperdício	Volume de argamassa de assentamento (litros/m²)	Menor-Melhor	2	14,6 - 21,2
	Consumo de blocos (unid./m²)	Menor-Melhor	1,5	24 a 29
Durabilidade	Resistência à ação do calor e choque térmico*	Maior-Melhor	1	Desloc. <h/300 e Menor quantidade possível de patologias **
Planicidade	Desaprumo	Menor-Melhor	0,5	<= 0,2% ***

Requisito de Desempenho 14.1.1 da NBR 15.575: Parte 4 (SVVIE).
**Ensaio para verificação: Anexo E - Parte 4 da NBR15.575.*
***Adotado mesmo limite da NBR 15812: Alvenaria estrutural - Blocos cerâmicos Parte 2: Execução e controle de obras. Rio de Janeiro, 2010.*

Posteriormente, foi realizado um levantamento dos parâmetros do processo que se estima serem os mais relevantes para interferir na qualidade final do SVVE, conforme resumido na Tabela 6. A partir desses principais parâmetros do processo foram selecionados três deles e com níveis variáveis devidamente discriminados na Tabela 7.

Tabela 6: Parâmetros do processo SVVE

	Designação	Intervalo de Variação	Limites de Norma
Produto	Consumo de cimento na argamassa (kg/m³)	230 - 350	-
	Tipo de Cimento	Disponível no mercado	-
	Tipo de areia	fina, média, grossa	-
	Dimensões efetivas (L, H e C) em mm *	+10 até -10	+/- 5mm*
	Planeza das faces e desvio ao esquadro (mm)*	+6 até -6	+/-3mm*
Proces	Junta de assentamento (cm)	1,0 a 2,0	-
	Tempo de execução (min./m²)	45 a 75	-
	Junta vertical	com e sem	-

NBR 15812: Alvenaria estrutural - Blocos cerâmicos Parte 2: Execução e controle de obras. Rio de Janeiro, 2010.

Tabela 7: Fatores controláveis selecionados a partir dos parâmetros do processo

Fatores	Nº Níveis	Níveis	Unidade
Tipo de cimento	3	CPII-F, CPIV, CPIII	Tipo
Dimensões efetivas (L, H e C)	4	+10, +5, -5, -10	mm
Junta de assentamento	2	1,0 a 2,0	Cm

Pela Tabela 7, percebe-se que, se for avaliar todas as iterações possíveis entre os níveis dos fatores controláveis, teremos 24 combinações diferentes de experimentos, o que nem sempre é viável operacional ou economicamente, pois os experimentos demandam de tempo e recursos para que sejam executados. Nessa situação, recomenda-se que sejam avaliados os experimentos combinados dos níveis, quando se desconfia que haja interação entre os fatores controláveis. Neste estudo de caso, por exemplo, é grande a possibilidade de que as dimensões efetivas dos blocos interfiram na espessura da junta de assentamento, logo, a análise combinada dos experimentos para esses dois fatores controláveis é essencial.

    iii) Execução dos experimentos

Os ensaios devem ocorrer aleatoriamente, criando-se para isso uma planilha a fim de definir a sequência dos experimentos. É fundamental para a execução dos ensaios manter alguns procedimentos padronizados:

- ✓ Fixar parâmetros do processo não incorporados no experimento (Fatores Constantes);
- ✓ Utilizar equipamentos aferidos (calibrados) para medição de volume, peso, etc.
- ✓ Observar sempre a mesma sistemática de ensaios, mesmas máquinas, operadores, etc.

No caso da verificação da durabilidade, foi definido o ensaio especificado no Anexo E, Parte 4 da NBR 15.575 a partir de ciclos de calor e esfriamento da alvenaria (ensaio acelerado) que não será detalhado neste capítulo.

    iv) Análise e otimização dos resultados

Após os ensaios realizados, deve-se proceder a análise dos resultados utilizando-se da ferramenta estatística *ANOVA* (que será detalhada no próximo item deste capítulo). Com a *ANOVA*, provavelmente se constatará que os fatores controláveis manipulados nos ensaios demonstraram significância estatística a ponto de se afirmar sua relevância na qualidade da alvenaria. Ainda na fase de análise, deve-se verificar se existem níveis dos fatores controláveis que produzam resultados na variável resposta semelhantes ao ponto de considerarem dentro de um mesmo grupo de resultados.

A otimização será realizada para os fatores controláveis os quais se constatou serem relevantes no processo de execução da alvenaria, demandando verificar se existe alguma combinação dos níveis relevantes nos resultados que mensuram a qualidade do processo.

18.5.4. O que se Espera como Saída do *DOE*?

Depois de realizados vários experimentos para tentar avaliar se existe correlação entre os fatores controláveis e a variável resposta, agora faz-se necessário comprovar estatisticamente se é possível confirmar esta afirmação:

Existe correlação significativa entre os fatores que eu estou experimentando (FC) com as variáveis respostas, a qual mensura a qualidade?

A resposta a esta pergunta deve ser avaliada a partir de dois aspectos: Expressividade estatística e Significância técnica.

- ✓ *Significância Técnica*: Situação ocorrida quando a Variável Resposta é modificada a partir da alteração dos FC's a ponto de haver uma alteração tecnicamente reconhecida como expressiva. Normalmente, essa análise é avaliada a partir de especificações técnicas.
- ✓ *Expressividade Estatística*: A estatística permite avaliar o nível de interferência numérica de um fator controlável sobre a variável resposta, sem haver uma preocupação técnica com essa relação.

Parte-se do princípio que toda variável resposta oscila de valor naturalmente, considerando que nenhum produto fabricado ou serviço prestado consiga gerar resultados idênticos. Assim, é preciso distinguir as fontes de variação da variável resposta quando houver alteração dos fatores controláveis. Para tanto, existe uma ferramenta estatística conhecida pela sigla em inglês *ANOVA* – Analise de Variância - que avalia a capacidade dos Fatores Controláveis em interferir na Variável Resposta a partir da dispersão dos resultados de ensaios, conforme esquema ilustrado na Figura 5.3.

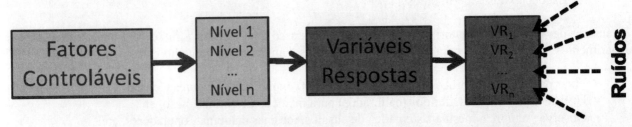

Figura 6: Representação esquemática da análise realizada dos resultados do *DOE*

A *ANOVA* avalia, portanto, o quanto de dispersão das variáveis respostas é devido aos fatores controláveis em relação aos ruídos experimentais. Essa distinção da origem da dispersão é importantíssima, pois se atribui que as variações provocadas pelos ruídos sejam inerentes ao processo e qualquer tentativa de redução desta origem será inócua. Um exemplo bastante ilustrativo deste fenômeno foi comprovado por *Deming* (MONTGOMERY, 2009) no "Experimento do Funil". Neste experimento *Deming*, utilizou-se um funil posicionado acima de um alvo e com algumas esferas de diferentes densidades testou-se a melhor combinação da verticalidade do funil, nivelamento do alvo e densidade da esfera para se chegar em resultados mais próximos do alvo. Ao alcançar a combinação "ideal", realizou-se novo teste percebendo que ainda assim as esferas não se posicionavam exatamente sobre o alvo. Percebeu-se, portanto, que ruídos em todo o processo vão gerar certa oscilação de resultados e que, se estiverem dentro dos padrões aceitáveis de mercado, serão tomados como referência.

18.6. ANÁLISE DE VARIÂNCIA - *ANOVA*

A análise de variância pode ser realizada para os mais diversos tipos de planejamento de experimentos, porém os mais comuns, possivelmente pela menor complexidade na interpretação dos resultados e facilidade de realização, são:

- ✓ *DOE* - Fator Único (*One-way ANOVA*): A análise de variância avaliará somente o efeito de um fator de controle sobre uma variável resposta. O fator controlável poderá ter mais de um nível, da seguinte forma: nível fixo (ex.: 5 valores de temperatura) ou variável (ex.: três lotes de fabricação escolhidos ao acaso).

✓ *DOE* – Multifatorial[1] com Dois Fatores (*Two-way ANOVA*): A análise de variância avaliará o efeito de dois fatores de controle sobre 1 variável resposta. Realiza a combinação de todos os níveis dos dois fatores sobre a variável resposta. A cada combinação pode haver repetição de testes. Deve-se avaliar a interação dos dois fatores (Ex.: efeito da temperatura em conjunto com a umidade sobre o concreto)

Neste livro não haverá detalhamento dos cálculos estatísticos para que se mantenha o foco na aplicação da ferramenta. Por tanto, para que seja possível a utilização será apresentada a seguir exemplo utilizando ferramenta contido no *software MS-Excel*®. Será apresentada ainda a análise de variância para um fator controlável. Para maior aprofundamento sobre o assunto com análises multifatoriais, sugere-se consultar Montgomery (2009).

18.6.1. *ANOVA* – Fator Único - Princípios

O método considera que o efeito dos ruídos deve ser o menor possível para que não atrapalhe na verificação do efeito dos níveis do fator de controle sobre a variável resposta. É adotado um modelo linear para correlacionar os efeitos dos níveis dos fatores de controle sobre a Variável Resposta (*VR*) conforme apresentado na Equação 1.

$$VR_{ij} = \mu + \tau_i + \varepsilon_{ij}$$
(Equação 1)

Em que: μ representa a média da variável resposta hipoteticamente independente do fator controlável e ruídos; τ representa a variação de *VR* decorrente das oscilações dos níveis *i*; e ε a variação de *VR* devido aos ruídos das observações *j* dentro dos níveis.

A partir do modelo acima, podemos ter duas hipóteses:

✓ $\tau \neq 0$: O efeito dos Níveis do FC pode ser significativo sobre a VR;
✓ $\tau = 0$: O efeito dos Níveis do FC pode _não_ ser significativo sobre a VR;

A hipótese $\tau = 0$ deixa de ser verdadeira quanto maior for a relação representada pela Equação 2. Nesta relação, o numerador representa o efeito provocado pelos níveis do fator de controle sobre a variável resposta em termos de variância, e o denominador representa o efeito provocado pelos ruídos sobre a variável resposta. É necessário comparar a relação acima com um valor tabelado da "distribuição estatística F". O Excel, quando utilizado, fornece esse valor automaticamente.

$$\frac{MQ_{níveis}}{MQ_{ruídos}}$$
(Equação 2)

18.6.2. Aplicação do *MS-Excel*® na Análise de Variância

Para realização da ANOVA por meio do *software Excel*, utilizaremos um exemplo resolvido conforme sequenciado a seguir:

✓ *Você começou a perceber em sua obra que, dependendo do tipo de cimento utilizado em argamassas para rebocar a parede, em algumas situações ocorre a presença de grande quantidade de*

---

[1] Maiores detalhes para ANOVA Multifatorial consultar livro de Montgomery – Estatística Aplicada e Probabilidade para Engenheiros.

fissuras e em outras não. A partir desse problema você resolve fazer um DOE, testando as quatro principais marcas de cimento disponível no mercado local e mantendo os demais fatores influentes constantes, obtendo os resultados conforme apresentados na Tabela 8. A partir dessas informações, responda:

a) Os tipos de cimentos disponíveis no mercado influenciam na aparição de fissuras no reboco?
b) Qual(is) tipo(s) de cimento(s) promovem maiores quantidades de fissuras no reboco?
c) Qual tipo de cimento é o mais recomendado para o uso em reboco?

Tabela 8: Monitoramento médio de fissuras visíveis no acabamento de paredes

N° de Observações	Quantidade Média de Fissuras (Área de parede de 2x2m)			
	Cimento A	Cimento B	Cimento C	Cimento D
1	10	10	13	6
2	11	13	11	7
3	13	12	16	10
4	13	13	14	11
5	13	10	16	9
6	13	12	14	8
7	12	8	11	10
8	12	12	16	10
9	11	9	15	10
10	10	10	13	11
11	13	9	14	8
12	12	13	11	11

O modelo estatístico deste DOE possui um fator controlável (tipo de cimento) com quatro níveis (tipo A, B, C e D), sendo 12 repetições por nível, e uma variável resposta (quantidade média de fissuras). Para a utilização da ferramenta *ANOVA-Fator Único* no *Excel*[2], deve-se selecionar na sequência: menu "Dados", comando "Análise de Dados"[3], ferramenta "Anova: fator único", conforme ilustrado na Figura 7.

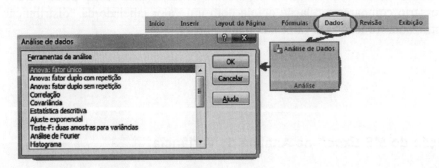

Figura 7: Passos para selecionar a ferramenta de análise *Anova: fator único* no *Excel 2007*[3]

---

[2] Utilizou-se a versão 2007 do Excel para ilustrar as imagens das telas, porém, para as demais versões, o menu "Dados" e subsequentes telas possuem semelhantes informações.
[3] Caso este comando não esteja habilitado (visível), deve-se proceder da seguinte forma: ir nas "Opções do Excel"; selecionar a opção "Suplementos"; e ativar o suplemento "Ferramentas de Análise".

Ao selecionar a anova fator único no *Excel*, aparecerá a tela de entrada de dados da Figura 8. Deve-se selecionar como intervalo de entrada toda a tabela com os resultados da variável resposta, que neste caso equivale à quantidade de fissuras, podendo selecionar a linha com o rótulo das colunas (tipos de cimentos – Ver Tabela 8), mas devendo deixar habilitada a caixa "Rótulos na primeira linha" na tela de entrada de dados. Deve-se estar atento ao agrupamento (*agrupado por*), pois define se as observações por nível estão agrupadas em linhas ou colunas. Neste exemplo resolvido, elas estão agrupadas em colunas. Há ainda nesta tela de entrada de dados o valor alfa que se refere ao nível de precisão do modelo. Ele aponta a probabilidade de o efeito do fator controlável não ser significativo sobre a população. Quanto menor possível for esse valor, mais representativa será a análise para a população, porém mais exigente será o modelo[4].

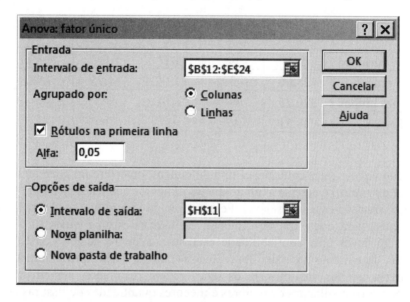

Figura 8: Tela de entrada de dados para *Anova: fator único* do *Excel*

Os resultados gerados pela ANOVA do Excel encontram-se nas Tabelas 9 e 10. A primeira refere-se ao resumo estatístico por nível do fator controlável tipo de cimento. Já a Tabela 10 apresenta os resultados principais da análise de variância, com as seguintes interpretações:

- Fonte de variação "Entre grupos" equivale à análise de variação proveniente dos níveis dos fatores controláveis;
- Fonte de variação "Dentro dos grupos" equivale à análise de variação proveniente de dentro dos níveis (para cada tipo de cimento), representando os ruídos experimentais;
- *SQ* refere-se à soma quadrática para o cálculo da média quadrática (*MQ*) a partir da divisão pelo grau de liberdade (*gl*);
- O valor de *F* refere-se à relação entre variâncias das fontes de variação Fator Controlável e Ruídos, conforme cálculo apresentado na Equação 2. Para este exemplo, o efeito provocado pelo fator controlável é quase 15 vezes maior do que o gerado pelo ruído na variável resposta;
- O *valor-P* equivale à probabilidade de as amostras retiradas para o experimento não representarem a população. Se convertido o valor em percentual neste exemplo, teremos que essa probabilidade é de cerca de 0,00008%, ou seja, praticamente nula;
- Por fim, o valor de *F crítico* é tomado como referência comparativa com o valor *F*. Se o valor F é superior ao crítico, significa dizer que é relevante a probabilidade de o fator controlável interferir na variável resposta, que é o principal foco da análise de variância.

---

[4] Neste exemplo será considerado o valor de alfa de 5% (ou 0,05).

Tabela 9: Resumo estatístico gerado automaticamente pela ferramenta ANOVA do Excel.

Tipo de Cimento	Contagem	Soma	Média	Variância
Cimento A	12	143	11,9	1,4
Cimento B	12	131	10,9	3,2
Cimento C	12	164	13,7	3,7
Cimento D	12	111	9,3	2,8

Tabela 10: Resultados da ANOVA do Excel

Fonte da variação	SQ	gl	MQ	F	valor-P	F crítico
Entre grupos	123,06	3	41,02	14,95	7,55E-07	2,82
Dentro dos grupos	120,75	44	2,74			
Total	243,81	47	---			

Depois de verificado que o fator controlável tipo de cimento interfere no aparecimento de fissuras (resposta da questão a deste exemplo), é preciso avaliar aqueles cimentos que tendem a apresentar maior quantidade de fissuras no reboco, situação essa indesejável. Pelo gráfico da Figura 9, o qual representa os valores médios e extremos (amplitude) para cada tipo de cimento, é possível estimar quais são os maiores geradores de fissuras, porém sem haver uma confiabilidade estatística a ponto de um construtor confiar a tomada de decisão na escolha do cimento para sua obra. Recomenda-se, assim, primeiramente avaliar quais tipos de cimentos promovem efeitos distintos e os que geram resultados semelhantes para que se possa, posteriormente, eleger os resultantes de maiores e menores quantidades de fissuras no reboco. Existem várias formas de se realizar esse processo de seleção (ou agrupamento, como é conhecido na estatística), mas o apresentado neste capítulo é um dos mais simples métodos, conhecido por "Comparação Múltpla de Médias" a ser apresentado no item a seguir.

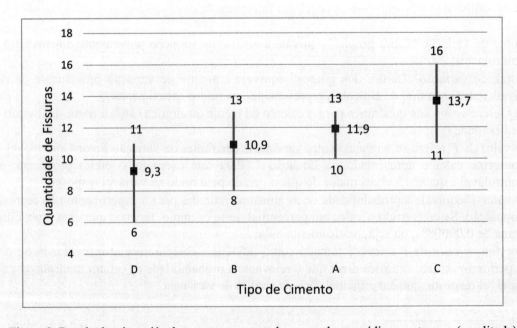

Figura 9: Resultados da variável resposta apresentado seus valores médios e extremos (amplitude)

18.6.3. Comparação Múltipla de Médias

A proposta desta técnica estatística é realizar o agrupamento de níveis do fator controlável a ponto de se selecionar os níveis com resultados semelhantes, que não são passíveis de serem distinguidos dentro da nuvem resultados sobrepostos de valores próximos. Para realizar esse processo, deve-se primeiramente calcular a *mínima diferença significativa* (L), apresentada na Equação 3, que se refere ao intervalo de valores da variável resposta em que não se consegue distinguir se a variação é decorrente do fator controlável ou dos ruídos. O valor de $MQ_{ruídos}$ refere-se à variância provocada pelos ruídos experimentais e $n_{repetições}$ equivale ao número de observações por nível. Para o exemplo resolvido do item anterior, o valor obtido para L é de 1,4.

$$L = 3 . \sqrt{\frac{MQ_{Ruídos}}{n_{repetições}}}$$

(Equação 3)

O cálculo de L deve ser comparado com os valores médios dos níveis do fator controlável, verificando que, se houver uma diferença de médias relevante (superior ao valor de L), equivale a dizer que as observações por níveis tendem a gerar resultados distintos, mesmo que haja alguma sobreposição de valores, porém com baixa probabilidade de acontecerem em grande quantidade. Deve-se então criar uma tabela com os valores médios por nível e colocá-los em ordem crescente para que seja calculada a diferença entre médias sucessivas, conforme apresentado na Tabela 11 para o exemplo iniciado no item anterior.

Tabela 11: Análise múltipla de médias para agrupamento de níveis.

Cimento	Média	Diferença de médias sucessivas	Agrupamento	Classificação
Cimento D	9,3	---	G1	Melhor
Cimento B	10,9	1,7	G2	Efeito intermediário similar
Cimento A	11,9	1,0		
Cimento C	13,7	1,8	G3	Pior

Pelos resultados desta Tabela 11, percebe-se que apenas a diferença entre médias dos cimentos A e B apresentam valor inferior ao L calculado que foi de 1,4. Sendo assim, em ambos os níveis não se percebe diferença estatística entre os cimentos A e B, considerando-os dentro de um mesmo grupo de resultados semelhantes. Já para os demais tipos de cimento, a diferença entre médias foi maior que L e, portanto, não se percebendo similaridade entre resultados a ponto de considerá-los pertencentes a grupos semelhantes. Sendo assim, como já se desconfiava, o cimento C é o que apresenta piores resultados e os melhores resultados ficam com o cimento D. Caso se perceba que o cimento D hipoteticamente não esteja disponível no mercado, o construtor terá a alternativa de escolha entre os cimentos A e B sem se preocupar qual deles será o mais recomendado tecnicamente, pois a estatística não percebeu diferença de resultados na variável resposta para esses cimentos.

18.7. CONTROLE ESTATÍSTICO DE PROCESSOS

O controle estatístico de processos – CEP – envolve uma série de ações para que o foco na qualidade se perpetue ao longo de todo o ciclo de vida de um processo, neste caso voltado para a etapa de produção/execução do serviço ou produto planejado. Ou seja, após tomadas as providências para garantir a qualidade no planejamento, deve-se controlar a produção a fim de que todos os parâmetros-chave que ditam

446 - Projeto, Execução e Desempenho de Estruturas e Fundações

a qualidade do produto sejam respeitados durante sua execução. Fazendo uma breve analogia com a construção civil, pode-se dizer que, para se construir um edifício, deve-se realizar várias ações na fase de planejamento da obra (detalhamento dos projetos, cronogramas, definição de equipes e processos de trabalhos, etc.), essas associadas à garantia da qualidade, bem como durante a execução da obra uma série de ações de monitoramento e ajuste dos processos para se tentar manter o nível de qualidade dentro do planejado (controle da qualidade). Montgomery (2004), dentro deste raciocínio mencionado no parágrafo distingue dois tipos de ações da qualidade:

- *Qualidade de Projeto*: Estar de acordo com os anseios do cliente *(foco na concepção e planejamento do produto/serviço para atendimento da qualidade)*.
- *Qualidade de Conformidade*: Redução sistemática de variabilidade e a eliminação de defeitos até que cada unidade produzida tenha a tendência de ser "idêntica" e livre de defeito *(foco no processo de produção)*.

O CEP enquadra-se na qualidade da conformidade para que assim os produtos/serviços estejam dentro das expectativas do cliente sem haver grande oscilação de qualidade nos atributos das variáveis respostas, pois, caso contrário, geram-se maiores desperdícios, retrabalhos, custos e, consequentemente, redução do valor agregado na saída do processo.

Segundo a NBR ISO 10.017 (ABNT, 2005), define-se CEP como uma ferramenta que avalia a estabilidade do processo a partir de limites que descrevem a variabilidade inerente da atividade, utilizando-os para monitorar a variável que mensura a qualidade. Montgomery (2004) agrupa as variabilidades a partir das suas causas geradoras em:

- *Causas casuais (inerentes):* Também conhecido por variabilidade natural ou "ruído de fundo". As suas causas são essencialmente inevitáveis, porém aceitáveis pelos clientes e inerentes dentro de um processo controlável do ponto de vista estatístico;
- *Causas atribuídas*: Causas passíveis de reconhecimento de sua origem e que normalmente geram maior oscilação de resultados. Essa oscilação geralmente surge de 3 fontes: máquinas não propriamente ajustadas, erro dos operadores ou insumos defeituosos. Representam um nível inaceitável de desempenho do processo (fora de controle).

Portanto, a ideia principal do CEP é *monitorar sistematicamente as variáveis respostas (que mensuram a qualidade) por meio de amostragem na produção de um produto/serviço acompanhando as oscilações de resultados para verificar se elas encontram-se dentro de limites aceitáveis pelo cliente*. Constatada anomalia que possa estar associada a alguma causa atribuída, e que venha a prejudicar significativamente em um futuro próximo a qualidade do produto, deve-se proceder para corrigir esses problemas, mantendo o processo sob controle.

18.7.1. Gráficos de Controle: Princípios e Definições

O uso de gráficos é um meio bastante utilizado para o CEP, pois é uma forma simples de visualização da variável reposta (variável que representa a característica de qualidade) ao longo do tempo a partir de amostragens sistêmicas com o objetivo de tomada de decisão para controle contínuo da qualidade na saída de um processo. Os elementos típicos do gráfico de controle estão ilustrados na Figura 10. Cada ponto do gráfico equivale a um valor representativo da amostra (medida de posição ou dispersão). A linha média (LM) ou linha central (LC) representa o valor médio das amostras, considerado o processo estável e, portanto, passível de inferir que essa linha equivale à média da produção na condição atual. Já as linhas limites superior e inferior de controle (LSC e LIC, respectivamente) delimitam um intervalo dentro do qual associa-se que grande parte dos resultados ocorram, inclusive com capacidade preditiva de ocorrerem, podendo desta forma haver um planejamento prévio das oscilações de qualidade do produto ou serviço alvo da qualidade.

O posicionamento das linhas limites está associado à capacidade do processo de gerar resultados dentro deles, ou seja, os limites são calculados para que seja possível prever a chance de os resultados amostrais ocorrem dentro e fora dos limites. Qualquer variável resposta está passível de apresentar uma curva de probabilidade que a represente, abrigando variabilidades provenientes de causas casuais (aquelas em que é inerente do próprio processo), sendo elas completamente aleatórias, e ainda causas atribuídas que tendem a provocar oscilações de resultados captadas por uma curva prognóstica. Neste capítulo, será apresentado somente o caso em que a variável resposta apresenta comportamento de curva gaussiana normal, capaz de se obter um nível de previsibilidade associada à dispersão, mensurada pelo desvio padrão, como já classicamente conhecido na literatura científica, conforme exemplificado na Figura 10.

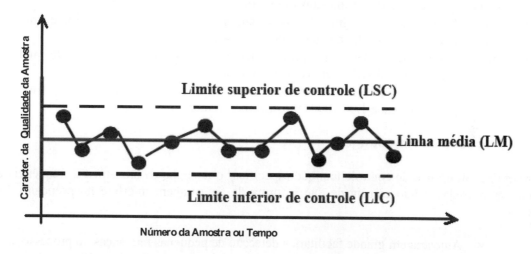

Figura 10: Elementos típicos de um gráfico de controle

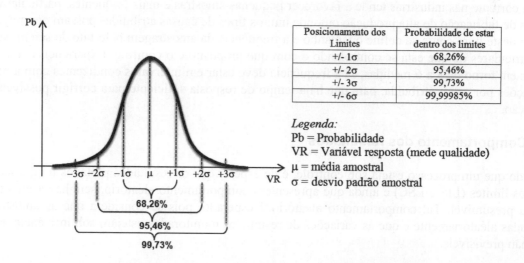

Figura 11: Representação esquemática da curva normal associada ao posicionamento dos limites de controle

448 - Projeto, Execução e Desempenho de Estruturas e Fundações

Pode-se concluir da curva normal apresentada na Figura 11, assumindo que ela represente a variabilidade da variável reposta, que, para limites LSC e LIC fixos, quanto maior possível for o número que multiplica o desvio padrão, mais resultados estarão dentro deste intervalo e, portanto, maior é a capacidade do processo de produzir resultados dentro dos limites considerados aceitos pelo cliente, ou seja, menos dispersos serão os resultados que mensuram a qualidade, trazendo consigo todos os benefícios exaustivamente comentados neste capítulo. Para exemplificar essa afirmação, imagine que, se um processo aumentar seu controle de 3 para 6 sigma, mantendo os limites extremos fixos (LSC e LIC), o desvio padrão deverá reduzir para ½ do anterior (ou ¼ da variância), ou seja, o processo deverá estar melhor ajustado aos quesitos de qualidade (será mais exigido). Em termos práticos, pode-se assim concluir, associando desvio-padrão (sigma) com probabilidade:

- Limites de controle +/- 1 sigma: Aproximadamente 3 resultados fora do limite (maior variabilidade do que esperado) a cada 10 amostras monitoradas;
- Limites de controle +/- 2 sigma: Aproximadamente 5 resultados fora do limite (maior variabilidade do que esperado) a cada 100 amostras monitoradas;
- Limites de controle +/- 3 sigma: Aproximadamente 3 resultados fora do limite (maior variabilidade do que esperado) a cada 1.000 amostras monitoradas;
- Limites de controle +/- 6 sigma: Aproximadamente 2 resultados fora do limite (maior variabilidade do que esperado) a cada 1.000.000 amostras monitoradas; etc.

18.7.2. Processo de Amostragem

O projeto de um gráfico de controle tem que especificar o tamanho da amostra e a frequência com que elas devem ser retiradas, tendo ciência de que a forma da amostragem interfere no propósito do controle da qualidade:

✓ Amostragem grande facilitará a detecção de pequenas mudanças no processo; e
✓ Amostragem pequena está mais susceptível a captar apenas mudanças relativamente grandes no processo.

A prática corrente nas indústrias tende a favorecer pequenas amostras e mais frequentes, particularmente em processos de fabricação de alta produção ou onde muitos tipos de causas atribuídas possam ocorrer. Não será detalhado neste livro como se define o tamanho e a frequência da amostragem pelo fato de serem parâmetros muito particulares do que está se controlando e com que propósito é o controle. Experiências apontam para tamanhos em torno de 3 a 6 medidas. Já a frequência deve estar em intervalos condizentes com a ocorrência das variações por causa atribuída, para que haja tempo de resposta suficiente para corrigir possíveis desvios na produção.

18.7.3. Comportamento dos Resultados

Assumindo que um processo esteja sob controle, é de esperar que os resultados plotados no gráfico estejam dentro dos limites (LIS e LSC) e ainda que apresentem comportamento aleatório, sem haver uma tendência de lógica presumível. Tal comportamento aleatório é esperado, pois se considera que as amostras foram selecionadas aleatoriamente e que as variações de resultados monitorados estejam sob influência das causas casuais não previsíveis.

Um gráfico pode ter comportamento não aleatório, situação essa não desejável pois sugere que há influência de causas atribuídas que geram uma variabilidade além da aceitável, mesmo que os resultados estejam dentro dos limites de controle. Há alguns sinais de comportamento do gráfico que podem ser avaliados como não aleatórios:

Capítulo 18 – Ferramentas Estatísticas Aplicadas à Qualidade da Construção - 449

- Sequência crescente ou decrescente com mais de 5 amostras contínuas (conhecido por "corrida");
- Sequência maior que 8 pontos do mesmo lado da linha média;
- Possuem um comportamento cíclico. Tal padrão de comportamento pode indicar um problema com o processo, como: fadiga do operador, entrega de matéria-prima e desenvolvimento de variações ambientais.

18.7.4. Cálculo dos Limites

Para calcular os limites, deve-se inicialmente retirar uma amostragem prévia para tomar como referência dos limites. Essas amostras são chamadas de "racionais". É importante coletar dados amostrais que evitem, na medida do possível, observações sob influência de variabilidades atribuída, e aceitar observações sujeitas a variabilidades de causas casuais. Assim, será possível estabelecer as fronteiras (LIC e LSC) para englobar as causas casuais e deixar de fora as causas atribuídas, que evidenciam o processo fora de controle. Recomenda-se que a quantidade de amostras n não seja inferior a 20 para que se tenha um valor representativo do conjunto universo de observações.

É recomendado que seja feito o CEP a partir das **médias**, **amplitudes** e **desvios-padrão** das amostras racionais, conforme apresentado a seguir. Serão tomadas como referência o cálculo dos limites para três desvios-padrão.

i) Gráfico de controle das médias amostrais ($\overline{X}$)

Inicialmente, retira-se uma quantidade m de amostras racionais de tamanho n e realiza-se os cálculos apresentados na Tabela 12 com as suas respectivas simbologias. Posteriormente, a partir das equações 4 a 6, realizam-se os cálculos dos limites do gráfico das médias. As constantes destas e demais equações que calculam os limites estão apresentadas resumidamente na Tabela 13.

Tabela 12: Amostragem racional para o cálculo dos limites

Amostras Racionais	N° de observações			Cálculo Amostral		
	1	2	n	média	amplitude	desvio-padrão
1	$x1_1$	$x1_2$	$x1_n$	$\overline{x_1}$	r_1	s_1
2	$x2_1$	$x2_2$	$x2_n$	$\overline{x_2}$	r_2	s_2
3	$x3_1$	$x3_2$	$x3_n$	$\overline{x_3}$	r_3	s_3
M	xm_1	xm_2	xm_n	$\overline{x_n}$	r_n	s_4
média				$\overline{\overline{x}}$	$\overline{r}$	$\overline{s}$

$$LSC = \overline{x} + A_2.\overline{r}$$

(Equação 4)

$$LC = \overline{x}$$

(Equação 5)

450 - Projeto, Execução e Desempenho de Estruturas e Fundações

$$LIC = \overline{x} - A_2.\overline{r}$$
(Equação 6)

Tabela 13: Constantes para o cálculo dos limites dos gráficos de controle. *Adaptado de Montgomery (2004)*

n (tamanho da amostra)	Gráfico $\overline{X}$		Gráfico R		Gráfico S
	A_2	d_2	D_3	D_4	c_4
2	1,880	1,128	0	3,267	0,7979
3	1,023	1,693	0	2,575	0,8862
4	0,729	2,059	0	2,282	0,9213
5	0,577	2,326	0	2,115	0,9400
6	0,483	2,534	0	2,004	0,9515

ii) Gráfico de controle das amplitudes amostrais (R)

Tomando como base as Tabelas 12 e 13, calcula-se por meio das equações 7 a 9 os limites do gráfico das amplitudes. É importante controlar a qualidade a partir de medidas de dispersão, pois dentro da amostra podem ocorrer variações de resultados inaceitáveis na produção de um produto, como já devidamente comentado no início deste capítulo.

$$LSC = D_4 \cdot \overline{r}$$
(Equação 7)

$$LC = \overline{r}$$
(Equação 8)

$$LIC = D_3 \cdot \overline{r}$$
(Equação 9)

iii) Gráfico de controle dos desvios-padrão amostrais (S)

Tomando como base as Tabelas 12 e 13, calcula-se por meio das equações 10 a 12 os limites do gráfico do desvio-padrão. Este gráfico possui função semelhante ao gráfico da amplitude ao controlar a dispersão dentro da amostra. Para o cálculo do LIC deve-se ficar atento, pois, caso ele apresente resultado negativo, adota-se valor igual a zero, uma vez que não existe desvio-padrão negativo.

$$LSC = \overline{s} + 3\frac{\overline{s}}{c_4}\sqrt{1 - c_4^2}$$
(Equação 10)

$$LC = \overline{s}$$
(Equação 11)

$$LIC = \overline{s} + 3\frac{\overline{s}}{c_4}\sqrt{1 - c_4^2}$$
(Equação 12)

18.7.5. Exercício Resolvido

Uma grande construtora controlará a qualidade das argamassas de acabamento de suas obras a partir da resistência à compressão, a fim de atender requisitos da norma de desempenho NBR 15.575. Para tanto,

Capítulo 18 – Ferramentas Estatísticas Aplicadas à Qualidade da Construção - 451

foram realizadas várias medições de forma padronizada nos primeiros serviços e registrados nas cinco primeiras colunas das amostras listadas na Tabela 14.

Para o cálculo dos limites, realizou-se o resumo estatístico de cada amostra, calculando-se a média, amplitude e desvio-padrão (três últimas colunas da Tabela 14), e ao final calculando-se a média de cada medida estatística (última linha da Tabela 14). Com esses dados em mãos, calcularam-se os limites a partir das equações 4 até 12, conforme apresentado no Quadro 2 a seguir.

Tabela 14: Amostras racionais para criação dos gráficos de controle

Nº Amostra	Resistência Compressão Argamassa (MPa)					Resumo Estatístico das Amostras		
	x1	x2	x3	x4	x5	Média	Amplit.	Desv. Pad
1	3,3	2,9	3,1	3,2	3,3	3,16	0,40	0,17
2	3,3	3,1	3,5	3,7	3,1	3,34	0,60	0,26
3	3,5	3,7	3,3	3,4	3,6	3,50	0,40	0,16
4	3,0	3,1	3,3	3,4	3,3	3,22	0,40	0,16
5	3,3	3,4	3,5	3,3	3,4	3,38	0,20	0,08
6	3,8	3,7	3,9	4,0	3,8	3,84	0,30	0,11
7	3,0	3,1	3,2	3,4	3,1	3,16	0,40	0,15
8	2,9	3,9	3,8	3,9	3,9	3,68	1,00	0,44
9	2,8	3,3	3,5	3,6	4,3	3,50	1,50	0,54
10	3,8	3,3	3,2	3,5	3,2	3,40	0,60	0,25
11	2,8	3,0	2,8	3,2	3,1	2,98	0,40	0,18
12	3,1	3,5	3,5	3,5	3,4	3,40	0,40	0,17
13	2,7	3,2	3,4	3,5	3,7	3,30	1,00	0,38
14	3,3	3,3	3,5	3,7	3,6	3,48	0,40	0,18
15	3,5	3,7	3,2	3,5	3,9	3,56	0,70	0,26
16	3,3	3,3	2,7	3,1	3,0	3,08	0,60	0,25
17	3,5	3,4	3,4	3,0	3,2	3,30	0,50	0,20
18	3,2	3,3	3,0	3,0	3,3	3,16	0,30	0,15
19	2,5	2,7	3,4	2,7	2,8	2,82	0,90	0,34
20	3,5	3,5	3,6	3,3	3,0	3,38	0,60	0,24
					Média	3,33	0,58	0,23

Quadro 2: Cálculos dos limites de controle

Gráfico $\overline{X}$	Gráfico R	Gráfico S
LSC = 3,33+0,577.0,58 = 3,67	LSC = 2,115.0,58 = 1,23	$LSC = 0,23 + 3.\dfrac{0,23}{0,94}.\sqrt{1 - 0,94^2} = 0,49$
LC = 3,33	LC = 0,58	$LC = 0,23$
LIC = 3,33 − 0,577.0,58 = 3,00	LIC = 0.0,58 = 0	$LC = 0,23 - 3.\dfrac{0,23}{0,94}.\sqrt{1 - 0,94^2} \therefore = 0$

Os gráficos de controle plotados encontram-se nas Figuras 12 a 14. Percebe-se pelos resultados dos gráficos que as amostras de número 6, 8, 9, 11 e 19 localizam-se fora dos limites de controle. Ou seja, cinco das 20 amostras estão fora de controle, o que demonstra que o processo não está estável a ponto de considerá-lo referência para controle de qualidade dos serviços de produção de argamassa de acabamento. Nesta situação, deve-se detectar os motivos dessa alta dispersão, acima do esperado para um processo sob controle três sigma, e realizar as devidas correções para então realizar novas amostragens e utilizá-las para o cálculo de novos limites de controle.

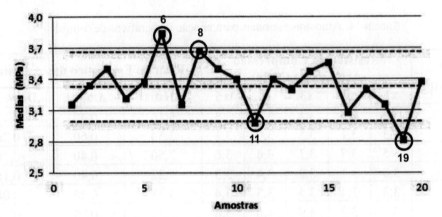

Figura 12: Gráfico de controle da média amostral

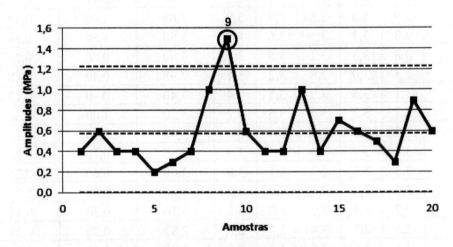

Figura 13: Gráfico de controle da amplitude amostral

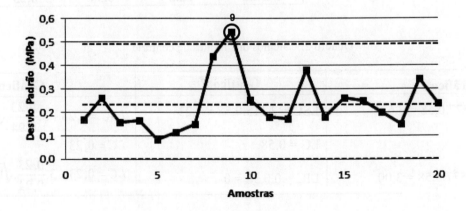

Figura 14: Gráfico de controle do desvio-padrão amostral

18.7.6. Capacidade do Processo

Refere-se à capacidade de o processo gerar saídas (produtos e serviços) conforme as especificações previamente definidas pelo cliente (normas, mercado, leis, exigências específicas de clientes, etc.). A intenção é verificar se o processo de produção é capaz de gerar variabilidade estatisticamente controlável (previsível) e ainda suportável, dentro das expectativas do cliente.

Sendo assim, não basta estar com o processo sob controle estatístico da qualidade (dentro dos limites de controle), mas é preciso também garantir que ele gere resultados dentro do esperado pelo cliente (dentro dos limites de especificação). Daí surge a definição de limites de especificação (LE's) que representam os requisitos de engenharia do produto para satisfazer um cliente interno ou externo. Os LE's delimitam o quanto certa característica do produto pode ser aceita dentro dos padrões de qualidade exigidos pelo cliente (ou outro interessado). Caso um produto ou serviço esteja fora desses limites, ele é considerado não conforme aos padrões de qualidade, porém não quer dizer necessariamente que o processo esteja fora de controle.

Por isso, é necessário avaliar a capacidade do processo a partir da relação apresentada na Equação 13, chamada de RCP (razão da capacidade do processo), em que o numerador representa o intervalo de variação da qualidade aceito pelo cliente (distância entre os limites de especificação superior e inferior), e o denominador representa o intervalo de variação gerado pelo processo em um controle 3 sigmas.

$$RCP = \frac{LSE - LIE}{6\sigma}$$

(Equação 13)

A situação desejável é RCP$\geq$1, pois o intervalo de variação da qualidade aceito pelo cliente engloba a dispersão inerente do processo, considerando que o valor médio da variável resposta do processo esteja próximo o suficiente do valor alvo médio esperado pelo cliente. Caso RCP seja inferior a um, significa dizer que, embora o processo possa estar sob controle, poderá produzir produtos ou serviços não conformes com o desejo do seu cliente. Em termos práticos, a situação mais recorrente equivale ao RCP<1, havendo a necessidade contínua de se trabalhar para que os produtos não conformes não sejam produzidos em larga escala.

18.7.7. Desempenho do Processo

É inviável tecnicamente abrigar dentro dos limites de controle todos os resultados possíveis, até mesmo porque há limites de especificação do produto que devem ser respeitados. Desta forma, deve-se prever qual será o desempenho do processo em gerar resultados dentro dos limites, a fim de se planejar quando o oposto ocorrer e ainda não gerar uma expectativa errônea sobre a condição de controle da gestão da qualidade.

Uma das formas de se avaliar o desempenho do processo é por meio do Comprimento Médio de Corrida (CMC), conforme apresentado na Equação 14, na qual p é a probabilidade de um ponto exceder os limites de controle. CMC refere-se ao número de médio de pontos que tem de ser plotado no Gráfico de Controle antes de um resultado indicar uma condição fora de controle.

$$CMC = \frac{1}{p}$$

(Equação 14)

Se o processo estiver sob controle, as chances de um ponto estar fora dos três sigmas é de p=0,0027. Assim, CMC é igual a aproximadamente 370. Isso significa dizer que, mesmo se o processo permanecer sob controle, um sinal de fora de controle será gerado, em média, a cada 370 amostras.

Quando o processo estiver apresentando sinais de fora de controle, há grandes chances de as médias amostrais começarem a se distanciar da Linha Central (LC). Nesta situação, é importante avaliar qual seria a probabilidade e frequência em que poderiam ocorrer pontos fora dos limites de controle (Figura 15) para então tomar medidas preventivas. Pode-se calcular essa probabilidade a partir das equações 15 e 16.

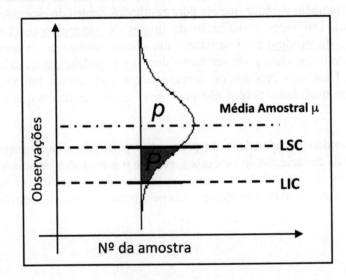

Figura 15: Ilustração da probabilidade de se ter resultados fora dos limites de controle quando a média amostral se desloca da linha central

$$p = 1 - P\left[LIC \leq \overline{X} LSC\right]$$ (Equação 15)

$$p = 1 - P\left[\frac{3(LIC - \mu)}{A_2.\overline{r}} \leq \overline{X} \frac{3(LSC - \mu)}{A_2.\overline{r}}\right]$$ (Equação 16)

18.8 REFERÊNCIAS BIBLIOGRÁFICAS

ABNT – Associação Brasileira de Normas Técnicas. *NBR ISO 10.017: Guia sobre técnicas estatísticas para a ISO 9001*. Rio de Janeiro, 2005.

ABNT – Associação Brasileira de Normas Técnicas. *NBR 15.575: Edificações habitacionais – Desempenho*. Rio de Janeiro, 2013.

ABNT – Associação Brasileira de Normas Técnicas. *NBR ISO 9001: Sistemas de gestão da qualidade - Requisitos*. Rio de Janeiro, 2015.

Ministério das Cidades. *PBQP-H: Sistema de Avaliação da Conformidade de Empresas de Serviços e Obras da Construção Civil – SiQ*. Brasília, 2012.

MONTGOMERY, D. C. *Introdução à Controle Estatístico de Processos*. Ed. LTC, 2004.

MONTGOMERY, D. C. *Estatística Aplicada e Probabilidade para Engenheiros*. Ed. LTC, 2009.

CAPÍTULO 19 - CONCEPÇÕES ARQUITETÔNICAS VISANDO A EXCELÊNCIA ESTRUTURAL

Ricardo Reis Meira
M.Sc., Arquiteto e Urbanista, professor convidado do IPOG
arq.ricardomeira@gmail.com

19.1 INTRODUÇÃO

A função precípua de documentar um procedimento construtivo específico apenas descreve um dos objetivos do projeto na construção civil. A prática de planejar antes de construir é relativamente recente na história da arquitetura. O desmembramento do conceito do objeto arquitetônico em diversas disciplinas, mais ainda. Em algum momento da história, o ensino e a prática arquitetônica se dissociaram das engenharias, conformando áreas que se correlacionam sem, todavia, ter mais o nível de interdependência necessário desde o momento da concepção das soluções espaciais mais primárias.

Quanto ao seu caráter instrumental, o projeto é a documentação de uma solução arquitetônica, estrutural ou construtiva que visa transformar um objeto – o desenho – em outro – o edifício. O processo de projeto tem como resultado a produção de um conjunto de especificações técnicas que permite construir o objeto representado. A separação entre projetistas e executores como indivíduos distintos acontece desde o Renascimento, mas as plantas e especificações são um dado relativamente recente. Neste aspecto, o grau de fidelidade entre o que está registrado e o que é construído dependem diretamente do nível de detalhamento do projeto e do aprofundamento técnico do projetista, mas em igual monta também está ligado ao nível de compreensão de quem o executa, incluindo aí todo um universo de variáveis inerentes ao processo de construção que não serão objeto deste texto. O que nos leva ao seu caráter conceitual.

Se o projeto é a documentação dos aspectos construtivos e o planejamento das etapas de execução de uma obra, também é o registro da busca por uma solução arquitetônica única para um determinado programa, em um determinado local. Cada projeto é único em sua essência.

Estamos num momento emblemático dentro da atividade do arquiteto e do engenheiro no Brasil. A criação de um conselho profissional próprio para os arquitetos e urbanistas[1] facilita a reflexão sobre as profissões por seus pares. Catástrofes recentes com obras de médio e grande porte ensejaram a criação de importantes normas como a NBR 15.557 – norma de desempenho e a NBR 16.280 – norma de reformas, reforçando como nunca a relevância do projeto e do controle da qualidade na construção civil no Brasil.

19.2 PARA QUE SERVE O PROJETO?

Contratar um engenheiro ou um arquiteto, projetar e construir podem ser empreendimentos complexos. Para muitos de nossos clientes, este processo é novo e um pouco assustador. Algumas das perguntas mais frequentes feitas são:

- Como é o processo de transformação do projeto em construção?

---

[1] Em 31 de dezembro de 2010 foi sancionada pelo presidente Lula a lei nº 12.378/10, que criou o Conselho de Arquitetura e Urbanismo do Brasil e das unidades da federação, que passou a fiscalizar e regulamentar a profissão de arquiteto e urbanista no país.

456 - Projeto, Execução e Desempenho de Estruturas e Fundações

- Quais são os serviços que o arquiteto e o engenheiro oferecem durante este processo?

O trabalho do arquiteto e do engenheiro existe desde que surgiu a necessidade de se planejar antes de se construir. O Processo de projeto possui algumas regras que, apesar dos avanços tecnológicos e de eventuais exigências legais é, em sua essência, o mesmo desde sempre, embora se diferenciem em função de alguns fatores:

- Complexidade do projeto
- Localização do projeto
- Nível de detalhamento
- Cronograma
- Tipo de projeto
- Tamanho do projeto
- Escopo dos serviços
- Orçamento do cliente

Mesmo que se considere a variabilidade inerente aos fatores acima, à metodologia projetual e aos resultados obtidos, enquanto processo produtivo, todo projeto se inicia a partir da correta compreensão das suas diretrizes programáticas básicas, a partir do trabalho conjunto do cliente e do seu autor, qualificado a interpretar as informações e construir uma base teórica sólida sobre a qual serão propostas as soluções.

A ordem no desenvolvimento das construções acaba por seguir a sequência lógica que se inicia pela definição do programa, passa pela elaboração dos projetos e culmina na produção efetiva do objeto construído. Para Fabrício e Melhado,

> *"o desenvolvimento de novos produtos na construção configura-se de forma fragmentada entre programa – projeto – produção com diferentes equipes responsáveis por cada uma destas três áreas. Além disso, a mobilização dos profissionais destas equipes ocorre de forma sequencial de acordo com a fase de desenvolvimento do produto, configurando equipes de projeto temporárias e variáveis ao longo do empreendimento".* (FABRÍCIO; MELHADO, 2001)

A compreensão do projeto como um processo sequencial, mas simultâneo e relativamente horizontal é, portanto, fundamental para o cumprimento dos seus objetivos. Contudo, a divisão cartesiana e hierarquizada das disciplinas de projeto leva a uma indesejada fragmentação da concepção da solução construtiva, comprometendo a integração dos diversos agentes e a coordenação dos produtos gerados.

Embora as causas dessa fragmentação excessiva demandem uma análise profunda, as consequências são evidentes: descontinuidade do processo de projeto, ingerência de outros profissionais sobre os projetos, falta de qualidade construtiva, desperdício de material etc.

Segundo Conan apud. Melhado (2001), "considerando-se que a atividade de projeto é cada vez mais um trabalho de equipe, ela deveria produzir interações entre os profissionais, resultando em um aprendizado coletivo". Entretanto, o que se observa na prática corrente é a quase ausência de interação entre os autores de projeto. De um lado, o arquiteto, responsável pela concepção espacial, técnica e construtiva inicial do edifício e de outro o calculista, normalmente um engenheiro, encarregado de viabilizar tecnicamente uma proposta já estudada pelo seu colega.

Pelas características de sua formação, é esperado que o arquiteto atue como o coordenador das equipes de projeto, uma vez que é o responsável pelo contato direto com o cliente e pela compreensão das necessidades do cliente. Pelo programa de necessidades, o arquiteto responde a questões fundamentais como forma, área, materiais e tecnologias a serem utilizadas.

Qual seria então o papel da concepção arquitetônica no desenvolvimento dos projetos estruturais com excelência? Como integrar eficientemente duas disciplinas desenvolvidas na maioria dos casos por profissionais com formações distintas, cada um com sua visão – ambas corretas, mas às vezes erroneamente excludentes? A resposta passa pela compreensão do projeto como um processo integrado, horizontal, cujas etapas se intercalam e se sobrepõem.

19.2.1. O Projeto Arquitetônico

Um dos objetivos do projeto de arquitetura é possibilitar o desenvolvimento dos demais projetos e, em última instância, viabilizar a construção da obra idealizada pelo arquiteto. Com efeito, cabe ao projeto arquitetônico o papel *a priori* de documento gerador das soluções espaciais básicas e *a posteriori* de aglutinador de todas as soluções construtivas adotadas, contemplando as necessidades e expectativas do cliente. De acordo com a NBR-13532 – Elaboração de projetos de edificações, no seu item 3.2, o projeto arquitetônico deve conter a

> *"determinação e representação prévias (desenhos e textos) da configuração arquitetônica da edificação, concebida mediante a coordenação e a orientação geral dos projetos dos elementos da edificação, das instalações prediais, dos componentes construtivos e dos materiais de construção". (ABNT, 1995)*

A citação da necessidade de coordenação e a orientação geral dos demais projetos evidencia a necessidade, por parte do arquiteto, de compreensão das diversas disciplinas que interferem diretamente na construção do seu produto. O desenvolvimento da solução arquitetônica segue uma sequência lógica cujo nível de informação se aprofunda à medida que são acrescentados novos problemas e soluções com base na etapa anterior.

A divisão do trabalho em fases traz ordem ao processo de projeto. Cada fase tem um propósito específico e um nível de conteúdo que o cliente deve ter a expectativa de receber. Apresentamos a seguir uma breve descrição das principais etapas do projeto arquitetônico, seus objetivos e principais produtos:

19.2.1.1. Pré-projeto

Objetivo: pesquisar e determinar os critérios de projeto do cliente.

A fase de Pré-projeto reúne tudo que é feito antes do início dos primeiros desenhos: reuniões preliminares, visita ao local da obra, levantamentos, análise dos documentos técnicos existentes e dos parâmetros construtivos fornecidos pelo cliente e pelas normas vigentes. Compreende desde a elaboração do programa de necessidades à elaboração de desenhos esquemáticos que podem ser aproveitados nas fases subsequentes. Esta etapa pode variar muito dependendo da complexidade do projeto e da experiência do contratante. Em projetos de pequeno porte normalmente o programa se restringe ao resultado de uma ou duas entrevistas com o cliente. Um erro que provavelmente causará problemas de comunicação, retrabalho nas fases de concepção e perda do controle do cronograma de projeto. Além do programa, podem fazer parte do pré-projeto:

- Análise do orçamento;
- Definição do cronograma de projeto;
- Análise da legislação;

- Elaboração de desenhos esquemáticos;
- Levantamento das instalações existentes;
- Verificação da necessidade de consultores;

Os itens identificados no item 3.3 da ABNT-NBR 13532 como levantamento de dados para arquitetura – LV-ARQ, programa de necessidades de arquitetura –PN-ARQ e estudo de viabilidade de arquitetura – EV-ARQ, são incluídos nesta etapa.

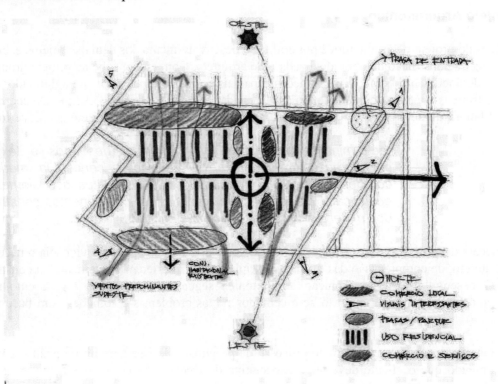

Figura 1: Exemplo de desenho conceitual em arquitetura. Disponível em www.marcossuassuna.com. Acessado em 20/6/2014

19.2.1.2. Estudo Preliminar

Objetivo: Com base no pré-projeto, graficar alternativas até a definição de um conceito a ser desenvolvido.

É a configuração inicial da solução arquitetônica proposta, considerando as principais exigências contidas no programa de necessidades. Esta etapa permite a avaliação técnico-financeira preliminar do empreendimento.

O Estudo Preliminar normalmente começa livremente, com croquis, estudos em planta baixa e/ou maquetes de estudo. Realizar algumas reuniões com o cliente é comum para tomar decisões e determinar a direção do projeto.

Conceitualmente, esta é a etapa mais importante do projeto, uma vez que define o partido arquitetônico e fornece informações relevantes para a definição da solução construtiva e, por conseguinte, estrutural. Sinteticamente, podemos reduzir os documentos mais comuns à tabela abaixo, obviamente observando o grau de complexidade e o tamanho do projeto, o que pode suscitar a produção de desenhos complementares.

Tabela 1: Lista de documentos comuns no Estudo Preliminar de Arquitetura

Documento	Informações mais relevantes
Planta de Locação	Determina a localização do edifício no terreno (quando necessário).
Plantas Baixas	Desenho de cada pavimento mostrando a área e a localização dos ambientes.
Elevações	Desenho preliminar das fachadas que exprimam o conceito do projeto.
Cortes Esquemáticos	Desenhos que exprimam as alturas e a comunicação entre os pavimentos.
Análise da Área	Um resumo das áreas dos ambientes
Maquetes Preliminares	Desenhos em 3D que definam o conceito preliminar do edifício.
Custo Estimado	Uma estimativa preliminar do custo da obra baseada no estudo preliminar.

Segundo a NBR 13532, no seu item 4.4.5.2, o estudo preliminar deve fornecer informações técnicas:

"a) sucintas e suficientes para a caracterização geral da concepção adotada, incluindo indicações das funções, dos usos, das formas, das dimensões, das localizações dos ambientes da edificação, bem como de quaisquer outras exigências prescritas ou de desempenho;
b) sucintas e suficientes para a caracterização específica dos elementos construtivos e dos seus componentes principais, incluindo indicações das tecnologias recomendadas;
c) relativas a soluções alternativas gerais e especiais, suas vantagens e desvantagens, de modo a facilitar a seleção subsequente..." (ABNT, 1995)

É pertinente lembrar que os documentos acima são precedidos de dezenas e de desenhos conceituais, maquetes de estudo e simulações computacionais, fundamentais para a expressão do partido arquitetônico. É nesta fase de incubação de ideias que grande parte dos arquitetos carece de uma formação mais consistente no que tange aos aspectos estruturais do edifício. A prática consagrada é prescindir do auxílio do engenheiro calculista exatamente no momento mais crucial, em que a concepção estrutural se mostra fundamental para a caracterização da arquitetura do edifício.

19.2.1.3. Anteprojeto

Objetivo: Refinar e desenvolver o estudo preliminar. Preparar o projeto para aprovação nos órgãos competentes.

É o desenvolvimento do Estudo Preliminar, necessário à aprovação final do contratante. É a solução final do projeto arquitetônico. O projeto legal é um subproduto, composto pelos desenhos necessários à aprovação do projeto junto aos órgãos competentes e à elaboração dos projetos complementares.

Tabela 2: Lista de documentos mais comuns no Anteprojeto de Arquitetura

Documento	Informações mais relevantes
Especificações Gerais	Descrição escrita preliminar dos materiais e instalações gerais.
Vistas Internas	Desenhos verticais que demonstrem as alturas e os materiais em cada ambiente.
Planta de Teto Refletido	Desenho de forro definindo a posição dos pontos de iluminação, pé-direito e materiais de revestimento.
Planilha de Acabamentos	Uma lista detalhada do tipo e localização dos acabamentos internos.
Mapa de Esquadrias	Uma lista detalhada do tipo, tamanho, aparência e localização de portas e janelas no projeto.
Detalhes Gerais	Desenhos ampliados de elementos típicos do projeto.
Projetos Complementares	Variam em cada projeto. Podem incluir projetos estrutural, elétrico, hidrossanitário, gás, prevenção a incêndio etc.

Ainda de acordo com a NBR 13532, no seu item 4.4.6.2, o Anteprojeto precisa conter "informações técnicas a produzir: informações técnicas relativas à edificação (ambientes interiores e exteriores), a todos os elementos da edificação e a seus componentes construtivos considerados relevantes" (ABNT, 1995).

Usualmente, é apenas nesta etapa que o calculista passa a ser consultado – quando o é – para a definição das diretrizes estruturais. A continuidade do processo projetual é frequentemente comprometida, pois as decisões arquitetônicas e estruturais muitas vezes são divididas entre os profissionais, sem a devida integração.

19.2.1.4. Projeto Executivo

Objetivo: Elaborar os documentos e desenhos necessários à construção.

Solução final do projeto arquitetônico, composta pelo conjunto de documentos técnicos (memoriais, desenhos e especificações) necessários à execução da obra. Constitui a configuração desenvolvida e detalhada do Anteprojeto.

A NBR 13.532, recomenda que o Projeto para Execução de Arquitetura (PE-ARQ) apresente os seguintes desenhos:

- planta geral de implantação;
- planta de terraplenagem;
- cortes de terraplenagem;
- plantas das coberturas;
- cortes (longitudinais e transversais);
- elevações (frontais, posteriores e laterais);
- plantas, cortes e elevações de ambientes especiais (banheiros, cozinhas, lavatórios, oficinas e lavanderias);

- detalhes (plantas, cortes, elevações e perspectivas) de elementos da edificação e de seus componentes construtivos (portas, janelas, bancadas, grades, forros, beirais, parapeitos, pisos, revestimentos e seus encontros, impermeabilizações e proteções);
- b) textos:
    - memorial descritivo da edificação;
    - memorial descritivo dos elementos da edificação, das instalações prediais (aspectos arquitetônicos), dos componentes construtivos e dos materiais de construção;
    - memorial quantitativo dos componentes construtivos e dos materiais de construção;

A rigor, é este projeto que deveria ser utilizado na execução da obra, uma vez que deve conter todas as informações referente aos aspectos construtivos já discutidos, aprovados e revisados. Esta etapa é precedida por um serviço imprescindível e supreendentemente pouco realizado: a compatibilização de projeto.

De acordo com Melhado (2002), "o projeto não pode ser entendido como entrega de desenhos e de memoriais; muito mais do que isso, espera-se que o projetista esteja, antes de mais nada, comprometido com a busca de soluções para os problemas de seus clientes". E a solução passa especificamente pela compreensão do processo construtivo e da leitura correta das interfaces entre as diversas disciplinas. Um projeto executivo de arquitetura só pode ser elaborado a partir da compatibilização entre este e os projetos complementares.

A interrupção no fluxo contínuo do processo projetual é curiosamente causada pela percepção deste processo como algo estritamente linear. A continuidade é comumente confundida como uma divisão de etapas subsequentes e estanques, como visto no capítulo anterior.

A especialização dos projetistas e o fluxo sequencial de projetos são o paradigma atual que norteia o processo de projeto (Fabricio et. al. 1999) apud. (Fabricio; Melhado, 2001).

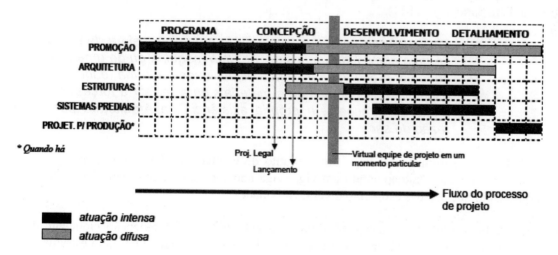

Figura 2: Esquema genérico de um processo sequencial de desenvolvimento do projeto de edifícios – participação dos agentes (Fabricio; Melhado, 2001)

O correto gerenciamento das informações necessárias à construção de um edifício é fundamental ao cumprimento de prazos e custos, e consequentemente à redução do desperdício de tempo e de recursos materiais e humanos.

462 - Projeto, Execução e Desempenho de Estruturas e Fundações

Quanto mais complexo o empreendimento, maior é a necessidade de integração entre os diversos projetos. Para Corrêa e Naveiro (2001), "dentre as diversas integrações entre projetos de edifícios, a interface entre arquitetura e estrutura requer uma atenção maior, pois a estrutura representa a maior porcentagem de gastos na execução".

Com efeito, a integração dos demais projetos depende da compatibilização anterior entre arquitetura e estrutura, uma vez que a segunda decorre da primeira. Dependendo do porte da construção, a execução das estruturas pode chegar a 26% do custo total da edificação. Em comparação com este montante, o custo médio de projeto varia de 1,6% a 2,7% do valor da construção (Goldman, 1986 apud. Corrêa; Naveiro, 2001).

Fica evidente o papel crucial que a correta definição da solução estrutural tem para o desenvolvimento da construção dentro de padrões aceitáveis de prazo, custo e qualidade. Segundo Inojosa (2010), a integração dos projetos de arquitetura e estruturas é uma das etapas mais complexas do processo por dois fatores.

> *"Primeiro o fato de que na maioria dos casos os arquitetos não levam em conta a adequação do sistema estrutural ao projeto ainda na fase de criação. Segundo por existir um distanciamento do calculista com as questões formais e estéticas do projeto arquitetônico" (INOJOSA, 2010).*

Para a compreensão da relevância da integração entre a solução estrutural e a concepção arquitetônica, se faz necessário entender o papel dos elementos estruturais enquanto componente construtivo, mas principalmente como parte primordial na caracterização do edifício como lugar, como forma geométrica tridimensional que configura e conforma o espaço socialmente utilizado, ou seja, como parte indissociável da própria arquitetura.

19.3 PARTIDO ARQUITETÔNICO X CONCEPÇÃO ESTRUTURAL

O objeto arquitetônico, o espaço tridimensional dentro do qual alguma atividade ou função é realizada, não existe sem estrutura. Para Saramago (2011),

> *"destituída de estrutura, qualquer forma física (seja a de uma pedra, de uma árvore, de um inseto, de uma máquina ou de uma casa) não pode ser preservada e, sem a estabilidade da forma (daquele arranjo específico de geometrias e materiais para resistir a forças vindas de todas as direções), a própria existência da Arquitetura perde sua razão de ser".*

Segundo Rebello (2003), "a estrutura também é um conjunto de elementos - (fundações), lajes, vigas e pilares – que se inter-relacionam – laje apoiando em viga, viga apoiando em pilar – para determinar uma função: criar um espaço em que pessoas exercerão diversas atividades".

Para Borgéa; Lopes; Rebello (2006), "o desejo de desafiar a gravidade e a manutenção eloquente desse desejo ao longo da vida de um edifício não surgem dissociados da solução formal". O projeto estrutural tem como uma de suas premissas respeitar os aspectos plásticos dos seus elementos, definidos no projeto arquitetônico.

Em que momento, portanto, a concepção estrutural deve surgir no projeto arquitetônico?
Talvez o problema desta pergunta esteja em sua própria formulação, uma vez que não é possível dissociar um do outro. Ambos são partes de um todo. Vizioli (2005) afirma que "na fase de concepção estrutural é imprescindível que a forma arquitetônica das edificações se enquadre perfeitamente com a possibilidade de

execução do projeto, levando ainda em consideração a criatividade e a beleza das estruturas". Weidle apud. Silva; Souto (2000) define estrutura como

> *"o sistema material da edificação capaz de transmitir cargas e absorver esforços, de modo a garantir a estabilidade, a segurança e a integridade da construção, cooperando na sua organização espacial e na sua expressão, mediante o adequado emprego dos materiais, das técnicas, dos processos e dos recursos econômicos".*

Isto posto, é seguro afirmar que cabe ao arquiteto a definição da concepção estrutural do edifício, visto que, ao solucionar tais questões, a forma se define. É oportuna a analogia defendida por Henry; Melhado (2000) apud. Melhado (2002), que compara o arquiteto ao "líder de uma banda de jazz, que ao mesmo tempo cria e participa da criação dos demais músicos do grupo, estimulando a sinergia de grupo dentro de um processo criativo planejado".

Esse papel se deve à sua formação multidisciplinar. O curso de arquitetura se insere tanto no campo das ciências humanas quanto das exatas. Nas suas diretrizes curriculares convivem disciplinas como história da arte e resistência dos materiais, estética e técnicas construtivas, desenho e conforto térmico. Ainda de acordo com Borgéa; Lopes; Rebello (2006),

> *"conceber uma obra significa necessariamente pensar uma intenção de estrutura. Toda construção pressupõe uma estrutura, um material e uma técnica que a caracteriza. Assim, estrutura e arquitetura nascem juntas no momento do projeto. Embora óbvio, trata-se de um aspecto nem sempre consciente de quem projeta, como se a estrutura pudesse vir a posteriori".*

A correta compreensão da intenção arquitetônica presente nos elementos estruturais por parte do profissional calculista é preponderante para iniciar o processo de compatibilização desde o berço. Uma vez trabalhada na origem, a integração das disciplinas se dá de modo harmônico e quase automático.

Sob a ótica da estabilidade, "elementos estruturais são todos os sólidos dotados de propriedades elásticas capazes de transmitir cargas. A associação dos elementos estruturais convenientemente ligados constitui uma estrutura" (Silva, Souto apud. Peixoto, 2008).

O que transforma estes elementos em partes integrantes de uma solução arquitetônica é a associação de suas propriedades estruturais com a intenção de conferir ao edifício e ao espaço por ele definido propriedades que permitam cumprir com as necessidades e expectativas definidas pelo programa. Tais expectativas podem ser tão técnicas - estabilidade, construtibilidade, conforto, custo - quanto sensoriais – beleza, relevância, unicidade formal, arrebatamento.

Vários dos mais emblemáticos edifícios dos últimos cem anos têm como característica primordial a relação forma-estrutura como elemento gerador da própria arquitetura. O arrojo estrutural, o desafio da forma e a esbeltez dos elementos conferem tal relevância.

Projetos elaborados por arquitetos, engenheiros-arquitetos, profissionais cuja formação equilibrava ciência e arte, técnica e poesia. Dominar materiais, ler diagramas de esforços como algo mais do que o reflexo do comportamento estrutural dos elementos. A forma é a estrutura. A estrutura é a própria arquitetura. Na maior parte dos edifícios, os elementos estruturais se escondem, camuflados por camadas de outros materiais, como se exercessem um papel menor, como se fossem secundários em comparação à designação final do edifício de comportar as atividades individuais ou coletivas dos seus ocupantes.

Mas as exceções confirmam a regra. O que destaca os edifícios mostrados a seguir é exatamente a habilidade dos seus autores em domar os princípios da estática e conduzi-los rumo à materialização de construções cujo desempenho estrutural valoriza e, em alguns casos, define a própria arquitetura.

Figura 3: Catedral de Brasília hoje e na época da construção. Fonte: Minervino Junior/Arquivo Público do DF. Disponível em sites.correioweb.com.br/app/noticia/encontro/revista/2013/04/22/

Dentre os grandes arquitetos cuja contribuição para a engenharia é digna de nota, talvez nenhum se compare a Oscar Niemeyer (1907-2012) no que concerne à tecnologia do concreto armado. As formas arrojadas de sua arquitetura resultam da plasticidade dos elementos estruturais e do domínio das propriedades do concreto e dos seus limites. Para ele, "terminada a estrutura, a arquitetura já está presente, simples e bonita" (Niemeyer apud. Inojosa, 2010). A maior parte dos seus edifícios segue esta máxima, mas a Catedral Metropolitana de Brasília (1959) talvez seja aquela que mais se aproxime deste ideal.

Figura 4: Catedral Metropolitana de Brasília. Acervo Arquivo Público do DF

Figura 5: Catedral Metropolitana de Brasília em construção. Foto de Marcel Gautherot/Acervo Instituto Moreira Salles, 1959

A estrutura principal, composta por 16 pilares curvos que se encontram na cobertura, foi concluída na primeira fase da obra, em 1959. Neste momento, quando nasce a estrutura, quando o esqueleto do edifício se sustenta por si mesmo, a arquitetura se faz imponente. Vedações, esquadrias, revestimentos, mobiliário, obviamente necessários ao uso do edifício, se fazem supérfluos para a percepção da forma em sua plenitude.

Figura 6: Construção da Catedral Metropolitana de Brasília. Foto: Marcel Gautherot/Arquivo Público do DF, 1959

A intenção do arquiteto, a simbologia sacra e toda a relevância e monumentalidade que são pertinentes a uma catedral nasceram quando brotaram do chão vermelho as sinuosas colunas de cimento, brita e aço.

Figura 7: Construção da Catedral Metropolitana de Brasília. Foto: Marcel Gautherot/Arquivo Público do DF, 1959

A cobertura em forma de paraboloide hiperbólico, formada pela união dos 16 pilares, é o que se destaca a partir da linha do horizonte. A nave da igreja, enterrada, é acessada por um túnel. A passagem escura é uma preparação para o arrebatamento causado pela visão imponente das formas curvilíneas entremeadas pelos vidros, que filtram a luz do céu e emolduram as esculturas de bronze de Alfredo Ceschiatti suspensas.

A estrutura de poucos elementos é composta, além dos pilares, por um anel de concreto na base, que atua como tirante e absorve os esforços horizontais dos pilares, e outro na cobertura, funcionando como anel de compressão no ponto exato onde os pilares se tocam. (INOJOSA, 2010).

A Figura 8 mostra a relação entre forma e seção dos pilares e o diagrama dos momentos fletores máximos.

 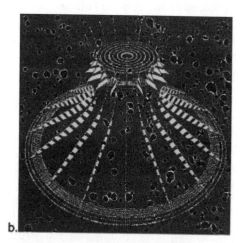

Figura 8: A. diagrama de forças cortantes no eixo Y. B. momentos fletores máximos. Fonte: Pessoa (2002) apud Inojosa (2010)

A simplicidade da forma oculta um profundo estudo dos esforços por parte do arquiteto e do engenheiro Joaquim Cardozo, responsável por alguns dos principais edifícios projetados por Niemeyer no início da capital do Brasil.

Figura 9: Palácio da Alvorada, área externa. Foto: Ricardo Stuckert. Disponível em http://www.caubr.gov.br/?p=18645. Acesso em jul. 2014

Ainda em Brasília, edifícios como o Palácio da Alvorada (1956-1957) permeiam o imaginário da sociedade como símbolo de uma cidade – ou de um país. Um exemplo fantástico de um elemento estrutural – um pilar – que adquire um caráter icônico que transcende sua função meramente estrutural e, por que não, escultural. As colunas do Alvorada poderão ser, daqui a séculos, a forma geométrica que identificará nosso país e nossa produção arquitetônica.

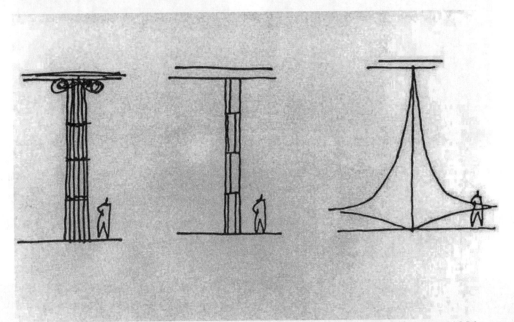

Figura 10: Coluna do Palácio da Alvorada: croquis de estudo. Oscar Niemeyer, 1956

O princípio fundamental dos apoios conformados pelas colunas do palácio era a leveza. As colunas deveriam "pousar" no solo. Para tanto, Joaquim Cardozo teve que "abandonar as técnicas tradicionais, esquecer as limitações do material, e pensar como se estivesse criando um novo tipo de concreto armado" (Andrade; Melo, 2013).

Figura 11: Palácio da Alvorada em construção, 1956

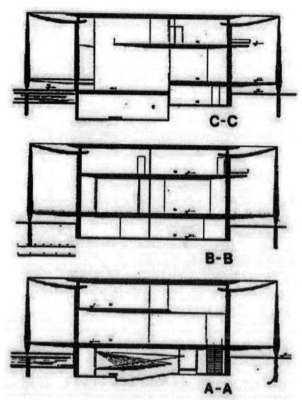

Figura 12: Cortes transversais do Palácio da Alvorada (Vasconcelos, 1992, apud Andrade, Melo, 2013)

O calculista lançou mão de uma estrutura auxiliar, cujos pilares de seção cilíndrica se posicionam atrás da fachada de vidro, estes sim responsáveis pela sustentação das lajes mais pesadas, localizadas na parte central do edifício. Como deveriam se manter imperceptíveis, optou-se pela menor seção possível (30 cm de diâmetro).

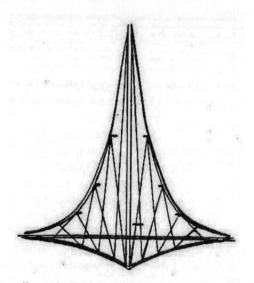

Figura 13: Desenho da armadura dos pilares do Palácio da Alvorada (Vasconcelos 1992 apud. Andrade; Melo, 2013)

As colunas da fachada sustentam, assim, apenas a marquise curva de cobertura, que reduz sua seção para 15 cm em direção à borda. Esta laje é descontínua em relação à principal, apoiada numa viga H com grande resistência à torção (Andrade; Melo, 2013).

Assim como a Catedral Metropolitana, a relação entre forma e estrutura é uma constante na obra de Oscar, desde seus primeiros projetos, como a Igreja de São Francisco de Assis (1943) até os mais recentes, como o Centro Administrativo do Governo de Minas Gerais (2010), ambos em Belo Horizonte. O domínio da técnica do concreto, a disposição para vencer limites – dentro das possibilidades físicas do material – foi, sem dúvida, responsável inclusive pelo desenvolvimento da tecnologia em concreto armado e protendido no Brasil.

Figura 14: Igreja de São Francisco de Assis. Acervo: Museu Histórico Abílio Barreto. Disponível em http://www.archdaily.com.br/br/01-83469/classicos-da-arquitetura-igreja-da-pampulha-oscar-niemeyer. Acesso: jul. 2014

A Igreja de São Francisco de Assis, também conhecida como Igreja da Pampulha, é um marco da arquitetura moderna brasileira. As curvas assimétricas de sua cobertura, que remetem às montanhas de Minas Gerais – e que conferem ao edifício uma forma icônica que se funde com a própria identidade da cidade - exploram ao máximo as possibilidades estruturais da casca de concreto armado disponíveis na época.

A estrutura da igreja é composta por cascas de concreto com 33cm de espessura, com alturas variando entre 8,5m e 15,5m. As duas maiores correspondem ao altar e à nave e as menores, na parte posterior do edifício, compreendem os serviços de apoio. A pureza das formas e a limpeza do volume resultam, além do uso da curva, da opção por uma solução estrutural que integre cobertura e vedações laterais, eliminando a necessidade de estruturas independentes.

Para Saramago (2011), é a adoção das abóbadas autoportantes que marcam o "afastamento efetivo de Niemeyer em relação aos princípios estritamente funcionalistas do movimento europeu". A irregularidade dos apoios, os vãos generosos e a leveza das formas estruturais são fundamentais para a caracterização de sua arquitetura como única em todo o mundo.

Figura 15: Igreja de São Francisco de Assis. Disponível em http://www.archdaily.com.br/br/01-83469/classicos-da-arquitetura-igreja-da-pampulha-oscar-niemeyer. Acesso: jul. 2014

Além de Oscar Niemeyer, vários arquitetos contemporâneos no Brasil e no exterior seguem com a tradição de Auguste Perret (1874-1954) de "fazer cantar os pontos de apoio". O arquiteto foi o maior nome de uma leva de profissionais que, independentemente da corrente formal, se caracterizou pela ligação intensa entre forma arquitetônica e concepção estrutural.

O Museu de Arte Moderna do Rio de Janeiro (1953), projetado por Affonso Eduardo Reidy (1909-1964), se inclui neste grupo. Projetado em três fases por questões financeiras, o MAM é composto por três blocos: o bloco-escola e o restaurante, inaugurados em 1957, o emblemático bloco de exposições, em 1968 e o teatro, concluído em 2006 e de certo modo criticado pela sua descontinuidade em relação ao conjunto original.

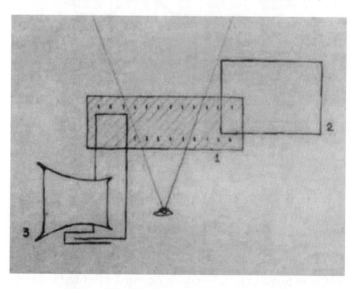

Figura 16: Museu de Arte Moderna, Rio de Janeiro. Croqui do arquiteto Affonso Eduardo Reidy ["Affonso Eduardo Reidy", Nabil Bonduki, Instituto Lina Bo e P.M. Bardi / Editorial Blau, S]

O bloco de exposições destaca-se por sua horizontalidade e pela forma da sua estrutura composta pelos pórticos espaçados a cada dez metros. A modulação e a solução estrutural cumprem o objetivo de conferir leveza e transparência ao edifício e fornecer a flexibilidade do espaço interno necessária ao programa.

O concreto protendido, imprescindível para a obtenção dos resultados esperados e relativamente novo no país, encontra no MAM sua obra de maior vulto.

Figura 17: Obra do bloco de exposições do MAM. Disponível em http://www.pinterest.com/pin/262475484503155196/

Os pórticos apresentam forma trapezoidal. Cabos de aço com 10cm de diâmetro atuam como tirantes da laje superior, cuja base se apoia no fechamento em "v" dos mesmos pilares. Esta solução engenhosa divide a função de sustentação. Enquanto o pavimento superior e a cobertura são atirantados, o primeiro se apoia nos pilares de concreto protendido aparente, o que permite liberar o vão central do pavimento térreo para uso e contemplação da paisagem.

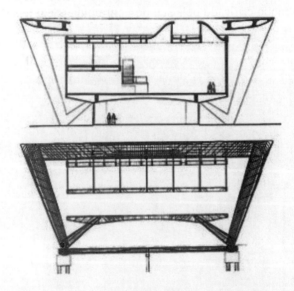

Figura 18: Cortes transversais do bloco de exposições do MAM. Disponível em
http://espacoemovimento.blogspot.com.br. Acesso em jul. 2014

A descontinuidade da laje de cobertura permite reforçar a iluminação natural advinda das fachadas envidraçadas, além de permitir trechos com pé-direito duplo para exposição de obras de maiores dimensões.

O MASP (Museu de Arte de São Paulo), projetado em 1967 por Lina Bo Bardi (arquitetura) e J. C. Figueiredo Ferraz (engenharia), é um marco da arquitetura modernista de São Paulo. A singeleza da implantação no terreno, a leitura da importância da preservação da vista do vale e a imponência da forma, a despeito da diferença de escala em relação aos edifícios vizinhos, só é possível graças ao arrojo da estrutura.

Figura 19: MASP em construção. Foto de Hans Günter Flieg. Fonte: Vitruvius. Disponível em http://www.vitruvius.com.br/revistas/read/arquitextos/07.084/245. Acesso em jul. 2014

Como bem descreve Miyoshi (2007), dois robustos pórticos vermelhos sustentando uma laje de concreto aparente, envolta por panos de vidro, sob a qual uma extensa esplanada se abre um espaço excepcional na paisagem urbana.

A imponência do vão livre acolhe os transeuntes sem, contudo, deixá-los incólumes ao peso visual da grande laje de concreto que parece flutuar sobre a praça.

A beleza da solução estrutural está exatamente na falsa impressão de que "a estrutura principal é composta por um pórtico com duas vigas e dois pilares" (Borgéa, Lopes, Rebello, 2006), quando na verdade trata-se de vigas simplesmente apoiadas.

Como seria constituída a grande praça que se abre sob o famoso vão se a concepção estrutural não permitisse haver apenas quatro apoios? Estes, por sua vez, se integram e conformam a volumetria do edifício exatamente por terem a esbeltez permitida pela engenhosa solução de apoios camuflada.

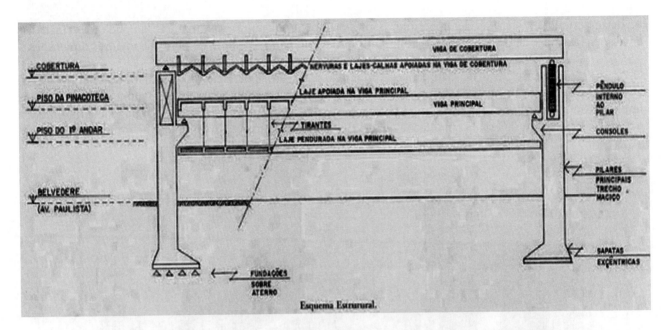

Figura 20: MASP. Esquema estrutural. Fonte: Borgéa, Lopes, Rebello, p. 23 (2006)

19.4 CONCLUSÕES

O correto entendimento do lançamento estrutural por parte do autor do projeto arquitetônico confere a harmonia necessária entre a solução formal e a viabilidade técnica e construtiva do projeto. Para tanto, os conceitos referentes ao comportamento físico das estruturas devem compor o ferramental básico de todo arquiteto, cujas digressões formais são constantemente postas à prova pelas limitações físicas e normativas das tecnologias vigentes.

Com efeito, cabe ao projetista de estruturas desenvolver a habilidade de percepção das intenções formais do arquiteto e procurar viabilizá-las tecnicamente de modo a garantir que a intenção e as diretrizes iniciais sejam preservadas. O calculista deve ter, antes do estudo preliminar de estruturas, o domínio da relação entre o partido estrutural e a concepção arquitetônica. Tal entendimento promove e facilita a harmonização das soluções técnicas, dando início ao necessário processo de integração dos projetos e conferindo à obra todos os benefícios inerentes à compatibilização das diversas disciplinas.

Vê-se, portanto, os benefícios no processo de trabalho e, principalmente, na concepção e materialização das soluções projetuais. Busca-se com isso o cumprimento das diretrizes, necessidades e expectativas iniciais mas, acima de tudo, o progresso tecnológico e o desenvolvimento conjunto da arquitetura e da engenharia.

19.5 REFERÊNCIAS BIBLIOGRÁFICAS

ASSOCIAÇÃO BRASILEIRA DE NORMAS TÉCNICAS. **NBR 13532: Elaboração de projetos de edificações.** Rio de Janeiro, 1995.

CORRÊA, R. M. e NAVEIRO, R. M. **Importância do ensino da integração dos projetos de arquitetura e estrutura de edifícios: fase de lançamento das estruturas.** São Paulo; USP, 2001.

INOJOSA, L. S. P. **O sistema estrutural na obra de Oscar Niemeyer.** Brasília: 2010. 153p. Dissertação (Mestrado) – Universidade de Brasília.

LOPES, João Marcos; BOGÉA, Marta; REBELLO, Yopanan. **Arquiteturas da engenharia ou engenharias da arquitetura**. São Paulo: Mandarim, 2006

FABRICIO, M. M. e MELHADO, S. B. **Desafios para integração do processo de projeto na construção de edifícios.** São Paulo, USP, 2001.

MELHADO, S. B. **Coordenação e multidisciplinaridade do processo de projeto: discussão da postura do arquiteto.** São Paulo: USP, 2002.

MELHADO, S.B. **Qualidade do projeto na construção de edifícios: aplicação ao caso das empresas de incorporação e construção**. São Paulo: 1994. 294p. Tese (Doutorado) – Escola Politécnica, Universidade de São Paulo.

MIYOSHI, Alex. **O edifício do MASP como sujeito de estudo**. São Paulo: 2007. Disponível em http://www.vitruvius.com.br/revistas/read/arquitextos/07.084/245. Acesso em jul. 2014.

PEIXOTO, L. K. **Sistema construtivo em bambu laminado colado: proposição e ensaio do desempenho estrutural de uma treliça plana tipo *warren.*** Brasília, 2008. 181p. Dissertação (Mestrado) – Universidade de Brasília.

SARAMAGO, R. C. P. **Ensino de estruturas nas escolas de arquitetura do Brasil.** São Carlos, 2011. 436p. Dissertação (Mestrado) – Escola de Engenharia de São Paulo. USP.

SILVA, D. M. e SOUTO, A. K. **Estruturas: uma abordagem arquitetônica.** 2 ed. Porto Alegre, Sagra Luzzatto, 2000.

SILVA, G. V. **Gestão do processo de projeto – estudo de caso em pequeno escritório de arquitetura de Florianópolis-SC.** Florianópolis: 2011. 133p. Dissertação (Mestrado) – Universidade Federal de Santa Catarina.

VIZIOLI, S. H. T. **A integração entre as disciplinas "fundamentos do projeto arquitetônico" e "estruturas de concreto".** Campina Grande, 2005.

Anotações

Gerenciamento de Obras, Qualidade e Desempenho da Construção

Autor: Coordenadores e Organizadores: Flávio Augusto Settimi Sohler e Sérgio Botassi dos Santos
480 páginas
1ª edição - 2017
Formato: 21 x 28
ISBN: 9788539908936

Gerenciamento de Obras, Qualidade e Desempenho da Construção" destaca os principais aspectos da engenharia que devem ser observados na construção civil. São tratados temas como: incorporações imobiliárias, construção enxuta, racionalização e coordenação de projetos, planejamento e controle de empreendimentos utilizando MS-Project, ferramentas estatísticas aplicadas à qualidade da construção, gestão da qualidade de obras, engenharia de segurança, práticas de gestão ambiental na construção, engenharia de custos, viabilidade econômica de projetos, princípios de gestão de projetos na construção, projeto de fundações, boas práticas para execução de revestimentos, vedações e alvenaria, tecnologias de impermeabilização, boas práticas para execução de estruturas de concreto e metálicas, manifestações patológicas, boas práticas para instalações prediais, análise e soluções para desempenho acústico, práticas construtivas para conforto térmico e desempenho acústico

---

À venda nas melhores livrarias.

Impressão e acabamento
Gráfica da Editora Ciência Moderna Ltda.
Tel: (21) 2201 - 6662